〔増補版〕

電磁波と物性

IV

岩波書店

戸田盛和訳

ファインマン, レイトン, サンズ

ファインマン物理学

The Feynman LECTURES ON PHYSICS

Authorized translation from the English language edition, entitled

FEYNMAN LECTURES ON PHYSICS
THE COMMEMORATIVE ISSUE,
1st Edition

by Richard P. Feynman, Robert B. Leighton, and Matthew Sands

Published by Pearson Education, Inc.,
publishing as Benjamin Cummings

This Japanese edition published 2002
by Iwanami Shoten, Publishers, Tokyo
by arrangement with
Pearson Education, Inc., Upper Saddle River, NJ.

訳者の序

最近のアメリカでは，理工系の大学における物理学の基礎教育に関して，いろいろと目覚ましい試みがなされているようである．たとえばマサチューセッツ理工科大学(MIT)やバークレーのカリフォルニア大学などでは，新しい教科書を編纂する計画があり，いずれも著名な物理学者が直接それに参画している．このような試みのうちでも，本書すなわちカリフォルニア理工科大学(カルテク)のファインマンの教科書は，その創意にみちた内容によって，とくに有名である．

著者ファインマンの名を知る人はすくなくあるまい．彼は1965年度に，わが国の朝永振一郎博士，ハーバード大学のシュウィンガー博士とともに，量子電磁力学に関する画期的な研究によってノーベル賞をうけている．受賞の対象となった問題は3人に共通であるが，ファインマンの研究方法はほかの人たちのものとは，かなりちがっている．電磁場のはたらきを，粒子間の要素的な相互作用に分解し，それらの要素の組合せとして，場の理論を構成するという独特の方法である．しかも粒子間の相互作用が時間をかけて空間を伝わることを考えると，相互作用の因果性についても考え直すことが必要になる．この意味で，彼は物理学全体を彼独自の方法で組み直した新しい理論をつくり上げたのである．もちろん，本書の内容は彼の研究領域と離れているので，本書の中で彼の方法が充分展開されることは期待できないが，ところどころにその片鱗がうかがわれるのは興味あることである．

彼の方法が特異であるように，彼の人柄もまた変わっている．およそ学者とか研究者とかいう言葉から連想されるものとはかけちがった，なにものにもとらわれない，自由な，型やぶりの人物らしいのである．かつて彼がわが国に来たときにも，いまだに語り草となっている数々の話題を残していった．ボンゴというアフリカの太鼓をたたいている彼の写真が，“ファインマン序”についている．これは物理の本に似合わしくないと思われるかも知れないが，彼の場合，むしろその人柄にふさわしいといえそうである．

さて本書の内容であるが，彼の人柄におとらずまことに個性的である．昔から今に至るまで，名著といわれる教科書は，整然とした物理学の体系を静かに展開するといった型のものが多い．しかし本書を手にする人は，それと大分様子がちがうことに気付かれるであろう．そこには絶えず読者に対する話しかけがある．講義を録音し後で編集したという事情も，ある程度反映しているのはたしかであろうが，ここにはこの種の本に見られないリズムと流れとがある．ときには意外とも思われる題材を含めて，ボンゴのリズムのような躍動する大きな流れをつくっていく．彼の話は力学とか電気とかの既成の枠にとらわれない．それによって読者も絶えず新しい考え方への刺激をうけ，歩一歩とこの内容をたどる間に，いつのまにか非常な高みに持ちあげられてしまう．

ここで本書の文章にも一言ふれておく必要があるかも知れない．ファインマンの文章の表現もまことに自由奔放で，この点では訳者たちを楽しませると同時に，悩ませたこともすくなくなかった．彼の口調はイングリッシュではなく，ファイマニーズだという人さえある．われわれは，その味が失われることがないようにできるだけ努力はしたつもりであるが，日本語という制約の中で，忠実さを多少犠牲にせざるをえなかった面もあったことをお断りしておく．

本書にでてくる数式は，わが国の教科書にくらべて多いわけではないが，だからといって決して易しい本ということはできない．著者の序文にもあるように，この講義は初めカルテクの最も優秀な学生を目標としてなされたものだそうである．それだけにこれを読み通すにはそうとうの努力が必要である．しかし幸いにして読者は，これを理解するために，必要なだけの充分な時間をかけることができる．このような取り組み方をすれば物理学の本格的な面白さを知ることができるであろう．ファインマンが実際にこの講義をしたのは一度だけであったが，カルテクでは現在でも，本書をテキストとして講義がつづけられているとのことである．これは物理学教育における本書の意義が高く評価されていることを示すものであろう．

わが国でも，最近理工系大学における基礎学科の教育のあり方について，いろいろと問題がでている．一般教育と専門教育との制度上の分離が，物理学などの教育を不徹底なものとし，不当にゆがめていることは，多くの人の斉しく認めているところである．われわれが本書を訳そうとしたのは，この問題に答えるための貴重な試料を提供しようと考えたためでもある．もちろんいろいろな行き方はあろうが，この問題の検討に本書の存在を忘れることはできないであろう．

なおこのテキストは原書で3冊になっているが，訳書では都合上5冊にした．その内容とわれわれの分担とはつぎのとおりである：

原書	訳書	内　容	訳　者
I	第I巻	力　学	坪井忠二
	第II巻	光, 熱, 波動	富山小太郎
II	第III巻	電磁気学	宮島龍興
	第IV巻	電磁波と物性	戸田盛和
III	第V巻	量子力学	砂川重信

第IV巻を翻訳するにあたっては，かつてカルテクの学生であった川島協君の助力を得た．ここに謝意を表する．

戸田盛和

ファインマン序

本書は，昨年と一昨年，私がカルテク*で1年生と2年生に対して行なった物理の講義である．もちろん，講義のときと一言一句同じではない——すっかり書きなおしたところもあるし，またそれほど手を加えなかったところもある．教室の講義は，全課程の一部分をなすに過ぎない．全体で180人の学生が大講義室に集まって，1週間に2回この講義をきく．講義がすむと学生は15人ないし20人の小グループにわかれて，助手の指導の演習がある．このほかに1週間に1回実験がある．

この講義で私が特に意を用いたのは，高校を出てカルテクに入って来た非常に熱心で頭のよい学生達の興味を失わさせないのには，どうすればよいかということである．カルテクに入る前に，彼らはすでに物理学というものがどんなに面白く，またどんなに素晴らしいものであるかということをたっぷり聞かされてきている——相対性理論，量子力学，その他近代的の考え方など．ところがこれまでの講義のやり方だと，これらの素晴らしい新しい近代的の考え方などはほとんど出て来ないので，2年たつうちに，すっかり失望してしまうという学生が多かったのである．斜面，静電気などを勉強させられて，2年たつと，全くばかばかしいことになってしまうという有様であった．そこで，よくできて心をはずませている学生の熱意を失わさせることなく，こういう人達を救済するような講義はできるものか，できないものか，これが問題であった．

これから述べる講義は決してただの概論ではない．それ自身として非常に真剣なものである．私はクラスの中でいちばんよくできる学生を相手にして話すつもりで講義した．そして，講義の本筋以外のいろいろな方面に物理的の考え方や概念を応用するというようなことにふれてみたりして，いちばんできる学生といえども，講義に出てくることをすべて完全に把むことはたしかにできないというような程度にした．こういうつもりだったので，私は大いに努力して話をできるだけ正確なものにし，かつどの場合でも，どこで方程式というものと考え方というものとがうまくいっしょになって物理学の枠にはまるのか，また——学生がもっと先を勉強した後には——話はどのように変わるかというようなことをていねいに説明したつもりである．そして，そのような学生に対しては，前に述べたことからの演繹によって理解すべき——学生がよくできるなら——点は何か，また新たに導入された点は何かということをはっきり指摘することが大切であると思った．新しい考えが出て来ると，私は，それが演繹できるものなら演繹した．あるいはまたこれは新しい考えであって，これまで覚

* California Institute of Technologyの略

えたことから出発して出て来るものではないこと，証明することはできないこと，——したがってここにはじめて出て来たものであることを説明するようにつとめた．

この講義を始めたとき，私は，高校から来た学生は，幾何光学だとか，化学の簡単な考えだとかというものについては，すでに知識があるものと仮定した．そして，この講義をきちんと整理して，あることをくわしく論ずる準備ができるまでは，それについては何も述べないことにするというようなやり方をする必要はないと考えた．やがて出て来ることはちょっと述べただけにしておいて，くわしくは論じなかったという例がたくさんある．そのようなくわしい話は，後になって準備がもっとよくできたときにゆずった．例えば，インダクタンスの話，エネルギー準位の話などがそれであって，最初は極めて定性的にしておいて，あとでもう少し完全に述べることにした．

また私は中以上の学生も目標においた．そればかりでなく，余分の気焔や他方面への応用などとなるとお手あげで，講義に出てくる話はまずたいていわからないといった連中にも気を配った．この連中に対しては，講義の中に，少なくとも彼らでもわかる**はず**の大切な点，大切なところがちゃんと入っているようにつとめた．講義に出てくる話がみなわからなかったとしても，この連中は悲観することのないようにした．みなわかるなどということは期待しなかった．しかしせめて，大切な，最も本筋的なことがらはわかってもらいたかった．もちろん，何が大切な定理で何が大切な考えであるか，あるいは，何が高級な副産物や応用であって，それはあと何年かたたなければ理解できないことであるのか，こういうことをみきわめるのにも，やはり彼らなりのある程度の頭のはたらきが必要であるのはもちろんのことである．

この講義をしている間に，一つの深刻な困難にぶつかった：それは，こういうふうに講義だけしていると，学生の方から私の方に何もはね返って来るものがないので，講義がどのくらいうまくいっているかを判断することができないということであった．これはまったく深刻な困難であって，講義がじっさいどのくらい満足すべきものであったのか，私にはわからない．全部が要するに実験なのである．もしも私がもう一遍やるということになったら，同じやり方はしないだろう——もう一遍やるのは御免だが．しかし私はこのやり方は——この物理学に関する限り——第1年目はかなりよくいったと思っている．

2年目についてはそれほど満足していない．その前半で電磁気を取り扱ったところでは，これに限るというようなやり方もなく，あるいは別のやり方——ふつうの方法にくらべて特に素晴らしいというやり方などは，何も思い付かなかったのである．だから，電磁気では，私の講義で大したことはできなかったと思っている．2年目の終りには，電磁気がすんだあとで物性論について更に数回講義するつもりであった．そして“物理学における数学的方法”といわれているものの序論を取り扱って主として基本振動，拡散方程式の解，振動系，直交座標等々にふれるつもりであった．いまふりかえって考えるのだが，もう一遍講義をするということになったら，やはりこの考えになるだろうと思う．しかし，私がもう一遍講義するという計画はなかったので，量子力学の序論を講義に含めるのもよいではないかという意見もあった——これは第Ⅲ巻(訳書第V巻)に出ている.

物理学を専攻する学生は，3年生のときになって量子力学をやるので，それまで待てばいいのはもちろんである．しかし，この物理学の講義に出ている学生の多数は，元来，他の分野に興味をもっているのだが，その基礎として物理学を勉強しているのだという見方もあった．そして，量子力学をふつうのやり方で取り扱うとなると，勉強するのに時間が長くかかりすぎて，大多数の学生は量子力学にふれることができないということになってしまう．しかし，量子力学が実際に応用されている面では——特に電気工学や化学などにおける複雑な応用面では——正面から微分方程式を取り扱うというやり方が行なわれているわけではない．そこで私は，まず偏微分方程式に関する数学的知識を必要としないような方法で，量子力学の原理を述べることにした．物理屋にとっても，こうやってみる——量子力学をこの逆のやり方で取り扱ってみることも面白いと思う．その理由は，そこの講義を読んでもらえばわかると思う．しかし，量子力学に関するこのこころみは，完全な成功だったとは思われない——その原因は主として終りの方で時間が充分になかったことにある(例えばエネルギーバンドや振幅の空間分布などのようなことについて，もう少しちゃんとやるためには，あと3,4回講義しなければいけなかった)．また私がこういうやり方をしたのははじめてのことだったので，学生の方から何もはね返って来ないということが，特に困った点であった．いまでは，量子力学はもう少しあとにした方がいいと思っている．いつかもう一遍やってみる機会もあるかも知れない．そのときはうまくやるつもりである．

いろいろの問題をどうやって解くかということに関する講義はしなかったが，これは，演習の時間があるからである．1年目に，どうやって問題を解くかという講義を3回したのだけれども，それはこの本に入っていない．また慣性航法についても講義が1回あって，これは回転系の講義のあとにつづくものであるが，しかしこれは残念ながら省いた．

さていうまでもなく，このこころみがどのくらい成功であったかということが問題である．学生の面倒をみた人達の大多数は私に賛成してくれそうにもないが，私自身の意見は悲観的である．私は学生のために大いに役に立ったとは思わない．試験のときに大半の学生が問題を取り扱う様子から察すると，このやり方は失敗だったと思う．もちろん私の友人達によれば，十数人ないし二十数人の学生は，講義の全部にわたって驚くべきほどよい理解を示しているという．そして内容についてよく勉強し，いろいろの点について心をはずませ夢中になって考えているという．そういう学生は，物理学の最上級の基礎を身につけたのだと思う——そしてそういう人達をこそ私は育てたかったのである．しかし，“教育というものは，教育などしないでもいいという幸福な事態でない限り大した効果のないものなのである”(ギボンス).

そうはいうものの，私は学生を1人でも完全におき去りにしようとは思わなかった——ことによると実際はおき去りにしたかも知れないが．学生のためになるのは，一つには，もっと努力して，講義に出てくる考えの真髄がよくわかるような問題をたくさんつくることだと思う．演習問題というものは，講義の内容を補って，話に出た考えをより現実的に，より完全に，よりちゃんと頭に入れるのによい機会を与えるものである．

しかし，この教育上の問題については，私はこう考えている．最善の教育というものは，いい学生といい教師との間に，直接の特別のつながりがある場合——学生が考え方を論じ，ものごとについて考え，ものごとについて語る——そういう場合にのみ可能だということを認識するよりほかはないと考えている．講義に出たり，また出された問題をやったりするだけでは大した勉強はできはしない．しかし，現代は教えるべき学生の数があまりにも多く，この理想に代わるものを求めなければならない．その意味で，この講義も若干の貢献をするところがあるかも知れない．どこか，目立たないところに独特な個性的な教師と学生がいて，この講義から若干の刺激や考え方などを吸収しているのかも知れない．彼らはそれを考え考え——さらにそれを発展させることに夢中になるのではあるまいか．

1963年6月

リチャード P. ファインマン

まえがき

40年にわたってリチャード P. ファインマンは物理世界の神秘的な働きに好奇心を集中し，その混沌の中に秩序をさぐり出そうと彼の知力をそそいできた．その彼が今度は初歩の学生に対する物理学の講義に2年間能力とエネルギーを投入した．彼等のために自分の知識の精髄を蒸溜し，学生たちに理解できる言葉で物理学者の宇宙の像をつくり上げた．彼の明晰，透徹な思考，独創的で生気にみちたアプローチ，人をまきこまずにいない熱心な話しぶりが如実に示された講義であった．見ているだけで楽しかった．

初年度の講義はこの一連の教科書の第1巻(訳書第I，II巻)の基礎になった．第2巻(訳書第III，IV巻)には2年度の講義の一部を記録することにした．この講義は1962-1963学年暦の間に2年生に対して行われた．2年度の講義の残りは第3巻(訳書第V巻)になるはずである．

2年度の講義の初めの三分の二は電磁気の物理学のかなり完全な取扱いである．講義は二重の目的に役立つ意図でなされた．第一は学生に偉大な物理学の各章のうちの一つの全貌を与えることである．その章はフランクリンの手さぐりからはじまり，マクスウェルの偉大な綜合をへて，ローレンツによる物性の電子論にいたり，電磁自己エネルギーという未解決の矛盾に終る．第二にわれわれの希望したのは，はじめからベクトル場の解析を採用して，場の理論の数学のしっかりした導入をすることであった．数学的方法の一般的有用性を強調するために，他の物理学からえらんだ問題を対応する電気の問題と関連させて解いた．たえず数学の一般性にかえるようにつとめた．(“式が同じなら解も同じ.”) この点はこの授業に伴う演習や試験でも強調した．

電磁気のあとに弾性体と流体について2章ずつがくる．どちらについても，最初の章は初歩の実用的な面を取扱い，次の章でその問題が行きつく現象全体の概観を与えようとした．第3巻の準備としては必要ないから，この4章をとばしても差支えない．

2年度のおわりの約四分の一は量子力学の入門である．この問題は第3巻に収めてある．

ファインマン講義を記録するにあたって，彼の言葉を筆写するだけでなく，それ以上の望みをもった．オリジナルな講義の基礎となった考えをできるだけ明瞭に述べたいと考えた．もとの筆写の言葉使いをわずか変えるだけでそうできる章もあった．しかし題材を並べかえたりねり直したりが必要な講義もあった．新しい題材を加えて説明を分りやすくしたり，釣合のとれたものにしたりせねばならないと感じたこともある．このような場合，いつもファインマン教授の援助や忠告があったのはありがたかった．

百万語以上の話し言葉をほん訳して，予定通りに筋の通ったテキストにするのは，恐ろしい仕事だった．新しい授業がはじまると共に――復習問題の準備，学生との面会，演習や試験の計画，採点などの――めんどうな仕事まで負わされたので尚更であった．多くの人の手――と頭と――が必要になった．オリジナルのファインマンに忠実な肖像――あるいは上手に修正した肖像――ができたと思ったときもあった．またこの理想にまるで達しないと思ったときもあった．われわれの成功は助けて下さった人たちの賜物である．失敗は，残念に思う．

第1巻の序文でのべたように，この講義はカルテクの Physics Course Revision Committee 物理課程改訂委員会(委員長 R. B. レイトン，H. V. ネヤー，M. サンズ)が始めて指導し，フォード財団の財政的援助をうけた計画の一部にすぎない．また，次の人々は第2巻のテキストの資料をととのえるのにいろいろと援助していただいた．T. K. カフィ，M. L. クレイトン，J. B. カーシオ，J. B. ハートル，T. W. H. ハーヴェイ，M. H. イスラエル，W. J. カーザス，R. W. ケーヴァノー，R. B. レイトン，J. マシューズ，M. S. プレセット，F. L. ウォーレン，W. ウォーリング，C. H. ウィルツ，B. ジンマーマン．また次の人たちは授業上の仕事をして間接に助けて下さった．J. ブルー，G. F. チャプリン，M. J. クローザー，R. ドーレン，H. H. ヒル，A. M. タイトル．ジェリー・ノイゲバウアー教授は義務の観念をはるかにこえた勤勉と献身でわれわれの仕事にあらゆる面で尽力して下さった．

しかし，リチャード P. ファインマンの偉大な能力と努力とがなかったら，ここにのべる物理学の物語は実現しなかっただろう．

1964年3月

マシュー・サンズ

目　次

第4章　電磁気学の相対論的記述

第5章　場のローレンツ変換

第6章　場のエネルギーと運動量

第7章　電磁気的質量

第8章　電磁場内の電荷の運動

第9章　結晶の幾何学的構造

第10章　テンソル

第11章　密な物質の屈折率

第12章　表面反射

第 18 章　弾　性　体

第 19 章　粘性のない流れ

第 20 章　粘性のある流れ

第 21 章　曲がった空間

第Ⅳ巻増補版の刊行にあたって

『ファインマン物理学』の日本語版は全5巻からなっているが，このたび第Ⅳ巻のみ増補版を刊行することになった．増補版では，「曲がった空間」と題する1章が付け加えられている．この追加された章は，いわば「一般相対性理論入門」とでもいうべき内容であり，ファインマン教授一流の語り口で実に簡潔に一般相対論の世界に案内してくれる．

ところで，このたび増補版を出すに至ったにはいささか経緯があるので，少しそのことに触れておこう．それは，昨年11月に高エネルギー加速器研究機構の小松原健氏が岩波書店編集部に手紙をくださったのが発端である．その手紙には，日本語版には存在しない章が英語版(第6刷)に1章存在することが指摘されていた．これが今回追加された「曲がった空間」である．そこで岩波書店ではいつ増補されたのかを知らせてくれるよう原出版社に再三依頼した．しかし，原出版社であるAddison-Wesley社はPearson Education社に統合再編されたために，過去の事情はよく分からないというのが返事であった．それでも，第2刷から第6刷までのある段階で1章追加されていることは間違いないことが確認できたので，岩波書店では，この章を付け加えて第Ⅳ巻増補版として刊行しようということになったわけである．

ともかくファインマン教授によるコンパクトな一般相対性理論入門の章がこのシリーズに加わったことは喜ばしい．小松原健氏に厚くお礼申し上げる．

2002年9月

戸 田 盛 和

第1章
A C 回 路

1-1 インピーダンス

ここまでずっとやって来たことは，主に完全なマクスウェル方程式に到達するのが目的であった．第III巻の最後の二つの章では，この方程式から導かれる結果について論じた．以前に調べた静電的あるいは静磁気的な現象も，すでに第I巻で少しはくわしく述べた電磁波や光の現象も，共にこの方程式に含まれていることがわかった．マクスウェル方程式は，電流や電荷のすぐ近くの場を計算するか，それともずっと遠くの場を計算するかによって，これら二つの現象を与えるものである．これらの中間の領域についてはあまり面白いことはない．特別な現象としてとりたてていう程のものは起こらないのである．

しかし，電磁気でとり上げたいものがいくつかまだ残っている．相対論とマクスウェル方程式——動いている座標系でマクスウェル方程式を見たら何が起こるかという問題——を議論しようと思う．また電磁気的体系におけるエネルギー保存の問題もある．そして物質の電磁気的性質という広い対象がある．誘電体の性質の研究を除いては，今までは自由空間の中の電磁場だけを考えていた．更に光については第II巻においてややくわしくやったけれども，場の方程式という観点からもう一度考えてみたい事柄がいくつか残っている．

特に屈折率の問題を，殊に密度の高い物質の場合をとり上げたいと思う．最後に，制限された空間領域に閉じこめられた波動に関連した現象がある．このような問題については音波を学んだときに簡単に触れたことはある．マクスウェル方程式は閉じこめられた電気・磁気的波動を表わす解をも与える．重要な技術的応用を持つこの問題は，これに続くいくつかの章でとり上げることにする．この問題に近づくために，電気的回路の低周波における性質の考察から始める．こうすれば，マクスウェル方程式に対するほとんど静的な近似解が適用される場合と高周波の効果が主要になる場合とを比較することができるわけである．

そこで，前の数章のような偉大で深遠な高みから降りて，電気回路という比較的に低い問題に移ることにしよう．しかしこのような世俗的な問題でも充分にくわしく調べるならば大変複雑なものを含んでいることがわかるだろう．

すでに第I巻の第23章と第25章とにおいて電気回路の性質のいくつかについて論じた．ここでも同じ題材を再びとり上げることはあるが，こんどは更にくわしく調べることにする．線型な体系だけを再び扱い，電圧や電流はすべて正弦的に変化するとする．したがって電圧や電流はすべて第I巻の第22章に述べたように，指数関数の記号を用いて複素数で表わすことができる．時間的に変化する電圧 $V(t)$ は

$$V(t) = \hat{V}e^{i\omega t} \tag{1.1}$$

と書ける．ここに $\hat{V}$ は時間によらない複素数を表わす．もちろん，実際の時間的に変化する電圧 $V(t)$ はこの方程式の右辺の複素数の**実数部分**で与えられると約束しているのである．

同様にして，時間的に変化するほかの量もすべて同じ振動数 ω で正弦的に変化し，

$$\begin{aligned} I &= \hat{I}e^{i\omega t} \quad (\text{電流}) \\ \mathcal{E} &= \hat{\mathcal{E}}e^{i\omega t} \quad (\text{起電力}) \\ \boldsymbol{E} &= \hat{\boldsymbol{E}}e^{i\omega t} \quad (\text{電場}) \end{aligned} \tag{1.2}$$

などであるとする．

方程式を書くのに，多くの場合は，$V, I, \mathcal{E}, \cdots$ を用いる($\hat{V}, \hat{I}, \hat{\mathcal{E}}, \cdots$ の代りに)．しかし時間的変化は式(1.2)で与えられるようなものであるとしている．

以前の議論では，インダクタンス，容量などといった量は周知のものとしておいた．ここでは，これらの理想化された回路素子が何を意味するかということをもう少しくわしく考えることにしたい．まずインダクタンスから始めよう．

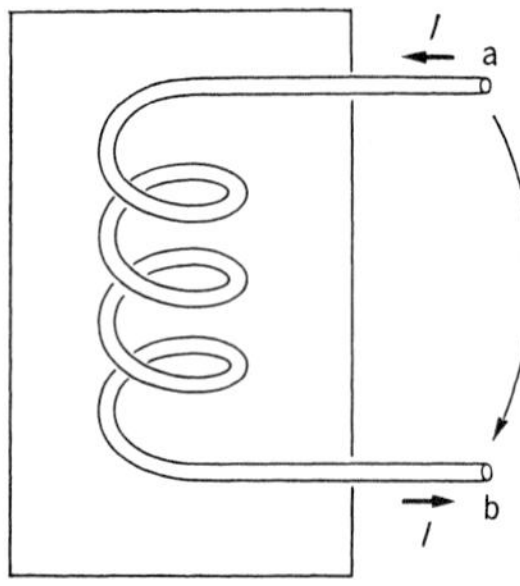

図1-1　インダクタンス

インダクタンスは電線を何回も巻いてコイルにして，その両端をコイルからはなれた端子にすればできる(図1-1)．コイルの電流によって作られる磁場は全空間に強く広がることはなく，回路の他の部分と相互作用をすることはないと仮定する．このためふつうはコイルをドーナッツ形にするか，コイルを適当な鉄心に巻いて磁場を閉じ込めるか，あるいは図1-1の模式図のようにコイルを適当な金属の箱の中におく．どの場合でも端子aとbとの近くの領域では磁場は無視できると仮定する．また，コイルの電線の電気抵抗は無視できると仮定することにする．更に電線の表面に現われる電荷は無視できて，電場を作らないと仮定しよう．

このような近似をすれば“理想的な”インダクタンスと呼ばれるものが得られる(実際のインダクタンスで何が起るかということは後にもう一度考察する)．理想的なインダクタンスでは，端子間の電圧は $L(dI/dt)$ に等しい．そのわけを調べよう．インダクタンスに電流があるときコイルの中には電流に比例する磁場ができている．電流が時間と共に変化するとき，磁場も変化する．一般に，$\boldsymbol{E}$ の curl は $-d\boldsymbol{B}/dt$ に等しい．別の言葉でいえば，任意の閉曲線に沿って一周りすると $\boldsymbol{E}$ の線積分はこの閉曲線をよぎる $\boldsymbol{B}$ の束(flux)の時間的変化速度の符号を変えたものに等しい．そこで次の道を考えよう．すなわち端子aから出発し，コイルに沿って(常に導線中を通り)端子bに達し，次いで端子bからインダクタンスの外部の空気中を通って端子aに戻る．こ

の閉曲線に沿う $\boldsymbol{E}$ の線積分は次のように二つの部分の和として書ける：

$$\int \boldsymbol{E}\cdot d\boldsymbol{s} = \underset{\text{コイルを通る}}{\int_{\mathrm{a}}^{\mathrm{b}}} \boldsymbol{E}\cdot d\boldsymbol{s} + \underset{\text{外部}}{\int_{\mathrm{b}}^{\mathrm{a}}} \boldsymbol{E}\cdot d\boldsymbol{s}. \tag{1.3}$$

前に知ったように，完全な導体中には電場はあり得ない(極く小さな電場も無限大の電流を生じる)．したがってコイルを通るaからbまでの積分はゼロである．$\boldsymbol{E}$ の線積分への全寄与はインダクタンスの外部の道で端子bから端子aに戻る道によるものである．“箱”の外の空間には磁場はないと仮定しているから，この積分は選んだ道には関係しない．そして二つの端子のポテンシャルを定義することができる．この二つのポテンシャルの差は電位差あるいは単に電圧 V と呼ばれるものである．したがって

$$V = -\int_{\mathrm{b}}^{\mathrm{a}} \boldsymbol{E}\cdot d\boldsymbol{s} = -\oint \boldsymbol{E}\cdot d\boldsymbol{s}.$$

全線積分はさきに起電力(emf) $\mathcal{E}$ と呼んだものであり，これは勿論，コイル内の磁束の変化速度に等しい．このemfが電流の変化速度の符号を変えたものに比例することは既に学んだので，

$$V = -\mathcal{E} = L\frac{dI}{dt}$$

を得る．ここに L はコイルのインダクタンスである．また $dI/dt = i\omega I$ であるから

$$V = i\omega LI. \tag{1.4}$$

理想的なインダクタンスについて述べた方法は他の理想的な回路素子(いわゆる“集中”素子)についての一般的考察方法を示している．素子の性質は端子に現われる電流と電位差を用いて完全に記述される．適当な近似を用いれば，問題にするものの内部に現われる場の大変な複雑さをのがれることができる．内部に起こることと外部に起こることとを分離することができるのである．

すべての回路素子に対して式(1.4)と同様な関係式を見出すことができる．電圧は電流に比例し，その比例定数は一般に複素数である．この複素比例係数は**インピーダンス**と呼ばれ，普通は Z と書かれる．これは一般には周波数 ω の関数である．任意の集中素子に対して

$$\frac{V}{I} = \frac{\hat{V}}{\hat{I}} = Z \tag{1.5}$$

と書く．インダクタンスに対しては

$$Z(\text{インダクタンス}) = Z_L = i\omega L. \tag{1.6}$$

さて，同様な観点でキャパシターを考察しよう*．キャパシターは

---

* **物体**を inductor, capacitor と呼び，**性質**を inductance, capacitance と呼ぶ人がある(resistor, resistance と同様に)．ここではむしろ研究室で用いる言葉を使う．多くの人は今でも inductance といって物体としてのコイルとそのインダクタンス L との両方を意味する．capacitor という言葉は気に入られたようである．もっともコンデンサーというのも今でも中々多く使われる．そして大多数の人は capacitance よりも capacity の発音を好む．

1対の導体の極板からなり，これから2本の導線が引き出され適当な端子に結ばれている．極板はどんな形でもよく，誘電体によってへだてられているのが多い．この状態を模式的に図1-2で表わす．ここでも幾つかの仮定によって簡単化を行なう．極板も導線も完全導体であるとする．また極板の間の絶縁は完全であって，一方の極板から他方へ電荷が流れることはできないとする．更に，二つの導体極板は互いに近接していて，他の物体からは遠いために，一方の極板から出る力線はすべて他方の極板で終ると仮定する．このとき二つの極板の上には常に異符号の電荷が等量存在し，この電荷は導入線の表面の電荷に比べてはるかに大きい．最後に，キャパシターの近傍には磁場はないものと仮定する．

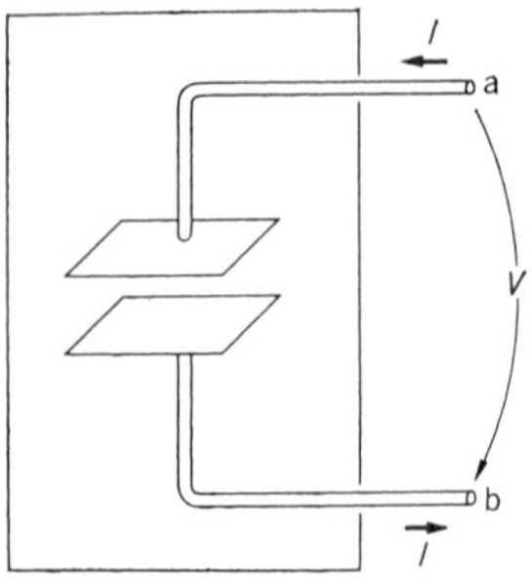

図1-2　キャパシター(コンデンサー)

端子aから出発し，導線の内部を通ってキャパシターの上部の極板に達し，極板の間の空間を越えて下の極板から導線中を通って端子bに達してから，キャパシターの外部の空間を端子aに戻る閉曲線を考え，これについて$\boldsymbol{E}$の線積分をとる．磁場はないから，閉じた道にとった$\boldsymbol{E}$の積分はゼロである．積分は三つの部分に分けられる．

$$\oint \boldsymbol{E}\cdot d\boldsymbol{s} = \int_{\text{導線に沿う}} \boldsymbol{E}\cdot d\boldsymbol{s} + \int_{\text{極板の間}} \boldsymbol{E}\cdot d\boldsymbol{s} + \underset{\text{外部}}{\int_{\mathrm{b}}^{\mathrm{a}}} \boldsymbol{E}\cdot d\boldsymbol{s}. \tag{1.7}$$

完全導体内に電場はないから導線に沿う積分はゼロである．キャパシターの外部でbからaへ行く積分は二つの端子間のポテンシャルの差の符号を変えたものに等しい．2枚の極板は外界から切りはなされていると考えている．したがって二つの極板上の全電荷はゼロでなければならず，上部の極板に電荷Qがあるとすれば，下の極板には等量で異符号の電荷$-Q$があることになる．先きに述べたように，二つの導体が等量で異符号の電荷Qと$-Q$とを持つならばこれらの間の電位差はQ/Cに等しい．ここにCは二つの導体の容量と呼ばれる．式(1.7)により，二つの端子aとbの間の電位差は二つの極板の間の電位差に等しい．したがって

$$V = \frac{Q}{C}$$

である．キャパシターに端子aを通って入り込む電流I(端子bから出る電流)はdQ/dtすなわち極板上の電荷の変化速度に等しい．dV/dtは$i\omega V$と書けるので，キャパシターの電圧・電流間の関係を次のように表わすことができる:

$$i\omega V = \frac{I}{C}$$

あるいは

$$V = \frac{I}{i\omega C}. \tag{1.8}$$

したがってキャパシターのインピーダンスZは

$$Z(\text{キャパシター}) = Z_C = \frac{1}{i\omega C} \tag{1.9}$$

である．

3番目に考察しようとするのはレジスター(抵抗)である．しかし実際の物質の電気的性質について我々はまだ議論していないので，実際の導体の中において起こっている事柄に触れるわけにはいかない．ここでは，実際の物質の中に電場が存在し得ること，この電場は電荷の流れ，すなわち電流を引き起こすこと，この電流は導体の一端から他端へ電場を積分した値に比例することを事実として認めよう．そこで，図1-3に図示した構造をもつ理想的なレジスターを考える．二つの端子aとbとから導線(完全導体とする)が抵抗を持つ物質の棒の両端へつながれている．さきの議論と同様に，端子aとbの間の電位差は外部電場の線積分に等しく，これはまた，抵抗を持つ物質の棒を通る電場の線積分に等しい．したがってレジスターを通る電流Iは端子間電圧Vに比例することになる．すなわち

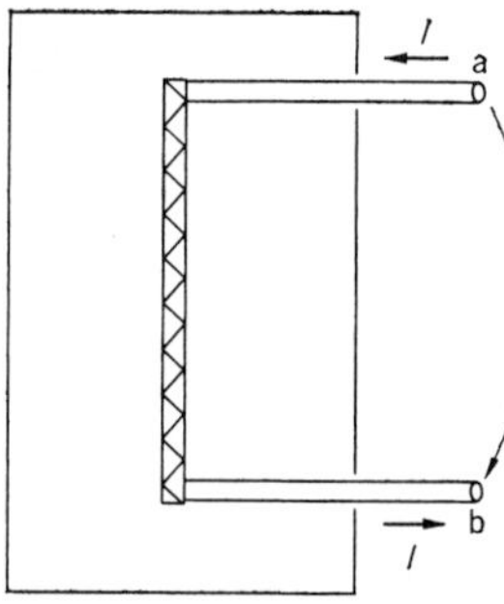

図1-3 レジスター(抵抗)

$$I=\frac{V}{R}$$

である．ここにRは電気抵抗といわれる．後にわかるように，実際の物質では電流と電圧の関係は近似的に線型であるにすぎない．また，この近似的な比例関係が電流や電圧の変化の周波数に無関係なのは周波数があまり高くないときに限られると考えられる．このような近似が許される場合には交流に対し，レジスターに加わる電圧は電流と同位相である．これはインピーダンス

$$Z(\text{抵抗}) = Z_R = R \tag{1.10}$$

が実数であることを意味する．

三つの集中素子，すなわちインダクター，キャパシター，レジスターに関する結論を図1-4にまとめた．ここでも前の図と同様，電圧は一つの端子から他の端子へ向いた矢印で示してある．もしも電圧が“正”ならば，すなわち端子aが端子bよりも**高い**電位にあるならば，矢印は正の“電圧降下”の向きを示すことになる．

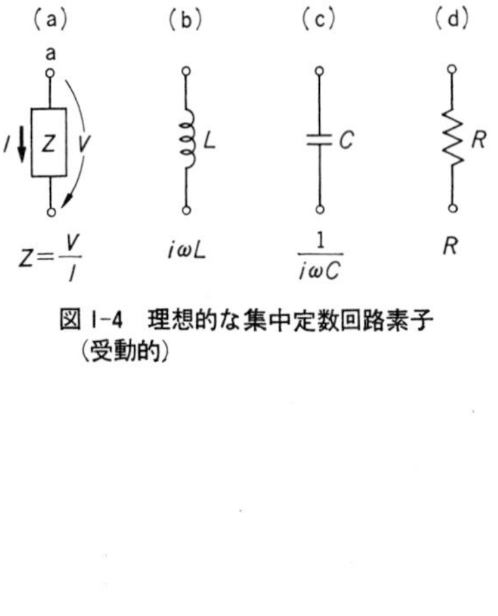

図1-4 理想的な集中定数回路素子(受動的)

我々は交流を扱っているのであるが，周波数ωをゼロにした極限として定常電流という特別の場合の回路を含ませることができる．周波数ゼロ，すなわちDC，に対してインダクターのインピーダンスはゼロであり，短絡される．DCに対してコンデンサーのインピーダンスは無限大で，回路は開いたものになる．レジスターのインピーダンスは周波数に無関係なので，DCに対して回路を調べるときレジスターは唯一の素子である．

上述の回路素子では電流と電圧とはたがいに比例した．一方がゼロなら，他方もゼロである．そこで次のような表現が用いられる．加えた電圧は電流の“原因”である．あるいは電流が端子間に電圧を“引き起こす”．そしてある意味で，素子は“加えられた”外部条件に“応答”する．この理由により，これらの素子は**受動的素子**と呼ばれる．これらは能動的素子——次節で考察する発電機などのような回路の振動電流や電圧の**源**——に対比させられる．

1-2 発 電 機

さて次に，**能動的な**回路素子をとり上げよう．これは回路中の電流や電圧の源，すなわち**発電機**である．

インダクタンスのようなコイルを考える．ただし巻き数は小さく，そのため自己の電流による磁場は無視できるものとする．しかし，このコイルは，図 1-5 に示したように，回転する磁石によって作られるような変化する磁場の中におかれている．(既にみたように，このような回転磁場は交流の流れるコイルを適当に組み合わせても作ることができる.) ここでも簡単化するための幾つかの仮定をおく．この仮定はすべてインダクタンスの場合に述べたものである．特に，変化する磁場はコイルの近傍の限られた領域だけに制限され，発電機の外部の端子間の空間には現われないとする．

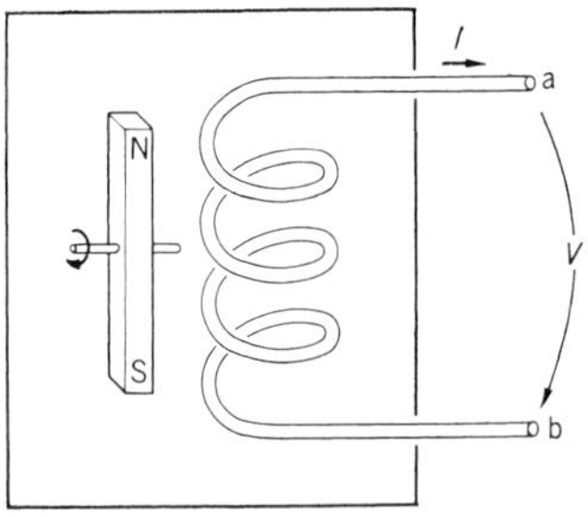

図 1-5　固定コイルと回転磁場とからなる発電機

インダクタンスに対する解析と同様に，端子 a から出発しコイルを通って端子 b に達して，更に端子間の空間を出発点に戻る完全なループをまわる $\boldsymbol{E}$ の線積分を考える．そうするとやはり端子間の電位差がループをまわる $\boldsymbol{E}$ の線積分に等しいことが結論される．すなわち

$$V=-\oint \boldsymbol{E}\cdot d\boldsymbol{s}.$$

この線積分は回路の emf に等しいから，発電機の端子間の電位差 V はコイルを貫く磁束の変化速度に等しい．したがって

$$V=-\mathcal{E}=\frac{d}{dt}\,(\text{磁束}). \tag{1.11}$$

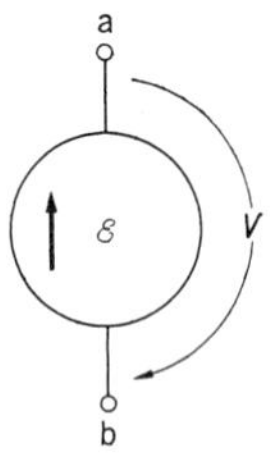

図 1-6　理想的な発電機の記号

理想的な発電機においては，コイルを貫く磁束は回転磁場の角速度のような外部の条件によって決定され，発電機を通る電流には全然影響されないと仮定する．この意味で発電機――少なくともここで考えている**理想的な**発電機――はインピーダンスではない．端子間の電位差は任意に指定される起電力 $\mathcal{E}(t)$ によって定められる．このような理想的な発電機は図 1-6 の記号で示される．小さな矢印は emf の正の向きを示す．図 1-6 において正の emf は端子 a が端子 b よりも高い電位の電圧 $V=\mathcal{E}$ を与える．

内部は全く違うが，端子の外への影響は上述のと区別がつかないような別の発電機を作ることができる．図 1-7 のように**固定した**磁場の中で回転する導線のコイルがあったとしよう．磁場の存在は棒磁石で示してあるが，これは例えば定常電流の流れているもう一つのコイルのように一定の磁場を作るものでおきかえてもよい．図のように，回転コイルから外界への連絡はすべり接触あるいは“スリップリング”によってなされている．ここでも二つの端子 a と b との間の電位差が問題なのだが，これは勿論，発電機の外で端子 a から端子 b に到る路に沿った電場の線積分である．

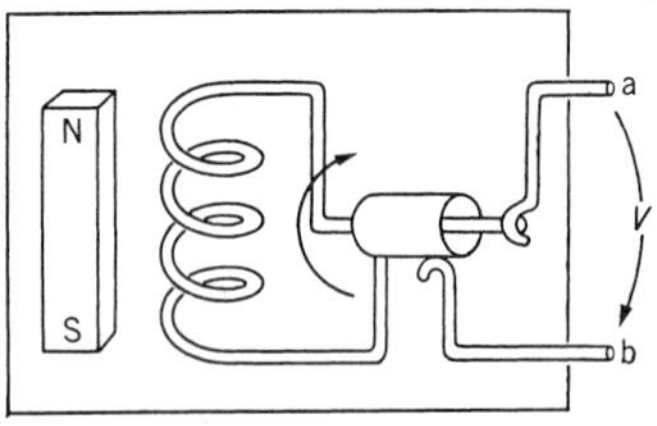

図 1-7　固定磁場の中でコイルが回転する発電機

図 1-7 の体系では変化する磁場は存在しないから，ちょっとみたところ発電機の端子に電圧が現われそうもないようにみえる．実際，発電機の内部にはどんな電場も存在しない．理想的な素子として内部の

導線は完全導体と仮定しているのはいつもの通りであって，何度も繰り返したように，完全導体内の電場はゼロに等しいと思うかも知れないが，しかしこれは正しくない．これは導体が磁場の中で動いているときには正しくないのである．正しい述べ方は，完全導体内のどの電荷に対する**合力**もゼロでなければならないということである．力がゼロでなかったならば，自由な電荷による無限大の電流が起こってしまうだろう．したがって常に正しいことは，電場 $\boldsymbol{E}$ と，導体の速度と磁場 $\boldsymbol{B}$ の外積との和——すなわち単位電荷に対する合力——が導体内でゼロでなければならないということである．したがって

$$\boldsymbol{F}=\boldsymbol{E}+\boldsymbol{v}\times\boldsymbol{B}=0 \quad (\text{完全導体内}) \qquad (1.12)$$

である．ただしここに $\boldsymbol{v}$ は導体の速度である．もしも速度 $\boldsymbol{v}$ がゼロならば完全導体内に電場は存在しないという前の述べ方が正しいが，そうでなければ正しい述べ方は式(1.12)で与えられる．

図 1-7 の発電機に戻ると，端子 a から端子 b へ発電機の導体を通って電場 $\boldsymbol{E}$ の線積分を作ると，これは同じ路を通る $\boldsymbol{v}\times\boldsymbol{B}$ の線積分に等しいことがわかる．すなわち

$$\int_{\substack{a\\ \text{導体内}}}^{b}\boldsymbol{E}\cdot d\boldsymbol{s}=-\int_{\substack{a\\ \text{導体内}}}^{b}(\boldsymbol{v}\times\boldsymbol{B})\cdot d\boldsymbol{s}. \qquad (1.13)$$

しかし一方で，変化する磁場は存在しないのであるから，b から a へ発電機の外を戻る路を含めた完全なループをまわる $\boldsymbol{E}$ の線積分はゼロでなければならない．これはここでも正しい．したがって式(1.13)の左辺の積分はまた二つの端子の間の電位差 V に等しい．式(1.13)の右辺の積分はコイルを貫く磁束の変化速度にちょうど等しいから，磁束の法則によってコイル内の emf に等しいことがわかる．したがってふたたび端子間の電位の差は回路内の起電力に等しいことになり，式(1.11)と一致する．そこで，固定コイルの付近の磁場が変化する発電機でも，固定磁場の中でコイルが動く発電機でも，発電機の外に対する性質は同じになる．どちらでも端子間に電圧の差 V があり，これは回路内の電流には無関係で，任意に指定される発電機内の条件だけによって定められる．

発電機の作用をマクスウェル方程式から理解しようと努めたのであるから，ふつうの化学的電池，たとえば写真のフラッシュの電池を問題にすることもできる．これは勿論，DC 回路にだけ現われるが，やはり発電機，すなわち電圧源である．理解するのに最も簡単な電池を図 1-8 に示す．ある化学的な溶液に浸された 2 枚の金属板を考える．溶液は正と負とのイオンを含むものとする．また，一方のイオン，たとえば負イオンが逆の電荷のイオンに比べてはるかに腰が重くて，溶液中の拡散のプロセスがはるかにおそいとする．更に，何かある方法によって，溶液の濃度は液中の一方から他方へ変っていて，両方の電荷のイオンの数は例えば下の極板の付近の方が上の極板の付近の濃度よりもずっと大きいとする．正のイオンは易動度が著しいために濃度の低い領域へたやすく移動し，上の極板に到達するのは少し正のイオ

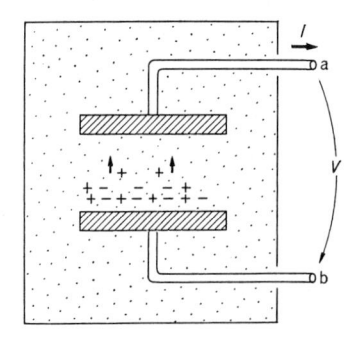

図 1-8　化学的電池

ンが過剰になるであろう．上の極板は正に帯電し，下の極板は全体として負に帯電する．

電荷が次々に上の極板へと拡散するにつれて，この電極の電位は上って，そのための電極間の電場が遂には過剰な易動度をちょうど打ち消すようになり，電池の2枚の電極はその内部構造に特有な電位差に直ちに達することになる．

理想的なキャパシターに対する議論と同様にして，端子aとbの間の電位差は，イオンの拡散が全体としてなくなったとき，二つの電極間の電場の線積分にちょうど等しいことがわかる．勿論，キャパシターとこのような化学的電池との間には本質的な違いがある．もしもコンデンサーの端子を少しの間短絡すればキャパシターは放電して端子間の電位差はもはやなくなってしまう．化学的電池の場合は電流が端子から連続的に——勿論，電池内部の化学物質が使いはたされるまでのことであるが——とり出される．実際の電池では，電池からとり出す電流が増加すると，端子間の電位差は低下することがわかる．しかし，上述の抽象化を保つ限り，端子間の電圧が電流の大きさによらない理想的な電池を想像することができる．実際の電池は理想的な電池と抵抗とが直列になったものとして考えることができる．

1-3　理想的な素子の回路網；キルヒホッフの法則

前節で知ったように，理想的な素子をその素子の外部に対する特性で表わすのは全く簡単で，電流と電圧とは線型の関係にある．しかし素子の内部に実際に起こっている事柄は，マクスウェル方程式で正確に記述することができないほど，大変複雑である．何百という抵抗，キャパシター，インダクターからなるラジオの内部における電場と磁場とに正確な記述を与える試みを想像してみるがよい．マクスウェル方程式を使って，このようなものを解析するのは不可能な仕事であろう．しかし，1-2節に記したような多くの近似を用い，実際の回路の本質的な特徴を理想化してとり上げれば，電気的な回路を相当すっきりと解析することができる．その方法をここに述べよう．

図1-9のように発電機といくつかのインピーダンスとが連結された回路があるとしよう．仮定により各回路素子の外の領域には磁場は存在しない．したがって素子のどれをも通らない曲線に沿った $\boldsymbol{E}$ の線積分はゼロである．図1-9の回路をぐるりと一周する破線で書いた曲線 Γ を考えよう．この曲線に沿う $\boldsymbol{E}$ の線積分はいくつかの部分からなる．その各部分は一つの回路素子の一つの端子から他の端子への線積分である．この線積分はその回路素子による電圧降下という．そこで，線積分の全体は回路のすべての素子による電圧降下の和で与えられることになる．すなわち

$$\oint \boldsymbol{E}\cdot d\boldsymbol{s} = \sum V_n.$$

線積分はゼロである．したがって一つの回路のある閉じたループに

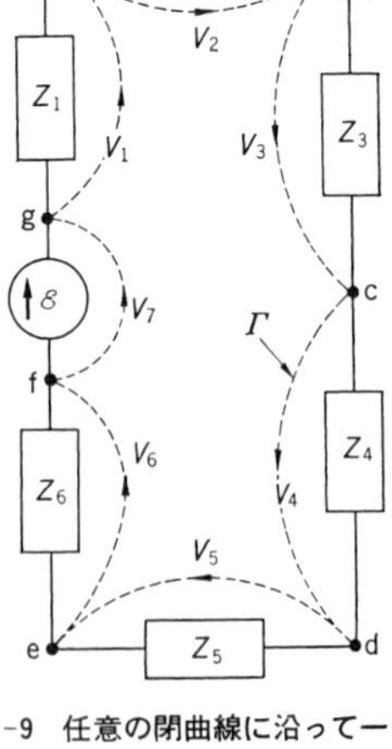

図1-9　任意の閉曲線に沿って一巡した電圧降下の和はゼロである

ついて電位差を加えたものはゼロに等しい．すなわち

$$\sum_{\text{任意のループをまわる和}} V_n = 0. \qquad (1.14)$$

この結果はマクスウェル方程式の一つ，磁場のない領域では任意の閉じたループを回る $\boldsymbol{E}$ の線積分はゼロであることから導かれる．

次に図 1-10 に示した回路を考えよう．図で端子 a, b, c および d を結ぶ水平な線はこれらの端子が全部結ばれていること，あるいはこれらが抵抗の無視できる導線で連結されていることを示す意図である．とにかく，図は端子 a, b, c および d がすべて同じ電位に，また同様に e, f, g および h が一つの共通の電位にあることを意味する．したがって，4 個の素子のどの電圧降下 V も同じである．

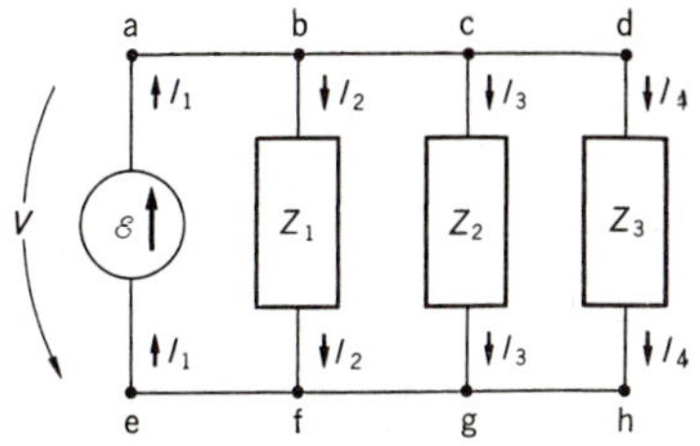

図 1-10 任意のつなぎ目に入る電流の和はゼロである

さて，理想化の一つは，インピーダンスの端子に集まった電荷が無視できることであった．更にここで，端子を結ぶ導線の上の電荷も無視できると仮定しよう．そうすると電荷の保存により一つの回路素子を離れた電荷はどれも直ちにどこか別の回路素子に入ることが要求される．あるいは，同じことであるが，どの接続においても，そこに入る電流の代数和はゼロでなければならないことが要求される．勿論，ここで接続とは，a, b, c および d のように連絡された端子の組を意味している．このような連絡された端子の組は通常“結節点”と呼ばれる．そこで，図 1-10 に対して電荷の保存が要求するのは

$$I_1 - I_2 - I_3 - I_4 = 0 \qquad (1.15)$$

である．4 個の端子 e, f, g および h からなる結節点に入る電流の和もゼロでなければならないから

$$-I_1 + I_2 + I_3 + I_4 = 0 \qquad (1.16)$$

である．これは勿論，式(1.15)と同じである．二つの式は独立ではない．一般の規則は，**どの結節点に入る電流の和もゼロでなければならない**ことである．すなわち

$$\sum_{\text{一つの結節点に入る電流}} I_n = 0. \qquad (1.17)$$

閉じたループを回る電圧降下はゼロであるという前の結論は複雑な回路の任意のループについて成立しなければならない．また，一つの結節点に入る電流の和はゼロであるという結論はすべての結節点について正しいはずである．これら二つの方程式は**キルヒホッフの法則**として知られている．どんな回路網でもこれら二つの法則によって電流と電圧とを求めることが可能である．

もっと複雑な図 1-11 の回路を考えよう．この回路の電流と電圧とを求めるにはどうしたらよいであろうか．これは次のようにして直ちに求められる．回路中に四つの補助的な閉じたループを考えて，別々に考察する(例えば一つのループは端子 a から発し，端子 b に到り，端子 e に到り，端子 d に到り，端子 a に戻る)．各ループについてキルヒホッフの第 1 の法則——すなわち各ループを回る電圧の和はゼロに等しい——を書く．ここで電流の向きに**沿って**行くときは電圧降下

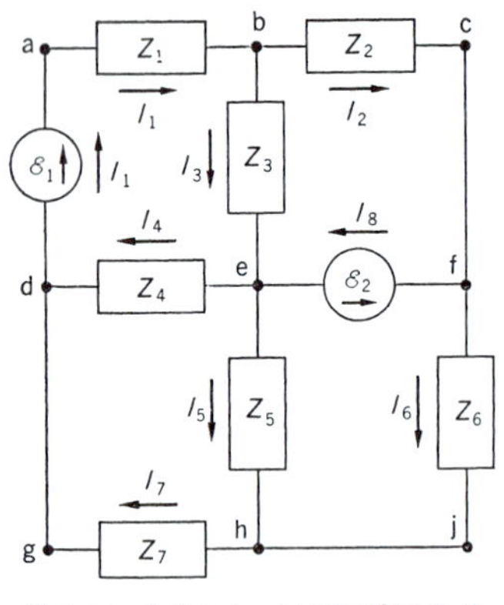

図 1-11　キルヒホッフの法則による解析

を正にとり，素子を電流の向きと**逆に**通るときは負にとらなければならないことと，発電機を通る電圧降下はその向きの emf の**逆符号**であることとを忘れてはいけない．そこで端子 a から出発して a に終る小さなループを考えると，方程式

$$Z_1I_1+Z_3I_3+Z_4I_4-\mathcal{E}_1=0$$

を得る．他のループに対しても同じ法則を適用すれば，更に同様な方程式が 3 個得られる．

次に回路中の結節点のおのおのについて電流方程式を書かなければならない．例えば端子 b のところの結節点に入る電流を加えると方程式

$$I_1-I_3-I_2=0$$

が得られる．同様に，e と記した結節点について電流の方程式は

$$I_3-I_4+I_8-I_5=0$$

となる．図示した回路に対してはこのような電流方程式が 5 個得られる．しかしこれらの方程式のどの一つをとっても，それは他の 4 個の式から導くことができる．したがって電流方程式の 4 個だけが独立なのである．こうして 8 個の独立な線型方程式が得られる．その中 4 個は電圧方程式，4 個は電流方程式である．これらの 8 個の方程式を解いて未知の 8 個の電流が求められる．電流がわかれば回路は解けたことになる．任意の素子を通る電圧降下はこの素子を通過する電流にそのインピーダンスを掛ければ与えられる(もっとも，電源の電圧だけは最初からわかっているが)．

電流の方程式を書くときに，その他の式に対して独立でない方程式も得られた．電圧の方程式についても，一般に多すぎる式を書き下だすことは可能である．たとえば，図 1-11 の回路において 4 個の小さなループを考えたが，その他にも電圧方程式を書くことのできる多数の回路が存在する．たとえば，abcfeda の道に沿ったループがある．abcfehgda の道を通るループもある．このように多数のループがあることがわかる．複雑な回路を解く場合，多すぎる方程式を得ることは極めて容易である．最小限の数の方程式だけを書くようにする法則が存在するが，ふつうはちょっとした考察を働かせれば一番簡単でちょうど充分な数の方程式を作る方法がわかるものである．その上，方程式を一つや二つ余分に書いても，別に害はない．このために間違った答が出ることはない．ただ少々余分な代数をやることもあるというだけである．

第 I 巻の第 25 章で示したように，2 個のインピーダンス Z_1 と Z_2 とが**直列**になっているとき，これは

$$Z_s=Z_1+Z_2 \tag{1.18}$$

で与えられる 1 個のインピーダンス Z_s と同等である．また，2 個のインピーダンスが**並列**に連結されているときは，これは

$$Z_p=\frac{1}{(1/Z_1)+(1/Z_2)}=\frac{Z_1Z_2}{Z_1+Z_2} \tag{1.19}$$

で与えられる1個のインピーダンス Z_p と同等であることを示した．考え直してみると，これらの結果を導く際に，キルヒホッフの法則を事実上使っていたのである．直列と並列の公式を繰り返して使用することにより，複雑な回路を解くことができる場合が多い．たとえば，図1-12の回路は次のようにして解くことができる．まず，並列の Z_4 と Z_5 は同等な1個のインピーダンスでおきかえられ，Z_6 と Z_7 もおきかえられる．次に Z_2 は並列の Z_6 と Z_7 に同等なインピーダンスと直列の法則によって連結できる．このようにして進めば，全回路は発電機が1個のインピーダンス Z と直列になったものに還元できる．発電機を通る電流は $\mathcal{E}/Z$ で与えられる．そこで，逆に解いていけば，各インピーダンスを通る電流が求められるわけである．

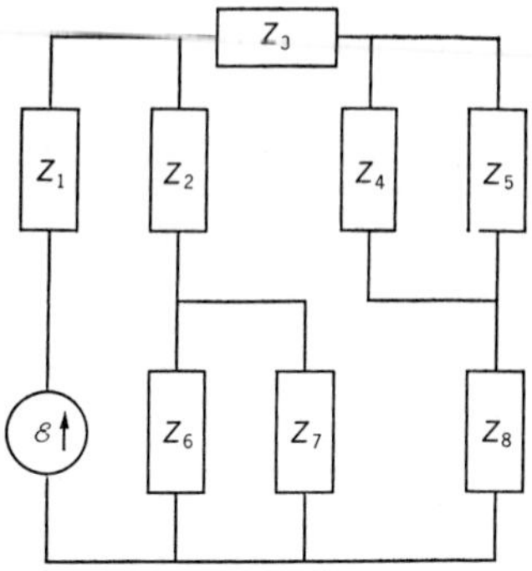

図 1-12 直列と並列とによって解析できる回路

しかし，非常に簡単な回路でも，この方法で解くことができないものがある．たとえば図1-13の回路がそうである．この回路を解くのにはキルヒホッフの法則により電流と電圧との方程式を書き下ろさなければならない．これを行なってみよう．電流方程式は一つしかない：

$$I_1+I_2+I_3=0.$$

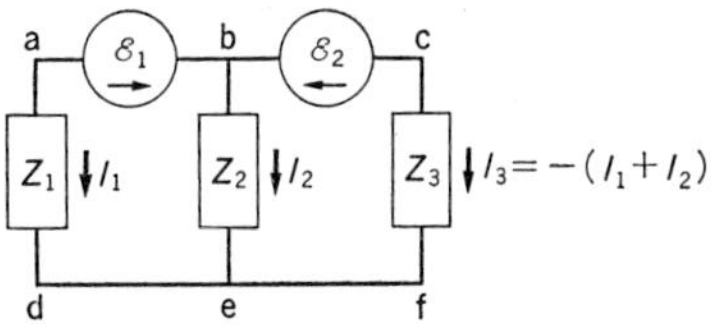

図 1-13 直列と並列とによって解析できない回路

したがって，ただちに

$$I_3=-(I_1+I_2)$$

となる．電圧方程式を書く際にこの結果を直接用いれば，いくらか計算を省略することができる．電圧方程式は

$$-\mathcal{E}_1+I_2Z_2-I_1Z_1=0$$

$$\mathcal{E}_2-(I_1+I_2)Z_3-I_2Z_2=0$$

である．これら2個の方程式には2個の未知の電流がある．これを I_1 と I_2 とについて解けば

$$I_1=\frac{Z_2\mathcal{E}_2-(Z_2+Z_3)\mathcal{E}_1}{Z_1(Z_2+Z_3)+Z_2Z_3} \tag{1.20}$$

$$I_2=\frac{Z_1\mathcal{E}_2+Z_3\mathcal{E}_1}{Z_1(Z_2+Z_3)+Z_2Z_3} \tag{1.21}$$

を得る．第3の電流 I_3 はこれらを加えれば得られる．

インピーダンスの直列と並列の規則を用いて解くことのできない場合のもう一つの例を図1-14に示した．このような回路は"ブリッジ(橋)"とよばれる．これはインピーダンスを測定する装置の多くに使われている．このような回路では，インピーダンス Z_3 を流れる電流がゼロの場合，各インピーダンスの間の関係がどうなっているかということを問題にするのがふつうである．この場合の条件を自分で調べてみるとよい．

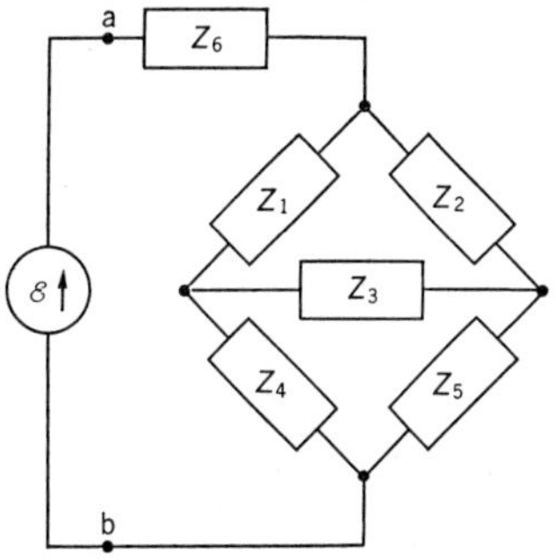

図 1-14 ブリッジ回路

1-4 等価回路

図1-15(a)のように発電機 $\mathcal{E}$ をインピーダンスの何か複雑な組み合わせに連結したとしよう．キルヒホッフの法則から得られる方程式はすべて線型であるから，発電機を通る電流 I についてこれを解いた場合，I は $\mathcal{E}$ に比例するはずである．そこで

$$I=\frac{\mathscr{E}}{Z_{\mathrm{eff}}}$$

と書ける．ここで Z_{eff} は或る複素数で，回路の中のすべての素子の代数的関数である(図示した発電機以外に回路中に発電機がないならば，$\mathscr{E}$ に無関係な付加項は存在しない)．上の方程式は図 1-15(b)の回路について書かれたものと全く同じである．二つの端子 a と b の**左側**で起こることだけに関心をもつ限り，図 1-15 の 2 個の回路は**等価**である．したがって，受動的な素子から成る**いかなる** 2 端子回路も，ただ 1 個のインピーダンス Z_{eff} でおきかえ，この回路で 2 端子の外にある電流と電圧とを変化させないようにすることができる．このことはキルヒホッフの法則——そして最終的にはマクスウェル方程式が線型であることから由来するものにすぎない．

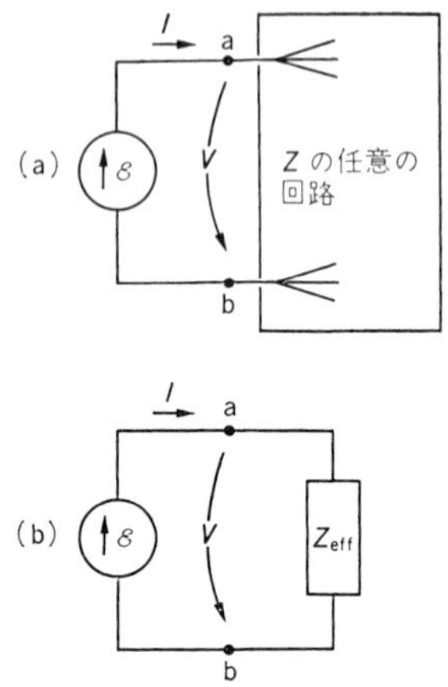

図 1-15　受動的素子を組み合わせた任意の 2 端子回路網は一つの実効インピーダンス Z_{eff} と等価である

以上の考えは発電機とインピーダンスとを共に含む回路に拡張することができる．このような回路を，インピーダンスの中の 1 個——これを図 1-16(a)のように Z_n とする——“から見る”ことにしよう．全回路の方程式を解けば 2 個の端子 a と b の間の電圧 V_n は電流 I_n の線型関数として得られるであろう．これを

$$V_n=A-BI_n \tag{1.22}$$

と書こう．ここに A と B とは端子の左にある発電機やインピーダンスによるものである．たとえば，図 1-13 の回路において $V_1=I_1Z_1$ であるが，これは(式(1.20)を〈Z_1 について解いて〉書き直せば)

$$V_1=\left[\left(\frac{Z_2}{Z_2+Z_3}\right)\mathscr{E}_2-\mathscr{E}_1\right]-\frac{Z_2Z_3}{Z_2+Z_3}I_1 \tag{1.23}$$

と書ける．完全な解〈すなわち V_1 と I_1 と〉はこの式を Z_1 に対する式 $V_1=I_1Z_1$ と組み合わせて得られるが，一般には，式(1.22)を

$$V_n=I_nZ_n$$

と組み合わせて得られる．

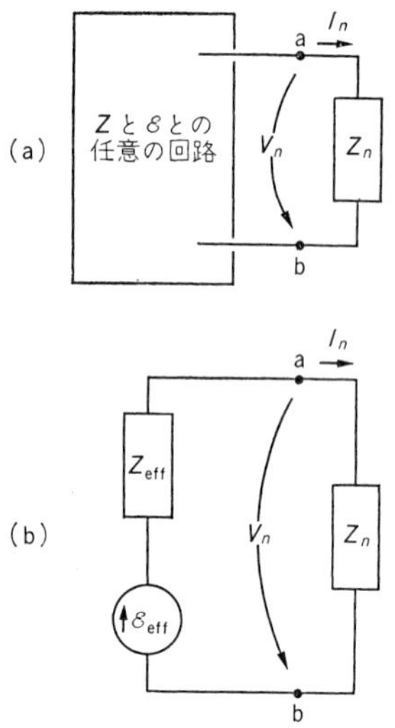

図 1-16　任意の 2 端子回路網は一つの発電機と一つのインピーダンスとの直列でおきかえることができる

一方で，Z_n が図 1-16(b)のように 1 個の発電機と 1 個のインピーダンスとが直列になった単純な回路に結ばれた場合を考えると，式(1.22)に相当する式

$$V_n=\mathscr{E}_{\mathrm{eff}}-I_nZ_{\mathrm{eff}}$$

が得られる．この式は $\mathscr{E}_{\mathrm{eff}}=A$，$Z_{\mathrm{eff}}=B$ とおけば式(1.22)と同等である．したがって端子 a と b の右側で起こることだけに関心があるならば，図 1-16(a)の任意の回路は 1 個の発電機と 1 個のインピーダンスとを直列にした等価な結合でおきかえることができる．

1-5　エネルギー

すでに知ったように，インダクタンスに電流 I を生じるには $U=\frac{1}{2}LI^2$ のエネルギーを外部の回路から加えなければならない．電流がゼロに戻るとき，このエネルギーは外部回路へ与えられる．理想的なインダクタンスにはエネルギー損失の機構はない．インダクタンスを交流が流れているときは，インダクタンスと回路の他の部分との間でエネルギーがいったりきたりするが，回路にエネルギーが与えられる割合いは平均としてゼロである．このため，インダクタンスは**非消耗的**な素子であるという．電気的なエネルギーがその中で消耗されない，つまり，失われないということである．

同様に，コンデンサーのエネルギー $U=\frac{1}{2}CV^2$ はコンデンサーを放電したとき外部の回路へ返される．コンデンサーが AC 回路内にあるときはエネルギーは入ったり出たりするが，サイクルごとのエネルギーの流れの総和はゼロである．理想的なコンデンサーも非消耗的な素子である．

起電力(emf)はエネルギーの源であることを知っている．起電力の向きに電流 I が流れると外部回路にエネルギーが $dU/dt=\mathcal{E}I$ の速さで与えられる．もしも電流が——回路中の他の発電機によって——起電力に**逆らって**流れると起電力は $\mathcal{E}I$ の速さで吸収する．この場合 I は負で，dU/dt も負である．

もしも発電機が抵抗 R に連結されると，抵抗を流れる電流は $I=\mathcal{E}/R$ である．発電機により $\mathcal{E}I$ の速さで供給されるエネルギーは抵抗によって吸収される．このエネルギーは抵抗内で熱に変わり，回路の電気的エネルギーから失われる．これをエネルギーが抵抗内で**消費された**という．抵抗内でエネルギーの消費される速さは $dU/dt=RI^2$ である．

AC 回路において抵抗でエネルギーの失われる平均の速さは，RI^2 の 1 サイクルについての平均である．$I=\hat{I}e^{i\omega t}$——I が $\cos\omega t$ のように変化することを意味する——であり，電流の最大値は $\hat{I}$，また $\cos^2\omega t$ の平均は 1/2 であるから，I^2 の 1 サイクルについての平均は $|\hat{I}|^2/2$ である．

発電機が任意のインピーダンス Z に結ばれたときのエネルギー損失を求めよう（"損失"というのはもちろん電気エネルギーが熱に変わることを意味する）．どのようなインピーダンス Z も，その実数部と虚数部との和として書ける．すなわち R と X とを実数として

$$Z = R+iX \tag{1.24}$$

である．等価回路の観点により，どのようなインピーダンスも抵抗と，純虚数のインピーダンス——**リアクタンス**という——が図 1-17 のように直列になったものということができる．

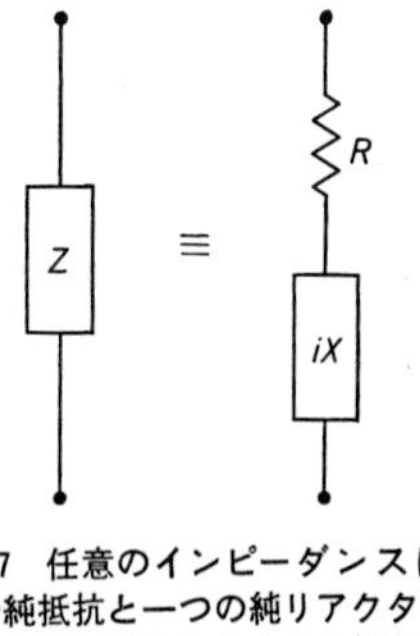

図 1-17 任意のインピーダンスは一つの純抵抗と一つの純リアクタンスとを直列に結合したものと等価である

L と C とだけを含む任意の回路は純虚数のインピーダンスをもつことをすでに知った．任意の L と C とにおいては平均としてエネルギー損失はないから，L と C とだけを含む純粋なリアクタンスはエネルギー損失をもたない．これはリアクタンスについて一般に成り立つことである．

起電力 $\mathcal{E}$ の発電機を図 1-17 のようにインピーダンス Z につないだとき，起電力 $\mathcal{E}$ は発電機からの電流 I と〈複素表現〉

$$\mathcal{E} = I(R+iX) \tag{1.25}$$

によって関係づけられる．エネルギーが与えられる速さの平均を求め

るには，積 $\mathcal{E}I$ の平均が必要である．これは注意深くやらなければならない．このような積を扱うには，実数の量 $\mathcal{E}(t)$ と $I(t)$ とを扱わなければならないのである(複素数の実数部が実際の物理量を表わすのは，**線型の**方程式の場合だけであるが，ここで扱う**積**は明らかに線型でない量である)．

t の原点を適当に選んで，振幅 $\hat{I}$ が実数になるようにし，これを I_0 とすると，I の実際の時間的変化は

$$I = I_0 \cos \omega t$$

で与えられる．式(1.25)の起電力は〈この式が複素表現だから〉

$$I_0 e^{i\omega t}(R+iX)$$

の実数部で与えられ，

$$\mathcal{E} = I_0 R \cos \omega t - I_0 X \sin \omega t \qquad (1.26)$$

となる．

式(1.26)の二つの項はそれぞれ図1-17の R と X とを通しての電圧降下である．抵抗を通しての電圧降下は電流と**同一位相**であるが，純粋にリアクタンスの部分は電流と**違う位相**であることがわかる．

発電機からのエネルギーの平均損失の速さ $\langle P\rangle_{\mathrm{av}}$ は積 $\mathcal{E}I$ を1サイクルについて積分して周期 T で割ったものである．すなわち

$$\begin{aligned}\langle P\rangle_{\mathrm{av}} &= \frac{1}{T}\int_0^T \mathcal{E}I\,dt \\ &= \frac{1}{T}\int_0^T I_0{}^2 R\cos^2\omega t\,dt - \frac{1}{T}\int_0^T I_0{}^2 X\cos\omega t\sin\omega t\,dt.\end{aligned}$$

第1の積分は $\frac{1}{2}I_0{}^2R$ であり，第2の積分はゼロである．したがって，インピーダンス $Z=R+iX$ による平均のエネルギー損失は Z の実数部だけに関係し，$\frac{1}{2}I_0{}^2R$ である．これは抵抗によるエネルギー損失としてすでに求めたものと一致している．リアクタンスの部分によるエネルギー損失はない．

1-6　はしご回路網

直列と並列とから成る興味深い回路を考察する．まず，図1-18(a)の回路から出発しよう．端子aから端子bまでのインピーダンスは Z_1+Z_2 であることがすぐにわかる．次にややむつかしい図1-18(b)の回路を考える．この回路はキルヒホッフの法則を用いて解けるが，直列と並列の結合としても容易に解ける．右の端の2個のインピーダンスは図の(c)のように1個のインピーダンス $Z_3=Z_1+Z_2$ でおきかえられる．さらに2個のインピーダンス Z_2 と Z_3 とはこれらに等価な並列インピーダンス Z_4 で，図の(d)のように，おきかえられる．最後に Z_1 と Z_4 とは，図(e)のように，1個のインピーダンス Z_5 と等価である．

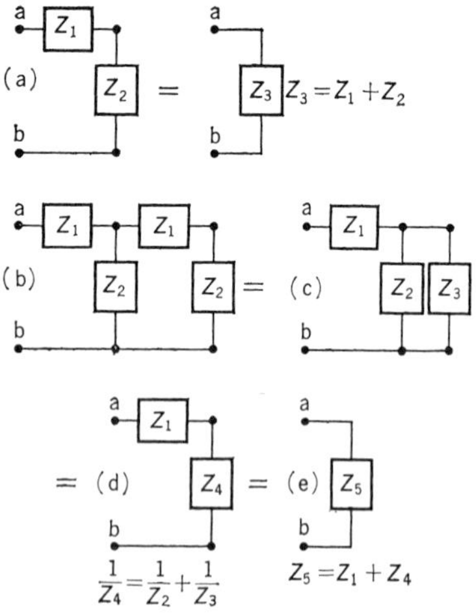

図1-18　はしご回路網の実効インピーダンス

さて，面白い問題に移ろう．図1-18(b)の回路区分を，図1-19(a)の破線で示したように，**無限に**付け加えていったらどういうことになるかを考える．この無限の回路網は解くのはそうむつかしいことではない．このように無限な回路はその“前端”にもう1個の区分を付け

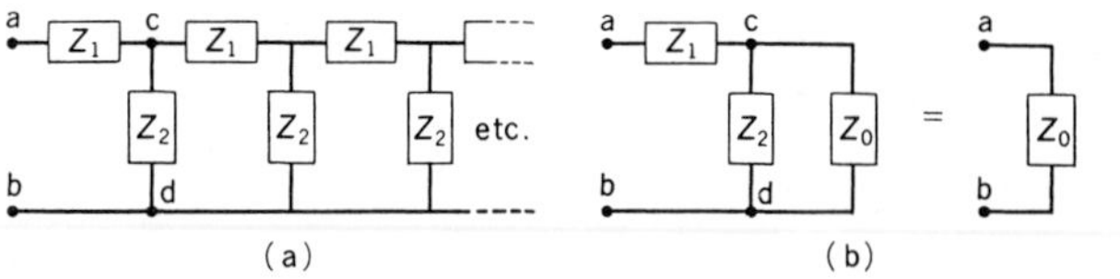

図 1-19 無限はしご回路網の実効インピーダンス

加えても変化しないことに注目する．無限の回路網の 2 端子 a と b の間のインピーダンスを Z_0 とする．すると 2 端子 c と d の右方のすべてによるインピーダンスも Z_0 である．したがって，前端について考える限り，回路は図 1-19(b)で表わすことができる．Z_2 と Z_0 とを並列にし Z_1 を直列につないだ結果，この結合のインピーダンスは直ちに書き下され，

$$Z = Z_1 + \frac{1}{(1/Z_2)+(1/Z_0)} \quad \text{または} \quad Z = Z_1 + \frac{Z_2 Z_0}{Z_2 + Z_0}$$

となる．しかしこのインピーダンスもまた Z_0 に等しい．したがって

$$Z_0 = Z_1 + \frac{Z_2 Z_0}{Z_2 + Z_0}$$

を得る．Z_0 について解けば

$$Z_0 = \frac{Z_1}{2} + \sqrt{(Z_1{}^2/4) + Z_1 Z_2} \qquad (1.27)$$

となる．これで，インピーダンスが直列と並列に繰り返された無限のはしごのインピーダンスに対する解答が得られた．インピーダンス Z_0 はこのような無限の回路網の**特性インピーダンス**とよばれる．

特別な例として，図 1-20(a)のように，直列素子がインダクタンス L で，分路素子がキャパシタンス C である場合を考えよう．この場合無限の回路網のインピーダンスは $Z_1 = i\omega L$, $Z_2 = 1/i\omega C$ とおいて得られる．式(1.27)において，第 1 項 $Z_1/2$ は第 1 の素子のインピーダンスのちょうど半分である．したがって，無限の回路網は図 1-20(b)のように書いた方がより自然，あるいはより簡単にみえるかも知れない．無限の回路網を端子 a′ からみるとき，特性インピーダンスは

$$Z_0 = \sqrt{(L/C) - (\omega^2 L^2/4)} \qquad (1.28)$$

となる．

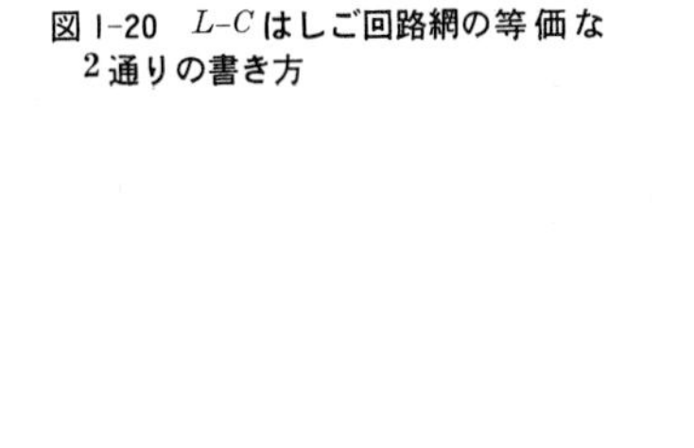

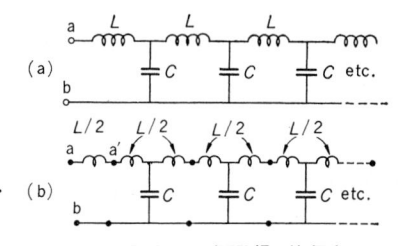

図 1-20 L-C はしご回路網の等価な 2 通りの書き方

さて，周波数 ω によって二つの面白い場合がある．もしも ω^2 が $4/LC$ よりも小さいならば，平方根の中の第 2 項は第 1 項よりも小さいから，インピーダンス Z_0 は実数である．他方，もしも ω^2 が $4/LC$ よりも大きいならば，インピーダンス Z_0 は純虚数で

$$Z_0 = i\sqrt{(\omega^2 L^2/4) - (L/C)}$$

と書ける．

インダクタンスやキャパシタンスのように虚数のインピーダンスのものからのみ成る回路は純虚数のインピーダンスをもつであろうと前に述べた．それならば，ここで調べている回路――L と C としかもたない――が，$\sqrt{4/LC}$ より周波数が低いときに，純粋に抵抗のインピー

ダンスをもつのはなぜだろうか．もっと高い周波数に対してはインピーダンスは純虚数になり，これは前に述べたところと一致する．低い周波数に対してはインピーダンスは純粋な抵抗であり，そのためエネルギーを吸収する．しかし，インダクタンスとキャパシタンスとだけから成る回路が，なぜ抵抗のように常にエネルギーを吸収できるのであろうか．答：インダクタンスとキャパシタンスの数は無限であるから，この回路に電源をつなぐと，エネルギーはまず第1のインダクタンスとキャパシタンスに，ついで第2，さらに第3とつぎつぎに与えられる．このような回路では，エネルギーは一定の速さで電源から吸い出され，回路網へ絶え間なく流れて，導線を下ってインダクタンスとキャパシタンスへ順々に貯えられていくのである．

この考えは回路内で起こっていることについて興味ある観点を与える．前端に電源をつなぐと，この電源の影響は回路網を通って無限端の方へと伝播するであろう．波動が導線を伝播することはアンテナがその動力源からエネルギーを得てこれを放射することに似ている．このような伝播はインピーダンスが実数のときにだけ起こり，これは ω が$\sqrt{4/LC}$ より小さいときである．しかしインピーダンスが純虚数のとき，すなわち ω が $\sqrt{4/LC}$ よりも大きいときはこのような伝播は起こらないことが期待される．

1-7　フィルター

前節によると，図 1-20 のような無限のはしご回路網は，ある臨界周波数 $\sqrt{4/LC}$ ——これを**遮断周波数** ω_0 とよぶ——よりも低い周波数で駆動されるときは絶えずエネルギーを吸収する．この効果はエネルギーが導線を伝って絶えず運ばれるとして理解できるということも述べた．一方で高い周波数 $\omega>\omega_0$ においてはエネルギーが絶えず吸収されることはない．この場合はおそらく電流は導線を伝ってそう遠くへ“浸入する”ことはないであろうと想像される．これが正しいかどうか調べよう．

はしごの前端を AC 発電機につないだとき，はしごのたとえば 754 番目の部分における電圧がどうなるかを考えよう．回路網は無限に長いから，あるところから次の区分へ移るときの電圧の変化はどこでも同じである．そこで n 番目から次へ移るときの変化を考えよう．図 1-21(a)のように電流 I_n と電圧 V_n とを定義しておく．

n 番目の区分につづくあとのはしごはいつでも特性インピーダンス

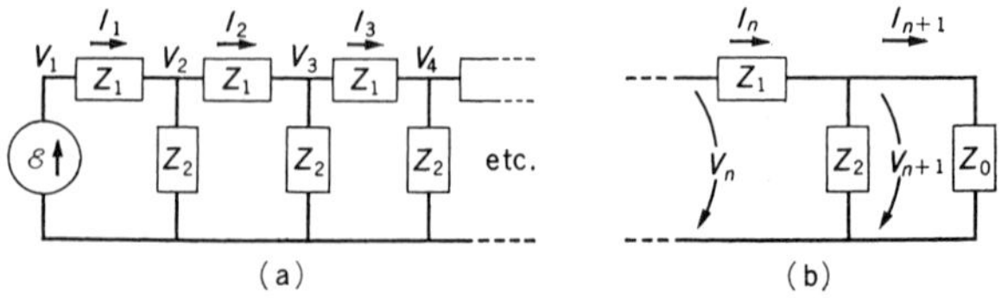

図 1-21　はしご回路網の伝播因子の計算

Z_0でおきかえることができることを思い出せば，電圧V_{n+1}はV_nを用いて表わされる．したがって図1-21(b)の回路を調べればよいことになる．V_nはZ_0にかかるのでI_nZ_0に等しくなければならない．また，V_nとV_{n+1}との差はちょうどI_nZ_1に等しいから

$$V_n - V_{n+1} = I_nZ_1 = V_n\frac{Z_1}{Z_0}.$$

したがって，比は

$$\frac{V_{n+1}}{V_n} = 1-\frac{Z_1}{Z_0} = \frac{Z_0-Z_1}{Z_0}$$

である．この比を，はしごの1区分による**伝播因子**とよび，αで表わそう：

$$\alpha = \frac{Z_0-Z_1}{Z_0}. \qquad (1.29)$$

これはもちろんどの区分についても同じである．n番目の区分のあとの電圧は

$$V_{n+1} = \alpha^n\mathcal{E} \qquad (1.30)$$

である．これで754区分のあとの電圧もわかった．これはαの754乗に$\mathcal{E}$を掛けたものである．

ここでαは図1-20(a)のL-Cはしごのものであるとしよう．Z_0の式(1.27)と$Z_1=i\omega L$とを用い

$$\alpha = \frac{\sqrt{(L/C)-(\omega^2L^2/4)}-i(\omega L/2)}{\sqrt{(L/C)-(\omega^2L^2/4)}+i(\omega L/2)} \qquad (1.31)$$

を得る．もしも駆動周波数が切断周波数$\omega_0=\sqrt{4/LC}$よりも小さいときは平方根は実数であるから，分子と分母の複素数の絶対値は等しい．したがってαの絶対値は1であって

$$\alpha = e^{i\delta}$$

と書ける．これは電圧の大きさがどこの区分でも等しく，位相だけが異なることを意味する．位相の変化δは実は負の量で，回路網に沿って通る電圧のおくれを意味する．

切断周波数ω_0より高い周波数では，式(1.31)の分子と分母とからiがくくり出され，

$$\alpha = \frac{\sqrt{(\omega^2L^2/4)-(L/C)}-(\omega L/2)}{\sqrt{(\omega^2L^2/4)-(L/C)}+(\omega L/2)} \qquad (1.32)$$

と書ける．伝播因子αはこの場合，**実数**であって，**1よりも小さい**．したがって，各区分の電圧は常にその前の区分の電圧に比べ因子αだけ小さい．ω_0より高い周波数に対しては，回路網を下るにつれて電圧は急激に小さくなるのである．周波数の関数としてαの絶対値を図示すると図1-22のようになる．

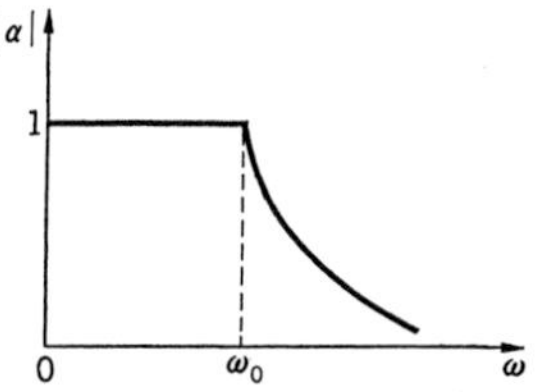

図1-22 L-Cはしご回路網の1区分の伝播因子

ω_0の上と下とにおけるαの変化は，回路網が$\omega<\omega_0$ではエネルギーを伝播し，$\omega>\omega_0$ではエネルギーを阻止するという解釈と一致している．回路網は低周波を“透過”し，高周波を“拒絶”する，または“こし取る”という．特性が周波数につれてきめられたように変化す

る回路網を“フィルター”という．ここで調べたのは“低周波フィルター”である．

実際に起こりもしない無限の回路網などを議論するのは，有限の回路網でも，特性インピーダンス Z_0 に等しいものを末端につければ，同じ特性を与えることができるからである．実際には小数の R, L, C などの簡単な素子で所定のインピーダンスを**厳密に**作ることはできない．しかしある周波数範囲では充分よい近似でこれを行なうことができる場合が多い．このようにして，無限の回路網の場合とほとんど完全に同じ性質をもった有限のフィルター回路網を作ることができる．たとえば L-C はしごは，純抵抗 $R=\sqrt{L/C}$ で打ち切っても上述の特性によく似たものになる．

L-C はしごにおいて L と C との場所をとりかえ，図 1-23(a) のはしごを作ると，高周波を通し，低周波を拒絶するフィルターになる．この回路網について起こることは，すでに得た結果を用いて容易に知ることができる．L を C に変えた場合も，その逆の場合も，同時に $i\omega$ を $1/i\omega$ でおき変えなければならない．したがって，前の場合に ω で起こったことは，こんどは $1/\omega$ において起こるわけである．特に α の周波数変化は，図 1-22 を用い，軸上の記号を図 1-23(b) のように $1/\omega$ に変えれば与えられる．

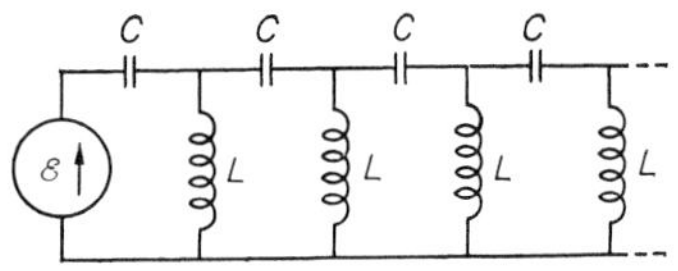

(a)

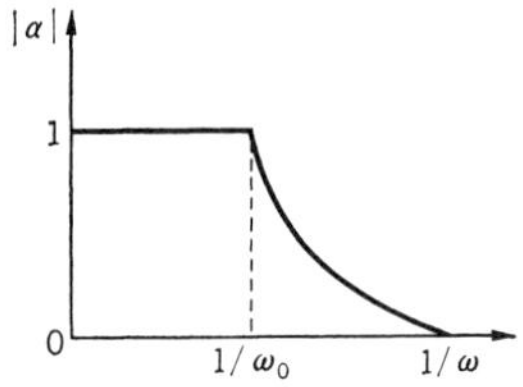

(b)

図 1-23 (a) 高周波フィルター (b) その伝播因子を $1/\omega$ の関数として表わす

上述の低周波フィルターも高周波フィルターも多くの技術的な応用がある．L-C の低周波フィルターは DC の電力供給において“なだらかにする”フィルターとして用いられることが多い．AC の電源から DC の電力を作るにはまず電流を一方向きにだけ流す整流器を用いる．整流器により，図 1-24 のようにつづいたパルス的な関数 $V(t)$ が得られる．これは上下に動揺しているから下等な DC である．電池からのようなきれいで純粋な DC の方がよいが，整流器と負荷との間に低周波フィルターをおけば，これに相当近づくことができる．

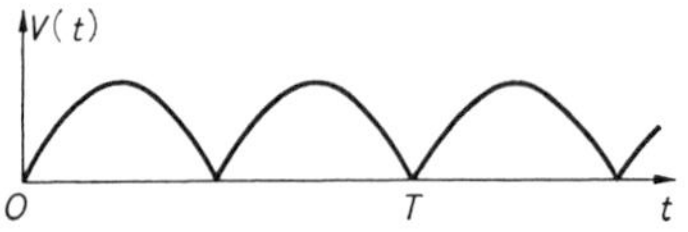

図 1-24 全波整流子の出力電圧

第Ⅱ巻の第 25 章によれば，図 1-24 の時間関数は，一定の電圧に正弦波を加え，これに高い周波数の正弦波，さらに高い周波数の正弦波を加え，つまりフーリエ級数によって表わすことができる．フィルターが線型(L も C も電流や電圧によって変化しない)とするならば，フィルターから出てくるものは，各成分を入力としたときの出力の重ね合わせになる．もしもフィルターの切断周波数 ω_0 が関数 $V(t)$ の最低周波数よりも下ならば，DC($\omega=0$) はそのまま通るが，第 1 次の調和項は大きく削減されるであろう．高次の調和項の振幅はさらに大きく削減される．フィルターを沢山買うことができれば，いくらでも出力をなだらかにすることができるわけである．

高周波フィルターは，ある低い周波数をとり除きたいときに用いられる．たとえば，蓄音機の増幅器において，音楽は通し，回転盤のモーターから来る低音の騒音をとり去るために高周波フィルターが用いられる．

ある周波数 ω_1 より下の周波数と，他の周波数 ω_2 (ω_1 よりも大きい)

より上の周波数とを拒絶し，ω_1 と ω_2 との間の周波数を通すような“バンド”フィルターを作ることもできる．高周波と低周波のフィルターを一緒にすれば簡単にできるが，はしごのインピーダンス Z_1 と Z_2 とがもう少し複雑な，それぞれ L と C との組み合わせであるものを使うのがふつうである．このようなバンドフィルターは図 1-25(a)に示したような伝播定数をもつであろう．これはたとえば，高周波の電話ケーブルの音声チャネルとか，変調されたラジオの搬送電波などのある周波数範囲にある信号を分離するのに用いられる．

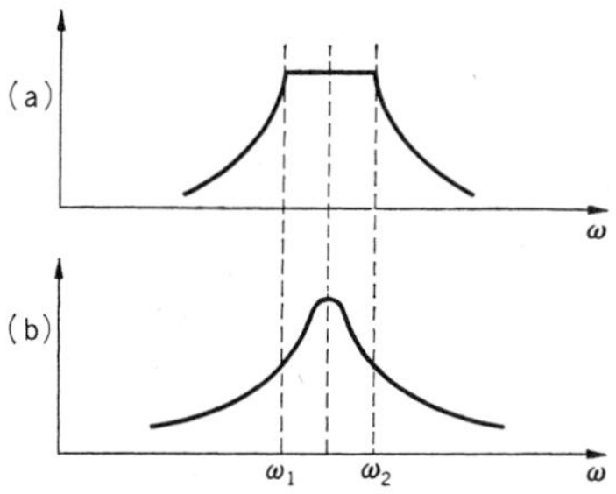

図 1-25 (a) バンドフィルター
(b) 簡単な共鳴フィルター

第 I 巻第 25 章において述べたように，図 1-25(b)に比較のため示したような共鳴曲線の選択性を用いてもこのようなフィルター作用を行なうことができる．しかし，ある目的のためには，共鳴フィルターはバンドフィルターほど良くはない．周波数 ω_c の搬送波が“信号”周波数 ω_s で変調されたときは，搬送周波数だけでなくその両側に周波数が $\omega_c+\omega_s$ と $\omega_c-\omega_s$ との側帯が全信号の中に含まれる．〈この波を中心が ω_c の〉共鳴フィルターに通すと，図からわかるように，側帯は常にいくらか減衰し，信号周波数が高いほどこの減衰は著しい．したがって“周波数応答”は悪く，高い楽音は通過しない．しかしこのフィルター作用を $\omega_2-\omega_1$ の幅が最高の信号周波数の少なくとも 2 倍になるように設計されたバンドフィルターで行なわせれば，周波数応答はこの信号に対して“平ら”になる．

はしごフィルターについてもう一つ注意したいことがある．それは図 1-20 の L-C はしごは電送線の近似的表現でもあることである．1 本の長い導体が別の導体に平行に走っている場合——たとえば同心ケーブルとか地面に沿って張られた電線など——，二つの導体の間にはいくらかキャパシタンスがあり，その間の磁場によりいくらかインダクタンスもある．線を小さな長さ Δl で区切ったと考えると，おのおのは直列インダクタンス ΔL と分路キャパシタンス ΔC とをもつ，L-C はしごの 1 区分となる．そこではしごフィルターに関する結果を用いることができる．Δl をゼロにした極限をとれば，電送線をよく記述できる．Δl をどんどん小さくすれば，ΔL も ΔC も共に減少するが，同じ割合いなので，比 $\Delta L/\Delta C$ は一定に止まるわけである．したがって式(1.28)で ΔL と ΔC をゼロにした極限をとると特性インピーダンス Z_0 は純抵抗で，その大きさは $\sqrt{\Delta L/\Delta C}$ であることがわかる．比 $\Delta L/\Delta C$ は L_0/C_0 とも書ける．ここで L_0 と C_0 とは線の単位長さのインダクタンスとキャパシタンスとである．そこで

$$Z_0=\sqrt{\frac{L_0}{C_0}} \tag{1.33}$$

を得る．また ΔL と ΔC とをゼロにした極限で切断周波数 $\omega_0=\sqrt{4/LC}$ は無限大になることもわかる．理想的な電送線について切断周波数はないのである．

1-8　その他の回路素子

いままでは，理想的な素子——すなわち，インダクタンス，キャパシタンス，および抵抗——と理想的な電圧発電機とだけを定義してきた．ここで，その他の素子である相互インダクタンス，トランジスタ，あるいは真空管などが同じ基本的素子だけを使って記述できることを示そう．図 1-26(a)のように 2 個のコイルがあるとし，故意にかどうかして，一方のコイルの磁束が他方のコイルを貫いているとする．このとき 2 個のコイルは相互インダクタンス M をもつ．すなわち一方のコイルの電流が変化すると，他方のコイルに電圧が生じる．このような効果を表わす等価回路を考え得るだろうか．これは次のようにして実行できる．すでに知っているように，相互作用をしている 2 個のコイルの起電力は二つの部分の和として

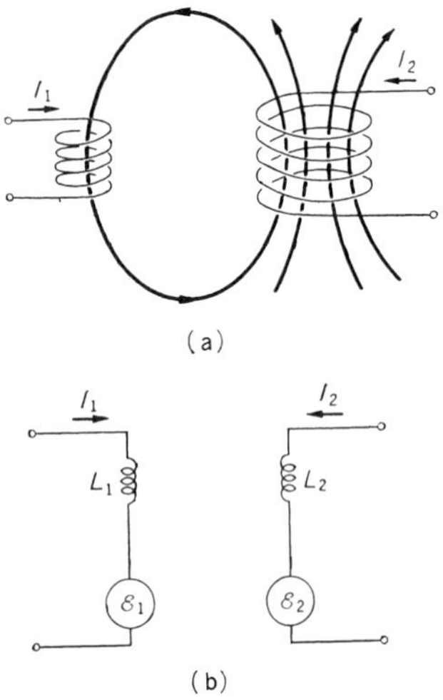

図 1-26　相互インダクタンスの等価回路

$$
\begin{aligned}
\mathscr{E}_1 &= -L_1\frac{dI_1}{dt}\pm M\frac{dI_2}{dt} \\
\mathscr{E}_2 &= -L_2\frac{dI_2}{dt}\pm M\frac{dI_1}{dt}
\end{aligned}
\qquad (1.34)
$$

のように表わされる．第 1 項はコイルの自己インダクタンスにより，第 2 項は他のコイルとの相互インダクタンスによるものである．第 2 項の符号は一方のコイルの磁束が他方のコイルを貫く方法に関係して正にも負にもなり得る．理想的なインダクタンスを説明したときと同じ近似で，各コイルの端子の間のポテンシャルの差はコイル中の起電力に等しいといえる．そこで二つの方程式(1.34)は図 1-26(b)の回路で，この二つの回路中の起電力を反対側の回路の電流と

$$\mathscr{E}_1 = \pm i\omega MI_2,\qquad \mathscr{E}_2 = \pm i\omega MI_1 \qquad (1.35)$$

で関係づけられる場合と同じ式になる．したがって，自己インダクタンスの効果はそのままにして，相互インダクタンスの効果は補助的な理想的の電圧発電機でおきかえればよいことになる．もちろんこの起電力はさらに回路の他の部分の電流と関係しているが，方程式が線型である限り，回路の方程式に一つの線型の方程式がつけ加わっただけであって，等価回路などについてすでに述べたことはそのままで成り立つわけである．

相互インダクタンスだけでなく，相互キャパシタンスも存在し得る．いままでコンデンサーとしては 2 枚の電極だけを考えていた．しかし，たとえば真空管などで，たがいに接近した多くの電極が存在する場合がある．どれか一つの電極に電荷を与えると，その電場は他の電極の各々に電荷を誘起し，その電位に影響する．例として図 1-27(a)のような極板の配置を考えよう．これら 4 枚の極板は導線 ABCD によって外部の回路に結ばれているとする．静電的な影響だけを問題にする限り，このような電極の配置に等価な回路は図の(b)に示したようなものである．一つの電極と他の電極のそれぞれとの相互作用は二つの電極の間のキャパシティーと等価である．

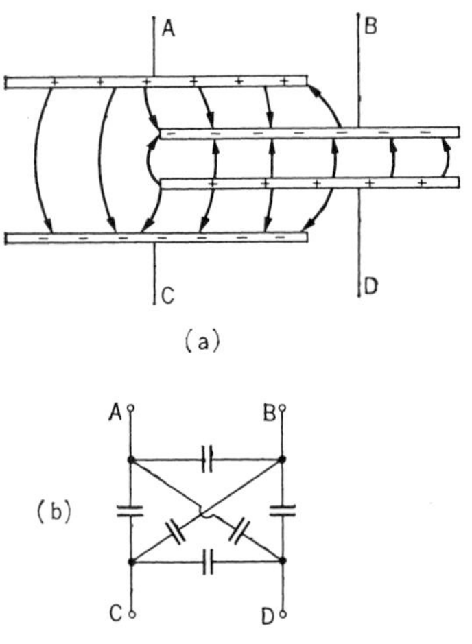

図 1-27　相互キャパシタンスの等価回路

最後に，AC 回路中のトランジスタやラジオの真空管のように複雑

な装置を表わす方法を考えよう．まず，このような装置は電流と電圧との関係が全く線型でないような状態で使われることが多いことを注意しなければならない．このような場合は，方程式が線型であることに頼っていた事柄はもはや成り立たない．しかし一方で，多くの応用においては作動特性が充分線型で，トランジスタや真空管を線型の装置とみてよい場合がある．その意味は，たとえば真空管の極板の一つの電流が，他の電極に現われる電圧(グリッド電圧，プレート電圧など)に比例するということである．このような線型関係がある場合にはこの装置を等価回路の表現に編入することができる．

相互インダクタンスの場合と同じように，装置のある部分の電圧や電流が，他の部分の電圧や電流に対してもつ影響を表わすような補助的な電圧発電機を含ませなければならない．たとえば，三極管のプレート回路はふつう抵抗と直列につながった電圧発電機とで表わされ，この電源の強さはグリッド電圧に比例する．等価回路は図1-28のようになる*．同様に，トランジスタのコレクタ回路は抵抗とこれに直列な理想的の発電機とで都合よく表わされる．この電源の強さはトランジスタのエミッタからベースへの電流に比例する．等価回路は図1-29のようになる．作動を表わす方程式が線型な限り，このような表現を真空管やトランジスタについて用いることができる．そして，これらが複雑な回路網に組み入れられた場合，素子の任意の結合に対する等価表現はやはり正しいものとして成立する．

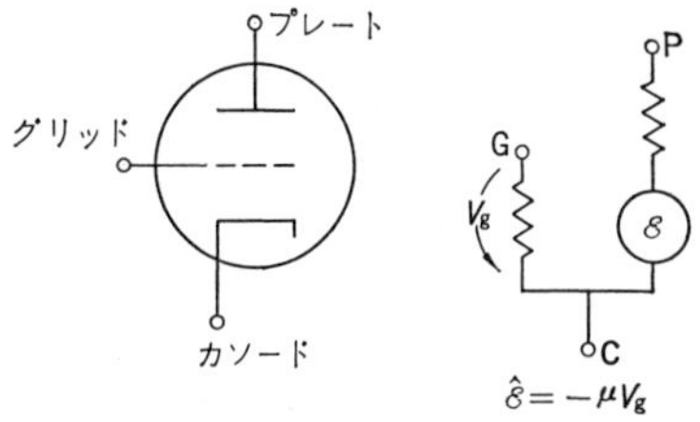

図1-28　三極真空管の低周波等価回路

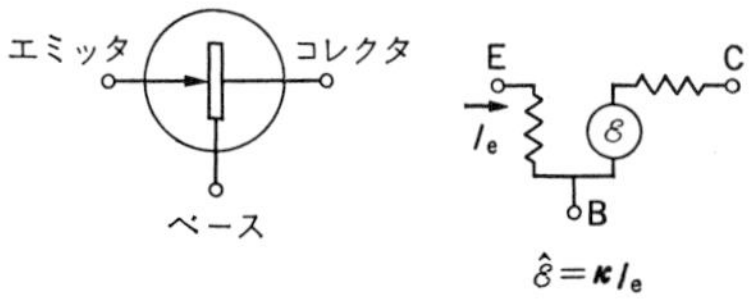

図1-29　トランジスタの低周波等価回路

トランジスタやラジオ真空管に対しては，インピーダンスだけを含む回路と異なる著しい点がある．それはインピーダンス Z_{eff} の実数部が負であり得ることである．すでに述べたように，Z の実数部はエネルギー損失を意味する．しかしトランジスタや真空管の重要な特性は回路にエネルギーを**供給する**ことである(もちろんエネルギーを“作る”わけではない．電源のDC回路からエネルギーをとってACのエネルギーに変換するわけである)．したがって，負の抵抗をもつ回路が可能なのである．このような回路を正の実数部(すなわち正の抵抗)をもつインピーダンスとつなぎ，実数部の和がゼロになるようにしてやると，結合した回路ではエネルギーの消耗はないことになる．損失がなければ一度スタートした交流電圧は永久に続く．これは，所望の周波数の交流電圧源として使用できる発振器，あるいは信号電源の作動に関する基本的な考え方である．

* ここで示す等価回路は低い周波数のときだけ正しい．高い周波数に対しては等価回路はずっと複雑になり，いわゆる“寄生的な”キャパシタンスやインダクタンスをいろいろ含むものになる．

第2章 空洞共振器

2-1 実際の回路素子

理想的なインピーダンスと発電機とからなる任意の回路は任意の1組の端子からみると,(任意の周波数に対し)一つの発電機$\mathcal{E}$とこれに直列な1個のインピーダンスZとに等価である.これはその端子に電圧Vをかけたとして方程式を解いて電流Iを求めると,電流と電圧との間に線型な関係が得られる筈だからである.すべての方程式は線型だから,Iに対する結果もまたVに線型に関係するよりほかにない.最も一般的な線型の式は

$$I=\frac{1}{Z}(V-\mathcal{E}) \tag{2.1}$$

と書ける.一般にはZと$\mathcal{E}$とは共に周波数の複雑な関係である.しかし,方程式(2.1)は1個の端子のうしろにただ発電機$\mathcal{E}(\omega)$と,これに直列なインピーダンス$Z(\omega)$とがあった場合に得られる関係と同じである.

これと逆の質問のしかたもある.ここに一つの電磁気的な装置があって2個の端子がある場合,IとVとの関係を測定して$\mathcal{E}$とZとを周波数の関数として知ったとする.このとき,装置内部のインピーダンスZと等価な理想的素子の組み合わせを発見することができるかという質問である.答は次の通りである.合理的な,すなわち物理的に意味のある関数$Z(\omega)$に対しては,有限な理想的素子の組を含む回路により,望むだけの高い精度でその性質を**近似**することが**可能**である.ここでは問題を一般的に論じようとは思わないが,いくつかの場合について,物理的な議論からはどんなことが期待できるかを考えてみよう.

実際の抵抗を考えてみると,電流が流れるのだから,磁場ができることがわかる.したがって,実際の抵抗はいくらかインダクタンスももつはずである.また,抵抗に沿って電位の差があるときは,抵抗の端には,電場を生じるだけの電荷がなければならない.電圧が変わると,これに比例して電荷も変わるわけであるから,抵抗はいくらかキャパシタンスももつはずである.**実際の**抵抗は図2-1に示したような等価回路をもつと期待される.よく設計された抵抗では,いわゆる"寄生的な"素子LとCとは小さく,予期される周波数に対しては,ωLはRよりずっと小さく,$1/\omega C$はRよりずっと大きいので,LとCを無視してよい.しかし周波数を高くすると,これらはどうしても重

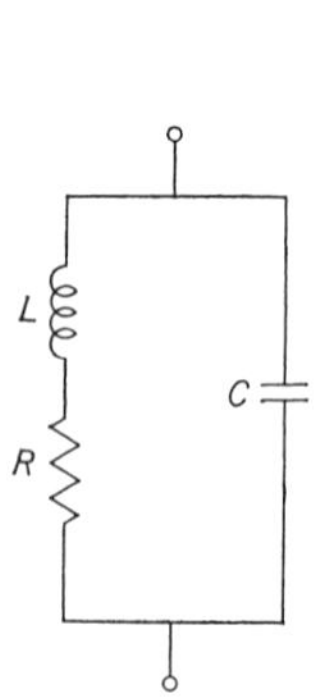

図2-1 実際の抵抗の等価回路

要になり，抵抗は共振回路のようになる．

実際のインダクタンスもインピーダンス $i\omega L$ の理想的なインダクタンスに等しくはない．実際のコイルの線はいくらか抵抗をもち，そのため，低い周波数に対しては，コイルは図 2-2(a)に示したように，実際インダクタンスとこれに直列ないくらかの抵抗とに等価である．しかし，インダクタンスと抵抗とは実際のコイルにおいて**一緒に**存在するもので，抵抗は針金に沿ってずっとあって，インダクタンスと混ざっているとも考えられる．したがって，図 2-2(b)のようにいくつかの小さな L と C とが直列になった回路を用いるべきかも知れないが，この回路の全体のインピーダンスはちょうど $\sum R+\sum i\omega L$ であり，これはもっと簡単な(a)の図形と同等である．

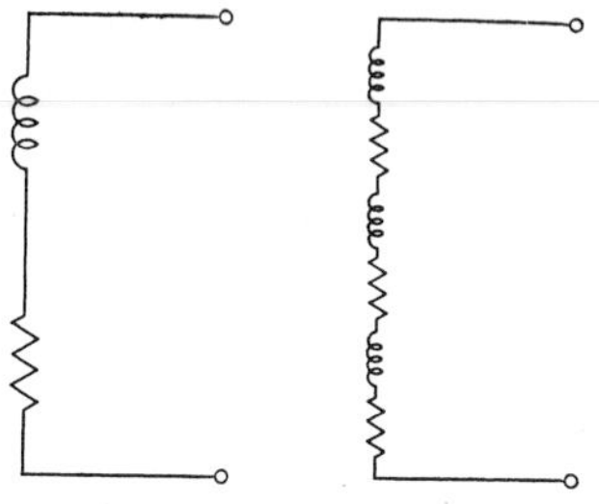

(a) (b)

図 2-2 実際のインダクタンスの低周波における等価回路

実際のコイルにおいて周波数を上げていくと，インダクタンスに抵抗を加えた近似はもはやあまり正しくなくなる．針金内で電圧を作り出す電荷が重要になる．あたかもコイルの巻線を通して小さなコンデンサーがあるようになり，図 2-3(a)のようになる．そこで図 2-3(b)の回路で実際のコイルを近似したくなる．低い周波数では，この回路はもっと簡単な(c)でも充分よくまねることができる(これは抵抗の高周波に対する模型と同じ共鳴回路である)．しかしより高い周波数に対しては図 2-3(b)のより複雑な回路の方がよい．実際の物理的なインダクタンスの本当のインピーダンスを正確に表わそうとすればするほど，その人工的な模型においては沢山の理想的素子を使わなければならなくなる．

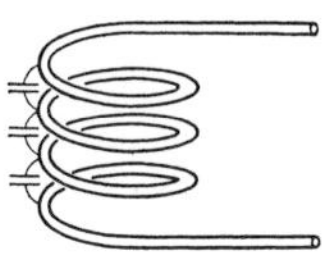

(a)

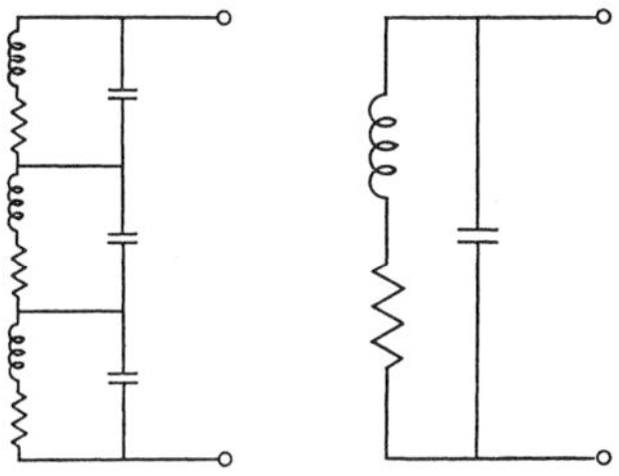

(b) (c)

図 2-3 実際のインダクタンスの高周波における等価回路

実際のコイルをもう少しくわしく調べてみよう．インダクタンスによるインピーダンスは ωL のように変化するから，低い周波数ではゼロになって，“短絡”され，電線の抵抗だけになってしまう．周波数を上げると ωL はやがて R よりも大きくなり，コイルはむしろ理想的なインダクタンスのようになる．さらに高い周波数では，容量が重要になる．そのインピーダンスは $1/\omega C$ に比例して，ω が小さいほど大きい．充分小さい周波数に対してはコンデンサーは“開いた回路”であって，他のものと並列になっているとき，電流を流さない．しかし，高い周波数では，電流はインダクタンスを流れるよりも，巻線の間のキャパシタンスを流れるようになる．電流は巻線から巻線へと飛び移り，電線に沿ってぐるぐる通って起電力に抵抗することもなくなってしまう．したがって電流がループをまわるようにしようとしたのに，電流はもっと楽な道を通る――すなわちインピーダンスの最も小さい道を通るのである．

この問題がもしも通俗的なものであったならば，この効果は“高周波の壁”とかいう名でよばれるであろう．同じ種類のことはすべての問題で起こる．航空力学では，低い速度に対して設計されたものは，音速よりも速く動かそうとすると役に立たない．そこに大きな“壁”があるという意味ではなく，設計し直さなければならないという意味である．“インダクタンス”として設計したコイルは，良いインダクタンスとして働かなくなり，非常に高い周波数では，何か別の種類のものになってしまうわけである．高い周波数に対しては，新しい設計を発見することが必要である．

2-2　高周波におけるキャパシター

さて，幾何学的に理想的な形のキャパシターにおいて，周波数をどんどん大きくしていったときに，その性質がどんな変化をたどるかを，くわしく論じようと思う(インダクタンスでなく，キャパシターを選んだのは，コイルよりも，2枚の極板の方が幾何学的にずっと簡単だからである)．図2-4(a)のようなキャパシターを考える．これは2枚の平行な円板から成り，これは2組の電線によって外部の発電機につながれている．もし，キャパシターをDCによって充電すると，1枚の極板には正電荷が，他方には負電荷ができ，極板の間には一様な電場ができる．

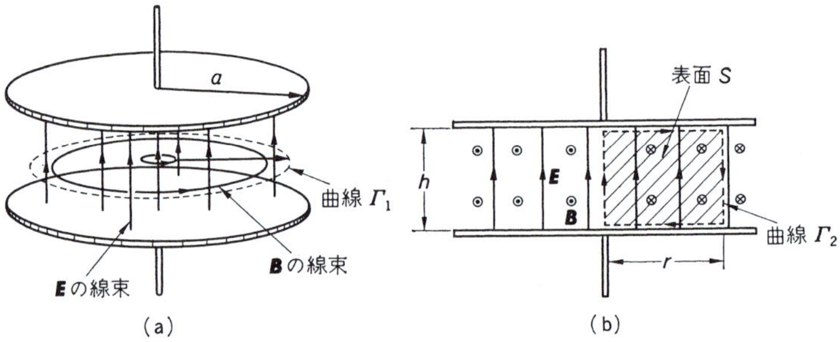

図2-4　キャパシターの電極間の電場と磁場

DCの代わりに，低い周波数のACを極板に加えたとする(“低い”，“高い”の区別は後に理解できる)．キャパシターを低い周波数の発電機につないだと思えばよい．電圧が変わると，上の極板にあった正の電荷は取り除かれ，負の電荷が与えられる．この間に，電場は消えて，ついで，逆向きに作られる．電荷はあちこち移動し，電場がこれにしたがう．どの瞬間でも電場は図2-4(b)のように一様である．ただし，末端の効果はあるが，これは無視することにする．電場の強さはE_0を定数として

$$E = E_0 e^{i\omega t} \tag{2.2}$$

と書ける．

周波数を上げても，これがそのまま正しいかというと，そうはいかない．なぜならば，電場が上下するとき，図2-4(a)のΓ_1のような任意の閉曲線を通って電場の流れがある．すでに学んだように，変化する電場は磁場を作る作用がある．マクスウェル方程式の一つによれば，今の場合のように変化する電場があるときは，磁場の線積分が存在する．閉じた輪に沿った磁場の積分にc^2を掛けたものは，この輪の中の面を通る電束の変化速度に等しい(電流がないとき)：

$$c^2\oint_{\Gamma}\boldsymbol{B}\cdot d\boldsymbol{s} = \frac{\partial}{\partial t}\int_{\Gamma\text{の内部}}\boldsymbol{E}\cdot\boldsymbol{n}\,da. \tag{2.3}$$

磁場を計算するのは，そんなにむつかしくない．閉曲線 Γ_1 として半径 r の円をとろう．対称性からいって，磁場は図のようになっているはずであるから，$\boldsymbol{B}$ の線積分は $2\pi rB$ である．また，電場は一様だから，電束は単に E と円の面積 πr^2 との積で与えられる：

$$c^2B\cdot 2\pi r = \frac{\partial}{\partial t}E\cdot\pi r^2. \tag{2.4}$$

E の時間に関する微係数は，この交流電場の場合，単に $i\omega E_0e^{i\omega t}$ である．したがって，キャパシターは磁場

$$B = \frac{i\omega r}{2c^2}E_0e^{i\omega t} \tag{2.5}$$

をもつことがわかる．したがって，磁場も振動し，その強さは r に比例する．

この影響として，変化する磁場が存在するときは，そこに電場が誘起されるから，キャパシターは，いくらかインダクタンスのような振舞いをすることになる．周波数が高くなると，磁場は強くなる．磁場は E の変化に比例し，したがって ω に比例するからである．このため，キャパシターのインピーダンスは，単に $1/i\omega C$ ではなくなる．

周波数をさらに上げて，さらに注意して解析しよう．磁場はあちこちする．このとき，電場は一様ではあり得なくなり，仮定と矛盾してしまう．なぜならば，変化する磁場があると，ファラデーの法則により，電場の線積分が存在しなければならない．したがって，高周波の場合のように，磁場が相当大きくなると，電場は中心からの距離に無関係ではあり得ない．電場は r につれて変化し，電場の線積分は磁束の変化に等しくなっていなければならない．

電場を正確に求められるか，調べてみよう．低周波で仮定した一様な電場に対する“補正”を求めよう．一様な電場を E_1 とすると，これはやはり $E_0e^{i\omega t}$ である．補正した電場を

$$E = E_1 + E_2$$

と書く．E_2 は変化する磁場による補正である．任意の ω に対し，コンデンサーの中心における電場を $E_0e^{i\omega t}$ と書くことにする(これは E_0 を定義する)．したがって，中心においては補正はないから，$r=0$ で $E_2=0$ である．

E_2 を知るために，ファラデーの法則の積分形

$$\oint_{\Gamma}\boldsymbol{E}\cdot d\boldsymbol{s} = -\frac{\partial}{\partial t}(\text{磁束})$$

を使うことができる．図 2-4(b)に示した曲線 Γ_2，すなわち軸に沿って上がり，上の極板に沿って半径を r だけ外方へ進み，鉛直に下って下の極板に達して軸に戻る曲線 Γ_2 について積分を行なうと簡単である．この曲線について E_1 の積分はもちろんゼロであり，E_2 だけが寄与をするが，h を極板間の距離とすると，この積分は $-E_2(r)\cdot h$ である

(E は上向きのとき正とする). 磁束は図 2-4(b)の Γ_2 内の影をつけた面積 S について B を積分したもので, その変化速度が E の積分に等しい. 鉛直な, 幅 dr の小面積を通る磁束は $B(r)hdr$ であるから, 全磁束は

$$h\int B(r)\,dr$$

である. 磁束の $-\partial/\partial t$ を E_2 の線積分に等しいとおくと

$$E_2(r) = \frac{\partial}{\partial t}\int B(r)\,dr \tag{2.6}$$

を得る. h は両辺で消去し合ったから, 電場は極板の距離によらない.

$B(r)$ に対する式(2.5)を用いると

$$E_2(r) = \frac{\partial}{\partial t}\frac{i\omega r^2}{4c^2}E_0e^{i\omega t}$$

となるが, 時間微分はさらに因子 $i\omega$ をもたらすから,

$$E_2(r) = -\frac{\omega^2r^2}{4c^2}E_0e^{i\omega t} \tag{2.7}$$

を得る. 予期されるように, 誘起電場は外方の電場を**弱める**傾向にある. 補正された電場 $E=E_1+E_2$ は

$$E = E_1+E_2 = \left(1-\frac{1}{4}\frac{\omega^2r^2}{c^2}\right)E_0e^{i\omega t} \tag{2.8}$$

である.

キャパシター内の電場はもはや一様ではなく, 図 2-5 の破線のように放物線の形をもつことになる. 単純なキャパシターは少し複雑な様子を示してきた.

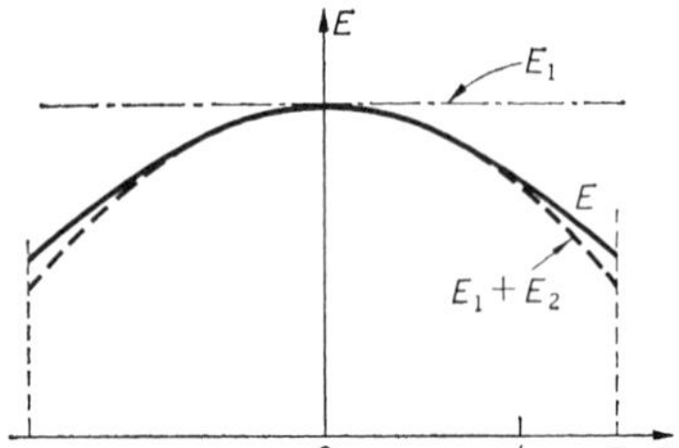

図 2-5　高周波におけるキャパシターの電極間の電場(末端効果は無視)

この結果を使えばキャパシターの高周波に対するインピーダンスを計算することもできる. 電場を知っているから, 極板にある電荷が計算でき, キャパシターを通る電流が周波数 ω による様子を求めることができるからである. しかし, いまはこの問題には興味がない. 我々はさらに周波数を上げたときに起こることに, より深い興味をもっているのである. 上の計算はもちろん不充分である. それは, 電場を補正したのであるが, これは前に計算した磁場がもはや正しくないことを意味するからである. 式(2.5)の磁場は, 近似的に正しいが, これは第1近似にすぎない. そこで, これを B_1 とよぼう. 式(2.5)は

$$B_1 = \frac{i\omega r}{2c^2}E_0e^{i\omega t} \tag{2.9}$$

と書かれる. この磁場は E_1 の変化によって作られたものであった. 正しい磁場は全電場 E_1+E_2 の変化によって作られるものである. 磁場を $B=B_1+B_2$ と書けば, 第2項に E_2 によって作られる付加項である. B_2 を求めるには, B_1 を計算したときと同じ議論を行なえばよい. 曲線 Γ_1 をまわる B_2 の積分は Γ_1 を通る E_2 の電束の変化速度に等しい. こうすれば, 式(2.4)において B を B_2 で E を E_2 でおきかえた式

$$c^2B_2\cdot 2\pi r = \frac{\partial}{\partial t}(\Gamma_1 \text{を通る } E_2 \text{ の電束})$$

を得る．E_2 は半径によって変化するから，Γ_1 内の円形の面について積分しなければ電束を求めることができない．$2\pi r dr$ を面積素片として，この積分は

$$\int_0^r E_2(r)\cdot 2\pi r\, dr$$

である．したがって B_2 は

$$B_2(r) = \frac{1}{rc^2}\frac{\partial}{\partial t}\int E_2(r) r\, dr \qquad (2.10)$$

となる．式(2.7)の $E_2(r)$ を使うと r^3dr の積分がいる．が，これはもちろん $r^4/4$ である．磁場の補正は

$$B_2(r) = -\frac{i\omega^3 r^3}{16c^4}E_0 e^{i\omega t} \qquad (2.11)$$

となる．

しかしこれが全部ではない．B がはじめに仮定したものでなかったならば，E_2 も正しくは計算できなかったことになる．付加的な磁場 B_2 による高次の補正を E に加えなければならない．電場に対するこの付加的な補正を E_3 としよう．これは E_2 が B_1 に関係したように，B_2 に関係するものである．式(2.6)において添字を変えることにより

$$E_3(r) = \frac{\partial}{\partial t}\int B_2(r)\, dr \qquad (2.12)$$

を得る．B_2 として式(2.11)を用いれば，電場に対する新しい補正に

$$E_3(r) = +\frac{\omega^4 r^4}{64c^4}E_0 e^{i\omega t} \qquad (2.13)$$

となる．再度補正された電場 $E=E_1+E_2+E_3$ は

$$E = E_0 e^{i\omega t}\left[1-\frac{1}{2^2}\left(\frac{\omega r}{c}\right)^2+\frac{1}{2^2\cdot 4^2}\left(\frac{\omega r}{c}\right)^4\right] \qquad (2.14)$$

となる．電場の半径による依存性は図 2-5 に描いた単純な放物線ではなく，大きな半径に対して E_1+E_2 の曲線の少し上にくることになる．

これで終ったわけではない．新しい電場は新しく磁場の補正を生じ，新しい磁場はさらに電場の補正を作る——ということが続く．しかし，必要な公式はすでに全部出ている．B_3 については，式(2.10)において B と E との添字を 2 から 3 に変えればよい．

電場の次の補正は

$$E_4 = -\frac{1}{2^2 4^2 6^2}\left(\frac{\omega r}{c}\right)^6 E_0 e^{i\omega t}$$

である．この次数まで書くと電場は

$$E = E_0 e^{i\omega t}\left[1-\frac{1}{(1!)^2}\left(\frac{\omega r}{2c}\right)^2+\frac{1}{(2!)^2}\left(\frac{\omega r}{2c}\right)^4-\frac{1}{(3!)^2}\left(\frac{\omega r}{2c}\right)^6+\cdots\right] \qquad (2.15)$$

となる．係数は，この級数がどのように続くかを明白に知ることがで

きるように書き直した．

上の結果は，キャパシターの極板の間の電場は，任意の電場に対して$E_0e^{i\omega t}$と，$\omega r/c$だけを変数として含む無限級数との積として与えられるということである．式(2.15)の括弧の中の無限級数は$J_0(x)$と呼ばれる特殊関数を定義するものである：

$$J_0(x) = 1-\frac{1}{(1!)^2}\left(\frac{x}{2}\right)^2+\frac{1}{(2!)^2}\left(\frac{x}{2}\right)^4-\frac{1}{(3!)^2}\left(\frac{x}{2}\right)^6+\cdots \tag{2.16}$$

これを用いれば，上記の解は$E_0e^{i\omega t}$とこの関数$(x=\omega r/c)$との積として書ける：

$$E = E_0e^{i\omega t}J_0\left(\frac{\omega r}{c}\right). \tag{2.17}$$

上の特殊関数をJ_0とよんだが，それは，円筒内の振動が扱われたのは，もちろんこれが最初ではないからである．この関数は以前からあったもので，ふつうJ_0とよばれるのである．円筒形の対称性をもつ波動に関する問題では，いつもこれが現われる．円筒波でJ_0が現われるのは，直線の波動で cos が現われるのと同じである．したがってこれは重要な関数で，はるか昔に発明された．ベッセルという人の名がこれにつけられた．添字ゼロがついているのは，ベッセルは大変多くの関数を発明したので，これはその第一のものだからである．

他のベッセル関数J_1, J_2などは，軸のまわりの角によって強さの変わる円筒波に関係するものである．

円筒形のキャパシターの極板間の，完全に補正した電場は式(2.17)で与えられるが，これを図2-5において実線で示した．あまり高くない周波数に対しては，第2近似はすでに相当よかった．第3近似はさらにずっとよく，実際これを図示すると，実線との差がつけにくいほどである．しかし次の節でわかるように，大きな半径，あるいは高い周波数に対しては，完全な級数が必要になる．

2-3　共鳴空洞

周波数をどんどん高めていったときに，キャパシターの極板の間の電場を与える解がどうなるかを調べよう．ωを大きくすると，パラメーター$x=\omega r/c$も大きくなり，J_0のxに関する級数の最初の数項が急激に増大するであろう．したがって，図2-5に描いた放物線は，高い周波数では，もっと急に下方へ曲がることになる．実際，高い周波数では，おそらくc/ωがaの半分ぐらいで，電場はゼロまで落ちそうにみえる．J_0が本当にゼロになり，さらに負になるか調べよう．はじめに$x=2$としてみると

$$J_0(2) = 1-1+\frac{1}{4}-\frac{1}{36} = 0.22$$

となる．この関数はまだゼロにならないから，xを更に大きくして，たとえば$x=2.5$としてみると，数値で書いて

$$J_0(2.5) = 1 - 1.56 + 0.61 - 0.09 = -0.04$$

となる．$x=2.5$ になるまでに関数 J_0 はすでにゼロを通ったのである．$x=2$ における値と $x=2.5$ における値とを比べると，J_0 は 2.5 から 2 の方へ 1/5 だけよったところでゼロになるように思われる．すなわち近似的に x が 2.4 のところでゼロになるであろう．この値をおいてみよう：

$$J_0(2.4) = 1 - 1.44 + 0.52 - 0.08 = 0.00$$

小数点以下 2 桁までの精度でゼロになった．もっと正確に計算すると（あるいは J_0 はよく知られた関数であるから本を調べてみると），ゼロになるのは $x=2.405$ であることがわかる．このようなことは，本の助けをかりなくても，自分で発見できるということを示すために，手で計算してみせたのである．

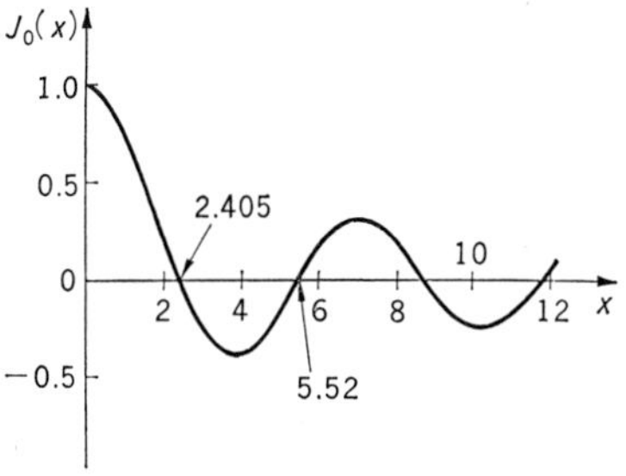

図 2-6 ベッセル関数 $J_0(x)$

J_0 を本で調べるなら，x の大きな値に対してどうなるかを注意すると面白い．これは図 2-6 のグラフのようになる．x が増大するにつれ，J_0 は正と負との間で振動し，その振動の振幅は段々と小さくなっていく．

我々は次のような興味ある結論を得た：周波数を充分高くすれば，コンデンサーの中心の電場の向きに対して，端の近くの電場は逆向きになり得る．たとえば ω を充分大きくして，キャパシターの外端における $x=\omega r/c$ の値が 4 に等しいとすると，キャパシターの端は図 2-6 において横軸が $x=4$ に相当する．これはキャパシターが周波数 $\omega=4c/a$ で作動していることを意味する．極板の端のところでは，電場はちょっと考えられる向きとは逆で，相当な大きさをもっている．これは高周波におけるキャパシターの場合に起こる奇妙な現象である．さらに周波数を非常に高くすると，キャパシターの中心から遠ざかるにつれて電場は何回も，あちら向き，こちら向きと振動する．この電場に関連した磁場も存在する．我々のキャパシターが高周波に対して理想的なキャパシタンスを示さないのは当然である．これは一体キャパシターか，それともインダクタンスかも，あやしくなってしまう．ここでは無視したが，キャパシターの端のところでは，もっと複雑な効果も生じることを注意しておこう．たとえば，端のところを通って，波が輻射されるから，上に計算したものよりも電場は更にもっと複雑なのであるが，このような効果は，ここでは心配しないことにしよう．

以前には，キャパシターに対して等価回路を考えることができたが，低周波に対して作られたキャパシターは周波数が高すぎるともはや不満足なものであることを認めなければならない．このような装置の高周波における作動を扱うには，回路を扱ったときに用いたマクスウェル方程式の近似法を棄てて，空間内の場を完全に記述する完全な方程式系にもどらなければならない．理想的な回路素子を扱うかわりに，実際の導体と，それによってはさまれた空間の中におけるすべての場とを扱わなければならない．たとえば，高周波における共鳴回路を作ろうとするときには，コイルと平行板キャパシターとを使ったものを作ろうとは考えないだろう．

すでに述べたように，いままで扱ってきた平行板キャパシターは，キャパシターとインダクタンスとの両方の性質をそなえている．電場に対し極板の表面に電荷があり，磁場に対し，逆起電力がある．これはすでに共鳴回路ではないだろうか――実際そうなっているのである．いま，周波数を適当に選んで，円板の端より内部のある半径のところで電場がゼロになるようにしたとする．すなわち $\omega a/c$ を 2.405 よりも大きくとる．円板の軸を軸とし，この特定な半径をもつ円筒上では，どこでも電場はゼロである．そこで，薄い金属板をとり，キャパシターの極板の間隔にちょうど合う幅に切りとる．そして，これを円筒状に曲げて，電場がゼロになる半径のところに合うようにする．この半径のところでは電場はゼロであるからこの円筒形の導体をここにおいても，その中で電流が流れることはないし，電場も磁場も変化しないだろう．キャパシターを通して直接に短絡を行ない，しかも何の変化も起こさないことができたのである．そこで何ができたかというと，電場と磁場とを内部にもち，外部とは無関係な完全な円筒形の罐を得たのである．この罐の外部の極板の端の部分と，キャパシターの導線とをとり去っても，内部の場は変化しない．そこで図 2-7(a)に示したような電場と磁場とをもつ閉じた罐が得られたことになる．電場は周波数 ω(これが罐の半径をきめることを忘れてはならない)で上下に振動している．振動する E の場の振幅は罐の軸からの半径と共に図 2-7(b)のように変化する．この曲線は 0 次のベッセル関数の最初の弧にほかならない．磁場も存在し，これは軸のまわりの円周に沿い，電場に対し 90° だけずれた位相で振動する．

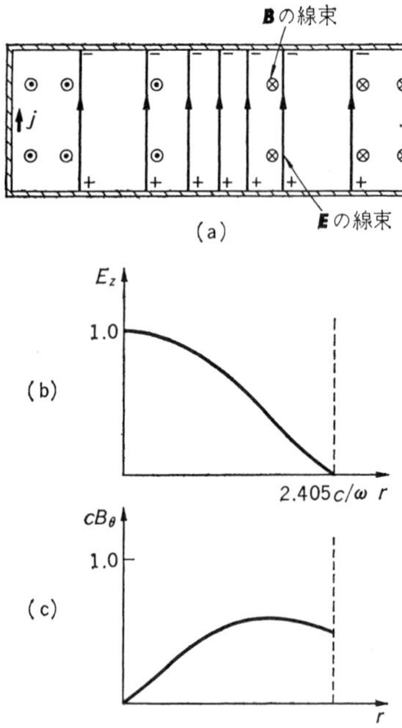

図 2-7 閉じた円筒形の罐の中の電場と磁場

磁場についても級数を求めることができる．これを図にすると図 2-7(c)のようになる．

罐の内部の電場と磁場とが外部と無関係に存在し得るのはなぜかというと，それは電場と磁場とがそれ自身で保たれるからである．すなわち，マクスウェル方程式にしたがって，$\boldsymbol{E}$ の変化は $\boldsymbol{B}$ を作り，$\boldsymbol{B}$ の変化は $\boldsymbol{E}$ を作る．磁場は誘導的な面をもち，電場は容量的な面をもつ．そして両方で，共鳴回路のようなものを作るわけである．上に述べた条件は，半径が $2.405c/\omega$ に正確に等しいときにだけ起こることを注意しなければならない．罐の半径が与えられているときは，電場と磁場とは，上述のようにして，特別な周波数でのみ振動が持続される．半径 r の円筒形の罐は，周波数

$$\omega_0 = 2.405\frac{c}{r} \tag{2.18}$$

に対して**共鳴**する．

罐を完全に閉じた系にしても，場は同様に振動を続けるといったが，これは完全には正しくない．これが可能なのは，罐の壁が完全な導体の場合である．しかし実際の罐では，壁の内部に存在する振動電流が材料の抵抗のためにエネルギーを消耗するので，場の振動は次第に減

衰する．図 2-7 からわかるように，空洞の中の電場と磁場とに付随した強い電流が存在するはずである．鉛直な電場は罐の上下の板において急にゼロになるから，この点では大きな発散がある．したがって，罐の表面内部には，図 2-7(a) に示したような正および負の電荷がなければならない．電場が逆向きになれば，電荷も逆にならなければならず，罐の上下の板の間には交流が流れるはずである．この電流は図に示したように罐の側面を流れるであろう．磁場について起こることを考えても罐の側面に電流が流れなければならないことがわかる．図 2-7(c) によれば，磁場は罐の端で急にゼロになる．このような磁場の急激な変化は壁に電流があるときにのみ起こることである．この電流は，罐の上下の板に交替する電荷を与えるものである．

罐の鉛直側面に電流が現われたことを不思議に思われる読者もあることと思う．前には，電場のゼロの位置に鉛直な壁を入れても何も起こらないだろうと述べたが，これはどうしたことであろうか――しかし，最初に罐の側面に壁を入れたときには，上下の板はその外にもずっと広がっていたので，罐の外部にも磁場が存在していた．罐の外にあったキャパシターの極板の部分を切り棄てたときに，そのために鉛直な壁の中に電流が現われたのである．〈極板がずっと広がっていたときには鉛直な壁の電流がなくても場の振動につれて磁場が外部から入ったり，外部へ出たりできたが，外部の極板を棄てたあとでは，磁場を壁から内部へ生じさせたり，壁で吸収したりする交流が必要になる．電荷についていえば，無限に広がった極板では，正または負の電荷が，場の振動につれて無限遠から来たり，無限遠へ去ったりすると考えればよい．〉

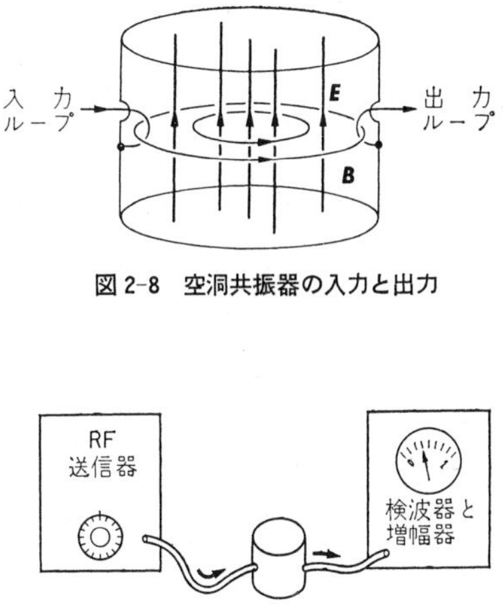

図 2-8　空洞共振器の入力と出力

完全に閉じた罐の中の電場と磁場とは，エネルギー損失によって次第に減衰するが，罐に小さな孔をあけて損失をおぎなうような電気的エネルギーを少しばかり入れてやれば，減衰をとめることができる．小さな針金を罐の側面の孔を通して挿入し，図 2-8 のように，その一端を壁の内面に固定して小さなループを作らせる．この針金を高周波の交流電源につなげば，この電流は空洞内の電場や磁場と結合して振動を継続させる．もちろんこのためには駆動電源の周波数が罐の共鳴周波数と一致しなければならない．電源の周波数が合わないときは電場も磁場も共鳴しないで，罐内の場は非常に弱いものになる．

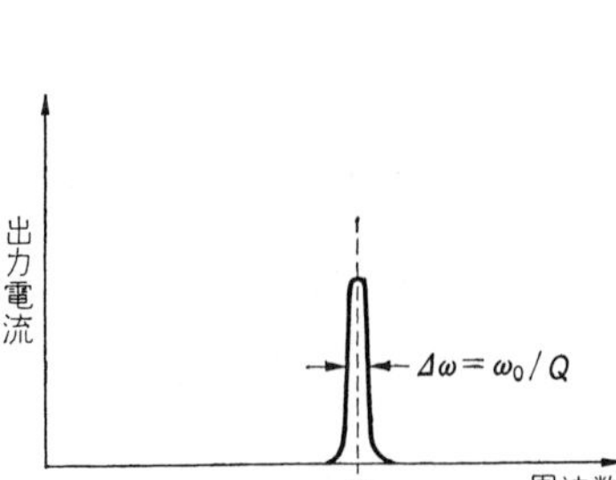

図 2-9　空洞の共振を観測する装置

共鳴の特性は，図 2-8 のように，もう一つの小さな孔を罐にあけて，ここにもう一つのループを固定すれば容易に調べることができる．このループを通る磁場の変化はループ内に誘導起電力を生じる．このループを外部の測定回路につなげば，電流は空洞内の場の強さに比例する．図 2-9 のように空洞の入力ループを RF 送信器につなぐ．この送信器はその前面のとってを動かすことによって交流の周波数を変えることができる．空洞の出力ループは“検波器”につながれる．これは出力ループからの電流を測定するものである．出力電流を送信器の周波数の関数として示すと図 2-10 のような曲線を得る．空洞の共鳴周

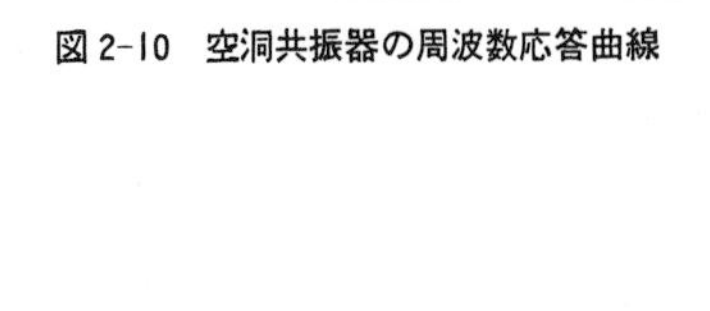

図 2-10　空洞共振器の周波数応答曲線

波数 ω_0 の極く近くを除いたすべての周波数に対して出力電流は非常に小さい．共鳴曲線は第I巻第23章で述べたものによく似ている．しかし，共鳴幅は，インダクタンスとキャパシターとで作られた共鳴回路における共鳴幅に比べて，はるかに小さい．すなわち，空洞の Q 値は非常に高い．空洞の壁の内面を銀のように非常によい導体の材料で作れば Q として 100,000，あるいはもっと大きな値を得ることも珍しくない．

2-4　空洞のモード

実際の罐を用いて測定を行ない，上述の理論を吟味することを考えよう．直径3.0インチ，高さ約2.5インチの円筒状の罐を用いる．罐には図2-8に示した入力と出力とのループをつけてある．式(2.18)によってこの罐の共鳴周波数を計算すると，$f_0=\omega_0/2\pi=3010$ メガサイクルを得る．送信器を約3000メガサイクルに合わせ，ゆっくり周波数を変えて，共鳴を生じさせると，出力電流の最大値としてたとえば3050メガサイクルを得る．これは予期された共鳴周波数に大変近いが，厳密に同じではない．不一致の原因はいくつか存在し得る．ループをつけるために作った小さな孔によって共鳴周波数は少し変化したであろう．しかし，少し考えてみると，孔は共鳴周波数を少し低下させることがわかるから，これが原因ではあり得ない．送信器の周波数の目盛りに小さな誤差があったのかも知れないし，あるいは空洞の直径の測定が充分厳密でなかったのかも知れない．いずれにしても，一致は大変よいといえるだろう．

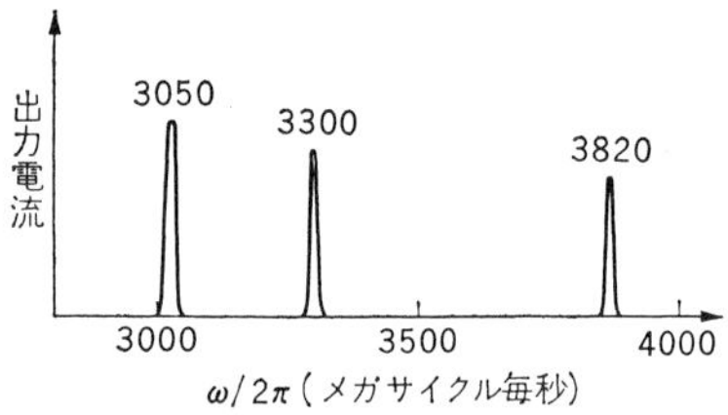

図2-11　円筒形空洞の観測された共振周波数

もっと重要なことは，送信器の周波数を3000メガサイクル以上に上げていったとき起こる事柄である．このようにして図2-11の結果が得られる．3000メガサイクル近くの予期した共鳴の他に，3300メガサイクルおよび3820メガサイクルの近くにも共鳴がある．このような余分の共鳴は図2-6からわかるだろうか．いままではベッセル関数の第1のゼロ点が罐の端で起こると仮定したが，ベッセル関数の第2のゼロ点が罐の端に当たり，罐の中心から端へ行く間に図2-12のように電場の1回だけの振動が完結することもあり得る．これも振動場の可能なモードで，共鳴が当然期待される．しかし，ベッセル関数の第2のゼロは $x=5.52$，すなわち第1のゼロの2倍ぐらいの大きい値で起こっている．したがってこのモードに対する共鳴は6000メガサイクルよりも大きくなければならない．疑いなく，これは見出されるであろうが，これは3300において観察された共鳴の説明にはならない．

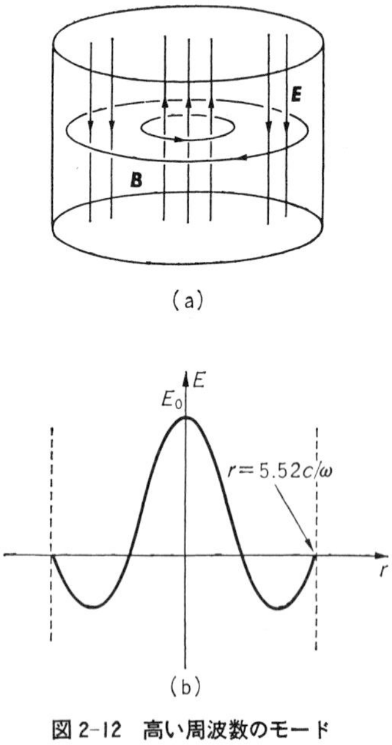

図2-12　高い周波数のモード

問題点は共鳴空洞の様子を解析するのに，電場と磁場とについてただ一つの幾何学的配合を考えただけであったところにある．電場は鉛直方向であり，磁場は水平の円形であると仮定した．しかし他の場も可能である．要求されることは，場がマクスウェル方程式を罐の中で満たし，電場は壁に対して垂直に入るということだけである．罐の上下が平らな場合を考えてきたが，もしも上下の面も曲がっていたら，完全にちがったことになったであろう．実際，罐にとってどちらが上あるいは下で，どちらが側面であるかわかるはずはない．罐内の場の振動のモードとして，実際，図2-13のように，罐の直径に大体沿うような電場をもつモードが存在することを示すことができる．

このモードの自然の周波数が，上に考察した第1のモードと大きくちがわない訳は，あまり理解しにくいことではない．いままで考えてきた円筒形の空洞のかわりに1辺が3インチの立方形の空洞をとったとしよう．この空洞が三つの異なるモードをもち，そのすべてが同じ周波数であることは明らかである．電場が大体上下に通っているモードは，当然，電場が左右に通っているモードと同じ周波数をもつはずである．この立方体を変形して円筒にするならば，これらの周波数は少し変化するであろう．しかし，空洞の大きさを大体同じに保つならば，周波数はたいして変化しないと考えられる．したがって図2-13のモードの周波数は図2-8のモードとたいしてちがわないはずである．図2-13に示されたモードの自然周波数をくわしく計算することもできるが，ここではやめておく．ここで仮定した大きさの空洞について，このように共鳴の周波数を計算すると，それは観測された3300メガサイクルの共鳴の極く近くに出ることが示される．

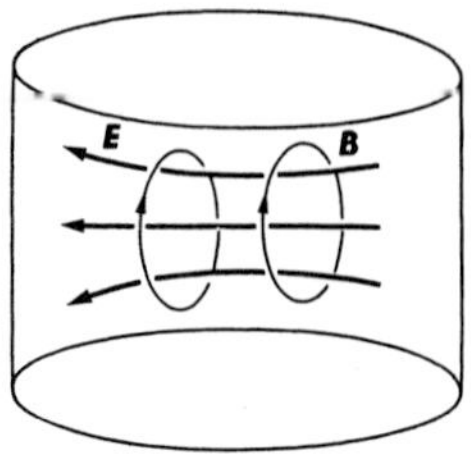

図2-13　円筒形空洞の横モード

同様な計算により，3800メガサイクルの近くに観測されたもう一つのモードが存在することも示される．このモードに対する電場と磁場とを図2-14に示してある．電場は空洞を横ぎろうとはしていないで，図示されたように側面から上下の面へと達している．

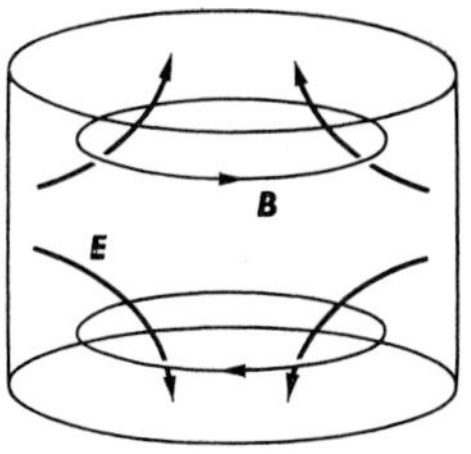

図2-14　円筒形空洞の別のモード

高い高い周波数へ行けば，更に多くの共鳴があると期待されることがわかるであろう．多数の異なるモードがあり，それぞれ独特な，複雑な電場と磁場とに相当して異なった共鳴周波数をもっている．これらの場の配合の各々は共鳴モードとよばれる．各モードの共鳴周波数は空洞内の電場と磁場とに対するマクスウェル方程式を解くことによって求められる．

ある特別の周波数で共鳴が起こっているとき，どのようなモードが励起されているかを知る方法を考えよう．一つの方法は小さな孔を通して小さな針金を差し込むことである．図2-15(a)のように電場が針金に沿っているときは，針金に比較的大きな電流が流れ，場からエネルギーを吸収し，共鳴は減衰するであろう．電場が図2-15(b)のよう

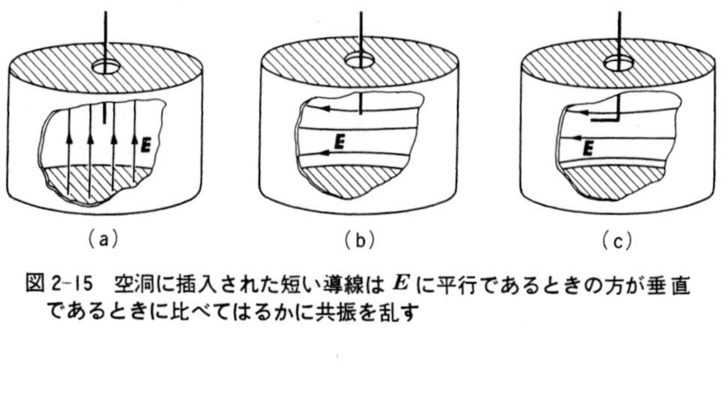

図2-15　空洞に挿入された短い導線は E に平行であるときの方が垂直であるときに比べてはるかに共振を乱す

であれば，針金の効果ははるかに小さいであろう．図 2-15(c)のように針金の端を曲げれば，このモードの場がどちらを向いているかを知ることができるであろう．そこで針金を回転させると針金の端が $\boldsymbol{E}$ と平行になったとき大きな影響があり，$\boldsymbol{E}$ と $90°$ になるように回転すれば影響は小さくなる．

2-5　空洞と共鳴回路

上述の共鳴空洞は，インダクタンスとキャパシターとからなるふつうの共鳴回路と大変異なっているように思われるが，これらの二つの共鳴系はもちろん密接な関係がある．これらは共に同じ系統の一員である――これらは電磁気的な共鳴器の二つの極端な場合である――これら二つの極端な場合の間には種々の中間の場合がある．図 2-16(a)のように，キャパシターとインダクタンスとが並んでいる共鳴回路から出発するとしよう．この回路は周波数 $\omega_0=1/\sqrt{LC}$ で共鳴する．この回路の共鳴周波数を上げようと思えば，インダクタンス L を低下させればよい．その一つの方法はコイルの巻き数を減らすことである．しかしこの方法には限りがある．最後の一巻きだけになったときには，コンデンサーの上と下の極板を 1 本の針金が結んでいるだけになる．キャパシターを小さくすれば共鳴周波数は上げられるであろう．しかし，インダクタンスをいくつか並列させて，インダクタンスを減らし続けることもできる．一巻きのインダクタンスを二つ並列させれば，インダクタンスは一巻きの半分になる．そこで，インダクタンスが一巻きまで減らされたとき，コンデンサーの上の極板から下の極板へと別のループを付加することによって共鳴周波数を上げ続けることができる．たとえば，図 2-16(b)は 6 本の一巻きインダクタンスによってつながれたコンデンサーの極板を示している．このような針金をつぎつぎに加えて行けば，図の(c)で示されるような完全に閉じた共鳴系へと移行することができる．この図は円筒の対称性をもった物体の断面を描いたものである．この場合インダクタンスはコンデンサーの極板の端につけられた中空な円筒状の罐である．電場と磁場とは図に示されたようになるであろう．このような物体はもちろん共鳴空洞である．これは負荷された空洞とよばれる．しかし，電場の大部分が存在する領域がキャパシターで，磁場の大部分が存在する領域がインダクタンスの部分を形成する L-C 回路であるというふうにこれを考える

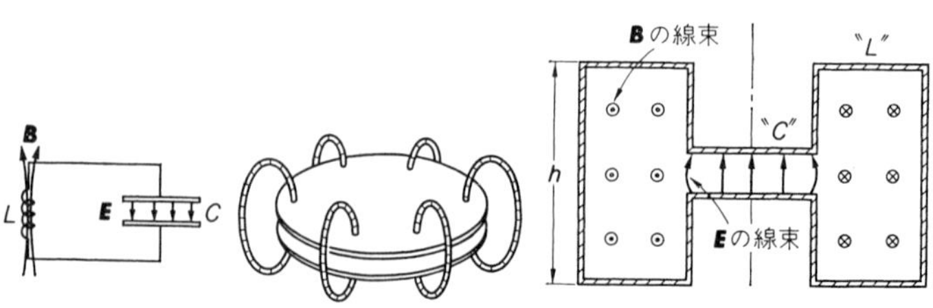

(a)　(b)　(c)

図 2-16　つぎつぎに高い共振周波数をもつ共振器

ことも可能である．

図 2-16(c)の共鳴器の周波数をさらに高めようと思えば，インダクタンスLを小さくすればよい．このためには，インダクタンスの部分の幾何学的大きさを減らせばよい——たとえば図における高さhを減少させればよい．hが減少すると共鳴周波数は増大するであろう．もちろん，hがコンデンサーの極板の間隔とちょうど等しい状態にもなる．このときは円筒状の罐が得られる．共鳴回路は図 2-7 の空洞共鳴器になったのである．

図 2-16(a)のもともとのLC共鳴回路では電場と磁場とが完全に分離していた．共鳴系を徐々に変形させて周波数を高く高くして行ったとき，磁場は次第に電場の近くにもちきたされて，遂に空洞共鳴器では二つが完全に混ざり合うにいたった．

この章で扱った空洞共鳴器は円筒形の罐であったが，円筒形ということに何の魔法もあるわけではない．任意の形の罐は，電場と磁場との種々の可能な振動のモードに相当する共鳴周波数をもつであろう．たとえば，図 2-17 のような空洞は，その特有の共鳴周波数(計算するのはむつかしいが)をもっているわけである．

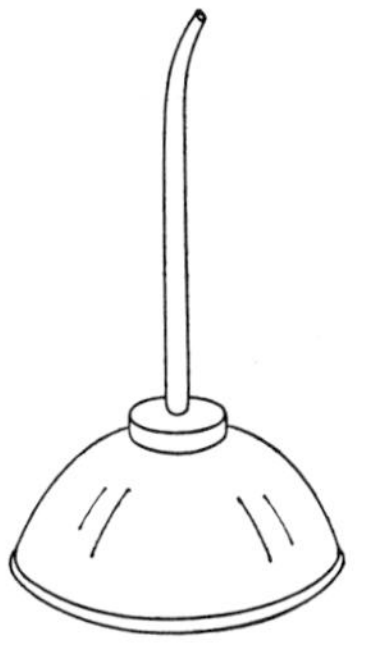

図 2-17 他の共振空洞

第3章
導　波　管

3-1 伝送線

前の章では，非常に高い周波数で作動したとき，回路の集中素子に何が起こるかを調べ，共鳴回路は内部に共鳴する場をもつ空洞でおきかえられることを知った．他の興味ある技術的な問題は一つのものと別のものとを連絡して，電磁気的エネルギーをそれらの間で送ることである．低周波回路では，連絡は針金でできるが，しかし高周波ではこの方法はあまりうまく働かない．それは回路がそのまわりの空間にエネルギーを輻射し，そのためエネルギーがどこへ行くかを制御することはむつかしいからである．針金のまわりに場は広がる．そして電流や電圧は針金によってはあまりよく“導かれ”ない．この章においては，高周波において連絡する方法を考えようと思う．少なくとも，ここに一つの問題の起こし方がある．

別の方法は，さきに自由空間における波の性質を論じたが，今や振動場が1次元あるいはもっと高い次元の中に閉じ込められたときにどうなるかを調べる時期である．場が2次元の中に閉じ込められ，第3の方向には自由に動けるときに，場が波となって伝播するという面白い新たな現象を見出すであろう．この波は“導かれた波”であり，これがこの章の主題である．

始めに**伝送線**の一般論を述べる．都会から都会へと地方を越えて走っているふつうの電力の伝送線はいくらか電力を輻射するが，電力の周波数(50-60サイクル/秒)は大変低いので，この損失はあまり重大ではない．電線を金属の管で囲むと輻射をとめることができるが，この方法は電力線に対しては実用的でない．それは用いられる電圧と電流とでは，非常に大きな，高価な，重い管が必要になるからである．そのため簡単な“裸線”が用いられる．

やや高い周波数――たとえば数キロサイクル――では，すでに輻射が重大になり得る．しかし短い電話線の場合のように“絡ませた対”の伝送線によって輻射をへらすことができる．しかし，さらに高周波になるとすぐに輻射は耐えられない程になる．それは電力損失のためか，あるいはエネルギーがほしくない他の回路にエネルギーが現われたりするためである．数キロサイクルから数百メガサイクルの間の周波数では，電磁信号や電力は，1本の導線とこれを包む円筒状の“外部導体”あるいは“シールド”とからなる同軸線によって送られるのがふつうである．下の取扱いは任意の形の二つの平行導体からなる伝送線に適用できるものであるが，同軸の線を基準にして取り扱うことにしよう．

最も簡単な同軸線として内部の導体が薄い中空の円筒であり，外部の導体も別の薄い円筒で，内部導体と同じ軸をもつ，図3 1のようなものを考える．最初に比較的低い周波数でこの線がどのような性質をもつかを近似的に考察する．低周波の性質についてはすでにいくらか調べたが，二つのこのような導体は単位長さにつきいくらかのインダクタンス，あるいはキャパシタンスをもつということをさきに述べた．実際，任意の伝送線の低周波に対する性質は単位長さあたりのインダクタンス L_0 と単位長さあたりのキャパシタンス C_0 とを与えれば定められる．伝送線は1-7節に述べたように，L-C フィルターの極限として解析することができる．伝送線の微小な長さを Δx とし，小さな直列素子 $L_0\Delta x$ と，小さな分路キャパシタンス $C_0\Delta x$ とからなるフィルターを作れば，伝送線と同様のものができる．無限のフィルターに対する結果により，電気信号が伝送線を伝わることが理解できる．しかし，ここでは，このような方法によらないで，むしろ微分方程式の観点から伝送線を考察しよう．

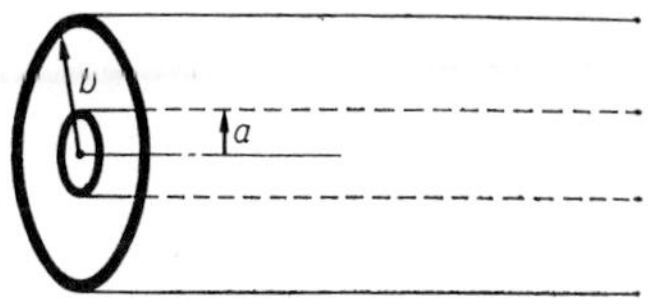

図 3-1 同軸伝送線

伝送線に沿う二つの近接する点において起こることを考える．この2点は伝送線の端からの距離が x と $x+\Delta x$ とであるとしよう．二つの導体の電圧差を $V(x)$ とし，"熱い"導体に流れる電流を $I(x)$ とする(図3-2参照)．線の電流が変化しているときは，インダクタンスにより，線の小部分，x と $x+\Delta x$ の間で，電圧降下

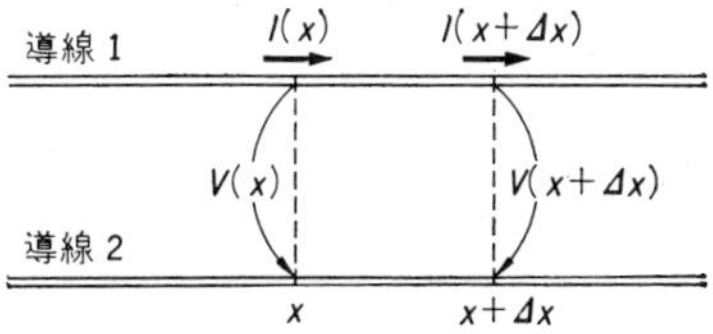

図 3-2 伝送線内の電流と電圧

$$\Delta V = V(x+\Delta x) - V(x) = -L_0\Delta x\frac{dI}{dt}$$

が生じるだろう．あるいは $\Delta x \to 0$ の極限をとり

$$\frac{\partial V}{\partial x} = -L_0\frac{\partial I}{\partial t} \tag{3.1}$$

を得る．変化する電流は電圧の勾配を与える．

図を再び参照し，x における電圧が変化しているとすると，この領域のキャパシティーにいくらか電荷が供給されるはずである．x と $x+\Delta x$ の間の線の小部分を考えると，そこにある電荷は $q=C_0\Delta xV$ である．この電荷の時間変化の割合いは $C_0\Delta x dV/dt$ であるが，電荷はこの領域に入り込む電流 $I(x)$ が出て行く電流 $I(x+\Delta x)$ とちがうときにだけ変化できる．この差を ΔI とすると

$$\Delta I = -C_0\Delta x\frac{dV}{dt}$$

である．$\Delta x \to 0$ の極限をとると

$$\frac{\partial I}{\partial x} = -C_0\frac{\partial V}{dt} \tag{3.2}$$

を得る．したがって電荷の保存は電流の勾配が電圧の時間的変化に比例することを意味する．

方程式(3.1)と(3.2)とは伝送線の基礎方程式である．もしも望むな

らば，これらを修正して導体内の抵抗や，導体間の絶縁を通して電荷がもれる影響をとり入れることができる．しかし，ここの議論は簡単な例だけに止めることにしよう．

二つの伝送線方程式は，一方を t で，他方を x で微分して V，あるいは I を消去することにより結合することができる．こうして

$$\frac{\partial^2 V}{\partial x^2} = C_0 L_0 \frac{\partial^2 V}{\partial t^2} \tag{3.3}$$

あるいは

$$\frac{\partial^2 I}{\partial x^2} = C_0 L_0 \frac{\partial^2 I}{\partial t^2} \tag{3.4}$$

を得る．

我々は再び波動方程式を得た．一様な伝送線では電圧(電流も)は線に沿って波として伝播する．線に沿う電圧は $V(x,t)=f(x-vt)$，あるいは $V(x,t)=g(x+vt)$ の形，あるいはこれらの和の形をもたなければならない．速度 v はどうなるかというと，$\partial^2/\partial t^2$ の係数が $1/v^2$ であるから，したがって

$$v = \frac{1}{\sqrt{L_0 C_0}} \tag{3.5}$$

である．

伝送線の中の**各々の波に対する**電圧はその波の電流に比例し，比例定数はちょうど特性インピーダンス Z_0 に等しい．これを示すことは諸君の演習にまかせよう．x の正の向きに進む波に対する電圧と電流とを V_+, I_+ とすると

$$V_+ = Z_0 I_+ \tag{3.6}$$

が得られるはずである．同様に，x の負の向きに進む波に対しては

$$V_- = -Z_0 I_-$$

である．

特性インピーダンスは，フィルターの式からわかったように

$$Z_0 = \sqrt{\frac{L_0}{C_0}} \tag{3.7}$$

で与えられ，したがって純粋な抵抗である．

実際に伝送線の伝播速度 v や特性インピーダンス Z_0 を求めるには，単位長さのインダクタンスとキャパシタンスとを知らなければならない．同軸ケーブルの場合は，これらを計算するのは容易であり，これを次に示そう．インダクタンスについては，第III巻 17-8 節の考えを用い，$\frac{1}{2}LI^2$ を，磁気的エネルギー($\epsilon_0 c^2 B^2/2$ を体積について積分して得られる)に等しいとおく．中心の導体が電流 I を運ぶとしよう．すると $B=I/2\pi\epsilon_0 c^2 r$ であることを我々は知っている．ここで r は軸からの距離である．厚さ dr，長さ l の円筒形の殻を体積素片として，磁気的エネルギー

$$U = \frac{\epsilon_0 c^2}{2}\int_a^b \left(\frac{I}{2\pi\epsilon_0 c^2 r}\right)^2 l 2\pi r\, dr$$

を得る．ここに a と b とは，それぞれ内部と外部の導体の半径である．積分を実行すれば

$$U=\frac{I^2l}{4\pi\varepsilon_0c^2}\ln\frac{b}{a} \tag{3.8}$$

が得られる．このエネルギーを $\frac{1}{2}LI^2$ に等しいとおき，

$$L=\frac{l}{2\pi\varepsilon_0c^2}\ln\frac{b}{a} \tag{3.9}$$

であることがわかる．これは線の長さ l に比例しなければならないし，そうなっている．したがって単位長さのインダクタンスは

$$L_0=\frac{\ln(b/a)}{2\pi\varepsilon_0c^2} \tag{3.10}$$

である．

さきに円筒形のコンデンサーの電荷を求めたことがある(第Ⅲ巻12-2節参照)．電荷を電位差で割れば

$$C=\frac{2\pi\varepsilon_0l}{\ln(b/a)}$$

を得る．単位長さのキャパシティーは C/l である．この結果を(3.10)式と結合すれば L_0C_0 はちょうど $1/c^2$ に等しいことがわかる．したがって $v=1/\sqrt{L_0C_0}$ はちょうど c に等しい．波は線に沿って光速度で伝わる．この結果は我々の仮定に依存していることを注意しておこう．仮定は，(a) 導体の間の空間には誘電体も磁性体も存在しない．(b) 電流はすべて導体の表面にある(完全導体の場合)．後にみるように，よい導体で高周波のときは，すべての電流は完全導体のように表面に分布するから，この仮定はこの場合正しいわけである．

さて，仮定(a)と(b)とが正しい限り，積 L_0C_0 は任意の平行な導体の対——たとえば六角の内部導体が楕円の外部導体の中にあるようなときも——について $1/c^2$ に等しいということは興味深い．断面積が一定で導体間の空間に物質がない限り，波は光速度で伝播する．

このような一般的なことは特性インピーダンスに対していうことができない．同軸線に対して

$$Z_0=\frac{\ln(b/a)}{2\pi\varepsilon_0c} \tag{3.11}$$

である．因子 $1/\varepsilon_0c$ は抵抗の次元をもち，120π オームに等しい．幾何学的因子 $\ln(b/a)$ は大きさに対数依存をするだけだから同軸線——ほとんどすべての線——では，特性インピーダンスは標準値として 50 オームぐらいから数百オームの間にある．

3-2　矩形導波管

次に述べようとすることは，始めて知ったときは，驚くべき現象のように思われる．もしも同軸線から中心の導体をとり除いても，これはなお電磁気的エネルギーを送ることができる．いいかえると，充分高い周波数では中空な管は導体の入ったものと同様に働くのである．

これは導体とインダクタンスとからなる共鳴回路は高周波では単なる罐でおきかえることができるという不思議な事情によるものである．

インダクタンスとキャパシタンスとが分布した伝送線を考えてくると，これは大変著しいことと思われるかも知れないが，一方で，我々は電磁波が中空な金属の管の中を伝わることを知っている．管が真直ぐならば，それを通して**見る**ことができるではないか．したがって電磁波は確かに管を通り抜ける．しかし，また我々は，一つの金属管の内を通して低周波の波(電力，あるいは電話)を送ることはできないことも知っている．したがって，電磁波は波長が充分短いときに通り抜けるということになっているにちがいない．そこで，定まった大きさの管を通ることができる最長の波長(あるいは最低周波数)の極限を知りたいと思う．そうすれば，管は波を伝えるのに用いることができる．これを**導波管**という．

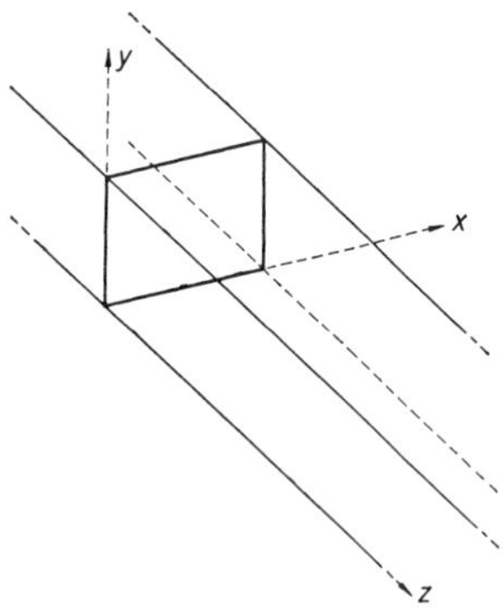

図 3-3　矩形導波管のための座標軸

矩形の管は解析するのに最も簡単であるから，これから始めよう．最初に数学的に扱い，その後にもっと初等的な方法でこの問題を振り返ることにする．しかし，初等的な方法は矩形の導波管に通用するだけである．基本的な現象は任意の形の一般の導波管でも同じであり，したがって，数学的な議論の方がより健全である．

そこで問題は，矩形の管の中でどのような種類の波が存在し得るかを見出すことである．まず，都合のいい座標を選ぶとして，図 3-3 のように管の長さの方向に z 軸をとり，x, y 軸は二つの側面に平行にとる．

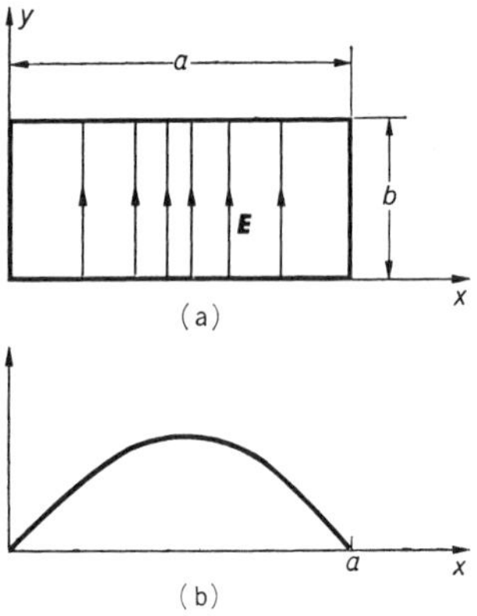

図 3-4　ある z の値に対する導波管内の電場

光の波が管に沿って進むとき，横の電場をもつことを我々は知っている．$\boldsymbol{E}$ が z に垂直で，たとえば，y 成分 E_y だけをもつような解をさがしてみよう．電場は管を横切って変化しているだろう．実際，電場は y 軸に平行な側面でゼロにならなければならない．それは，導体中の電流と電荷とは絶えず調整し合って，導体表面における電場の接線成分がゼロになるようになっていなければならないからである．そこで，図 3-4 に示すように E_y は x と共に変化してアーチ形になっているだろう．これは空洞について発見したベッセル関数だろうか．いや，ベッセル関数は円筒の幾何学的形に関係したものである．矩形の幾何学的形では波は一般にふつうの調和関数であるから，$\sin k_x x$ というふうにおいてみよう．

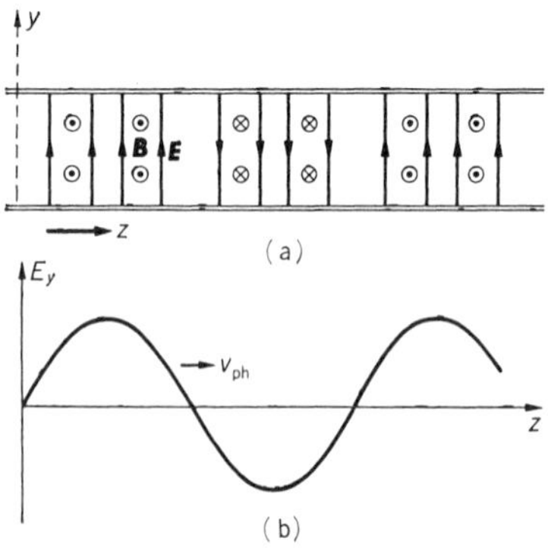

図 3-5　導波管内の電場の z 依存性

波は管に沿って伝わるとしているから，場は図 3-5 のように z 軸に沿って正と負との値を交互にとると考えられる．この振動は管に沿ってある速さ v で伝わるだろう．振動が一定の周波数 ω をもつならば，波は z と共に $\cos(\omega t-k_z z)$ のように，あるいはもっと数学的に都合のいい形 $e^{i(\omega t-k_z z)}$ のように変わるだろう．このように z に依存するとすると，波は $v=\omega/k_z$ の速さで伝わることになる(第II巻第4章)．

そこで，管の中の波は数学的に

$$E_y = E_0 \sin k_x x\, e^{i(\omega t-k_z z)} \tag{3.12}$$

の形をもつであろう．

これが正しい場の方程式を満たすかどうかを調べよう．第一に，電場は，導体のところで接線成分をもたないはずである．上の場はこの要求を満足する．すなわち，これは上と下の面で垂直であり，横の二つの面ではゼロである．ただし，これは $\sin k_x x$ の半サイクルが管の幅に合うように k_x を選んだとき，すなわち

$$k_x a = \pi \tag{3.13}$$

のときである．他の可能性もある．それは $k_x a=2\pi, 3\pi, \cdots$，あるいは一般に n を任意の整数として

$$k_x a = n\pi \tag{3.14}$$

のときである．これらは複雑な場を与える．しかし，ここでは一番簡単なものを採用して $k_x=\pi/a$ としよう．ここに a は管の内部の幅である．

次に，$\boldsymbol{E}$ の発散は管内の自由空間でゼロでなければならない．上記の $\boldsymbol{E}$ は y 成分をもつが，これは y と共に変化しないから $\nabla\cdot\boldsymbol{E}=0$ となる．

最後に，場は残るマクスウェル方程式を，管内の自由空間において満たさなければならない．これは，場が

$$\frac{\partial^2 E_y}{\partial x^2}+\frac{\partial^2 E_y}{\partial y^2}+\frac{\partial^2 E_y}{\partial z^2}-\frac{1}{c^2}\frac{\partial^2 E_y}{\partial t^2} = 0 \tag{3.15}$$

を満足しなければならないことを意味する．式(3.12)がこれを満たすか調べなければならない．E_y の x に関する2階の微係数はちょうど $-k_x{}^2E_y$ である．y に依存しないので，y に関する2階の微係数はゼロである．z に関する2階の微係数は $-k_z{}^2E_y$ であり，t に関する2階の微係数は $-\omega^2E_y$ である．したがって方程式(3.15)は

$$k_x{}^2E_y+k_z{}^2E_y-\frac{\omega^2}{c^2}E_y = 0$$

となる．E_y がいたるところでゼロ(全く興味のない場合)でなければ，この方程式が成立するのは

$$k_x{}^2+k_z{}^2-\frac{\omega^2}{c^2} = 0 \tag{3.16}$$

のときである．k_x はすでに定めてあるから，この方程式によれば，我々が仮定した形の波は，k_z が式(3.16)によって周波数 ω と関係づけられるものであれば，すなわち

$$k_z = \sqrt{(\omega^2/c^2)-(\pi^2/a^2)} \tag{3.17}$$

であれば，存在し得ることになる．

周波数 ω が与えられたとき，式(3.17)で定められる k_z は波の節が導波管に沿って伝わる速さを教えてくれる．その位相速度は

$$v = \frac{\omega}{k_z} \tag{3.18}$$

である．

進行波の波長 λ は $\lambda=2\pi v/\omega$ で与えられることを覚えているだろう．したがって，λ_g を z 方向に沿う振動の波長――“管内波長”――とす

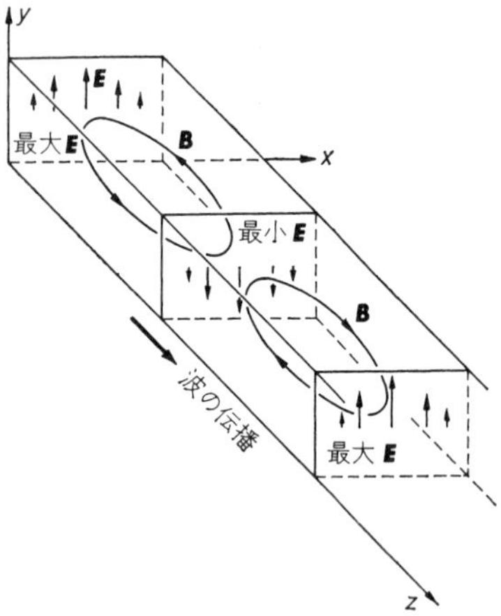

図 3-6　導波管内の磁場

れば，k_z は $2\pi/\lambda_g$ に等しい．もちろん，導波管内の波長は，同じ周波数の電磁波の自由空間における波長とは異なる．自由空間の波長を λ_0 とすれば，これは $2\pi c/\omega$ に等しく，式(3.17)は

$$\lambda_g = \frac{\lambda_0}{\sqrt{1-(\lambda_0/2a)^2}} \tag{3.19}$$

と書くことができる．

電場のほかに，波と共に進行する磁場も存在するが，ここではその表現を求めることに気を使わないでおく．$c^2\nabla\times\boldsymbol{B}=\partial\boldsymbol{E}/\partial t$ であるから，$\boldsymbol{B}$ の線は $\partial\boldsymbol{E}/\partial t$ が最大になる領域，すなわち $\boldsymbol{E}$ の最大と最小との中間の領域を循環する．$\boldsymbol{B}$ の閉曲線は図 3-6 のように，xz 面に平行で，$\boldsymbol{E}$ の山と谷との間にある．

3-3　遮断周波数

式(3.16)を k_z について解くと実は二つの根が得られる．その一つは正であり，一つは負である．これを

$$k_z = \pm\sqrt{(\omega^2/c^2)-(\pi^2/a^2)} \tag{3.20}$$

と書こう．二つの符号があるのは，管の正の向きに伝わる波と共に，負の位相速度で($-z$ の向きに)伝わる波も存在し得ることを意味しているだけである．どちら向きにも波が伝わり得るのは当然である．両方の型の波は同時に存在し得るから，定常波の解も可能なわけである．

また，k_z の式において，周波数が高いと k_z が大きくなり，波長は短くなる．そして ω が大きくなった極限では，k_z は ω/c に等しくなるが，これは自由空間における値である．管を通して“見る”光は速度 c で伝わる．しかし，一方で，低い周波数の方へ行くと，おかしなことが起こることに気が付く．最初，波長は段々と長くなるが，ω があまり小さくなると，式(3.20)の平方根の中の量は急に負になる．これは ω が $\pi c/a$ より小さくなるとき，あるいは λ_0 が $2a$ よりも大きくなるときである．いいかえると，周波数がある臨界周波数 $\omega_c=\pi c/a$ よりも小さくなると，波数 k_z(また λ_g も)は虚数になり，解はもはやなくなってしまう．これはどうしたことか．k_z が実数でなければいけないとしたのは誰か．これが虚数になるとどうなるだろう．こうなっても場の方程式は満足される．おそらく，虚数の k_z もまた，波を表わすのであろう．

ω が ω_c よりも小さいとしよう．すると，

$$k_z = \pm ik' \tag{3.21}$$

と書ける．ここに k' は正の実数で

$$k' = \sqrt{(\pi^2/a^2)-(\omega^2/c^2)} \tag{3.22}$$

である．式(3.12)に帰ると，E_y に対して

$$E_y = E_0 \sin k_x x\, e^{i(\omega t\mp ik'z)} \tag{3.23}$$

を得るが，これは

$$E_y = E_0 \sin k_x x\, e^{\pm k'z}\, e^{i\omega t} \tag{3.24}$$

と書ける．

この式は，時間に関しては $e^{i\omega t}$ のように振動するが，z に関しては $e^{\pm k'z}$ のように変化する $\boldsymbol{E}$ 場を与える．これは z と共に，実の指数関数として減衰，あるいは増大をする．この導出においては，波の出発した波源を考慮しなかったが，もちろん導波管のどこかに波源がなくてはならない．k' につける符号は，波源からの距離と共に場が減衰するようになるものでなければならない．

したがって $\omega_c=\pi c/a$ よりも低い周波数の波は管に沿って伝播**しない**．振動する電場は管の中へ，$1/k'$ の程度の距離しか侵入しない．この理由のため，周波数 ω_c は管の"遮断周波数"と呼ばれる．式(3.22)を見ると，ω_c よりもわずかに小さい周波数では，k' の値は小さく，場は管の中へ長い距離侵入することがわかる．しかし，ω が ω_c よりもずっと小さいと指数係数 k' は π/a に等しく，場は図 3-7 のように極端に急激に減衰する．距離 a/π，すなわち管の幅の約 1/3 の距離で，場は $1/e$ に減衰する．場は波源から，非常に小さな距離侵入するだけである．

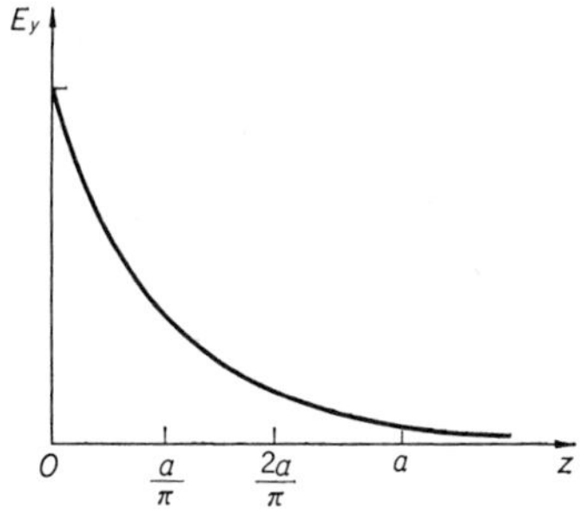

図 3-7 $\omega\ll\omega_c$ **のときの** E_y **の** z **による変化**

導波管の波に関する解析の，一つの興味ある結果を強調したいと思う．それは，虚数の波数 k_z の出現である．普通，物理の方程式を解いて，虚数を得たときは，それは物理的に無意味である．しかし，波については，虚数の波数はある意味を**もつ**．波動方程式は満足される．ただ，解は伝播する波のかわりに指数関数的に減衰する場を与えることになる．したがって，任意の波の問題において，ある周波数で k が虚数になれば，それは波の形が変化したこと，すなわち正弦波が指数関数になったことを意味するわけである．

3-4 導波管内の波の速さ

さきに得た波の速さは位相速度，すなわち波の節の速さである．これは周波数の関数である．式(3.17)と式(3.18)とを組み合わせると位相速度として

$$v_{\text{phase}}=\frac{c}{\sqrt{1-(\omega_c/\omega)^2}} \tag{3.25}$$

を得る．遮断周波数よりも高いときは，進行波が存在するが ω_c/ω は 1 よりも小さいから v_{phase} は実数で光速度**よりも大きい**．第 II 巻第 23 章で知ったように，光速度よりも大きい位相速度は可能である．それは，動いているのは波の節であって，エネルギー，あるいは情報ではないからである．**信号**がどの位速く伝わるかを知るためには，一つの波がこれと周波数のわずかにちがう一つの波，あるいは多数の波と干渉してできたパルスや変調の速さを計算しなければならない(第 II 巻第 23 章参照)．このような波の群の束の速さは群速度と呼ばれる．これは ω/k でなく，$d\omega/dk$ である：

$$v_{\text{group}}=\frac{d\omega}{dk}. \tag{3.26}$$

式(3.17)の ω に関する微分をとり，その逆を作れば $d\omega/dk$ を得る．

これは

$$v_{\rm group} = c\sqrt{1-(\omega_c/\omega)^2} \qquad (3.27)$$

となり，光速度よりも小さい．

$v_{\rm phase}$ と $v_{\rm group}$ の幾何平均はちょうど光速度 c になる：

$$v_{\rm phase}v_{\rm group} = c^2. \qquad (3.28)$$

これは奇妙な関係である．それは量子力学で類似の関係があったからである．粒子がどんな速度をもっていても——相対論的でも——運動量 p とエネルギー U とは

$$U^2 = p^2c^2+m^2c^4 \qquad (3.29)$$

によって関係づけられる．しかし，量子力学ではエネルギーは $\hbar\omega$, 運動量は $\hbar/\lambda\!\!\!^{-}$ であり，これは $\hbar k$ に等しい．したがって式(3.29)は

$$\frac{\omega^2}{c^2} = k^2+\frac{m^2c^2}{\hbar^2} \qquad (3.30)$$

あるいは

$$k = \sqrt{(\omega^2/c^2)-(m^2c^2/\hbar^2)} \qquad (3.31)$$

と書ける．これは式(3.17)にとてもよく似ている．面白いことである．

波の群速度は，また，エネルギーが管を伝って輸送される速さでもある．管を伝わるエネルギー流を知りたいならば，これは，エネルギー密度と群速度との積として与えられる．もしも電場の2乗平均根が E_0 であれば，電気的エネルギー密度の平均は $\varepsilon_0{E_0}^2/2$ である．また，磁場についたエネルギーもある．ここでは証明しないが，任意の空洞や導波管において，磁場と電場のエネルギーは等しい．したがって全電磁エネルギー密度は $\varepsilon_0{E_0}^2$ である．管を伝わるパワー $-dU/dt$ は，したがって

$$\frac{dU}{dt} = \varepsilon_0{E_0}^2abv_{\rm group} \qquad (3.32)$$

である(後に，エネルギー流を求めるもっと一般的な方法を知るであろう)．

3-5　導波管内の波の観測

エネルギーはある種の“アンテナ”によって導波管へ導かれる．たとえば，小さな鉛直な針金，あるいは“スタッブ”(木の切株の意)で充分である．管内の波の存在は，やはり小さな針金のスタッブ，あるいは小さな輪といった受信“アンテナ”を用いて電磁エネルギーを少し取り出すことによって観測される．図3-8には，導波管に切り口を作って，励振スタッブと検出プローブ(探査針)が見えるようにしてある．励振スタッブは同軸ケーブルによって信号電源につながれていて，検出プローブは同様のケーブルによって検波器につなぐことができる．図3-8に示したように，検出プローブは細長いみぞを通して導波管の中へさし込むのが都合がよい．こうしておけば，プローブを管に沿って前後に動かして，いろいろの位置で場を調べることができる．

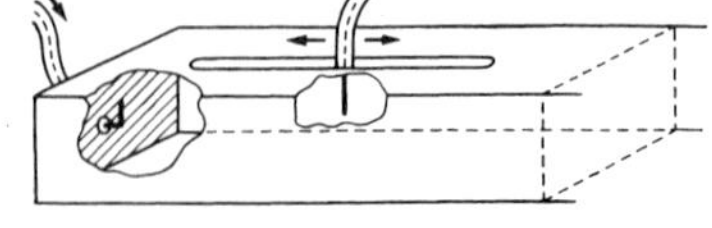

図3-8　励振スタッブと検出プローブをもつ導波管

もしも信号発振器が遮断周波数 ω_c よりも大きな周波数になってい

るならば，導波管に沿って，励振スタッブから波が伝播する．管が無限に長ければ，これだけが管内に存在する波になる．遠くの端で反射がないように注意深く作られた吸収体によって終る管ならば，実際的には無限に長い管と同じになる．そこで，検波器はプローブの近くの場の時間平均を測定するから，それは管に沿う位置によらない信号を検出するだろう．その出力は，伝送されるパワーに比例する．

さて，もしも管の遠くの端が反射波を生じるようになって終っていれば——極端な例としては，金属の板で閉じられているとすれば——もとの前進する波に加えて，反射波も存在することになる．これらの波は干渉し，第II巻第24章で述べた弦の定常波に似た定常波が管内にできる．そこで，検出プローブを管に沿って動かすと，検波器の読みは周期的に上下し，定常波の各腹における場の最大と各節における最小とが示されるであろう．二つの相つぐ節(あるいは腹)の間の距離はちょうど $\lambda_g/2$ である．これは管内波長を測る都合のいい方法である．ここで周波数を ω_c に近づけると，節の間の距離は増大し，管内波長が式(3.19)で予想したように増大することが示される．

信号発振器が ω_c のわずか下の周波数になっているとしよう．すると，検出器の出力は検出プローブを管に沿って動かすにつれて徐々に減少するだろう．さらに周波数が少し低くなると，場の強さは図3-7に示したように急激に減少し，波が伝わらないことが示されるであろう．

3-6 導波管の結合

導波管の一つの重要な実際的利用は高周波の伝達である．たとえば，高周波の発振器，あるいはレーダーの出力増幅器をアンテナにつなぐ場合などがこれである．実際，アンテナはふつうパラボラの反射面であって，その焦点には導波管の端が開いていて，管に沿って出てくる波をラッパのように輻射する．高周波は同軸ケーブルに沿って送ることもできるが，大きなパワーで送るには導波管の方がすぐれている．第一に，線で送ることのできる最大のパワーは導体間の絶縁(固体あるいは気体)の破壊によって制限される．パワーを同じにしたとき，導波管の中の場の強さは同軸ケーブルのよりも小さいのがふつうであり，そのため，管の方が破壊を起こさずに大きなパワーを送ることができる．第二に，パワーの損失は同軸ケーブルの方が管よりも大きいのがふつうである．同軸ケーブルにおいては，中心の導体を支えるための絶縁材が必要であり，この材質の中には，特に高周波では，エネルギー損失が起こる．また中心の導体の電流密度は相当大きい．損失は電流密度の**2乗**に比例するから，導波管の壁に現われる低い電流はエネルギー損失も低いことを意味する．このような損失を最小にするため，管の内壁は銀などの高い伝導度の物質でメッキすることが多い．

導波管の“回路”をつなぐ問題は，低周波の回路をつなぐのとは全くちがい，これはふつうマイクロ波の“プランビング(鉛管工事)”と

図 3-9　フランジによって接合された導波管の部分

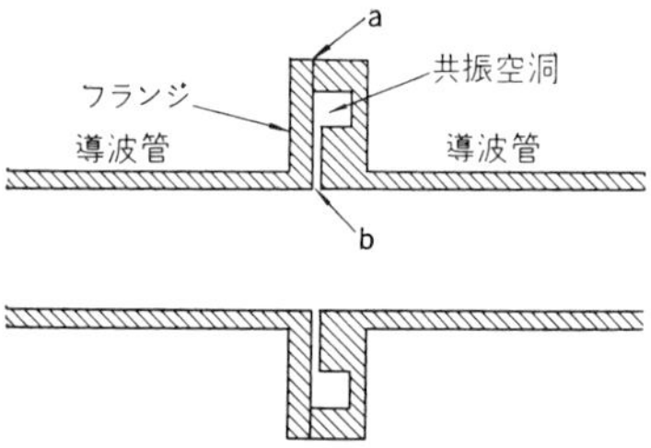

図 3-10　二つの導波管の部分の損失の少ない接合

いわれる．種々の特別な器具が作られている．たとえば導波管の二つの部分は，ふつう図 3-9 のようにフランジによって接合される．このような接合は，表面電流が接合部を通して流れることになるが，ここは比較的大きな抵抗をもつので重大なエネルギー損失をもたらす．このような損失をさける一つの方法は，図 3-10 に断面を示したようなフランジを作ることである．相隣る管の部分の間に小さな間隙をあけ，一方のフランジの面には溝を切って，図 2-16(c) に示した型の小さな空洞を作る．この空洞は使用される周波数に共鳴するように大きさを定める．この共鳴空洞は電流に対して大きな"インピーダンス"になるので，比較的小さな電流が金属の接合部(図 3-10 の a)を通して流れるだけである．管の大きな電流は間隙(図の b)の"キャパシティー"を充電したり放電したりするだけで，これはほとんどエネルギー減衰を起こさない．

反射波が生じないような方法で導波管を止めようと思う場合を考えよう．このときは，無限に長い管のまねをするようなものを末端に付けなければならない．伝送線における特性インピーダンスと同じ役目を導波管に対してする"無反射端"が必要なわけである．これは到達する波を吸収して，反射を起こさないようなものである．こうすれば管はあたかも，どこまでも続いているかのように振舞うことになる．このような末端は管内に抵抗をもつ物質で作ったくさび型のものをおくことによって作られる．このくさびは波のエネルギーを吸収し，ほとんど反射波を生じないように注意深く工作されなければならない．

図 3-11　導波管"ティー"(使用しないときには内部がよごれないようにフランジにはプラスチックがかぶせてある)

三つのもの，たとえば源を二つのアンテナに接合しようとするときは，図 3-11 に示したような"ティー"(T 型導波管)を使うことができる．"ティー"の中央部に入れられたパワーは分かれて，二つの分枝(およびいくらかの反射波)に行く．図 3-12 のスケッチによって，入力部の端に達した場が広がって，二つの分枝に伝わる波を起こす電場を生じる様子を定性的に理解することができるであろう．導波管内の電場が"T"の"上部"に対して平行であるか垂直であるかによって電場はだいたい図 3-12(a) か (b) のようになる．

最後に"方向性結合器"とよばれる装置について述べよう．これは導波管を複雑に結合したとき波がどうなっているかを調べるのに大変都合がいいものである．導波管の特別な部分で波がどちら向きに通っているかを知ろうとしたとき，——たとえば強い反射波があるかないか，わかりにくいかも知れない．方向性結合器は，ある向きに進む波があれば管のパワーの微小部分が出てくるが，逆向きに波が進んでいれば出てこないようなものである．この結合器の出力部を検波器につなげば管の"一方通行"のパワーを測ることができる．

図3-13は方向性結合器の図である．導波管の一部ABが別の導波管の一部CDに一つの面を合わせてハンダづけしてある．CDが曲げてあるのは，接合フランジのために充分な空間を作るためである．管はハンダづけをする前に二つ(あるいはより多く)の穴を各管に(たがいに合うように)あけて，第1の管ABの場が第2の管CDといくらか結合するようにしてある．各穴は第2の管に波を生じる小さなアンテナの役目をする．もしも一つしか穴がなければ，波は両方向きに送られ，第1の管内でどの向きに波が進んでいようと同じである．しかし**二つの**穴があって，その間隔が管内波長の1/4に等しいならば，これらは位相が90°ちがう波源になる．第II巻第4章において，$\lambda/4$の距離だけ離れた二つのアンテナからの波が時間的に90°位相がずれて励振するときの干渉を考察した．この場合，一つの向きでは波が弱まり，逆の向きでは強まることを知った．ここでも同じことが起こるであろう．管CDに生じる波はABの波と同じ向きに進行するように作れる．

第1の管における波がもしもAからBへ向けて進むならば第2の管の出力口Dに波が出てくる．もしも，第1の管の波がBからAへ進むならば，第2の管では末端Cへ向けて進む波ができる．この末端は無反射端になっているので，波は吸収され，結合器の出力口に波は出てこない．

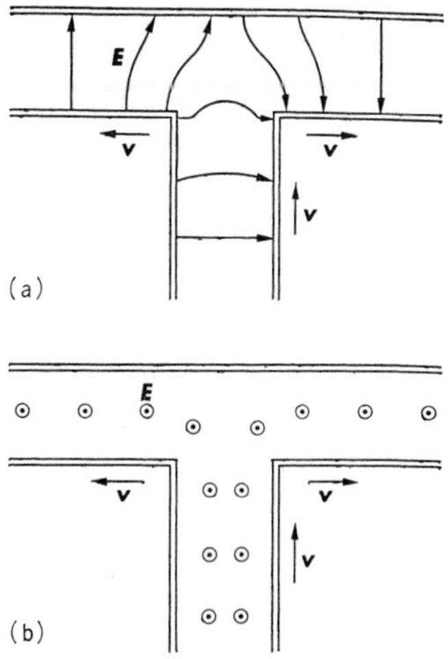

図3-12 二つの可能な場の方向に対する導波管"ティー"の中の電場

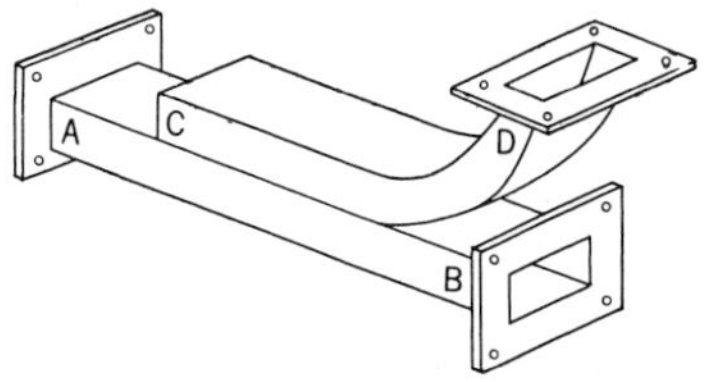

図3-13 方向性結合器

3-7 導波管のモード

我々が解析するために選んだ波は場の方程式の特別な解であった．この他にも多数の解が存在する．各解は導波管の"モード"と呼ばれる．たとえば，我々の場のx依存はちょうど正弦波の半サイクルであった．しかし，全サイクルの解も同様に存在し，そのE_yのxによる変化は図3-14のようになる．このモードに対するk_xは2倍大きく，そのため遮断周波数はずっと高い．また，我々が調べた波では，$\boldsymbol{E}$はy成分だけをもっていたが，もっと複雑な電場をもったモードもある．もしも電場がxとyとの成分だけをもち，したがって全電場は常にz方向に垂直であるならば，このモードは"横電場"(あるいはTE)モードという．このようなモードの磁場は常にz成分をもつであろう．もしも$\boldsymbol{E}$がz方向(進行方向)の成分をもてば，磁場は常に横成分しかもたないことが示される．したがって，このような場は横磁場(TM)

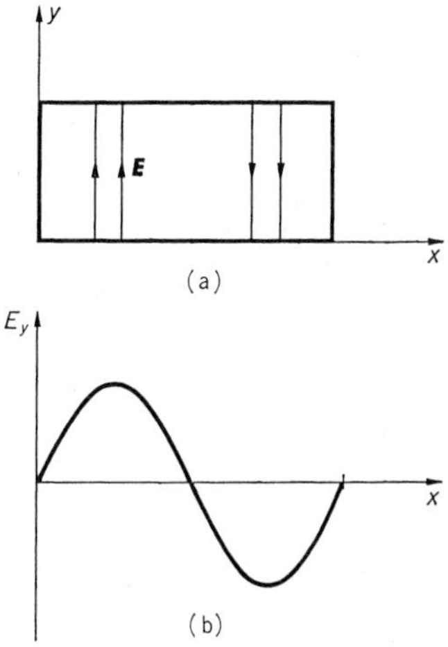

図3-14 E_yのx依存性の別の場合

モードという．矩形導波管では，我々が調べた単純なTEモードに比べて，他のすべてのモードは，より高い遮断周波数をもつ．したがって，周波数がこの最低のモードの遮断周波数のすぐ上で，他のすべての遮断周波数の下になるようにして導波管を用い，こうして唯一つのモードだけを伝達させることが可能であり，またふつうである．そうでないと，導波管の振舞いは複雑で制御しにくくなる．

3-8　導波管の波に対する別の観点

さて，なぜ導波管が遮断周波数 ω_c よりも低い周波数の場を急に減衰させるかを理解する別の方法を示そう．それによって，低い周波数と高い周波数との間で性質がすっかり変ってしまうわけを，もっと"物理的に"考えることができるであろう．矩形導波管に対し，管の壁における反射——あるいは像——によって場を解析することができるのである．しかし，この方法は矩形導波管に対してだけ役立つ．我々がより数学的な解析で出発したのはこのためであって，数学的解析は原理的には任意の形の導波管に対して成り立つわけである．

我々が調べたモードでは，鉛直方向(y)は何の影響もない．そこで，管の天井と床面とを無視し鉛直方向には管は無限に広がっていると考えてもよい．そうすると，導波管は間隔 a に保たれた2枚の鉛直な板からなると考えることができる．

場の源は，管の中心におかれた鉛直な針金であり，この針金には周波数 ω で振動する電流が流れているとしてよい．管の壁がなければ，このような針金は円筒波を輻射する．

さて，管の壁は完全導体であると考える．すると，静電気の場合と同じように，針金の場に対して，一つあるいは多くの適当な針金の像の場を加えることにより，表面の条件を満たすことができるであろう．像の考えは電気力学のときも静電気のときと同様に成立する．ただし，もちろん，遅延をも考慮したとしての話である．これが正しいことは，鏡が光源の像を生じることを見ても明らかである．そして鏡は光の周波数をもつ電磁波に対して，"完全"導体にほかならない．

図3-15のように，水平な断面を考えよう．ここで W_1, W_2 は導波管の二つの壁であり，S_0 は波源の針金である．この針金の電流の向きを正と呼ぼう．もしも一つの壁 W_1 しかなかったならば，一つの像の波源(逆の向き)を S_1 と記した位置におくことによって，この壁をとり除くことができる．しかし2枚の壁がおかれているので，S_0 の像は壁 W_2 によってできる．これを S_2 で示した．この源は，また，壁 W_1 によって像 S_3 を作る．さらに S_1 と S_3 とは W_2 によって S_4, S_6 の位置に像を作る．以下同様である．中央に源をもった2枚の導体の場合，場はすべて間隔 a をもった無限の波源の列によって生じる場と同じである(これは2枚の平行な鏡の中央に針金をおいて，これを"見た"ときと同じである)．壁のところで場がゼロになるようにするために，像の電流の向きは一つの像から次の像へと交替しなければならない．

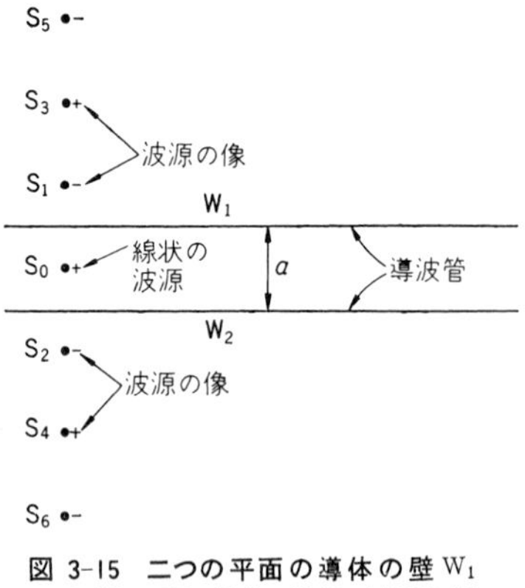

図 3-15　二つの平面の導体の壁 W_1 と W_2 の間の線状の波源　壁は波源の像の無限の列によっておきかえられる

導波管の場はこのような無限の線状の波源の列による場の重ね合わせで与えられる．

源に近いところの場は，静電場によく似ていることを知っている．第Ⅲ巻 7-5 節において，線状の波源の格子による静電場を考察し，これは格子からの距離と共に指数関数的に減少する項を除けば，帯電した板の作る場と同じであることを知った．ここでは波源は一つおきに符号が変っているから，場の平均の強さはゼロである．したがって，存在し得る場は距離と共に指数関数的に減少するものだけである．波源に近ければ，一番近い源の場が主になり，遠くでは，多くの波源が寄与し，その平均の効果はゼロになる．したがって，遮断周波数以下の波に対し導波管が指数関数的に減衰する場を与えるわけはわかった．殊に低い周波数では，静電近似はよく，距離と共に場が急激に減衰することを予言することになる．

さて，逆の問題にぶつかる．一体なぜ，波が伝わるのだろうか．この方が不思議である．伝わる理由は，高い周波数の場合，場の遅延は付加的な位相の変化を生じ，このため位相のずれた源が打ち消し合わないで，強め合う結果をもたらすことである．実際，第Ⅱ巻第 4 章において，すでにこの問題を考えている．それは，アンテナの列，あるいは光学的回折格子の作る場であった．そのとき知ったように，いくつかのラジオのアンテナを適当に組み合わせると，一方向には強い信号が出て，他の方向には信号が出ないような干渉パターンを作ることができる．

図 3-15 に戻って，像の波源の列から大きな距離をへだてたところに到達する場に着目しよう．場は周波数に依存するある方向だけで強くなる．それは，すべての源からくる場が同位相で加わる方向である．図 3-16 にこのような波を示した．ここで実線は波の山を，破線は谷を表わす．波の方向は，山の位置において，相隣る波源からの波の遅延の差が，振動の周期の半分に相当するような方向である．いいかえると，図の r_2 と r_0 との差は，自由空間における波長の半分である：

$$r_2 - r_0 = \frac{\lambda_0}{2}.$$

角 θ は

$$\sin\theta = \frac{\lambda_0}{2a} \qquad (3.33)$$

によって与えられる．

もちろん，波源の列に対して対称的な角で伝わる波もある．導波管の全体の場は（あまり波源に近くないところでは），これら二つの波の重ね合わせである．これを図 3-17 に示した．もちろん，実際の場は，導波管の 2 枚の管の間だけで，このようになっているわけである．

AやCのような点では，二つの波の山が一致し，場は最大になる．Bのような点では，二つの波は最高の負の値をとり，場は最小（最大の負）の値になる．時間がたつと，管の中の場は管に沿って進行し，

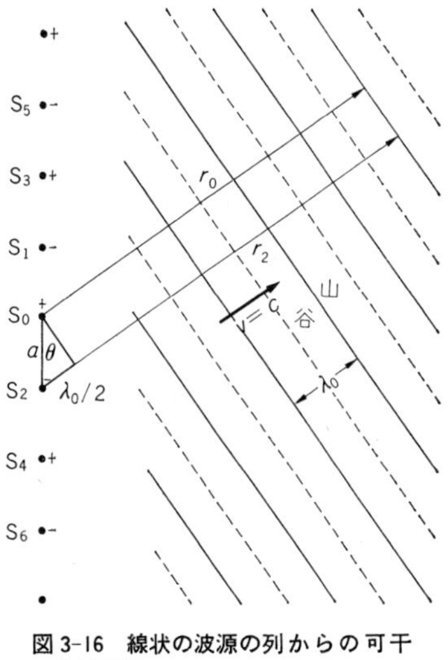

図 3-16 線状の波源の列からの可干渉波の組

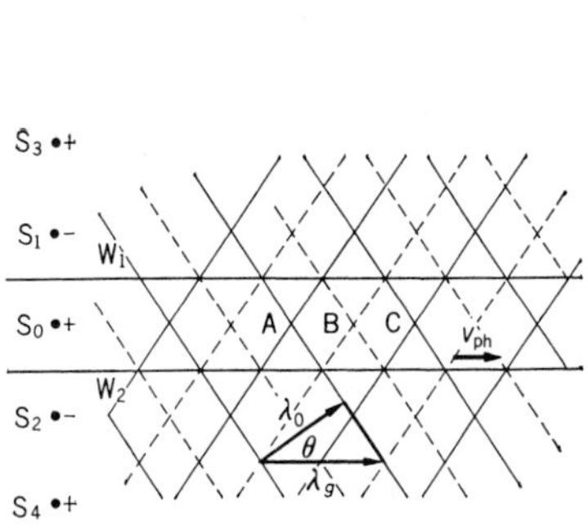

図 3-17 導波管内の場は二つの平面波の重ね合わせとみることができる

その波長 λ_g はAからCへの距離であるようにみえる．この距離は θ と

$$\cos\theta=\frac{\lambda_0}{\lambda_g} \tag{3.34}$$

によって関係づけられる．式(3.33)の θ を用いると

$$\lambda_g=\frac{\lambda_0}{\cos\theta}=\frac{\lambda_0}{\sqrt{1-(\lambda_0/2a)^2}} \tag{3.35}$$

となるが，これはさきに見出した式(3.19)にほかならない．

遮断周波数 ω_c 以上では波が伝わることも理解できる．もしも自由空間の波長が $2a$ よりも長いと，図3-16に示したような波ができる角は存在しない．波を作るのに必要な干渉は λ_0 が $2a$ 以下に落ちたとき，あるいは ω が $\omega_c=\pi c/a$ 以上になったときに，突然現われる．

周波数が充分高いと，二つあるいはもっと沢山の方向に波が現われ得る．我々の場合，これは $\lambda_0<\frac{2}{3}a$ ならば起こる．しかし，一般には $\lambda_0<a$ のときに起こり得る．これらの付加的な波は，さきに述べたような，導波管の高いモードに相当する．

また，導波管の波の位相速度が c よりも大きいわけ，この速度が ω に依存するわけも，我々の解析によって明らかになった．ω が変わると，図3-16の自由な波の角も変わり，したがって導波管に沿っての速さも変化する．

我々は導波管内の波を，線状波源の無限の列による場の重ね合わせとして考えたが，自由空間における二つの波がいく度も二つの完全な鏡の間で反射を繰り返すと考え，反射のときは位相が逆転することを考えれば同じ結果に到達することを確かめることができるだろう．このような反射波の組は，式(3.33)で与えられる角 θ の方向にちょうど進むのでなければ，たがいに打ち消し合ってしまうだろう．同じ事柄を見るのにもいろいろの観点があるものである．

第 4 章
電磁気学の相対論的記述

4-1　4元ベクトル

この章では $c=1$

これから特殊相対性理論の電磁気学に対する応用を議論しようと思う．すでに第 I 巻の第 15 章から第 17 章にかけて特殊相対性理論を勉強してきたから，その基礎的な考え方を簡単に復習することにしよう．

我々が一様な速度で動いても，物理学の法則は変化しないことが実験によって示されている．一様な速度で一直線上を動いている宇宙船の中にいれば，宇宙船の外を見たり，あるいは，少なくとも外界と関係のある観測を行なわない限り，動いていることはわからない．我々が書くすべての真の物理法則には，この事実が組み入れられていなければならない．

座標系 S に対して x 方向に一様な速さ v で動いている座標系 S′ があるとき，これら 2 組の座標系の間の空間と時間との関係は**ローレンツ変換**

$$t'=\frac{t-vx}{\sqrt{1-v^2}},\qquad y'=y,$$
$$x'=\frac{x-vt}{\sqrt{1-v^2}},\qquad z'=z \tag{4.1}$$

によって与えられる．物理学の法則は，ローレンツ変換を行なった新しい法則が，それを行なう前の形と全く同一にみえるようなものでなければならない．これはちょうど，物理学の法則が座標系の**配向**によらないという原理と同様である．第 I 巻第 11 章において知ったように，回転に対する物理法則の不変性を数学的に表現する方法は方程式を**ベクトル**で書くことである．

たとえば，二つのベクトル

$$\boldsymbol{A}=(A_x, A_y, A_z),\qquad \boldsymbol{B}=(B_x, B_y, B_z)$$

があったとき，その組み合わせ

$$\boldsymbol{A}\cdot\boldsymbol{B}=A_xB_x+A_yB_y+A_zB_z$$

は，回転した座標系へ移っても変化しない．したがって，$\boldsymbol{A}\cdot\boldsymbol{B}$ のようなスカラー積が方程式の両辺にあれば，この方程式は回転した座標系でも厳密に同じ形をもつことがわかる．また，第III巻第 2 章で知った演算子

$$\nabla=\left(\frac{\partial}{\partial x},\ \frac{\partial}{\partial y},\ \frac{\partial}{\partial z}\right)$$

はスカラー関数に作用したとき，ベクトルと同様に変換する三つの量

を与えることを発見した．これによって勾配を定義し，他のベクトルと組み合わせて，発散とラプラシアンとを定義した．最後に，二つのベクトルの成分の対のある積の和をとることによって，新しいベクトルのように振舞う三つの新しい量を得ることも発見した．これを二つのベクトルのベクトル積とよんだ．ベクトル積を∇について用いてベクトルの回転を定義した．

表 4-1　3次元のベクトル解析における重要な量と演算

ベクトルの定義	$\boldsymbol{A}=(A_x, A_y, A_z)$
スカラー積	$\boldsymbol{A}\cdot\boldsymbol{B}$
微分ベクトル演算子	∇
勾配(grad)	$\nabla\varphi$
発散(div)	$\nabla\cdot\boldsymbol{A}$
ラプラシアン	$\nabla\cdot\nabla=\nabla^2$
ベクトル積	$\boldsymbol{A}\times\boldsymbol{B}$
回転(curl)	$\nabla\times\boldsymbol{A}$

ベクトル解析について得たものを再び参照することが多いので，表 4-1 に，いままで用いた3次元におけるベクトル演算の重要なものをまとめておく．物理学の方程式はその両辺が回転に対して同様に変換されるように書かれなければならないということが重点である．一辺がベクトルならば，他辺もベクトルであって，両辺は座標系を回転するとき完全に同様に変換されなければならない．また，一辺がスカラーならば，他辺もスカラーで，両辺共，回転に対して不変でなければならない，などである．

さて，特殊相対論の場合には，時間と空間とは混ざり合って，切り離すことができないので，我々は4次元において同様のことをしなければならない．方程式は回転に対してだけでなく，**任意の**慣性系に対しても不変でなければならない．これは，式(4.1)のローレンツ変換に対して方程式が不変であることを意味する．この章の目的は，この方法を示すことである．しかし，その前に仕事をやりやすくし，また混乱をさけるために，ちょっと準備をしておこうと思う．それは長さと時間の単位を適当に選んで，光の速度 c が1になるようにする．たとえば，時間の単位として，**光が1メートルを進むに要する時間**(約 3×10^{-9} 秒)をとると考えればよい．この時間単位を“1メートル”とよぶことさえも可能である．この単位を用いれば，すべての方程式は時空の対称性をさらに明らかに示すことになる(もしも，これがいやならば，すべての方程式の t を ct でおきかえて c を再生させるか，あるいは，一般的に方程式の次元が正しくなるように必要なところに c を挿入すればよい)．これだけの準備をしておけば始めることができる．我々のプログラムは，3次元のベクトルについて行ったことのすべてを時空の4次元についてやることである．これは実になんでもないことで，類推を働かせればよいわけである．複雑になるのは記号(ベクトル記号は3次元ですでに使ってしまった)と符号がちょっとひねくれていることである．

第一に，3次元ベクトルの類推により，4元ベクトルは，運動する座標系へ移るときに t, x, y, z と同様に変換される4個の量 a_t, a_x, a_y, a_z によって定義されるものとする．4元ベクトルを表わすいくつかの異なる記号が使われているが，ここでは a_μ と書いて，4個の数の集まり (a_t, a_x, a_y, a_z) を意味するものとする――いいかえれば，下添字 μ は4個の“値” t, x, y, z をとることができる．時によっては3個の空間成分を明示して $a_\mu=(a_t, \boldsymbol{a})$ のように表わす．

すでに我々は(第I巻第17章において)エネルギーと運動量から成

る一つの4元ベクトルに出会っている．我々の記号により

$$p_\mu = (\boldsymbol{E}, \boldsymbol{p}) \tag{4.2}$$

と書く．これは4元ベクトル p_μ が粒子のエネルギー $\boldsymbol{E}$ と，3次元ベクトル $\boldsymbol{p}$ の3成分とから成ることを意味している．

手段は極めて簡単にみえる——物理学における3次元ベクトルの各々について，残る成分が何であるかを見出せば4元ベクトルが得られそうにみえる．これがうまくいかない例として速度ベクトルの3成分

$$v_x = \frac{dx}{dt}, \qquad v_y = \frac{dy}{dt}, \qquad v_z = \frac{dz}{dt}$$

を考えよう．問題は時間成分である．直観が正しい答を出すであろうか．4元ベクトルは t, x, y, z のようなものであるから，時間成分は

$$v_t = \frac{dt}{dt} = 1$$

であろうか——**これは正しくない**．その理由は各分母にある dt がローレンツ変換に対して不変でないことにある．分子は4元ベクトルとして正しく変換されるが，分母の dt はこれをこわしてしまうのである．これは非対称で，二つの異なる座標系で同じではない．

4元"速度"成分として書いたものは，$\sqrt{1-v^2}$ で割れば4元ベクトルの成分になることがわかる．これが正しいことは，次のようにしてわかる．運動量4元ベクトル

$$p_\mu = (\boldsymbol{E}, \boldsymbol{p}) = \left(\frac{m_0}{\sqrt{1-v^2}}, \frac{m_0\boldsymbol{v}}{\sqrt{1-v^2}}\right) \tag{4.3}$$

を考え，これを静止質量 m_0(**4次元**の不変スカラー量)で割ると

$$\frac{p_\mu}{m_0} = \left(\frac{1}{\sqrt{1-v^2}}, \frac{\boldsymbol{v}}{\sqrt{1-v^2}}\right) \tag{4.4}$$

を得るから，これも4元ベクトルでなければならないわけである(**不変スカラー量**で割っても変換に対する性質は変わらない)．したがって"速度4元ベクトル" u_μ は

$$\begin{aligned} u_t &= \frac{1}{\sqrt{1-v^2}}, & u_y &= \frac{v_y}{\sqrt{1-v^2}}, \\ u_x &= \frac{v_x}{\sqrt{1-v^2}}, & u_z &= \frac{v_z}{\sqrt{1-v^2}} \end{aligned} \tag{4.5}$$

によって定義できる．4元速度は有用な量で，たとえば

$$p_\mu = m_0 u_\mu \tag{4.6}$$

と書ける．この方程式は相対論的に正しい方程式がもたなければならない典型的な形をしている(上式の右辺は不変量と4元ベクトルとの積であるから，これも4元ベクトルである)．

4-2 スカラー積

原点からある点までの距離が，座標系を回転しても変わらないということは，偶然であるということもできる．数学的にこれを表わすと $r^2=x^2+y^2+z^2$ が不変であるということである．いいかえると，回転

したときに，$r'^2=r^2$ となる．あるいは

$$x'^2+y'^2+z'^2=x^2+y^2+z^2$$

となるということである．さて問題は，ローレンツ変換において不変なような類似の量があるかということである．これは存在する．式(4.1)から

$$t'^2-x'^2=t^2-x^2$$

を得る．これは中々美事であるが，ただ x 方向の特別な選び方に関係しているのが困る．これは y^2 と z^2 とを引き去ればよい．こうすればローレンツ変換に回転を**加え**ても不変な量になる．したがって3次元の r^2 に類似の4次元の量は

$$t^2-x^2-y^2-z^2$$

である．これは"完全ローレンツ群"とよばれる変換に対して不変である．この変換は等速度と回転との両方の変換を意味している．

さて，この不変性は式(4.1)と回転とによってきまる代数的な事柄であって，任意の4元ベクトルは(定義によりすべて同様に変換されるから)同じ不変性をもつわけである．したがって4元ベクトル a_μ について

$$a_t'^2-a_x'^2-a_y'^2-a_z'^2=a_t^2-a_x^2-a_y^2-a_z^2$$

が成り立つ．この量を，4元ベクトル a_μ の"長さ"の2乗という(符号を逆にして $a_x^2+a_y^2+a_z^2-a_t^2$ を長さの2乗とよぶ人もあるから，注意しなければならない)．

さて，**二つの**ベクトル a_μ と b_μ とがあったとき，それぞれの成分は同様に変換される．したがって

$$a_tb_t-a_xb_x-a_yb_y-a_zb_z$$

もまた，一つの不変(スカラー)量である(これはすでに第I巻第17章で証明した事実であった)．明らかにこの表現は3次元ベクトルのスカラー積に全く類似したものである．そこで，実際，これを二つの4元ベクトルのスカラー積とよぶことにしよう．これを $a_\mu\cdot b_\mu$ と書くのが合理的であるようにも思われるが，残念ながら，ふつうはそうでなくて，中丸をはぶいて書く．この慣習にしたがって，スカラー積を単に $a_\mu b_\mu$ と書くことにしよう．故に定義により

$$a_\mu b_\mu=a_tb_t-a_xb_x-a_yb_y-a_zb_z \tag{4.7}$$

である．2個の同じ下添字が同時にある場合は(時によって μ 以外の文字，たとえば ν などを使うが)，いつでも4個の積を作って加える——空間成分に関しては**負の符号を忘れない**でつける——ことを意味する．この慣習を用いれば，ローレンツ変換に対するスカラー積の不変性は

$$a_\mu'b_\mu'=a_\mu b_\mu$$

と書ける．

式(4.7)の最後の3項は3次元のスカラー積であるから，時によっては

$$a_\mu b_\mu=a_tb_t-\boldsymbol{a}\cdot\boldsymbol{b}$$

と書くと都合がよい．また，上述の 4 次元的長さの 2 乗は $a_\mu a_\mu$，あるいは

$$a_\mu a_\mu = a_t^2 - a_x^2 - a_y^2 - a_z^2 = a_t^2 - \boldsymbol{a}\cdot\boldsymbol{a} \qquad (4.8)$$

と書くことができる．また，この量を a_μ^2，すなわち

$$a_\mu^2 \equiv a_\mu a_\mu$$

と書くと都合がよい．

さて，4 元ベクトルのスカラー積の有用性を示す一例を挙げてみよう．大きな加速器の中で，反陽子($\bar{\mathrm{P}}$)は

$$\mathrm{P}+\mathrm{P} \to \mathrm{P}+\mathrm{P}+\mathrm{P}+\bar{\mathrm{P}}$$

という反応で作られる．すなわち，高エネルギーの陽子が静止している陽子(たとえば，ビームの中におかれた標的の中の水素)に衝突し，もしも入射陽子のエネルギーが充分高ければ，始めの 2 個の陽子に加えて，一組の陽子・反陽子対が生じることがある*．問題はこの反応をエネルギー的に可能にするためには，どれ位のエネルギーを陽子に与えなければならないかということである．

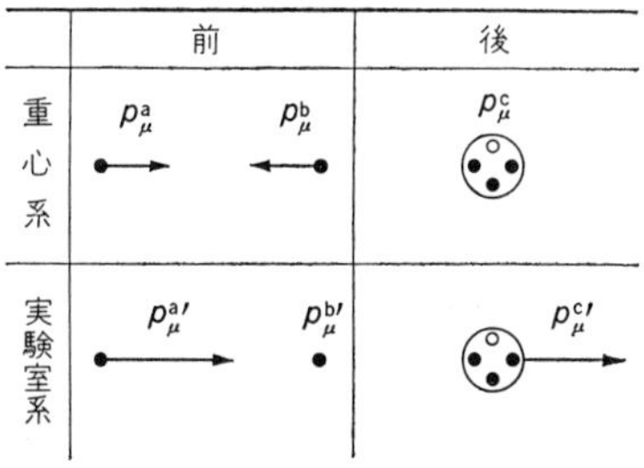

図 4-1 実験室系と重心系とで見た反応 $\mathrm{P}+\mathrm{P}\to 3\mathrm{P}+\bar{\mathrm{P}}$ 入射陽子はちょうどこの反応を行なわせるだけのエネルギーをもっている 陽子は黒丸で反陽子は白丸で表わしてある

最も簡単にこの答を出す方法は，重心系でみたとき，この反応がどうみえるかを考えることである(図 4-1 参照)．入射陽子を a，その 4 元運動量を $p_\mu{}^{\mathrm{a}}$ とし，標的の陽子を b，その 4 元運動量を $p_\mu{}^{\mathrm{b}}$ とする．もしも入射陽子が反応を**かろうじて**行なうだけのエネルギーをもつとすれば，最終状態——衝突後の状況——は，3 個の陽子と 1 個の反陽子とが重心系で静止して集った状態である．もしも入射エネルギーが少し大きければ，最終状態の粒子はいくらか運動エネルギーをもって飛び去ることになる．また入射エネルギーが少し小さすぎれば，4 個の粒子になるにはエネルギーが不足する．

最終状態の全体の集まりの 4 元運動量を $p_\mu{}^{\mathrm{c}}$ とすると，運動量とエネルギーとの保存則は

$$\boldsymbol{p}^{\mathrm{a}}+\boldsymbol{p}^{\mathrm{b}} = \boldsymbol{p}^{\mathrm{c}}$$

$$E^{\mathrm{a}}+E^{\mathrm{b}} = E^{\mathrm{c}}$$

であり，これら 2 式は合わせて

$$p_\mu{}^{\mathrm{a}}+p_\mu{}^{\mathrm{b}} = p_\mu{}^{\mathrm{c}} \qquad (4.9)$$

と書ける．

さて，これは 4 元ベクトルの間に成り立つ方程式であるから，任意の慣性系に移ってもそのまま成立する——これは重要なことである．この事実を用いれば計算は簡単化される．式(4.9)の各辺の“長さ”を考えれば，もちろん両辺で相等しい．これは

$$(p_\mu{}^{\mathrm{a}}+p_\mu{}^{\mathrm{b}})(p_\mu{}^{\mathrm{a}}+p_\mu{}^{\mathrm{b}}) = p_\mu{}^{\mathrm{c}} p_\mu{}^{\mathrm{c}} \qquad (4.10)$$

---

* なぜ，明らかにエネルギーが少なくてすむ反応

$$\mathrm{P}+\mathrm{P} \to \mathrm{P}+\mathrm{P}+\bar{\mathrm{P}}$$

あるいはもっと簡単な反応

$$\mathrm{P}+\mathrm{P} \to \mathrm{P}+\bar{\mathrm{P}}$$

を考えないのかと思う読者があるかも知れない．答は**バリオンの保存**の法則に求められる．これによれば“陽子の数から反陽子の数を引いた値”は不変である．この値は，この場合の式の左辺では 2 である．したがって，右辺に 1 個の反陽子が現われるためには，右辺に **3** 個の陽子(あるいは他のバリオン)がなければならない．

とも書ける．$p_\mu{}^{\mathrm{c}} p_\mu{}^{\mathrm{c}}$ は不変量であるから，任意の座標系で計算すればよい．重心系では，$p_\mu{}^{\mathrm{c}}$ の時間成分は4個の陽子・反陽子の静止エネルギーであり，すなわち $4M$ に等しい．また $\boldsymbol{p}$ の空間成分はゼロである．したがって $p_\mu{}^{\mathrm{c}}=(4M, \mathbf{0})$ である．ここで反陽子の静止質量は陽子の静止質量に等しいことを用い，この共通な質量を M とした．

そこで，式(4.10)は

$$p_\mu{}^{\mathrm{a}} p_\mu{}^{\mathrm{a}} + 2p_\mu{}^{\mathrm{a}} p_\mu{}^{\mathrm{b}} + p_\mu{}^{\mathrm{b}} p_\mu{}^{\mathrm{b}} = 16M^2 \tag{4.11}$$

となる．$p_\mu{}^{\mathrm{a}} p_\mu{}^{\mathrm{a}}$ や $p_\mu{}^{\mathrm{b}} p_\mu{}^{\mathrm{b}}$ はすぐわかる．それは任意の粒子の4元運動量ベクトルの"長さ"の2乗は，その粒子の質量の2乗に等しいからである．すなわち

$$p_\mu p_\mu = E^2 - \boldsymbol{p}^2 = M^2$$

である．これは直接の計算でも判明するし，もっと器用にやるには，**静止した**粒子に対して $p_\mu=(M, \mathbf{0})$，$p_\mu p_\mu = M^2$ であることを用いればよい．これは不変量であるから，どのような慣性系に対しても M^2 に等しい．この結果により，式(4.11)から

$$2p_\mu{}^{\mathrm{a}} p_\mu{}^{\mathrm{b}} = 14M^2$$

あるいは

$$p_\mu{}^{\mathrm{a}} p_\mu{}^{\mathrm{b}} = 7M^2 \tag{4.12}$$

を得る．

さて，$p_\mu{}^{\mathrm{a}} p_\mu{}^{\mathrm{b}}$ を実験室系で評価することもできる．4元ベクトル $p_\mu{}^{\mathrm{a}}$ は $(E^{\mathrm{a}}, \boldsymbol{p}^{\mathrm{a}})$ と書けるが，他方で陽子bはこの系に対して静止していたから $p_\mu{}^{\mathrm{b}}=(M, \mathbf{0})$ である．したがって $p_\mu{}^{\mathrm{a}} p_\mu{}^{\mathrm{b}}$ は ME^{a} に等しい．スカラー積は不変量であるから，これは式(4.12)で得たものと数値的に同じでなければならない．したがって，結果として

$$E^{\mathrm{a}} = 7M$$

を得る．すなわち，入射陽子の全エネルギーは少なくとも $7M$ (M=938 MeVであるから，$7M$ は約6.6 GeV)，あるいは静止エネルギー M を引いて，運動エネルギーは少なくとも $6M$ (約5.6 GeV)でなければならない．バークレーのベヴァトロン加速器は反陽子を作ることができるように，陽子に約6.2 GeVの運動エネルギーを与え得る設計がなされている．

スカラー積は不変量であるから，いつでも計算する価値がある．4元速度の"長さ" $u_\mu u_\mu$ はどうなるかというと

$$u_\mu u_\mu = u_t{}^2 - \boldsymbol{u}^2 = \frac{1}{1-v^2} - \frac{v^2}{1-v^2} = 1$$

となる．したがって，u_μ は**4元単位ベクトル**である．

4-3　4次元の勾配

つぎに論じなければならないのは，勾配に相当する4次元の類推である．すでに述べたように(第I巻第14章)，三つの微分演算子 $\partial/\partial x$, $\partial/\partial y$, $\partial/\partial z$ は3次元ベクトルのように変換され，勾配(gradient)とよばれる．4次元でも同様のことが成り立つにちがいない．4次元の勾

配は $\partial/\partial t$, $\partial/\partial x$, $\partial/\partial y$, $\partial/\partial z$ と考えると，それは**間違い**である．

これが間違いであることを知るため，x と t とだけに関係するスカラー関数 ϕ を考えよう．x を一定に保って t を $\varDelta t$ だけ変えたときの ϕ の変化は

$$\varDelta\phi = \frac{\partial\phi}{\partial t}\varDelta t \tag{4.13}$$

である．他方で，動いている観測者に対しては

$$\varDelta\phi = \frac{\partial\phi}{\partial x'}\varDelta x' + \frac{\partial\phi}{\partial t'}\varDelta t'$$

である．式(4.1)を用いて $\varDelta x'$, $\varDelta t'$ を $\varDelta t$ で表わすことができる．x を一定にしていることを思い出すと，$\varDelta x=0$ であるから，

$$\varDelta x' = -\frac{v}{\sqrt{1-v^2}}\varDelta t, \qquad \varDelta t' = \frac{\varDelta t}{\sqrt{1-v^2}}.$$

したがって

$$\begin{aligned}\varDelta\phi &= \frac{\partial\phi}{\partial x'}\left(-\frac{v}{\sqrt{1-v^2}}\varDelta t\right) + \frac{\partial\phi}{\partial t'}\left(\frac{\varDelta t}{\sqrt{1-v^2}}\right)\\ &= \left(\frac{\partial\phi}{\partial t'} - v\frac{\partial\phi}{\partial x'}\right)\frac{\varDelta t}{\sqrt{1-v^2}}\end{aligned}$$

となる．これを式(4.13)と比べると

$$\frac{\partial\phi}{\partial t} = \frac{1}{\sqrt{1-v^2}}\left(\frac{\partial\phi}{\partial t'} - v\frac{\partial\phi}{\partial x'}\right) \tag{4.14}$$

であることがわかる．同様な計算により

$$\frac{\partial\phi}{\partial x} = \frac{1}{\sqrt{1-v^2}}\left(\frac{\partial\phi}{\partial x'} - v\frac{\partial\phi}{\partial t'}\right) \tag{4.15}$$

を得る．

さて，勾配はちょっと不思議なものであることがわかる．x と t とを x' と t' とで書くと(式(4.1)を解いて)

$$t = \frac{t'+vx'}{\sqrt{1-v^2}}, \qquad x = \frac{x'+vt'}{\sqrt{1-v^2}}$$

となる．4元ベクトルはこのように変換されなければ**ならない**．しかるに，式(4.14)と式(4.15)とはそれぞれ符号が間違っている．

答は次のようになる：$(\partial/\partial t, \nabla)$ は正しくなくて，**4次元の勾配演算子**は，∇_μ と書くと，

$$\nabla_\mu = \left(\frac{\partial}{\partial t}, -\nabla\right) = \left(\frac{\partial}{\partial t}, -\frac{\partial}{\partial x}, -\frac{\partial}{\partial y}, -\frac{\partial}{\partial z}\right) \tag{4.16}$$

で**定義**しなければならない．この定義を用いると，上述の符号の困難はなくなり，∇_μ は4元ベクトルがしたがわなければならない性質をもつようになる(負号をつけるのは少々ぎごちないことであるが，世界はそういうふうにできているのである)．∇_μ が"4元ベクトルのような性質をもつ"というのは，単にスカラー量の4次元勾配が4元ベクトルであるという意味である．ϕ が真のスカラー不変場(ローレンツ不変量)であれば，$\nabla_\mu\phi$ は4元ベクトル場である．

さて，こうして，ベクトル，勾配，スカラー積が得られた．次に求めなければならない不変量は3次元のベクトル解析における発散に相当するものである．明らかに，この類推は表現$\nabla_\mu b_\mu$の形で求められる．ここでb_μはその成分が空間と時間との関数であるような4元ベクトルである．4元ベクトル$b_\mu=(b_t,\boldsymbol{b})$の**発散**は$\nabla_\mu$と$b_\mu$とのスカラー積で**定義**される：

$$
\begin{aligned}
\nabla_\mu b_\mu &= \frac{\partial}{\partial t}b_t-\left(-\frac{\partial}{\partial x}\right)b_x-\left(-\frac{\partial}{\partial y}\right)b_y-\left(-\frac{\partial}{\partial z}\right)b_z \\
&= \frac{\partial}{\partial t}b_t+\nabla\cdot\boldsymbol{b} \qquad (4.17)
\end{aligned}
$$

ここで$\nabla\cdot\boldsymbol{b}$は3次元ベクトル$\boldsymbol{b}$のふつうの3次元の発散である．上の計算で符号には注意を要する．負号の或るものは式(4.17)のスカラー積の定義によるが，他のものは∇_μの空間成分が式(4.16)により$-\partial/\partial x$などであることからきている．式(4.17)によって定義される発散は不変量で，ローレンツ変換によって移り得るすべての座標系に対して同じ答を与える．

4元発散が現われる物理的な例を考えよう．動いている導線のまわりの場の問題を解くのにこれを使うことができる．電荷密度ρと電流密度$\boldsymbol{j}$とは4元ベクトル$j_\mu=(\rho,\boldsymbol{j})$を作ることを知っている(第III巻13-7節)．もしも電荷のない導線が電流j_xをもつならば，x方向にvの速度で動く座標系に対し，導線は

$$
\rho'=\frac{-vj_x}{\sqrt{1-v^2}},\qquad j_x'=\frac{j_x}{\sqrt{1-v^2}}
$$

の電荷と電流密度とをもつことになる〔なぜならば，$j_\mu=(\rho,\boldsymbol{j})$は〈4元ベクトルとして$(t,x)$と同じ変換，すなわち〉式(4.1)のローレンツ変換をするからである〕．

上式は第III巻第13章で得た式(第III巻式(13.35))と同じである．これらをマクスウェル方程式の電荷・電流の源として用いれば**動く系に対する**場を与える式が求められる．

電荷の保存の法則(第III巻13-2節)も4元ベクトルの記号で簡単な形をとる．j_μの4元発散をとると

$$
\nabla_\mu j_\mu=\frac{\partial\rho}{\partial t}+\nabla\cdot\boldsymbol{j} \qquad (4.18)
$$

となる．電荷の保存の法則によれば，単位体積から流れ出る電流は，電荷密度の増加の割合いの符号を変えたものに等しい．いいかえれば

$$
\nabla\cdot\boldsymbol{j}=-\frac{\partial\rho}{\partial t}
$$

である．これを式(4.18)に代入すれば，電荷の保存の法則は簡単に

$$
\nabla_\mu j_\mu=0 \qquad (4.19)
$$

の形をとる．$\nabla_\mu j_\mu$は不変スカラー量であるから，ある座標系でこれがゼロならば，すべての座標系において，これはゼロに等しい．した

がって，ある座標系に対して電荷の保存の法則が成立すれば，一様な速度で動く座標系のすべてに対して，この保存則は成立する．

最後に，もう一つの例として勾配演算子 ∇_μ のそれ自身とのスカラー積を考えよう，3次元では，このような積はラプラス演算子

$$\nabla^2 = \boldsymbol{\nabla}\cdot\boldsymbol{\nabla} = \frac{\partial^2}{\partial x^2}+\frac{\partial^2}{\partial y^2}+\frac{\partial^2}{\partial z^2}$$

を与えた．4次元では何が得られるかをみるのは容易である．スカラー積と勾配との規則にしたがい，

$$\nabla_\mu\nabla_\mu = \frac{\partial}{\partial t}\frac{\partial}{\partial t}-\left(-\frac{\partial}{\partial x}\right)\left(-\frac{\partial}{\partial x}\right)-\left(-\frac{\partial}{\partial y}\right)\left(-\frac{\partial}{\partial y}\right)-\left(-\frac{\partial}{\partial z}\right)\left(-\frac{\partial}{\partial z}\right)$$
$$= \frac{\partial^2}{\partial t^2}-\nabla^2$$

を得る．この演算子は，3次元のラプラス演算子に相当するものであるが，**ダランベール演算子**とよばれ，特別な記号

$$\Box^2 = \nabla_\mu\nabla_\mu = \frac{\partial^2}{\partial t^2}-\nabla^2 \tag{4.20}$$

で表わされる．定義により，これは不変スカラー演算子である．これが4元ベクトル場に演算すれば，新しい4元ベクトル場が得られる（ダランベール演算子として，式(4.20)の逆の符号の定義をしている人もあるから，文献を読むときは注意を要する）．

表4-1に挙げた3次元の量のほとんどすべてに相当する4次元の量がわかった（ベクトル積や回転演算子に相当するものはまだ得ていない．これらについては次の章までは考えないことにする）．これらを一まとめにしておけば便利であろうから，表4-2にこのような要約を示しておく．

表4-2　3次元および4次元のベクトル解析に重要な量

	3 次 元	4 次 元
ベクトル	$\boldsymbol{A}=(A_x, A_y, A_z)$	$a_\mu=(a_t, a_x, a_y, a_z)=(a_t, \boldsymbol{a})$
スカラー積	$\boldsymbol{A}\cdot\boldsymbol{B}=A_xB_x+A_yB_y+A_zB_z$	$a_\mu b_\mu=a_tb_t-a_xb_x-a_yb_y-a_zb_z=a_tb_t-\boldsymbol{a}\cdot\boldsymbol{b}$
ベクトル演算子	$\nabla=(\partial/\partial x, \partial/\partial y, \partial/\partial z)$	$\nabla_\mu=(\partial/\partial t, -\partial/\partial x, -\partial/\partial y, -\partial/\partial z)=(\partial/\partial t, -\nabla)$
grad(勾配)	$\nabla\psi=\left(\frac{\partial\psi}{\partial x}, \frac{\partial\psi}{\partial y}, \frac{\partial\psi}{\partial z}\right)$	$\nabla_\mu\varphi=\left(\frac{\partial\varphi}{\partial t}, -\frac{\partial\varphi}{\partial x}, -\frac{\partial\varphi}{\partial y}, -\frac{\partial\varphi}{\partial z}\right)=\left(\frac{\partial\varphi}{\partial t}, -\nabla\varphi\right)$
div(発散)	$\nabla\cdot\boldsymbol{A}=\frac{\partial A_x}{\partial x}+\frac{\partial A_y}{\partial y}+\frac{\partial A_z}{\partial z}$	$\nabla_\mu a_\mu=\frac{\partial a_t}{\partial t}+\frac{\partial a_x}{\partial x}+\frac{\partial a_y}{\partial y}+\frac{\partial a_z}{\partial z}=\frac{\partial a_t}{\partial t}+\nabla\cdot\boldsymbol{a}$
ラプラス演算子　と ダランベール演算子	$\nabla\cdot\nabla=\frac{\partial^2}{\partial x^2}+\frac{\partial^2}{\partial y^2}+\frac{\partial^2}{\partial z^2}$	$\nabla_\mu\nabla_\mu=\frac{\partial^2}{\partial t^2}-\frac{\partial^2}{\partial x^2}-\frac{\partial^2}{\partial y^2}-\frac{\partial^2}{\partial z^2}=\frac{\partial^2}{\partial t^2}-\nabla^2=\Box^2$

4-4　4次元記号で書いた電気力学

ダランベール演算子という名はつけなかったが，これはすでに第III巻18-6節で現われている．その場合に得たポテンシャルに対する方程式を，新しい記号で書くと

$$\Box^2\phi = \frac{\rho}{\varepsilon_0}, \qquad \Box^2\boldsymbol{A} = \frac{\boldsymbol{j}}{\varepsilon_0} \tag{4.21}$$

となる．この二つの式(4.21)の右辺の4個の量はρ, j_x, j_y, j_zをε_0で割ったものである．ε_0は普遍定数であって，すべての座標系に対して同じ電荷の単位を用いれば，すべての座標系について同じ値のものである．したがって4個の量ρ/ε_0，j_x/ε_0，j_y/ε_0，j_z/ε_0は4元ベクトルとして変換される．これらはj_μ/ε_0と書ける．座標系を変えてもダランベール演算子は変化しないから，量ϕ, A_x, A_y, A_z**も**4元ベクトルとして**変換されるわけである**——すなわち，これらは4元ベクトルの成分である．結局

$$A_\mu = (\phi, \boldsymbol{A})$$

は4元ベクトルである．スカラーポテンシャル，ベクトルポテンシャルとよんでいたものは，物理的に同じ量の異なる面にほかならない．これらは一緒のものである．これらを一緒に保つ限り，自然界の相対論的不変性は明白である．A_μを4元ポテンシャルとよぶ．

4元ベクトルの記号で書けば式(4.21)は簡単に

$$\Box^2 A_\mu = \frac{j_\mu}{\varepsilon_0} \tag{4.22}$$

となる．この物理的内容はマクスウェル方程式と同じである．ただ，エレガントな形に書き直されたということにいくらかの喜びがある．美しい形は，それだけで意味がある．すなわち，この形は電気力学がローレンツ変換に対して不変であることを直接に示している．

式(4.21)はマクスウェル方程式に，もしもゲージの条件

$$\frac{\partial \phi}{\partial t} + \nabla \cdot \boldsymbol{A} = 0 \tag{4.23}$$

を付けるとき，これは$\nabla_\mu A_\mu = 0$にほかならない．すなわち，ゲージの条件は4元ベクトルA_μの発散をゼロとおくことである．この条件は**ローレンツの条件**とよばれる．これが非常に都合がいい理由は，〈ローレンツ変換に対して〉不変な条件であるから，〈この条件を付けても〉マクスウェル方程式は，すべての座標系に対して式(4.22)の形を保つことである．

4-5　動く電荷による4元ポテンシャル

すでに述べた中に含まれることではあるが，動いている座標系におけるϕと$\boldsymbol{A}$とを静止系におけるϕと$\boldsymbol{A}$とで表わす変換法則を書き下ろしておこう．$A_\mu = (\phi, \boldsymbol{A})$は4元ベクトルであるから，方程式は式(4.1)において，tをϕ，$\boldsymbol{x}$を$\boldsymbol{A}$でおきかえたものでなければならない．したがって

$$\begin{aligned} \phi' &= \frac{\phi - vA_x}{\sqrt{1-v^2}}, \qquad A_y' = A_y \\ A_x' &= \frac{A_x - v\phi}{\sqrt{1-v^2}}, \qquad A_z' = A_z \end{aligned} \tag{4.24}$$

である．ここでプライムをつけた座標系はプライムをつけない座標系に対してvの速さでxの正の向きに動いているとしている．

4元ポテンシャルを考えることの有利さを示す一例を挙げよう．電荷 q が x 軸に沿って速さ v で動いているときのベクトルポテンシャルとスカラーポテンシャルとを求める．この問題は，電荷と共に動いている座標系については簡単である．この系に対しては電荷は静止しているからである．この座標系 S′ の原点に，図 4-2 のように電荷があるとしよう．動く系 S′ に対するスカラーポテンシャルは

$$\phi' = \frac{q}{4\pi\varepsilon_0 r'} \tag{4.25}$$

で与えられる．ここで r' は q から場の点 P に到る距離である．ベクトルポテンシャル $\boldsymbol{A}$ はもちろんゼロである．

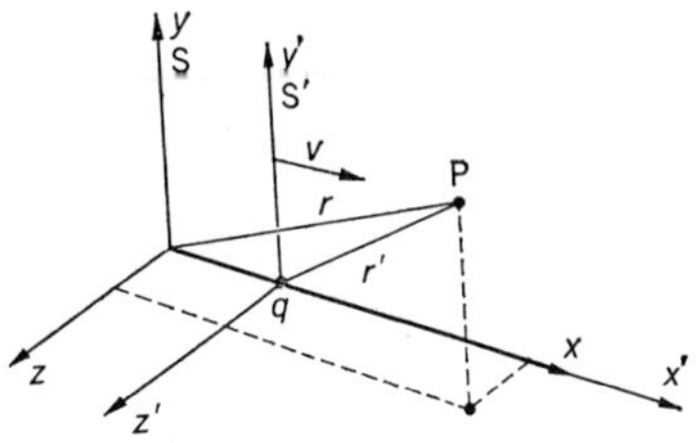

図 4-2 座標系 S′ は S に対して速度 v で(x 方向へ)動く S′ の原点に静止している電荷は S では $x=vt$ にある P におけるポテンシャルはどちらの座標系で計算することもできる

静止系において観測される ϕ と $\boldsymbol{A}$ とは，いまや直ちに求められる．式(4.24)の逆の関係式は

$$\begin{aligned} \phi &= \frac{\phi' + vA_x'}{\sqrt{1-v^2}}, \qquad A_y = A_y' \\ A_x &= \frac{A_x' + v\phi'}{\sqrt{1-v^2}}, \qquad A_z = A_z' \end{aligned} \tag{4.26}$$

である．ϕ' として式(4.25)で与えられるものを用い，$\boldsymbol{A}'=0$ を用いれば

$$\begin{aligned} \phi &= \frac{q}{4\pi\varepsilon_0}\frac{1}{r'\sqrt{1-v^2}} \\ &= \frac{q}{4\pi\varepsilon_0}\frac{1}{\sqrt{1-v^2}\sqrt{x'^2+y'^2+z'^2}} \end{aligned}$$

となる．これが静止系 S で観測されるスカラーポテンシャル ϕ である．しかしこれは S′ 系の記号で書かれている．t, x, y, z で表わすには，式(4.1)を用いて r', x', y', z' を書きなおせばよく，

$$\phi = \frac{q}{4\pi\varepsilon_0}\frac{1}{\sqrt{1-v^2}}\frac{1}{\sqrt{[(x-vt)/\sqrt{1-v^2}]^2+y^2+z^2}} \tag{4.27}$$

を得る．$\boldsymbol{A}$ の成分について同じように考えれば

$$\boldsymbol{A} = \boldsymbol{v}\phi \tag{4.28}$$

が得られる．これは，第Ⅲ巻第 20 章において別の方法で導いた式と同じである．

4-6 電気力学の方程式の不変性

ポテンシャル ϕ と $\boldsymbol{A}$ とを一緒にすると4元ベクトル A_μ を形成し，A_μ を j_μ により決定する全体の方程式――波動方程式――は式(4.22)のように書けることがわかった．この式と電荷の保存の式(4.19)とによって，電磁場の基礎方程式が与えられる．これは

$$\Box^2 A_\mu = \frac{1}{\varepsilon_0} j_\mu, \qquad \nabla_\mu j_\mu = 0 \tag{4.29}$$

であり，この美しく簡単な，1頁の微小部分がマクスウェル方程式のすべてである．この方程式をこのように書くことは美しく簡単である以外に我々に何を教えてくれるであろうか．第一に，種々の場の成分

をすべて用いて書いた前の式とちがうことがあるか．電荷と電流とを用いてポテンシャルを表わす波動方程式から導かれるものとちがう結論がこの式から導き出せるであろうか．これに対する答は明らかに no である．我々がしてきたことは名称を変え，新しい記号を用いただけである．微分を表わす四角い記号を用いたが，これは単に t に関する2階の微係数から，x に関する2階の微係数を引き，y に関する2階の微係数を引き，z に関する2階の微係数を引いたものを表わすものにすぎない．そして μ は $\mu=t, x, y, z$ であって，計4個の方程式があることを示している．それならば，方程式がこのように簡単な形に書けたことの意義はどこにあるのであろうか．直接に何かを導こうという観点からすれば，これは別に意義をもたない．しかし，おそらく，方程式が簡単な形をとるということは，自然もまたある簡潔さをもつことを意味するのであろう．

最近発見した面白い事柄を示そう．それは，**すべての物理法則は唯一つの方程式に含ませることができる**ということである．その式は

$$\mathsf{U} = 0 \tag{4.30}$$

である．何と簡単な式ではないか．もちろん記号の意味を知らなければならない．ここで U は我々が“超俗量(unworldliness)”とよぶ物理的な量である．上式はこれに対する方程式であり，超俗量を計算する方法を与えている．知られている物理法則をもってきて，特別な形に書く．たとえば，力学法則 $\boldsymbol{F}=m\boldsymbol{a}$ を考えるとき，これを $\boldsymbol{F}-m\boldsymbol{a}=0$ と書く．そこで $\boldsymbol{F}-m\boldsymbol{a}$ (これは当然ゼロであるが)を力学の“ミスマッチ(mismatch)”とよぶ．次に，このミスマッチの2乗を作り，これを U_1 とすれば，これは“力学的効果の超俗量”とよぶことができる．換言すれば

$$\mathsf{U}_1 = (\boldsymbol{F}-m\boldsymbol{a})^2 \tag{4.31}$$

とおくことである．さて別の物理法則を考える．たとえば $\nabla\cdot\boldsymbol{E}=\rho/\varepsilon_0$ を考え，

$$\mathsf{U}_2 = (\nabla\cdot\boldsymbol{E}-\rho/\varepsilon_0)^2$$

を定義し，これを“電気のガウス的超俗量”とよぶことができる．こうして，すべての物理法則について $\mathsf{U}_3, \mathsf{U}_4$ というように定義していく．

最後に自然界の**全**超俗量 U は，各現象についての超俗量 U_i の和として定義する．すなわち $\mathsf{U}=\sum \mathsf{U}_i$ である．そうすると大“自然法則”は

$$\boxed{\mathsf{U} = 0} \tag{4.32}$$

で表わされる．この法則は，各ミスマッチの2乗のすべての和がゼロであることを意味することはもちろんであるが，2乗の和がゼロである唯一の方法は各項がゼロであることである．

したがって，“美しく簡潔な”法則式(4.32)は始めに書いたそれぞれの式の系列と実は同等のものである．故に，記号の定義の複雑さをかくす簡潔な表示法は真実の簡潔さでないことは明白である．それは

単なるトリックにすぎない．式(4.32)のもつ美しさは，いくつもの方程式を押しかくしているためのもので，トリック以上のものではない．これをほごしていけば，始めのところに戻ってしまうのである．

しかし，式(4.29)の形に書かれた電磁気学の法則の簡潔さには，これ以上のものが**ある**．それは，ベクトル解析が意義をもったように，ある意義をもつ．電磁気学の法則が，ローレンツ変換の4次元幾何学に対して**くふうされた**非常に特別の表示法で書けたという事実——いいかえれば，4次元空間のベクトル方程式として書けたという事実は，それがローレンツ変換に対して不変であることを意味する．それが美しい形に書けたのは，マクスウェル方程式が，この変換に対して不変であるからである．

電気力学の方程式が式(4.29)のような美しく，優雅な形に書けたのは，偶然ではない．相対性理論が発達したのは，マクスウェル方程式によって予言される現象がすべての慣性系について同等であることが**実験的に発見されたからである**．実際，ローレンツはマクスウェル方程式の変換に対する性質を研究することによって，彼の名をもつ変換を発見したのである．

しかし，我々の方程式をこのように書くのには別の理由もある．アインシュタインも予想したことであるが，物理学の**すべて**の法則はローレンツ変換に対して不変であることが発見された．これは相対性原理である．したがって，もしもその法則が不変であるかないかを直ちに判別できるような表示法を発明することができれば，新しい理論を試みる場合において，相対性原理と合致する方程式だけを考えている確証を得るわけである．

この表示法でマクスウェル方程式が簡単になるのは不思議ではない．それはこの方程式を考えてこの表示法が発明されたからである．しかし，興味深い物理的な事柄は，物理学の**すべての法則**——中間子の波の伝播，ベーター崩壊におけるニュートリノの運動など——が，同じ変換に対して同じ不変性をもたなければならないということである．もしも宇宙船に乗って一様な速度で動くとしても，自然法則のすべてが同じ変換を受けて，結局，何も新しい現象は生じないことになるであろう．相対性原理が自然の事実であるために，4元ベクトルの表示法で書いた自然界の法則は簡単にみえるのである．

第5章
場のローレンツ変換

この章では $c=1$

5-1 動く電荷の4元ポテンシャル

前章において，ポテンシャル $A_\mu=(\phi, \boldsymbol{A})$ が4元ベクトルであることを明らかにした．時間成分はスカラーポテンシャル ϕ であり，3個の空間成分はベクトルポテンシャル $\boldsymbol{A}$ である．また一つの電荷粒子が直線上を一様な速さで動くときのポテンシャルをローレンツ変換によって求めた(これは第III巻第20章で別の方法ですでに求めている)．時刻 t における点電荷の位置を $(vt, 0, 0)$ とすると，点 (x, y, z) におけるポテンシャルは

$$
\begin{aligned}
\phi &= \frac{q}{4\pi\varepsilon_0\sqrt{1-v^2}\left[\dfrac{(x-vt)^2}{1-v^2}+y^2+z^2\right]^{1/2}}, \\
A_x &= \frac{qv}{4\pi\varepsilon_0\sqrt{1-v^2}\left[\dfrac{(x-vt)^2}{1-v^2}+y^2+z^2\right]^{1/2}}, \qquad (5.1) \\
A_y &= A_z = 0
\end{aligned}
$$

である．

式(5.1)は“現在”の位置(**時刻 t における**位置を意味する)が $x=vt$ にある電荷によるポテンシャルの，x, y, z，時刻 t における値を表わす．この式は $(x-vt)$，y，および z によって表わされているが，これらは動いている電荷の**現在位置** P から測った座標である(図5-1参照)．実際の影響は本当は速さ c で伝わるから，これは遅延位置 P′ にあった電荷によるものである*．この点 P′ は $x=vt'$ (ここで $t'=t-r'/c$ は遅延時間)にある．しかし電荷は一直線上を一様な速度で動いているから，P′ と現在位置とは直接の関係がある．実際，ポテンシャルが遅延時刻における位置と速度とだけによるという仮定をつけ加えるならば，どんな運動をしている電荷でも，ポテンシャルの完全な式は(5.1)によって与えられることになる．これは実際そうである．たとえば，図5-2の軌道のように勝手な運動をしている電荷を考え，点 (x, y, z) におけるポテンシャルを求めるとしよう．第一に，遅延位置 P′ と，そこにおける速度 v' とを求める．それから，遅延時間 $(t'-t)$ の間，電荷はこの速度で動き続けると想像して，到達した仮想位置を $\mathrm{P_{proj}}$(これを“射影位置”とよぶ)とすると，電荷はここへ速度 v' で到着する

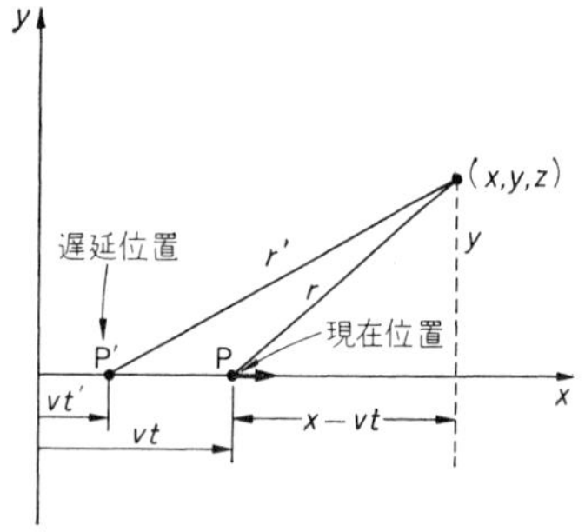

図5-1 一定の速さ v で x 軸に沿って動いている電荷 q による点 (x, y, z) における場を求める 点 (x, y, z) における“現在”の場は“現在”位置 P でも，($t'=t-r'/c$ における)“遅延”位置 P′ でも表わすことができる

* ここでは，プライムは**遅延**位置と時刻とを示すもので，前章のローレンツ変換におけるプライムと混同してはならない．

(もちろん，時刻 t における本当の位置はPである)．このとき，点(x, y, z)におけるポテンシャルは位置 P_{proj} にある仮想的な電荷に対する式(5.1)によって与えられるものになる．ここで述べているのは，ポテンシャルが，遅延時刻における電荷の行動によってきまり，時刻 t' の後——すなわち時刻 t において(x, y, z)に現われるポテンシャルがすでに決定された後——に，電荷が一定速度で動き続けても，あるいは速度を変化させても，ポテンシャルは同じであるということである．

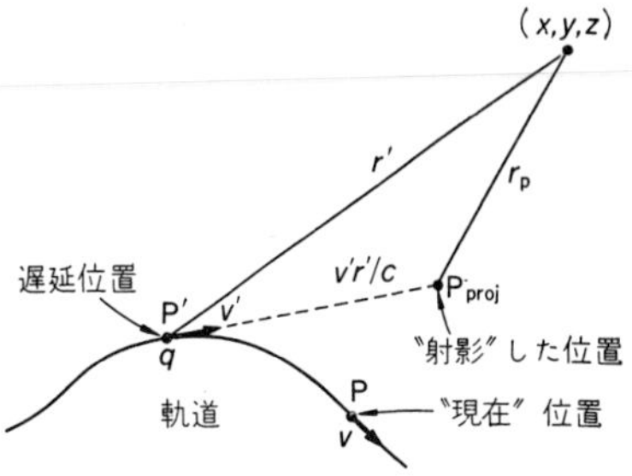

図 5-2　一つの電荷が任意の軌道上を動く　時刻 t における(x, y, z)のポテンシャルは遅延時刻 $t-r'/c$ における位置 P′ と速度 v' によって決定される　それは"射影"した位置 P_{proj} の座標で表わすと都合がよい(本当の位置は P である)

任意の運動をする1個の電荷によるポテンシャルの式を得たとき，我々は完全な電気力学を得たことになる．任意の電荷分布によるポテンシャルは重ね合わせによって与えられる．故に，すべての電気力学的現象は，マクスウェル方程式を書き下すか，あるいは次のいくつかの注意書きによって総括されるわけである(無人島に置かれたとしても，これらを思い出せば，そこからすべてのことが導き出せる．もちろん，ローレンツ変換はわかっている．無人島であろうと，どこであろうとこれをわすれる筈はない)．

第一に，A_μ は4元ベクトルである．**第二**に，静止した電荷によるクーロン・ポテンシャルは $q/4\pi\varepsilon_0 r$ である．**第三**に，任意の運動をする電荷によって作られるポテンシャルは，遅延時刻における速度と位置とだけに関係する．この三つのことからすべての事柄が導かれる．A_μ が4元ベクトルであるという事実から，周知のクーロン・ポテンシャルを変換することによって，一定速度の場合のポテンシャルを得る．それから，第三のことによって，ポテンシャルは遅延時刻における過去の速度だけできまるから，射影位置の方法を用いてこれは定められる．これは実際問題に対して特によい方法ではないが，物理学の法則が種々の異なる方法で述べられることを示すのは興味深い．

不注意な人達が，電気力学のすべてはローレンツ変換とクーロンの法則とだけから導かれるということがある．もちろん，これは完全に誤りである．第一に，スカラーポテンシャルとベクトルポテンシャルとがあって，これらが一緒になって4元ベクトルを作っていることを考えなければならない．これはポテンシャルの変換され方を定めるものである．更に，遅延時刻における影響だけがきめるのはなぜか．あるいはこういった方がいいかも知れない——なぜポテンシャルは位置と速度とだけできまり，たとえば加速度によらないのか．場 $\boldsymbol{E}$ と $\boldsymbol{B}$ とは加速度に**関係する**．これらに対して同様な議論を行なえば，これらが遅延時刻における位置と速度とによることになる．しかし，そうすると加速度をもつ電荷による場は，射影位置における電荷による場と同じになってしまう——これは誤りである．場は軌道上の位置と速度とによるばかりでなく，加速度にも関係する．したがって，すべてはローレンツ変換から導かれるという大きな述べ方については，いくつかの暗黙の仮定を付加しなければならないのである(極めて多くのことが非常に少数の仮定から導かれるという大ざっぱな述べ方に出会うとき，それが誤りであることを，いつでも指摘できる．よく注意して考えてみれば，とても自明とはいえない仮定が多数含まれているのがふつうである）．

5-2　一定速度の点電荷の場

一定速度で動く点電荷によるポテンシャルを得たので，実際的な理由により，場を求めるのが当然である．一様な速度で動く粒子には，たとえば霧箱を通る宇宙線や導線中の低速度の電子など，多くの場合がある．そこで，任意の速さ——光速度に近い速さも含めて——に対して，場がどのようになるかを少し調べておこう．加速度はないとしておく．これは興味深い問題である．

場はポテンシャルから，ふつうの規則

$$\boldsymbol{E} = -\nabla\phi - \frac{\partial \boldsymbol{A}}{\partial t}, \qquad \boldsymbol{B} = \nabla\times\boldsymbol{A}$$

によって求められる．まず，E_z について

$$E_z = -\frac{\partial\phi}{\partial z} - \frac{\partial A_z}{\partial t}$$

である．しかし A_z はゼロであるから，式(5.1)の ϕ を微分して

$$E_z = \frac{q}{4\pi\varepsilon_0\sqrt{1-v^2}}\frac{z}{\left[\dfrac{(x-vt)^2}{1-v^2}+y^2+z^2\right]^{3/2}} \tag{5.2}$$

を得る．同様に E_y について

$$E_y = \frac{q}{4\pi\varepsilon_0\sqrt{1-v^2}}\frac{y}{\left[\dfrac{(x-vt)^2}{1-v^2}+y^2+z^2\right]^{3/2}} \tag{5.3}$$

を得る．x 成分はもう少しやっかいである．ϕ の微係数はもっと複雑であり，A_x はゼロでない．第一に

$$-\frac{\partial\phi}{\partial x} = \frac{q}{4\pi\varepsilon_0\sqrt{1-v^2}}\frac{(x-vt)/(1-v^2)}{\left[\dfrac{(x-vt)^2}{1-v^2}+y^2+z^2\right]^{3/2}} \tag{5.4}$$

である．A_x を t について微分すると

$$-\frac{\partial A_x}{\partial t} = \frac{q}{4\pi\varepsilon_0\sqrt{1-v^2}}\frac{-v^2(x-vt)/(1-v^2)}{\left[\dfrac{(x-vt)^2}{1-v^2}+y^2+z^2\right]^{3/2}} \tag{5.5}$$

となる．最後に和を作って

$$E_x = \frac{q}{4\pi\varepsilon_0\sqrt{1-v^2}}\frac{x-vt}{\left[\dfrac{(x-vt)^2}{1-v^2}+y^2+z^2\right]^{3/2}} \tag{5.6}$$

を得る．

$\boldsymbol{E}$ に対する物理的考察はちょっとあとまわしにして，まず $\boldsymbol{B}$ を求めよう．z 成分について

$$B_z = \frac{\partial A_y}{\partial x} - \frac{\partial A_x}{\partial y}$$

である．A_y はゼロであるから，一つの微係数を求めればよい．しかし，A_x は $v\phi$ であり，$v\phi$ に $\partial/\partial y$ を演算したものは $-vE_y$ である．したがって

$$B_z = vE_y \tag{5.7}$$

である．同様に

$$B_y = \frac{\partial A_x}{\partial z} - \frac{\partial A_z}{\partial x} = +v\frac{\partial \phi}{\partial z},$$

そこで

$$B_y = -vE_z \tag{5.8}$$

である．最後に A_y と A_z とがゼロであるから，B_x はゼロである．磁場は簡単に

$$\boldsymbol{B} = \boldsymbol{v}\times\boldsymbol{E} \tag{5.9}$$

と書くことができる．

さて，場がどのようなものであるかを調べよう．電荷の現在の位置のまわりのいろいろなところの場を図示しようと思う．電荷の影響は，ある意味において，遅延位置から来るというのは本当である．しかし運動は厳密に特定化されているから，遅延位置は現在位置によって一義的に決定される．一様な速度に対しては，場を現在位置と関係づける方が容易である．それは，(x, y, z) における場の成分は $(x-vt)$，y，および z，すなわち現在位置から (x, y, z) までの変位の成分(図 5-3 参照)だけによるからである．

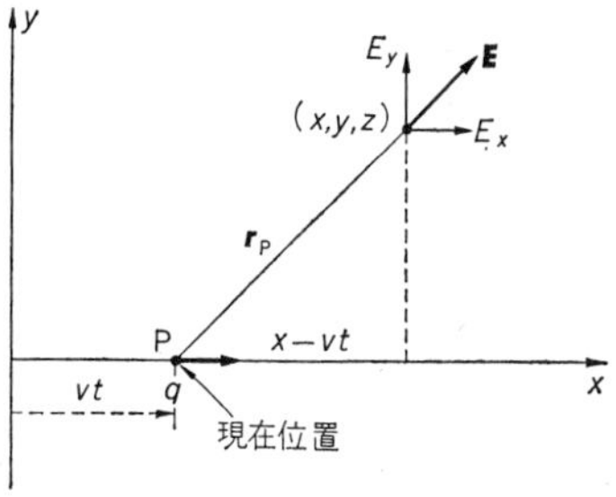

図 5-3　一定の速さで動く電荷に対し電場は電荷の現在位置から放射状に出る

$z=0$ の 1 点を考えよう．このとき $\boldsymbol{E}$ は x 成分と y 成分とだけをもつ．式(5.3)と式(5.6)とによれば，これらの成分の比は変位の x 成分と y 成分との比にちょうど等しい．これは $\boldsymbol{E}$ が図 5-3 に示される $\boldsymbol{r}_{\mathrm{P}}$ と**同じ向き**をもつということである．E_z も z に比例するから，これが 3 次元的に成り立つことは明らかである．簡単にいえば，電場は電荷から放射状になっていて，電気力線は，静止電荷の場合と同様，電荷から放射状に出ている．もちろん余分な因子 $(1-v^2)$ があるから，電場は静止電荷の場合と全く同じではない．しかし，ちょっと面白いことがある．この相違は，ちょうど x の尺度を因子 $\sqrt{1-v^2}$ によって押しつぶした特別な座標軸を用いてクーロン場を書いたものなのである．これを行なってみると，力線は電荷の前後で開いて，横方向にはしぼられて，図 5-4 のようになる．

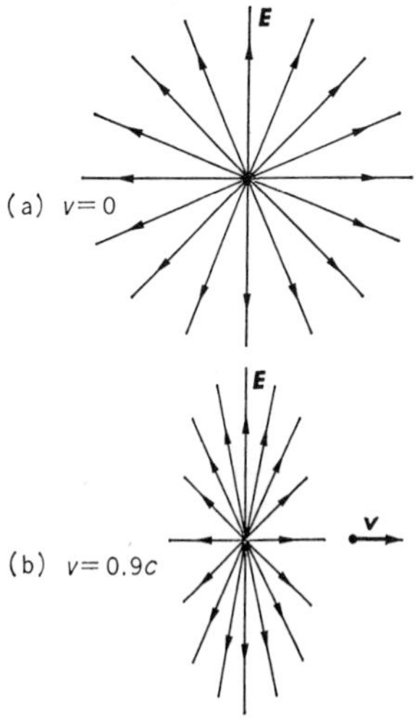

図 5-4　一定の速さ $v=0.9c$ で動く電荷による電場(b)と静止した電荷の場(a)との比較

ふつうの方法により，$\boldsymbol{E}$ の強さは力線の密度に関係づけられるので，場は横で強く，前後では弱いことがわかる．これが式の意味である．まず，運動方向に直角な方向，$(x-vt)=0$ の上の場の強さを考えると，電荷からの距離は $\sqrt{y^2+z^2}$ である．この場所における場の全体の強さは $\sqrt{E_y{}^2+E_z{}^2}$ であり，これは

$$E = \frac{q}{4\pi\varepsilon_0\sqrt{1-v^2}}\frac{1}{y^2+z^2} \tag{5.10}$$

である．場は距離の 2 乗に反比例する――これはちょうどクーロン場と同様であるが，1 よりもいつも大きな因子 $1/\sqrt{1-v^2}$ が余分にかかっ

ているので，一定値だけ増大している．したがって，運動する電荷の横では，電場はクーロンの法則より強い．実際，横方向における場は，その粒子のエネルギーと静止質量エネルギーとの比だけ，クーロン場よりも大きい．

電荷の前方(および後方)では，y と z とはゼロであるから

$$E = E_x = \frac{q(1-v^2)}{4\pi\varepsilon_0(x-vt)^2} \qquad (5.11)$$

である．このときも，場は電荷からの距離の2乗に反比例するが，因子$(1-v^2)$だけ**小さく**なっているが，これは力線の図と一致している．v/c が小さければ v^2/c^2 は更に小さいから$(1-v^2)$の項の影響は非常に小さく，我々はクーロンの法則に戻る．しかし，もしも粒子が光速度に非常に近ければ，前方における場はとても小さくなり，横方向における場はとても大きくなる．

電荷による場に対する上述の結果は次のように述べることができる．静止している電荷による力線を紙の上に書き，これを速さ v で移動させる．もちろんこの場合，全体の図はローレンツ変換によって圧縮され，紙上の鉛筆の炭素粒子は別のところに移る．紙が飛んで行くときでも，その上の図形は点電荷による場の力線を表わしているという奇跡が行なわれる．圧縮により，力線は横方向で密になり，前後方向ではまばらになり，力線の密度を正しく与えるようになるのである．さきに強調したように，力線は現実のものでなく，場を表わす一つの手段にすぎない．しかし，いまの場合，ほとんど現実のもののようにみえる．この特別な場合は，力線が実際に空間内にあるもののように考える誤りをおかしておいて，これに変換を行なうと正しい場を得るわけである．しかし，これによって力線がより現実的になるとはいえない．電荷による電場と共に磁石で作られる電場を考えるだけで，これが現実のものでないことがわかる．すなわち，磁石が動くと新たに電場が生じるので，上述の美しい絵図は失われてしまう．したがって収縮する絵図というきれいな考えは一般には成立しない．しかし，速く運動する電荷による電場がどのようなものであるかをおぼえる都合のよい方法である．

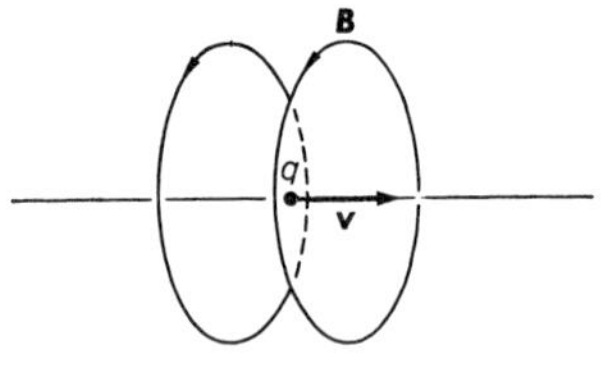

図 5-5　運動している電荷の近くの磁場は $\boldsymbol{v}\times\boldsymbol{E}$ である(図5-4と比較せよ)

磁場は $\boldsymbol{v}\times\boldsymbol{E}$ である(式(5.9))．速度と放射状の $\boldsymbol{E}$ とのベクトル積をとれば，図5-5のように運動直線を円形にまわる $\boldsymbol{B}$ が得られる．c を復活させると，さきにおそい速度の電荷に対して得た結果と同じであることがわかるであろう．どこに c が入ればよいかということを知るよい方法は，力の法則

$$\boldsymbol{F} = q(\boldsymbol{E}+\boldsymbol{v}\times\boldsymbol{B})$$

に戻ることである．速度と磁場との積は電場と同じ次元をもつことがわかる．したがって式(5.9)の右辺は因子 $1/c^2$ をもたなければならない．故に

$$\boldsymbol{B} = \frac{\boldsymbol{v}\times\boldsymbol{E}}{c^2} \qquad (5.12)$$

である．ゆっくり動く電荷($v \ll c$)に対しては$\boldsymbol{E}$としてクーロン場を用い得るから

$$\boldsymbol{B} = \frac{q}{4\pi\varepsilon_0 c^2}\frac{\boldsymbol{v}\times\boldsymbol{r}}{r^3} \tag{5.13}$$

となる．これは第Ⅲ巻14-7節において発見した電流の作る磁場の方程式と完全に一致している．最後に考えてみると面白い事柄を指摘しておく(これは後にまた論じることにする)．2個の電子がたがいに垂直に運動し，一方が他方の道をよぎるが，その前方を通るので衝突はしないとする．ある瞬間において，これらの相対的な位置は図5-6(a)のようになるであろう．q_2によってq_1に働く力，およびその逆を考える．〈この瞬間q_1の運動直線上にちょうどq_2があるが〉q_1はその運動直線に沿う磁場を作らないから，q_2に働くのはq_1による電場だけである．一方，q_1にも電場が働くが，これはq_2の作る$\boldsymbol{B}$の場の中で運動しているから，その磁場による力も受ける．力は図5-6(b)のようになる．q_1とq_2とに働く電場の力は等しく，逆向きである．しかしq_1には横向きの(磁場の)力があり，q_2**には横向きの力がない**．作用は反作用に等しくないのだろうか．これは読者の考察に残しておこう．

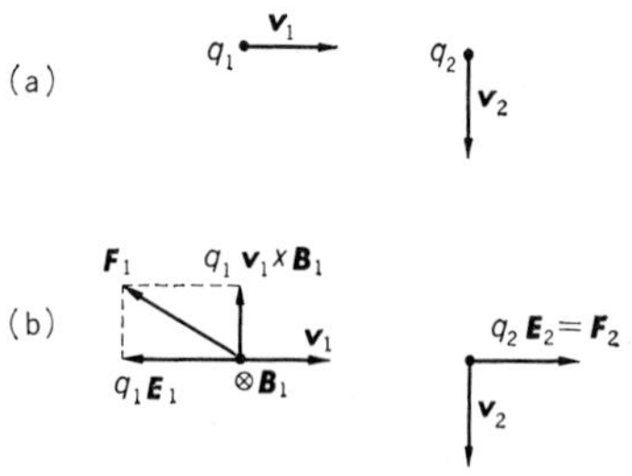

図5-6　動いている2個の電荷の間の力は常には等しく反対向きでない“作用”と“反作用”とは等しくないようにみえる

5-3　場の相対論的変換

前節では，ポテンシャルを変換して，それから電場と磁場とを求めた．さきに述べたようにポテンシャルには物理的な意味も実在性もあるが，それでも場は，もちろん重要である．場もまた実在するものである．ある“静止”系に対する場がすでに与えられているときに，運動系における場を計算する方法があれば，これは多くの目的に対して都合がいいにちがいない．A_μは4元ベクトルなので，ϕと$\boldsymbol{A}$との変換法則はわかっている．ある座標系に対して$\boldsymbol{E}$と$\boldsymbol{B}$とが与えられているとき，これに対して運動する座標系において，これらはどうなるであろうか．求められれば都合のいいのはこの変換である．いつでもポテンシャルに戻ることはできるが，場を直接に変換することができれば有益な場合がある．これがどのようになるかを調べよう．

場の変換法則を求めるにはどうしたらよいであろうか．我々はϕと$\boldsymbol{A}$とに対する変換法則を知っていて，場がϕと$\boldsymbol{A}$とによってどのように与えられるかも知っている．したがって$\boldsymbol{B}$と$\boldsymbol{E}$とに対する変換を求めるのは容易な筈である(任意のベクトルに対し，これと合わせれば4元ベクトルになるものがあり，$\boldsymbol{E}$と合わせて4元ベクトルになるものがあるにちがいないと思うかも知れない．$\boldsymbol{B}$についても同じである．しかしこれは間違っている．このような予想は全く当っていないのである)．まず手始めに，磁場$\boldsymbol{B}$だけを考えよう．これはもちろん$\nabla\times\boldsymbol{A}$である．$x, y, z$成分をもつベクトルポテンシャルは，あるものの一部であり，t成分もあることを知っている．また，∇のような微分もx, y, z成分のほかに，tに関する微分があることも知っ

ている．そこで“y”を“t”で変えたり，“z”を“t”で変えたりするときに何が起こるかを考察しよう．

まず$\nabla\times\boldsymbol{A}$の項の成分

$$B_x=\frac{\partial A_z}{\partial y}-\frac{\partial A_y}{\partial z},\qquad B_y=\frac{\partial A_x}{\partial z}-\frac{\partial A_z}{\partial x},\qquad B_z=\frac{\partial A_y}{\partial x}-\frac{\partial A_x}{\partial y} \tag{5.14}$$

の形に注目しよう．x成分はyとzの成分だけを含む2個の項からなる．このような微分と成分との結合を“zy-量”とよび，手短かにF_{zy}で表わそう．これは単に

$$F_{zy}\equiv\frac{\partial A_z}{\partial y}-\frac{\partial A_y}{\partial z} \tag{5.15}$$

を意味する．同様にB_yも同じ種類の量であるが，これは“xz-量”である．また，B_zはもちろん“yx-量”である．すなわち，

$$B_x=F_{zy},\qquad B_y=F_{xz},\qquad B_z=F_{yx}. \tag{5.16}$$

さて(自然はx,y,zとtとについて対称にうまくできているにちがいないので)，単純にF_{xt}, F_{tz}のような“t”的な量を作ってみたらどうなるであろうか．たとえば，F_{tz}は何であろうか．これはもちろん

$$\frac{\partial A_t}{\partial z}-\frac{\partial A_z}{\partial t}$$

である．しかし$A_t=\phi$であるから，これは

$$\frac{\partial \phi}{\partial z}-\frac{\partial A_z}{\partial t}$$

である．これは前にみたことがある．これは$\boldsymbol{E}$のz成分である．いや，ほとんど同じであるが――記号が一つ異なっている．しかし，4次元の勾配ではtの微係数はx,y,zに対して逆の記号をもっていることを忘れていた．そこで本当はもっと首尾一貫した拡張としてF_{tz}を

$$F_{tz}=\frac{\partial A_t}{\partial z}+\frac{\partial A_z}{\partial t} \tag{5.17}$$

としなければならなかった．こうすれば，正確に$-E_z$になる．F_{tx}とF_{ty}とを試みて，可能な3個の量として結局

$$F_{tx}=-E_x,\qquad F_{ty}=-E_y,\qquad F_{tz}=-E_z \tag{5.18}$$

を得る．

両方の添字をtにしたら何になるか．また両方がxだったら何になるか．次のようになる：

$$F_{tt}=\frac{\partial A_t}{\partial t}-\frac{\partial A_t}{\partial t},$$

および

$$F_{xx}=\frac{\partial A_x}{\partial x}-\frac{\partial A_x}{\partial x}.$$

これらは，もちろんゼロである．

こうしてF-量として6個得られた．添字を逆にすれば更に6個得られるが，これらは別に新しいものではなく

$$F_{xy} = -F_{yx}$$

などである．したがって，四つの添字の16の可能な組み合わせの中で，ただ6個の異なる物理量が得られるだけであり，**これらは $\boldsymbol{B}$ と $\boldsymbol{E}$ との成分である**．

F の一般項を表わすために，一般の添字 μ と ν とを使い，これらは 0, 1, 2, 3——我々の4元ベクトルの記号により t, x, y, z を表わす——のいずれかをとる．また，

$$F_{\mu\nu} = \nabla_\mu A_\nu - \nabla_\nu A_\mu \tag{5.19}$$

によって $F_{\mu\nu}$ を定義すれば，4元ベクトルの記号とすべての点で一致する．ここで，$\nabla_\mu = (\partial/\partial t, -\partial/\partial x, -\partial/\partial y, -\partial/\partial z)$，$A_\mu = (\phi, A_x, A_y, A_z)$ である．

表 5-1　$F_{\mu\nu}$ の成分

$F_{\mu\nu} = -F_{\nu\mu}$	
$F_{\mu\mu} = 0$	
$F_{xy} = -B_z$	$F_{xt} = E_x$
$F_{yz} = -B_x$	$F_{yt} = E_y$
$F_{zx} = -B_y$	$F_{zt} = E_z$

自然界に属する6個の量があって，これらは一つのもののそれぞれちがう面であることを知った．おそい運動(光速度については何も考えなくてよい)世界では，別々のベクトルと考えていた電場と磁場とは4次元空間ではベクトルではない．これらは新しい"量"の部分である．物理的な場は本当は六つの成分をもつ量 $F_{\mu\nu}$ である．これが相対論において必要な見方である．$F_{\mu\nu}$ に関する結果を表5-1にまとめておく．

ここでしていることはベクトル積の拡張であることに気付いたと思う．我々はcurlの演算と，curlの変換性が二つのベクトルの変換性と同じであることから始めた．ふつうの3次元ベクトル $\boldsymbol{A}$ と勾配演算子とはやはりベクトルとして振舞うことを我々は知っている．3次元のベクトル積，たとえば粒子の角運動量を少し考えてみよう．物体が一つの平面上で運動しているときは，量$(xv_y - yv_x)$が重要である．3次元の運動では3個のこのような重要な量があり，角運動量とよばれている．これは

$$L_{xy} = m(xv_y - yv_x), \qquad L_{yz} = m(yv_z - zv_y), \qquad L_{zx} = m(zv_x - xv_z)$$

である．さて(いまでは忘れてしまったかも知れないが)，第I巻第20章において，上の三つの量はベクトルの成分と考えられるという不思議なことを発見している．これを成立させるためには，右手座標系の人工的な規則を採用しなければならなかった．それは幸運であった．その幸運というのは L_{ij}(i と j は x, y, z に等しい)が反対称であったこと，すなわち

$$L_{ij} = -L_{ji}, \qquad L_{ii} = 0$$

であったことである．9個の可能な量の中で独立なものは3個である．そして座標系を変えるとき，これら3個の量はベクトル成分と正確に同じ変換を受ける．

表面要素も同じ理由でベクトルとして表わせる．表面要素は二つの部分——たとえば dx と dy——をもち，表面に垂直なベクトル $d\boldsymbol{a}$ で表わせる．しかし4次元ではそうはいかない．$dxdy$ の"垂線"は何であろうか．それは z に平行なのか，それとも t に平行なのであろうか．

簡単にいえば，3次元の場合に，二つのベクトルの結合によって L_{ij}

のようなものを作ったとき，これがベクトルの成分として変換される ちょうど3個の成分をもつために，一つの別のベクトルを表わすことになるのは，偶然の幸いだったのである．しかし，4次元では，これは明らかに不可能である．この場合は6個の独立な項があり，6個のものを4個のもので表わすことは不可能であるからである．

3次元においてさえも，ベクトルの結合によって，ベクトルで表わせないものを作ることは可能である．任意の二つのベクトル $\boldsymbol{a}=(a_x, a_y, a_z)$ と $\boldsymbol{b}=(b_x, b_y, b_z)$ とを考え，a_xb_x, a_xb_y など，成分の種々の組み合わせを作る．9個の量

$$\begin{matrix} a_xb_x, & a_xb_y, & a_xb_z, \\ a_yb_x, & a_yb_y, & a_yb_z, \\ a_zb_x, & a_zb_y, & a_zb_z \end{matrix}$$

が可能である．これらの量を T_{ij} とよぶことができる．

座標系を回転(たとえば z 軸のまわりに回転)すると，$\boldsymbol{a}$ と $\boldsymbol{b}$ との成分は変化する．新しい系について，たとえば a_x は

$$a_x' = a_x\cos\theta + a_y\sin\theta$$

でおき変えられ，b_y は

$$b_y' = b_y\cos\theta - b_x\sin\theta$$

でおき変えられる．他の成分についても同様である．新しく作った積の量 T_{ij} の9個の成分もすべて変わることはもちろんである．たとえば $T_{xy}=a_xb_y$ は

$$T_{xy}' = a_xb_y(\cos^2\theta) - a_xb_x(\cos\theta\sin\theta) + a_yb_y(\sin\theta\cos\theta) - a_yb_x(\sin^2\theta)$$

あるいは

$$T_{xy}' = T_{xy}\cos^2\theta - T_{xx}\cos\theta\sin\theta + T_{yy}\sin\theta\cos\theta - T_{yx}\sin^2\theta$$

に変わる．T_{ij}' の各成分は T_{ij} の成分の線型結合である．

したがって，3個の成分をもちベクトルのように変換されるベクトル積 $\boldsymbol{a}\times\boldsymbol{b}$ だけでなく，二つのベクトルの他の種類の“積”として——人工的に——9個の成分をもつ積 T_{ij} を作ることもできることがわかった．これら成分は回転に対して，複雑だが書き下ろすことができる規則によって変換される．1個でなく2個の添字によって表わされる．このようなものを**テンソル**とよぶ．これは“2階のテンソル”である．三つのベクトルで同様のことを行ない，3階のテンソルを，四つでは4階のテンソルを得るといった具合である．1階のテンソルはベクトルである．

電磁量 $F_{\mu\nu}$ も2個の添字をもつから2階テンソルである．しかし，これは4次元のテンソルである．これは特殊な変換性をもつ．これはすぐに計算するが，ちょうどベクトルの積のように変換される．$F_{\mu\nu}$ では，添字を入れかえると符号が変わる．これは特別な場合で，**反対称テンソル**である．そこで，電場と磁場とは共に4次元の2階反対称テンソルの一部であるということができる．

長々とやってきたが，速度の意味を定義したときのことも思い出さ

れるであろう．いまや我々は“4次元の2階の反対称テンソル”について語っているのである．

さて，$F_{\mu\nu}$ の変換の法則を調べなければならない．これは全然むつかしいことではないが，ただ面倒である．頭を使わなくてもよいが，ちょっとした仕事である．ここで求めるのは $\nabla_\mu A_\nu - \nabla_\nu A_\mu$ のローレンツ変換である．∇_μ はベクトルの特別な場合にすぎないから，ベクトルの一般的な反対称結合を調べればよい．これを $G_{\mu\nu}$ とし

$$G_{\mu\nu} = a_\mu b_\nu - a_\nu b_\mu \tag{5.20}$$

とする(いまの場合は a_μ を特に ∇_μ で，b_μ をポテンシャル A_μ でおきかえればよい)．a_μ と b_μ との成分はローレンツの式によって変換し，

$$\begin{aligned} a_t' &= \frac{a_t - va_x}{\sqrt{1-v^2}}, & b_t' &= \frac{b_t - vb_x}{\sqrt{1-v^2}}, \\ a_x' &= \frac{a_x - va_t}{\sqrt{1-v^2}}, & b_x' &= \frac{b_x - vb_t}{\sqrt{1-v^2}}, \\ a_y' &= a_y, & b_y' &= b_y, \\ a_z' &= a_z, & b_z' &= b_z \end{aligned} \tag{5.21}$$

である．

さて $G_{\mu\nu}$ の成分を変換しよう．G_{tx} から始める．

$$\begin{aligned} G_{tx}' &= a_t'b_x' - a_x'b_t' \\ &= \left(\frac{a_t - va_x}{\sqrt{1-v^2}}\right)\left(\frac{b_x - vb_t}{\sqrt{1-v^2}}\right) - \left(\frac{a_x - va_t}{\sqrt{1-v^2}}\right)\left(\frac{b_t - vb_x}{\sqrt{1-v^2}}\right) \\ &= a_t b_x - a_x b_t. \end{aligned}$$

これはちょうど G_{tx} に等しく，

$$G_{tx}' = G_{tx}$$

という最も簡単な結果が得られた．

もう一つやってみよう．

$$G_{ty}' = \frac{a_t - va_x}{\sqrt{1-v^2}} b_y - a_y \frac{b_t - vb_x}{\sqrt{1-v^2}} = \frac{(a_t b_y - a_y b_t) - v(a_x b_y - a_y b_x)}{\sqrt{1-v^2}}.$$

したがって

$$G_{ty}' = \frac{G_{ty} - vG_{xy}}{\sqrt{1-v^2}}$$

である．もちろん，同様に

$$G_{tz}' = \frac{G_{tz} - vG_{xz}}{\sqrt{1-v^2}}$$

である．結果は明らかになった．6個のすべての項の表を作ることができる．これは $F_{\mu\nu}$ について書いてもよい:

$$\begin{aligned} F_{tx}' &= F_{tx}, & F_{xy}' &= \frac{F_{xy} - vF_{ty}}{\sqrt{1-v^2}}, \\ F_{ty}' &= \frac{F_{ty} - vF_{xy}}{\sqrt{1-v^2}}, & F_{yz}' &= F_{yz}, \\ F_{tz}' &= \frac{F_{tz} - vF_{xz}}{\sqrt{1-v^2}}, & F_{zx}' &= \frac{F_{zx} - vF_{zt}}{\sqrt{1-v^2}}. \end{aligned} \tag{5.22}$$

もちろん，また $F_{\mu\nu}'=-F_{\nu\mu}'$，$F_{\mu\mu}'=0$.

こうして，電場と磁場との変換が得られた．残ることは表 5-1 をみて，総括的な記号 $F_{\mu\nu}$ の意味を $\boldsymbol{E}$ と $\boldsymbol{B}$ とで表わすことだけである．そこで，ふつうの記号で書いた場の変換は表 5-2 のようになる．

表 5-2　電場と磁場のローレンツ変換($c=1$ に注意)

$E_x'=E_x$	$B_x'=B_x$
$E_y'=\dfrac{E_y-vB_z}{\sqrt{1-v^2}}$	$B_y'=\dfrac{B_y+vE_z}{\sqrt{1-v^2}}$
$E_z'=\dfrac{E_z+vB_y}{\sqrt{1-v^2}}$	$B_z'=\dfrac{B_z-vE_y}{\sqrt{1-v^2}}$

表 5-2 の式は，一つの慣性系から他の慣性系へ移ったときに，どのように $\boldsymbol{E}$ と $\boldsymbol{B}$ とが変わるかを与える．一つの系に対して $\boldsymbol{E}$ と $\boldsymbol{B}$ とを知れば，速さ v で動く他の系についてこれらがどうなるかを知ることができる．

上の式はもっと覚えやすい形にできる．v は x 方向に向いているから v のついた項はすべてベクトル積 $\boldsymbol{v}\times\boldsymbol{E}$ と $\boldsymbol{v}\times\boldsymbol{B}$ との成分であることに注意すればよい．こうして変換は表 5-3 のように書ける．

表 5-3　場の変換の別の形($c=1$ とする)

$E_x'=E_x$	$B_x'=B_x$
$E_y'=\dfrac{(\boldsymbol{E}+\boldsymbol{v}\times\boldsymbol{B})_y}{\sqrt{1-v^2}}$	$B_y'=\dfrac{(\boldsymbol{B}-\boldsymbol{v}\times\boldsymbol{E})_y}{\sqrt{1-v^2}}$
$E_z'=\dfrac{(\boldsymbol{E}+\boldsymbol{v}\times\boldsymbol{B})_z}{\sqrt{1-v^2}}$	$B_z'=\dfrac{(\boldsymbol{B}-\boldsymbol{v}\times\boldsymbol{E})_z}{\sqrt{1-v^2}}$

こうすれば，どの成分がどこへ行くか，覚えやすい．実際，場の x 成分を“平行”成分 $E_{\parallel}$ と $B_{\parallel}$ として定義し(これらは S と S′ との相対速度に平行であるから)，横方向の全成分——y 成分と z 成分とのベクトル和——を“垂直”成分 $E_{\perp}$ と $B_{\perp}$ として定義すれば，さらに簡単になる．こうすると表 5-4 の式を得る(あとで引用するときの便利のため，c をつけておく)．

表 5-4　$\boldsymbol{E}$ と $\boldsymbol{B}$ とのローレンツ変換のさらに別の形

$E_{\parallel}'=E_{\parallel}$	$B_{\parallel}'=B_{\parallel}$
$E_{\perp}'=\dfrac{(\boldsymbol{E}+\boldsymbol{v}\times\boldsymbol{B})_{\perp}}{\sqrt{1-v^2/c^2}}$	$B_{\perp}'=\dfrac{\left(\boldsymbol{B}-\dfrac{\boldsymbol{v}\times\boldsymbol{E}}{c^2}\right)_{\perp}}{\sqrt{1-v^2/c^2}}$

場の変換は，前に解いたいくつかの問題——たとえば動く電荷による場を見出す問題——を解く別の方法を与える．前にはポテンシャルを微分することによって場を求めた．しかし，いまやクーロン場の変換によってこれを求めることができる．S 系に対して静止した点電荷があったとすると，放射状の場 $\boldsymbol{E}$ だけが存在する．S 系に対して S′ 系が $v=-u$ の速さで動いているとすると，S′ 系に対して点電荷は速

度 u をもつことになる．表5-3と表5-4の変換が，5-2節で得たのと同じ電場と磁場とを与えることは諸君が自分で確かめるとよい．

表5-2は，固定した電荷の**任意**体系を通りすぎるときにどのような経験をするかということに対して興味深く，簡単な答を与える．たとえば，図5-7のようにコンデンサーの極板の間を動く系S′に**我々が**乗っているとき経験する場(もちろん，これに荷電したコンデンサーが**我々を**通りすぎるのと同じである)を求めることを考えよう．我々は何をみるであろうか．もとの系に対して場 $\boldsymbol{B}$ は存在しないから，変換は簡単である．まず，我々の運動が $\boldsymbol{E}$ に垂直であることに注意する．そこで，$\boldsymbol{E}'=\boldsymbol{E}/\sqrt{1-v^2/c^2}$ であって，これも完全に垂直であることがわかる．このほかに磁場 $\boldsymbol{B}'=-\boldsymbol{v}\times\boldsymbol{E}'/c^2$ ($\boldsymbol{E}$ でなく $\boldsymbol{E}'$ で書いたので $\boldsymbol{B}'$ に対する式には $\sqrt{1-v^2/c^2}$ は現われないが，同じことである)．したがって静電場に対して垂直に運動するときは，$\boldsymbol{E}$ は減小し，垂直な $\boldsymbol{B}$ がつけ加わる．我々の運動が $\boldsymbol{E}$ に垂直でないときは，$\boldsymbol{E}$ を $\boldsymbol{E}_{\parallel}$ と $\boldsymbol{E}_{\perp}$ とに分ける．平行成分は変化しないから $E_{\parallel}'=E_{\parallel}$ であり，垂直成分は上に述べたような変化をする．

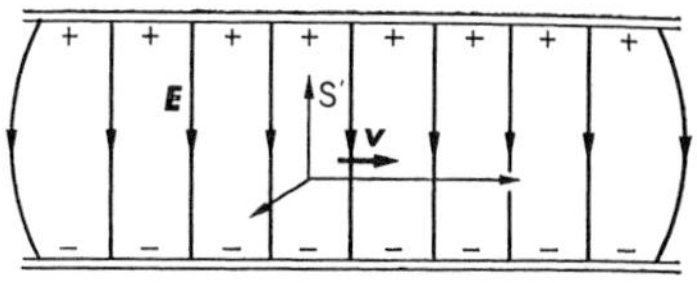

図5-7　座標系S′が静電場の中を動く

逆の場合をとり，純粋な**静磁場**を我々が通るとしよう．こんどは $\boldsymbol{v}\times\boldsymbol{B}'$ に等しい**電場**と因子 $1/\sqrt{1-v^2/c^2}$ だけ変わった磁場(横方向と仮定する)を我々は経験するであろう．v が c に比べて小さい間は磁場の変化は無視でき，電場が現われるのが主な効果である．この効果の例として，飛行機の速度を決めるという一時有名だった問題を考えよう．今ではレーダーの地面からの反射によって飛行速度を測ることができるので，現在ではもはや有名な問題ではない．しかし，悪い天候の中で飛行機の速さを知ることは長い間，非常にむつかしい問題であった．地面が見えないときは，どちらが上か，などということはわからない．そういうときでも，地面に対してどのくらいの速さで動いているかを知ることは重要である．地面を見ないでこれを知るにはどうしたらいいであろうか．上記の変換を知った多くの人は，飛行機が地球磁場の中で動いていることを使うという考えをもった．磁場がおよそわかっているところを飛行機が飛んでいるとしよう．磁場が鉛直である簡単な場合を考える．この中を水平に速度 v で飛んでいるとすると，上記の式により，進む方向に垂直な $\boldsymbol{v}\times\boldsymbol{B}$ の電場を感じるはずである．飛行機を通して横向きに絶縁した針金を吊るせば，この電場は針金の両端に電荷を誘起するであろう．これは新しいことではない．地上の人から見ると場の中を針金が動くとき，力 $\boldsymbol{v}\times\boldsymbol{B}$ が電荷に働いて針金の端へ動かす．変換式はこれと同じことを別の方法で述べているのである(二つ以上の方法で同じことを述べられるということは，そのどちらかが他のものよりも良いということではない．我々は大変多くの方法や手段ももつようになったから，同じ結果を65通りぐらいの異なるやり方で得られるのがふつうである)．

そこで v を測るためには，針金の両端の電位差を測ればよい．ボルトメーターを使うことはできない．それはボルトメーターの針金に同じ場が働くからである．しかし，このような場を測る方法はいつでも存在する．このような方法のいくつかについては，第Ⅲ巻第9章の空中電気の議論のところで述べておいた．したがって飛行機の速度を測ることは可能である．

しかしこの重要な問題はこの方法では解決されなかった．その理由は，こうしてできる電場が1mにつき数ミリボルトの程度であることである．この程度の電場を測ることはできるが，困ったことに，この電場は不幸にして他の電場とちがうところが少しもないのである．磁場の中を動くために生じる電場は，他の原因，たとえば空気や雲の中の静電荷によってすでに存在していた電場と区別できない．第Ⅲ巻第9章において述べたように，ふつう地表面の上には1mにつき約100ボルトの強さの電場があるが，これはきわめて不規則である．したがって，空中を飛ぶ飛行機は，$\boldsymbol{v}\times\boldsymbol{B}$ の項によって生じる小さな電場に比べてとても大きな空中の電場のゆらぎに遭遇するわけで，地球磁場の中を動くということで飛行機の速さを測定するのは，実際上の理由で不可能である．

5-4　相対論的記号による運動方程式*

マクスウェル方程式から電場や磁場を知っても，そのとき場がどんな役割をするかを心得なければ，あまり役に立たない．場は電荷に働く力を知るために要求され，この力によって電荷の運動がきまることを思い出そう．したがって，電気力学の理論の一部が電荷の運動と力との関係であるのは当然である．

一つの電荷が場 $\boldsymbol{E}$ と $\boldsymbol{B}$ との中にあるとき，これに働く力は

$$\boldsymbol{F}=q(\boldsymbol{E}+\boldsymbol{v}\times\boldsymbol{B}) \tag{5.23}$$

である．低速の場合には，この力は質量と加速度との積に等しいけれども，任意速度に対して正しい法則では，力は $d\boldsymbol{p}/dt$ に等しい．$\boldsymbol{p}=m_0\boldsymbol{v}/\sqrt{1-v^2/c^2}$ と書くと，相対論的に正しい運動方程式として

$$\frac{d}{dt}\left(\frac{m_0\boldsymbol{v}}{\sqrt{1-v^2/c^2}}\right)=\boldsymbol{F}=q(\boldsymbol{E}+\boldsymbol{v}\times\boldsymbol{B}) \tag{5.24}$$

を得る．

この方程式を相対論的な見地で考察しようと思う．すでにマクスウェル方程式を相対論的な形で表わしたから，運動方程式が相対論的形式でどのようになるかを調べるのは興味深いことである．この方程式を4元ベクトルで表わせるかどうか，調べてみよう．

運動量が4元ベクトル p_μ の一部で，この時間成分はエネルギー $m_0/\sqrt{1-v^2/c^2}$ であることはすでに述べた．したがって式(5.24)の左辺は dp_μ/dt でおきかえればよいと思われる．そうすると，$\boldsymbol{F}$ に対する第4成分を発見すればよいことになる．この第4成分はエネルギーの変化の割合い，あるいは仕事をする速さ，すなわち $\boldsymbol{F}\cdot\boldsymbol{v}$ に等しくな

---

*　この節では，すべての c を復活させる．

ければならない．そこで式(5.24)の右辺を$(\boldsymbol{F}\cdot\boldsymbol{v}, F_x, F_y, F_z)$といった4元ベクトルとして書きたいところであるが，これは4元ベクトルを作らない．

d/dtは時間を測るために特別な慣性系を選ばなければならないので，4元ベクトルの**時間**的微係数はもはや4元ベクトルではない．前に$\boldsymbol{v}$を4元ベクトルにしようとしたときも，同じような困難があったが，この場合，はじめは，時間成分は$cdt/dt=c$であると思った．しかし

$$\left(c, \frac{dx}{dt}, \frac{dy}{dt}, \frac{dz}{dt}\right) = (c, \boldsymbol{v}) \tag{5.25}$$

は4元ベクトルの成分では**ない**．しかし，各成分に$1/\sqrt{1-v^2/c^2}$を掛ければ4元ベクトルの成分になることを知ったわけである．“4元速度”u_μは4元ベクトル

$$u_\mu = \left(\frac{c}{\sqrt{1-v^2/c^2}}, \frac{\boldsymbol{v}}{\sqrt{1-v^2/c^2}}\right) \tag{5.26}$$

である．したがって4元ベクトルにしたいときは，時間微分d/dtに$1/\sqrt{1-v^2/c^2}$を掛ければよいらしいことになる．

つぎに

$$\frac{1}{\sqrt{1-v^2/c^2}}\frac{d}{dt}(p_\mu) \tag{5.27}$$

は4元ベクトルであろう．しかし，ここで$\boldsymbol{v}$は何を意味するのか．これは粒子の速度である——座標系の速度ではない．さらに

$$f_\mu = \left(\frac{\boldsymbol{F}\cdot\boldsymbol{v}}{\sqrt{1-v^2/c^2}}, \frac{\boldsymbol{F}}{\sqrt{1-v^2/c^2}}\right) \tag{5.28}$$

で定義される量f_μは力を4次元へ拡張したもので，これを“4元力”という．これは実際4元ベクトルで，その空間成分は$\boldsymbol{F}$の成分でなく$\boldsymbol{F}/\sqrt{1-v^2/c^2}$の成分である．

問題は，なぜf_μが4元ベクトルかということになる．このためには因子$1/\sqrt{1-v^2/c^2}$をもっと理解する必要がある．これは今までに2度も現われたから，d/dtがなぜ同じ因子によって修正されたかを考えるときである．答は次のようになる：ある関数xの時間微分をとる場合，変数tの小さな間隔Δtの間における増分Δxを計算する．しかし別の座標系では，時間間隔Δtの間にt'もx'も共に変化するから，t'だけを変えたときのxの変化はちがったものになる．そこで，微分に対しては，**空間・時間**における間隔を与える変数を見出さなければならない．これによって微分はすべての座標系にとって同じものになるわけである．この間隔に対するΔxをとると，これはすべての座標系にとって同じである．粒子が4次元空間で“運動”するとき，$\Delta t, \Delta x, \Delta y, \Delta z$の変化がある．これらを用いて間隔を作るため，これらが4元ベクトル$x_\mu=(ct, x, y, z)$の成分であることに注意し，4元スカラー積

$$(\Delta s)^2 = \frac{1}{c^2}\Delta x_\mu \Delta x_\mu = \frac{1}{c^2}(c^2\Delta t^2 - \Delta x^2 - \Delta y^2 - \Delta z^2) \tag{5.29}$$

によって量Δsを定義すれば，これは4次元の間隔を表わす4元スカ

ラーとして用い得る．Δs，あるいはその極限としての ds から，パラメーター $s=\int ds$ を定義し得る．s に関する微分 d/ds は，ローレンツ変換に対して不変であるため，4次元の演算子として適切なものである．

ds を運動粒子に関する dt と関係づけるのは容易である．運動している点粒子に対して

$$dx = v_x\,dt, \qquad dy = v_y\,dt, \qquad dz = v_z\,dt \tag{5.30}$$

であり

$$ds = \sqrt{(dt^2/c^2)(c^2 - {v_x}^2 - {v_y}^2 - {v_z}^2)} = dt\,\sqrt{1 - v^2/c^2} \tag{5.31}$$

となる．

したがって演算子

$$\frac{1}{\sqrt{1-v^2/c^2}}\frac{d}{dt}$$

は**不変演算子**である．これを任意の4元ベクトルに演算すれば別の4元ベクトルが得られる．たとえば (ct, x, y, z) に演算すれば4元速度 u_μ，

$$\frac{dx_\mu}{ds} = u_\mu$$

を得る．これで因子 $\sqrt{1-v^2/c^2}$ が必要なわけが明らかになった．

不変な変数 s は有用な物理量である．これは粒子の径路に沿った"固有時"とよばれる．それは，任意の瞬間に粒子と共に動いている座標系の時間間隔が常に ds に等しいからである（この場合 $\Delta x = \Delta y = \Delta z = 0$，$\Delta s = \Delta t$）．もしも加速度に無関係に動く時計があるとすれば，これが粒子によって運ばれるときに示す時間が s である．

もとに戻って，（アインシュタインによって修正された）ニュートンの法則をきちんとした形で

$$\frac{dp_\mu}{ds} = f_\mu \tag{5.32}$$

と書いてみよう．ここで f_μ は式(5.28)で与えられる．また運動量 p_μ は

$$p_\mu = m_0 u_\mu = m_0 \frac{dx_\mu}{ds} \tag{5.33}$$

と書ける．ここに座標 $x_\mu = (ct, x, y, z)$ は粒子の軌道を示すものである．最後に，運動方程式は4次元記号で

$$f_\mu = m_0 \frac{d^2 x_\mu}{ds^2} \tag{5.34}$$

という簡単な形に書ける．これは $\boldsymbol{F} = m\boldsymbol{a}$ を思い出させる．式(5.34)が $\boldsymbol{F} = m\boldsymbol{a}$ と同じでないことを注意しなければならない．それは，4元ベクトル方程式(5.34)は，高速度に対してニュートンの法則とちがってくる相対論的力学を含んでいるからである．これはマクスウェル方程式の場合と相違している．マクスウェルの式の場合は，意味を全く変更しないで，ただ記号を変えるだけによって，方程式を相対論的形式に書き改めることができた．

さて，式(5.24)に戻り，右辺を4元ベクトル記号で書くことを考え

よう．三つの成分は，$\sqrt{1-v^2/c^2}$ で割れば f_μ の成分になるから

$$f_x = \frac{q(\boldsymbol{E}+\boldsymbol{v}\times\boldsymbol{B})_x}{\sqrt{1-v^2/c^2}} = q\left[\frac{E_x}{\sqrt{1-v^2/c^2}}+\frac{v_yB_z}{\sqrt{1-v^2/c^2}}-\frac{v_zB_y}{\sqrt{1-v^2/c^2}}\right] \tag{5.35}$$

である．すべての量は相対論的な記号で書かなければならない．まず，$c/\sqrt{1-v^2/c^2}$，$v_y/\sqrt{1-v^2/c^2}$，$v_z/\sqrt{1-v^2/c^2}$ は 4 元速度 u_μ の t, y, z 成分である．また $\boldsymbol{E}, \boldsymbol{B}$ は 2 階のテンソル場 $F_{\mu\nu}$ の成分である．表 5-1 をみて E_x, B_z, B_y に相当する $F_{\mu\nu}$ の成分を調べることにより

$$f_x = q(u_tF_{xt}-u_yF_{xy}-u_zF_{xz})$$

を得る．これは興味深い形である．すべての項は添字 x をもつが，x 成分をみているのであるから，これはもっともなことである．ほかのものは tt, yy, zz という対の形で現われている——ただ xx の項が欠けている．そこでこれを付け加えて

$$f_x = q(u_tF_{xt}-u_xF_{xx}-u_yF_{xy}-u_zF_{xz}) \tag{5.36}$$

と書いてみると，$F_{\mu\nu}$ は反対称で，F_{xx} はゼロであるから，何も変化しないことがわかる．xx 項を加えた理由は，式(5.36)が簡単な形で

$$f_\mu = qu_\nu f_{\mu\nu} \tag{5.37}$$

と書けるからである．この方程式は，(上式の $\boldsymbol{\nu}$ のように) **2 度**現われる添字について，スカラー積のときと同じく，**符号の約束も守って**，加え合わせれば，式(5.36)と同じになることがわかる．

式(5.37)が $\mu=y$, $\mu=z$ についても同様に成立することを容易に確かめ得る．しかし $\mu=t$ についてはどうだろうか．面白いからやってみると，

$$f_t = q(u_tF_{tt}-u_xF_{tx}-u_yF_{ty}-u_zF_{tz})$$

となる．これと E, B などで書き直すと

$$f_t = q\left(0+\frac{v_x}{\sqrt{1-v^2/c^2}}E_x+\frac{v_y}{\sqrt{1-v^2/c^2}}E_y+\frac{v_z}{\sqrt{1-v^2/c^2}}E_z\right)$$

あるいは

$$f_t = \frac{q\boldsymbol{v}\cdot\boldsymbol{E}}{\sqrt{1-v^2/c^2}} \tag{5.38}$$

を得る．一方で，式(5.28)によれば f_t は

$$\frac{\boldsymbol{F}\cdot\boldsymbol{v}}{\sqrt{1-v^2/c^2}} = \frac{q(\boldsymbol{E}+\boldsymbol{v}\times\boldsymbol{B})\cdot\boldsymbol{v}}{\sqrt{1-v^2/c^2}}$$

と考えられるが，実際，$(\boldsymbol{v}\times\boldsymbol{B})\cdot\boldsymbol{v}$ はゼロであるから，これは式(5.38)と同じである．したがってすべて確かめられたことになる．

まとめてみると，我々の運動方程式は

$$m_0\frac{d^2x_\mu}{ds^2} = f_\mu = qu_\nu F_{\mu\nu} \tag{5.39}$$

というエレガントな形に書ける．方程式がこのように書けるのはすばらしいが，この形式は特に役立つものではない．粒子の運動はもとの方程式(5.24)を用いて解く方が具合がよいのがふつうであって，この方法が通常とられるのである．

第6章
場のエネルギーと運動量

6-1 局所的保存則

物体のエネルギーが保存されないのは明らかである．物体が光を輻射すれば，それはエネルギーを失う．しかし，失われたエネルギーは，他の形，たとえば光として記述することができる．したがって，エネルギー保存の理論は光，あるいは一般に電磁場に関するエネルギーを考えなければ不完全である．そこで，場に関するエネルギーと運動量との保存の法則を考察しよう．相対論によれば，エネルギーと運動量とは，一つの4元ベクトルの異なる面を表わすものであるから，これらを別々に扱うことができないのは明らかである．

すでに，第I巻の始めにおいてエネルギー保存則について触れたが，世界中の全エネルギーは一定であると述べたにすぎない．ここで，エネルギー保存則に関する考えに重大な拡張を加えたいと思う――それは，エネルギーが**どのように**して保存されるかをある意味で**くわしく**述べようというのである．新しい法則では，ある領域からエネルギーが出て行くときは，それはその領域の境界面を通して**流れ**出るからであるという．この法則は，このような制限を加えない場合のエネルギー保存則よりもいくらか強い法則である．

この意味を明らかにするため，電荷の保存の法則の表現を考えよう．電荷の保存を述べるのには，電流密度$\boldsymbol{j}$と電荷密度ρとがあって，ある場所の電荷が減少したときにはこの場所から電荷が流れ出ていなければならないという表現をする．これを電荷の保存というわけである．数学的にこの法則を表わすと

$$\nabla\cdot\boldsymbol{j} = -\frac{\partial\rho}{\partial t} \tag{6.1}$$

となる．この法則の結果として世界中の全電荷は常に一定であることになる――電荷は全体として増えることも減ることもないことになる．しかし，他の方法でも世界中の全電荷を一定にすることができる．ある点(1)の近くにある電荷Q_1があり，ここから離れた場所(2)の近くには電荷がないとしよう(図6-1)．そこで，時間がたつにつれて電荷Q_1は次第に消え失せ，Q_1の減少と**同時に**点(2)の近くにQ_2が現われて，任意の瞬間にQ_1とQ_2との和は一定であるとしよう．いいかえれば，中間のどの状態においても，Q_1で失われた電荷はQ_2に加わるとするわけである．こうすれば世界中の全電荷は保存されるであろう．これは“全世界的”保存であるが，“局所的”保存とよばれるものでは

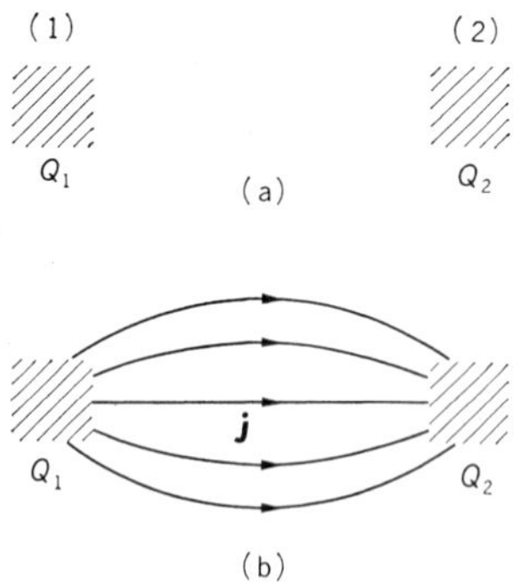

図6-1 電荷を保存する二つの方法
(a) Q_1+Q_2 は一定 (b) $dQ_1/dt = \int \boldsymbol{j}\cdot\boldsymbol{n}\,da = -dQ_2/dt$

ない．それは電荷が(1)から(2)に達するのに，(1)と(2)との間の空間のどこにも現われる必要がないからである．この場合，電荷は局所的には“失われる”ことがあり得る．

相対論においては，このような“全世界的”な保存法則は成立しない．たがいに離れた点の“同時の瞬間”という概念は座標系によって異なる．ある系で同時の事象は，通り過ぎて行く他の運動系に対しては同時ではない．上述の“全世界的”保存においては，Q_1で失われた電荷は**同時に**Q_2に現われなければならない．そうでなければ，電荷が保存されない瞬間もあり得ることになるからである．そこで，電荷の保存法則を相対論的に不変にするためには，保存法則を“局所的”にする以外に方法がないように思われる．実際，ローレンツの相対論的不変性の要請は自然界の可能な法則を驚くほど制限するものである．たとえば，最近の量子場の理論において，“非局所的”相互作用とよばれるものを導入して理論を変えようという試みがあるが，これは，ここのあるものが，他の場所のあるものと直接相互作用をするという考えである．しかし，これは相対論の原理のために困難に直面してしまうのである．

“局所的”保存はまた別の観念を含んでいる．それは電荷が一つの場所から他の場所へ移るためには，その間の空間に何かが起こらなければならないということである．この法則を表わすのには，電荷の密度ρだけでなく，他の種類の量，すなわち$\boldsymbol{j}$をも必要としたが，これは一つの面を通して電荷の流れる割合いを表わすベクトルである．流れは密度の変化と式(6.1)によって結ばれる．これは保存則のきわだった表現であり，電荷は特別な仕方で，すなわち“局所的”に保存される．

エネルギー保存もまた**局所的な**過程であることがわかる．空間の各場所におけるエネルギー密度だけでなく一つの面をエネルギーが流れて通る割合いを表わすベクトルも考える．たとえば，光源が輻射を出すとき，光のエネルギーは光源から出ていく．光源を囲む数学的な面を考えると，この面の内部から失われるエネルギーは，この面を通って流出したエネルギーの量に等しい．

6-2　エネルギー保存と電磁気

さて，電磁気におけるエネルギーの保存を定量的に書き表わす仕事に移ろう．このためには空間の体積素片にどれ程のエネルギーが存在するか，エネルギーの流れはどれ程かを表現しなければならない．最初は電磁場のエネルギーだけを考える．場のエネルギー密度(すなわち空間の単位体積当りのエネルギー)をuで表わし，場の**エネルギー流**(すなわち流れに垂直な単位面積を単位時間に通るエネルギーの流れ)をベクトル$\boldsymbol{S}$で表わそう．そうすると電荷の保存式(6.1)の完全な類似によって，場のエネルギーの“局所的”保存則を

$$\frac{\partial u}{\partial t} = -\nabla\cdot\boldsymbol{S} \qquad (6.2)$$

と表わすことができる．

もちろん，一般にはこの法則は正しくなく，場のエネルギーが保存されるというわけではない．暗い部屋で電燈のスイッチを入れたとしよう．たちまち部屋は光によって満たされ，場のエネルギーが存在することになるが，それ以前には全くエネルギーはなかったわけである．**場**のエネルギー**だけ**で保存されるのではないから，式(6.2)は完全な保存則ではない．保存されるのは世界中の全エネルギーであり，物質のエネルギーも存在する．物質によって場に対して仕事がなされたり，場によって物質に対して仕事がなされたりすれば，場のエネルギーは変化する．

しかし，考えている体積内に物体があるとき，そのエネルギーがどれ程であるかはわかっている．各粒子はエネルギー $m_0c^2/\sqrt{1-v^2/c^2}$ を持っている．物質の全エネルギーは各粒子のエネルギーの和にほかならない．また，このエネルギーの面を通る流出は，面を通る粒子によって運ばれるエネルギーにほかならない．そこで，ここでは電磁場のエネルギーだけを問題にしよう．したがって，ある体積内の**場の**全エネルギーが，この体積からのエネルギーの流出，**あるいは**場から物質への損失(または物質からのエネルギー取得，これは負の損失である)の**どちらか**によって減少することを表わす式を書かなければならない．体積 V の内部の場のエネルギーは

$$\int_V u\,dV$$

であり，その減少の速さはこの積分の時間微分の符号を変えたものである．体積 V を出て行く場のエネルギーの流れは V を囲む面 Σ について $\boldsymbol{S}$ の法線成分を積分したもの，すなわち

$$\int_\Sigma \boldsymbol{S}\cdot\boldsymbol{n}\,da$$

である．したがって

$$-\frac{\partial}{\partial t}\int_V u\,dV=\int_\Sigma \boldsymbol{S}\cdot\boldsymbol{n}\,da+(V\text{ 内において物質になされる仕事})\tag{6.3}$$

となる．

すでに知ったように，物体の単位体積に対して場が仕事をする速さは $\boldsymbol{E}\cdot\boldsymbol{j}$ で与えられる〔1個の粒子に働く力は $\boldsymbol{F}=q(\boldsymbol{E}+\boldsymbol{v}\times\boldsymbol{B})$ であり，仕事をする速さは $\boldsymbol{F}\cdot\boldsymbol{v}=q\boldsymbol{E}\cdot\boldsymbol{v}$ である．単位体積に N 個の粒子があれば，仕事をする速さは単位体積について $Nq\boldsymbol{E}\cdot\boldsymbol{v}$ となるが，$Nq\boldsymbol{v}=\boldsymbol{j}$ である〕．したがって量 $\boldsymbol{E}\cdot\boldsymbol{j}$ は単位時間に，単位体積につき，場**から**失われるエネルギーに等しくなければならない．式(6.3)はそこで

$$-\frac{\partial}{\partial t}\int_V u\,dV=\int_\Sigma \boldsymbol{S}\cdot\boldsymbol{n}\,da+\int_V \boldsymbol{E}\cdot\boldsymbol{j}\,dV\tag{6.4}$$

となる．

これが場のエネルギーの保存則である．もしも第2項を体積積分に

変えることができれば，式(6.2)のような微分方程式に直すことができる．これはガウスの定理によって簡単に実行できる．$\boldsymbol{S}$ の法線成分の面積積分は $\boldsymbol{S}$ の発散をこの面の内部で積分したものに等しい．したがって式(6.3)は

$$-\int_V \frac{du}{dt} dV = \int_V \nabla\cdot\boldsymbol{S}\, dV + \int_V \boldsymbol{E}\cdot\boldsymbol{j}\, dV$$

に等しい．ここで第1項の時間微分は積分の中へ入れた．この方程式は任意の体積について成り立つから，積分を取り除くことができ，電磁場のエネルギー方程式として

$$-\frac{\partial u}{\partial t} = \nabla\cdot\boldsymbol{S} + \boldsymbol{E}\cdot\boldsymbol{j} \tag{6.5}$$

を得る．

しかし，u と $\boldsymbol{S}$ とが何であるかを知らなければ上の方程式は何の役にも立たない．ほしいのは結果であるから，これらを $\boldsymbol{E}$ と $\boldsymbol{B}$ とで表わす式をすぐに書いてもいいかも知れない．しかし，$\boldsymbol{S}$ と u とがどのようにして得られるかを知ることができるようにするため，ポインティング(Poynting)が1884年にこれらを得たときのような議論を示そうと思う(しかし，後の勉強のために，これを学ぶ必要は必ずしもない)．

6-3 電磁場におけるエネルギー密度とエネルギー流

場のエネルギー密度 u とその流れ $\boldsymbol{S}$ とは，場 $\boldsymbol{E}$ と $\boldsymbol{B}$ とだけに依存すると考えるのである(たとえば，少なくも静電気においてはエネルギー密度は $\frac{1}{2}\varepsilon_0\boldsymbol{E}\cdot\boldsymbol{E}$ と書けることを知っている)．もちろん，u と $\boldsymbol{S}$ とはポテンシャルとか，あるいは何か別の量に依存するかもしれないが，どうなるか，まず調べてみよう．量 $\boldsymbol{E}\cdot\boldsymbol{j}$ を書き直して，2項の和で表わし，その一つは一つの量の時間的微分，他のものは別の量の発散になるようにしたい．こうすれば，始めの量は u であり，第2の量は $\boldsymbol{S}$ となるであろう(符号は適当にとればよい)．これらの量は共に場の量だけで書かれなければならない．いいかえれば，我々は

$$\boldsymbol{E}\cdot\boldsymbol{j} = -\frac{\partial u}{\partial t} - \nabla\cdot\boldsymbol{S} \tag{6.6}$$

と書こうとするのである．

まず，左辺を場の量だけで表わさなければならない．これをやるには，もちろんマクスウェル方程式を使う．$\boldsymbol{B}$ の回転に関するマクスウェル方程式から

$$\boldsymbol{j} = \varepsilon_0 c^2 \nabla\times\boldsymbol{B} - \varepsilon_0\frac{\partial\boldsymbol{E}}{\partial t}$$

である．これを式(6.6)に代入すると $\boldsymbol{E}$ と $\boldsymbol{B}$ とだけになって

$$\boldsymbol{E}\cdot\boldsymbol{j} = \varepsilon_0 c^2 \boldsymbol{E}\cdot(\nabla\times\boldsymbol{B}) - \varepsilon_0\boldsymbol{E}\cdot\frac{\partial\boldsymbol{E}}{\partial t} \tag{6.7}$$

となる．これで一部終ったことになる．最後の項は時間的微分——

$(\partial/\partial t)(\frac{1}{2}\varepsilon_0 \boldsymbol{E}\cdot\boldsymbol{E})$である．したがって少なくとも$\frac{1}{2}\varepsilon_0 \boldsymbol{E}\cdot\boldsymbol{E}$は$u$の一部である．これは静電気の場合と同じものである．そこで，残る項をある量の発散の形にすれば充分である．

式(6.7)の右辺の第1項は

$$(\nabla\times\boldsymbol{B})\cdot\boldsymbol{E} \tag{6.8}$$

に等しいことに注目しよう．また，ベクトル算法により$(\boldsymbol{a}\times\boldsymbol{b})\cdot\boldsymbol{c}$は$\boldsymbol{a}\cdot(\boldsymbol{b}\times\boldsymbol{c})$に等しいから，上記の項は

$$\nabla\cdot(\boldsymbol{B}\times\boldsymbol{E}) \tag{6.9}$$

に等しいというわけで，我々が望んだように“ある量”の発散が得られた——しかし，これは正しくない．すでに注意したように∇はベクトルの“よう”であるが，“正確には”ベクトルでない．その理由は，余分な演算が加わるからである．すなわち，一つの積の左に微分演算子が作用すると，これは，その右にあるものの全部に作用する．式(6.7)では∇は$\boldsymbol{B}$にだけ働き，$\boldsymbol{E}$には働かない．しかし式(6.9)の形では，ふつうの規則に従い，∇は$\boldsymbol{B}$と$\boldsymbol{E}$との両方に作用する．したがって，これらは等しくない．実際，$\nabla\cdot(\boldsymbol{B}\times\boldsymbol{E})$の成分を計算してみると，それは$\boldsymbol{E}\cdot(\nabla\times\boldsymbol{B})$にある項を加えたものになる．代数において積の微分を行なったときも同じようなことが起こる．たとえば

$$\frac{d}{dx}(fg) = \frac{df}{dx}g + f\frac{dg}{dx}$$

である．

$\nabla\cdot(\boldsymbol{B}\times\boldsymbol{E})$のすべての成分を計算しないで，このような問題に対して極めて有効なうまいやり方をここで示そうと思う．これは∇作用素を含むベクトル代数を誤りなくやりとげる方法である．これは，微分演算子が作用する規則を表わす記号を——しばらくの間——忘れることである．ふつう，項の順序は**二つの**ちがった目的で用いられる．その一つは微分演算で，$f(d/dx)g$は$g(d/dx)f$と同じではない．また，他のものはベクトルで，$\boldsymbol{a}\times\boldsymbol{b}$は$\boldsymbol{b}\times\boldsymbol{a}$と異なっている．しかし，もしも望むならば，この計算規則をしばらく忘れることもできる．微分はその右のもの全部に働くという代わりに，項を書く順序によらないような**新しい**規則を作ることができる．こうすれば，心配なく項を扱うことができる．

新しい規則は次のようなものである．微分演算子が何に作用するかということを添字によって表わす．**順序**は意味を持たない．演算子Dは$\partial/\partial x$を表わすものとしよう．するとD_fは変化量fだけの微分をとることを意味する．すなわち

$$D_f f = \frac{\partial f}{dx}.$$

$D_f fg$の場合には

$$D_f fg = \left(\frac{\partial f}{\partial x}\right)g$$

である．しかし，新しい規則では$f\,D_f g$も同じものを与える．次のよ

うに同じことを種々の方法で書ける：

$$D_f fg = g\ D_f f = f\ D_f g = fg\ D_f.$$

D_f は全体の一番あとにおいてもよいのである(このような便利な記号が数学や物理の本で教えられないのは驚くべきことである).

fg の微分をどう表わしたらいいかというと，これは両方の項の微分を必要とする．直ちにわかるように $D_f(fg)+D_g(fg)$ と書けば，これは正に $g(\partial f/\partial x)+f(\partial g/\partial x)$ を表わし，これはふつうの記号で $\partial(fg)/\partial x$ にほかならない.

新しい表現法を用いれば $\nabla\cdot(\boldsymbol{B}\times\boldsymbol{E})$ は簡単に

$$\nabla\cdot(\boldsymbol{B}\times\boldsymbol{E}) = \nabla_{\boldsymbol{B}}\cdot(\boldsymbol{B}\times\boldsymbol{E})+\nabla_{\boldsymbol{E}}\cdot(\boldsymbol{B}\times\boldsymbol{E}) \qquad (6.10)$$

と書ける．このように書けば順序はもはやどうでもよろしい．$\nabla_{\boldsymbol{E}}$ は $\boldsymbol{E}$ だけに働き，$\nabla_{\boldsymbol{B}}$ は $\boldsymbol{B}$ だけに働く．この状況で ∇ はふつうのベクトルのように用いることができる(もちろん全部すんだあとではふつう使用される記号に戻ろうと思う)．したがって，スカラー積やベクトル積を表わす・や×を入れかえたり，その他のおきかえをすることができる．たとえば式(6.10)の中の項は $\boldsymbol{E}\cdot\nabla_{\boldsymbol{B}}\times\boldsymbol{B}$ と書き直せる(周知のように $\boldsymbol{a}\cdot\boldsymbol{b}\times\boldsymbol{c}=\boldsymbol{b}\cdot\boldsymbol{c}\times\boldsymbol{a}$ である)．また，最後の項は $\boldsymbol{B}\cdot\boldsymbol{E}\times\nabla_{\boldsymbol{E}}$ に等しい．これは珍奇な形にみえるが正しい．ふつうの記号に戻るには ∇ が特定の変化量にだけ働くように並べ変えればよい．始めの項はそのままで，ただ添字を除くだけでよい．後の項は ∇ を $\boldsymbol{E}$ の前へもってくればよいが，この時ベクトル積の順序を変えるので，符号が変わり

$$\boldsymbol{B}\cdot(\boldsymbol{E}\times\nabla_{\boldsymbol{E}}) = -\boldsymbol{B}\cdot(\nabla_{\boldsymbol{E}}\times\boldsymbol{E})$$

となる．これでふつうの順序になったので，通例の記号に戻る．式(6.10)はしたがって

$$\nabla\cdot(\boldsymbol{B}\times\boldsymbol{E}) = \boldsymbol{E}\cdot(\nabla\times\boldsymbol{B})-\boldsymbol{B}\cdot(\nabla\times\boldsymbol{E}) \qquad (6.11)$$

となる(この特別な場合には成分を用いた方が速いであろうが，このやり方は時間をかけて説明する価値があると思う．たぶん，この方法は，別の本などではみられないだろう．これは微分を持つ項の順序について，ベクトル代数の制限をはずすよい方法である).

エネルギー保存の問題に戻り，新しい結果(6.11)を用いて式(6.7)の $\nabla\times\boldsymbol{B}$ の項を書き直すと，エネルギー保存の式は

$$\boldsymbol{E}\cdot\boldsymbol{j} = \varepsilon_0 c^2\nabla\cdot(\boldsymbol{B}\times\boldsymbol{E})+\varepsilon_0 c^2\boldsymbol{B}\cdot(\nabla\times\boldsymbol{E})-\frac{\partial}{\partial t}\left(\frac{1}{2}\varepsilon_0\boldsymbol{E}\cdot\boldsymbol{E}\right) \qquad (6.12)$$

となる.

これでほとんど終った．u として用いる項として時間に関する微分係数があり，$\boldsymbol{S}$ を表現するものとして，望み通り発散の項がある．ただ，残念なことに，真中の項が発散でもなく，時間に関する微分でもなく残されている．したがって，ほとんど終ったが，全部できたわけではない．少し考えてみると，マクスウェルの微分方程式に戻れば，$\nabla\times\boldsymbol{E}$ は，幸い $-\partial\boldsymbol{B}/\partial t$ に等しいことがわかる．これは残った項を純粋に時間に関する微分に直すことができることを意味する．すなわち

$$\boldsymbol{B}\cdot(\nabla\times\boldsymbol{E}) = \boldsymbol{B}\cdot\left(-\frac{\partial\boldsymbol{B}}{\partial t}\right) = -\frac{\partial}{\partial t}\left(\frac{\boldsymbol{B}\cdot\boldsymbol{B}}{2}\right)$$

である．したがって，望み通りになった．エネルギー方程式は

$$\boldsymbol{E}\cdot\boldsymbol{j} = \nabla\cdot(\varepsilon_0 c^2\boldsymbol{B}\times\boldsymbol{E}) - \frac{\partial}{\partial t}\left(\frac{\varepsilon_0 c^2}{2}\boldsymbol{B}\cdot\boldsymbol{B} + \frac{\varepsilon_0}{2}\boldsymbol{E}\cdot\boldsymbol{E}\right) \tag{6.13}$$

となる．これは

$$u = \frac{\varepsilon_0}{2}\boldsymbol{E}\cdot\boldsymbol{E} + \frac{\varepsilon_0 c^2}{2}\boldsymbol{B}\cdot\boldsymbol{B} \tag{6.14}$$

$$\boldsymbol{S} = \varepsilon_0 c^2\boldsymbol{E}\times\boldsymbol{B} \tag{6.15}$$

と**定義**すれば，完全に式(6.6)になる($\boldsymbol{S}$においてベクトル積の順序を逆にして，その符号を変えてある)．

我々の計画は達成された．エネルギー密度は“電気的”エネルギー密度と“磁気的”エネルギー密度との和として表わされることがわかった．これは静電磁場**によってエネルギーを求めたとき**に求められる形と同じである．また，電磁場のエネルギー流のベクトル式も求められた．この新しいベクトル$\boldsymbol{S}=\varepsilon_0 c^2\boldsymbol{E}\times\boldsymbol{B}$は発見者の名にちなんで，“ポインティング・ベクトル”とよばれる．これは場のエネルギーが空間内で移動する速さを与える．小さな面積daを通して1秒間に流れるエネルギーは$\boldsymbol{S}\cdot\boldsymbol{n}da$である．ここに$\boldsymbol{n}$は$da$に垂直な単位ベクトルを表わす($u$と$\boldsymbol{S}$との式が与えられたから，今後は，その導き方を忘れても差支えない)．

6-4　場のエネルギーの不定さ

ポインティングの式(式(6.14)，(6.15))の応用を考える前に，実は，本当に“証明”は終っていないということを述べておこうと思う．さきに行なったことはuと$\boldsymbol{S}$との**可能な**形を求めたことである．項をさらにあれこれ入れ代えると，uや$\boldsymbol{S}$として他の式が得られる可能性があるかも知れない．新しいuや$\boldsymbol{S}$は異なるものであり，しかも式(6.6)を満足するものであるが，これは実際，可能である．可能ではあるが，こうして見出されるすべての形は場の種々の**微分係数**を含んでいる(そしていつも2次の項――2階の微分，あるいは1階の微分の2乗を含む)．実際，uと$\boldsymbol{S}$としては無限に多くの可能なものがあるが，どれが正しいものかをきめる実験法も存在しない．一番簡単なものがおそらく正しいであろうと考えているが，これが確かに電磁気的エネルギーとして空間に存在するものであるということもできないのである．簡単に考えて，場のエネルギーは式(6.14)で与えられるものとする．そうすると流れのベクトル$\boldsymbol{S}$は式(6.15)で与えられなければならないことになる．

場のエネルギーの不定さを除く方法がないということは大変興味深く思われる．この問題は次のようにして，万有引力の理論を用いて解き得ると考えられることもある．万有引力の理論によれば，すべての

エネルギーは万有引力の原因になる．したがって引力の働く向きを知れば電磁気的なエネルギー密度の局在がわかるであろう．しかし，電磁気的な場の存在を万有引力の微細な実験によって示すことはできていない．電磁場だけでも万有引力の源になるという考えは避け難いと思われる．実際，太陽の近くを通るとき光が曲げられることが観測されている．光が同じ力で太陽を引くと考えてはいけないだろうか．とにかく，電磁エネルギーの局在とその流れとについて，上記の最も簡単な表式が用いられる．そして，場合によってはこれらを用いて得る結果が奇妙に思われることもあるが，誤りとはいえない――実験との不一致はないからである．そこで慣習に従い，その上，おそらく完全に正しいと信じておくことにしよう．

エネルギーの表式についてさらに一つ付加しておこう．第一に単位体積の場のエネルギーは非常に簡単である．これは静電場エネルギーと静磁場エネルギーとの和である――静電場エネルギーを E^2，静磁場エネルギーを B^2 で書くとしての話である．静的な問題を扱う限り，これら二つは**可能な**表式であることを知った．静電場については，エネルギーに対してこの他にも種々の式を知っている．たとえば $\rho\phi$ である．これは静電場の場合は $\boldsymbol{E}\cdot\boldsymbol{E}$ の積分に**等しい**．しかし，動的な電場に対してはこれらは等しくない．どちらが正しいか簡単にはわからないが，上の議論では正しいものがわかった．同様に，磁場のエネルギーに対し，一般に正しい式がわかった．こうして動的な場のエネルギー密度の式は式(6.14)となったのである．

6-5　エネルギー流の例

エネルギー流のベクトル $\boldsymbol{S}$ は我々にとって全く新しいものである．これを特別な場合にあてはめて，すでに知っている事柄と比べてみようと思う．まず始めに取り上げようと思う例は光である．光の波において，ベクトル $\boldsymbol{E}$ とベクトル $\boldsymbol{B}$ とはたがいに直角で，波の進行方向に対しても垂直である(図 6-2 参照)．電磁波において $\boldsymbol{B}$ の大きさは $\boldsymbol{E}$ の大きさの $1/c$ 倍であり，これらはたがいに垂直であるから

$$|\boldsymbol{E}\times\boldsymbol{B}| = \frac{E^2}{c}$$

となる．したがって，光において，単位面積を単位時間に流れるエネルギーは

$$S = \varepsilon_0 c E^2 \qquad (6.16)$$

である．$E=E_0\cos\omega(t-x/c)$ で与えられる光の波において，単位面積当りのエネルギーの平均の流れ $\langle S\rangle_{\mathrm{av}}$――すなわち光の“強度”――は電場の 2 乗の平均の $\varepsilon_0 c$ 倍である．すなわち

$$\text{強度} = \langle S\rangle_{\mathrm{av}} = \varepsilon_0 c\langle E^2\rangle_{\mathrm{av}} \qquad (6.17)$$

である．

この結果は，信じようと信じまいと，すでに第Ⅱ巻の 6-3 節において，光を勉強したときに得ている．別の方法でも同じになる場合は信

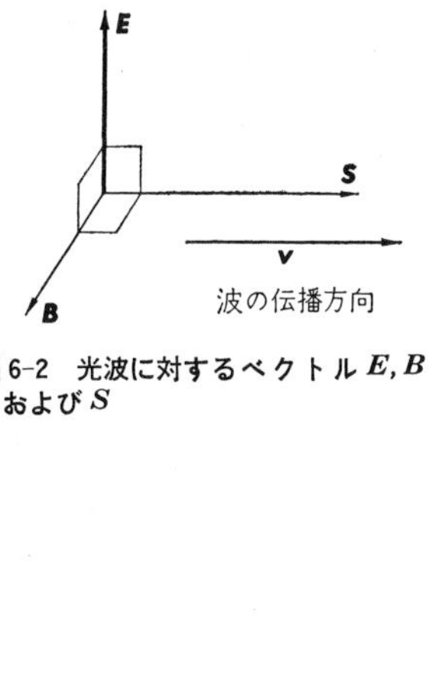

図 6-2　光波に対するベクトル $\boldsymbol{E}, \boldsymbol{B}$ および S

じられる．光線がある場合，そこには式(6.14)で与えられるエネルギー密度がある．光では $cB=E$ であるから

$$u=\frac{\varepsilon_0}{2}E^2+\frac{\varepsilon_0 c^2}{2}\left(\frac{E^2}{c^2}\right)=\varepsilon_0 E^2$$

となる．しかし E は場所によってちがうから平均として

$$\langle u\rangle_{\mathrm{av}}=\varepsilon_0\langle E^2\rangle_{\mathrm{av}} \tag{6.18}$$

である．さて，光の波は速さ c で伝わるから，単位時間に1平方メートルを通るエネルギーは c に1立方メートル内のエネルギーを掛けたものに等しいと考えざるを得ない．したがって

$$\langle S\rangle_{\mathrm{av}}=\varepsilon_0 c\langle E^2\rangle_{\mathrm{av}}$$

でなければならない．これは正しい．式(6.17)と同じ結果である．

別の例を挙げよう．これは少し奇妙な例である．ゆっくり変化するキャパシターの中のエネルギー流を調べる(周波数が高すぎてキャパシターが共鳴空洞になる場合は考えないが，またDCでもない場合を考える)．図6-3のようにふつうの円板の平行板キャパシターを考える．内部にはほとんど一様な電場があり，それは時間と共に変化する．どの瞬間でも，内部の電磁場エネルギーは u に体積を掛けたものである．円板が半径 a，間隔 h であるならば，極板間の全エネルギーは

$$U=\left(\frac{\varepsilon_0}{2}E^2\right)(\pi a^2 h) \tag{6.19}$$

である．このエネルギーは E が変わると変化する．キャパシターが充電されているときは極板の間の体積はエネルギーを

$$\frac{dU}{dt}=\varepsilon_0\pi a^2 hE\dot{E} \tag{6.20}$$

の割合いで受けとる．したがって，どこからかこの体積内へエネルギーが入り込まなければならない．これはもちろん充電している導線を通して入り込むはずである——ところが，これは正しくない．この方向からエネルギーがこの空間に入り込むことはできない．それは $\boldsymbol{E}$ は極板に垂直で，$\boldsymbol{E}\times\boldsymbol{B}$ は極板に平行だからである．

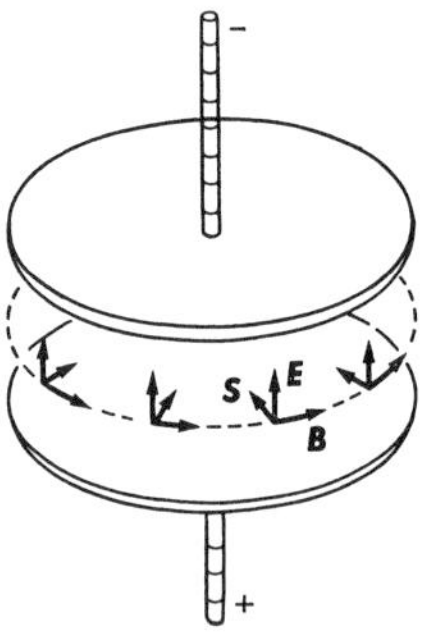

図6-3　充電しつつあるキャパシターの近くでポインティング・ベクトル S は内部の軸へと向いている

キャパシターが充電されているとき，その軸をまわる磁場が存在する．これは第2章で論じた．マクスウェル方程式の最後の式を用いると，キャパシターの端における磁場は

$$2\pi ac^2 B=\dot{E}\cdot\pi a^2$$

あるいは

$$B=\frac{a}{2c^2}\dot{E}$$

で与えられることがわかる．その向きは図6-3に示してある．図でわかるように $\boldsymbol{E}\times\boldsymbol{B}$ に比例するエネルギー流は端全体を通って中へ入り込む．エネルギーは導線を伝って流れ込むのでなく，キャパシターのまわりの空間から入り込むのである．

極板の端の面全体を通るエネルギー流が内部のエネルギーの変化に等しいか調べておこう——これは式(6.15)を導くときにすべてやって

しまっているわけであるが，しかし調べてみよう．この面の面積は $2\pi ah$ であり，$\boldsymbol{S}=\varepsilon_0 c^2\boldsymbol{E}\times\boldsymbol{B}$ で，その大きさは

$$\varepsilon_0 c^2 E\left(\frac{a}{2c^2}\dot{E}\right)$$

であるから，エネルギーの全流量は

$$\pi a^2 h\varepsilon_0 E\dot{E}$$

となる．これは式(6.20)と一致している．ただ，奇妙なことに，キャパシターを充電するときエネルギーは導線を伝って入らず，極板のすき間から入る．これが理論の結果である．

どうしてこうなるのかというのは，やさしい問題では**ない**．しかし，これを考える上で一つの手掛りがある．キャパシターの上と下とに電荷があるとし，ずっと遠くにあるとする．電荷が遠いときは弱いが，非常に広がった場がキャパシターのまわりに存在する(図6-4参照)．電荷を近づけると場は強くなり，キャパシターに近づく．そのため遠くにあった場のエネルギーはキャパシターに向って動いてきて，遂には極板の間に入り込む．

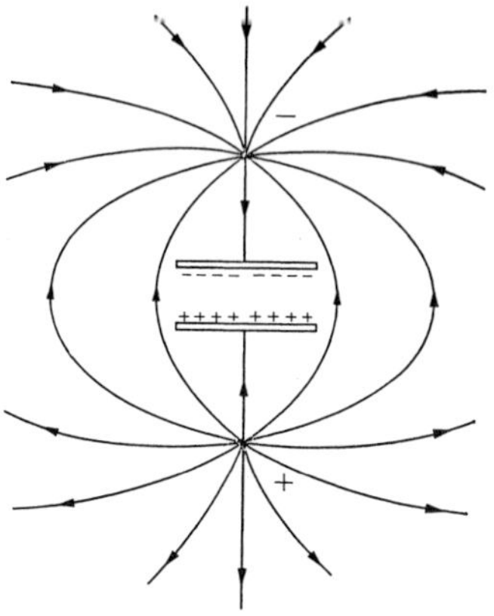

図6-4　遠方から二つの電荷を近づけることにより充電されつつあるキャパシターの外の場

別の例として，電流の流れている抵抗線の一部を考えよう．抵抗があるので，電流を流す電場がその向きに存在する．導線に沿って電位差があるので，導線のすぐ外にも，表面に平行な電場が存在する(図6-5)．その上電流のために，導線をとりまく磁場も存在する．$\boldsymbol{E}$ と $\boldsymbol{B}$ とは垂直で，そのため，ポインティング・ベクトルは図のように，半径に沿い内へ向いている．エネルギーは周囲から導線へと入ってくる．もちろん，これは導線内で熱という形で失われるエネルギーに等しい．したがって，この“奇妙な”理論の意味は，外の場から入ってくるエネルギーによって電子は熱を作り出すエネルギーを得ているということである．直観的にいえば，電子は導線に沿って押されることによってエネルギーを得るので，そのためエネルギーは導線に沿って流れ下る(あるいは上がる)と思われるかも知れない．しかし理論によれば，電子は実は電場によって押されるのであって，この電場ははるかに遠くのどこかにある電荷に起因するものである．そして熱になるエネルギーは電子がこの電場から得たものである．とにかく，エネルギーは遠くの電荷から広い空間を通ってきて導線の中へ入ってくるのである．

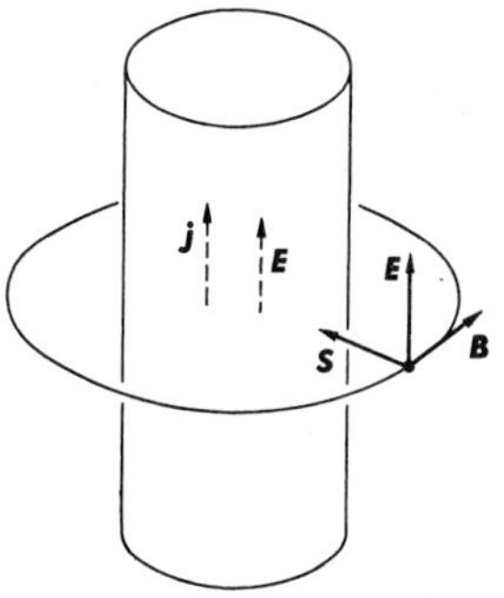

図6-5　電流の流れている導線の近くのポインティング・ベクトル S

最後に，理論が明らかに驚くべきものであることを本当に確認してもらうために，さらにもう一つの例を挙げよう——この例は，一つの電荷と一つの磁石とが近距離に静止している場合——共に全く止っている場合である．図6-6のように，一つの棒磁石の中心近くに一つの点電荷が静止している場合を考えよう．すべてのものは静止しているから，時間がたってもエネルギーは変化しない．また，$\boldsymbol{E}$ も $\boldsymbol{B}$ も全く静止している．しかし，ポインティング・ベクトルによれば，エネルギーの流れは存在する．それは $\boldsymbol{E}\times\boldsymbol{B}$ がゼロでないからである．エネルギーの流れを調べれば，エネルギーがぐるぐると回っていることがわかる．どこにおいてもエネルギーの変化はない——どの体積部

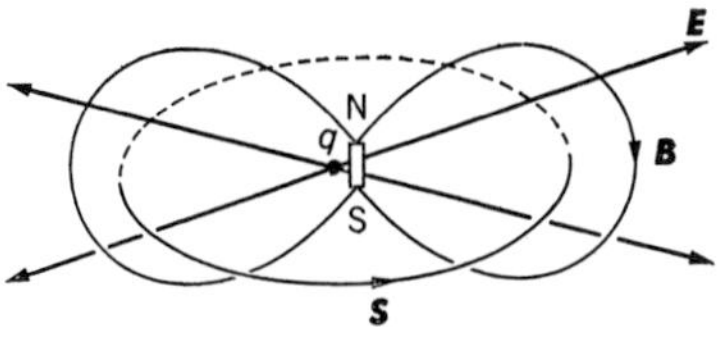

図6-6　一つの電荷と磁石とは閉じたループを回るポインティング・ベクトルを生じる

分でもエネルギーは入ってきて，出ていくだけである．それはちょうど縮まない水が回って流れているのに似ている．このいわゆる静的条件においては，エネルギーの環流があるわけである．これは馬鹿げた話である．

しかし，これは途方もなく奇妙なことでもなさそうである．それは，“静”磁石とよんでいるものは実は環流している電流にほかならないからである．永久磁石の内部で電子が永久に回転している．したがって，エネルギーの環流が外部にあっても，それほど不思議はないのかもしれない．

諸君は，ポインティングの理論が，電磁場のどこにエネルギーが局在するかということに関する直観を，少なくも部分的に，こわすものであると思い始めたにちがいない．直観を全部つくり直し，たくさん勉強しなければならないと思うかもしれない．しかし，実際には，その必要はないようである．導線に沿ってエネルギーが流れるというより，エネルギーは外から導線へと流れ込むのであるということを忘れたりすると大きな困難にぶつかると考える必要はない．エネルギーがどのような道を通るかをくわしく考えることは，エネルギーの保存則を用いるときに，特に役に立つとは思えない．磁石と電荷とのまわりのエネルギーの環流は，多くの場合，全く重要でない．細かい点は肝要ではないが，ふつうの直観が正しくないことは明らかである．

6-6　場の運動量

次に電磁場の**運動量**について述べよう．場はエネルギーを持つように，単位体積あたりについて，ある運動量を持つはずである．この運動量密度を $\boldsymbol{g}$ としよう．もちろん，運動量は種々の向きを持つから，$\boldsymbol{g}$ はベクトルでなければならない．一つの成分ごとに考えることにし，まず，x 成分をとり上げよう．運動量の各成分は保存されるから，次のような形の法則が書けるにちがいない：

$$-\frac{\partial}{\partial t}(\text{物質の運動量})_x=\frac{\partial g_x}{\partial t}+(\text{運動量の流出})_x.$$

この左辺は簡単である．物質の運動量の変化の割合いはそれに働く力にちょうど等しい．粒子については，これは $\boldsymbol{F}=q(\boldsymbol{E}+\boldsymbol{v}\times\boldsymbol{B})$ であり，電荷の分布については，単位体積あたりの力は $(\rho\boldsymbol{E}+\boldsymbol{j}\times\boldsymbol{B})$ である．“運動量の流出”の項は目新しいものである．これはスカラーでないから，ベクトルの発散ではあり得ない．これはむしろあるベクトルの x 成分である．しかし，いずれにしても x-運動量は3方向のいずれからも流入できるから，おそらく

$$\frac{\partial a}{\partial x}+\frac{\partial b}{\partial y}+\frac{\partial c}{\partial z}$$

のような形をしているであろう．a, b, c が何であろうとも，とにかく，このような形の結合が x-運動量の流出と等しいわけである．

次の仕事は，$\rho\boldsymbol{E}+\boldsymbol{j}\times\boldsymbol{B}$ を $\boldsymbol{E}$ と $\boldsymbol{B}$ とだけで表わし——マクスウェ

ル方程式を用いて$\boldsymbol{\rho}$と$\boldsymbol{j}$とを消去し——項を組み変えたり，代入したりして

$$\frac{\partial g_x}{\partial t}+\frac{\partial a}{\partial x}+\frac{\partial b}{\partial y}+\frac{\partial c}{\partial z}$$

のような形を得ることである．これができれば，各項を等しいとおいて，$g_x, a, b,$ およびcに対する表現が求められる．これは中々の仕事であり，ここでは，これ以上深入りしようとは思わない．その代わり，別の根拠によって，運動量密度gの表現だけを求めることにしようと思う．

力学には次のような重要な定理(すぐ下に述べる例から証拠だてられる)がある．すなわち，エネルギーの流れがあるときにはどんな場合でも(場のエネルギーでも，その他のエネルギーでも)，単位面積を単位時間に通るエネルギーに$1/c^2$を掛けたものは，空間の単位体積あたりの運動量に等しい．特に電磁気学の場合，この定理によれば$\boldsymbol{g}$はポインティング・ベクトルの$1/c^2$倍に等しい．すなわち

$$\boldsymbol{g}=\frac{1}{c^2}\boldsymbol{S} \tag{6.21}$$

である．したがって，ポインティング・ベクトルは単にエネルギーの流れを与えるばかりでなく，c^2で割れば，運動量密度も与える．同じ結果は，上に提示した別の解析によっても得られるであろう．しかし，この一般的な結論に注目する方がはるかに面白い．興味深い幾多の例によって，この一般的な定理が正しいことを明らかにしたいと思う．

第一の例：箱の中に多数——たとえば1立方メートルにN個——の粒子があるとし，これらは一定の速度$\boldsymbol{v}$で動いているとする．ここで，$\boldsymbol{v}$に垂直な仮想的な平面を考えよう．この面の単位面積を1秒間に通るエネルギーは，面を1秒間に通る粒子数Nvに各粒子の運ぶエネルギーを掛けたものである．各粒子のエネルギーは$m_0c^2/\sqrt{1-v^2/c^2}$である．したがって，1秒間のエネルギーの流れは

$$Nv\frac{m_0c^2}{\sqrt{1-v^2/c^2}}$$

となる．しかるに，各粒子の運動量は$m_0v/\sqrt{1-v^2/c^2}$であるから，運動量**密度**は

$$N\frac{m_0v}{\sqrt{1-v^2/c^2}}$$

であり，エネルギーの流れの$1/c^2$倍に等しい——これは定理と一致している．この定理は粒子の束について正しいことがわかった．

これは光についても正しい．第II巻で光について学んだとき，光線のエネルギーが吸収されるときは吸収体にある量の運動量が与えられることを知った．実際，第II巻第9章において示したように，この運動量は，吸収されたエネルギーの$1/c$倍に等しい〔第II巻式(9.24)〕．単位面積に1秒間に到着するエネルギーをU_0とすれば，単位面積に1秒間に到着する運動量はU_0/cである．しかし，この運動量は速さc

でやってくるから，吸収体の手前における運動量密度は U_0/c^2 である．したがって，この場合も定理は正しい．

最後に，同じことを同時に明らかにするアインシュタインの考察を述べよう．車輪(摩擦がないとする)を持った鉄道の車両を考え，その質量を M とする．車両の一方の端には，何かある粒子，あるいは光(何でもよい．何でも別にちがいを生じない)を発射する装置があり，発射されたものは，向い合った他の端で止められる．最初，あるエネルギー――図6-7(a)において U で示してある――が一方の端にあり，最後にこれは図6-7(c)のように反対側の端にある．もしも車が止っていれば，エネルギー U は車両の長さ L の距離だけ移動するが，エネルギー U は質量 U/c^2 を持つから，車が止っていれば，重心が移動したことになる．ただ内部であれこれ動かすだけで物体の重心を移動することができるという考えを好まなかった．そこで，彼は内部でどんなことをしても重心を動かすことは不可能であると仮定した．これを承認すると，エネルギー U を一方の端から他の端へ移すとき，車両は図(c)に示したようにある距離 x だけ反動で動いたことになる．実際(全体の重心が動かないとすると)，車両の質量に x を掛けたものは，移動したエネルギーの質量 U/c^2 にその移動距離 L(くわしくいえば $L-x$ であるが，U/c^2 が M に比べてはるかに小さいと仮定すると L とみてよい*)を掛けたものに等しい．すなわち

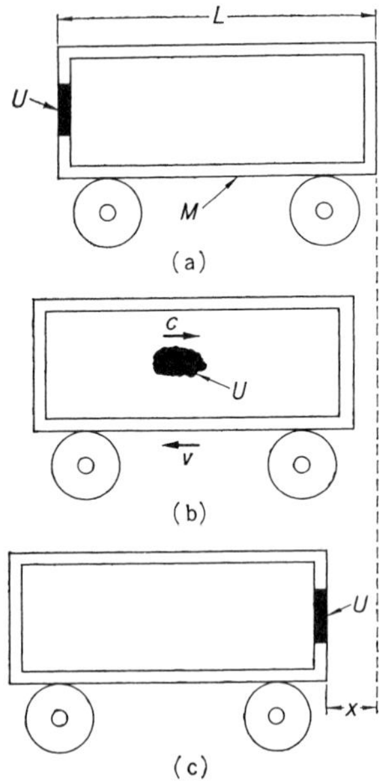

図6-7　速さ c で動くエネルギー U は運動量 U/c を運ぶ

$$Mx = \frac{U}{c^2}L \tag{6.22}$$

である．

光のフラッシュによって送られるエネルギーを特に考えよう(この考察はそのまま粒子についても成立するが，光の問題に興味を持ったアインシュタインに従うことにしよう)．車両を移動させるのは何か．アインシュタインは次のように考えた．光を発射すると反動があるはずである．この未知の反動の運動量を p としよう．この反動によって車両は後退する．後退の速さ v はこの運動量を車両の質量で割った値

$$v = \frac{p}{M}$$

で与えられる．光のエネルギー U が反対側の端に届くまで車両はこの速さで動く．光がそこに達すると，その運動量を車両に与え，車両を停止させる．x が小さいときは，車両の動いている時間はほとんど L/c に等しく，したがって

---

*　(訳者註)　以下の考察は $U/c^2 \ll M$ としているが，この必要はない．この制限をはずすと式(6.22)以下の式はそれぞれ

$$Mx = \frac{U}{c^2}(L-x), \tag{6.22$'$}$$

$$v = \frac{p}{M},$$

および，
$$x = vt = v\frac{L-x}{c} = \frac{p}{M}\frac{L-x}{c}$$

となり，この x を上式の左辺に入れればやはり $p=U/c$ を得る．

$$x = vt = v\frac{L}{c} = \frac{p}{M}\frac{L}{c}$$

である．この x を式(6.22)に代入すれば

$$p = \frac{U}{c}$$

を得る．我々はふたたび，光のエネルギーと運動量との関係を得たのである．c で割れば運動量密度 $g=p/c$ が得られ，ふたたび

$$g = \frac{U}{c^2} \qquad (6.23)$$

を得る．

諸君はいぶかるかもしれない．重心定理はそんなに重要だろうか．まちがっているのではないだろうか——と．あるいはそうであるかもしれないが，しかし，そうだとすると角運動量の保存則も失われてしまう．我々の有蓋貨車がレールの上を速さ v で走っているとし，車両の**屋根**から**床**へ——図6-8のAからBへ——光を送ったとする．この体系の点Pに関する角運動量を考えよう．エネルギー U がAを出る前を考えると，その質量は $m=U/c^2$，その速さは v，したがってその角速度は mvr_A である．これがBに到着するとき，その質量は同じで，貨車の**直線**運動量が変化しないとすると，速さはやはり v である．そこで，点Pに関する角運動量は mvr_B となる．したがって，光を発射したときに車両に反動が与えられると**しなければ**角運動量は変化してしまうことになる．この光の持つとしなければならない運動量は U/c であることが示される．このようにして，角運動量の保存と，重心定理とは，相対性理論においては密接に関係し合っているのである．したがって，もしも我々の定理が正しくないならば角運動量保存則も失われてしまう．とにかく，これは正しい一般法則であることがわかっていて，電磁気学の場合にこれを用いて場の運動量を求めることができる．

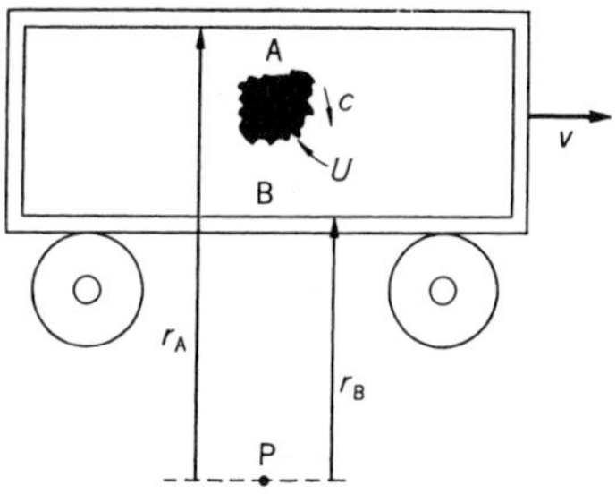

図6-8 Pのまわりの角運動量を保存するためにはエネルギー U は運動量 U/c をもたなければならない

さらに，電磁場における運動量の例を二つ挙げておこう．5-2節において，2個の荷電粒子が垂直な軌道を動く場合に作用と反作用の法則が成立しないことを注意した．二つの粒子に働く力はたがいに打ち消さず，作用と反作用とは等しくないので，物質の全運動量は変化しなければならない．これは保存されない．しかしこのような状況では場の運動量も変化しつつある．もしもポインティング・ベクトルで与えられる運動量の値を計算するならば，それは一定でないことがわかる．しかし，粒子の運動量の変化はちょうど場の運動量によって作られるのであって，粒子と場との全運動量は保存されるわけである．

最後に，図6-6に示した磁石と電荷との場合がある．この場合，エネルギーが環状に流れることを知って意外に思ったが，エネルギーの流れと運動量とは比例するから，運動量も空間を回っていることになる．したがって場は**角**運動量をもつ．第III巻17-4節において述べた，ソレノイドと円板上にのせられた電荷とのパラドックスを覚えている

であろうか．電流が切られたとき，円板は回転し始めなければならなかった．問題は，角運動量がどこからきたかということである．答は，磁場と電荷とが存在するところには，場の中に角運動量が存在するということである．この場が作られたときにこの角運動量もそこにおかれたのである．場が消されたときは，角運動量は戻されてくる．そこでパラドックスに述べた円板は回転を始める**かもしれない**．始めはとても馬鹿らしいと思われたエネルギーの不思議な環流は実は絶対に必要だったわけである．エネルギーの流れは実在する．全世界の角運動量の保存を保持するために，それは必要とされるのである．

第 7 章
電磁気的質量

7-1 点電荷の場のエネルギー

相対論とマクスウェル方程式とを融合させることにより，電磁気学の理論の主要な点は遂行された．もちろん，今後とり組む大きな課題——電磁場と物質との相互作用——が残されている．しかし，その前に，このように多くの現象を説明することに美事に成功したすばらしい学問体系も遂にはつまずくことを明らかにしておこうと思う．物理学のどの分野でも深く探究すれば，いつでも何らかの困難にぶつかるものである．ここで，一つの重大な困難——古典的な電磁気学の欠陥——を議論しよう．すべての古典物理学は，量子効果を欠いているから欠陥があるとか，古典力学は首尾一貫した理論だが実験と一致しないなどということもできる．しかし，古典的な電磁気学の理論は，それ自体が不満足な理論であるというのも面白い．この困難はマクスウェルの理論の**考え方**にあって，量子力学によって解かれるものでもなく，これと直接の関係があるものでもない．それならば“おそらく，そのような困難を気にすることはない．量子力学は電磁気学の法則を変えるであろうから，その変革の後にどんな困難が残っているかを調べればよい”というかもしれない．しかし，電磁気学が量子力学と結びついても，困難は残る．したがってこのような困難がどのようなものであるかを，いま調べておくことは決して無駄ではない．歴史的な重要さもある．さらに，理論のすみずみまで——その困難まで含めて——全部を完遂したという感じを得ることができるであろう．

ここでいう困難は電磁気的な運動量とエネルギーとの概念を電子などの荷電粒子に適用しようとするときに生じる．単純な荷電粒子の概念と電磁場の概念とはある意味で矛盾したものである．困難を説明するために，エネルギーと運動量の概念を用いていくらか演習を行なってみよう．

第一に，1 個の荷電粒子のエネルギーを計算しよう．単純な電子の模型として，半径 a の球面上に一様に電荷 q が分布しているとしよう．この電磁場のエネルギーを計算しよう．電荷が静止しているとすると，磁場は存在しないので，単位体積のエネルギーは電場の 2 乗に比例する．電場の大きさは $q/4\pi\varepsilon_0 r^2$ であり，エネルギー密度は

$$u = \frac{\varepsilon_0}{2}E^2 = \frac{q^2}{32\pi^2\varepsilon_0 r^4}$$

である．全エネルギーを求めるには，この密度を全空間に対して積分

しなければならない．体積素片 $4\pi r^2 dr$ を用いて，全エネルギー U_{elec} として

$$U_{\text{elec}} = \int \frac{q^2}{8\pi\varepsilon_0 r^2} dr$$

を得る．これはすぐ積分できる．下限は a であり，上限は ∞ である．したがって

$$U_{\text{elec}} = \frac{1}{2} \frac{q^2}{4\pi\varepsilon_0} \frac{1}{a} \tag{7.1}$$

である．q として電子の電荷 q_e を用い，$q_e^2/4\pi\varepsilon_0$ の代わりに記号 e^2 を使うと

$$U_{\text{elec}} = \frac{1}{2} \frac{e^2}{a} \tag{7.2}$$

となる．これは a をゼロにしない限り差支えない．しかし点電荷で a をゼロにするとき大きな困難が生じる．場のエネルギーは中心からの距離の 4 乗に反比例して変化するから，その体積積分は無限大になる．点電荷を囲む場には無限大のエネルギーが存在する．

無限大のエネルギーがあるといけないだろうか．エネルギーが出ていくことができなくて，そこにいつまでもとどまっていなければならないとしても，無限大のエネルギーには本当の困難があるだろうか．もちろん，無限大であることがわかるような量は困ったものであるが，本当に重要なのは**観測できる**物理的効果があるかどうかということである．この問題に答えるには，エネルギー以外に何か別のものを考える必要がある．電荷を**動かし**たときのエネルギーの**変化を**問題にすることを考えてみよう．この変化がもしも無限大ならば，大変なことである．

7-2　動く電荷の場の運動量

電子が一様な速度で空間内を運動しているとしよう．しばらくの間，速度は光の速さに比べて小さいと仮定しておく．運動するこの電子に付随した運動量が存在する――電磁場の運動量があるから，電子が荷電される前は質量を持たなかったとしても，運動量が存在する．場の運動量は速度 $\boldsymbol{v}$ の向きにあり，速度が小さいときは v に比例することが示される．電荷の中心から距離 r，運動直線に対して角 θ の点 P(図 7-1 参照)においては，電場は r 方向で，磁場はすでに知ったように $\boldsymbol{v}\times\boldsymbol{E}/c^2$ である．運動量密度は式(6.21)により

$$\boldsymbol{g} = \varepsilon_0 \boldsymbol{E}\times\boldsymbol{B}$$

である．これは運動直線に対して図のように斜めになっていて，その大きさは

$$g = \frac{\varepsilon_0 v}{c^2} E^2 \sin\theta$$

である．

場は運動直線に対して対称であるから，空間について積分すれば横

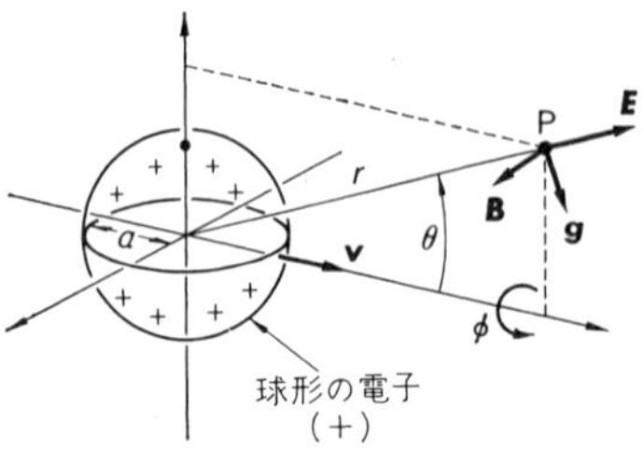

図 7-1　正電荷の電子に対する $\boldsymbol{E}, \boldsymbol{B}$ と運動量密度 $\boldsymbol{g}$　負電荷の電子に対しては $\boldsymbol{E}$ と $\boldsymbol{B}$ とは逆向きになるが $\boldsymbol{g}$ は変わらない

成分は打ち消し合ってゼロになり，$\boldsymbol{v}$ に平行な全運動量を与える．この方向の $\boldsymbol{g}$ の成分は $g\sin\theta$ であり，これを全空間に対して積分しなければならない．図7-2のように $\boldsymbol{v}$ に垂直な面内の輪を体積素片にとる．この体積は $2\pi r^2\sin\theta\,d\theta dr$ である．したがって全運動量は

$$\boldsymbol{p}=\int\frac{\varepsilon_0\boldsymbol{v}}{c^2}E^2\sin^2\theta\,2\pi r^2\sin\theta\,d\theta dr$$

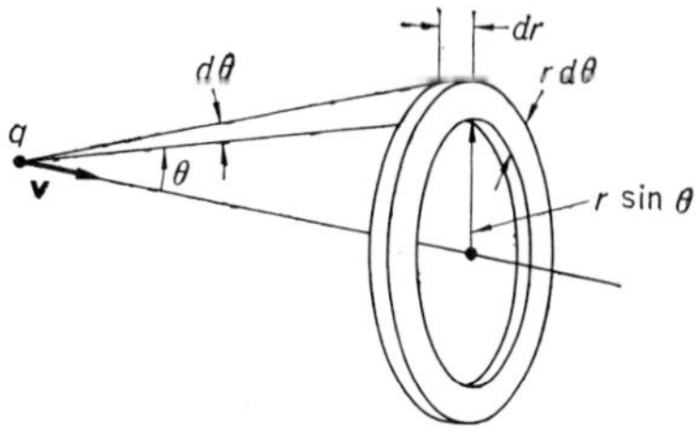

図7-2 場の運動量を計算するための体積素片 $2\pi r^2\sin\theta\,d\theta dr$

となる．E は θ に無関係である($v\ll c$ とする)．そこで θ について直ちに積分できる．積分は

$$\int\sin^3\theta\,d\theta=-\int(1-\cos^2\theta)\,d(\cos\theta)=-\cos\theta+\frac{\cos^3\theta}{3}$$

であり，θ の限界は0と π とである．したがって θ の積分は単に因子4/3を与える．故に

$$\boldsymbol{p}=\frac{8\pi}{3}\frac{\varepsilon_0\boldsymbol{v}}{c^2}\int E^2r^2\,dr$$

となる．この積分($v\ll c$ とする)はエネルギーを求めるときに用いたものと同じである．これは $q^2/16\pi^2\varepsilon_0{}^2a$ であり，したがって

$$\boldsymbol{p}=\frac{2}{3}\frac{q^2}{4\pi\varepsilon_0}\frac{\boldsymbol{v}}{ac^2}$$

あるいは

$$\boldsymbol{p}=\frac{2}{3}\frac{e^2}{ac^2}\boldsymbol{v} \tag{7.3}$$

となる．場の運動量——電磁気的運動量——は $\boldsymbol{v}$ に比例する．これは $\boldsymbol{v}$ の比例係数に等しい質量を持った粒子に対する式である．したがってこの係数を**電磁気的質量** m_{elec} とよび，

$$m_{\mathrm{elec}}=\frac{2}{3}\frac{e^2}{ac^2} \tag{7.4}$$

と書くことができる．

7-3 電磁気的質量

この質量はどこからきたのだろうか．力学の法則においては，すべての物体は質量とよばれるものを“持っている”と考えた——これは速度に比例する運動量を“持っている”ことも意味している．今や我々は，荷電粒子は速度に比例した運動量を持っていると考えられることを発見した．質量というのは，実は電気力学的な効果にすぎないのかとも思われる．質量の原因はこれまでにまだ説明されなかった．ここで電気力学の理論まで進んできて，いままでに理解できなかった何かを理解する機会が大いにできてきたようである．思いがけなく——というより，マクスウェルやポインティングによって——どんな荷電粒子も電磁気的な影響によって速度に比例する運動量を持つことが明らかになった．

しばらく保守的な観点に立って，2種類の質量があり，物体の全運動量は力学的運動量と電磁気的運動量との和であるとしておこう．力

学的運動量は“力学的”質量 m_{mech} に $\boldsymbol{v}$ を掛けたものである．どのくらいの運動量を持っているか，どのように軌道上を運動するかを調べて粒子の質量を測定する実験においては，全質量が測定される．一般に運動量は全質量$(m_{\mathrm{mech}}+m_{\mathrm{elec}})$に速度を掛けたものである．したがって観測される質量は二つ(あるいは，他の場があればさらに多数の)部分からなることがあり得る．すなわち，力学的な部分と電磁気的な部分との和である．電磁気的部分が確かにあることがわかり，その表式も求められた．そして，力学的質量は全然存在しないもので，質量はすべて電磁気的なものであるという，思いがけない可能性があり得る．

力学的質量がないとしたとき，電子の大きさはどのくらいになるかを調べよう．方程式(7.4)の電磁的質量を電子の観測された質量 m_e と等しいとおけばよい．こうして

$$a=\frac{2}{3}\frac{e^2}{m_ec^2} \tag{7.5}$$

を得る．

$$r_0=\frac{e^2}{m_ec^2} \tag{7.6}$$

で定義される量は“古典的電子半径”とよばれ，その数値は 2.82×10^{-13} cm であり，これは原子の半径の約10万分の1に等しい．

a よりも r_0 を電子半径とよぶわけは，他の電荷分布を仮定しても同じような計算ができるからである——電荷は球の体積内に一様に広がっているかもしれないし，毛ばだった毛糸の球のようにぼうっと広がっているかもしれない．ちがった仮定に立って計算すれば，係数の2/3は他の数値に変わるであろう．たとえば球の体積内に一様に広がっているとすると2/3は4/5でおきかえられる．どの分布が正しいかを議論するよりも，r_0 として“額面”的な半径を定義することにきめられた．それぞれの理論は適宜な係数を考え出すわけである．

さて，質量の電磁理論を進めよう．上の計算は $v\ll c$ の場合であった．さらに速度を高めたらどうなるであろうか．初期の試みは種々の紛糾をまねいたが，ローレンツは，荷電粒子は高速になると縮んで楕円体になり，場は第5章で相対論的な場合として導いた公式(5.6)と(5.7)とにしたがって変化することを確認した．この場合，$\boldsymbol{p}$ を与える積分を実行すると，任意の速度 $\boldsymbol{v}$ のとき運動量は因子 $1/\sqrt{1-v^2/c^2}$ だけ変わることがわかる．すなわち

$$\boldsymbol{p}=\frac{2}{3}\frac{e^2}{ac^2}\frac{\boldsymbol{v}}{\sqrt{1-v^2/c^2}} \tag{7.7}$$

が得られる．いいかえれば，電磁的質量は速度と共に $\sqrt{1-v^2/c^2}$ に反比例して増大する——これは相対性理論以前に発見されたのである．

はじめは，測定される質量が速度によってどう変わるかを調べて，質量のどれ位が力学的で，どれ位が電磁気的であるかを決定しようという実験が提案された．その頃は，電磁気的な部分は速度によって変

わる**だろう**が，力学的部分は変わら**ないだろう**と信じられていた．しかし，実験がなされている一方で，理論も研究された．まもなく相対性理論が発達したが，これによれば，質量の起原が何であっても，**どのような質量**も $m_0/\sqrt{1-v^2/c^2}$ のように変わるはずである．方程式(7.7)は質量が速度によって変わるという理論の始まりであった．

場のエネルギーの計算，方程式(7.2)に戻ろう．相対性理論によれば，エネルギー U は質量 U/c^2 をもつ．したがって，方程式(7.2)は，電子の場が質量

$$m_{\text{elec}}' = \frac{U_{\text{elec}}}{c^2} = \frac{1}{2}\frac{e^2}{ac^2} \tag{7.8}$$

をもたねばならぬことを意味する．これは方程式(7.4)の電磁質量と同じではない．実際，もしも単に方程式(7.2)と(7.4)とを結合させると

$$U_{\text{elec}} = \frac{3}{4}m_{\text{elec}}c^2$$

となるであろう．これは相対論よりも前に発見された式であり，アインシュタインやその他の人が，$U=mc^2$ はいつでも成立しなければならないと確信したときに，大きな困難が起こったものである．

7-4 電子のそれ自身に対して及ぼす力

我々は，電気力学の理論が相対性原理と調和したものであることを，すでに注意深く証明したのであるから，電磁気的質量に関する二つの式の不一致は，特別にいやなことである．それにもかかわらず，相対性理論によれば，運動量は，問題なく，エネルギーを v/c^2 倍したものに等しい．したがって，何かが混乱し，我々は何か誤りをおかしたにちがいない．計算に代数的な誤りはないが，何かをおとしてしまったのである．

エネルギーと運動量との方程式を導くのに，我々は保存則を用いた．**すべて**の力が考慮され，なされたすべての仕事，その他の“非電気的な”機構によって運ばれるすべての運動量が含まれているということを仮定しておいた．しかし，電荷をもった球があったとすると，電荷の間の力はすべて反撥力であるため，電子はこわれて飛び散ってしまうであろう．この体系の力は釣り合っていないから，エネルギーと運動量とに関する法則において，どんな間違いが生じても仕方がない．調和のある観点に立つためには，電子を固めておくものを想像しないわけにはいかない．電荷は，何か輪ゴムのようなもので球に**固定**され，飛び散らないようになっているはずである．輪ゴムか何か，電子を固めておくものを，エネルギーや運動量の計算に含ませなければならないことはポアンカレによってはじめて指摘された．このため，この非電気的な特別な力は，“ポアンカレ応力”という優雅な名前でも知られている．この力を計算にとり入れると，(こまかい仮定によるが)二つの方法で得られる質量は変化する．その結果は相対論と調和する．

すなわち，運動量の計算から求められる質量はエネルギーの計算から求められるものと一致する．しかし，これらは共に**二つの**寄与，すなわち電磁気的質量とポアンカレ応力による寄与とを含むことになる．これらを加え合わせたとき，はじめて調和のある理論が得られる．

したがって，はじめに期待したように，質量全体を電磁気的なものとすることはできなくなった．電磁力学だけしかないならば，合理的な理論ではあり得ない．何らかを加えなければならないわけである．"輪ゴム"あるいは"ポアンカレ応力"，あるいは別の呼び方をしてもよいが，とにかく，このような調和した理論を作れるように，自然界には別の力があるとしなければならない．

電子の内部の力を想定しなければならないとすると，はじめの考えの美しさは消え去ってしまう．問題は複雑になる．応力はどの位の強さのものか，電子はどのようにゆれるか，振動するか，その内部の性質は一体どうなっているのか，などとききたくなる．電子が複雑な内部的な性質をもつ可能性もあるであろう．このやり方で進めば，電子の振動のモードといったような，奇妙な性質も予言できるかも知れない．そのような振動は観測されてはいないらしい．"らしい"といったのは，自然界にはまだ意味のわかっていないことが沢山観測されているからである．今日理解できないこと(たとえばミュー中間子)の中の一つが，いつかは実際，ポアンカレ応力の振動によって説明できるかも知れない．そうは思えないが，誰も確かにいうことはできない．基礎的な粒子に関しては，まだわからないことが大変沢山ある．とにかく，この理論で複雑な構造を考えることは望ましくない．すべての質量を電磁気的に解釈する――少なくとも上記のやり方で――試みは袋小路に導くものである．

運動量が速度に比例するとき，質量が存在する理由をもう少し考えてみよう．明らかに，質量は運動量と速度とを結びつける係数である．しかし，質量を別の観点からみることもできる．すなわち，粒子を加速するのに力を加えなければならない場合，その粒子は質量をもつ．そこで，力が何に由来するかをもっとくわしく考えることが役立つであろう．力がなければならないとはどういうことであろうか．我々は場の運動量の保存則を証明した．そこで，ここに荷電粒子があるとし，これを少し押したとすると，電磁場にはいくらか運動量が与えられるだろう．場には運動量が注入されるはずである．したがって，電子を動かしていくためには，力学的慣性のほかに，電磁気的相互作用による力が存在しなければならない．そして，これに相当する逆の力が"押し手"に作用するはずである．しかし，力は何に由来するのであろうか．

次のように理解することができる．電子は一つの荷電された球と考えてよい．これが静止しているとき，電荷の各部分は他の部分を反撥するが，力は常に対になって釣り合っているため，全体としての**合力**は存在しない〔図7-3(a)参照〕．しかし，電子が加速されるときは，

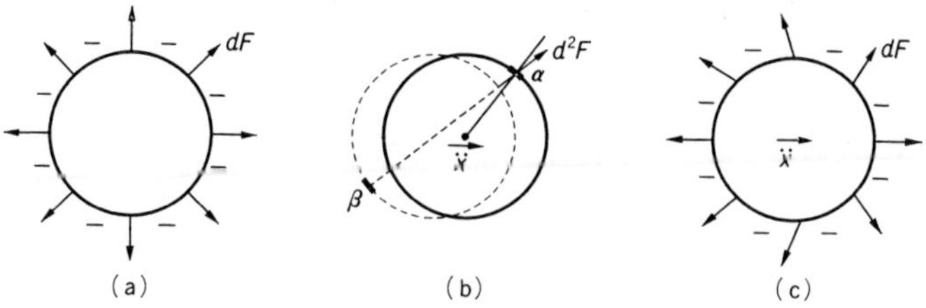

図 7-3 遅延があるため，加速される電子に対する自身の力はゼロでない(dF は表面素片 da に働く力を意味する d^2F は表面素片 da_β の上にある電荷によって表面素片 da_α に働く力を意味する)

電磁気的な影響が他の場所へ伝わるのに時間がかかるため，力はもはや釣り合わなくなるであろう．たとえば図 7-3(b) の部分 α に対して，反対側の部分 β から働く力は，図示したように，前の時刻に β のあった位置に関係する．力の大きさも向きも電荷の運動に依存する．電荷が加速されている場合は，電子の各部分に働く力は図 7-3(c) のようになるであろう．力を全部加え合わせると，それはたがいに打ち消し合わない．一様な速度の場合にもおくれのために力が釣り合わないように思われるかもしれないが，一様な速度のときは，力は打ち消し合うわけである．電子が加速されていなければ，合力はないことがわかる．加速度のある場合，電子の各部分の間の力を調べると，作用と反作用とが完全には等しくなくて，電子は**それ自身に対して**加速度と逆向きの力を及ぼすことがわかる．自分の靴ひもで引き戻されるといった具合である．

この自身に作用する力を計算することは可能であるが，むつかしい．特に比較的簡単な場合として 1 次元(x 方向)の運動の結果を挙げるに止めよう．この場合，自身の力は級数に書ける．級数の第 1 項は加速度 $\ddot{x}$ に，次の項は $\dddot{x}$ に比例する*．結果は

$$F=\alpha\frac{e^2}{ac^2}\ddot{x}-\frac{2}{3}\frac{e^2}{c^3}\dddot{x}+\gamma\frac{e^2a}{c^4}\ddddot{x}+\cdots \tag{7.9}$$

となる．ここに α,γ は 1 の程度の係数である．$\ddot{x}$ の項の係数 α は電荷の分布の仮定に関係する．球の上の電荷が一様に分布しているときは $\alpha=\dfrac{2}{3}$ である．加速度に比例する項は電子の半径 a に反比例して変化し，m_{elec} に対して得た式(7.4)と完全に一致している．$\dddot{x}$ の項は仮定した半径 a や電荷の分布に**無関係**であり，その係数は**常に** 2/3 である．次の項は半径 a に比例し，係数 γ は電荷の分布に関係する．もしも電子半径 a をゼロにすると，最後の項(より高次の項も)はゼロになるが，第 2 項は一定に止まり，第 1 項——電磁気的質量——は無限大になる．この無限大は，電子の一部が他の部分に及ぼす力からきているもので，おそらく馬鹿げたことだが，“点”電子が自分自身に作用する可能性を許したことからきているわけである．

---

* 記号 $\dot{x}=dx/dt$，$\ddot{x}=d^2x/dt^2$，$\dddot{x}=d^3x/dt^3$ 等を使う．

7-5　マクスウェルの理論を修正する試み

電子を単なる点電荷とする考えが保たれるようにマクスウェルの電気力学を修正する可能性について議論しよう．種々の試みがあり，いくつかの理論では，電子質量全部を電磁気的にするようなことも可能である．しかしこれらの理論はすべて消え去った．しかし，今までに提出された試みのいくつかを論じ，人智の努力のあとをみるのは興味あることである．

電気の理論を述べるに当って，一つの電荷が他の一つの電荷に及ぼす力の話からはじめた．そして相互作用をする電荷の理論を作り上げ，最後には場の理論に到達した．それを充分信頼して，電子の中の一部が他の部分に及ぼす力さえも論じたのである．電子は自分自身に作用することはないということが，おそらく困難のすべてであろう．おそらく，別々の電子の相互作用から，あまりにも広く進みすぎたため，電子が自身と作用するということになってしまったのであろう．そこで，電子が自分自身に作用する可能性を追い出すような理論が提案された．こうすれば，自身に対する作用による無限大はなくなる．また，粒子の電磁気的質量もなくなり，質量はすべて力学的なものに戻る．しかし，この理論には別の困難がある．

この種の理論は直ちに電磁場の概念の修正を要求することを注意しなければならない．はじめに述べたように，粒子に対する力は，唯二つの量 $\boldsymbol{E}$ と $\boldsymbol{B}$ とによって定められる．もしも“自身に働く力”を棄てるならば，これはもはや正しくはない．なぜならば，電子がある場所にあるとすると，これに働く力は $\boldsymbol{E}$ と $\boldsymbol{B}$ との全体によるものでなく，**他の**電荷に起因するものだけによるからである．したがって，力を計算しようと思う電荷による $\boldsymbol{E}$，$\boldsymbol{B}$ はどの位か，他の電荷によるのはどの位かということを常に考え直さなければならない．これは理論を大変めんどうなものにするが，無限大の困難を除くことはできる．

そこで，**もしも望むならば**，電子が自身に作用することなどはないとし，式(7.9)の力のすべての項を投げ棄てることもできる．しかし，これでは風呂桶と同時に赤ん坊も棄ててしまうことになる．式(7.9)の第2項の，$\dddot{x}$ の項は必要だからである．この項は，確然とした効果を表わしている．これを棄てると，別の困難が生じる．電荷を加速すると，それは電磁波を輻射し，そのためにエネルギーを失う．したがって，電荷を加速するときは，同じ質量の中性の物体を加速するときよりも，大きな力が必要である．そうでなければエネルギーが保存されなくなる．加速される電荷に対する仕事の割合いは，輻射によって失われるエネルギーの割合いに等しい．この効果についてはすでに述べた——これは輻射抵抗という．我々は，なお次の問いに答えなければならない：我々がこのような仕事をしなければならない，その特別な力は何に由来するものであろうか．大きなアンテナが輻射を出しているとき，この力は，アンテナの一部の電流が他の部分の電流に影響するためである．唯1個の加速中の電子が，そうでなければ空な空間に輻射を出しているときは，力が由来するところは，唯一つ——すなわち電子の一部が他の部分に作用すること——しかないように思われるであろう．

第II巻第7章に戻ると，振動する電荷は

$$\frac{dW}{dt}=\frac{2}{3}\frac{e^2(\ddot{x})^2}{c^3} \tag{7.10}$$

の速さでエネルギーを輻射する．式(7.9)のひきもどす力に対して電子に**加え**られる仕事の速さを調べてみよう．仕事率は力と速さとの積 $F\dot{x}$ に等しいから，これは

$$\frac{dW}{dt}=\alpha\frac{e^2}{ac^2}\ddot{x}\dot{x}-\frac{2}{3}\frac{e^2}{c^3}\dddot{x}\dot{x}+\cdots \tag{7.11}$$

である．第1項は $d\dot{x}^2/dt$ に比例し，電磁気的質量に関係した運動エネルギー $\frac{1}{2}mv^2$ の変化速度に相当するものにほかならない．第2項は式(7.10)の輻射の仕事率に相当するはずである．しかしこれは相違している．この不一致は式(7.11)の項が一般に正しいのに対して，式(7.10)は**振動**電荷に対してのみ正しいという事実によるものである．電荷の運動が周期的ならば，これら二つは同等であることが示される．これを知るためには，式(7.11)の第2項を

$$-\frac{2}{3}\frac{e^2}{c^3}\frac{d}{dt}(\dot{x}\ddot{x})+\frac{2}{3}\frac{e^2}{c^3}(\ddot{x})^2$$

と書こう．これは単なる代数的な変換にすぎない．運動が周期的ならば，$\dot{x}\ddot{x}$ という量は周期的に元の値に戻るから，もしもその時間微分の**平均**をとれば，それはゼロである．これに対し，第2項は常に正(2乗だから)であるから，その平均も正である．この項がなされる仕事の全体を与え，これは式(7.10)に等しい．

ひきもどす力の $\dddot{x}$ の項は輻射する体系のエネルギー保存のために必要で，これを棄てるわけにはいかない．このような力が存在することを示したのはローレンツの大きな勝利であったが，これは電子が自分自身に作用することからきている．電子が自身に作用するという考えは信じなければならず，$\dddot{x}$ の項は**必要**とされる．問題は困難のすべてを与える式(7.9)の第1項を得ることなしに $\dddot{x}$ の項を得ることができる方法があるかということである．これに対する答はわかっていない．古典的な電子理論は窮地におしやられたわけである．

これを打開するために，法則を修正しようとするいくつかの別の試みもあった．ボルンとインフェルトがマクスウェル方程式を複雑に変化させて，もはや線型でない方程式でおきかえたのもこの一つである．こうすると電磁気的なエネルギーも運動量も有限にすることができる．しかし，彼らが提出した法則は，観測されたことがない現象を導き出す．また，彼らの理論は別の困難に打ちあたる．これについては後に述べるが，これは，ここに述べてきた困難をさけようとする試みのすべてに共通なものである．

次のような可能性はディラックによって提唱されたものである．彼

は次のように述べている．電子は式(7.9)の**第2項**によって自身と作用するが，第1項によっては作用しないということを承認しよう．彼はこのように，一つをとり去り，しかも他のものは棄てないような巧妙な方法を考え出した．彼がいうように，我々はマクスウェル方程式の遅延波の解だけをとるという仮定を特においている．これに代って先発波をとれば，別の結果が得られる．自身に対する力の式は

$$F=\alpha\frac{e^2}{ac^2}\ddot{x}+\frac{2}{3}\frac{e^2}{c^3}\dddot{x}+\gamma\frac{e^4a}{c^4}\ddddot{x} \tag{7.12}$$

となるであろう．これは式(7.9)と同様だが，級数の第2項(および高次のある項)の符号がちがっている〔遅延波を先発波に変えるには，おくれの符号，あるいはすぐわかるように t の符号をすべて変えればよいのである．式(7.9)では，奇数次の時間微分の符号を変えるだけの効果である〕．そこで，電子はそれが作る遅延場と先発場との差の半分だけ自身と作用するという法則を作ろうとディラックはいった．式(7.9)と(7.12)の差を2で割ると

$$F=-\frac{2}{3}\frac{e^2}{c^3}\dddot{x}+(\text{高次の項})$$

となる．高次の項では半径 a は分子に正のベキとして現われる．したがって，点電荷の極限では唯一つの，必要な項だけが残る．このディラックの方法では輻射抵抗の力を得，他の慣性項は得られない．電磁気的質量はなく，古典理論の困難は救われた．しかし，自身に対する力に関する任意的な仮定が付け加わった．

ディラックの特別な仮定の任意さは，少なくともある程度，ウィラーとファインマンとによってとり除かれた．彼らはさらにみなれない理論を提案したのである．これによれば，点電荷は他の電荷と**だけ**作用するのであるが，その作用は半分は先発波により，半分は遅延波によって行なわれる．しかも，驚くべきことに，ほとんどすべての情況では，先発波の効果は現われないが，ただ，輻射の反作用の力だけを生じる効果だけをもつ．輻射抵抗は電子がそれ自身に作用することによるものでなく，次のような効果によって生じる．電子が時刻 t において加速されると，それは**後の**時刻 $t'=t+r/c$ (r は他の電荷までの距離)において，**遅延**波によって世界中の電荷をゆるがす．しかし同時に，これらの電荷は**先発**波によって元の電子に作用を及ぼし，これは t' から r/c を**引い**た時刻 t''，すなわち，ちょうど時刻 t に元の電子に達する(これらの他の電荷は遅延波によっても元の電子に作用を及ぼすが，これはふつうの“反射波”に相当する)．先発波と遅延波とが結合された効果として，加速されている瞬間の振動電荷は，輻射波を吸収“しようとしている”すべての電荷からの力を感じることになる．電子の理論に関して多くの人が強く関心をもっているのである．

さて，困ったときに考えつく事柄を示すために，さらに別の種類の理論を述べておこう．これはボップによって提案されたもので，電気力学の法則の別の修正である．電磁気学の方程式を変えようと思えば，

どこから変えてもよい．電子の力の法則を変えてもよく，マクスウェル方程式を(すでに例として挙げたように)変えてもよく，あるいは別のところを変えてもよい．一つの可能性は，電荷と電流とによってポテンシャルを与える式を変えることである．我々の式の一つは，ある点のポテンシャルは各点のある前の時刻の電流(あるいは電荷)によって与えられるということを表わす．4元ベクトルの記号を用いると

$$A_\mu(1,t)=\frac{1}{4\pi\varepsilon_0 c^2}\int\frac{j_\mu(2,t-r_{12}/c)}{r_{12}}\,dV_2 \qquad (7.13)$$

となる．ボップの美事な簡単な発想は，積分中の $1/r$ という因子がおそらく混乱のもとであろうということである．一つの点のポテンシャルが，他の点の電荷密度に関係する様子は，距離のある関係，たとえば $f(r_{12})$ で与えられると仮定するだけで出発するとしよう．点(1)におけるポテンシャルは j_μ にこの関数を掛けて全空間で積分したもの，すなわち

$$A_\mu(1)=\int j_\mu(2)f(r_{12})\,dV_2$$

で与えられるであろう．これが全部である．微分方程式も何もない．唯一つ，結果が相対論的に不変であることを要求する．したがって，“距離”としては2点間の時空における不変“距離”をとらなければならない．この距離の2乗は(問題にならない符号を別として)

$$\begin{aligned}s_{12}{}^2&=c^2(t_1-t_2)^2-r_{12}{}^2\\&=c^2(t_1-t_2)^2-(x_1-x_2)^2-(y_1-y_2)^2-(z_1-z_2)^2 \qquad (7.14)\end{aligned}$$

である．したがって，相対論的に不変な理論では，s_{12} の大きさのある関数，あるいは $s_{12}{}^2$ のある関数をとらなければならない．したがって，ボップの理論では

$$A_\mu(1,t_1)=\int j_\mu(2,t_2)F(s_{12}{}^2)\,dV_2dt_2 \qquad (7.15)$$

となる(積分はもちろん4次元の体積 $dt_2dx_2dy_2dz_2$ について行なう)．

残ることは F として適当な関数をとることである．F に関しては，唯一つの仮定をおく．すなわち，これは変数がゼロに近いところを除けば大変小さいと仮定する．したがって，F の図形は図7-4のような曲線になる．これは，$s^2=0$ に中心があって，有限な面積の狭い山形であり，その幅は大体 a^2 である．(1)におけるポテンシャルは $s_{12}{}^2=c^2(t_1-t_2)^2-r_{12}{}^2$ がゼロのまわり $\pm a^2$ にあるような点(2)に限って寄与をもつとしてよいことになる．いいかえれば F が重要なのは

$$s_{12}{}^2=c^2(t_1-t_2)^2-r_{12}{}^2\approx\pm a^2 \qquad (7.16)$$

の範囲である．もっと数学的にすることはできるが，これが考え方である．

さて，ふつうの物体，たとえば発動機，発電機のような物体に比べて a は非常に小さいとすると，ふつうの問題では $r_{12}\gg a$ としてよい．この場合は，式(7.16)によれば，式(7.15)の積分に電荷が寄与するのは t_1-t_2 が

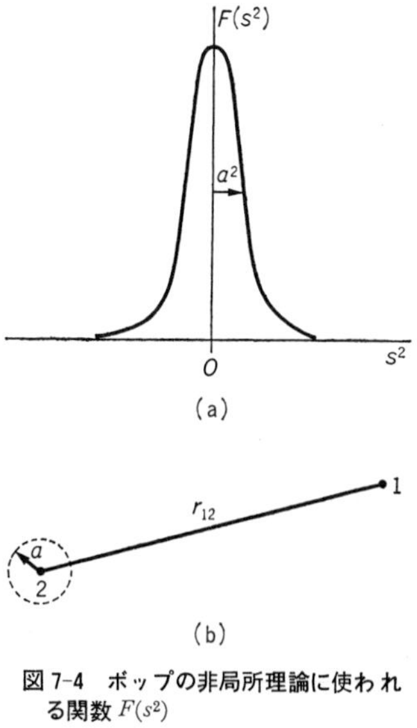

図7-4　ボップの非局所理論に使われる関数 $F(s^2)$

$$c(t_1-t_2) \approx \sqrt{r_{12}{}^2 \pm a^2} \approx r_{12}\sqrt{1 \pm \frac{a^2}{r_{12}{}^2}}$$

の狭い範囲にあるときだけである．$a^2/r_{12}{}^2 \ll 1$ であるから，平方根は $1 \pm a^2/2r_{12}{}^2$ でおきかえ得る．したがって

$$t_1-t_2 = \frac{r_{12}}{c}\left(1 \pm \frac{a^2}{2r_{12}{}^2}\right) = \frac{r_{12}}{c} \pm \frac{a_2}{2r_{12}c}$$

である．

この結果の意味は何かというと，A_μ の積分にとって重要な**時刻** t_2 はポテンシャルを求めたい時刻 t_1 との差がおくれ r_{12}/c の程度($r_{12} \gg a$ である限り無視できる補正項を除いて)の時刻だけである．これをいいかえると，ボップの理論は，すべての電荷から遠いとき，遅延波の効果を与えるという意味で，マクスウェルの理論に近づく．

実際，式(7.15)の積分が何を与えるかを近似的に知ることができる．はじめに r_{12} を固定しながら t_2 について $-\infty$ から $+\infty$ まで積分する．このとき，$s_{12}{}^2$ も $-\infty$ から $+\infty$ まで動く．積分は t_1-r_{12}/c を中心とする t_2 の小さな幅 $\Delta t_2 = 2\times a^2/2r_{12}c$ の間隔からくるものだけである．関数 $F(s^2)$ の $s^2=0$ における値を K とすれば，t_2 について積分した結果は近似的に $Kj_\mu\Delta t_2$，あるいは

$$\frac{Ka^2}{c}\frac{j_\mu}{r_{12}}$$

を与える．j_μ としてはもちろん $t_2=t_1-r_{12}/c$ における値を用いるから，式(7.15)は

$$A_\mu(1, t_1) = \frac{Ka^2}{c}\int \frac{j_\mu(2, t_1-r_{12}/c)}{r_{12}}\,dV_2$$

となる．ここで $K=q^2c/4\pi\varepsilon_0 a^2$ とすれば，マクスウェルの遅延ポテンシャルの解が正に得られ，$1/r$ の依存性も自然に導かれる．この結果は，時空の1点のポテンシャルが，時空の他のすべての点の電流密度に依存し，その重みの因子は4次元の2点間の距離に対して狭い範囲だけに限られるような関数であるという前提だけから導かれるものである．また，この理論は電子の有限な電磁気的質量を予言し，エネルギーと質量も相対論の正しい関係を保っている．それは，はじめから相対論的に不変な理論であり，すべてがよいように思われるからである．

しかし，この理論や，その他の上述の理論に対して唯一つの反対がある．すべての粒子は量子力学にしたがうことが知られているから，電気力学に量子力学的修正がなされなければならない．光はフォトン(光子)として行動する．これはマクスウェルの理論に100パーセントしたがうものではない．したがって電気力学は変えなければならない．すでに述べたように，古典理論を直すことにあまり強くこだわるのは時間の無駄であるかも知れない．なぜならば，量子電気力学では，困難は消え去るか，何か別の方法で解決されるかも知れないからである．しかし困難は量子電気力学でも消え去らない．この理由のために，人

々が古典的困難をとり除くことができて，それから量子力学的修正を行なうならば，すべてがうまくいくだろうという期待をもって，古典的な困難を除くために多大の努力を傾けているのである．量子力学的修正の後にもマクスウェルの理論は困難を残しているのである．

量子効果は，いくらかの変化をもたらす．質量の式は修正され，プランク定数が現われる．しかし，積分を何かの方法で切断(古典論で積分を $r=a$ でやめたように)しなければ，答はやはり無限大になってしまう．そして答は，どのように積分を止めるかに依存する．しかし，量子力学の理論についてまだ勉強していないし，量子電気力学についてはもっとやっていないのだから，この困難が基本的には同じものであることを示すことは，不幸にして不可能である．ここでは，マクスウェルの電気力学を量子化した理論は点電子に対して無限大の質量を与えるという我々の言葉を信じておいてもらうことにしよう．

今までのところ，修正した**どの**理論についても，量子論的な**自己無撞着**な理論を作ることは成功していない．ボルンとインフェルトの考えは量子論に移すことに成功していないし，ディラック，あるいはウィーラーとファインマンの先発・遅延波の理論も満足に量子論に移されていない．ボップの理論も満足な量子論になっていない．したがって現在はこの問題の解答は知られていない．電子やその他の点電荷の自己エネルギーが無限大にならないような，(量子力学を含めて)無撞着な理論を作る方法はわかっていないのである．それと同時に，点でない電荷を記述する満足な理論もない．それは解決していない問題である．

もしも電子の自身への作用を完全にとり除いた理論を作り，そのため電磁気的質量を意味のないものにし，それからその量子論を作ろうという計画をたてるならば，これは明らかに困難にぶつかるにきまっていると注意しないわけにはいかない．電磁気的な慣性が存在するという確実な実験的証拠がある——荷電粒子の質量のある部分は電磁気的な原因のものであるという証拠があるのである．

古い本の中に次のように書いてあることがある．二つの粒子——一つは中性で，他は荷電され，その他の点では同等な粒子——を自然が我々に示すことは明らかにあり得ないから，質量の中でどれだけが電磁気的で，どれだけが力学的であるかを知ることはできない——と．しかし，ちょうどこのような対象を自然は親切に教えてくれて**いる**ことがわかった．そこで荷電されたものの質量を中性のものの質量と比べることによって，電磁気的質量があるかどうかを調べることができる．たとえば中性子と陽子とがある．これらは強い力(核力)で相互作用をするが，この力の起源はわかっていない．しかし，すでに述べたように核力は一つの著しい性質をもつ．この力に関する限り，中性子と陽子とは完全に同等である．中性子と中性子，中性子と陽子，陽子と陽子の間の**核力**は我々の知る限りすべて相等しい．ただ小さな電磁気的な力だけが相異なる．電気的には，陽子と中性子とは昼と夜のような違いがある．これはちょうど我々が望んでいたことであり，強い相互作用に関しては同等であるが電気的には異なる二つの粒子なのである．陽子と中性子の質量の違いは——静止エネルギー mc^2 を MeV 単位で表わすと——約 1.3 MeV であり，これは電子の質量の約 2.6 倍である．古典論を用いると電子の半径の $\frac{1}{3}$ から $\frac{1}{2}$ ぐらいの半径，すなわち約 10^{-13} cm が〔陽子などの半径として〕予想される．もちろん，本当は量子論を用いなければならないが，奇妙な偶然のために，すべての定数——2π とか $\hbar$ とか——が現われた結果として，量子論は古典論とだいたい同じ半径を与えるのである．しかし唯一つの困難は**符号**が間違って出ることである．中性子は陽子よりも**重い**．

自然は，電荷以外は全く同等と思われる粒子の対，あるいは三つ子をいくつか我々に提供している．これらは陽子や中性子と，核力のいわゆる“強い”相互作用で作用し合う．このような相互作用において，一つの種類の粒子(たとえば π 中間子)は，電荷を除いてはすべての点で同じように振舞う．表 7-1 に，このような粒子とそれらの質量とを示した．π 中間子は，正でも負でも，139.6 MeV の質量をもつが，中性の π 中間子はこれよりも 4.6 MeV だけ軽い．この質量差は電磁気的なものと信じられている．これは粒子半径として 3 ないし 4×10^{-14} cm に相当する．表からわかるように，他の粒子においても質量差はふつう同じ程度の大きさである．

表 7-1　粒子の質量

粒　子	電　荷 (電子単位)	質 量 (MeV)	Δm* (MeV)
n (中性子)	0	939.5	
p (陽子)	+1	938.2	−1.3
π (π 中間子)	0	135.0	
	±1	139.6	+4.6
K (K 中間子)	0	497.8	
	±1	493.9	−3.9
Σ (シグマ)	0	1191.5	
	+1	1189.4	−2.1
	−1	1196.0	+4.5

*　Δm = (荷電粒子の質量) − (中性粒子の質量)

さて，これらの粒子の大きさは別の方法でも求められる．たとえば高エネルギーの衝突の半径がある．このような別の方法で求められるのと同じ半径で，場のエネルギーの積分を止めるならば，電磁気的質量は電磁気学と一致するように思われる．このために，質量差は電磁気的質量を表わすと考えられるのである．

諸君は，表の中の質量差の符号の違いにこだわっているにちがいない．電荷をもつものが中性のものよりも重いわけはわかりやすい．しかし，陽子と中性子の対のように測定された質量が逆なのはどうしてなのだろうか．そのわけは，これらの粒子が実は複雑なもので，その電磁質量の計算はもっと面倒なものであるからである．たとえば中性子は**全体として**電荷がないが，内部には電荷の分布をもって**いる**——ゼロなのは全電荷である．実際中性子は，ある場合には，陽子とそのまわりをとりまくπ中間子の“雲”とからなるようにみえる(図7-5). 中性子は，全電荷がないという意味で“中性”であるが，それでもなお電磁気的エネルギーを有している(たとえば，それは磁気モーメントを有している). そのため，内部構造についてくわしい理論がない限り，電磁気的質量差の符号を論じることはできないわけである.

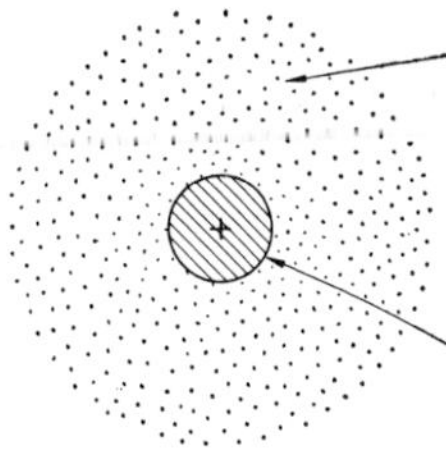

図7-5 中性子は時として負のπ中間子で囲まれた陽子として存在するだろう

ここでは次の点を強調するだけにしておこう. (1) 電磁気学は電磁気的質量の存在を予言している. しかし，これを明らかにしようとすると，無撞着な理論を作り得ないために失敗する——量子論的な修正についても同様である. (2) 電磁気的質量の存在を示す実験的証拠がある. (3) これらの質量は電子の質量とほぼ同程度である. そこで我々は再びローレンツの元の考え，すなわち，電子の全質量はおそらく純粋に電磁気的で，0.511 MeVの全体がおそらく電気力学によるものであろうという考えに戻ってくる. これが真実か否かは，理論の存在しない現在は，答えられないことである.

さらにもう一つ，最も面倒なことを注意しておかなければならない. 世界には，ミューオン，あるいはμ中間子とよばれる別の粒子がある. これは我々の知る限りでは，質量を除いて，電子と違うところが全くない. これは電子と全く同じように行動する. すなわち，ニュートリノや電磁場と相互作用をするが，核力をもたない. 電子と違うことは全くしない. 少なくとも，大きな質量(電子の質量の206.77倍)の単なる結果として理解できないようなことは何もない. したがって，誰かが，電子の質量を説明することに遂に成功したとすると，彼はミューオンがどこから質量を得ているかというパズルにぶつかるであろう. なぜかというと，電子がすることは，ミューオンも同様にするから，質量も同じにならなければならないからである. ある人達はミューオンと電子とは同じ粒子であって，質量の最後的な理論では質量の式は二つの根(こん)(根はそれぞれの粒子を表わす)をもつ2次式であるという考えを深く信じている. また，それは無限に多くの根をもつ超越方程式であろうと考える人達もあり，彼らはこの列に属する他の粒子の質量を推定したり，これらの粒子がまだ発見されない理由を考える研究をしている.

7-6 核力の場

原子核の粒子の質量の中で電磁気的でない部分について，さらに少し注意を加えておこう. この大きな部分は何によるのであろうか. 核力のように電磁気的でない力で，それ自身の場の理論(現在の理論が正しいかどうかわからないにしても)をもつものがある. これらの理論は，電磁気的質量に類似する質量項を核粒子に対して与える場を予言している. これを“π中間子的場の質量”とよぶことができるであろう. 力が大きいから，この質量は大きく，重い粒子の質量の可能な原因であろうと思われる. しかし中間子の場の理論は今でもなお未発達の状態にある，電磁気学のように発達した理論でも電子質量の説明に関して一塁を越えることができないでいる．中間子理論では三振してしまうわけである．

中間子の理論は，電気力学と興味ある関係があるので，その概要を少し考えてみよう．電気力学では，場は方程式

$$\Box^2 A_\mu = \text{物質源}$$

を満足する4元ポテンシャルによって表わされる．さて，すでに知ったように，輻射によって物質源からはなれたところに場が作られることがある．これは光のフォトン(光子)であり，これは，物質源のない微分方程式

$$\Box^2 A_\mu = 0$$

によって記述される．核力の場も，それ自身の“光子”——おそらくπ中間子であろう——をもち，それは類似の方程式で表わされるにちがいないと考えられた(人間の頭脳は弱いので，我々は全然新しいものを思うことはできない．そこで知っているものと類似したものを考えるのである)．こうして，中間子の方程式は

$$\Box^2 \phi = 0$$

とも考えられる．ここでϕは4元ベクトルと違うことも可能で，おそらくスカラーであろう．π中間子は偏りをもたないことがわかったので，ϕはスカラーでなければならない．簡単な方程式$\Box^2\phi=0$では中間子の場は，電場と同じく，源からの距離と共に$1/r^2$の変化をすることになる．しかし，核力ははるかに短い作用距離をもつことが知られているので，この簡単な方程式では具合がわるい．相対論的な不変性をこわすことなく修正を加える一つの道がある．それはダランベリアンに定数，掛けるϕを加えるか，引くことができることである．そこで湯川博士は核力場の量子は方程式

$$-\Box^2\phi - \mu^2\phi = 0 \tag{7.17}$$

にしたがうであろうということを提唱した．ここでμ^2は定数(不変なスカラー量)である($\Box^2$は4次元のスカラー演算子であって，これに別のスカラー量を加えても不変性は変わらない)．

時間的変化がないとき，式(7.17)は核力を与えることを調べよう．点状の源が原点にあったとし，そのまわりの

$$\nabla^2\phi - \mu^2\phi = 0$$

の球対称な解を求めよう．ϕがrだけによるならば

$$\nabla^2\phi = \frac{1}{r}\frac{\partial^2}{\partial r^2}(r\phi)$$

であることを知っている．したがって方程式は

$$\frac{1}{r}\frac{\partial^2}{\partial r^2}(r\phi) - \mu^2\phi = 0$$

あるいは

$$\frac{\partial^2}{\partial r^2}(r\phi) = \mu^2(r\phi)$$

となる．$(r\phi)$を従属変数と考えると，これは何度も見た方程式であ

る．この解は

$$r\phi = Ke^{\pm\mu r}$$

である．ϕ は r の大きいところで無限大になり得ないことは明らかであるから，指数関数の＋符号は除かれる．解は

$$\phi = K\frac{e^{-\mu r}}{r} \tag{7.18}$$

となる．この関数は**湯川ポテンシャル**とよばれる．引力については K は負の数であって，その大きさは，観測される力の強さに合わさなければならない．

核力の湯川ポテンシャルは指数因子のために $1/r$ よりも急速に弱くなる．図 7-6 に示したように，ポテンシャルは——したがって力も——$1/\mu$ よりも遠い距離では $1/r$ よりもずっと速くゼロに近づく．核力の“作用範囲”は静電気力の“作用範囲”よりもずっと小さい．実験的に核力は約 10^{-13} cm よりも遠くへは及ばないことが知られたので，$\mu \approx 10^{15}\,m^{-1}$ である．

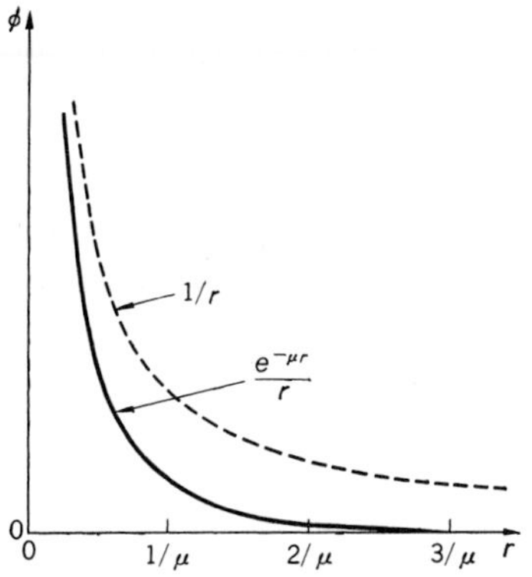

図 7-6　湯川ポテンシャル $e^{-\mu r}/r$ をクーロンポテンシャル $1/r$ と比べた図

最後に式(7.17)の自由波の解を調べよう．もしも

$$\phi = \phi_0 e^{i(\omega t - kz)}$$

とおいて，これを式(7.17)に代入すると

$$\frac{\omega^2}{c^2} - k^2 - \mu^2 = 0$$

を得る．第II巻第9章の終りにやったように，振動数をエネルギーに，波数を運動量に関係づけると

$$\frac{E^2}{c^2} - p^2 = \mu^2\hbar^2$$

を得る．これによれば湯川“光子”は $\mu\hbar/c$ の質量をもつことになる．観測される核力の作用範囲を与える μ の推定値 $10^{15}\ \mathrm{m}^{-1}$ を用いると，この質量は 3×10^{-25} グラム，あるいは 170 MeV であることがわかる．これはだいたい π 中間子の観測された質量に等しい．そこで電磁気学からの類推を用いると，π 中間子は核力の“光子”であるということができる．しかし，電気力学の考えをそれが本当に正しいかどうかわからない領域にまで押し広げたことになる——我々は電気力学を越えて，核力の問題に入ってしまったのである．

第8章

電磁場内の電荷の運動

8-1 一様な電場あるいは磁場の中の運動

種々の情況における電荷の運動を——主に定性的に——調べてみよう．場の中で電荷が運動する面白い現象の多くは，多数の電荷がたがいに作用し合う非常に複雑な状態で起こる．たとえば，物質の中やプラズマの中を電磁波が通るとき，10億の10億倍もの電荷が波と作用し，また相互に作用し合う．このような問題は後に考えることにし，ここでは，まず1個の電荷が**与えられた**場の中で運動するという簡単な問題を論じることにする．したがってここでは他の電荷は無視する——ただ，どこかに存在して，場を形成しているような電荷や電流は，もちろん別である．

おそらく，最初は一様な電場の中の粒子の運動を問題にしなければなるまい．低速度の場合は運動は特に面白くない——それは，電場の向きに一様に加速されるだけである．しかし，粒子が充分エネルギーをもらって，相対論的になると，運動はより複雑になる．しかし，この場合の解は諸君の演習にまかせる．

次に，一様な磁場の中で，電場のない場合の運動を考えよう．この問題はすでに解いたことがある—— 一つの解は，粒子が円運動をする解である．磁気的な力 $q\boldsymbol{v}\times\boldsymbol{B}$ は常に運動に垂直であるから，$d\boldsymbol{p}/dt$ は $\boldsymbol{p}$ に垂直で，vp/R の大きさをもつ．ここに R は円の半径である：

$$F = qvB = \frac{vp}{R}$$

したがって円軌道の半径は

$$R = \frac{p}{qB} \tag{8.1}$$

となる．

これは一つの可能性にすぎない．もしも粒子が場の方向に運動の成分をもてば，場の方向には磁気力の成分はないため，この運動は一定である．一様な磁場内における粒子の一般の運動は $\boldsymbol{B}$ に平行な一定の速度と，$\boldsymbol{B}$ に垂直な円運動とであり，軌道は円柱状のらせんになる(図8-1)．らせんの半径は式(8.1)で与えられるが，p を場に垂直な運動量の成分 $p_\perp$ でおきかえなければならない．

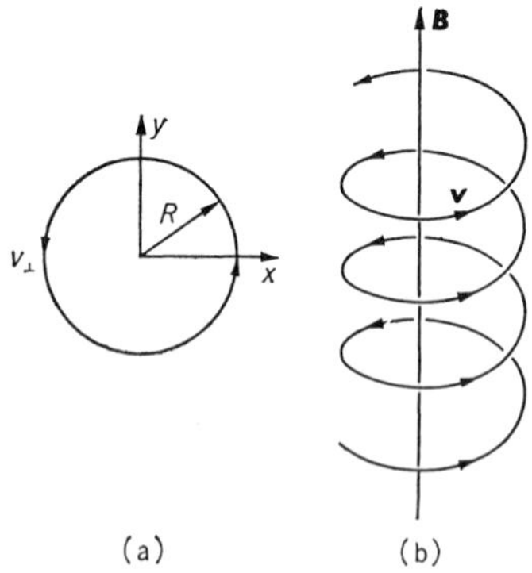

図8-1 一様な磁場の中の粒子の運動

8-2 運動量分析

一様な磁場はしばしば高速荷電粒子の“運動量分析器”あるいは

“運動量分光器”を作るのに使われる．荷電粒子が図 8-2(a)の点Aにおいて一様な磁場内に入ったとし，磁場は紙面に垂直であるとする．各粒子はその運動量に比例した半径をもつ円軌道に入る．もしもすべての粒子が場の縁に垂直に入るならば，粒子は，運動量 p に比例する距離 x(A から)において磁場から離れるであろう．そこで，C のような点に計数管をおけば，運動量 $p=qBx/2$ の近くの間隔 Δp 中の運動量をもった粒子だけを検出するであろう．

もちろん粒子は計数管に入るまでに 180° 曲げられる必要はない．しかし，いわゆる“180° 分析器”は特有な性質をもっている．粒子は場の縁に垂直に入ってくる必要はない．図 8-2(b)は，**同じ**大きさの運動量だが，違う角度で場の中へ入った 3 個の粒子の軌道を示している．これらは図のように違った軌道をとるが，C に極めて近い点で場を離れることがわかる．つまり“焦点”があるわけである．このように焦点を結ぶ性質は，A における大きな角度を許すという利点をもつ．大きな許容角は一定時間に多数の粒子が数えられ，一定の測定を行なうに要する時間を短くできるということを意味する．

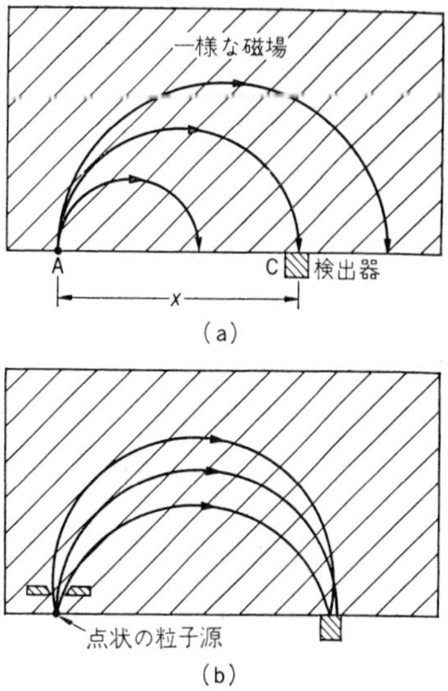

図 8-2 180° 集束の一様場の運動量分析器 (a) ちがう運動量 (b) ちがう角度(磁場は図の平面に垂直)

磁場の強さを変えるか，あるいは，計数管を x に沿ってずらすか，あるいは多数の計数管を並べて x のある範囲をおおうかすれば，入ってくる粒子線の運動量“スペクトル”が測定できる〔“運動量スペクトル”$f(p)$ というとき，これは運動量の大きさが p と $(p+dp)$ との間にある粒子の数が $f(p)dp$ であることを意味する〕．このような測定は，たとえば種々の原子核の β 崩壊のエネルギー分布を定めるのに用いられた．

運動量分光器にはこの他に種々の形式のものがあるが，ここでは唯一つ，特に大きな許容**立体**角をもつものだけを加えておく．これは図 8-1 のような，一様な場の中のらせん軌道に基礎をおくものである．場の方向にそって z 軸をとって，円柱座標系 (ρ, θ, z) を考える．原点から z 軸と角 α をなして粒子が発射されたとすると，これはらせんを描いて運動し，その方程式は

$$\rho = a \sin kz, \qquad \theta = bz$$

で与えられる．ここに a, b, k はパラメーターで，容易に p, α，および磁場 B と関係づけられる．一定の大きさの運動量であるが，出発の角を変えて，軸からの距離 ρ を z の関数として描くと，図 8-3 の実線のような曲線が得られるであろう(これはらせん軌道のある種の射影にすぎない)．出発の方向と軸との間の角を大きくすると，ρ の極値は大きくなるが，縦の速度は小さくなるから，出発角のちがう軌道は，図の A 点の付近に，ある種の“焦点”を結ぶであろう．もしも A に狭いすきまをおくならば，出発角がある範囲内にある粒子はここを通って軸上に達する．ここに細長い検出器 D をおけば，これらの粒子が数えられる．

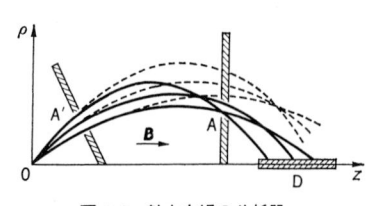

図 8-3 軸方向場の分析器

原点の源から出発した粒子が，より大きな運動量をもつ場合には，出発角が同じでも，図の破線の道をたどりすきま A を通ることはでき

ない．したがって，この装置は小さな運動量範囲を選択するわけである．第1の分光器よりもこれが優れている点は，すきまAとA′とが環状でもよいことで，このため，源から出る粒子がやや大きな立体角の範囲にあっても許されることである．源からの粒子の大きな部分が用いられ，これは弱い源の場合や，非常に精しい測定の場合に重要な利点である．

しかし，この利点は高価につく．それは一様な磁場の大きな体積が必要とされるからであって，これはふつう低エネルギーの粒子についてのみ実際的なのである．一様な磁場を作る一つの方法は球の上に電線を巻き，表面の電流密度が角の正弦に比例するようにすることであった．回転楕円体についても同様であることを示すことができる．このため，このような分光器はしばしば木(あるいはアルミニウム)の枠の上に楕円状のコイルを巻いて作られている．必要なことは，図8-4に示したように，軸方向の距離 Δx の各間隔内に流れる電流は等しいということである．

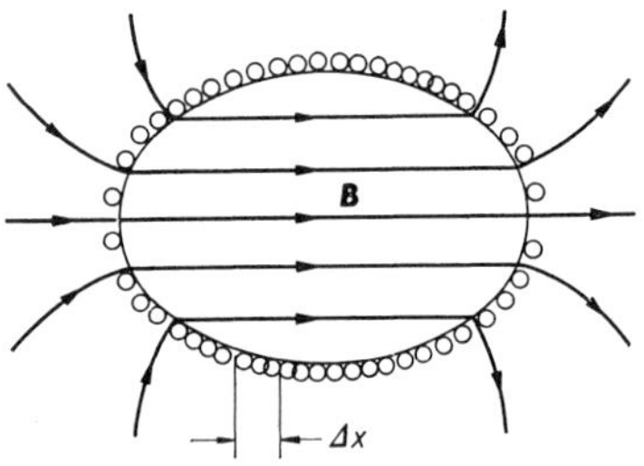

図 8-4　軸方向の各間隔 Δx に等しい電流が流れる楕円形のコイルはその内部で一様な磁場を生じる

8-3　静電レンズ

粒子に焦点を結ばせることは種々の応用をもっている．たとえば，TVの受像管の陰極を出た電子はスクリーンの上に小さな点として焦点を結ぶ．この場合は，エネルギーはすべて同じだが，始めの角がちがう電子をとって，小さな点に集める必要がある．これは光をレンズで集める問題に似ているので，粒子についてこれに相当することをする装置も，やはりレンズとよばれている．

電子レンズの一例を図8-5に示す．これは二つの電極の間の電場によって作動する"静電"レンズである．この作用は左から入る平行な粒子線がどうなるかを考えることによって理解できる．電子はaの領域に達すると横成分をもつ力を感じ，軸の方へ向けて曲げようとする衝撃(力積)を受ける．領域bでは大きさが等しく逆向きの衝撃がはたらくと思うかも知れないが，そうはならない．電子がbに達するときには，電子はエネルギーを得ているため，領域bでは**少しの時間**しか滞在しない．力は等しいが，時間は短いので，衝撃は小さい．領域aとbとを通り抜けると，全体として軸へ向いた衝撃があり，電子は共通な点に向けて曲げられる．高い電位の領域(図の中心部)を抜け出るときにも電子は軸へ向けてまた曲げられる．力は領域cでは外向きで，領域dでは内向きであるが，後の領域の方が長い時間滞在するので，

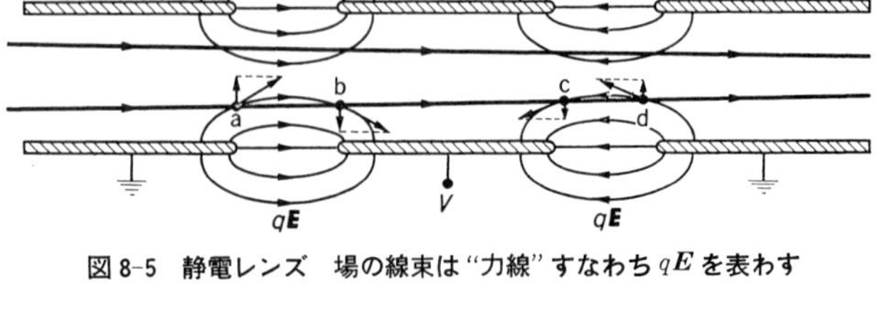

図 8-5　静電レンズ　場の線束は"力線"すなわち qE を表わす

全体として衝撃がある．軸からあまり遠くない距離に対しては，レンズを通ったときの全体の衝撃は軸からの距離に比例する(理由を考えよ)．これはレンズ型で焦点に集めるのに必要な条件である．

同じ議論を用いれば，中央の電極が他の二つに比べて正の電位にあっても，負の電位にあっても焦点を結ばせる作用があることを示すことができる．この型の静電レンズは陰極線管や電子顕微鏡のあるものに広く用いられている．

8-4 磁気レンズ

他の種類のレンズは――しばしば電子顕微鏡にみられる――磁気レンズで，図8-6に略示したようなものである．円筒対称の電磁石がするどい先端の円形の極をもっていて，狭い領域に強い，一様でない磁場を作る．この領域を鉛直に通る電子は焦点を結ぶ．この機構は，極先端の領域を拡大した図8-7によって理解できるであろう．源Sから出て，軸に対してある角度をなす二つの電子aとbとを考えよう．aが場の端に達すると，場の水平成分のために**紙面の向うへ**と曲げられる．そこで横向きの速度を得るので，強い鉛直の場を通るときに軸の方へ向かう衝撃を受ける．横向きの速度は場を離れるときに磁力によってとり去られるから，全体としての効果は，軸へ向かう衝撃と，軸のまわりの“回転”とである．bの粒子にはたらく力はすべて逆向きであるから，これも軸の方へ曲げられる．図では広がった電子の道は平行にされている．この場合の作用は，レンズの焦点に物体をおいたときに似ている．電子の流れのさきに，さらにもう一つの同じようなレンズをおけば，電子は再び1点に集められて，Sの像ができるわけである．

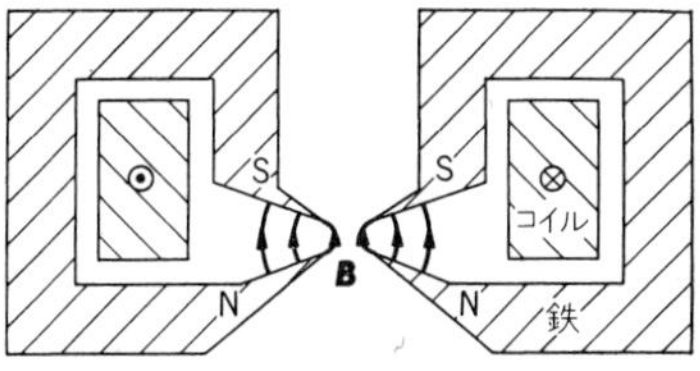

図8-6 磁気レンズ

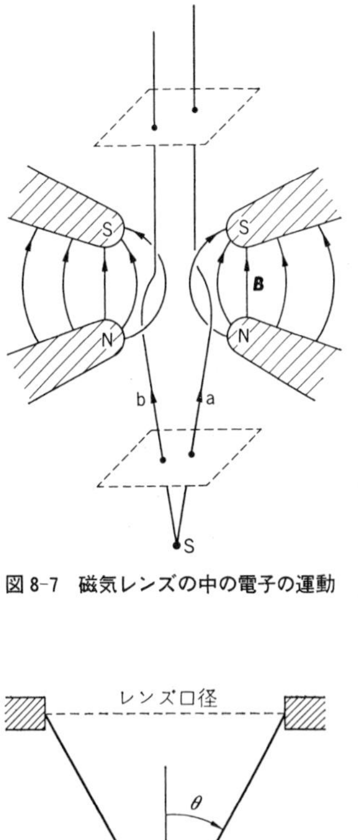

図8-7 磁気レンズの中の電子の運動

8-5 電子顕微鏡

電子顕微鏡は，光学顕微鏡で見るには小さすぎる物体を“見る”ことができる．第II巻第5章において，レンズの口径による回折のために生じる光学系の基本的限界を議論した．もしもレンズ口径が光源から張る角を2θとすると(図8-8参照)，λを光の波長として，約

$$\delta \approx \frac{\lambda}{\sin\theta}$$

よりも近い近接2点が光源のところにあるとき，これらを離れたものとして見ることはできない．最もよい光学顕微鏡ではθは理論的な限界の90°に近いから，δはだいたい波長，あるいは近似的に5000Åに等しい．

同じ限界は電子顕微鏡についてもあてはまる．しかし，波長は――50キロボルトの電子では――約0.05Åである．もしも30°くらいの口径のレンズを用いるならば，1Åの1/5しか離れていない物体も見分けがつく可能性がある．分子の中の原子は1あるいは2Å離れているのがふつうであるから，分子の写真を得ることができそうである．

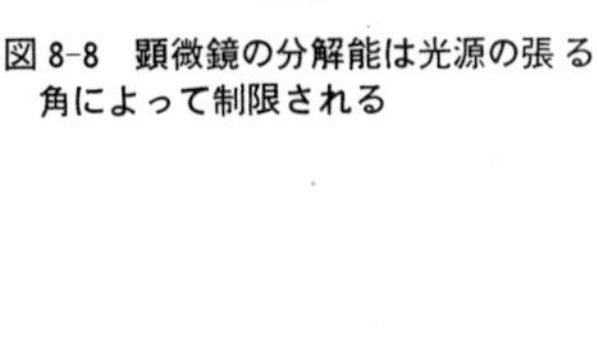

図8-8 顕微鏡の分解能は光源の張る角によって制限される

そうならば，生物学もやさしくなるであろう．DNA の構造の写真もとれるからである．これは何とすばらしいことではないか．今日の分子生物学の研究の多くは複雑な有機分子の形を知る努力に集中している．これらを見ることができたらと思っているのである．

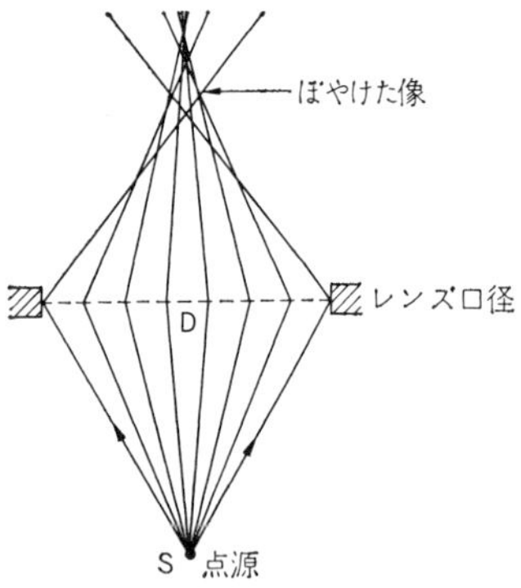

図 8-9　レンズの球面収差

不幸にして，電子顕微鏡で到達された分解能は 20 Å よりも大きい程度である．その理由は大きな口径をもつレンズを作ることに成功していないためである．どのようなレンズも“球面収差”がある．これは，軸に対して大きな角度をもつ線が，図 8-9 のように，軸に近い線とはちがった点に集まることを意味するものである．光学レンズについては，独特な技術によって球面収差の無視できるものが作られているが，球面収差を除いた電子レンズを作ることは成功していない．

実際，上述の型の電気的あるいは磁気的なレンズは，どれも減少できない球面収差をもつことが証明できる．この収差と，回折とによって，電子顕微鏡の分解能は現在の値に制限されているのである．

ここで述べた制限は，軸対称でない電気的あるいは磁気的な場には適用されないし，時間的に一定でないものにも適用されない．おそらく，いつかは，簡単な電子レンズに固有の収差を征服して，新しい種類の電子レンズを思いつく人があるであろう．そうすれば，原子の写真を直接とることもできるようになるだろう．いつかは，沈澱物の色をみたりしないで，原子の位置をみることによって化合物を分析できるようになるであろう．

8-6　加速器の誘導磁場

磁場は高エネルギー加速器において特別な粒子軌道を生じるためにも用いられる．サイクロトンやシンクロトロンのような機械は強い電場の中を粒子を通すことによって，粒子を高いエネルギーにする．粒子は磁場によって円形の軌道に保たれる．

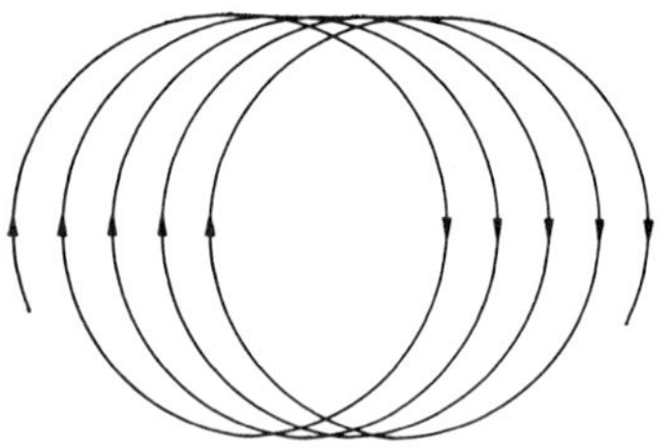

図 8-10　わずかに一様でない場の中の粒子の運動

一様な磁場の中の粒子は円軌道を描くことを知った．しかし，これは場が完全に一様なときだけ真実である．場 $\boldsymbol{B}$ が大きな領域でほとんど一様であるが，一部においては他の領域よりも少し強いとしてみよう．この場に運動量 p の粒子を入れると，半径 $R=p/qB$ の円軌道をだいたい描くであろう．しかし，場がより強い領域では，曲率は少し小さくなる．軌道は閉じた円にならず，図 8-10 のように場の中を“歩く”ことになる．場の小さな“誤差”が，角度の振れを与え，それが粒子を新しい軌道へ送ると考えてもよい．粒子が加速器の中で何百万回もまわる場合には，軌跡を計画された軌道の近くに止めるために，ある意味の“半径集束”が要求される．

一様な場に関するもう一つの困難は，粒子が一平面上に止まらないことである．粒子が小さな角をなして出発したり，場の小さな誤差によって小さな角を与えられたりすると，粒子はらせんの軌道を描いて，遂には磁極あるいは真空装置の天井か床にぶつかってしまうだろう．このような鉛直方向の変位を禁じる設備をして，半径集束と共に“鉛直方向の集束”がなされるような場でなければならない.

第一に考えられるのは，計画された軌道の中心からの距離が増すにつれて磁場を強くしておけば，半径集束ができるにちがいないということであろう．このとき，粒子が大きな半径のところへ出たとすると，強い場があるので，軌道はまげられて正しい半径に戻る．小さすぎる半径のところへくると，軌道のまがり方が弱くなり，計画した軌道へ戻る．もしも粒子が理想的な円に対して少し傾いて出発したとすると，粒子は理想的な円軌道のまわりを図 8-11 のように振動するであろう．半径集束は粒子を円軌道の近くに保つ．

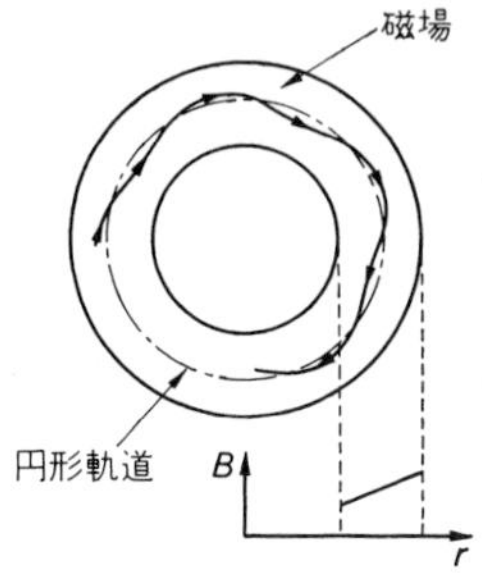

図 8-11 大きな正の勾配をもつ磁場内の粒子の半径方向の運動

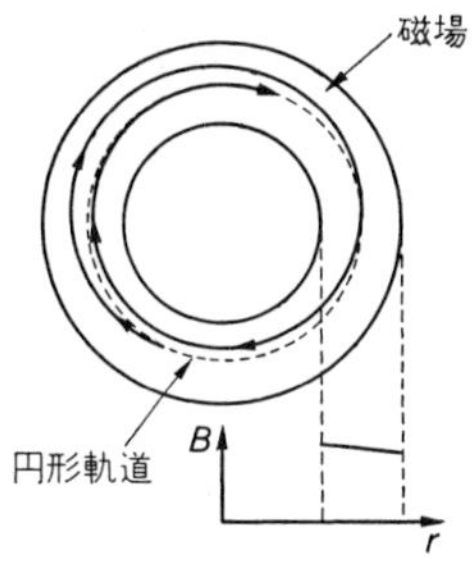

図 8-12 小さな負の勾配をもつ磁場内の粒子の半径方向の運動

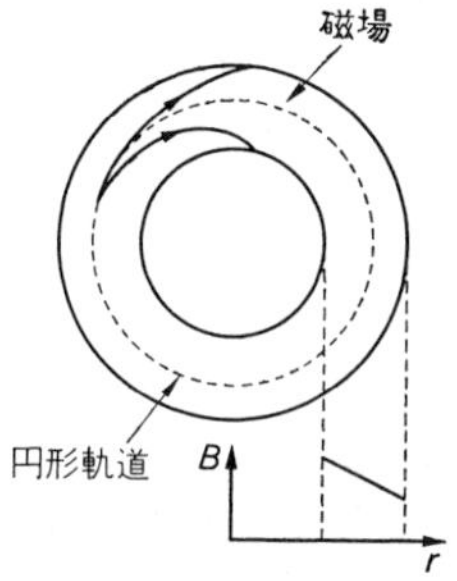

図 8-13 大きな負の勾配をもつ磁場内の粒子の半径方向の運動

実は，場の傾きが**逆**であってもいくらかは半径集束の効果がある．これはもしも軌道の曲率半径が場の中心からの距離の増加よりも速く増大しないならば，起こることである．粒子の軌道は図 8-12 のようになる．しかし，もしも場の傾きが急すぎると，軌道は計画した半径に戻らずに，中へ巻き込むか，外へ出て，図 8-13 のようになってしまう．

ふつう，場の傾きは，“相対的な勾配”あるいは**場の指数** n，すなわち

$$n = \frac{dB/B}{dr/r} \qquad (8.2)$$

によって表わす．この相対的な勾配が -1 よりも大きいときには，誘導磁場は半径集束を与える．

半径方向の場の勾配は粒子に対して鉛直の力も及ぼす．軌道の中心の近くでは強く，外側では弱い場があったとしよう．軌道に垂直な磁石の断面はたとえば図 8-14 のようになるであろう（陽子に対しては，軌道は紙面から手前へ出てくる）．場が左手では強く，右手では弱いならば，磁場の力線は図のように曲がっていなければならない．これは $\boldsymbol{B}$ の循環が自由空間ではゼロであるという法則から導かれる．図のように座標軸をとると

$$(\nabla \times \boldsymbol{B})_y = \frac{\partial B_x}{\partial z} - \frac{\partial B_z}{\partial x} = 0$$

あるいは

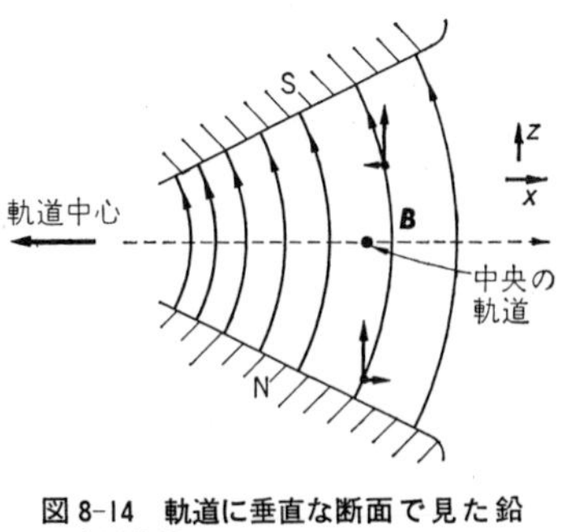

図 8-14 軌道に垂直な断面で見た鉛直誘導場

$$\frac{\partial B_x}{\partial z} = \frac{\partial B_z}{\partial x} \tag{8.3}$$

となる．$\partial B_z/\partial x$ は負であるとしているから，$\partial B_x/\partial z$ はこれと等しく，負である．もしも軌道の“標準の”平面が $B_x=0$ の対称面であるとすると，半径方向の成分 B_x は，この面の上では負，下では正である．したがって，力線は図のように曲がる．

このような場は，鉛直方向の集束の性質がある．中心軌道にだいたい平行だが，その上を通る陽子を考えると，$\boldsymbol{B}$ の水平成分は下向きの力をこれに及ぼす．もしも陽子が中心軌道の下を通ると力は逆に向く．したがって，中心軌道へ“戻す力”の効果がある．この議論からわかるように，鉛直な場が半径の増加と共に減少するならば，鉛直方向の集束がある．しかし，場の勾配が正ならば，“鉛直方向の反集束”が起こる．したがって，鉛直方向の集束のためには場の指数 n はゼロよりも小さくなければならない．半径集束のためには n は -1 よりも大きくなければならなかった．これら二つの条件を合わせると，粒子を安定な軌道に保つ条件は

$$-1 < n < 0$$

となる．サイクロトロンでは，非常にゼロに近い値で用いられる．ベータトロンやシンクロトロンでは，$n=-0.6$ という値が標準として用いられる．

8-7　交替勾配集束

このような小さな n の値はむしろ“弱い”集束を与える．半径方向のより有効な集束が大きな正の勾配($n \gg 1$)によって与えられることは明らかであるが，このときは鉛直方向の力は強く反集束を与える．同様に，大きな負の勾配($n \ll -1$)は鉛直方向の強い集束を与えるが，半径方向の反集束を与える．しかし，約10年前に，強い集束と強い反集束との間を交替する力は**全体として**集束力をもち得ることがわかった．

交替勾配集束が働く原理を説明するために，同じ原理にもとづく4極レンズの作動についてまず述べよう．図8-14の場に一様な負の磁場を加えて，軌道のところでは場がゼロになるようにしたとしよう．

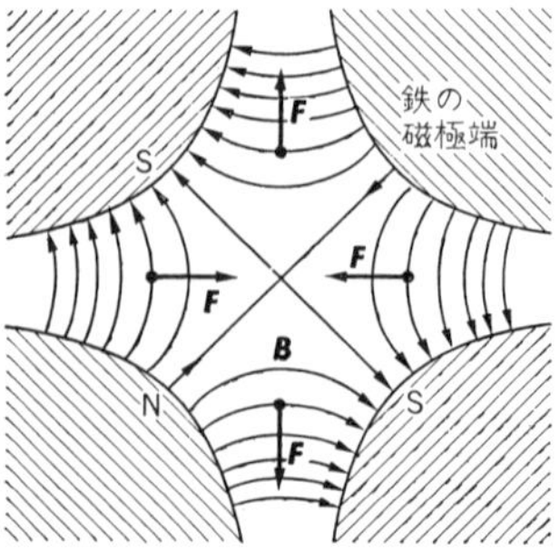

図8-15　水平集束4極レンズ

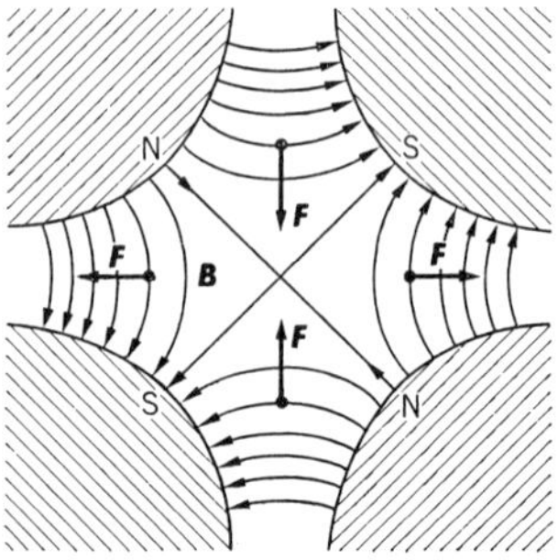

図8-16　鉛直集束4極レンズ

こうしてできる場は，中立点から小さな距離のところでは，図8-15のようになるであろう．このような4極の磁石は“4極レンズ”とよばれる．正の電荷の粒子が(読者の側から)中心の右，あるいは左へ入ったとき，この粒子は中心へ向けて押される．粒子が上，あるいは下へ入ると，中心から外へ押される．これは水平集束である．すべての極性を逆にすると，水平な勾配も逆になり，図8-16のように鉛直集束となる．このようなレンズでは場の強さ，したがって集束力はレンズ中心からの距離に比例して増加する．

さて，このようなレンズが2個，つぎつぎにおかれたと考えよう．もしも粒子が，図8-17(a)のように，軸から水平にずれたところに入ったとすると，これは第1のレンズによって軸の方へ曲げられる．そして第2のレンズに達するときは，軸に近いので，外向きの力はより小さく，外側への曲がり方は小さい．そのため全体としては，軸へ向いて曲がり，**平均的**効果としては水平方向の集束が行なわれる．他方，軸から鉛直方向にずれて入射した粒子を考えると，その経路は図8-17(b)のようになるであろう．粒子は最初，軸から外へ曲げられ，次いで大きな変位をもって第2のレンズに入って，強い場を感じるために軸へ向けて曲げられる．そのため全体としてはやはり集束が行なわれる．このように，1対の4極レンズは水平と鉛直との集束を別々に行なう——これは光学レンズに似ている．4極レンズは，ちょうど光学レンズが光線に対して用いられるように，粒子線を形作り，制御するのに用いられる．

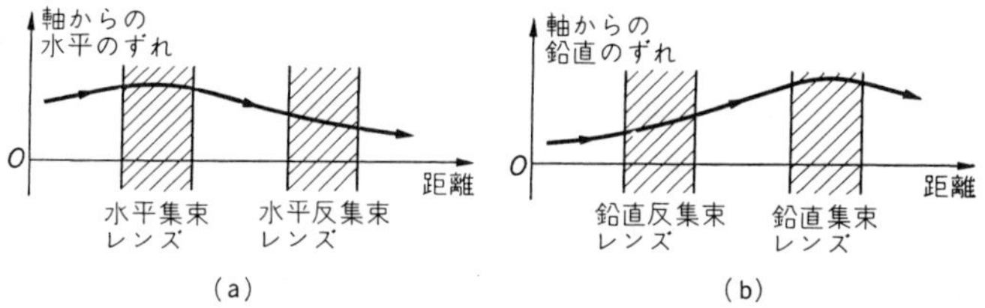

図8-17 1対の4極レンズによる水平および鉛直集束

交替勾配系は**常に**集束をもたらすとは限らない．勾配が(粒子の運動量，あるいはレンズ間の距離との関係において)あまり大きすぎると，全体的効果は反集束になる．これは，たとえば図8-17で2枚のレンズ間の距離が3倍，あるいは4倍になったときのことを考えればわかると思う．

さて，シンクロトロンの誘導磁石に戻ろう．これは，“正”と“負”とのレンズがつらなり，その上に一様な場が加わっているものとみることができる．一様な場は，平均として，粒子を水平の円へ向けて曲げ(鉛直運動に対しては効果がない)，交替レンズは，道からはずれようとする粒子に働いて(平均として)中心の軌道へ向けて押し戻す．

“集束”力と“反集束”力とがかわるがわる働くとき，全体として，集束が起こり得ることを示すような，都合のよい力学的類似現象がある．おもりを端につけた**固い**棒が，モーターで動くクランクによって上下に速く運動する支点で支えられている力学的な“振り子”を考えよう．このような振り子は**二つの**平衡点をもっている．ふつうの，下へ吊りさがった場所のほかに，振り子は“上へあがった”平衡点——支点の**上に**おもりが上がった！——をもっている．このような振り子を図8-18に示す．

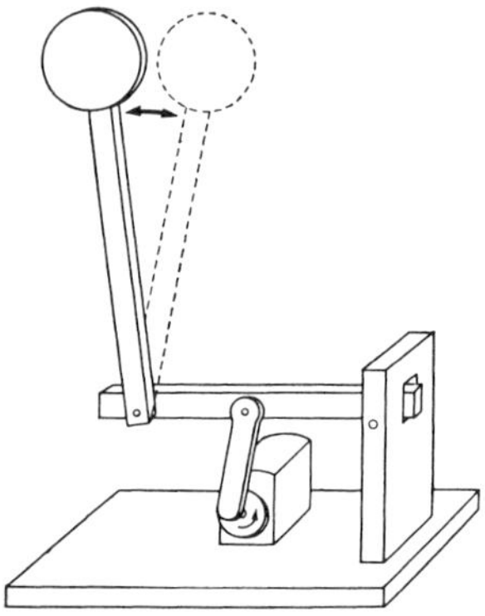

図8-18　振動する支点をもつ振り子はおもりが支点の上にあるような安定な位置をとることができる

次のような議論により，鉛直な支点の運動が，交替集束力と同等であることがわかるであろう．支点が下へ加速されているとき，図8-19のように，“おもり”は内側へと動こうとする，支点が上へ加速されるときに，逆の効果になる．“おもり”を軸へ向ける力は交替するが，平均的効果としては，力は軸へ向かう．そのため，振り子は，ふつうの位置とちょうど逆の中立の位置のまわりをいったりきたりゆれることになる．

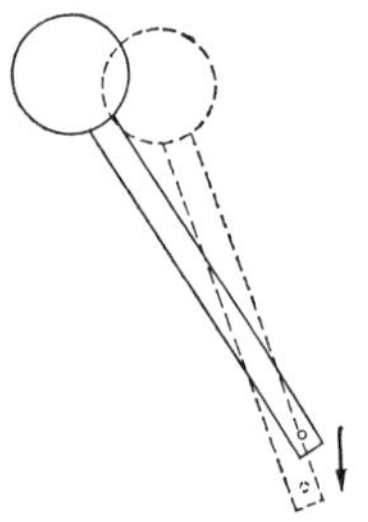

図8-19　支点が下へ加速されると振り子は鉛直に動かされる

もちろん，一つの振り子を倒立させるのには，もっとやさしい方法もあり，これは指の上で**釣り合い**をとるときにやる方法である．しかし，**2本の別々の**棒を**同じ指**の上で釣り合いをとろうと試みたり，1本でも目をとじてやろうとしたら不可能であろう．釣り合いをとる方法はまずくなりそうなときに修正するのである．これは一般に，いくつかのまずいことが重なると不可能になる．シンクロトロンでは，何千億という多数の粒子が，一緒に回るが，それぞれが異なる“誤差”をもって出発するかも知れない．ここで上に述べた集束の方法は，これらの粒子のすべてに対して働くようなものである．

8-8　直交する電場と磁場の中の運動

いままでは，電場だけ，あるいは磁場だけがあるときの粒子について述べてきた．両方の場が同時にあるときの興味深い効果も存在する．一様な磁場 $\boldsymbol{B}$ と電場 $\boldsymbol{E}$ とが直交している場合を考えよう．$\boldsymbol{B}$ に垂直に出発した粒子は図8-20のような曲線を描くであろう(図は**平面**曲線であって，らせんではない!)．この運動は定性的に理解できる．粒子(正と仮定する)が $\boldsymbol{E}$ の向きに動くと速さを増し，そのため磁場によって少ししか曲げられない．粒子が $\boldsymbol{E}$ の場に対して逆向きに動くときは，速さがおそくなって，磁場によって連続的により強く曲げられる．全体の効果として，$\boldsymbol{E}\times\boldsymbol{B}$ の向きに平均的な“移動”が行なわれるわけである．

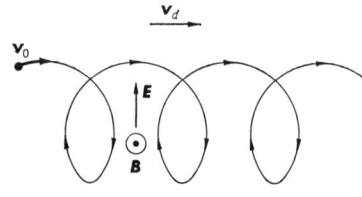

8-20　直交する電場と磁場の中の粒子の運動

実際，この運動は，一様な円運動に，横向きの速さ $v_d=E/B$ の一様な運動が加わった運動になり，その軌道は，図8-20のようにサイクロイドになる．右方へ一様な速さで動く観測者を考えよう．この座標系では，磁場は，新しい磁場に**下向き**の電場が**加わった**ものに変換される．観測者がちょうどうまい速さであれば，全体として電場はゼロになり，粒子は円運動をするようにみえるだろう．したがって，**我々**のみる運動は円運動に $v_d=E/B$ の移動速度の加わったものになる．直交する電場と磁場の中の電子の運動はマイクロ波発生に用いられる**マグネトロン**管の基礎となっている．

電場と磁場との中の粒子の運動には，その他に種々の面白い例がある．たとえばバン・アレン帯にとらわれた電子や陽子の軌道などがある．しかし，これらをここで扱う時間の余裕がないのは残念である．

第9章
結晶の幾何学的構造

9-1　結晶の幾何学的構造

電気と磁気とに関する基礎的な法則の勉強を終ったので，これからは物質の電磁気的性質を考えることにする．最初に固体，すなわち結晶を調べる．物質を構成する原子があまりはげしく動きまわっていないならば，たがいにくっつき合って，エネルギーができるだけ低くなるような配列になろうとする．ある場所の原子がエネルギーの低いパターンを見出したならば，ほかの場所の原子もおそらく同じ配列になるだろう．このような理由により，固体物質においては原子の繰り返しパターンが生じるわけである．

いいかえると，結晶の条件は次のようになる．結晶の中の一つの原子の周囲は，ある種の配列をもっていて，ずっと遠くの別の場所でも，同じ種類の原子には，周囲が全く同じものがある．そして，また同じ距離だけ遠ざかったところには，全く同じ条件が再び見出される．このパターンは何度も何度も，もちろん3次元で，繰り返される．

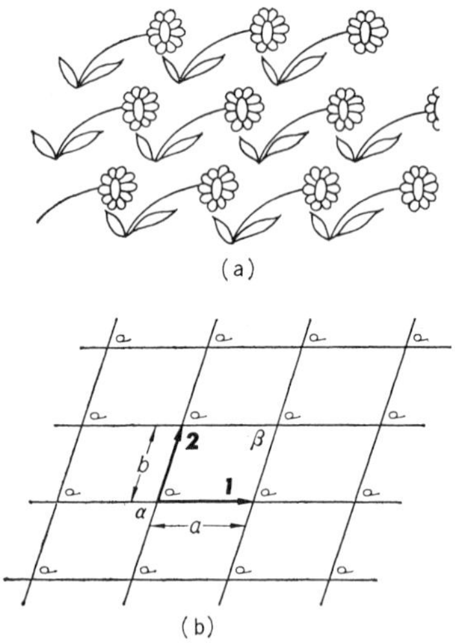

図9-1　2次元内のくりかえし図形

さて，壁紙，あるいは布，または何かある平面をデザインする問題で，一つの要素的な図案を何度も繰り返し繰り返し用いて，いくらでも大きい面積をおおえるようにする．これは結晶が3次元で解いている問題を2次元にした類似の問題である．たとえば，図9-1(a)は壁紙のありふれたデザインである．ここでは一つの要素的パターンがいくらでも繰り返される．この壁紙のデザインの幾何学的特性は，その繰り返しの性質だけに注目して花自身の幾何学や芸術性などを無視すれば，図9-1(b)に要約することができる．一つの点から出発し，矢**1**の向きにaだけ進めば，同等の位置に来る．また，矢**2**の向きにbだけ進んでも，やはり同等の位置に来る．もちろん別の種々の方向もある．たとえば点αから点βへ移れば同等の位置へ来るが，このような歩みは**1**の向きの歩みと，これにつづく**2**の向きの歩みとを組み合わせたものとして考えることができる．この模様の基本的性質の一つは近くの同等な位置へ進む二つの最も短い歩みによって表わすことができる．ここで“同等”な位置というのは，一つの位置に立って周囲を見まわすと，他の位置に立ったときと全く同じものを見るということである．これは，結晶の基礎的な性質でもある．唯一つのちがいは，結晶は2次元の配列でなく，3次元の配列であるということであり，花の代りに，結晶格子の各要素は，原子がある種の配列をした模様を作っている――たとえば，6個の水素原子と2個の炭素原子とが模様を作っていたりする．結晶内の原子の模様は実験的にX線回折により調べられる．この方法についてはすでに述べたので，ここでは触れないが，空間的な原子のくわしい配列は，ほとんどすべての簡単な結晶や相当複雑な結晶について求められている．

結晶の内部的なパターンが外へ現われる場合がいくつかある．第一に，原子の結合の強さは，ある方向では他方向よりも強いのがふつうである．これは結晶にほかよりも割れ易い面が存在することを意味する．この面を**劈開面**という．ナイフの刃で結晶を割ると，この面にそって割れることが多い．第二に，結晶が形成される方法によって，内部構造が表面に現われることが多い．結晶が溶液から沈澱する場合を考えよう．溶液中にはあちこち動いている原子があって，低いエネルギーの位置を見つけると，そこへ落ち着く(壁紙の花があちこち動きまわり，偶然一つがその場所を得ると，また次ぎのがくっつくというふうにして模様が次第にひろがっていくようなものである)．ある方向には，他の方向とちがう速さで成長し，そのため結晶はある幾何学的な形をもつようになることが理解できるであろう．このような効果のため，多くの結晶の外の面は原子の内部的な配列の特性を示すことになる．

たとえば，図9-2(a)は，内部の模様が六角形の典型的な水晶の結晶を示している．このような結晶をよく見ると，外形は，辺の長さのすべては等しくなく，非常によい六角形ではないことがわかる——実際，辺の長さは大変ちがうことが多い．しかし，一つの点で，これは非常によい六角形である．つまり，面の間の**角**は厳密に120°である．各面の大きさは成長の偶然できまるが，**角**は内部の幾何学を反映している．したがって，水晶の結晶はそれぞれちがった形をしているが，対応する面の間の角は常に相等しい．

塩化ナトリウムの内部の幾何学は，その外形から明らかである．図9-2(b)は典型的な食塩の形を示している．ここでも，結晶は完全な正六面体ではないが，面はたがいに厳密に直交になっている．

もっと複雑な結晶は雲母(うんも)である．これは図9-2(c)のような形をしている．これは高度に非等方的である．それは，ある方向(図の水平方向)に引いて割ろうとしても大変丈夫だが，別の方向(鉛直方向)に引くと容易に割れるという事実から知ることができる．これは丈夫な薄い膜を得るのに広く使われてきた．雲母と水晶とは，珪素を含む天然の鉱物の二つの例である．珪素を含む第3の鉱物に石綿がある．これは2方向には容易に割れるが，第3の方向には割れないという面白い性質があり，非常に強い線形の繊維で出来ているようにみえる．

(a)

(b)

(c)

図9-2　自然の結晶　(a)水晶　(b)塩化ナトリウム　(c)うんも(雲母)

9-2　結晶の化学結合

結晶の力学的性質は，明らかに原子間の化学結合の種類に関係する．雲母の強さが方向によって驚くほどちがうのは，方向によって原子間の結合の種類がちがうからである．化学において，種々の化学結合についてすでに学んだことと思う．第一に，塩化ナトリウムについて論じたようにイオン結合がある．大雑把にいうと，ナトリウム原子は電子を失って正のイオンになり，塩素原子は電子を得て負のイオンになる．正と負とのイオンは3次元のチェス盤のように並び，電気的な力で結び合っている．

電子が2個の原子の間で共有される等極結合はもっと普遍的で，ふつうは大変強固である．たとえば，ダイヤモンドでは炭素原子は4方向の最隣接原子と等極結合をして，実に硬い結晶を形成している．水晶の結晶でも珪素と酸素との間に等極結合があるが，この結合は部分的に等極結合であるだけである．なぜならば，電子は完全に共有されることはなく，原子は部分的に帯電し，結晶はいくらかイオン的である．自然は我々が単純化しようとしても，それほど単純ではない．等極結合とイオン結合との間には実際いくつもの可能な段階が存在するのである．

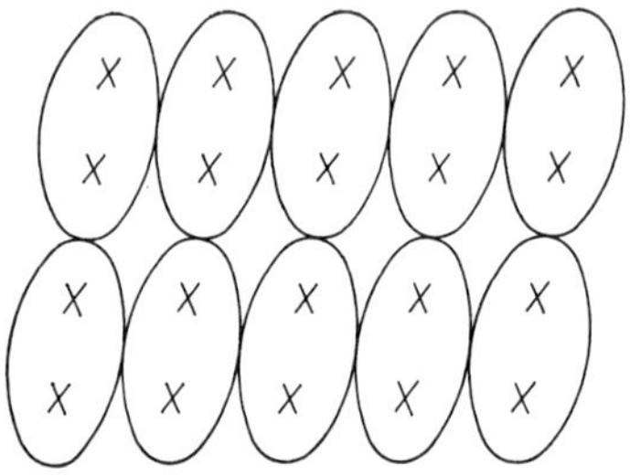

図 9-3　分子性結晶の格子

砂糖の結晶はさらに別の結合をもっている．この中には原子が等極結合でたがいに固く結び合った大きな分子があり，分子はそれぞれ強固な構造である．しかし強い結合は完全に満足させられているので，個々別々の分子の間には比較的弱い引力しか存在しない．このような**分子性**結晶では分子はいわば各々独立した個別性を保っていて，内部配列は，たとえば図9-3のようになっている．分子はたがいに強く結ばれていないので，結晶は破壊しやすい．ダイヤモンドが実は一つの巨大な分子のようなもので，強い等極結合をこわさない限りどこでも破壊できないのとは大変なちがいである．パラフィンも分子性結晶の別の例である．

分子性結晶の極端な例として，固体アルゴンのような物質がある．原子の間には非常に弱い引力しかない――各原子は完全に満たされた1原子分子である．しかし，非常な低温で，熱運動が非常に小さくなると，極めて弱い原子間の力も原子を落ちつかせて，密集した球の集まりのように規則正しく並ばせることになる．

金属は全くちがう部類の物質であり，その結合は完全にちがう種類のものである．金属においては結合は相隣る原子の間のものでなく，結晶全体の性質である．価電子は一つの原子，あるいは原子対に付属しているのではなく，結晶全体に共有されている．各原子は共通の電子のプールに電子を供出し，原子の正イオンは負の電子の海の中に安住している．電子の海は一種のにかわのようにイオンを結びつけているのである．

金属では，特定の方向に向いた特別の結合はないので，結合に強い方向性はない．しかし，それでも原子イオンが定まった配列をとったときに全エネルギーは最低――ほかの配列と比べてエネルギーが大変低いというわけではないが――になるので，金属は結晶を形成する．第1近似においては，多くの金属の原子は出来るだけ固く押し固めた小さな球のようなものであると考えてもよい．

9-3 結晶成長

地球の内部で結晶が自然に形成される過程を考えよう．地球の表面にはすべての種類の原子の大きな混合物がある．これら原子は絶えず，火山活動，風，水などによってかき回され，絶えず動かされて混ぜ合わされる．それにもかかわらず，ある微妙な働きのために，珪素の原子は次第に同類を見出し合い，また酸素を見出してシリカ(無水珪酸)ができる．一度には一つの原子が他のものにくっつき，結晶が組み立てられていく——混合物から非混合物ができる．そして，ナトリウムと塩素との原子がたがいに近寄り，食塩の結晶ができる．

結晶ができはじめた後，特別な種類の原子だけがこれに加わることを許されるのはなぜだろうか．それは全体系がエネルギーを可能な最低エネルギーへ近づけようとしているからである．成長していく結晶は，その原子が加わったときにエネルギーが可能な限り低くなるようなものならば，これを受けつける．しかし，ある特定の場所にある珪素——あるいは酸素——の原子が可能な最低エネルギーをもたらすであろうということを結晶が知るのはどうしてだろうか．これは試行錯誤によってなされる．液体では，すべての原子は永久運動をしていて，各原子は1秒間に約 10^{13} 回ぐらい近接する原子に衝突する．これが成長する結晶のちょうどよい場所にぶつかると，エネルギーが低ければ再び飛び出していく機会は少ないわけである．1秒間に 10^{13} 回の割合いで数百万年の間試行を繰り返し，原子は次第にエネルギーが最低になるような場所に落ちついていく．こうして大きな結晶に成長するのである．

9-4 結晶格子

結晶中の原子の配列は種々の幾何学的な形をもち得る．最初は，多くの金属や固体の不活気体に特有な，最も簡単な格子について述べよう．これらは正立方格子で，二つの形がある：図 9-4(a)は体心立方，図 9-4(b)は面心立方である．もちろん，図は格子の一つの立方を示したにすぎず，この図形が3次元に無限に広がっていると思わなければならない．また，図を明確にするために，原子の“中心”だけが描いてある．実際の結晶では，原子はたがいに接触している球と考えた方がよい．図の黒い球と白い球とは，一般にちがった種類の原子，あるいは同じ種類の原子である．たとえば鉄は低温では体心立方であるが，高温では面心立方である．二つの結晶形で物理的性質は全く相異なる．

このような形はどうしてできるのであろうか．球の形をした原子をできるだけ固く密集させる問題を考えよう．一つの方法は，まず，図 9-5(a)のような“六方最密配列”の層を作ることであろう．次に，これと同様な第2の層を，図 9-5(b)のように水平に少しずらせて重ねて作ることができる．次いで第3の層をおくことができるが，**第3**層をおくときに**二つ**の相異なる方法があることが注目される．第3層

(a)

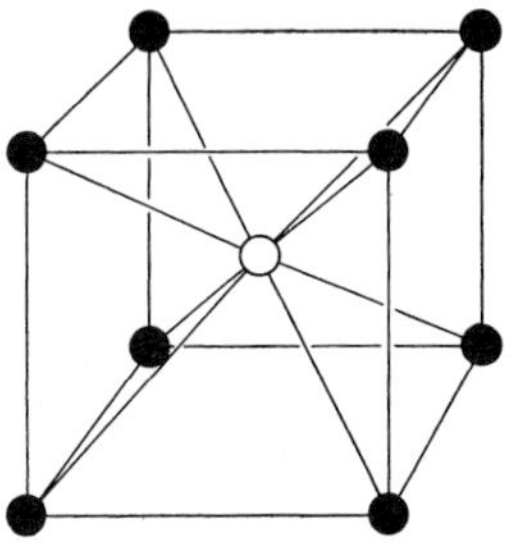

(b)

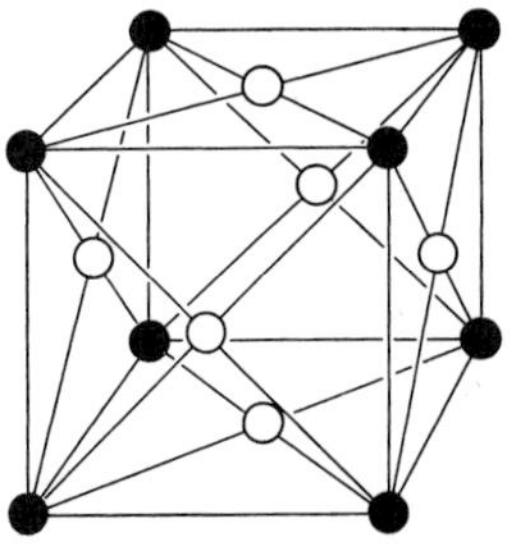

図 9-4 等方結晶の単位格子 (a) 体心立方格子 (b) 面心立方格子

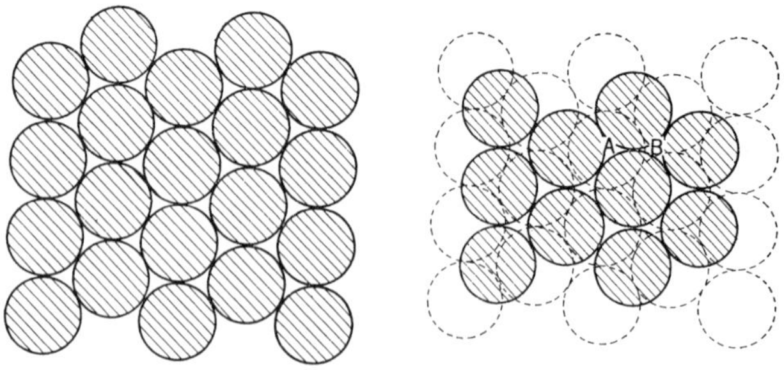

(a)　　　　(b)

図 9-5　六方最密格子の作成

を作るのに，最初，図 9-5(b)のAに一つの原子をおいたとすれば，第3層の各原子は底の層の原子の真上にあることになる．他方で，第3層を作るのに，最初Bの位置に一つの原子をおいたとすれば，第3層の原子は底の層の3個の原子が作る三角形の中心の点の真上にあることになる．ほかの出発の仕方をしてもAあるいはBと同等になるから，第3層をおく方法はただの二つしかない．

もしも，第3層がBに原子をもつならば結晶格子は面心立方(別の角度からみた)である．六角形から出発して立方形に終ったのは奇妙に思われる．しかし，立方形を一つのかどからみると六方形の外観をもっていることに注意するとよい．たとえば図 9-6 は平面の六角形とも，立方形の透視図ともみられる．

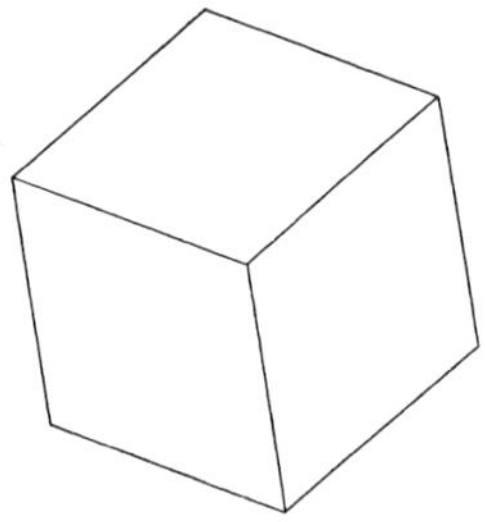

図 9-6　これは六角形か，立方形を一つのかどからみたものか

もしも第3層が図 9-5(b)のAに原子をおいて始められるならば，もはや立方構造ではなくなり，格子は六方の対称性しかもたなくなる．上述の二つの可能性が共に最密充塡であることは明らかである．

ある金属——たとえば銅や銀——は始めの型，すなわち面心立方を選ぶ．ほかのもの——たとえばベリリウムやマグネシウム——は他の型，すなわち六方結晶を形成する．どちらの結晶格子が現われるかは小さな球の充塡だけでなく，明らかに，他の要因によっても決定されるにちがいない．特に，それは原子間力のわずかに残った角依存性(あるいは，金属では電子のプールのエネルギー)によることである．このようなことは化学の課程で学ぶことと思う．

9-5　2次元の対称性

さて，結晶の性質のあるものを，その内部的な対称性から論じようと思う．結晶の主な特長は，一つの原子から1格子単位だけ移動して別の対応する原子へきたときに，周囲の状況が全く同じになるということである．これが基本的な前提である．しかし，もしも読者が原子だったら，読者を再び同等な環境へ運んでいく別の種類の変化もあるであろう．すなわち，別の可能な対称性がある．図 9-7(a)も可能な“壁紙型”の図案である(おそらく見たこともないような図案であるが)．AとBとの環境を比べてみよう．最初，これらは同じであると思うかも知れないが，全く同じではない．CとDとはAと同等である

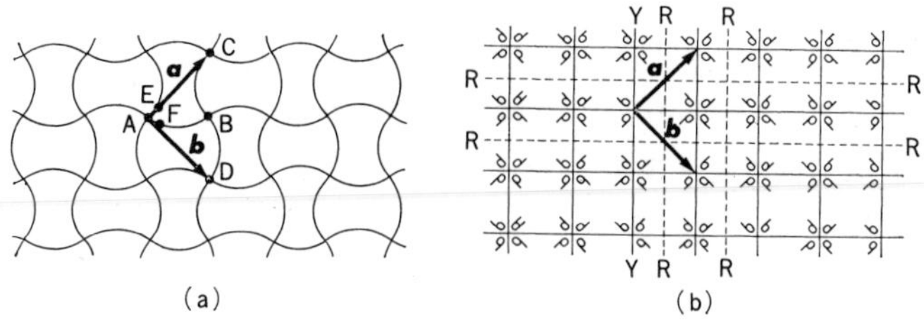

図 9-7　高い対称性をもつ模様

が，Bの環境は周囲を逆転(鏡の像のように)したときはじめてAと同等になる．

この模様には，その他の種類の“同等”な点が存在する．たとえば，EとFとは，たがいに90°回っているという点を除けば“同じ”環境である．この図形は全く特別なものである．Aのような頂点のまわりに90°，あるいはその数倍，回転させると，全く同じ図形が再現される．このような構造をもった結晶は，外観としては四角いかどをもつかも知れないが，内部では単純六方よりもずっと複雑である．

さて，いくつかの特別な例を考えてきたが，結晶の可能なすべての対称性を理解できないだろうか．最初に平面上で起こり得ることを考えよう．**平面**格子は，格子の1点から，**最隣接**の同等な2点に引いた，二つのいわゆる**基本**ベクトルによって定義できる．図9-1の二つのベクトル**1**と**2**とは，この格子の基本ベクトルである．図9-7(a)の二つのベクトル$\boldsymbol{a}$と$\boldsymbol{b}$とはこの図形の基本ベクトルである．もちろん，$\boldsymbol{a}$を$-\boldsymbol{a}$で，あるいは$\boldsymbol{b}$を$-\boldsymbol{b}$でおきかえても，同様なことがいえる．$\boldsymbol{a}$と$\boldsymbol{b}$とは大きさが同じで，垂直だから，90°回すと$\boldsymbol{a}$は$\boldsymbol{b}$に，$\boldsymbol{b}$は$-\boldsymbol{a}$になり，やはり同じ格子を与える．

我々は“四方”対称の格子の存在を知ったが，すでに最密充塡の配列を調べて，これが六方対称をもち得る六角形からなることを知った．図9-5(a)の円の配列を，一つの円の中心のまわりに60°の角だけ回すと，同じ図形にもどる．

回転対称にはこのほかにどんな種類があるであろうか．たとえば5回，あるいは8回の回転対称があるだろうか．これらが不可能なことは直ちにわかる．**四方よりも高い対称は六方対称だけである**．第一に6回よりも高い対称は不可能であることを示そう．二つの等しい基本ベクトルが，図9-8(a)のように，60°より小さい角をはさむような格子を想定してみよう．点BとCとはAと同等で，$\boldsymbol{a}$と$\boldsymbol{b}$とは，Aから同等な点へ引いた**最短**のベクトルであるとするわけである．しかし，BとCとの間の距離は，Aからこれらの中の一方へ到る距離よりも明らかに短いから，上の想定は明らかに間違っている．Aには，BやCよりも近い同等な隣接点がDになければならない．基本ベクトルの一つとして$\boldsymbol{b}'$をとらなければならないわけである．したがって，二つの基本ベクトルのなす角は60°か，それよりも大でなければならない．八角形の対称性は不可能である．

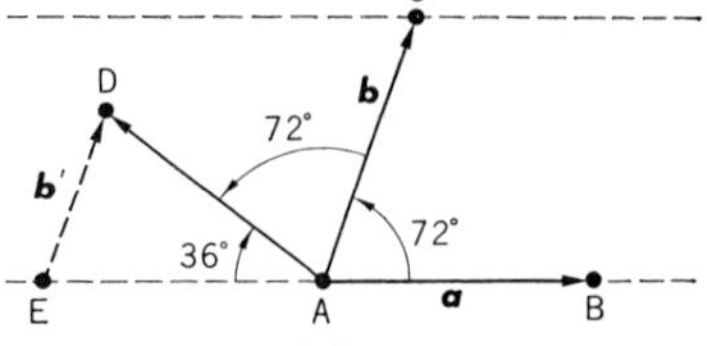

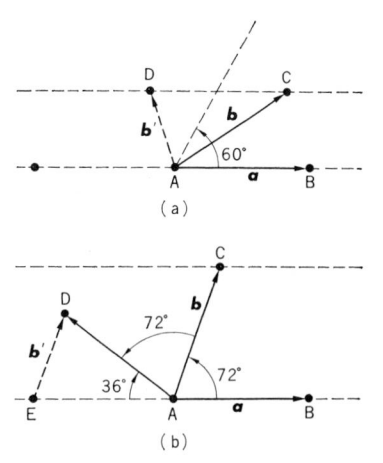

図 9-8　(a) 6回以上の回転対称は不可能である　(b) 5回の回転対称は不可能である

5回の対称はどうだろうか．基本ベクトル $\boldsymbol{a}$ と $\boldsymbol{b}$ とが図9-8(b)のように長さが等しく，$2\pi/5=72°$ の角度をもっているとしよう．このときはCから72°のところに同等な格子点Dがあるはずである．しかし，Aと同等な点EからDへ引いたベクトル $\boldsymbol{b}'$ は $\boldsymbol{b}$ よりも短いから，$\boldsymbol{b}$ は基本ベクトルでないことになる．5回対称は存在しない．このような困難にぶち当らないのは，$\theta=60°, 90°$ あるいは120°の場合である．ゼロと180°も明らかに可能である．以上の結果を次のように述べてもよい．図形は，全回転(全く変化しない)，半回転，三分の一回転，四分の一回転，あるいは六分の一回転によって不変に保ち得る．これらが平面上の可能な対称のすべてであり，全体で五つある．$\theta=2\pi/n$ ならば“n 回”対称という．n が4，あるいは6に等しい図形は，n が1，あるいは2の図形よりも“高い対称性”をもつという．

図9-7(a)に戻ると，これは4回回転対称をもつ図形である．図9-7(b)には(a)と同じ対称性をもつ別の図形を描いた．小さなコンマのような模様は各四角形の内部の対称性をきめるために描いた非対称のものである．コンマはつぎつぎの四角でたがいに逆になっていて，単位格子は1個の小さな四角形よりも大きいことに注意しよう．もしもコンマがなかったら，図形はやはり4回対称であるが，単位格子はもっと小さくなる．図9-7は他の対称性ももっている．たとえば，破線R—Rのどれに対して鏡映を作っても同じ図形が得られる．

図9-7の図形は，さらに他の種類の対称性をもっている．もしも直線Y—Yに対して鏡映を作り，**そして**1区画だけ右(あるいは左)へ移動させると，元と同じ図形を得る．この直線Y—Yは“グライド線”という．

これらが2次元における可能な対称のすべてである．なお，もう一つ空間的な対称操作で，**2次元では**180°の回転と同じになるが，3次元では全く異なる操作になるものがある．これは**反転**である．反転というのはある原点(たとえば図9-9(a)の点A)から任意のベクトル $\boldsymbol{R}$

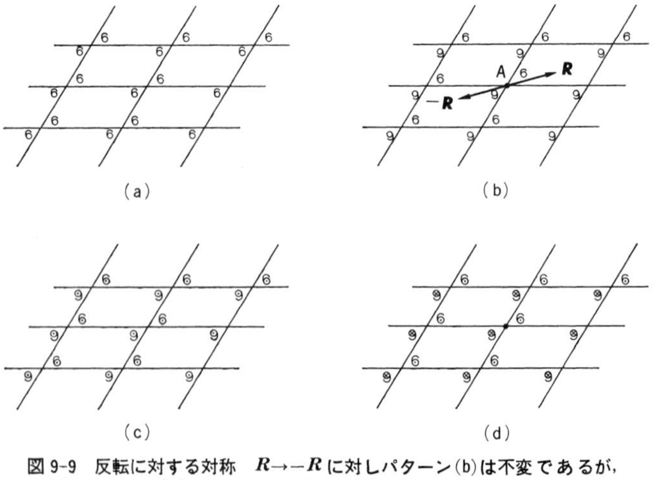

図9-9　反転に対する対称　$\boldsymbol{R}\to-\boldsymbol{R}$ に対しパターン(b)は不変であるが，(a)は変わる　3次元でパターン(d)は対称だが，(c)はそうでない

だけ変位した点を $-\boldsymbol{R}$ に移すことを意味する．

図9-9の(a)の図形の反転は新しい図形を生むが，(b)の図形の反転は同じ図形を作る．2次元の図形では(図からわかるように)，(b)の図形を点Aによって反転することは，同じ点のまわりに180°回転することと同等である．しかし，図9-9(b)において，小さな6や9がそれぞれ紙面から上へ出た“矢”をもっていると考えて，3次元の図にしてみよう．そして3次元の反転を行なうと，すべての矢は逆になるので，図形は再現され**ない**．矢の上と下とを・と×とで表わして図9-9(c)のような3次元の図形を作ると，これは反転に対して対称では**ない**．しかし反転に対して**対称な**図形として図9-9(d)のようなものを作ることができる．3次元の反転は，回転をどのように組み合わせてもまねでき**ない**ことを注意しよう．

上述のような対称操作によって図形――あるいは格子――の“対称性”を特長づけるならば，2次元では，17の相異なる図形が可能である．最低の対称性をもつ図9-1や，最高の対称性をもつ図9-7を示した．可能な17の図形がどんなものであるかを調べてみることは諸君の演習にまかせよう．

可能な17の図形の中で，ほんの少ししか壁紙や布地に用いられていないのは不思議なことである．三つ，あるいは四つの基本的な図形しかみることができない．これはデザイナーの想像力の不足のためか，それとも可能な図形の多くは眼にこころよく感じられないためだろうか．

9-6　3次元の対称性

2次元の図形についてのみ話をしてきた．しかし，我々が本当に興味をもっているのは原子が作る3次元のパターンである．第一に，3次元結晶は三つの基本ベクトルをもつことは明らかであろう．3次元の可能な対称操作を調べると，230種類の可能な対称性があることがわかる．ある目的のために，これら230種類は7個に分類される．これを図9-10に示した．最も対称性の少ない格子は三斜晶系といわれる．その単位格子は平行六面体である．基本ベクトルは長さが異なり，その間の角はどれも相等しくない．回転，あるいは鏡映の対称性の可能性はない．しかし，それでも二つの可能な対称性――単位格子が頂点に対する反転をしたときに不変なもの，あるいは変わるもの〔2次元の図9-9(a)(b)に相当する内部対称性による〕――がある(3次元の反転は空間的な変位 $\boldsymbol{R}$ を $-\boldsymbol{R}$ でおきかえる――すなわち (x, y, z) を $(-x, -y, -z)$ に移すことである)．したがって三斜晶系は基本ベクトルの間に特別な関係がない限り，唯二つの可能な対称性があるだけである．たとえば，すべての基本ベクトルの長さが等しく，その間の角が相等しいならば，図示されている**三方**晶系の格子である．これは一つの付加的な対称性をもち得る：すなわち，この図形は長い対角線のまわりに回転しても変化しないこともあり得る．

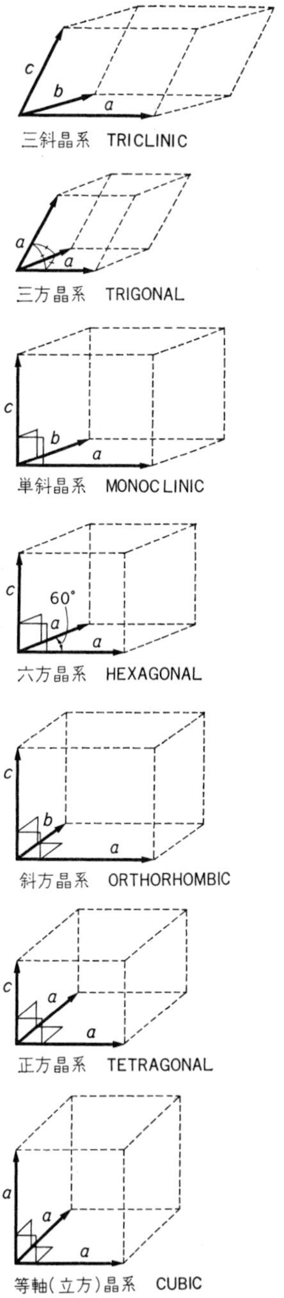

図9-10　七つの結晶系

もしも基本ベクトルの一つ $\boldsymbol{c}$ が他の二つと直角ならば，**単斜**単位格子になる．新しい対称性——$\boldsymbol{c}$ のまわりの180°の回転——も可能である．ベクトル $\boldsymbol{a}$ と $\boldsymbol{b}$ との長さが等しく，その間の角が60°という特別な場合は**六方**格子であり，(内部の対称性によって)60°，120°あるいは180° $\boldsymbol{c}$ 軸のまわりに回転したとき同じ格子を再現する．

すべての基本ベクトルが直角であるが，長さがちがうときは，**斜方**格子である．図は三つの軸のまわりの180°回転に対して対称である．基本ベクトルがすべて直角で，その二つの長さが等しいときは**正方**格子で，より高次の対称性が可能である．最後に立方(等軸)格子があり，これはすべての中で一番対称性が高い．

このような対称性の議論の主眼は結晶の内部対称性が——時折は複雑な形で——結晶の巨視的な物理的性質に現われるということである．たとえば，結晶は一般にテンソルで表わされる電気分極率を有する．このテンソルを分極の楕円体で表わせば，結晶の対称性はこの楕円体にも現われると期待される．たとえば立方結晶は三つの直交する方向のどの一つのまわりの90°回転に対しても対称である．この性質をもつ楕円体は球だけである．**立方結晶は等方的な誘電体でなければならない**．

他方，正方結晶は4回回転対称軸を一つもつ．その楕円体の主軸は二つが相等しく，第3の主軸は結晶軸の一つ〔$\boldsymbol{c}$ 軸〕に平行でなければならない．同様に，斜方結晶は三つの直交軸のまわりに2回回転対称をもつから，その軸は分極楕円体の軸と一致しなければならない．同様に，単斜結晶の軸の一つは，楕円体主軸の中の(どれかということはいえないが)一つに平行でなければならない．三斜結晶は回転対称をもたないから，楕円体はどんな配向でもとり得る．

このようなことからもわかるように，可能な対称性を調べ，可能な物理的テンソルと関係づけるという大きな仕事ができるわけである．分極テンソルだけを考えたが，他の場合——たとえば弾性テンソル——には，もっと複雑になる．数学の分野に“群論”があり，このようなことを扱う．しかし，ふつうは常識で考えて理解できることが多い．

9-7　金属の強さ

すでに述べたように，金属はふつう簡単な立方の結晶構造をもっている．これから，この構造に依存するその力学的性質を論じよう．金属は一般にいって，大変“やわらかい”．それは，結晶の一つの層を次の層にそってずらしやすいからである．諸君は，“それは馬鹿げている．金属は強い”と思うかも知れない．しかし，そうではなく，金属の**単結晶**は非常に変形しやすい．

結晶の二つの層を考え，これにずりの力を，図9-11(a)のように加えたとしよう．諸君は最初，次のように思うかも知れない．層全体が運動に抵抗し，力が充分大きくなると層全体が“山を越えて”一刻み

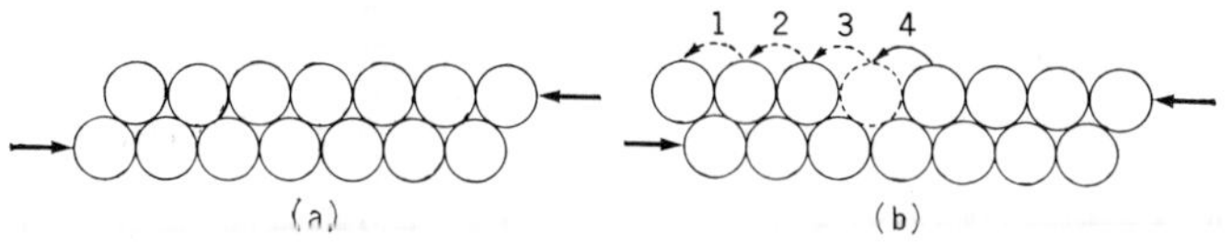

図 9-11　結晶面のすべり

だけ左へずれるだろう――と．ずれは一つの面にそって起こるが，このようにずれるのではない(このようにずれるとするとして計算すると，金属は実際よりもはるかに強いことになる)．むしろ，一度には1原子のずれが起こる．図9-11(b)に示すように，最初は左の原子が飛躍し，それからつぎのが飛躍する，という具合に進む．事実上，原子の間の空孔が右へ速く移動し，その結果，第2の層が1原子間隔だけ動くことになる．ずれがこのように起こるのは，この方が，1列全体に山を越させるよりも，1度には1原子ずつ越させる方がエネルギーがずっと少なくてすむからである．この過程を始めるのに充分な力になると，残る過程は非常に速く進む．

実際の結晶では，ずりは一つの面で何度も繰り返し起こってから，そこは静止し，別の面のところでずりが起こり始める．何故，起こり始め，静止するかは大変不思議である．相次いでずりがしばしば，相当はなれたところで起こるということも，大変奇妙なことである．図9-12は伸ばされた小さな薄い銅の結晶を示している．方々の面でずりが起こっていることがわかる．

図 9-12　伸ばされた銅の小さな結晶の写真〔合衆国スティール研究所のS. S. ブレンナーによる〕

大きな結晶を含むようなスズの細い針金をとり，耳の近くに保持しながら引っぱると各結晶の面が突然ずれていくのがよくわかる．面がつぎつぎに新しい位置へ飛ぶときの“カチッ”という音をきくことができる．

一つの列の中に原子の“欠けた”ところがあるときの問題は，図9-11でみるよりも，いくらかむつかしいものである．もっと沢山の層があるとき，これは図9-13のようになるにちがいない．結晶中のこのような不完全さは**転位**とよばれる．このような転位は結晶ができたときにすでに存在しているか，表面のきずやわれ目のところで生じると想像されている．このような転位が多数運動して大きな変形が生じる．

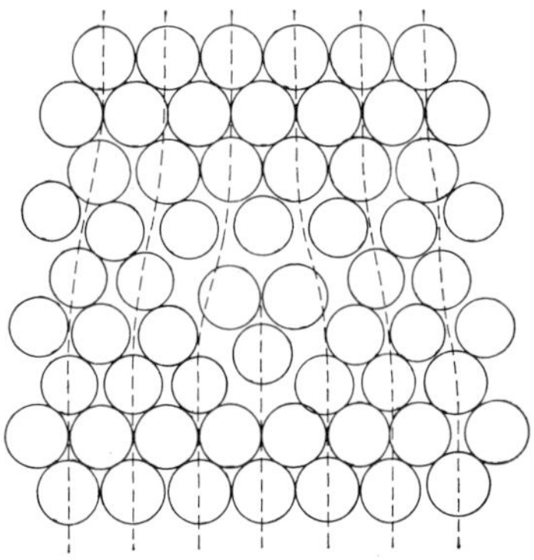

図 9-13　結晶内の転位

転位は，もしも結晶の他の部分が完全な格子ならば，自由に――余分なエネルギーを必要としないで――運動することができる．しかし，結晶中の他のある種類の欠陥にぶつかると，そこで“くっついて”しまうこともある．欠陥を越えるのに大きなエネルギーが必要な場合は，転位はそこで止められてしまう．これが**不完全な**金属結晶に強さを与える機構である．純粋な鉄の結晶は大変やわらかい．しかし，少量の濃度の不純物原子でも転位を事実上動けなくする欠陥として充分に作用する．周知のように，鋼鉄は主として鉄からなるが，大変硬い．鋼鉄を作るには，融解した鉄に少量の炭素を入れる．これを急激に冷やすと，炭素は小さな粒となって析出し，結晶格子に多数の微視的な変形を作る．そのため転位はもはや動くことができなくなり，金属は硬

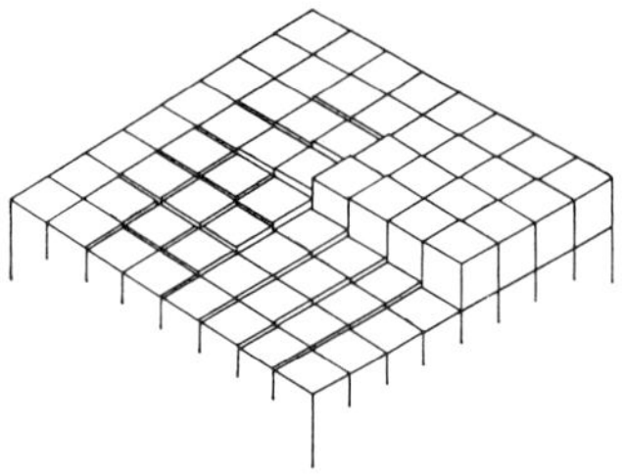

図 9-14　らせん転位〔キッテル “固体物理学入門” 第2版 ウィリイ社 1956〕

くなる．

純粋な銅は大変やわらかい．しかし“加工硬化”し得る．これはハンマーでたたくか，曲げ伸ばしを繰り返せばできる．この場合は多数の種々の新しい転位ができ，たがいに干渉し合い，運動を阻害する．“とてもやわらかい”銅の棒を曲げて，腕輪のように手首に巻くと，この過程で加工硬化されて，元のように伸ばしにくくなる手品を諸君は見たことがあるだろうか．銅のような金属の加工硬化したものは，高温で焼鈍(やきなまし)すれば再びやわらかくなる．原子の熱運動が転位にアイロンをかけ，再び大きな単結晶を作るわけである．これまではいわゆる**刃状**転位だけについて述べたが，他にもいろいろの種類があり，その一つは図 9-14 に示したらせん転位である．このような転位は，結晶成長においてしばしば重要な役目を演じる．

9-8　転位と結晶成長

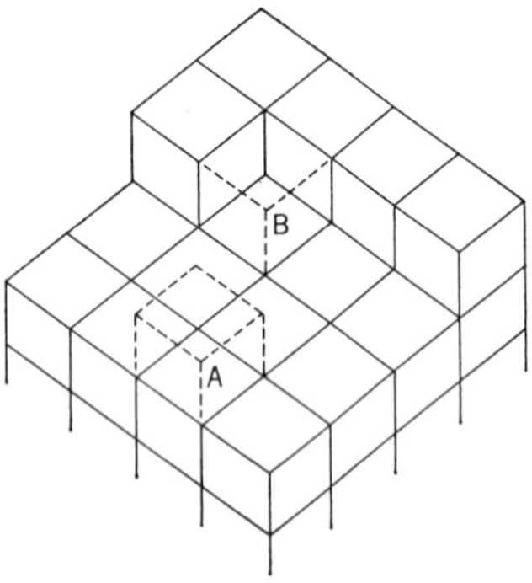

図 9-15　結晶成長

結晶がどのようにして成長するかということは長い間の疑問であった．我々は，各原子がテストを繰り返して結晶に落ち着くべきかどうかをきめるというふうにいった．これは各原子がエネルギーの最低の場所を見付けなければならないということである．しかし，新しい表面上におかれた原子は，下の原子から1本ないし2本の結合をもつにすぎないから，角について三方から原子でとりまかれる原子とはエネルギーが同じではあり得ない．図 9-15 のように成長しつつある結晶を積み木の山として考えよう．新しい積み木を，たとえばAの場所におくと，最終的には6個の隣をもつようになるのにこの場合は唯の1個の隣があるだけである．結合がいくつも欠けているために，結合のエネルギーは小さい．Bの場所は，6個の結合の半分をもつことになるので，ずっと都合がいい．実際，結晶はBのような場所に新しい原子がつくことによって成長する．

しかし，この列が終ったらどうなるだろうか．新しい列を始めるに

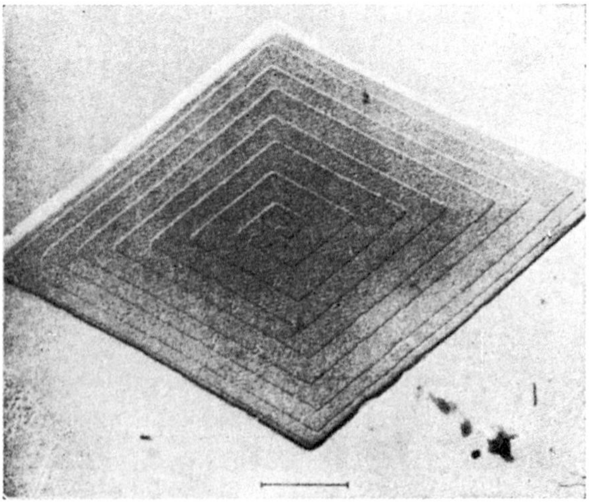

図 9-16　らせん転位のまわりに成長したパラフィンの結晶〔キッテル “固体物理学入門” 第2版 ウィリイ社 1956〕

は，一つの原子が2面で結合しただけで静止しなければならないが，これは都合よくいきそうもない．かりにこれができたとしても，この層が終ったときはどうなるだろうか．一つの答は，結晶はたとえば図9-14に示したらせん転位のような転位のところで成長することを選ぶということである．したがって，結晶は転位を中に組み込みながら成長する．このようならせん型の成長を図9-16に示した．これはパラフィンの単結晶の写真である．

9-9 ブラッグ・ナイの結晶模型

結晶の中で各原子がどうなっているのかを知ることはもちろんできない．また，諸君も気が付いたと思うが，量的に扱い難い多くの複雑な現象が存在する．ローレンス・ブラッグ卿とJ.F. ナイとは，実際の結晶内で起こると信じられている多くの現象を大変うまく示すような金属の模型を作り上げた．次にこの方法を述べた彼らの論文と，これによって得られた結果の一部を再録することにする(論文は，Proceedings of the Royal Society of London, Vol. 190, September 1947, pp. 474-481)．

結晶構造の動的模型

Sir Lawrence Bragg, F. R. S., J. F. Nye ケンブリッジ大学キャベンディシュ研究所
(1947 年 1 月 9 日受付——1947 年 6 月 19 日講演)

結晶の構造を，石けん溶液の表面に浮いた直径 1 mm あるいはそれ以下の泡の集合で表わす．泡は表面の下の細いピペットから一定の圧力によって吹かれ，驚くほど一定の大きさになる．泡は表面張力によってたがいにくっつき，表面上の単一層になるか，あるいは 3 次元的なかたまりになる．一つの集合は数十万個の泡を含み，1 時間あるいはそれ以上持続する．集合は金属の中に存在すると考えられている種々の構造を示し，粒界面(grain boundary)，転位(dislocation)，その他の型の欠陥，すべり，再結晶，焼鈍(annealing)，“異種”原子によるひずみなどのような観察されている効果をまねてみせる．

1 泡模型

結晶構造の模型としては，浮かべた小磁石や浮遊させた小磁石，あるいは水面に浮いて，表面張力で引き合っている円板によって原子を表わすものが何度か研究されている．これらの模型はそれぞれ欠点をもつ．たとえば，浮いた物体がふれ合っている場合には，摩擦力が自由な相互運動を妨げる．さらに大きな欠点は，構成要素の数が制限されることである．なぜならば，実際の結晶に起こる状態に近づくには，構成要素の数が大きいことが要求されるからである．この論文では，原子は直径 2.0 から 0.1 mm の小さな泡で表わされ，石けん溶液の表面に浮いている模型の行動を研究する．このような小さな泡は，1 時間，あるいはそれ以上続く実験の間，充分に持続するし，摩擦なしにたがいにすべり，また，多数製造することができる．この論文の写真のあるものは，10 万個，あるいはそれ以上の泡の集まりから撮ったものである．泡は 1 種類だけであり，一般の表面張力で引き合っているので，この模型は最も金属に近いものを表わしている．この場合，表面張力は，金属内の自由電子の結合力を表わすことになる．この模型の簡単な報告は Journal of Scientific Instruments(ブラッグ 1942 b)に与えておいた．

2 作製方法

泡は石けん溶液の表面の下の細い開口から吹き出される．一番よい結果は王立協会のグリーン氏による溶液である．15.2 cc のオレイン酸(純粋に再蒸溜した)を 50 cc の蒸溜水とよくふって混ぜる．これ全部を，三エタノールアミンの 10% 溶液 73 cc と混ぜて，これを 200 cc にまで薄める．これに 164 cc の純粋なグリセリンを加える．静かに放置し，底からきれいな液を抜き取る．実験によってはこれを 3 倍体積の水で薄めて，粘性を小さくした．噴出孔の開口は表面の約 5 mm 下である．水柱 50 から 200 cm の一定の圧力がウィンチェスター・フラスコによって加えられた．ふつう泡は驚くほど大きさが一様である．時として不規則に出ることもあるが，噴出孔を変えるか，圧力を変えるかすれば直せる．欲しくない泡は小さな枠を表面に当ててこわすことができる．図 1 に装置を示す．箱の底を黒くすると，粒界面や転位などの細かい構造がよりはっきりと見えることを発見した．

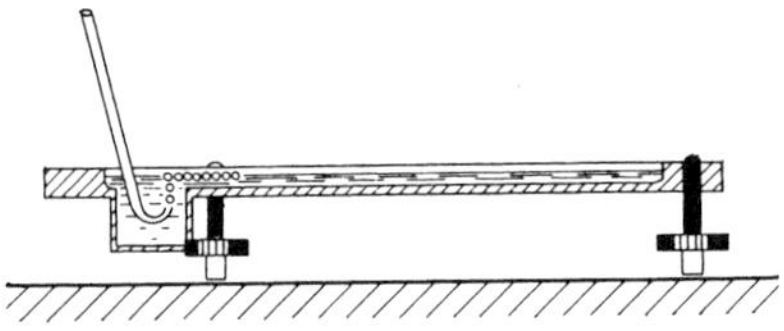

図 1　泡のいかだを作る装置

図 2 〈138 ページ〉は，いかだ，すなわち 2 次元の泡の結晶の一部を示している．見通す方向で図を見ると規則正しさがよくわかる．泡の大きさは口径によるが，圧力や表面下の開口の深さにはあまりよらないようにみえる．圧力を高めたときの主な効果は泡の出る割合いが速められることである．たとえば，49 μ の厚壁の噴出孔に 100 cm の圧力を加えたときは直径 1.2 mm の泡を生じた．直径 27 μ の薄壁の噴出孔で，180 cm の圧力では，直径 0.6 mm の泡を生じた．泡の性質は大きさによってちがうので，直径が 2.0 から 1.0 mm の泡を“大きな”泡とし，直径 0.8 から 0.6 mm のを“中位な”泡とし，直径 0.3 から 0.1 mm のを“小さな”泡とよぶのが都合がよい．

この装置では噴出孔の大きさを減少させることはできず，したがって直径 0.6 mm 以下の泡を作ることはできないことがわかった．非常に小さい泡で実験することが望まれたので，石けん溶液を回転する容器に入れて，細い噴出孔をできるだけ流線に平行に導入する方法を用いた．泡はできるやいなや運び去られ，定常状態では極く一様になった．泡は毎秒 100 あるいはそれ以上生じ，調子の高い音をたてた．回転している間は，容器のふちのまわりに石けん溶液は急な山を作るが，回転が止まると泡の大部分を運んで戻ってくる．図 3 に示したこのような装置で，直径 0.12 mm

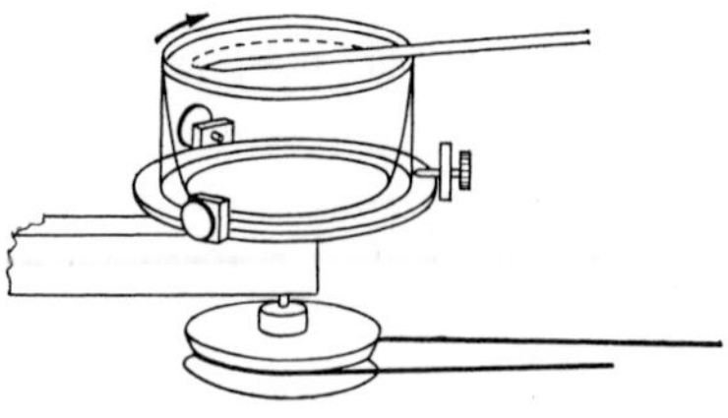

図3　小さな泡を作る装置

までの泡が得られた．たとえば，直径38 μの薄壁の開口で，水柱圧190 cmを加え，流体が開口をすぎる速さを180 cm/秒にしたとき，0.14 mmの泡を生じた．この場合，直径9.5 cmの鉢を用い，毎秒6回転の速さを用いた．図4はこの“小さな”泡の拡大写真であり，その規則性を示している．容器を回転させた場合は，静止させている場合ほど完全なパターンではない．見通して見ると列がわずかに不規則であることがわかる．

このような2次元の結晶は，金属内に存在すると思われている構造を示し，粒界面，転位，その他の型の欠陥，すべり，再結晶，焼鈍，“異種”原子によるひずみなどのような観察されている効果をまねてみせる．

3　粒界面(grain baundaries)

図5a，5b，5cはそれぞれ直径1.87，0.76，0.30 mmの泡の典型的な粒界面を示している．泡が不規則な分布をしている境界面の乱された領域の幅は，一般に泡が小さいほど大きい．図5aはいくつかの相接するグレイン(粒)の部分を示しているが，二つのグレインの境界面における泡は一方の結晶配列，あるいはもう一方にきちんと属していることがわかる．図5cでは著しい“ベイルビィ(Bailby)層”が二つのグレインの間にみられる．小さい泡は大きな泡よりも大きな剛性率をもつことがわかるが，これは接触面でより大きな不規則性を生じるようにみえる．

図5aから5cまでと，図12aから12eまでのような多結晶のいかだの写真を斜めに見るとグレインがはっきりとわかる．適当に光を当て，斜めに見ると泡のいかだ自身がみがいてエッチングした金属の表面に驚くほどよく似て見える．

場合によって，平均に比べて著しく大きい，あるいは小さい“不純物原子”の泡が多結晶いかだの中に見出されることがあり，このようなときは，粒界面にあることが多い．不規則な泡は粒界面へ動いていくといえば正しくないだろう．構造の中を通って泡が拡散することはあり得ない．これはこの模型の欠点である．相隣る泡の相互の調節だけが可能である．境界面は，一つの結晶が他の結晶を吸収して成長することによって再調節される傾向があり，これが不規則原子にぶつかるまで続くのであろう．

4　転　位

単結晶あるいは多結晶のいかだは，圧縮，伸張，あるいはその他の変形をすると，ひずみを起こした金属について考えられたのと非常によく似た行動を示す．ある限界までは模型は弾性領域にある．これを越えると，負けて，最密充塡の列の三つの等角をなす方向の一つに沿ってすべりが生じる．すべりは，一つの列の泡が，次の列の泡を越えて相隣る泡の距離に等しい距離だけ前進することによって起こる．これが起こる過程を見ているのは大変興味深い．動きは列全体に沿って同時に起こるのではなく，列の端に“転位”が現われることによって始められる．転位ではすべりの線の一方側の列は他の側の列に比べて部分的に1個だけ泡が多い．この転位はすべりの線に沿って，結晶の一方の端から他の端へ走り，その結果として1“原子間”距離のすべりが生じる．このような過程は，小さな力によって金属の構造に可塑的なすべりが生じることを説明するために，オロワン，ポラニイ，およびテイラーによって案出された．テイラーによって提出された理論(1934)では，結晶の可塑的変形の機構を説明するために，このような転位の相互作用と平衡とが論じられている．泡は，金属内で起こると考えられていた現象の非常に驚異的な像を与えるものである．時によって転位は全くゆっくり走り，結晶を横切るのに何秒もかかる．結晶が一様でない変化を受けたときは静止した転移も見られる．これらは，図12aから12eで見られるように短い黒い線として現われる．多結晶いかだが圧縮されると，これらの黒い線は結晶を横切ってあらゆる方向へ走るのが見られる．

図6a，6b，6cは転位の例を示す．図6aでは泡の直径は1.9 mmで，転位は非常に局在し，6個の泡ぐらいにわたっている．図6b(直径0.76 mm)では，12個の泡にわたっていて，図6c(直径0.30 mm)では，その影響は15個の泡の長さにわたって認められる．小さな泡の大きな剛性率は長い転位を作るのである．しかし，泡のいろいろの集まりを調べた結果，各泡の大きさに対して標準的な転位の長さがあることがわかった．長さは，結晶内のひずみに依存する．相当する結晶軸が約30°(起こり得る最大の角)の二つの結晶の間の境界は，一つおきの列にある転位の連なりと考えることができるが，この場合は転位は非常に短い．相隣る結晶間の角が減少するにつれ，転位は広い間隔で起こり，同時に長くなる．そして最後に，図6a，6b，6cのように大きな完全な構造の中に唯1個の転位が存在するものになる．

図7は3個の平行な転位を示す．これらを(テイラーにしたがい)正および負と呼べば，左から読んで，正，負，正である．最後の2本の転位の間には3個の過剰な原子があり，これは水平方向から列を見るとわかる．図8は粒界面から走る転位を示す．この効果はよく見られる．

図9は2個の泡が1個の場所を占めている場合である．

これは，正および負の転位が相隣る列にあるという極限の場合と考えられる．この逆の場合は空孔を生じる．これは転位が会うところに泡が存在しないものである．

5　他の型の欠陥

図10は二つの平行な配向の結晶の間の細長い部分を示している．この部分は泡が最密充塡になっていない線状の欠陥がいくつも横切っている．このような場所は再結晶が期待できる場所である．粒界面が近づけばこの細長い部分は広い完全結晶の領域に吸収されてしまう．

図11aから11gまでは局所的に泡が不足している場所によく現われる集まり方の例である．転位は一般に黒いすじになって見えるが，これらの構造は文字V，あるいは三角の形をみせている．図11aには典型的なV構造が見られる．模型が変形されるとき，二つの転位が60°の角で会うとV構造が形成される．転位がそれぞれの道をさらに進むとこの構造は消滅する．図11bは小さな三角を示すが，中に一つの転位を含んでいる．それは，欠陥の下の列は上の列よりも泡が1個多いからである．結晶の一方の側を静かにゆすって，いくらかの“熱運動”を与えれば，このような欠陥は消え去って，完全な構造が形成される．

結晶のあちこちに泡のない黒い空間があり，概観したときに黒い点として見える．例は図11gにある．このような隙間は局所的な再配列で閉じることはできない．空孔を一つうめることは，他の空孔を作ることになるからである．このような空孔は結晶を“冷間加工(cold working)”したときにできたり消えたりする．

模型におけるこれらの構造は，類似の局所的な欠陥が実際の結晶でもあり得ることを示唆する．これらは，その付近のエネルギーの山の高さを減少させて，拡散とか，秩序・無秩序転移などの過程で役割を演じ，また，同素変態における結晶化の核として働くだろう．

6　再結晶と焼鈍

図12aから12eまでは，時間を追って，同じ泡いかだを示したものである．溶液の表面をおおういかだは，ガラスのくま手ではげしくかきまわし，それから放置して調節するにまかせた．図12aはかきまわすのをやめて約1秒後の様子である．いかだはいくつもの小さな“微結晶”に分離し，それらは多数の転位やその他の欠陥によって示されるように，一様さがほとんどなく，ひずみの強い状態にある．次の写真(図12b)は同じいかだの32秒後である．小さなグレインはくっついてより大きなグレインを作り，その過程でひずみの相当の部分は消滅している．再結晶はつぎつぎと進み，最後の3枚の写真ははじめにかきまわしてから2分，14分，25分後のいかだの様子を示している．これよりもずっと長い時間にわたって再配列を調べることは不可能である．それは長時間たつと，泡の壁から空気が外へ拡散するらしく，泡は縮むし，壁は薄くなって遂には割れてしまう．この過程の間，模型には，少しも攪乱を与えなかった．ゆっくりと再配列の過程は進行し，いかだの一つの部分の泡の動きがその隣の部分にひずみを起こし，これがそこの再配列をうながし，これがさらに他の部分へと進んでいく．

この系列でいくつかの面白い点が見られる．座標点AA，BB，CCにある3個の小さなグレインに注目しよう．Aは形は変わるが系列を通して存続する．Bは14分たっても残っているが，25分より前に消えていて，そのあとには4本の転位が残り，グレインの中のひずみを示している．グレインCは縮まり，最後に図12dでは消滅し，1個の空孔と一つのVを残しているが，後者は図12eでは消えている．一方で，図12dにおいてDDの所の不明瞭な境界は，図12eでは，判然としたものになっている．また図12bから12eまでのEE付近の粒界面が段々と真直ぐになってきていることも注目される．種々の長さの転位が見られ，構造のかすかなひずみから判然たる粒界面までのすべての段階が示されている．泡の欠けた空孔は黒点として見える．これらの空孔のあるものは転位の運動によってできたり，うめられたりするが，他のものは泡が破裂した場所を表わす．Vのいくつもの例，いくつかの三角が見られる．その他，この写真の系列を調べると種々のことが明らかになる．

図13a，13b，13cは，かきまわした後，1秒，4秒，4分のいかだの一部を示しているが，より完全な配列へと緩和が行なわれる二つの段階が示されていて興味深い．ページを通して見通す方向から見ると変化は明白に見られる．配列は，13aでは非常にこわれている．図13bでは，泡は列になって集まっているが，列が曲がっていることから，内部に高度のひずみがあることがわかる．図13cでは，新しい境界面A–Aを生じることによって，このひずみは減ぜられ，両側の列は真直ぐになっている．ひずんだ結晶のエネルギーは結晶間の境界面のエネルギーよりも大きいと思われる．図13の写真に関してコダックの人達に感謝する．これは後に述べる映画を作ったときに撮ったものである．

7　不純物原子の効果

図14は大きさの合わない泡の広い影響を示している．この図を図2と4の完全ないかだと比べれば，1個の大きな泡と，ふつうのよりも小さい2個の泡の3個の泡が図全体の列の規則性を乱していることがわかる．上に述べたように大きさのちがう泡は一般に粒界面に見出される．そこの不規則な大きさの空孔はこのような泡を入れることができるわけである．

8　2次元模型の力学的性質

2次元の完全ないかだの力学的な性質はさきに挙げた論

文(ブラッグ 1942 b)に述べておいた．いかだは，石けん溶液の表面に水平に少し浸した2本の平行なばねの間にはさまれている．ばねのピッチは泡の列の間隔にちょうど合うように調整されていて，泡は固くばねに付着する．ばねの一つはミクロメーターのねじで，自身に平行に動かされる．他のばねは細い2本の鉛直なガラス繊維で支持されている．ずりの応力はガラス繊維の振れによって測られる．ずりの変形を受けるとき，いかだは弾性限に達するまでは弾性のフックの法則にしたがう．それから，ある中間の列に沿って泡1個の幅だけずれを起こす．弾性的なずりとずれとは数回くりかえすことができる．いかだの一辺が，反対側の辺に対して泡の幅だけずれたときに，だいたい弾性限に達する．この現象は，我々の1人が金属の弾性限を計算したときの基本的な仮定を支持するものである．この仮定では，冷間加工した金属の微結晶は，エネルギーがずれによって減ぜられる値に達すると，はじめて塑性を起こすと考えた．

泡の間の力はM. M. ニコルソンによって計算されていて，間もなく出版されるだろう．これには二つの興味ある点がある．位置エネルギーの中心間の距離による変化の曲線は原子に対する曲線と非常によく似ている．それは自由な泡の直径よりもわずか小さな距離で最小に達し，小さな距離に対しては急激に増大する．さらに，増大は，直径0.1 mmの泡では極端に急激であるが，直径1 mmの泡ではそれほどでもなく，小さな泡は大きなものよりもはるかに硬いように振舞うという模型の印象が確かめられた．

9　3次元の集まり

泡が表面に多層をなして集まり得るときは，泡は最密充填の集まり方をした3次元の“結晶”のかたまりを形成する．図15はこのようなかたまりを斜めに示したものである．みがき，エッチングした金属面との類似は明白である．図16は，同様なかたまりを垂直に見た図である．構造の多くの部分は明らかに立方の最密充填であり，外の面は(1 1 1)面，あるいは(1 0 0)面である．図17 aは(1 1 1)面を示す．上の各泡が乗っている3個の泡の輪郭が明らかに見え，これらの泡の次の層が，最上層の下にではなく，かすかに見えて，(1 1 1)面の積み方が，よく知られた立方の並び方であることを示している．図17 bで(1 0 0)面が示され，各泡は他の4個の上に乗っている．もちろん，立方の軸は表面層の最密充填の列に対して45°傾いている．最上部の層は(1 1 1)と(1 0 0)であり，これらは，図では明瞭でないが，たがいに小さな角をなしている．これは斜めに見るとわかる．図17 dは立方と六方との最密充填の相つぐ面の両方を示しているように見える．しかし，左側の方が本当の六方最密充填構造であるかどうかを確かめるのはむずかしい．それは，この点で集まりが2層以上の深さをもつかどうか不確かだからである．図16には，双晶の多くの例，結晶間の境界などの例が見られる．

図18は，まげのひずみを受けた3次元構造内のいくつかの転位を示している．

10　模型のデモンストレーション

コダックの人達と協力して，単結晶と多結晶のいかだにずり，圧縮，伸張を加えたときの転位や粒界面の動きを16ミリの映画フィルムに収めた．また，底の平らなガラスの容器に石けん溶液を入れれば，模型はそのままで光を通して投影することができる．泡を作るためには，ある深さが必要であり，溶液はやや不透明であるから，容器の底にガラスの厚板をのせ，表面のすぐ下にちょうど沈むようにして，これを通して光を投影することが望ましい．

最後に，ケンブリッジ，キングス・カレッヂのC. E. Harrold氏に感謝する．氏は泡を作るためのピペットをいくつか製作して下さった．

文　献

ブラッグ，W. L. 1942 a *Nature* **149,** *511.*
ブラッグ，W. L. 1942 b *J. Sci. Instrum.* **19,** *148.*
テイラー，G. I. 1934 *Proc. Roy. Soc.* **A, 145,** *362.*

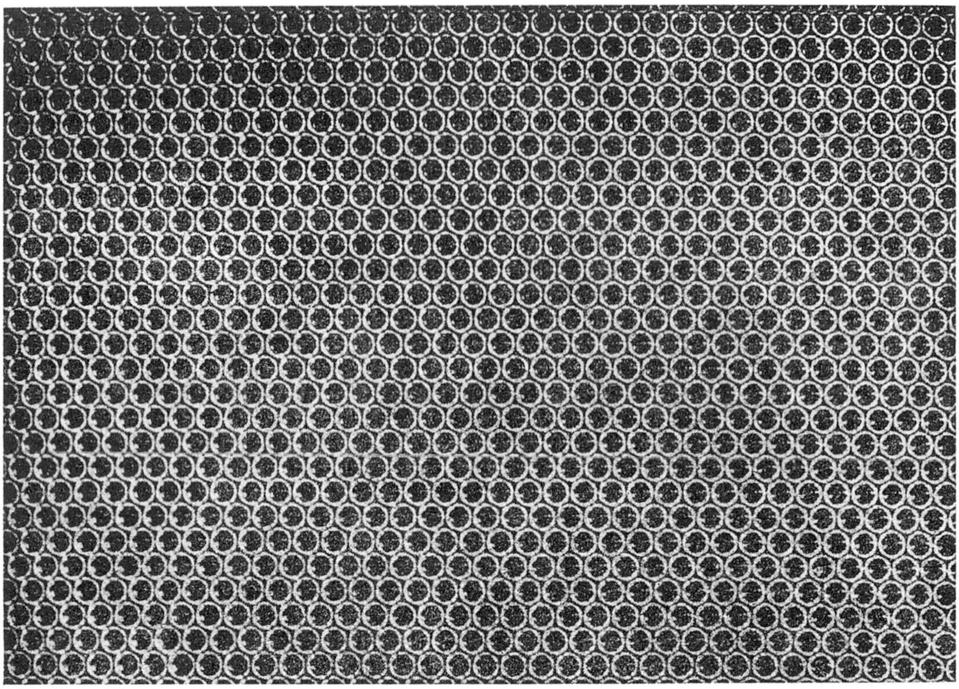

図 2　完全な泡いかだの結晶　直径 1.41 mm

図 4　完全な泡いかだの結晶　直径 0.30 mm

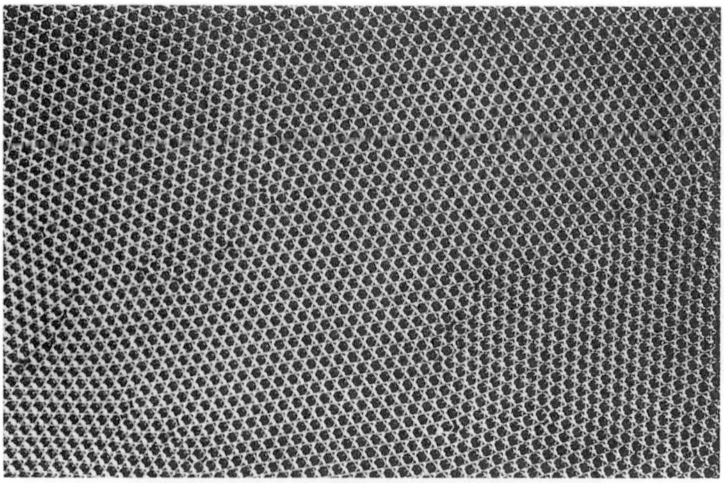

a　直径 1.87 mm

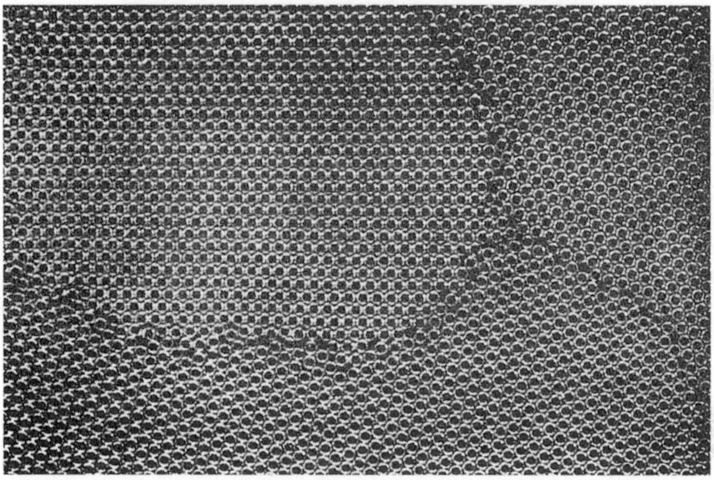

b　直径 0.76 mm

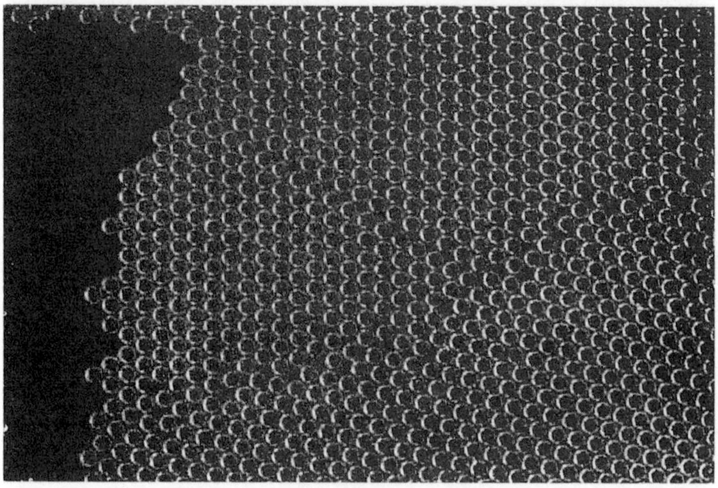

c　直径 0.30 mm

図5　粒　界　面

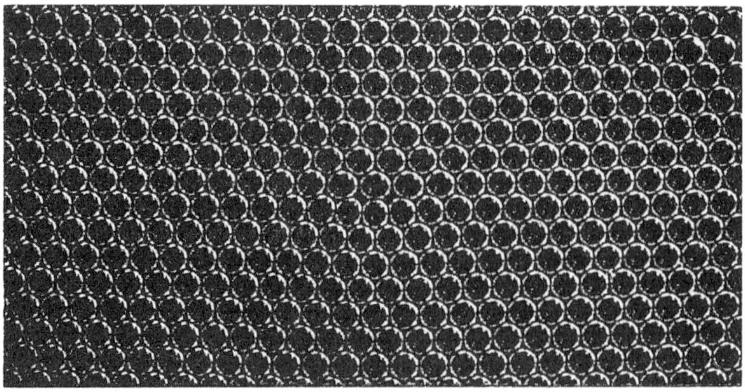

a 直径 1.9 mm

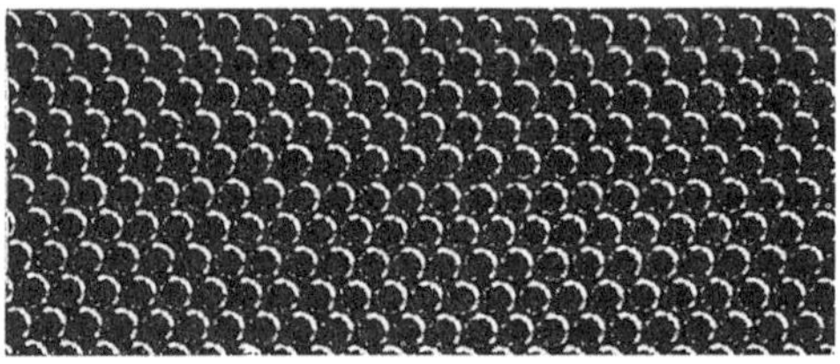

b 直径 0.76 mm

c 直径 0.30 mm

図6 転　位

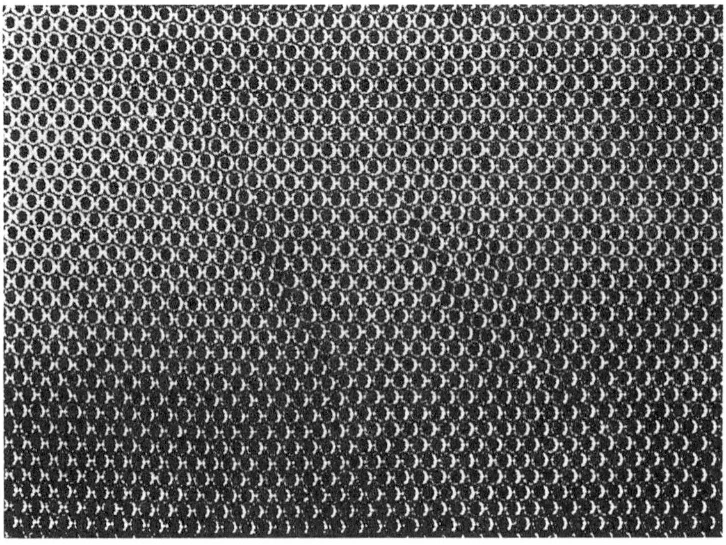

図7 平行な転位 直径 0.76 mm

図 8　粒界面から出ている転位　直径 0.30 mm

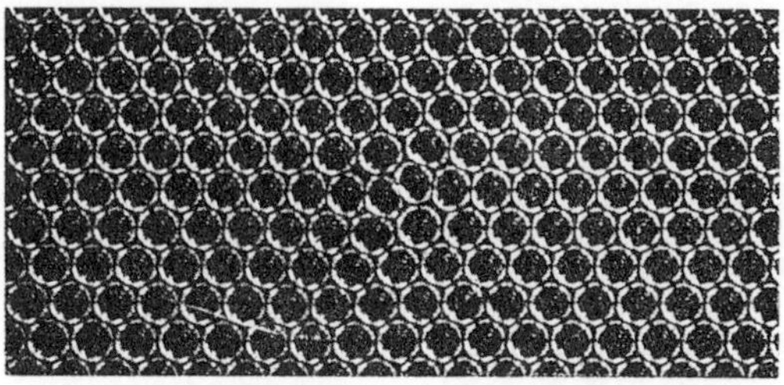

図 9　相隣る列の間の転位　直径 1.9 mm

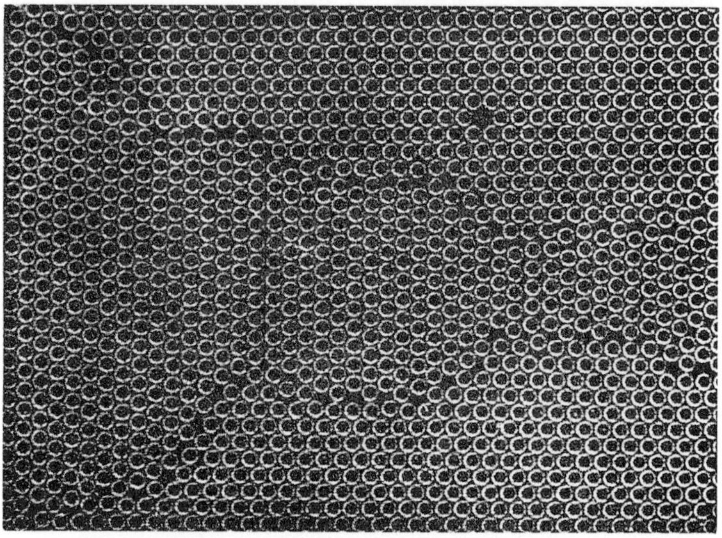

図 10　平行な配列をもつ領域二つの間の線状の欠陥の列　直径 0.30 mm

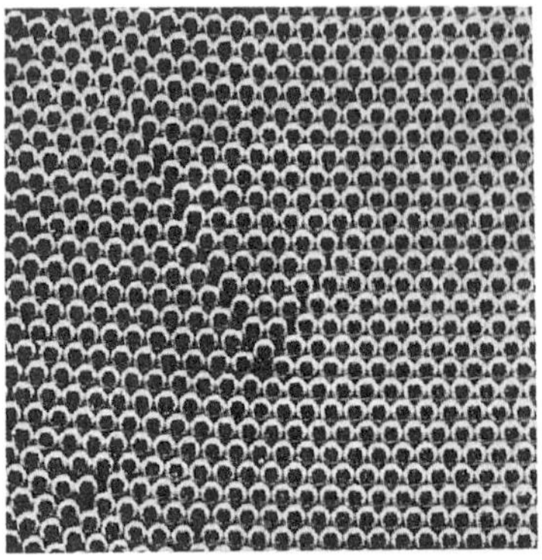

a 直径 0.68 mm

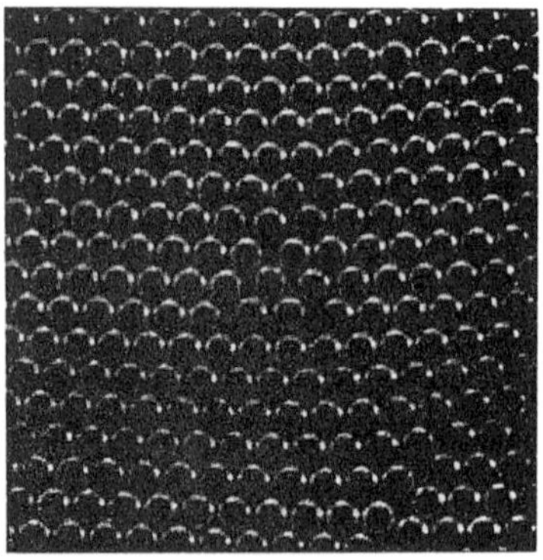

b 直径 0.68 mm

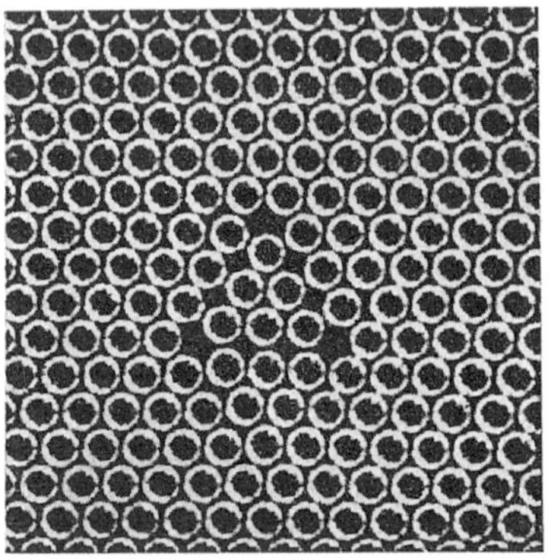

c 直径 0.6 mm

d 直径 0.30 mm

e 直径 0.6 mm

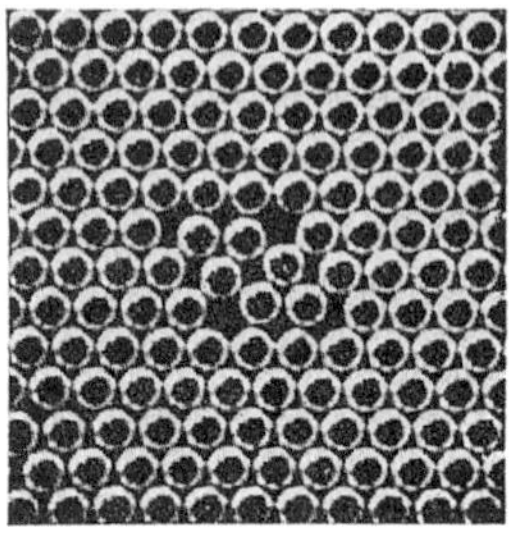

f 直径 0.6 mm

図 11 いろいろの欠陥

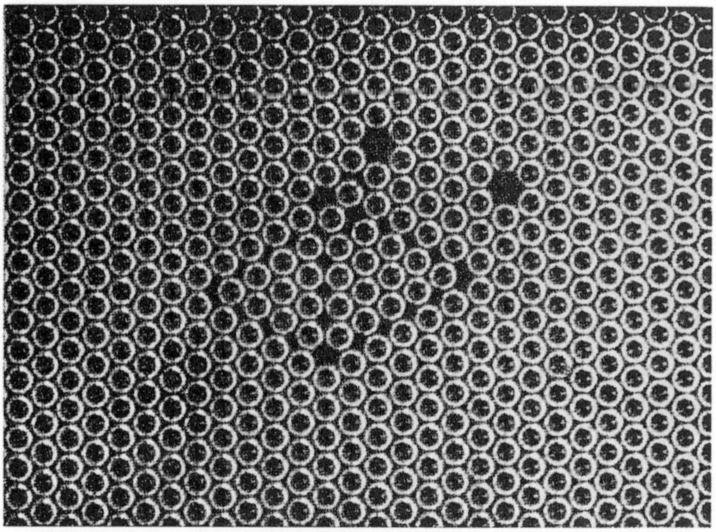

g　直径 0.68 mm

図 11　いろいろの欠陥(つづき)

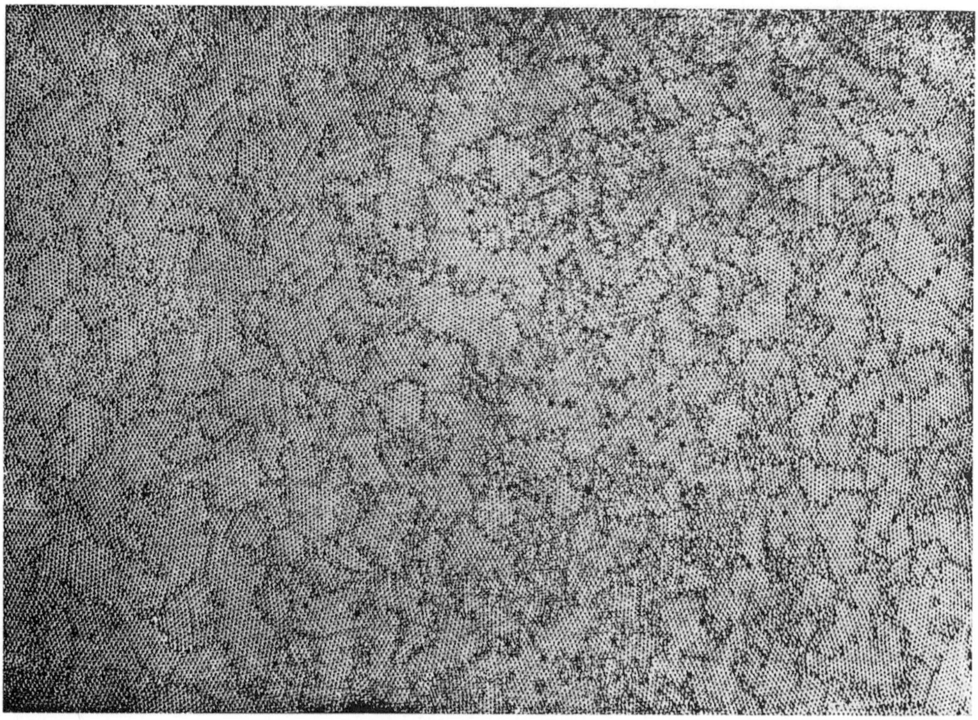

a　かきまわした直後　直径 0.60 mm

図 12　再　結　晶

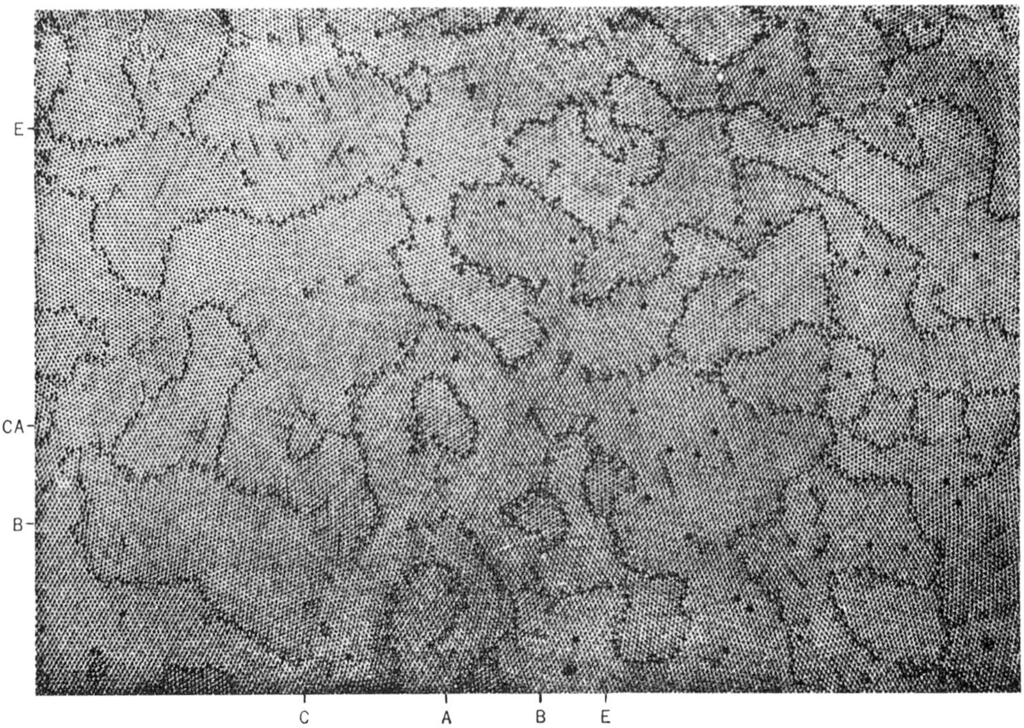

b　33秒後*

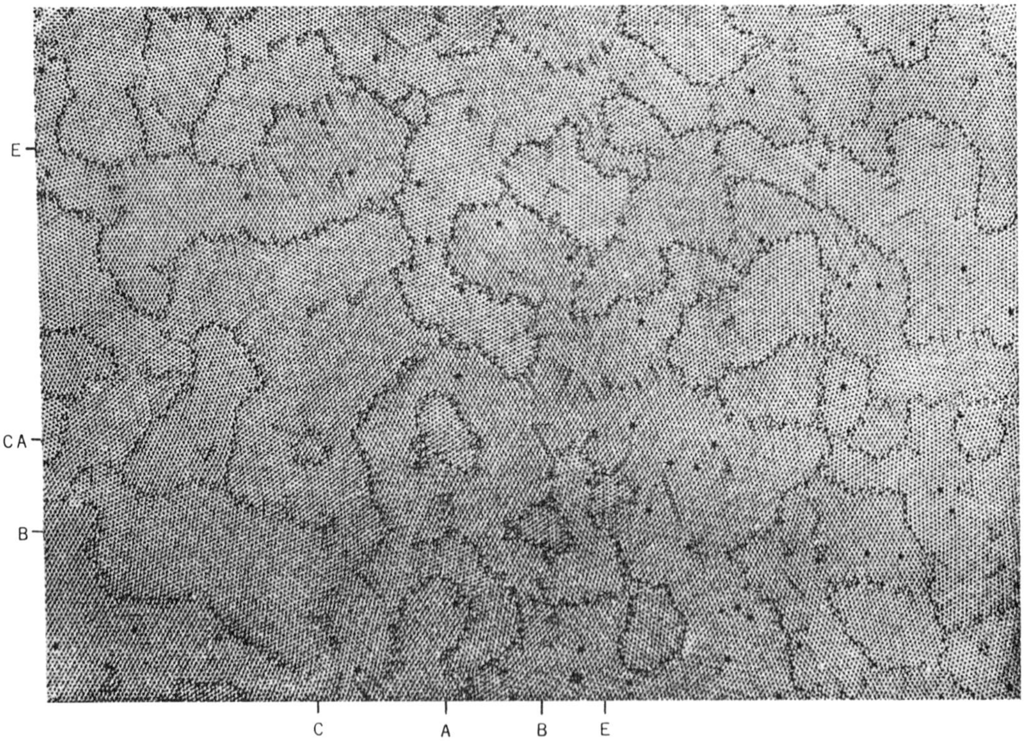

c　2分後

図12　再　結　晶(つづき)

*(訳者註)　本文では32秒であるが，原論文のまま図では33秒としておく．

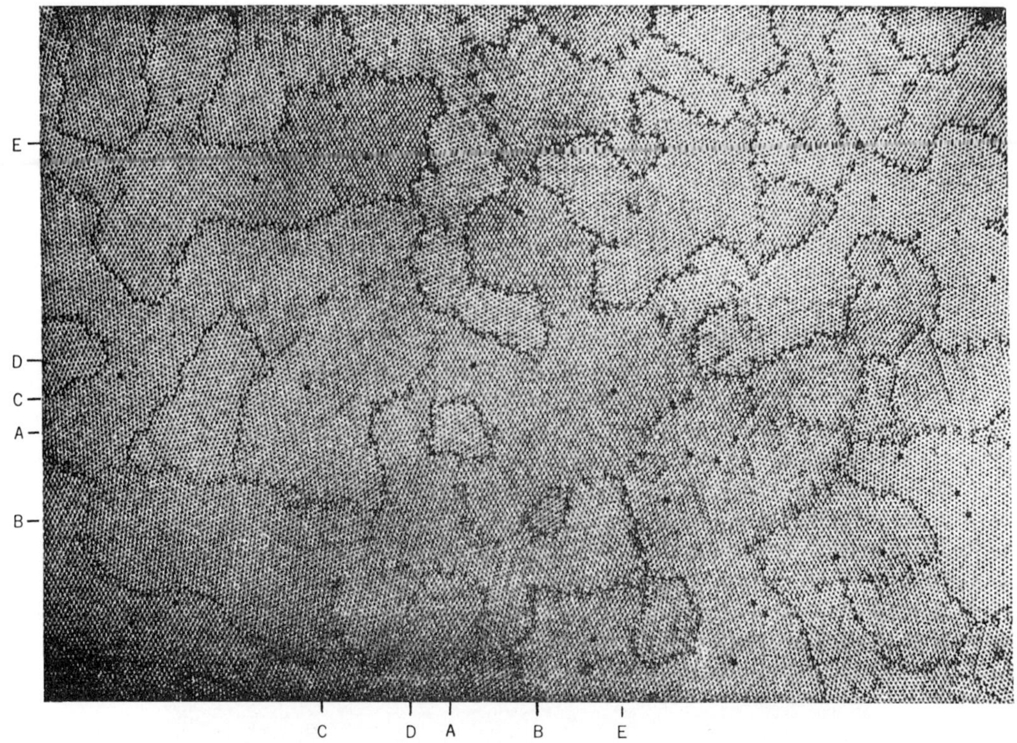

d　14 分後

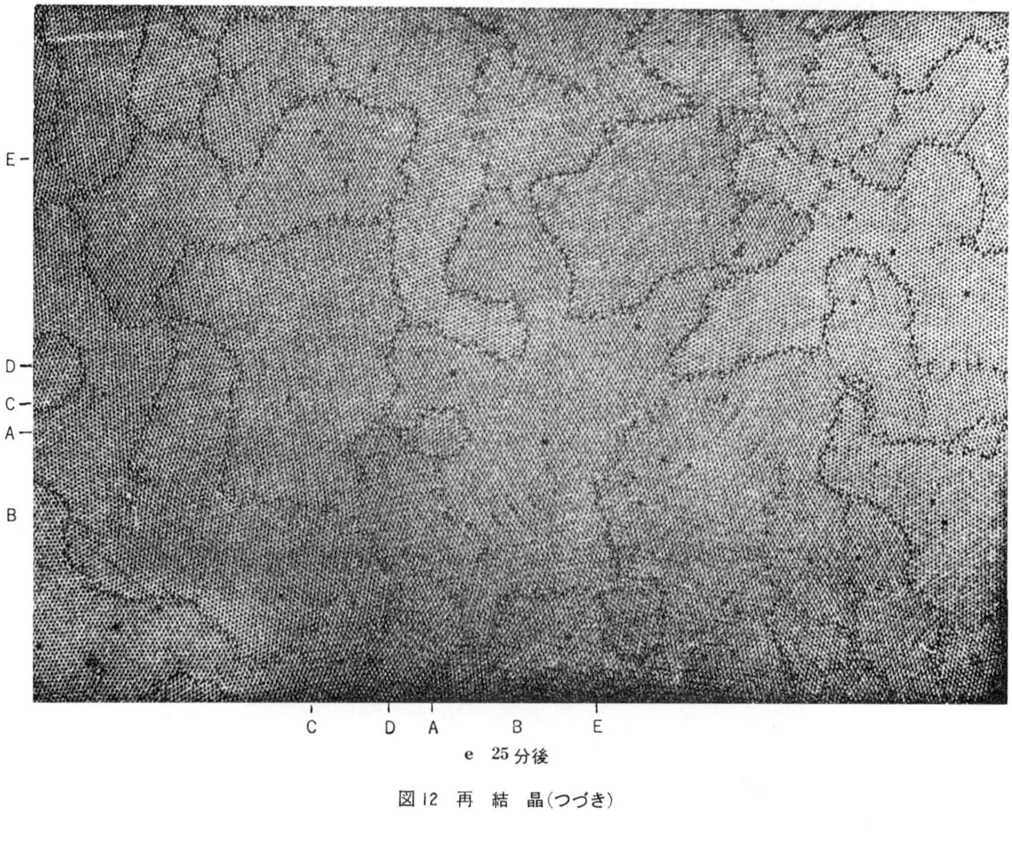

e　25 分後

図 12　再　結　晶(つづき)

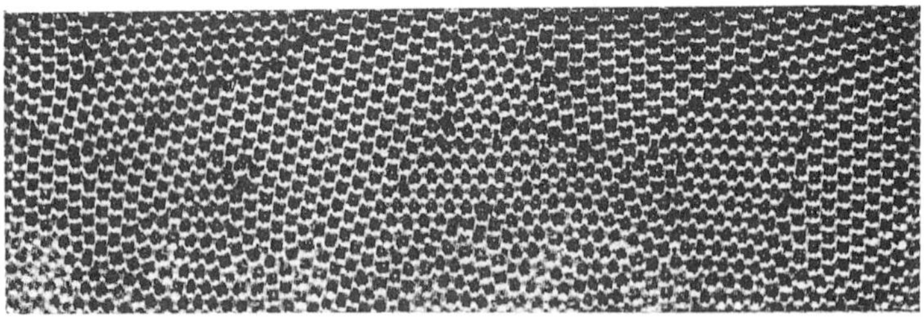

a　1 秒後

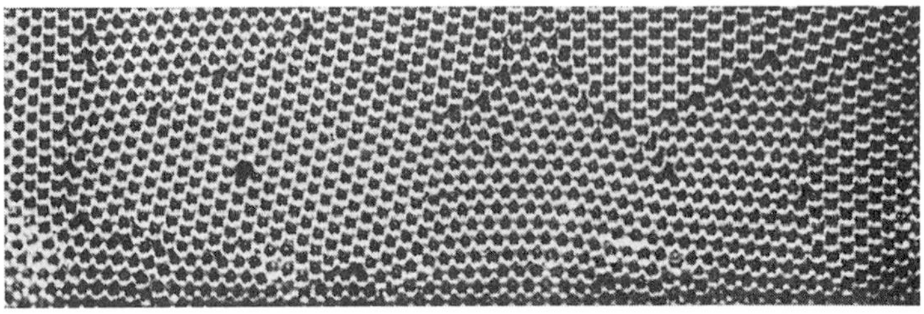

b　4 秒後

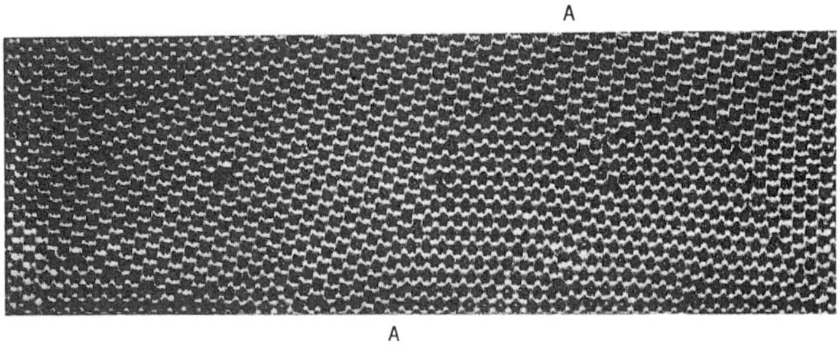

c　4 分後

図 13　再結晶の二つの段階　直径 1.64 mm

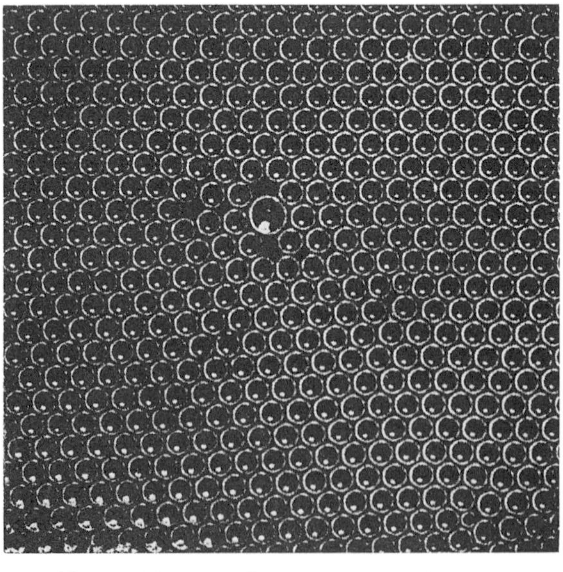

図 14　不純物原子の影響　一様な泡の直径は約 1.3 mm

図 15　斜めに見た 3 次元のいかだ

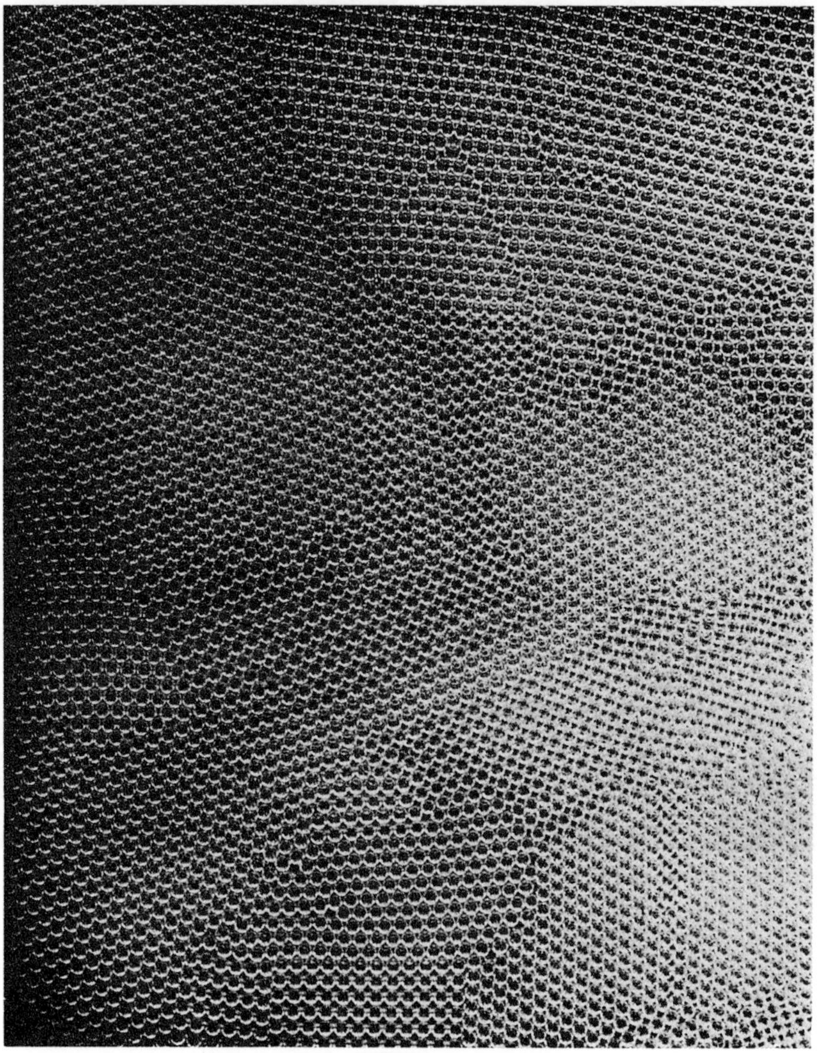

図 16　垂直に見た 3 次元のいかだ　直径 0.70 mm

a (111)面

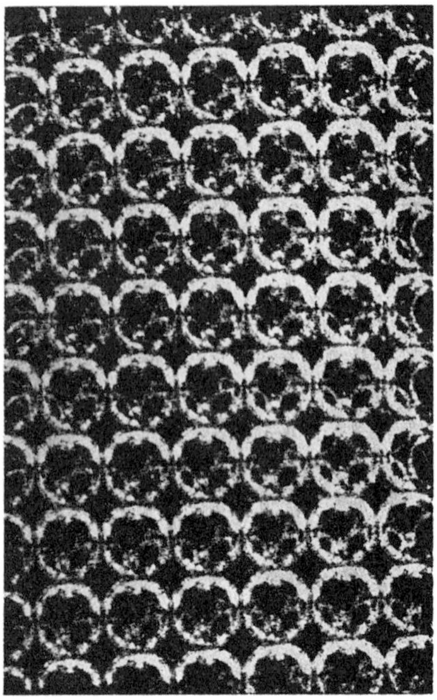

b (100)面

面心立方構造

c (111)面を通る双晶　立方構造

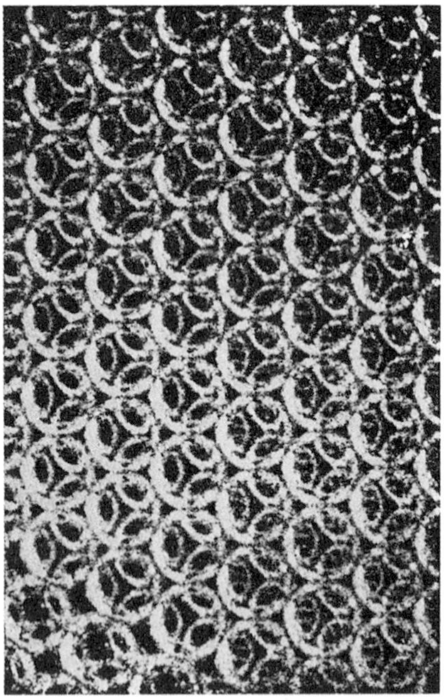

d 六方最密と思われる例

直径 0.70 mm

図 17

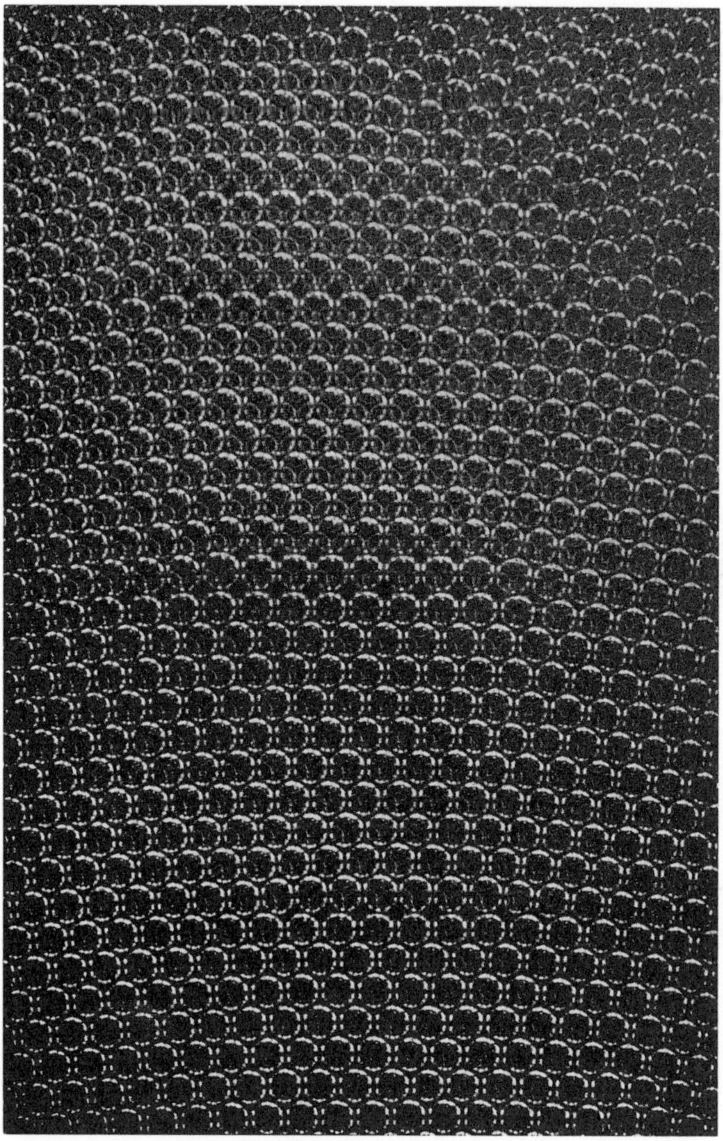

図 18　3 次元構造の転位　直径 0.70 mm

第10章
テンソル

10-1 分極率テンソル

物理学者は，現象の最も簡単な例をとって，これを“物理”とよび，より複雑な例を他の分野——たとえば，応用数学，電気工学，化学，結晶学といった——の対象と考える習慣がある．固体物理でさえも，あまりにも特別な物質にこだわっているので，ほとんど半物理にすぎない．したがって，この講義では，いろいろの面白い事柄を省くことになる．たとえば，結晶，あるいは多くの物体の重要な性質の一つは電気的な分極率が向きによってちがうことである．任意の向きに電場を加えると，原子の電荷が少し移動し，双極子モーメントを生じるが，そのモーメントの大きさは場の向きに大いに関係する．もちろんこれは複雑である．しかし物理では，簡単化して，分極率がすべての向きで同じであるような特別な場合から始めるのがふつうである．したがってこの章で述べることは，後の仕事にとって必要にはならないだろう．

テンソルの数学は，それが役立つほんの一例にすぎないとしても，向きによってちがう物質の性質を記述するのに特に役に立つ．諸君の多くは物理学者にはならず，向きによって事柄が大いに異なるような**実際の**世界へ入っていくのだから，おそかれ早かれ，テンソルを使わないわけにはいかないだろう．すべてのことを省いてしまったりしないために，あまりくわしくではないが，テンソルについて述べようと思う．我々は物理は完全にやっておきたい．たとえば，我々の電気力学は，どんな電気あるいは磁気の課程，また大学院の課程と比べても，完全である．諸君は数学の高い洗練を受けないときに力学を勉強したので，我々の数学は不完全であり，力学をより**優雅**に記述する最小作用の原理，ラグランジュ，あるいはハミルトンの原理などというような事項を論じることができなかった．しかし，一般相対論を除けば，我々は力学の完全な法則をもっている．我々の電気も磁気も完全だし，多くのものが充分完全である．もちろん量子力学はまだであるし，これからもやらなければならないこともある．しかし，諸君は少なくともテンソルが何であるかを知らなければならない．

第９章において，結晶物理は向きによって性質がちがうことを強調しておいた．これを**非等方的**であるという．加えた電場の向きによって誘起される双極子モーメントがちがうということは一例にすぎないが，これをテンソルの例として用いよう．ある与えられた電場の向きに対し，単位体積に誘起される双極子モーメント$\boldsymbol{P}$は加えた電場$\boldsymbol{E}$の強さに比例するとしよう($\boldsymbol{E}$があまり大きくないとき，これは多くの物質に対してよく成り立つ近似である)．この比例定数をαとしよう*．ここで考えるのは，αが加えられた電場の向きによって異なるような物質である．たとえば方解石のような結晶で，これは，これを通して見ると像が2重にみえるものである．

特別な結晶で，x方向の電場$\boldsymbol{E}_1$がx方向の分極$\boldsymbol{P}_1$を生じることがわかったとしよう．ついで，$\boldsymbol{E}_1$と**強さ**が同じy方向の電場$\boldsymbol{E}_2$がy方向のちがう分極$\boldsymbol{P}_2$を生じることを知った．この場合，もしも45°の方向に電場をかけたら何が起こるだろうか．これはx方向とy方向との二つの場を重ね合わせたものである．したがって，分極$\boldsymbol{P}$は図10-1(a)のように$\boldsymbol{P}_1$と$\boldsymbol{P}_2$とのベクトル和であろう．分極はもはや電場と同じ向きではない．これがどうして起こったか，理解できたであろう．電荷は上下には動きやすいが，横方向には少々動きにくいのである．電場が45°の向きに加わると，横向きよりも縦に電荷が大きく動く．内部的の弾性的な力が対称的でないため，変位は外力の向きには生じないことになる．

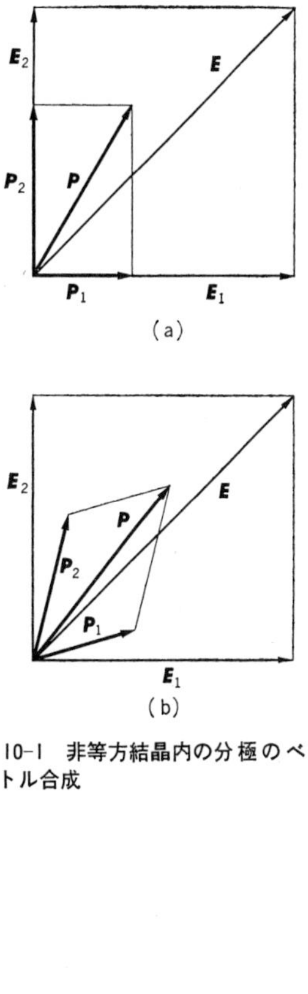

図10-1　非等方結晶内の分極のベクトル合成

これは45°に限ったことではない．結晶の誘起分極は電場の向きにないというのは一般に正しい．上の例で，我々はxとyとの軸として"幸運な"選択を行なったために，xとyとの方向に対しては$\boldsymbol{P}$は$\boldsymbol{E}$に平行になったのである．結晶を座標軸に対して回転させるならば，y方向の電場$\boldsymbol{E}_2$はxとyとの成分をもつような分極$\boldsymbol{P}$を生じるであろう．同様に，x方向の電場による分極もx成分とy成分とをもつであろう．このときの分極は図10-1(a)ではなく，(b)のように表わされる．現象は複雑になった——しかし，任意の場$\boldsymbol{E}$に対して，$\boldsymbol{P}$の**大きさ**は，やはり，$\boldsymbol{E}$の大きさに比例している．

座標軸に対して結晶が任意の配向をしている一般の場合を取扱おう．x方向の電場はx, y, z成分をもった分極$\boldsymbol{P}$を生じるだろう．これを

$$P_x = \alpha_{xx}E_x, \quad P_y = \alpha_{yx}E_x, \quad P_z = \alpha_{zx}E_x \qquad (10.1)$$

と書く．ここでいっていることは，電場がx方向であるとき，分極は同じ向きではなく，x, y, z成分——それぞれE_xに比例する——をもっている．その比例定数をそれぞれα_{xx}，α_{yx}，α_{zx}としたのである(添字の始めの字はPのどの成分を問題にしているかということ，あとの字は電場の方向を意味する)．

同様に場がy方向ならば

$$P_x = \alpha_{xy}E_y, \quad P_y = \alpha_{yy}E_y, \quad P_z = \alpha_{zy}E_y \qquad (10.2)$$

であり，場がz方向ならば

$$P_x = \alpha_{xz}E_z, \quad P_y = \alpha_{yz}E_z, \quad P_z = \alpha_{zz}E_z \qquad (10.3)$$

である．さて，分極は場に対して線型の依存性をもつとしている．し

* 第III巻第10章ではふつうの方式にしたがって$\boldsymbol{P}=\varepsilon_0\chi\boldsymbol{E}$と書き，$\chi$(カイ)を感受率とよんだ．ここでは1文字を使う方が便利なので$\varepsilon_0\chi$の代りにαと書く．等方的な誘電体では，κを誘電率とするとき$\alpha=(\kappa-1)\varepsilon_0$である(第III巻10-4節参照)．

たがって，電場 $\boldsymbol{E}$ が x と y との成分をもつならば，その結果の $\boldsymbol{P}$ の x 成分は式(10.1)と式(10.2)との二つの P_x の和で与えられる．$\boldsymbol{E}$ が x, y, z 成分をもつならば，その結果の $\boldsymbol{P}$ は式(10.1)，(10.2)，(10.3)の三つの寄与の和になる．いいかえれば，$\boldsymbol{P}$ は

$$
\begin{aligned}
P_x &= \alpha_{xx}E_x+\alpha_{xy}E_y+\alpha_{xz}E_z,\\
P_y &= \alpha_{yx}E_x+\alpha_{yy}E_y+\alpha_{yz}E_z,\\
P_z &= \alpha_{zx}E_x+\alpha_{zy}E_y+\alpha_{zz}E_z
\end{aligned}
\tag{10.4}
$$

となる．

結晶の誘電的性質は9個の量($\alpha_{xx}, \alpha_{xy}, \alpha_{xz}, \alpha_{yz}, \cdots$)によって完全に規定できる．これらを α_{ij} で表わす(添字 i と j とはそれぞれ3個の可能な字 x, y, z の中のどれか一つを代表する)．任意の電場 $\boldsymbol{E}$ は成分 E_x, E_y, E_z に分解できる．そこで α_{ij} を使えば，P_x, P_y, P_z がわかり，全分極 $\boldsymbol{P}$ が与えられる．9個の係数 α_{ij} の組をテンソル——この場合は分極率テンソル——とよぶ．三つの数(E_x, E_y, E_z)が“ベクトル $\boldsymbol{E}$ を形成する”というように，9個の数($\alpha_{xx}, \alpha_{xy}, \cdots$)が“テンソルを形成する”という．

10-2　テンソル成分の変換

別の座標系 x', y', z' に移ればベクトルの成分 $E_{x'}, E_{y'}, E_{z'}$ は全く別のものになる．これと同様に $\boldsymbol{P}$ の**成分**も変わる．そして，係数 α_{ij} のすべては座標系によってちがう．**物理的に同じ**電場を新しい座標系で書いても，物理的に同じ分極を得なければならないから，$\boldsymbol{E}$ と $\boldsymbol{P}$ との成分を正しく変えるならば，α がどのように変わるかを知ることができるわけである．

新しい座標系に対して $P_{x'}$ は P_x, P_y, P_z の線型結合であり

$$P_{x'} = aP_x+bP_y+cP_z$$

と書ける．ほかの成分も同様である．式(10.4)を用いて E_x 等で表わした P_x, P_y, P_z を代入すると

$$
\begin{aligned}
P_{x'} = \ & a(\alpha_{xx}E_x+\alpha_{xy}E_y+\alpha_{xz}E_z)\\
&+b(\alpha_{yx}E_x+\alpha_{yy}E_y+\ \cdots\ )\\
&+c(\alpha_{zx}E_x+\ \cdots\ +\ \cdots\ )
\end{aligned}
$$

となる．E_x, E_y, E_z を $E_{x'}, E_{y'}, E_{z'}$ で表わし，たとえば

$$E_x = a'E_{x'}+b'E_{y'}+c'E_{z'}$$

と書く．a', b', c' は a, b, c と関係があるが，これらと等しくはない．こうして $P_{x'}$ を成分 $E_{x'}, E_{y'}, E_{x'}$ で書くことができ，新しい α_{ij} が得られる．これは中々やっかいだが，全く真直な計算である．

座標軸を変えるというときは，結晶は**空間に対し**固定しているとしている．もしも結晶が軸と**共に**回転すれば，α は変化しない．逆に，軸に対する結晶の配向を変えれば，新しい α の組を得る．しかし，結晶がある配向をしたときの α がわかれば，上述の変換によって，別の任意の配向に対する α が求められる．いいかえれば，結晶の誘電的性質は，任意に選ばれた軸に関する分極テンソルの成分 α_{ij} を与えるこ

とによって，完全に規定される．ちょうど，粒子の速度ベクトル $\boldsymbol{v}=(v_x, v_y, v_z)$ が座標軸を変えるとあるきまった変化を受けるのと同様に，結晶の分極テンソルの9個の成分 α_{ij} は，座標系を変えるとあるきまった方法で変換される．

式(10.4)に書いた $\boldsymbol{P}$ と $\boldsymbol{E}$ との関係は，もっと簡潔な形

$$P_i = \sum_j \alpha_{ij} E_j \tag{10.5}$$

で表わされる．ここで i は x, y, z のいずれかをとり，和は $j=x, y, z$ についてとる．テンソルを扱うために多くの特別な記号が発明されたが，それぞれ限定された問題に対して好都合であるにすぎない．よく用いられる約束の一つは和の記号($\sum$)を省略し，同じ添字が2度(ここでは j)現われるときは，これについて和をとると了解しておくことである．我々はテンソルを少ししか使わないので，このような特別な記号や約束について立ち入らないことにする．

10-3　エネルギー楕円体

テンソルの練習を少ししてみよう．次の興味ある問題を考える．結晶を分極するにはどれだけのエネルギーが必要であろうか(すでに知った電場のエネルギー——単位体積につき $\varepsilon_0 E^2/2$ のほかに)．ここで，移動させられる原子の電荷を考えよう．電荷を dx だけ変位させる仕事は $qE_x dx$ であり，単位体積に N 個の電荷があれば，なされる仕事は $qE_x N dx$ である．しかし $qNdx$ は単位体積の双極子モーメントの変化 dP_x である．したがって，必要な仕事は単位体積につき

$$E_x\, dP_x$$

となる．場の三つの成分に関する仕事を合わせると，単位体積あたりの仕事は

$$\boldsymbol{E} \cdot d\boldsymbol{P}$$

となる．$\boldsymbol{P}$ の大きさは $\boldsymbol{E}$ に比例するから，分極を0から $\boldsymbol{P}$ まで持ち来たすための単位体積の仕事($\boldsymbol{E} \cdot d\boldsymbol{P}$ の積分)を u_P とすると

$$u_P = \frac{1}{2} \boldsymbol{E} \cdot \boldsymbol{P} = \frac{1}{2} \sum E_i P_i \tag{10.6}$$

となる*．

ここで，式(10.5)により $\boldsymbol{P}$ を $\boldsymbol{E}$ で表わすと

$$u_P = \frac{1}{2} \sum_i \sum_j \alpha_{ij} E_i E_j \tag{10.7}$$

である．u_P は軸のとり方によらない数であるから，これはスカラーである．テンソルは，(一つのベクトルと共に)一つの添字について和をとればベクトルとなり，(**二つの**ベクトルと共に)**両方の**添字について和をとればスカラーを与える性質がある．

テンソル α_{ij} は二つの添字をもつので，実は"2階テンソル"とよば

* これは分極を**生じさせる**際に電場がする仕事であって，永久双極子モーメント $\boldsymbol{p}_0$ の位置エネルギー $-\boldsymbol{p}_0 \cdot \boldsymbol{E}$ と混同してはならない．

なければならない．ベクトルは——**一つの**添字をもつ——1階テンソルであり，スカラーは——添字がない——0階テンソルである．したがって，電場 $\boldsymbol{E}$ は1階テンソルであり，エネルギー密度 u_P は0階テンソルである．テンソルを2個，あるいは3個の添字をもつものに拡張し，3階以上のテンソルを作ることも可能である．

分極テンソルの添字は三つの可能な値をもつ——このようなテンソルは3次元テンソルである．数学者は4次元，5次元，あるいはより高次元のテンソルを考える．我々は，(第5章で)すでに電磁場を相対論的に扱ったときに4次元のテンソル $F_{\mu\nu}$ を使っている．

分極テンソル α_{ij} は，**対称**，すなわち，添字の任意の対に関して $\alpha_{xy}=\alpha_{yx}$ 等，であるという面白い性質をそなえている(これは実際の結晶の**物理的な**性質であって，すべてのテンソルに必要な性質ではない)．これは，次のようなサイクルを考えたときのエネルギー変化を計算すれば確かめられる．(1) x 方向の場を加える．(2) y 方向の場を加える．(3) x 場を除く．(4) y 場を除く．これによって，結晶は，元へ戻り，分極に対する仕事は全体としてゼロになるはずである．しかし，こうなるためには，α_{xy} が α_{yx} と等しい必要があることを示すことができる．同様な議論は α_{xz} 等についてもあてはまる．したがって，分極テンソルは対称である．

さらにこれは，分極テンソルは，結晶を種々の方向に分極させるに要する仕事を測ることによって求められるということを意味する．x 成分と y 成分としかもたない $\boldsymbol{E}$ の場を加えたとすると，式(10.7)により

$$u_P = \frac{1}{2}[\alpha_{xx}E_x{}^2+(\alpha_{xy}+\alpha_{yx})E_xE_y+\alpha_{yy}E_y{}^2] \qquad (10.8)$$

である．E_x だけを加えれば α_{xx} が決定される．E_y だけを加えれば α_{yy} が決定される．E_x と E_y とを共に加えれば $(\alpha_{xy}+\alpha_{yx})$ の項による付加的なエネルギーを得る．α_{xy} と α_{yx} とは等しいから，この項は $2\alpha_{xy}$ であり，エネルギーと結びつけられる．

エネルギーの表現，式(10.8)は幾何学的にうまく解釈できる．どのような E_x と E_y とが**与えられた**エネルギー密度 u_0 に相当するかを問題にしたとしよう．これは，方程式

$$\alpha_{xx}E_x{}^2+2\alpha_{xy}E_xE_y+\alpha_{yy}E_y{}^2 = 2u_0$$

を解くという数学的な問題にすぎない．これは2次方程式で，この式の解 E_x, E_y は一つの楕円上にある(図10-2)(エネルギーは任意の場に対して正で有限であるから，放物線や双曲線でなく，楕円でなければならない)．成分 E_x, E_y をもつベクトル $\boldsymbol{E}$ は楕円の中心から描かれる．したがって，“エネルギー楕円”は分極テンソルを“見えるようにする”よい方法である．

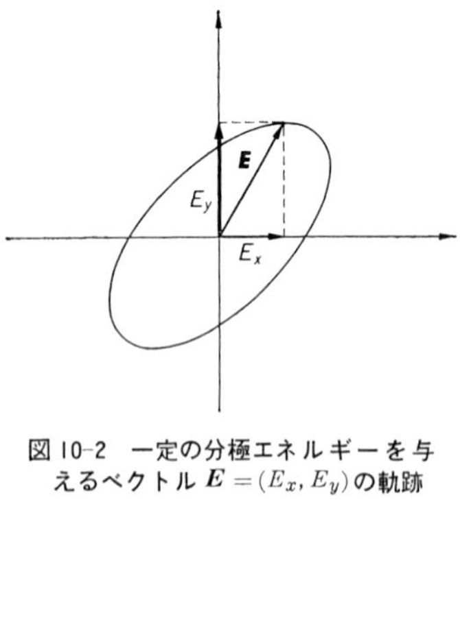

図10-2　一定の分極エネルギーを与えるベクトル $\boldsymbol{E}=(E_x, E_y)$ の軌跡

三つの成分のすべてを含むように拡張すれば，単位のエネルギー密度を与えるような任意向きの電場ベクトル $\boldsymbol{E}$ は一つの楕円体上にあることになる(図10-3)．このエネルギー一定の楕円体の形は分極テ

ンソルを一義的に特長づけるものである．

さて，楕円体は三つの主軸の方向と，この軸に沿う楕円体の直径とを与えれば定まるという，いい性質をもっている．“主軸”は最長および最短の直径をもつ方向であり，たがいに直角である．これは図10-3においてa, b, cで示してある．これらの軸を用いると，楕円体は

$$\alpha_{aa}E_a{}^2+\alpha_{bb}E_b{}^2+\alpha_{cc}E_c{}^2=2u_0$$

という特に簡単な方程式になる．

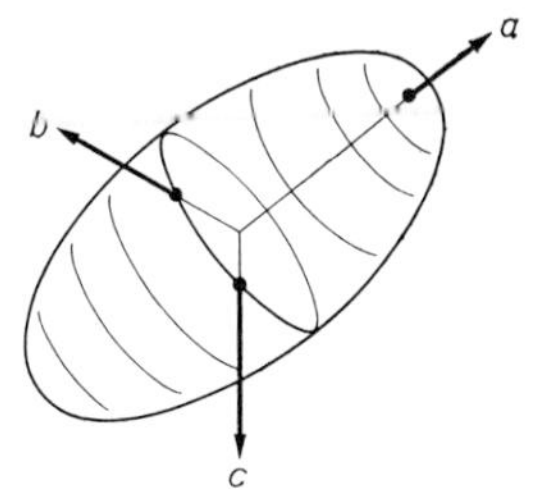

図 10-3 分極テンソルのエネルギー楕円体

したがって，これらの軸に関して，誘電テンソルはゼロでない三つの成分 $\alpha_{aa}, \alpha_{bb}, \alpha_{cc}$ だけをもつことになる．いいかえれば，どのように結晶が複雑であっても，その座標系に関しては分極テンソルがただ三つの成分だけをもつような座標軸の組(必ずしも結晶軸ではない)を選ぶことが常に可能である．このような軸の組について，式(10.4)は単に

$$\begin{aligned}P_a&=\alpha_{aa}E_a,\\P_b&=\alpha_{bb}E_b,\\P_c&=\alpha_{cc}E_c\end{aligned}\tag{10.9}$$

となる．これらの主軸の一つに平行な電場は同じ軸方向の分極を生じるが，三つの軸の係数はもちろんたがいに異なり得る．

しばしばテンソルは9個の係数を並べて括弧で囲み

$$\begin{bmatrix}\alpha_{xx}&\alpha_{xy}&\alpha_{xz}\\\alpha_{yx}&\alpha_{yy}&\alpha_{yz}\\\alpha_{zx}&\alpha_{zy}&\alpha_{zz}\end{bmatrix}\tag{10.10}$$

のように書く．主軸 a, b, c に関しては対角線要素だけがゼロでなく，これを“テンソルが対角線的”であるという．このテンソルの完全な形は

$$\begin{bmatrix}\alpha_{aa}&0&0\\0&\alpha_{bb}&0\\0&0&\alpha_{cc}\end{bmatrix}\tag{10.11}$$

である．重要なことは，任意の分極テンソル(実は，任意の次元数の2階の**任意の対称**テンソル)は適当な座標軸の組を選ぶことによってこの形にすることができる．

もしも，対角線的にした分極テンソルの3要素がすべて等しいならば，すなわち，もしも

$$\alpha_{aa}=\alpha_{bb}=\alpha_{cc}=\alpha\tag{10.12}$$

ならば，エネルギー楕円体は球になり，分極率はあらゆる向きで同じになる．このとき，物質は等方的であり，テンソル記号では

$$\alpha_{ij}=\alpha\delta_{ij}\tag{10.13}$$

である．ただしここに δ_{ij} は単位テンソル

$$\delta_{ij}=\begin{bmatrix}1&0&0\\0&1&0\\0&0&1\end{bmatrix}\tag{10.14}$$

である．これはもちろん

$$\delta_{ij} = 1 \quad (i=j), \qquad \delta_{ij} = 0 \quad (i \neq j) \tag{10.15}$$

を意味する．テンソルδ_{ij}はしばしば，“クローネッカーのデルタ”とよばれる．座標系を他の任意の直交座標系に移しても，式(10.14)のテンソルが厳密に同じ形をとることを試してみるのは興味深いことであろう．式(10.13)の分極テンソルは

$$P_i = \alpha \sum_j \delta_{ij} E_j = \alpha E_i$$

となるが，これは等方性誘電体についてすでに得た結果

$$\boldsymbol{P} = \alpha \boldsymbol{E}$$

と同じことを意味している．

分極楕円体の形と配向とは，結晶の対称性と関係づけられることが多い．すでに，第9章で述べたように，3次元の格子には230の相異なる内部対称性が可能であり，これらは種々の目的のために，単位格子の形にしたがって7種の結晶系にまとめられる．さて，分極率の楕円体は結晶内部の幾何学的対称性を反映しているはずである．たとえば三斜晶系は対称性が低いから，その分極率楕円体は3軸の長さが等しくなく，その配向は一般に結晶軸と一致しないであろう．一方，単斜晶系では，結晶を一つの軸のまわりに180°回転してもその性質は変化しないから，このような回転をしても分極テンソルは不変でなければならない．したがって，分極率の楕円体は180°回転すると元へ戻らなければならない．これは，楕円体の軸の一つが結晶の対称軸と同じ方向に向いているときに限って可能である．その他の点では楕円体の配向と形とは制限されない．

しかし，斜方晶系では，三つの結晶軸のどの一つのまわりに180°回転しても同じ格子に戻るから，楕円体の軸はすべて結晶軸と一致しなければならない．正方晶系になると，楕円体は同じ対称性をもたなければならないので，二つの等しい直径をもつことになる．最後に，等軸晶系では，楕円体は3方向がすべて等しく，球となり，結晶の分極率はすべての方向に対して等しいことになる．

結晶のすべての可能な対称性について，テンソルの可能な種類を求めていくことは大変なことである．これは“群論”的解析である．しかし，分極率テンソルのような簡単な場合には，その関係は比較的容易に見当がつく．

10-4　他のテンソル；慣性テンソル

その他にも物理学に現われるテンソルには種々の例がある．たとえば，金属や任意の導体では，電流密度$\boldsymbol{j}$が，近似的に電場$\boldsymbol{E}$に比例することが多い．比例係数は伝導率σとよばれ，

$$\boldsymbol{j} = \sigma \boldsymbol{E}$$

である．しかし，結晶では$\boldsymbol{j}$と$\boldsymbol{E}$との間の関係はより複雑である．伝導率はすべての方向に等しくはない．伝導率はテンソルであり，

$$j_i = \sum \sigma_{ij} E_j$$

と書くことができる．

物理的なテンソルの他の例として慣性モーメントがある．第 I 巻第 18 章で知ったように，固定軸のまわりに回転している固体は角速度 ω に比例した角運動量 L をもち，この比例因子を慣性モーメント I とすれば

$$L = I\omega$$

である．任意の形の物体においては，慣性モーメントは回転軸に対する配向に関係する．たとえば，長方形の物体では，三つの直交軸のそれぞれに対して慣性モーメントは異なり得る．さて，角速度 $\boldsymbol{\omega}$ も角運動量 $\boldsymbol{L}$ も共にベクトルである．対称軸の一つのまわりの回転に対しては，$\boldsymbol{\omega}$ と $\boldsymbol{L}$ とは平行である．しかし，三つの主軸に対する慣性モーメントがたがいに異なれば，$\boldsymbol{\omega}$ と $\boldsymbol{L}$ とは一般に同じ向きではない(図 10-4)．これらは，$\boldsymbol{E}$ と $\boldsymbol{P}$ との間の関係と同様な関係で結ばれる．一般にこの関係は

$$\begin{aligned} L_x &= I_{xx}\omega_x + I_{xy}\omega_y + I_{xz}\omega_z \\ L_y &= I_{yx}\omega_x + I_{yy}\omega_y + I_{yz}\omega_z \\ L_z &= I_{zx}\omega_x + I_{zy}\omega_y + I_{zz}\omega_z \end{aligned} \tag{10.16}$$

と書かなければならない．9 個の係数 I_{ij} は慣性テンソルとよばれる．分極の場合と同様に考えて，任意の回転のエネルギーは角運動量の成分 $\omega_x, \omega_y, \omega_z$ のある 2 次形式で書かれなければならないことがわかる．すなわち

$$KE = \frac{1}{2}\sum_{ij} I_{ij}\omega_i\omega_j \tag{10.17}$$

である．このエネルギーを用いて慣性楕円体を定義することができる．またエネルギーの議論を使って，このテンソルが対称であること，すなわち $I_{ij}=I_{ji}$ を示すことができる．

剛体の慣性テンソルは，その物体の形と質量分布とがわかれば計算することができる．それには，物体中の各粒子の全運動エネルギーを書き下せばよい．質量 m，速度 v の粒子は $\frac{1}{2}mv^2$ の運動エネルギーをもつ．全運動エネルギーは物体中のすべての粒子についての和

$$\sum \frac{1}{2}mv^2$$

によって与えられる．各粒子の速度 $\boldsymbol{v}$ は物体の角速度 $\boldsymbol{\omega}$ と関係づけられる．物体は，静止した重心のまわりに回転しているとしよう．重心から一つの粒子までの変位を $\boldsymbol{r}$ とすれば，その速度 $\boldsymbol{v}$ は $\boldsymbol{\omega}\times\boldsymbol{r}$ によって与えられる．したがって全運動エネルギーは

$$KE = \sum \frac{1}{2}m(\boldsymbol{\omega}\times\boldsymbol{r})^2 \tag{10.18}$$

である．さて，ここで $\boldsymbol{\omega}\times\boldsymbol{r}$ を成分 $\omega_x, \omega_y, \omega_z$ と x, y, z とで書き表わし，その結果を式(10.17)と比べればよい．I_{ij} は各項を等しいとおいて得られる．計算を実行すると

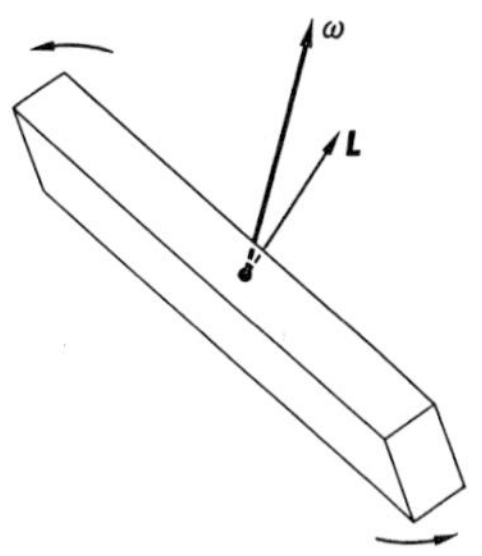

図 10-4　一般に固体物体の角運動量 L はその角速度 ω と平行ではない

$$
\begin{aligned}
(\boldsymbol{\omega}\times\boldsymbol{r})^2 &= (\boldsymbol{\omega}\times\boldsymbol{r})_x{}^2+(\boldsymbol{\omega}\times\boldsymbol{r})_y{}^2+(\boldsymbol{\omega}\times\boldsymbol{r})_z{}^2\\
&= (\omega_y z-\omega_z y)^2+(\omega_z x-\omega_x z)^2+(\omega_x y-\omega_y x)^2\\
&= +\omega_y{}^2 z^2-2\omega_y\omega_z zy+\omega_z{}^2 y^2\\
&\quad +\omega_z{}^2 x^2-2\omega_z\omega_x xz+\omega_x{}^2 z^2\\
&\quad +\omega_x{}^2 y^2-2\omega_x\omega_y yx+\omega_y{}^2 x^2
\end{aligned}
$$

となる．この式に $m/2$ を掛けすべての粒子について和をとり，式(10.17)と比べると，たとえば I_{xx} として

$$
I_{xx} = \sum m(y^2+z^2)
$$

を得る．これは，x 軸のまわりに回転する物体の慣性モーメントとして，すでに我々が得たもの(第I巻第19章)である．$r^2=x^2+y^2+z^2$ であるから，この項は

$$
I_{xx} = \sum m(r^2-x^2)
$$

とも書ける．他のすべての項も計算すれば，慣性テンソルは

$$
I_{ij} = \begin{bmatrix} \sum m(r^2-x^2) & -\sum mxy & -\sum mxz \\ -\sum myx & \sum m(r^2-y^2) & -\sum myz \\ -\sum mzx & -\sum mzy & \sum m(r^2-z^2) \end{bmatrix} \tag{10.19}
$$

となる．“テンソル記号”で書きたいならば

$$
I_{ij} = \sum m(r^2\delta_{ij}-r_i r_j) \tag{10.20}
$$

となる．ここで r_i は粒子の位置ベクトルの成分 (x, y, z) を意味し，$\sum$ はすべての粒子に対する和を表わす．慣性モーメントは2階のテンソルであって，その項は

$$
L_i = \sum_j \sum I_{ij}\omega_j \tag{10.21}
$$

によって $\boldsymbol{L}$ と $\boldsymbol{\omega}$ とが関係づけられるという性質をもっている．

物体がどんな形をしていようとも，慣性の楕円体が見出され，したがって三つの主軸が求められる．この軸に関しては，テンソルは対角線的である．したがって，どのような物体も角速度と角運動量とが平行になるような三つの直交軸を常にもっているわけである．

10-5　ベクトル積

我々は第I巻第20章以来，2階のテンソルを用いていたことを注意しておきたいと思う．“平面内のトルク”たとえば τ_{xy} は

$$
\tau_{xy} = xF_y-yF_x
$$

によって定義した．3次元に拡張すると

$$
\tau_{ij} = r_i F_j-r_j F_i \tag{10.22}
$$

と書かれる．この量 τ_{ij} は2階テンソルである．これを明らかにする一つの方法は，τ_{ij} を何かあるベクトル，たとえば単位ベクトル $\boldsymbol{e}$ と組み合わせ

$$
\sum_j \tau_{ij} e_j
$$

を作ってみることである．この量が**ベクトル**ならば，τ_{ij} はテンソルとして変換されなければならない――これはテンソルの定義である．

τ_{ij}を代入すると

$$\sum_j \tau_{ij}e_j = \sum_j r_i F_j e_j - \sum_j r_j e_j F_i$$
$$= r_i(\boldsymbol{F}\cdot\boldsymbol{e}) - (\boldsymbol{r}\cdot\boldsymbol{e})F_i$$

となる．ここで(・)積はスカラーであるから，右辺の二つの項はベクトルであり，その差もベクトルである．したがってτ_{ij}はテンソルである．

しかし，τ_{ij}は特別な種類のテンソル，すなわち**反対称**である．いいかえると

$$\tau_{ij} = -\tau_{ji}$$

であり，ゼロでないのは三つの項τ_{xy}, τ_{yz}, τ_{zx}だけである．第I巻第20章で示すことができたように，これら3個の項は，ほとんど“偶然”なのだが，一つのベクトルの3成分のように変換される．そこで我々は

$$\boldsymbol{\tau} = (\tau_x, \tau_y, \tau_z) = (\tau_{yz}, \tau_{zx}, \tau_{xy})$$

を**定義**することができる．“偶然”といったのは，これが3次元のときにのみ起こることだからである．たとえば4次元では，反対称2階テンソルは6個のゼロでない項をもち，明らかに**4**成分をもったベクトルでおきかえられない．

軸ベクトル$\boldsymbol{\tau}=\boldsymbol{r}\times\boldsymbol{F}$がテンソルであるのと同様に，二つの極性ベクトルのベクトル積はすべてテンソルである——全く同じ議論が適用される．しかし幸いなことに，これらは，やはりベクトル(実は擬ベクトル)として表わすことができ，計算は簡単化されたわけである．

数学的にいうと，$\boldsymbol{a}$と$\boldsymbol{b}$とが任意のベクトルの場合，9個の量a_ib_jはテンソル(物理学の目的には役に立たないかもしれないが)を形成する．したがって位置ベクトルr_iに対してr_ir_jはテンソルであり，δ_{ij}もテンソルであるから，式(10.20)の右辺は確かにテンソルである．同様に，式(10.22)の右辺の2項はそれぞれテンソルであるから，この式はテンソルである．

10-6　応力テンソル

上に述べた対称テンソルは，ベクトルを他のベクトルへ関係づける係数として生じたものであった．ここで，別の物理的意義をもつテンソル——**応力**のテンソル——を考えよう．いろいろの力が働いている固体を考えてみる．内部には種々の“応力”が存在するというとき，これは物質内部のたがいに隣る部分の間に力が働いていることを意味する．このような応力の2次元の場合については，第III巻12-3節において，膜が引き伸ばされたときの張力を考えたときに述べたことがある．ここでは，3次元の物体の内部的な力はテンソルによって与えられることを示そうと思う．

何かの弾性体——たとえばゼリーのかたまり——を考えよう．このかたまりを切ると，切り目の両側の物質は一般に内部力のために移動

を起こす．切る前には，二つの部分の間には力が働いていて，物質をその位置に保持していたはずである．応力はこのような力によって定義される．図 10-5 の平面 σ のように，x 軸に垂直な仮想的な面を考え，この平面の小さな面積 $\Delta y\Delta z$ を通して働く力を問題にする．この面の左にある物質は右にある物質に対して，図(b)のように，力 $\Delta\boldsymbol{F}_1$ を作用する．もちろん，左側の物質に対しては逆向きの反作用 $-\Delta\boldsymbol{F}_1$ が働く．面が充分に小さければ $\Delta\boldsymbol{F}_1$ は面積 $\Delta y\Delta z$ に比例するものと期待される．

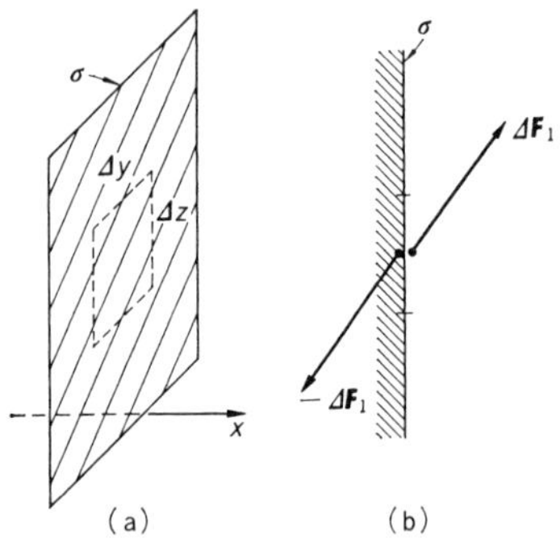

図 10-5　面 σ の左の物質はその右の物質に対し面積 $\Delta y\Delta z$ を通して力 ΔF_1 を作用する

諸君はすでにある種の応力，すなわち静水中の圧力をよく知っている．この場合，力は圧力と面積との積に等しく，面積素片に対して垂直である．固体では——運動している粘性流体でも——力は面に対して垂直であるとは限らない．圧力(正または負の)に加えて，**ずり**の力(剪断力)も存在する("ずり" の力は面を通して働く力の**接線**成分である)．力の 3 成分のすべてを考慮しなければならない．また，別の向きの面を想定すれば，力はちがってくることに注意しよう．内部応力を完全に記述するためにはテンソルが必要である．

応力テンソルは次のように定義される．第一に，図 10-6 のように，x 軸に垂直な断面を仮想し，これを通して働く力 $\Delta\boldsymbol{F}_1$ を成分 ΔF_{x1}, ΔF_{y1}, ΔF_{z1} に分解する．これらの力と面積 $\Delta y\Delta z$ との比を S_{xx}, S_{yx}, S_{zx} とする．たとえば

$$S_{yx}=\frac{\Delta F_{y1}}{\Delta y\Delta z}$$

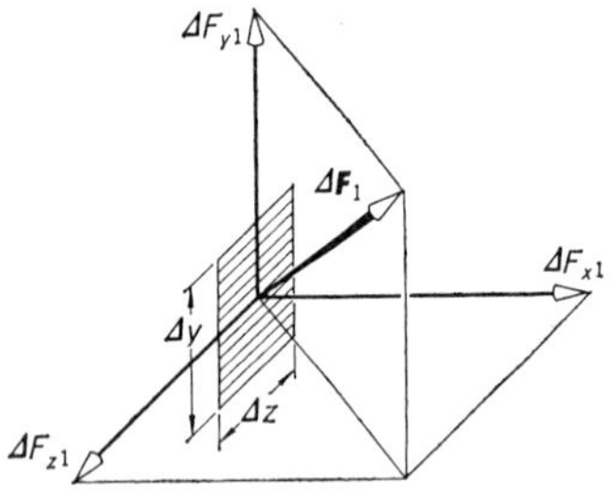

図 10-6　x 軸に垂直な面積素片 $\Delta y\Delta z$ を通して働く力 ΔF_1 は 3 成分 ΔF_{x1}, ΔF_{y1}, ΔF_{z1} に分解できる

である．第 1 の添字 y は力の成分の方向を表わし，第 2 の添字 x は，面の法線の方向を表わしている．面の素片が x 軸に垂直であることを考えて面積 $\Delta y\Delta z$ を Δa_x と書いてもよく，このときは

$$S_{yx}=\frac{\Delta F_{y1}}{\Delta a_x}$$

となる．

つぎに y 軸に垂直な断面を仮想する．微小な面 $\Delta x\Delta z$ を通して力 ΔF_2 が働く．再び，この力を図 10-7 のように 3 成分に分解し，単位面積あたりの 3 方向の力として応力の 3 成分 S_{xy}, S_{yy}, S_{zy} を定義する．最後に z 軸に垂直な断面を仮想し，3 成分 S_{xz}, S_{yz}, S_{zz} を定義する．こうして 9 個の数

$$S_{ij}=\begin{bmatrix} S_{xx} & S_{xy} & S_{xz}\\ S_{yx} & S_{yy} & S_{yz}\\ S_{zx} & S_{zy} & S_{zz}\end{bmatrix}\qquad(10.23)$$

が得られる．

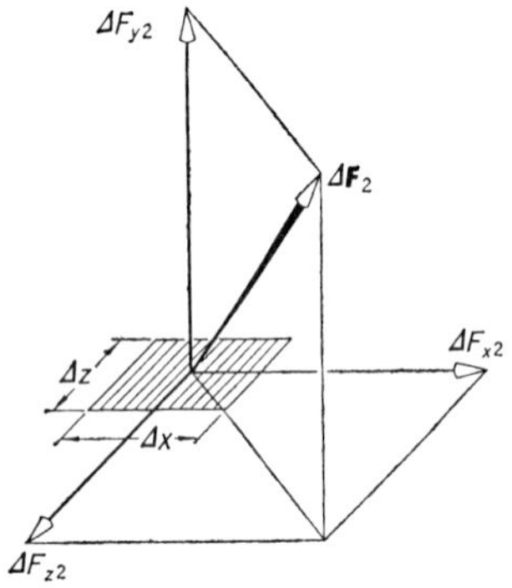

図 10-7　y 軸に垂直な面積素片を通して働く力は直交する 3 成分に分解できる

さて，これら 9 個の数が，応力の内部的状態を完全に記述するのに充分であり，S_{ij} が実際にテンソルであることを示そうと思う．任意の傾きをもつ面を通して働く力を求めることを考えよう．これを S_{ij} で表わすことができるだろうか．これは可能であり，次のようにすればよい．一面Nは考える面の中にあり，他の面は座標軸に平行なよう

な小さな立体を考える．もしも，面Nが z 軸に平行ならば，図10-8のような三角柱を考えることになる(これはやや特別な場合であるが，一般的方法を明らかにするには充分である)．この小さな三角柱に働く力は，図10-8のようになっていて，釣り合っている(少なくとも，大きさを無限小にした極限で)から，これに働く力の合力はゼロでなければならない．座標軸に平行な面に働く力は S_{ij} から直接にわかる．このような力のベクトル和は面Nに働く力と等しくなければならないから，この力は S_{ij} を用いて表わされる．

ここで，微小な三角柱の体積に働く**表面**力は平衡しているという仮定は，重力とか，座標系が慣性系でないための見掛けの力〔物体が加速度をもつときの慣性力〕などのような**体積**力を無視している．しかし，このような体積力は小さな三角柱の**体積**に比例し，したがって $\Delta x\Delta y\Delta z$ に比例するが，面力の方はすべて $\Delta x\Delta y, \Delta y\Delta z$ などのような面積に比例する．そこで小さな三角錐の大きさを充分小さくすれば，体積力はいつでも面力に対して無視できるわけである．

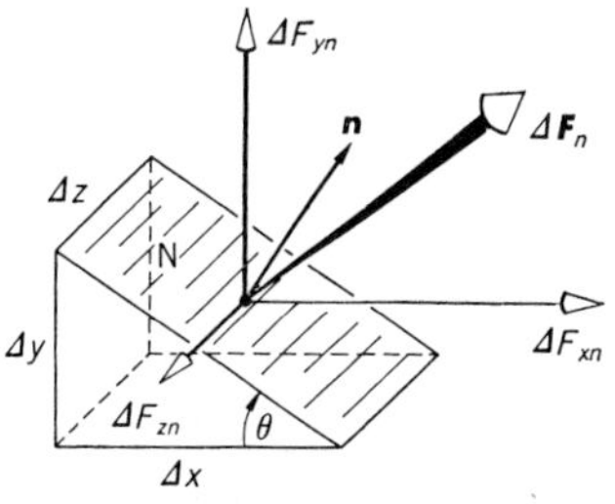

図10-8 面N(その単位法線は $\boldsymbol{n}$)を通る力 F_n は成分に分解できる

さて，小さな三角錐に働く力を加え合わせよう．最初に x 成分を考えよう．これは図10-8で，各面について1個ずつ，合計5個の力からなる．しかし，もしも Δz が充分小さければ，z 軸に垂直な三角形の2面に働く力は相等しく逆向きであるから，これらは考えなくてもよい．平行四辺形の形をした底面に働く力の x 成分は

$$\Delta F_{x2} = S_{xy}\Delta x\Delta z$$

である．鉛直な平行四辺形の間に働く力の x 成分は

$$\Delta F_{x1} = S_{xx}\Delta y\Delta z$$

である．これら2力の和は，面Nを通して**外向きに**働く力の x 成分に等しくなければならない．面Nに対する法線の単位ベクトルを $\boldsymbol{n}$ とし，この面に働く力を $\boldsymbol{F}_n$ としよう．したがって

$$\Delta F_{xn} = S_{xx}\Delta y\Delta z + S_{xy}\Delta x\Delta z$$

となる．この平面を通して働く応力の x 成分 S_{xn} は ΔF_{xn} をその面積 $\Delta z\sqrt{\Delta x^2+\Delta y^2}$ で割ったものに等しい．故に

$$S_{xn} = S_{xx}\frac{\Delta y}{\sqrt{\Delta x^2+\Delta y^2}} + S_{xy}\frac{\Delta x}{\sqrt{\Delta x^2+\Delta y^2}}$$

である．ここで，$\Delta x/\sqrt{\Delta x^2+\Delta y^2}$ は，図10-8に示したように，$\boldsymbol{n}$ と y 軸との間の角 θ の余弦 $\cos\theta$ に等しく，これは $\boldsymbol{n}$ の y 成分として，n_y と書くこともできる．同様に，$\Delta y/\sqrt{\Delta x^2+\Delta y^2}$ は $\sin\theta = n_x$ である．したがって

$$S_{xn} = S_{xx}n_x + S_{xy}n_y$$

である．

任意の面についてこれを拡張すれば

$$S_{xn} = S_{xx}n_x + S_{xy}n_y + S_{xz}n_z$$

あるいは一般に

$$S_{in} = \sum_j S_{ij}n_j \tag{10.24}$$

となる．したがって，任意の面積素片を通して働く力はS_{ij}によって表わすことができ，S_{ij}は物質の内部応力の状態を完全に記述するものである．

式(10.24)によれば，テンソルS_{ij}は応力$\boldsymbol{S}_n$を単位ベクトル$\boldsymbol{n}$に関係づける．これはちょうどα_{ij}が$\boldsymbol{P}$を$\boldsymbol{E}$に関係づけるのと同様である．$\boldsymbol{n}$も$\boldsymbol{S}_n$もベクトルであるから，S_{ij}の成分は座標系を変えるとテンソルとして変換される．したがってS_{ij}は実際にテンソルである．

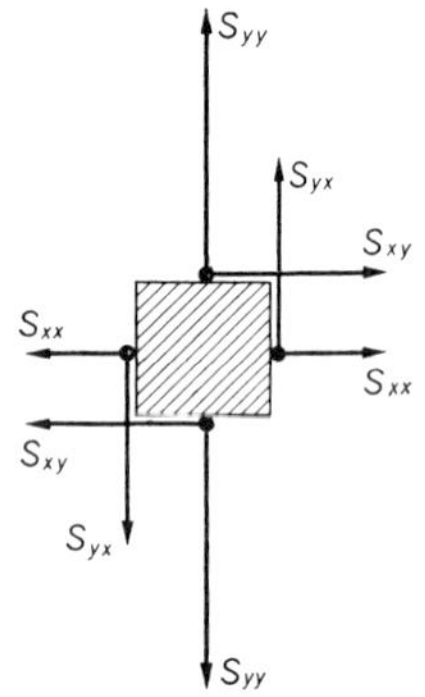

図10-9　小さな立方体の四つの面に働くxおよびy方向の力

物質の小さな立方体に働く力を考慮すれば，S_{ij}が対称テンソルであることが示される．面が座標軸に平行な小さな立方体を考え，その断面(図10-9)を考察する．立方体の辺を単位長さとすると，x軸，y軸に垂直な面に働く力のx成分，y成分は図に示すようになる．もしも立方体が小さければ，一つの面と，これに対する面との応力はほとんどちがいがないから，図のように力の成分は大きさが等しく，逆向きである．この立方体にトルクは働かないはずである．もしもトルクがあれば回転を始めるからである．トルクは全体として$S_{yx}-S_{xy}$(掛ける立方体の単位の辺の長さ)であり，これがゼロであるから，S_{yx}はS_{xy}に等しく，応力テンソルは対称である．

S_{ij}は対称テンソルであるから，これは3本の主軸をもつ楕円体で記述することができる．これらの軸に垂直な面に対しては，応力は特に簡単で，面に垂直な圧縮，あるいは伸張に相当する．これらの面にはずりの力は働かない．**任意の**応力に対して，ずりの力がないような軸が選べる．楕円体が円ならば，**どの向き**にも面に垂直な力しか働かない．これは静水圧(正あるいは負)に相当する．したがって，静水圧に対しては，テンソルは対称線的であって，3成分は相等しい．それは実際，圧力pに等しく，

$$S_{ij} = p\delta_{ij} \tag{10.25}$$

と書ける．

一般に物質内において応力テンソルとその楕円体とは場所によってちがっている．全体の状態を表わすには，S_{ij}の各成分を位置の関数として与える必要がある．したがって応力テンソルは**場**である．温度$T(x, y, z)$のような**スカラー場**は空間の各点で1個の数をもつ．$\boldsymbol{E}(x, y, z)$のような**ベクトル場**は各点で3個の数をもつ．そして**テンソル場**は空間の各点で9個——対称テンソルS_{ij}では実際には6個——の数をもつ．任意にひずまされた物体の内部の力を完全に記述するにはx, y, zの6個の関数が必要なのである．

10-7　高階テンソル

応力テンソルは物体の内部の**力**を表わすものである．物体が弾性体ならば，内部の**ひずみ**は別のテンソルT_{ij}——ひずみテンソルという——で表わすのが都合がよい．金属の棒のような簡単な物体では，長さの変化ΔLは近似的に力に比例し，この関係

$$\Delta L = \gamma F$$

をフックの法則という．任意のひずみをもつ弾性体では，ひずみ T_{ij} は応力 S_{ij} と線型の方程式の組

$$T_{ij}=\sum_{kl}\gamma_{ijkl}S_{kl}$$

で結ばれる．また，ばねや棒の位置エネルギーは

$$\frac{1}{2}F\varDelta L=\frac{1}{2}\gamma F^2 \tag{10.26}$$

であるが，これを一般化すると，物体の弾性エネルギー**密度**は

$$U_{\mathrm{elastic}}=\sum_{ijkl}\frac{1}{2}\gamma_{ijkl}S_{ij}S_{kl} \tag{10.27}$$

となる．

結晶の弾性的性質の完全な記述は係数 γ_{ijkl} によって与えられる．これは新しい登場であり，4階のテンソルである．各添字は x, y, z の3個のどれをとることもできるから，係数の数は全体として $3^4=81$ 個ある．しかし実際には唯21個が**異なる**だけである．第一に，S_{ij} は対称であるから，S_{ij} は6個が異なるだけである．したがって，式(10.27)では唯36個の**異なる**係数があればよい．しかし，またエネルギーを変化しないで S_{ij} と S_{kl} とを入れかえることができるから，γ_{ijkl} は ij と kl との交換に対し対称でなければならない．これより，異なる係数の数を21個に減少させる．したがって，対称性の最も低い結晶の弾性的性質を表わすには21個の弾性係数が必要である．結晶の対称性が高ければこの数はもっと小さい．たとえば等軸晶系は唯3個の弾性定数をもち，等方的物質では唯2個である．

等方的物質については次のように理解することができる．等方的物質では γ_{ijkl} は座標軸の向きによらないはずである．これは γ_{ijkl} がテンソル δ_{ij} で表わせるときに限って可能である．この対称性をもつ表現としては，$\delta_{ij}\delta_{kl}$ と $\delta_{ik}\delta_{jl}+\delta_{il}\delta_{jk}$ の二つがあるから，γ_{ijkl} はこれらの線型結合でなければならない．したがって等方的な物質では

$$\gamma_{ijkl}=a(\delta_{ij}\delta_{kl})+b(\delta_{ik}\delta_{jl}+\delta_{il}\delta_{jk})$$

であり，この物質の弾性的性質を表わすには2個の定数 a と b とが必要なことがわかる．等軸晶系の場合に3個が必要なことは諸君の演習にまかせよう．

最後の例として，圧電効果では3階のテンソルが現われる．応力の下で結晶は応力に比例する電場を生じることがある．この法則は一般に

$$E_i=\sum_{jk}P_{ijk}S_{jk}$$

と書ける．ここで E_i は電場，P_{ijk} は圧電係数，あるいは圧電テンソルである．もしも結晶が点対称($x, y, z\to -x, -y, -z$ に対して不変)であれば，圧電係数はすべてゼロであることを示してみるとよい．

10-8 電磁運動量の4元テンソル

この章で考察してきたテンソルはすべて3次元の空間に関係したものであった．これらは空間回転に対してある変換を行なうように定義されている．第5章において我々は相対論的な空間-時間の4次元におけるテンソル——電磁場テンソル $F_{\mu\nu}$——を用いた．このような4元テンソルの成分は座標軸のローレンツ変換によって特別な変換を受けることがわかった(前にはこのように考えなかったが，ローレンツ変換はミンコフスキー空間とよばれる4次元"空間"の中での回転と考えてもよかった．こう考えれば，ここでしていることとの類比はもっと明らかになったであろう)．

相対論の4次元空間(t, x, y, z)におけるもう一つのテンソルを最後の例として考えようと思う．応力テンソルを書いたとき，S_{ij}は単位面積を通して働く力の成分として定義した．しかし力は運動量の時間的変化の割合いに等しい．したがって，"S_{xy}はy軸に垂直な単位面を通して働く力のx成分である"というかわりに，"S_{xy}はy軸に垂直な単位面を通して運動量のx成分が流れる速さである"といってもよい．いいかえれば，S_{ij}の各項は，j方向に垂直な単位面を通して運動量のi成分が流れる速さである．これらは純粋な空間成分であるが，これらは，S_{tx}, S_{yt}, S_{tt}などの成分が加わった"より大きな"4次元テンソル$S_{\mu\nu}$の一部である．これらのつけ加わった成分の物理的な意味を考えよう．

上述のように空間成分は運動量の流れを表わす．これを時間の次元へ拡張する手掛りは，他の種類の"流れ"——電荷の流れ——を調べることによって得ることができる．電荷という**スカラー**量に対し，流れ(流れに垂直な単位面あたりの)は空間ベクトル，すなわち電流密度$\boldsymbol{j}$である．さきに学んだようにこの流れのベクトルの時間成分は，流れている物質の密度である．たとえば，$\boldsymbol{j}$は時間成分$j_t=\rho$(電荷密度)と組み合わせれば4元ベクトル$j_\mu=(\rho, \boldsymbol{j})$を作る．したがって，$j_\mu$の$\mu$を$t, x, y, z$とするにつれて，スカラーの電荷の"密度，$x$方向の流れの速さ，$y$方向の流れの速さ，$z$方向の流れの速さ"が与えられる．

スカラーの量の流れの時間成分の述べ方との類比により，運動量のx成分の流れを表わすS_{xx}, S_{xy}, S_{xz}に対して，流れているものの密度を表わすような時間成分S_{xt}があるにちがいないと期待できるであろう．そこでテンソルを水平に拡張して時間成分を含ませることができる．すると

$$S_{xt} = \text{運動量の}\ x\ \text{成分の密度}$$
$$S_{xx} = \text{運動量の}\ x\ \text{成分の}\ x\ \text{方向の流れ}$$
$$S_{xy} = \text{運動量の}\ x\ \text{成分の}\ y\ \text{方向の流れ}$$
$$S_{xz} = \text{運動量の}\ x\ \text{成分の}\ z\ \text{方向の流れ}$$

となる．同様に，運動量のy成分に対して流れの3成分S_{yx}, S_{yy}, S_{yz}があり，これらに4番目の項

$$S_{yt} = \text{運動量の}\ y\ \text{成分の密度}$$

を付け加える．また，もちろん S_{zx}, S_{zy}, S_{zz} に対しては

$$S_{zt} = \text{運動量の}\ z\ \text{成分の密度}$$

を付け加える．

4次元では，運動量の t 成分もあり，これはさきに学んだように，エネルギーである．そこで，テンソル S_{ij} は鉛直に拡張され，S_{tx}, S_{ty}, S_{tz} を生じる．ここに

$$\begin{aligned} S_{tx} &= \text{エネルギーの}\ x\ \text{方向の流れ} \\ S_{ty} &= \text{エネルギーの}\ y\ \text{方向の流れ} \\ S_{tz} &= \text{エネルギーの}\ z\ \text{方向の流れ} \end{aligned} \qquad (10.28)$$

である．すなわち，たとえば S_{tx} は x 軸に垂直な面を通して，単位面積あたり，単位時間に流れるエネルギーである．最後に，我々のテンソルを完結させるには S_{tt} が必要であるが，これは**エネルギー密度**であろう．我々は3次元の応力テンソル S_{ij} を4次元の**応力-エネルギー・テンソル** $S_{\mu\nu}$ へ拡張した．添字 ν は，t, x, y, z の4個のいずれかをとり，それぞれ"密度"，"単位面あたりの x 方向の流れ"，"単位面あたりの y 方向の流れ"，"単位面あたりの z 方向の流れ"を与える．また，添字 μ は，t, x, y, z の4個のいずれかをとり，流れるものすなわち"エネルギー"，"x 方向の運動量"，"y 方向の運動量"，"z 方向の運動量"を与える．

例として，物質内ではないが，電磁場の存在する自由空間領域におけるこのようなテンソルを挙げておこう．我々は，エネルギーの流れがポインティング・ベクトル $\boldsymbol{S}=\varepsilon_0 c^2 \boldsymbol{E}\times\boldsymbol{B}$ であることを知っている．したがって $\boldsymbol{S}$ の x, y, z 成分は，相対論的見地からすれば，4次元の応力-エネルギー・テンソルの成分 S_{tx}, S_{ty}, S_{tz} である．テンソル S_{ij} の対称性は時間成分についてももち込まれ，4次元テンソル $S_{\mu\nu}$ は対称である．すなわち

$$S_{\mu\nu} = S_{\nu\mu} \qquad (10.29)$$

である．いいかえれば，x, y, z 方向の運動量の密度を表わす成分 S_{xt}, S_{yt}, S_{zt} は**エネルギーの流れ**を表わすポインティング・ベクトル $\boldsymbol{S}$ の x, y, z 成分に等しい．これはさきの章において別の方法ですでに示したところである．

電磁応力テンソル $S_{\mu\nu}$ の残る成分も電磁場 $\boldsymbol{E}, \boldsymbol{B}$ で表わすことができる．すなわち，我々は，電磁場の応力，あるいはよりやさしくいえば，運動量の流れを許容しなければならない．これは第6章において式(6.21)のところで議論したが，くわしくは立ち入らなかった．

諸君の中で4次元テンソルに対する知識をためそうとする人達は，$S_{\mu\nu}$ を場の量で書いた式を知りたいと思うであろう．これは

$$S_{\mu\nu} = \frac{\varepsilon_0}{2}\left(\sum_\alpha F_{\mu\alpha}F_{\nu\alpha} - \frac{1}{4}\delta_{\mu\nu}\sum_{\alpha\beta}F_{\beta\alpha}F_{\beta\alpha}\right)$$

である．ここで α, β に対する和は t, x, y, z を表わすが，（相対論の場合いつもそうであるように）$\sum$ と δ の記号について符号は特別にとら

なければならない．和の場合，x, y, z の項は**引かれ**，$\delta_{tt}=+1$ であるが，$\delta_{xx}=\delta_{yy}=\delta_{zz}=-1$，$\delta_{\mu\nu}=0\,(\mu\neq\nu)$ であり，$c=1$ としている．これはエネルギー密度 $S_{tt}=(\varepsilon_0/2)(E^2+B^2)$ とポインティング・ベクトル $\varepsilon_0\boldsymbol{E}\times\boldsymbol{B}$ とを与えることを調べてみるとよい．また，$\boldsymbol{B}=0$ の静電場では，応力の主軸は電場の向きにあること，電場の方向に沿って**張力** $(\varepsilon_0/2)E^2$ があり，場に垂直な方向には同じ大きさの**圧力**が存在することを確かめてみるとよい．

第11章
密な物質の屈折率

11-1　物質の分極

これから，密な物質における光の屈折現象や光の吸収について議論しようと思う．第II巻第6章において，屈折率の理論を論じたが，その頃は数学的準備が足りなかったので，気体のように密度の低い物質に制限しなければならなかった．しかし，それでも屈折率が生じる物理的な原理は明らかにされた．光波の電場は気体分子を分極させ，振動する双極子モーメントを生じる．振動電荷の加速度は場に新しい波を輻射する．この新しい場は元の場と干渉して場を変化させるが，その結果は，元の波の位相を変化させたのと同じことになる．この位相変化は物質の厚さに比例するから，効果は物質内で位相速度がちがうということと同等である．さきの議論では，新しい波が振動する双極子のところにおける場を変化させるというような複雑な効果は無視した．そして，原子内の電荷に働く力は**入射**する波によるものであると仮定したが，実際には，振動子は入射波だけによって動かされるばかりでなく，他の原子の輻射する波によっても動かされるわけである．この効果をとり入れるのは困難であったので，このような効果が重要でない稀薄な気体だけを考察したのであった．

しかし，微分方程式を用いると，この問題は大変やさしく取り扱うことができる．この方法は(再び輻射された波が元の波と干渉するためであるという)屈折率の物理的な原因を不明瞭にするが，密な物質の理論をずっと簡単にする．この章ではこれまで学んだことをいろいろと利用する．実際に必要なことは学んできているので，新たに導入しなければならない新しい考えは比較的に少ないのである．必要なことを記憶からよび起こすために，これから用いる方程式と，それらを見出すことができる場所とを表11-1に掲げておく．多くの場合において，物理的な議論に再び時間を費すことはしないで，ただ，方程式を利用することにする．

まず気体の屈折率の起因を思い出しておこう．単位体積内にN個の粒子があり，各粒子は調和振動子として振舞うとしよう．原子，あるいは分子の模型として，電子が変位に比例する力によって(バネで結ばれているように)束縛されていると考える．すでに強調したように，これは原子の**古典的**模型としては合理的なものではないが，後に示すように，量子力学の理論は(簡単な場合)これと同等な結果を与える．前の扱いでは原子の振動子に減衰力があり得ることを無視したが，こ

表 11-1　この章では下記の，すでに学んだことを基礎として用いる

事　項	前出の章	方　程　式
減衰振子	第I巻，第23章	$m(\ddot{x}+\gamma\dot{x}+\omega_0^2x) = F$
気体の屈折率	II　6	$n = 1+\dfrac{1}{2m}\dfrac{Nq_e^2}{\varepsilon_0(\omega_0^2-\omega^2)}$
		$n = n'-in''$
易動度	II　16	$m\ddot{x}+\mu\dot{x} = F$
電気伝導度	II　18	$\mu = \dfrac{\tau}{m}$; $\sigma = \dfrac{Nq_e^2\tau}{m}$
分極率	III　10	$\rho_{\text{分極}} = -\nabla\cdot\boldsymbol{P}$
誘電体内部	III　11	$\boldsymbol{E}_{\text{局所}} = \boldsymbol{E}+\dfrac{1}{3\varepsilon_0}\boldsymbol{P}$

こでは，これを考慮しよう．このような力は運動に対する抵抗に相当し，したがって電子の速度に比例する．そこで運動方程式は

$$F = q_eE = m(\ddot{x}+\gamma\dot{x}+\omega_0^2x) \tag{11.1}$$

となる．ここで x は $\boldsymbol{E}$ の方向に平行な変位である(振動子の復元力がすべての方向に対して同等な，**等方的**振動子を仮定している．また，しばらくは $\boldsymbol{E}$ の方向が変わらない直線偏光の波を用いる)．原子に働く電場が時間に対して正弦的に変化するとして

$$E = E_0e^{i\omega t} \tag{11.2}$$

とおく．そうすると変位は同じ振動数で振動し，

$$x = x_0e^{i\omega t}$$

とおくことができる．$\dot{x}=i\omega x$, $\ddot{x}=-\omega^2x$ とおいて代入して x について解き，E で表わせば

$$x = \frac{q_e/m}{-\omega^2+i\gamma\omega+\omega_0^2}E \tag{11.3}$$

となる．変位がわかれば加速度 $\ddot{x}$ が求められ，屈折率を生じる輻射波を知ることができる．これは第II巻第6章で屈折率を計算した方法である．

しかし，別の方法を用いようと思う．原子の誘起双極子モーメント p は q_ex であり，式(11.3)を用いると

$$\boldsymbol{p} = \frac{q_e^2/m}{-\omega^2+i\gamma\omega+\omega_0^2}\boldsymbol{E} \tag{11.4}$$

である．$\boldsymbol{p}$ は $\boldsymbol{E}$ に比例するから

$$\boldsymbol{p} = \varepsilon_0\alpha(\omega)\boldsymbol{E} \tag{11.5}$$

と書くと，α は**原子の分極率**である*．この定義を用いれば

$$\alpha = \frac{q_e^2/m\varepsilon_0}{-\omega^2+i\gamma\omega+\omega_0^2} \tag{11.6}$$

となる．

原子の中の電子の運動を量子力学的に解いても，次のちがいを除い

* この章を通して第II巻第6章の記号を用い，α はここで定義したように**原子の分極率**を表わすものとする．前の章では α を**体積分極率**(P と E の比)として用いた．この章の記号では $P=N\alpha\varepsilon_0E$ となる(式(11.8)参照)．

て，類似の答が得られる．原子はいくつかの自然の振動数をもち，各振動数はそれぞれの減衰定数 γ をもっている．また，各モードの有効な“強さ”は異なっているが，これは各振動数に対する分極率に強度因子 f を掛けることによって表わすことができる．この因子は1の程度の数と期待される．各モードに対する三つのパラメーター ω, γ, f をそれぞれ ω_k, γ_k, f_k で表わし，種々のモードについて和をとれば式(11.6)は変形されて

$$\alpha(\omega)=\frac{q_e{}^2}{\varepsilon_0 m}\sum_k\frac{f_k}{-\omega^2+i\gamma_k\omega+\omega_{0k}{}^2} \tag{11.7}$$

となる．

物質の単位体積中の原子の数を N とすれば，分極 P は $Np=\varepsilon_0 N\alpha E$ であって，E に比例する．すなわち

$$\boldsymbol{P}=\varepsilon_0 N\alpha(\omega)\boldsymbol{E}. \tag{11.8}$$

いいかえると，物質に正弦的な電場が作用するとき，単位体積あたりに誘起される双極子モーメントは電場に比例する．その比例定数 α は振動数に関係することを注意しなければならない．非常に高い振動数では α は小さく，応答はあまり大きくない．しかし低い振動数では強い応答がある．また，比例定数は複素数であるが，これは分極が電場に完全にはついて行かず，いくらか位相のずれがあることを意味する．いずれにせよ，電場の強さに比例して，単位体積の分極が生じる．

11-2 誘電体内のマクスウェル方程式

物質内に分極があることは，物質内に分極電荷と電流とがあることを意味し，これらは場を与えるマクスウェル方程式の完全な形の中にとり入れられなければならない．真空中のように電荷や電流が存在しない場合でなく，これらが分極ベクトルによって間接に与えられるという状況の下でマクスウェル方程式を解くことにとりかかろう．第1の段階は，$\boldsymbol{P}$ を定義したのと同じ体積について平均した電荷密度 ρ と電流密度 $\boldsymbol{j}$ とを見出すことである．こうすれば，我々に必要な ρ と $\boldsymbol{j}$ とは，分極から求めることができることになる．

第III巻第10章で知ったように，分極 $\boldsymbol{P}$ が場所によって異なるときは

$$\rho_{\text{分極}}=-\nabla\cdot\boldsymbol{P} \tag{11.9}$$

によって与えられる電荷密度が存在する．この場合，静電場を扱っていたが，同じ式は時間的に変化する場に対しても正しい．しかし $\boldsymbol{P}$ が時間と共に変化するときは，電荷は運動し，したがって，分極**電流**もまた存在する．振動する各電荷は，その電荷 q_e とその速度 v との積に等しい電流の寄与がある．このような電荷が単位体積に N 個あれば，電流密度 $\boldsymbol{j}$ は

$$\boldsymbol{j}=Nq_e\boldsymbol{v}$$

である．$v=dx/dt$ であるから $j=Nq_e(dx/dt)$ となるが，これはちょうど dP/dt に等しい．したがって，変化する分極による電流密度は

$$\boldsymbol{j}_{\text{分極}} = \frac{d\boldsymbol{P}}{dt} \tag{11.10}$$

によって与えられる．

ここまでくると，問題は直接的で簡単である．式(11.9)と(11.10)とを用い，電荷密度と電流密度とが $\boldsymbol{P}$ によって与えられるマクスウェル方程式を書き下す(ほかには物質内に電流や電荷がないものとする)．次に，式(11.5)によって $\boldsymbol{P}$ と $\boldsymbol{E}$ とを関係づけ，方程式を $\boldsymbol{E}$ と $\boldsymbol{B}$ とについて解く——波動的な解が求められる．

これを行なう前に，歴史的な事項を付け加えておこう．マクスウェルが彼の方程式を書いたときは，我々のとはちがった形で与えた．このちがった形が何年も用いられ，現在でも多くの人がその形に書いているので，その相違を説明しておきたい．初期の頃には誘電率の機構は充分に，そして明白には評価されていなかった．原子の性質も理解されていなかったし，物質内に分極が存在することもわかっていなかった．そのため $\nabla\cdot\boldsymbol{P}$ からの電荷の寄与があることを考えなかった．そのため，原子に束縛されていない電荷(導線の中を流れる電荷や表面からこすり取られる電荷など)についてだけ考えた．

現在では原子に束縛された電荷をも含めて全電荷密度を ρ で表わすことが多い．束縛された部分を $\rho_{\text{分極}}$ と書くと

$$\rho = \rho_{\text{分極}} + \rho_{\text{その他}}$$

となる．ここで $\rho_{\text{その他}}$ はマクスウェルによって考慮されたもので，各原子に束縛されていない電荷を意味する．次に

$$\nabla\cdot\boldsymbol{E} = \frac{\rho_{\text{分極}} + \rho_{\text{その他}}}{\varepsilon_0}$$

と書こう．式(11.9)から $\rho_{\text{分極}}$ を代入すると

$$\nabla\cdot\boldsymbol{E} = \frac{\rho_{\text{その他}}}{\varepsilon_0} - \frac{1}{\varepsilon_0}\nabla\cdot\boldsymbol{P}$$

あるいは

$$\nabla\cdot(\varepsilon_0\boldsymbol{E} + \boldsymbol{P}) = \rho_{\text{その他}} \tag{11.11}$$

となる．

$\nabla\times\boldsymbol{B}$ に対するマクスウェル方程式における電流密度も，一般には原子に束縛された電流による寄与がある．したがって

$$\boldsymbol{j} = \boldsymbol{j}_{\text{分極}} + \boldsymbol{j}_{\text{その他}}$$

と書け，マクスウェル方程式は

$$c^2\nabla\times\boldsymbol{B} = \frac{\boldsymbol{j}_{\text{その他}}}{\varepsilon_0} + \frac{\boldsymbol{j}_{\text{分極}}}{\varepsilon_0} + \frac{\partial\boldsymbol{E}}{\partial t} \tag{11.12}$$

となる．式(11.10)を使うと

$$\varepsilon_0 c^2\nabla\times\boldsymbol{B} = \boldsymbol{j}_{\text{その他}} + \frac{\partial}{\partial t}(\varepsilon_0\boldsymbol{E} + \boldsymbol{P}) \tag{11.13}$$

を得る．

そこで，もしも新しいベクトル $\boldsymbol{D}$ を

$$\boldsymbol{D} = \varepsilon_0\boldsymbol{E} + \boldsymbol{P} \tag{11.14}$$

によって**定義**すれば，これら二つの場の方程式は

$$\nabla\cdot\boldsymbol{D} = \rho_{\text{その他}} \tag{11.15}$$

$$\varepsilon_0 c^2 \nabla\times\boldsymbol{B} = \boldsymbol{j}_{\text{その他}} + \frac{\partial\boldsymbol{D}}{\partial t} \tag{11.16}$$

となるであろう．これらが実際にマクスウェルが誘電体に対して用いた方程式である．彼の方程式の残りのものは

$$\nabla\times\boldsymbol{E} = -\frac{\partial\boldsymbol{B}}{\partial t}$$

$$\nabla\cdot\boldsymbol{B} = 0$$

であり，これらは我々の用いているものと同じである．

マクスウェルやその他の初期の研究者達は磁気的な物質(間もなく取り上げる)に対しても問題があった．彼らは原子の磁気を生じる環状電流について知らなかったので，一部分が欠如した電流密度を用いた．実際は式(11.16)のかわりに，彼らは

$$\nabla\times\boldsymbol{H} = \boldsymbol{j}' + \frac{\partial\boldsymbol{D}}{\partial t} \tag{11.17}$$

と書いている．ここで $\boldsymbol{H}$ は，原子の電流の影響を含む点で $\varepsilon_0 c^2\boldsymbol{B}$ とは異なっている($\boldsymbol{j}'$ はその残りの電流を意味する)．したがってマクスウェルは**4個**の場のベクトル $\boldsymbol{E}, \boldsymbol{D}, \boldsymbol{B}$ および $\boldsymbol{H}$ を用いた——$\boldsymbol{D}$ と $\boldsymbol{H}$ とは，物質の中で起こっていることを考慮しないですます方法であった．このような方法で書かれた方程式を見出すことも多いであろう．

方程式を解くためには $\boldsymbol{D}$ および $\boldsymbol{H}$ を他の場と関係づける必要があり，これは

$$\boldsymbol{D} = \varepsilon\boldsymbol{E}, \qquad \boldsymbol{B} = \mu\boldsymbol{H} \tag{11.18}$$

と書くのが習慣である．

しかし，これらの関係式はある物質について近似的に正しいにすぎず，その場合でも，場が時間的に急激に変化しないときに限られている(正弦的に変化する場に対しては ε と μ とを周波数の関数で複素数であるとして，方程式をこのように書くことができる場合が多いが，任意の時間的変化の場についてはこうは書けない)．正しい方法は現在知られている基本的な量を用いて方程式を記すことであり，これは我々が行なってきたことである．

11-3 誘電体内の波

さて，原子に束縛された電荷以外には余分な電荷がない誘電体の物質内にどのような電磁波が存在し得るかを考えよう．この場合，$\rho = -\nabla\cdot\boldsymbol{P}$, $\boldsymbol{j} = \partial\boldsymbol{P}/\partial t$ であり，マクスウェル方程式は

$$\text{(a)}\quad \nabla\cdot\boldsymbol{E} = -\frac{\nabla\cdot\boldsymbol{P}}{\varepsilon_0} \qquad \text{(b)}\quad c^2\nabla\times\boldsymbol{B} = \frac{\partial}{\partial t}\left(\frac{\boldsymbol{P}}{\varepsilon_0} + \boldsymbol{E}\right)$$
$$\text{(c)}\quad \nabla\times\boldsymbol{E} = -\frac{\partial\boldsymbol{B}}{\partial t} \qquad \text{(d)}\quad \nabla\cdot\boldsymbol{B} = 0 \tag{11.19}$$

となる．

これらの方程式は前にもやった方法で解ける．式(11. 19 c)の curl をとれば

$$\nabla\times(\nabla\times\boldsymbol{E}) = -\frac{\partial}{\partial t}\nabla\times\boldsymbol{B}$$

となる．次にベクトル等式

$$\nabla\times(\nabla\times\boldsymbol{E}) = \nabla(\nabla\cdot\boldsymbol{E})-\nabla^2\boldsymbol{E}$$

を用い，また式(11. 19 b)から $\nabla\times\boldsymbol{B}$ を代入すれば

$$\nabla(\nabla\cdot\boldsymbol{E})-\nabla^2\boldsymbol{E} = -\frac{1}{\varepsilon_0 c^2}\frac{\partial^2\boldsymbol{P}}{\partial t^2}-\frac{1}{c^2}\frac{\partial^2\boldsymbol{E}}{\partial t^2}$$

を得る．$\nabla\cdot\boldsymbol{E}$ として式(11. 19 a)を用いれば

$$\nabla^2\boldsymbol{E}-\frac{1}{c^2}\frac{\partial^2\boldsymbol{E}}{\partial t^2} = -\frac{1}{\varepsilon_0}\nabla(\nabla\cdot\boldsymbol{P})+\frac{1}{\varepsilon_0 c^2}\frac{\partial^2\boldsymbol{P}}{\partial t^2} \qquad (11.20)$$

が得られる．したがって，波動方程式の代りに，$\boldsymbol{E}$ のダランベリアンが，分極 $\boldsymbol{P}$ を含む2項と相等しいという式を得たわけである．

しかし，$\boldsymbol{P}$ は $\boldsymbol{E}$ によるから，式(11. 20)はやはり波の解をもっている．ここでは**等方的**な誘電体に制限する．すなわち $\boldsymbol{P}$ は常に $\boldsymbol{E}$ と同じ方向をもつとする．z 方向に進む波の解をさがそう．このとき電場は $e^{i(\omega t-kz)}$ のように変わるとしてよい．また波は x 方向に偏っていると仮定する．すなわち電場は x 成分だけをもつとする．

$$E_x = E_0 e^{i(\omega t-kz)} \qquad (11.21)$$

と書く．

すでに知ったように $(z-vt)$ の任意の関数は速さ v で進む波を表わす．式(11. 21)の肩は

$$-ik\left(z-\frac{\omega}{k}t\right)$$

と書けるから，式(11. 21)は位相速度

$$v_{\rm ph} = \omega/k$$

で伝わる波を表わしている．屈折率 n(第II巻第6章)は

$$v_{\rm ph} = \frac{c}{n}$$

によって定義される．そこで式(11. 21)は

$$E_x = E_0 e^{i\omega(t-nz/c)}$$

となる．したがって，式(11. 21)がこの場合の場の方程式を満たすように k をきめれば，n は

$$n = \frac{kc}{\omega} \qquad (11.22)$$

によって求めることができる．等方的な物質では x 方向の分極しかない時は，$\boldsymbol{P}$ は x 軸に沿う変化がなく，したがって $\nabla\cdot\boldsymbol{P}=0$ であり，式(11. 20)の右辺第1項は無くなる．また線型の誘電体を仮定しているから P_x は $e^{i\omega t}$ のように変化し，$\partial^2 P_x/\partial t^2=-\omega^2 P_x$ である．式(11. 20)のラプラシアンは単に $\partial^2 E_x/\partial z^2=-k^2 E_x$ となるから

$$-k^2E_x+\frac{\omega^2}{c^2}E_x = -\frac{\omega^2}{\varepsilon_0 c^2}P_x \qquad (11.23)$$

が得られる．

$\boldsymbol{E}$ が正弦的に変化していると仮定すると，式(11.5)のように $\boldsymbol{P}$ は $\boldsymbol{E}$ に比例することになる(この仮定については後に論じる)．

$$P_x = \varepsilon_0 N\alpha E_x$$

と書くと，式(11.23)において E_x は落ちて

$$k^2 = \frac{\omega^2}{c^2}(1+N\alpha) \qquad (11.24)$$

となる．したがって式(11.21)のような波で，式(11.24)で与えられる波数 k をもつものは，場の方程式を満足することがわかった．式(11.22)を用いると，屈折率 n は

$$n^2 = 1+N\alpha \qquad (11.25)$$

で与えられることになる．

この式を気体の屈折率の理論(第II巻第6章)において得た式と比較しよう．この場合には式(6.19)，すなわち

$$n = 1+\frac{1}{2}\frac{Nq_e{}^2}{m\varepsilon_0}\frac{1}{-\omega^2+\omega_0{}^2} \qquad (11.26)$$

が得られた．式(11.6)の α を用いると式(11.25)は

$$n^2 = 1+\frac{Nq_e{}^2}{m\varepsilon_0}\frac{1}{-\omega^2+i\gamma\omega+\omega_0{}^2} \qquad (11.27)$$

となる．第一に，振動子の減衰を含めさせたために新しい項 $i\gamma\omega$ が付加された．第二に式(11.26)は左辺が n^2 でなく n であって，右辺に因子1/2がついている．しかし，N が充分小さくて，そのため n が(気体の場合のように)1にきわめて近いならば，式(11.27)は n^2 が1に小さな数を加えたもの，すなわち $n^2=1+\varepsilon$ であることを示している．そこで $n=\sqrt{1+\varepsilon}\approx 1+\varepsilon/2$ と書けるから，二つの表式は同等になる．したがって，我々の方法は前に見出したのと同じ結果を与えることになる．

諸君は式(11.27)が密度の高い物質の屈折率も与えるであろうと思うかも知れない．しかし，いくつかの理由により，これは変形されなければならない．第一に，この式を導くのに，各原子を分極させる電場は E_x であると仮定した．しかし，この仮定は正しく**ない**．それは密な物質では近くに存在する原子が作る電場もあって，これは E_x と同程度になり得るからである．同じような問題は，静電場内の誘電体を考えたときにも考えている(第III巻第11章参照)．その場合，一つの原子に働く電場を計算するのに，原子が周囲の誘電体の中の球形の孔に入っていると考えたことを覚えているであろう．このような孔の中の電場——**局所**電場と呼んだ——は平均の電場 $\boldsymbol{E}$ よりも $P/3\varepsilon_0$ だけ大きかった(ただし，この結果は等方的な物質と等軸結晶という特別な場合だけについてのみ完全に正しいことも思い出しておこう)．

これと同じ議論は電場が波状の場合も，波の波長が原子間の距離に

比べてはるかに長い限り成り立つであろう．このような場合に限ると，

$$E_{局所} = E + \frac{P}{3\varepsilon_0} \tag{11.28}$$

と書ける．この局所電場が式(11.3)で用いられなければならないものである．すなわち式(11.8)は

$$P = \varepsilon_0 N\alpha E_{局所} \tag{11.29}$$

と書かなければならない．式(11.28)の $E_{局所}$ を用いると

$$P = \varepsilon_0 N\alpha\left(E + \frac{P}{3\varepsilon_0}\right)$$

あるいは

$$P = \frac{N\alpha}{1-(N\alpha/3)}\varepsilon_0 E \tag{11.30}$$

となる．いいかえると，密な物質において，P はやはり(正弦電場の場合)E に比例する．しかし比例定数は式(11.23)の下に書いたように $\varepsilon_0 N\alpha$ ではなく，$\varepsilon_0 N\alpha/[1-(N\alpha/3)]$ でなければならない．したがって式(11.25)は修正して

$$n^2 = 1 + \frac{N\alpha}{1-(N\alpha/3)} \tag{11.31}$$

としなければならない．この方程式は代数的に等価な式

$$3\left(\frac{n^2-1}{n^2+2}\right) = N\alpha \tag{11.32}$$

の形で書くのが具合がよい．これはクラウジウス-モゾッティの式として知られている．

密な物質では，さらに一つの複雑さがある．付近の原子が近くにあるので，それらの間に強い相互作用がある．そのため，内部的な振動のモードが変化する．原子的な振動子の自然の振動数は相互作用によって広がって，一般に強く減衰を受ける――抵抗係数が相当大きくなる．したがって，固体内の ω_0 や γ は自由な原子の場合と相当異なるであろう．このようなことを考えた上でも，少なくとも近似的に，α は式(11.7)によって表わされるであろう．そこで，

$$3\left(\frac{n^2-1}{n^2+2}\right) = \frac{Nq_e^2}{m\varepsilon_0}\sum_k \frac{f_k}{-\omega^2 + i\gamma_k\omega + \omega_{0k}^2} \tag{11.33}$$

が得られる．

最後に，密な物質がいくつかの成分の混合物であるときは，各成分が分極に寄与するであろう．全体の α は混合物の各成分からの寄与の和で与えられるだろう〔式(11.28)の局所場近似が正しくないような秩序のある結晶を除く――この効果については強誘電体を解析したときに論じた〕．単位体積内の各成分の原子数を N_j とすると式(11.32)は書きかえて

$$3\left(\frac{n^2-1}{n^2+2}\right) = \sum_j N_j\alpha_j \tag{11.34}$$

としなければならない．ここで各 α_j は式(11.7)のような式によって

与えられるであろう．式(11.34)によって屈折率に対する式は完結した．$3(n^2-1)/(n^2+2)$という量は振動数のある複素関数であり，これは平均の原子分極率α_jである．密な物質に対して$\alpha(\omega)$を精しく評価すること(すなわちf_k, γ_kおよびω_{0k}を求めること)は量子力学のむつかしい問題である．これは少数の極く簡単な物質についてのみ，第一原理から解かれているにすぎない．

11-4　複素屈折率

さて，我々の得た式(11.33)から導かれることを調べよう．第一に，αが複素数であるから，nも複素数になる．これは何を意味するであろうか．nを実数部と虚数部とに分けて

$$n = n_R - in_I \tag{11.35}$$

と書こう．ここでn_Rとn_Iとはωの実関数である．in_Iに負符号をつけたのは，すべての普通の物質についてn_Iが正の量になるようにしたのである(普通の不活性の物質——すなわちレーザーのように光源自身であるものを除けば——γは正であり，そのためnの虚数部は負になる)．式(11.21)で与えられる平面波はnを用いて

$$E_x = E_0 e^{i\omega(t-nz/c)}$$

と書ける．nを式(11.35)のように書くと

$$E_x = E_0 e^{-\omega n_I z/c} e^{i\omega(t-n_B z/c)} \tag{11.36}$$

となる．項$e^{i\omega(t-n_R z/c)}$は速さc/n_Rで伝わる波を表わすから，n_Rは我々が普通に屈折率と考えているものを表わしている．しかし，この波の**振幅**は

$$E_0 e^{-\omega n_I z/c}$$

であり，zと共に指数関数的に減少する．ある瞬間における電場の強さのグラフを，$n_I \approx n_R/2\pi$として，図11-1に示す．屈折率の虚数部は原子振動のエネルギー損失による波の減衰を表わす．波の**強度**は振幅の2乗に比例するから，

$$強度 \propto e^{-2\omega n_I z/c}$$

である．これは

$$強度 \propto e^{-\beta z}$$

の形に書くことが多い．ここで$\beta = 2\omega n_I/c$は**吸収係数**と呼ばれる．したがって式(11.33)は物質の屈折率の理論であるばかりでなく，光の吸収の理論でもある．

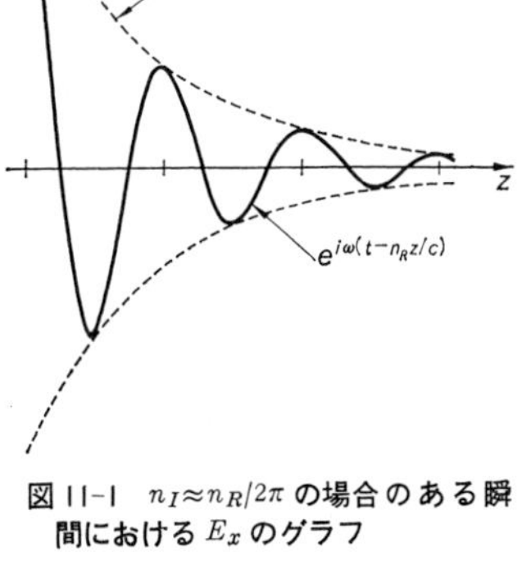

図 11-1　$n_I \approx n_R/2\pi$ の場合のある瞬間における E_x のグラフ

透明な物質と一般に考えられるものでは，長さの次元をもつ量$c/\omega n_I$は物質の厚さに比べて相当大きいわけである．

11-5　混合物の屈折率

屈折率の理論が予言することで，実験で確かめられるものがほかにもある．二つの物質の混合物を考えよう．混合物の屈折率は二つの屈折率の平均ではなく，式(11.34)のように，二つの分極率の和によって与えられるはずである．たとえば砂糖の溶液の屈折率についていえ

ば，全分極率は水と砂糖との分極率の和である．もちろん，その各々は特定の種類の分子の単位体積あたりの数Nを使って計算されなければならない．いいかえると，ある溶液の単位体積内に分極率α_1の水分子N_1個と分極率α_2の蔗糖分子($C_{12}H_{22}O_{11}$)とがあるならば

$$3\left(\frac{n^2-1}{n^2+2}\right)=N_1\alpha_1+N_2\alpha_2 \qquad (11.37)$$

でなければならない．

蔗糖の種々の濃度における屈折率を測れば，この式を用いて我々の理論を実験で確かめることができる．しかし我々はいくつかの仮定をおいている．上式では，蔗糖が溶けたときに化学的な作用が生じないとし，また，濃度が変わっても各原子振動子の受ける擾乱はそう大きなちがいがないとしている．したがって，明らかに上の結果は近似的なものにすぎない．とにかく，どのくらい正しいか調べてみよう．

砂糖の溶液を例として選んだ理由は，屈折率の測定値の良い表が**化学と物理のハンドブック**にあり，また，砂糖は分子性の結晶で水に溶けるときイオン化することもなく，化学的状態にその他の変化も起こさないからである．

表 11-2　蔗糖の溶液の屈折率と式(11.37)の予想との比較

ハンドブックのデータ								
A 蔗糖の重量比	B 密度	C n (20°C)	D 1リットル中の蔗糖のモル数[d] N_2/N_0	E 1リットル中の水のモル数[e] N_1/N_0	F $3\left(\frac{n^2-1}{n^2+2}\right)$	G $N_1\alpha_1$	H $N_2\alpha_2$	J $N_0\alpha_2$ (グラム/リットル)
0[a]	0.9982	1.333	0	55.5	0.617	0.617	0	—
0.30	1.1270	1.3811	0.970	43.8	0.698	0.487	0.211	0.213
0.50	1.2296	1.4200	1.798	34.15	0.759	0.379	0.380	0.211
0.85	1.4454	1.5033	3.59	12.02	0.886	0.1335	0.752	0.210
1.00[b]	1.588	1.5577[c]	4.64	0	0.960	0	0.960	0.207

a 純水　b 砂糖の結晶　c 平均(本文参照)　d 蔗糖の分子量＝342　e 水の分子量＝18

表11-2の始めの3列にはハンドブックからのデータを示す．列Aは重さで表わした蔗糖の百分率，列Bは測定された密度(g/cm^3)，列Cは波長589.3ミリミクロンの光に対する屈折率の測定値である．純粋な砂糖に対しては砂糖の結晶の屈折率の測定値を示してある．結晶は等方的でなく，方向によって屈折率の測定値はちがう．ハンドブックは

$$n_1=1.5376,$$
$$n_2=1.5651,$$
$$n_3=1.5705$$

の三つの値を挙げている．これらの平均を用いた．

さて，各濃度におけるnを計算したいところだが，我々はα_1やα_2の値をどうとったらよいか知ってはいない．次のようにして理論を確かめよう．水の分極率α_1はすべての濃度において同じであると仮定し，nの実験値を用いて式(11.37)をα_2について解き，蔗糖の分極率を計算しよう．理論がもしも正しければ，すべての濃度に対するα_2

として同じ値が得られるはずである．

第一に，N_1 と N_2 とを知らなければならない．これらをアボガドロ数で表わそう．単位体積として 1 リットル(1000 cm^3)をとろう．そうすると N_i/N_0 は 1 グラム分子の重さで 1 リットルあたりの重さを割ったものになる．そして 1 リットルあたりの重さは密度(1 リットルあたりのグラム数を得るため 1000 倍した値)に蔗糖，あるいは水の重量濃度を掛けたものである．このようにして表の列 D と E とに示した N_2/N_0 と N_1/N_0 とを得る．

列 C に与えた n の実験値を用いて計算した $3(n^2-1)/(n^2+2)$ の値を列 F に示してある．純粋な水では $3(n^2-1)/(n^2+2)$ は 0.617 であり，これはちょうど $N_1\alpha_1$ に等しい．列 G の他の部分は容易に与えられる．それは各行において G/E は同じ比，すなわち 0.617 : 55.5 であるからである．列 F から列 G を引けば蔗糖による寄与 $N_2\alpha_2$ を得る．これを列 H に示す．これを列 D の N_2/N_0 の値で割れば列 J に示した $N_0\alpha_2$ の値を得る．

我々の理論からすれば，すべての $N_0\alpha_2$ の値は同じと期待されるが，正確に等しくはならない．しかし，相当よく一致している．したがって我々の考え方は充分正しいと結論できる．さらに，砂糖分子の分極率はその周囲の状況にあまりよらないようにみえること——その分極率は稀薄溶液においても結晶においてもほとんど同じであること——がわかった．

11-6 金属内の波

固体物質についてこの章で展開した理論は，金属のような良導体に対しても，ほとんど修正なしに適用することができる．金属においては，電子のあるものは特定の原子に束縛するような力を受けていない．このような“自由”電子が伝導現象にあずかるのである．束縛された電子もあり，これに対しては上記の理論がそのまま適用される．しかし，その影響は，ふつうは伝導電子の効果によっておおわれてしまう．

電子に復元力が働かないで，しかし運動の抵抗はあるという場合には，その運動方程式は $\omega_0{}^2x$ の項がない点を除いて式(11.1)とかわりがない．そこで，それから導かれた式で $\omega_0{}^2=0$ とおくだけでよい．しかし，さらに一つのちがいがある．平均の電場と誘電体内の局所電場とを区別した理由は，絶縁体において各双極子は位置がきまっているため，他の双極子に対し定まった関係をもつことであった．しかし金属の伝導電子はすべての場所を動き回るので，これに加わる電場は**平均として**ちょうど平均の電場 $\boldsymbol{E}$ に等しい．したがって，式(11.5)に対して，式(11.28)を用いて行なった修正は伝導電子については行なっては**ならない**．したがって，金属の屈折率の式は，ω_0 をゼロとおく以外では式(11.27)と同じである．すなわち

$$n^2 = 1+\frac{Nq_e{}^2}{m\varepsilon_0}\frac{1}{-\omega^2+i\gamma\omega} \qquad (11.38)$$

である．これは伝導電子からの寄与だけを与えるが，我々はこれが金属の主な寄与であると仮定しよう．

さて，さらにγとして用いる値を知ることもできる．それは，これが金属の抵抗と関係するからである．第II巻第18章において，結晶内を自由電子が拡散するために金属の電気伝導が行なわれることを学んだ．電子は散乱を繰り返してぎざぎざの道をとり，散乱の間では平均の電場で加速されることを除けば自由に運動する(図11-2参照)．第II巻第18章では，平均の移動速度が加速度と衝突間の時間τとの積にちょうど等しいことを知った．加速度は$q_e\boldsymbol{E}/m$であり，したがって

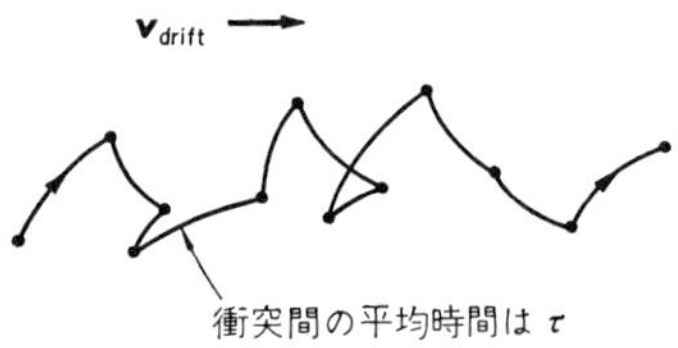

図11-2　自由電子の運動

$$\boldsymbol{v}_{\text{drift}} = \frac{q_e\boldsymbol{E}}{m}\tau \tag{11.39}$$

である．この式は$\boldsymbol{E}$が一定であると仮定しているので，$\boldsymbol{v}_{\text{drift}}$は一定の速度である．平均として加速はないから，抵抗の力は加えられた力に等しい．γの定義は，$\gamma m\boldsymbol{v}$が抵抗力に等しいということであった〔式(11.1)参照〕．この力は$q_e\boldsymbol{E}$である．したがって

$$\gamma = \frac{1}{\tau} \tag{11.40}$$

であることになる．

τを直接に測定することはできないが，金属の電気伝導度を測定することによって，これをきめることができる．金属内の電場$\boldsymbol{E}$は，(等方的な物質の場合)$\boldsymbol{E}$に比例する電流$\boldsymbol{j}$を生ずることが実験的に知られている．すなわち

$$\boldsymbol{j} = \sigma\boldsymbol{E}$$

である．比例定数σは**伝導度**と呼ばれる．これは式(11.39)において

$$\boldsymbol{j} = Nq_e\boldsymbol{v}_{\text{drift}}$$

とおけば導かれる関係にほかならない．故に

$$\sigma = \frac{Nq_e^2}{m}\tau \tag{11.41}$$

である．したがってτ——そしてγも——測定される電気伝導度と関係づけられる．式(11.40)と式(11.41)とを用いれば，屈折率の式(11.38)は次の形になる：

$$n^2 = 1 + \frac{\sigma/\varepsilon_0}{i\omega(1+i\omega\tau)} \tag{11.42}$$

ここで

$$\tau = \frac{1}{\gamma} = \frac{m\sigma}{Nq_e^2} \tag{11.43}$$

である．これは金属の屈折率として便利な公式である．

11-7　低周波，および高周波近似；表皮厚さとプラズマ振動数

金属の屈折率に関する我々の結果，すなわち式(11.42)は，ちがう

周波数に対して全くちがった特性を予言するものである．まず，**低い**周波数において起こることを調べよう．もしもωが充分に小さければ，式(11.42)は

$$n^2 = -i\frac{\sigma}{\varepsilon_0\omega} \tag{11.44}$$

で近似できる．さて

$$\sqrt{-i} = \frac{1-i}{\sqrt{2}}$$

であることは，2乗をとれば確かめられる*．したがって低周波においては

$$n = \sqrt{\sigma/2\varepsilon_0\omega}\,(1-i) \tag{11.45}$$

である．nの実数部と虚数部とは同じ大きさをもつ．このようにnの虚数部が大きいときは，波は金属内で急激に減衰する．式(11.36)によればz方向に伝わる波の振幅は

$$\exp[-\sqrt{\sigma\omega/2\varepsilon_0 c^2}\, z] \tag{11.46}$$

の形で減少する．これを

$$e^{-z/\delta} \tag{11.47}$$

と書けば，δは波の振幅が$e^{-1}=1/2.72$すなわち，だいたい1/3に減少する距離である．このような波の振幅をzの関数として図11-3に示す．電磁波は金属内に距離δしか侵入しないので，δは**表皮厚さ**と呼ばれている．これは

$$\delta = \sqrt{2\varepsilon_0 c^2/\sigma\omega} \tag{11.48}$$

で与えられる．

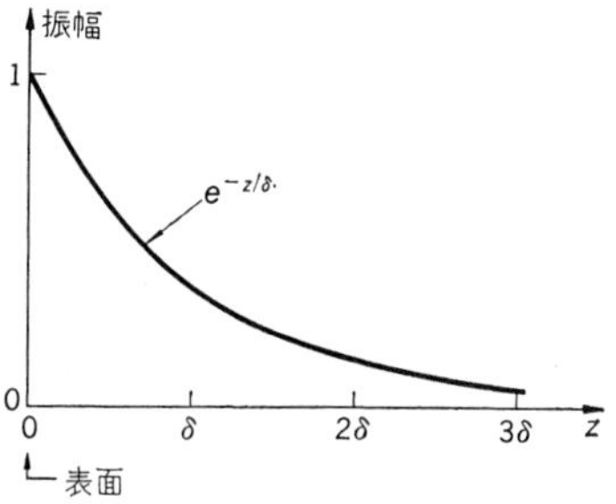

図 11-3 金属内へ入った距離の関数としてみた垂直な電磁波の振幅

さて，“低い”周波数とは何を意味するのだろうか．式(11.42)をみると，これを式(11.44)で近似できるのは$\omega\tau$が1よりもはるかに小さく，さらに$\omega\varepsilon_0/\sigma$が1よりもはるかに小さいときである．したがって，上述の低周波近似は

$$\omega \ll \frac{1}{\tau},$$

$$\omega \ll \frac{\sigma}{\varepsilon_0} \tag{11.49}$$

のときに適用される．

金属の典型的な例として，銅の場合にこのような周波数がどのようなものであるかを調べよう．τは式(11.43)を用いて伝導度から計算できる．ハンドブックにより次のようなデータを用いよう．

$\sigma = 5.76\times10^7$ (オーム・m)$^{-1}$,
原子量 $= 63.5$,
密度 $= 8.9\ \mathrm{g\cdot cm^{-3}}$,
アボガドロ数 $= 6.02\times10^{23}$.

もしも1原子あたり1個の自由電子があると仮定すれば1 m^{3}の中の

* $-i=e^{-i\pi/2}$と書けば，$\sqrt{-i}=e^{-i\pi/4}=\cos\pi/4-i\sin\pi/4$となり，これは同じ結果を与える．

電子数は

$$N = 8.5\times 10^{28}\ \mathrm{m}^{-3}$$

となる．ここで

$$q_e = 1.6\times 10^{-19}\ \text{クーロン},$$
$$\varepsilon_0 = 8.85\times 10^{-12}\ \text{ファラッド}\cdot\mathrm{m}^{-1},$$
$$m = 9.11\times 10^{-31}\ \mathrm{kg}$$

を用いると

$$\tau = 2.4\times 10^{-14}\ \mathrm{sec},$$

$$\frac{1}{\tau} = 4.1\times 10^{13}\ \mathrm{sec}^{-1},$$

$$\frac{\sigma}{\varepsilon_0} = 6.5\times 10^{18}\ \mathrm{sec}^{-1}$$

を得る．したがって約1秒10^{12}サイクル(ヘルツ)以下の周波数にとって，銅は上述の“低周波”の性質を示すことになる(これは，自由空間の波長が0.3 mm——**非常に**短いラジオ波——よりも長い波を意味する)．

このような波に対し，銅の表皮厚さは

$$\delta = \sqrt{\frac{0.028\ \mathrm{m}^2\cdot\mathrm{sec}^{-1}}{\omega}}$$

となる．1秒10,000メガサイクルのマイクロ波(波長3 cm)に対しては

$$\delta = 6.7\times 10^{-4}\ \mathrm{cm}$$

である．波は非常に小さな距離しか浸透しないことがわかる．

空洞(あるいは導波管)を研究するときに空洞内の場だけを考慮すればよく，金属あるいは空洞の外の場を考える必要がなかったのはこのためである．さらにまた，空洞の損失が銀あるいは金を薄く被せるだけで減らされる理由もわかる．損失は電流に起因するが，この電流は表皮厚さに等しい薄い層の中だけに流れるものである．

銅のような金属の高周波における屈折率を調べよう．非常に高い周波数では$\omega\tau$は1に比べてはるかに大きく，式(11.42)は

$$n^2 = 1-\frac{\sigma}{\varepsilon_0\omega^2\tau} \tag{11.50}$$

によってよく近似される．高い周波数に対して，金属の屈折率は実数になり，そして1よりも小さくなるわけである．これは式(11.38)において，ωが非常に大きいときはγをもつ減衰項はいつでも無視できるが，これを無視すると同じ結果になる．すなわち式(11.38)は

$$n^2 = 1-\frac{Nq_e^2}{m\varepsilon_0\omega^2} \tag{11.51}$$

となり，もちろん，これは式(11.50)と同じである．ここで，量$Nq_e^2/m\varepsilon_0$は前にも見たことがあり，これはプラズマ振動数の2乗と呼んだものである(第III巻7-3節)：

$$\omega_p{}^2 = \frac{Nq_e{}^2}{\varepsilon_0 m}$$

であり，式(11.50)，あるいは式(11.51)は

$$n^2 = 1 - \left(\frac{\omega_p}{\omega}\right)^2$$

と書ける．プラズマ振動数はある種の“臨界”周波数である．

$\omega < \omega_p$ のときは，金属の屈折率は虚数部をもち，波は減衰する．しかし $\omega \gg \omega_p$ のときは屈折率は実数になり，金属は透明になる．もちろん，諸君も知っているように金属はX線に対して相当に透明である．しかしある種の金属は紫外線に対して透明ですらある．表11-3には，いくつかの金属が透明になる波長の実測値を示す．第2の列には臨界波長の計算値 $\lambda_p = 2\pi c/\omega_p$ を示した．実測される波長が充分にはっきりと定義されないものであることを考えると，理論の一致は極めてよいといえる．

表 11-3*　それ以下であると金属が透明になる波長

金属	λ(実験)	$\lambda_p = 2\pi c/\omega_p$
Li	1550 Å	1550 Å
Na	2100	2090
K	3150	2870
Rb	3400	3220

*　キッテル　“固体物理学入門”　ウィリイ社　第2版　1956　p. 266

プラズマ振動数 ω_p が金属内の電磁波の伝播に関係があるのを不思議に思うかも知れない．第Ⅲ巻第7章において，プラズマ振動数は自由電子の**密度**振動の自然の振動数として出てきた(電子の集団が，電気的な力で反撥され，電子の慣性が密度の振動を引き起こす)．したがって，**縦波**のプラズマ波は ω_p で共鳴する．しかし我々は横波の電磁波について考えているのであり，横波が ω_p よりも低い周波数で吸収されることを見出したのである(これは興味ある，そして偶然では**ない**一致である)．

金属内の波の伝播について語ってきたが，ここにおいて物理現象の普遍性をみることができる——すなわち，自由電子が金属内のものであろうと，地球の電離層，あるいは星の大気中のプラズマ内のものであろうと，ちがいはないのである．電離層内のラジオ波の伝播を理解するのに，我々は同じ表式を用いることができる——もちろん N と τ とには適当な値を用いる．長い波長のラジオ波が電離層で吸収，あるいは反射され，短波は真直ぐ通り抜ける理由をこれで理解することができる(人工衛星との通信には短波を用いなければならない)．

金属内の波の伝播について，高周波と低周波の極限について調べてきた．中間の周波数に対しては，式(11.42)そのままを用いなければならない．一般に屈折率は実数部と虚数部とをもち，金属内を伝わるにつれて波は減衰するわけである．非常に薄い層では，金属は光学的振動数に対してもいくらか透明である．たとえば，高温の炉の近くで働く人達の特殊な眼鏡はガラスの上に金の薄い層を蒸着させて作られている．可視光は——強く緑色がかるが——大変よく通るが，赤外線は強く吸収される．

最後に，以上の式の多くは第Ⅲ巻第11章で論じた誘電率 κ に対する式にいくらか似ていることに諸君は気がついたにちがいない．誘電率 κ は一定の場に対する物質の応答を表わすものであり，したがって $\omega=0$ に対する応答である．n と κ との定義を注意深く調べれば，

κ は単に n^2 の $\omega\to 0$ に対する極限であることに気づくであろう．実際 $\omega=0$，$n^2=\kappa$ とおくとこの章の式は第III巻第11章の誘電体の理論の式を再現することになる．

第12章
表　面　反　射

12-1　光の反射と屈折

この章の主題は光の反射と屈折，すなわち表面における電磁波一般である．反射と屈折との法則については，第II巻第10章においてすでに述べた．そのときに知ったことは次のようなことである：

1. 反射角は入射角に等しい．図12-1で定義された角を用いると

$$\theta_r = \theta_i \tag{12.1}$$

である．

2. 積 $n \sin\theta$ は入射光と透過光とについて相等しい(スネルの法則)：

$$n_1 \sin\theta_i = n_2 \sin\theta_t. \tag{12.2}$$

3. 反射光の強さは入射角に依存し，また偏りの方向に依存する．入射面に垂直な $\boldsymbol{E}$ のときは，反射率 $R_\perp$ は

$$R_\perp = \frac{I_r}{I_i} = \frac{\sin^2(\theta_i-\theta_t)}{\sin^2(\theta_i+\theta_t)} \tag{12.3}$$

である．$\boldsymbol{E}$ が入射面に平行なときは反射率 $R_\parallel$ は

$$R_\parallel = \frac{I_r}{I_i} = \frac{\tan^2(\theta_i-\theta_t)}{\tan^2(\theta_i+\theta_t)} \tag{12.4}$$

である．

4. 垂直に入射するときは(もちろん偏りによらず)

$$\frac{I_r}{I_i} = \left(\frac{n_2-n_1}{n_2+n_1}\right)^2 \tag{12.5}$$

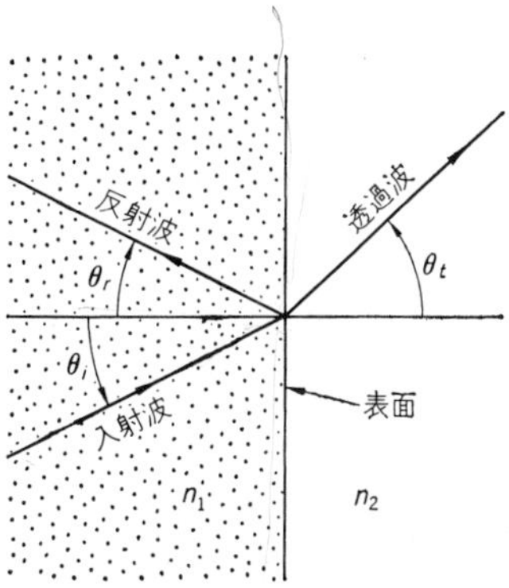

図12-1　面における光波の反射と屈折(波の方向は波面に垂直)

(以前には，入射角を i，屈折角を r で表わした．屈折(refracted)と反射(reflected)角の両方に r を用いることはできないから，ここでは θ_i＝入射角，θ_r＝反射角，θ_t＝透過角とする.)

さきの議論はこの主題に関して誰でも考えなければならない範囲の事柄であったが，ここでは別の面からこれを再びとり上げる．その理由の一つは，さきには屈折率は実数である(物質の吸収はない)としたことである．しかし他の一つの理由はマクスウェル方程式からみて，表面の波がどのようになるかを扱う方法を知らなければならないことである．我々は前と同じ答を得るであろうが，しかし，ここではさきにやったようなうまい議論を使うよりも，むしろ波動の問題をそのまま解くのである．

表面反射の振幅は，屈折率とちがって，**物質**の性質ではないことを強調したいと思う．それは“表面の性質”であり，表面がどのように

作られているかによって正確に定まる．屈折率 n_1 および n_2 の二つの物質の境界面に薄い別の層をつけると反射は一般に変化する(このような境界面ではいろいろな可能性——たとえば油膜の色——がある．適当な厚さは反射光の振幅をゼロにすることさえもあり，レンズのコーティングはこうして作られている)．ここで導く式は屈折率が(1 波長に比べて非常に小さい距離の間で)急激に変化するときにのみ正しい．光では波長は 5000 Å 程度であり，したがって“なめらかな”表面というとき，たかだか数原子の距離(あるいは数オングストローム)で条件が変化するようなものをいうわけである．我々の式は光に対し，みがいた表面に対して成立するだろう．もしも数波長の間で屈折率が次第に変わるならば，一般に反射はほとんどなくなってしまう．

12-2　密な物質内の波

まず，正弦平面波を記述する便利な方法として，第II巻第 11 章の方法を思い出そう．波の任意の場の**成分**(例として E を用いる)は

$$E = E_0 e^{i(\omega t - \boldsymbol{k}\cdot\boldsymbol{r})} \tag{12.6}$$

の形に書ける．ここで E は場所 $\boldsymbol{r}$(原点から)，時刻 t における振幅を表わす．ベクトル $\boldsymbol{k}$ は波の進む向きを指し，その大きさ $|\boldsymbol{k}|=k=2\pi/\lambda$ は波数である．波の位相速度 $v_{\rm ph}=\omega/k$ であり，屈折率 n の物質中の光波に対しては $v_{\rm ph}=c/n$ であるから

$$k = \frac{\omega n}{c} \tag{12.7}$$

である．$\boldsymbol{k}$ が z 方向にあるとすると，$\boldsymbol{k}\cdot\boldsymbol{r}$ はよく用いたようにちょうど kz である．$\boldsymbol{k}$ がほかの方向にあるならば，z は原点から $\boldsymbol{k}$ 方向に測った距離 r_k でおきかえなければならない．すなわち kz を kr_k でおきかえねばならず，これが $\boldsymbol{k}\cdot\boldsymbol{r}$ にちょうど等しい(図 12-2 参照)．したがって式(12.6)は任意の方向へ進む波を表わす便利な表現である．

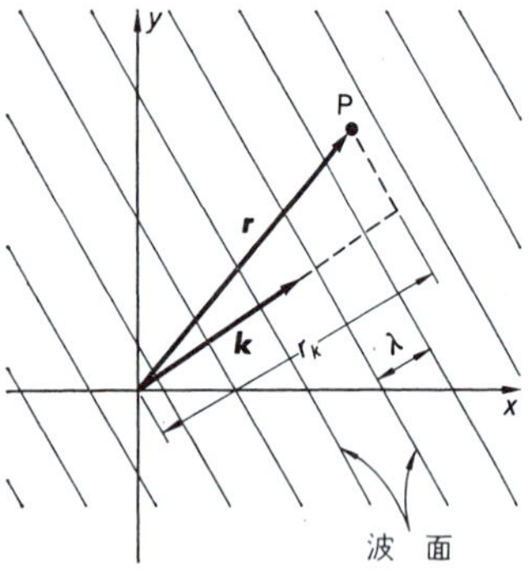

図 12-2　$\boldsymbol{k}$ の向きに進む波の任意の点 P における位相は $(\omega t-\boldsymbol{k}\cdot\boldsymbol{r})$

もちろん，$\boldsymbol{k}$ の 3 軸に沿う成分を k_x, k_y, k_z とすれば

$$\boldsymbol{k}\cdot\boldsymbol{r} = k_x x + k_y y + k_z z$$

であることを思い出すだろう．実際，前に注意したように (ω, k_x, k_y, k_z) は 4 元ベクトルであって，これと (t, x, y, z) とのスカラー積は不変量である．したがって波の**位相**は不変量であり，式(12.6)は

$$E = E_0 e^{ik_\mu x_\mu}$$

と書ける．しかし，この考えは，今は必要でない．

式(12.6)のような正弦波の E に対しては $\partial E/\partial t$ は $i\omega E$ に等しく，$\partial E/\partial x$ は $-ik_x E$ に等しく，他の成分も同様である．式(12.6)の形を使うと微分方程式を扱うのに便利なことがわかったことと思う——こうすれば微分は掛け算でおきかえられる．さらに，演算子 $\nabla=(\partial/\partial x, \partial/\partial y, \partial/\partial z)$ は三つの掛け算 $(-ik_x, -ik_y, -ik_z)$ でおきかえられる．しかし，これら 3 因子はベクトル $\boldsymbol{k}$ の成分のように変換されるから，演算子 ∇ は $-i\boldsymbol{k}$ を掛けることでおきかえられる．すなわち

$$\frac{\partial}{\partial t} \to i\omega,$$

$$\nabla \to -i\boldsymbol{k} \qquad (12.8)$$

である．これはすべての ∇ の演算に対して成り立つ——それが grad であろうと div であろうと，あるいは curl であろうと成り立つ．たとえば $\nabla \times \boldsymbol{E}$ の z 成分は

$$\frac{\partial E_y}{\partial x} - \frac{\partial E_x}{\partial y}$$

である．ここで E_y も E_x も $e^{-i\boldsymbol{k}\cdot\boldsymbol{r}}$ のように変化するとすれば，我々は

$$-ik_x E_y + ik_y E_x$$

を得るが，これは明らかに $-i\boldsymbol{k} \times \boldsymbol{E}$ の z 成分に等しい．

したがって，3 次元において波として変化するベクトル(これは物理学で重要な部分である)の grad をとるときは，いつでも直ちに，ほとんど考えることなしに，演算子 ∇ は $-i\boldsymbol{k}$ を掛けることと同等であるとして計算を行なうことができるという一般的な，有効な事実を見出したことになる．

たとえば，ファラデーの方程式

$$\nabla \times \boldsymbol{E} = -\frac{\partial \boldsymbol{B}}{\partial t}$$

は波に対して

$$-i\boldsymbol{k} \times \boldsymbol{E} = -i\omega \boldsymbol{B}$$

となる．これは

$$\boldsymbol{B} = \frac{\boldsymbol{k} \times \boldsymbol{E}}{\omega} \qquad (12.9)$$

であることを示しているが，この結果は前に自由空間内の波について得たもの，すなわち波動の $\boldsymbol{B}$ は $\boldsymbol{E}$ および波の方向に垂直であるということに相当している(自由空間では $\omega/k = c$)．式(12.9)の符号については，$\boldsymbol{k}$ がポインティング・ベクトル $\boldsymbol{S} = \varepsilon_0 c^2 \boldsymbol{E} \times \boldsymbol{B}$ の向きを向いていることから理解できる．

マクスウェルの他の方程式についても同じ規則が適用でき，前章の結果が導かれ，特に

$$\boldsymbol{k}\cdot\boldsymbol{k} = k^2 = \frac{\omega^2 n^2}{c^2} \qquad (12.10)$$

も得られる．しかしこれは明らかであるから，再び繰り返すことはしない．

諸君が楽しみにやってみたいと思うならば，1890 年に卒業生の最終テストに課せられた次のようなとてつもない問題を考えてみるとよい：**非等方的**な結晶，すなわち分極 $\boldsymbol{P}$ が分極率テンソルによって電場 $\boldsymbol{E}$ と関係づけられる結晶の中の平面波に関してマクスウェル方程式を解け．もちろん，軸はテンソルの主軸に沿ってとらなければならない．こうすれば，関係式が簡単になるからである(このとき，$P_x =$

$\alpha_a E_x$, $P_y=\alpha_b E_y$, $P_z=\alpha_c E_z$ となる)．しかし波は任意の向きと偏りとをもっているとしよう．$\boldsymbol{E}$ と $\boldsymbol{B}$ との関係，$\boldsymbol{k}$ が方向と波の偏りとによってどう変わるかがわかるにちがいない．こうして非等方的な結晶の光学が理解される．より簡単な場合として，二つの分極率が等しい($\alpha_b=\alpha_c$)二重屈折の(方解石のような)結晶から始めて，このような結晶を通して見るとなぜ2重に見えるのかを理解できるか試してみるのがよい．これができたら，最もむつかしい場合をやってみることだ．そうすれば，諸君が1890年の卒業生のレベルに達しているかがわかるだろう．しかし，この章では，等方的な物質だけを考察する．

平面波が異なる二つの物質(たとえば空気とガラス，あるいは水と油)の境界に達すると，反射する波と，透過する波とが生じることを経験から知っている．仮に，これだけしか知らないとして，何ができるか考えてみよう．図12-3のように境界面の中に yz 面があり，xy 面は入射波の波面に垂直になるように軸を選ぶ．

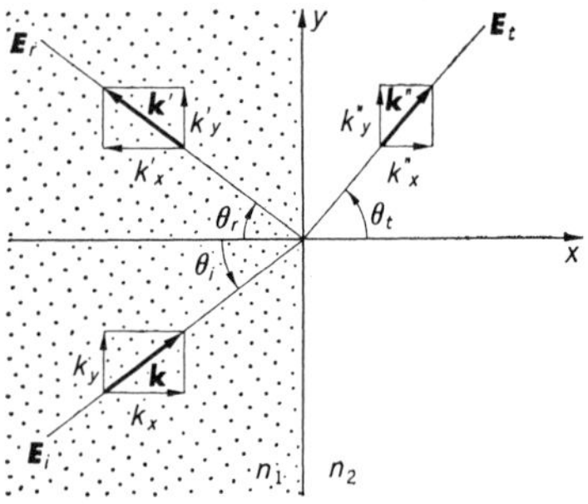

図12-3　入射，反射，透過の波に対する伝播ベクトル $\boldsymbol{k}, \boldsymbol{k}', \boldsymbol{k}''$

入射波の電気ベクトルは，この場合

$$\boldsymbol{E}_i=\boldsymbol{E}_0 e^{i(\omega t-\boldsymbol{k}\cdot\boldsymbol{r})} \tag{12.11}$$

と書ける．$\boldsymbol{k}$ は z 軸に垂直であるから

$$\boldsymbol{k}\cdot\boldsymbol{r}=k_x x+k_y y \tag{12.12}$$

である．反射波の振動数を ω'，波数を $\boldsymbol{k}'$，振幅を $\boldsymbol{E}_0'$ として

$$\boldsymbol{E}_r=\boldsymbol{E}_0' e^{i(\omega' t-\boldsymbol{k}'\cdot\boldsymbol{r})} \tag{12.13}$$

とする(もちろん振動数は入射波と等しく，$\boldsymbol{k}$ の大きさも等しいことを知っているが，ここでは，これさえも仮定しないで，数学的処理によってこのようなことも導くつもりでいる)．最後に透過波は

$$\boldsymbol{E}_t=\boldsymbol{E}_0'' e^{i(\omega'' t-\boldsymbol{k}''\cdot\boldsymbol{r})} \tag{12.14}$$

と書く．

マクスウェル方程式は式(12.9)を与えるから，各波について

$$\boldsymbol{B}_i=\frac{\boldsymbol{k}\times\boldsymbol{E}_i}{\omega},\qquad \boldsymbol{B}_r=\frac{\boldsymbol{k}'\times\boldsymbol{E}_r}{\omega'},\qquad \boldsymbol{B}_t=\frac{\boldsymbol{k}''\times\boldsymbol{E}_t}{\omega''} \tag{12.15}$$

である．また，二つの媒質の屈折率を n_1, n_2 とすると式(12.10)により

$$k^2=k_x{}^2+k_y{}^2=\frac{\omega^2 n_1{}^2}{c^2} \tag{12.16}$$

となる．反射波は同じ物質内にあるから

$$k'^2=\frac{\omega'^2 n_1{}^2}{c^2} \tag{12.17}$$

であり，透過波に対しては

$$k''^2=\frac{\omega''^2 n_2{}^2}{c^2} \tag{12.18}$$

である．

12-3 境界条件

これまでにしたことは，三つの波を記述したことであった．ここで我々の問題は，反射波と透過波のパラメーターを入射波のパラメーターで表わすこととなる．これはどうしたらできるだろうか．上に述べた三つの波は，一様な物質内のマクスウェル方程式を満たすが，マクスウェル方程式は二つの異なる物質の境界面**において**もまた満たされなければならない．マクスウェル方程式は，三つの波がある方法でたがいにぴたりと合うことを要求することがわかるのである．

その一つは，電場 $\boldsymbol{E}$ の y 成分が，境界面の両側で**相等しい**ことである．これはファラデーの法則

$$\nabla\times\boldsymbol{E} = -\frac{\partial\boldsymbol{B}}{\partial t} \tag{12.19}$$

から次のようにして導かれる．図 12-4 のように，境界面をまたいで小さな矩形の閉曲線 Γ を考える．式(12.19)は Γ をまわる $\boldsymbol{E}$ の線積分がこの閉曲線を通る $\boldsymbol{B}$ の数の変化の割合いに等しいということ，すなわち

$$\oint_\Gamma \boldsymbol{E}\cdot d\boldsymbol{s} = -\frac{\partial}{\partial t}\int \boldsymbol{B}\cdot\boldsymbol{n}\,da$$

である．さて，この矩形を充分せまくしたと考えよう．すると，閉曲線は無限小の面積を囲むことになる．もしも $\boldsymbol{B}$ が有限で(境界面において無限大になる理由はない)あるとすると，この面積を通る $\boldsymbol{B}$ の数はゼロになる．したがって $\boldsymbol{E}$ の線積分はゼロでなければならない．境界面の両側における場の成分を E_{y1}, E_{y2} とし，矩形の長さを l とすれば

$$E_{y1}l - E_{y2}l = 0.$$

すなわち，上に述べたように

$$E_{y1} = E_{y2} \tag{12.20}$$

である．これは三つの波の場の間の一つの関係式である．

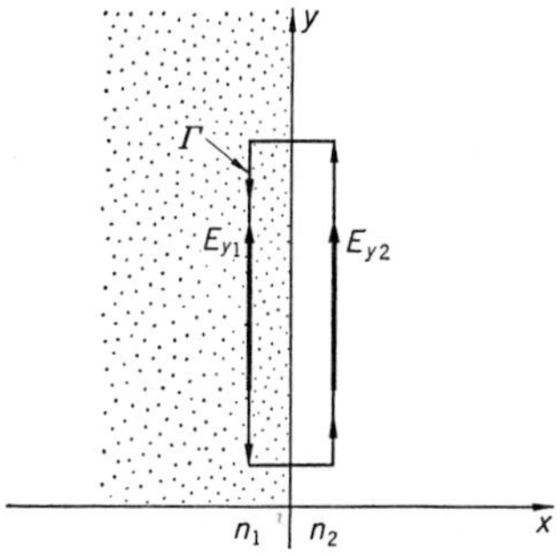

図 12-4 境界条件 $E_{y2}=E_{y1}$ は $\oint_\Gamma \boldsymbol{E}\cdot d\boldsymbol{s}=0$ から得られる

境界におけるマクスウェル方程式の結果を求める過程は“境界条件を定める”といわれる．ふつう，これは式(12.20)のような方程式を見出せるだけ多く求めることによってなされる．このためには，図 12-4 の小さな矩形についてと同様な議論をするか，小さな境界をまたいだ小さなガウス面を用いるかする．これは完全によい方法であるが，異なる物理的問題ごとに境界を扱う問題はちがうものであるという印象を与える．

たとえば，境界を通る熱の流れの問題で，両側の温度はどのように関係づけられるであろうか．次のように考えることができる．一方の側から境界面へ**向けて**流れる熱量は，他方の側で境界面から流れて**出る**熱量に等しくなければならない．このような物理的な議論によって境界条件を求めることは，ふつうは可能であり，一般に全く有効である．しかし，ある問題をやってみると，方程式の数がたりなかったり，どんな風に物理的議論を運んだらよいかわからない場合もあり得るだ

ろう．そこで，ここでは物理的な議論が**可能**な電磁気的な問題だけに興味があるのであるが，任意の問題に使うことのできるような方法を示したいと思う．この**一般的な**方法は境界で起こることを微分方程式から直接に見出す方法である．

一つの誘電体に対するマクスウェル方程式から始め，こんどはきっちりと，すべての成分を書きおろす．

$$\nabla\cdot\boldsymbol{E} = -\frac{\nabla\cdot\boldsymbol{P}}{\varepsilon_0}$$

$$\varepsilon_0\left(\frac{\partial E_x}{\partial x}+\frac{\partial E_y}{\partial y}+\frac{\partial E_z}{\partial z}\right) = -\left(\frac{\partial P_x}{\partial x}+\frac{\partial P_y}{\partial y}+\frac{\partial P_z}{\partial z}\right) \tag{12.21}$$

$$\nabla\times\boldsymbol{E} = -\frac{\partial\boldsymbol{B}}{\partial t}$$

$$\frac{\partial E_z}{\partial y}-\frac{\partial E_y}{\partial z} = -\frac{\partial B_x}{\partial t} \tag{12.22 a}$$

$$\frac{\partial E_x}{\partial z}-\frac{\partial E_z}{\partial x} = -\frac{\partial B_y}{\partial t} \tag{12.22 b}$$

$$\frac{\partial E_y}{\partial x}-\frac{\partial E_x}{\partial y} = -\frac{\partial B_z}{\partial t} \tag{12.22 c}$$

$$\nabla\cdot\boldsymbol{B} = 0$$

$$\frac{\partial B_x}{\partial x}+\frac{\partial B_y}{\partial y}+\frac{\partial B_z}{\partial z} = 0 \tag{12.23}$$

$$c^2\nabla\times\boldsymbol{B} = \frac{1}{\varepsilon_0}\frac{\partial\boldsymbol{P}}{\partial t}+\frac{\partial\boldsymbol{E}}{\partial t}$$

$$c^2\left(\frac{\partial B_z}{\partial y}-\frac{\partial B_y}{\partial z}\right) = \frac{1}{\varepsilon_0}\frac{\partial P_x}{\partial t}+\frac{\partial E_x}{\partial t} \tag{12.24 a}$$

$$c^2\left(\frac{\partial B_x}{\partial z}-\frac{\partial B_z}{\partial x}\right) = \frac{1}{\varepsilon_0}\frac{\partial P_y}{\partial t}+\frac{\partial E_y}{\partial t} \tag{12.24 b}$$

$$c^2\left(\frac{\partial B_y}{\partial x}-\frac{\partial B_x}{\partial y}\right) = \frac{1}{\varepsilon_0}\frac{\partial P_z}{\partial t}+\frac{\partial E_z}{\partial t} \tag{12.24 c}$$

さて，これらの方程式は領域1(境界面の左)でも，領域2(境界面の右)でも成り立つ．領域1と2とにおける解はすでに書いた通りである．これらの方程式は境界(領域3とよぼう)**において**も満たされなければならない．ふつうは境界をくっきりした不連続なものと考えるが，実際はそうではない．物理的性質は非常に急激に変化するが，無限に急激に変化しているわけではない．とにかく，領域1と2との間の，領域3とよべる短い距離の間で屈折率が非常に急激ではあるが連続的に変わると考えることができる．P_x，あるいは E_y など，場の任意の量も領域3の中で同じような変化をする．この領域でも微分方程式は満足されなければならず，この領域で微分方程式を調べることによって，必要な“境界条件”が得られるのである．

たとえば，真空(領域1)とガラス(領域2)との境界があるとしよう．真空中には分極するものがないから，$\boldsymbol{P}_1=0$ である．ガラス中にはある分極 $\boldsymbol{P}_2$ があるとしよう．真空とガラスとの間には，なめらかな，しかし急激な遷移がある．$\boldsymbol{P}$の成分の一つ，たとえばP_xに注目すると，これは図12-5(a)のような変化をするであろう．我々の第1の方程式，式(12.21)を考えよう．これは$\boldsymbol{P}$の成分のx, y, zに関する微係数を含んでいる．yおよびzの方向には何も特別なことは起こらないから，これらの方向に関する微係数は問題外である．しかし，P_xのx微係数は，P_xの大きな傾斜のために，領域3において非常に大きな値をもつであろう．微係数$\partial P_x/\partial x$は，境界において図12-5(b)のように鋭い山をもつであろう．もしも境界を押しつぶして更にせまい層にするならば，山はもっとずっと高くなるであろう．問題にする波に対して境界が実際に急激ならば領域3における$\partial P_x/\partial x$の大きさは境界から遠いところにおける波のPの変化に比べてはるかに，はるかに大きく，境界における寄与以外は無視してもよいことになる．

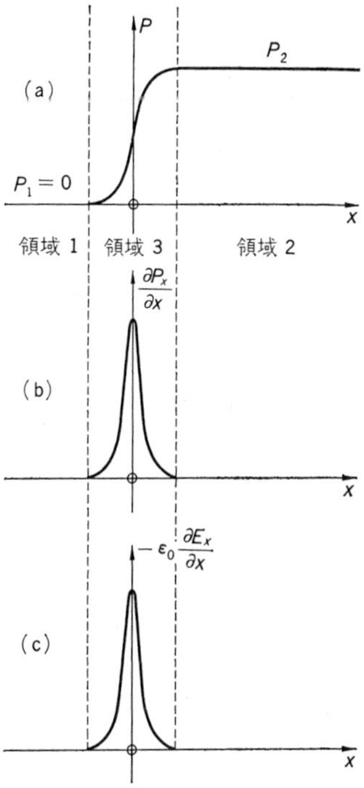

図12-5 二つの異なる物質の領域(1)および(2)の間の遷移領域(3)の中の場

さて，式(12.21)において右辺にすごく大きな山があるときはどのようにしてこの式は満足されるのだろうか．それは他の辺にも同様にすごく大きな山があるときに限る．左辺のどの量かがやはり大きくなければならない．その候補者は$\partial E_x/\partial x$だけである．それはyおよびzに関する微係数は波に対して上述のように小さな効果しかもたないからである．したがって，$-\epsilon_0 \partial E/\partial x$は図12-5(c)に書いたようなものでなければならない——これは$\partial P_x/\partial x$の写しにほかならない．故に

$$\epsilon_0 \frac{\partial E_x}{\partial x} = -\frac{\partial P_x}{\partial x}$$

である．領域3を横切ってこの方程式を積分すると

$$\epsilon_0 (E_{x2} - E_{x1}) = -(P_{x2} - P_{x1}) \qquad (12.25)$$

を得る．いいかえると，領域1から領域2へ移るときの$\epsilon_0 E_x$の飛びは$-P_x$の飛びに等しい．

式(12.25)を書きかえると

$$\epsilon_0 E_{x2} + P_{x2} = \epsilon_0 E_{x1} + P_{x1} \qquad (12.26)$$

となるが，これは$(\epsilon_0 E_x + P_x)$は領域2と領域1とで相等しいことを示す．量$(\epsilon_0 E_x + P_x)$は境界を通して**連続**であるという．このようにして境界条件の一つが得られる．

例として領域1が真空であるため$\boldsymbol{P}_1$がゼロの場合をとったが，二つの領域にそれぞれ任意の物質がある場合でも同様の議論が成り立つのは明らかであり，したがって式(12.26)は一般に正しい．

マクスウェル方程式の残りに移り，それぞれが何を意味するかを調べよう．次の方程式(12.22a)を考えよう．x成分は一つもないから，これは何をも意味しない(場**自身**は境界において特に大きくなることはないことを思いだそう．xに関する微係数だけが大変大きくなって，方程式の主要な項となる)．ついで，式(12.22b)を調べよう．ああ．ここにはx微係数が一つある．左辺には$\partial E_z/\partial x$がある．これが大きな微係数であるとしよう．しかし，まて，しばし．左辺にはこれに対抗するものが一つもない．したがってE_zは領域1から領域2へ移るときに飛びがあってはならない〔もしも飛びがあれば，(12.22 a)の左辺には山があるが，右辺にはなく，方程式は成立しない〕．そこで，我々は新しい条件

$$E_{z2} = E_{z1} \tag{12.27}$$

を得る．同様の議論により，式(12.22 c)は

$$E_{y2} = E_{y1} \tag{12.28}$$

を与える．この最後の結果は，線積分を使った議論で，式(12.20)で得たものと同じである．

式(12.23)に移ろう．山をもち得る唯一の項は$\partial B_x/\partial x$である．しかし，右辺にはこれに対抗する項がないから，

$$B_{x2} = B_{x1} \tag{12.29}$$

が結論される．

マクスウェル方程式の最後のものに移ろう．式(12.24 a)はx微係数をもたないから，何もあたえない．方程式(12.24 b)はただ一つ$-c^2\,\partial B_z{}^2/\partial x$があるが，ここでもこれに対抗する項がない．したがって

$$B_{z2} = B_{z1} \tag{12.30}$$

を得る．最後の方程式も全く同様で

$$B_{y2} = B_{y1} \tag{12.31}$$

を与える．

最後の三つの方程式はまとめて$\boldsymbol{B}_2 = \boldsymbol{B}_1$を与える．しかし，この結果は，境界の両側の物質が非磁性体の場合——あるいは物質の磁気効果を無視できるとき——にのみ得られることを強調しておこう．これは強磁性体を除き，ほとんどすべての物質について妥当である(物質の磁気的性質については後の章で考察する)．

表 12-1　誘電体の表面における境界条件

$(\varepsilon_0 \boldsymbol{E}_1 + \boldsymbol{P}_1)_x = (\varepsilon_0 \boldsymbol{E}_2 + \boldsymbol{P}_2)_x$
$(\boldsymbol{E}_1)_y = (\boldsymbol{E}_2)_y$
$(\boldsymbol{E}_1)_z = (\boldsymbol{E}_2)_z$
$\boldsymbol{B}_1 = \boldsymbol{B}_2$
(表面は yz 面にある)

このプログラムによって領域1の場と領域2の場との間の6個の関係式が得られた．これらをまとめて，表12-1に示す．これらは二つの領域の波をつなぐのに使うことができる．しかし，ここで用いた方法は微分方程式があり，二つの領域の間である性質が急激に変わるような境界を通して解を求めたい場合に，**任意の**物理的状況に対していつでも成立することを強調しておきたい．我々の現在の目的には，境界における力線や循環を論じて同じ方程式を容易に導くことができる(これを確かめてみるのもよい)．しかし，行き詰って，境界で起こっている事柄を物理的に論じることができにくいときでも進むことができるような方法を見出したわけである——諸君は方程式だけで進むことができる．

12-4　反射波と透過波

さて，境界条件がととのったので，12-2節で書いた波に対して適用することができる．波は

$$\boldsymbol{E}_i = \boldsymbol{E}_0 e^{i(\omega t - k_x x - k_y y)}, \tag{12.32}$$

$$\boldsymbol{E}_r = \boldsymbol{E}_0' e^{i(\omega' t - k'_x x - k'_y y)}, \tag{12.33}$$

$$\boldsymbol{E}_t = \boldsymbol{E}_0'' e^{i(\omega'' t - k''_x x - k''_y y)}, \tag{12.34}$$

$$\boldsymbol{B}_i = \frac{\boldsymbol{k}\times\boldsymbol{E}_i}{\omega}, \tag{12.35}$$

$$\boldsymbol{B}_r = \frac{\boldsymbol{k}'\times\boldsymbol{E}_r}{\omega'}, \tag{12.36}$$

$$\boldsymbol{B}_t = \frac{\boldsymbol{k}''\times\boldsymbol{E}_t}{\omega''} \tag{12.37}$$

である．なお，もう一つのことがわかっている．すなわち各波について，$\boldsymbol{E}$ は進行ベクトル $\boldsymbol{k}$ に垂直である．

結果は，入射波の $\boldsymbol{E}$ ベクトル(“偏り”)の方向によるであろう．$\boldsymbol{E}$ ベクトルが“入射面”(すなわち xy 面)に**平行**な入射波の場合と，$\boldsymbol{E}$ ベクトルが入射面に垂直な場合とに分けて取り扱うと解析はずっと容易になる．任意の偏りの波はこれら二つの波の線型結合で与えられる．いいかえると，反射波と透過波との強度は偏りによって異なるが，最も簡単な場合をとり上げて別々に扱うとやさしいのである．

ここでは入射波が入射面に垂直に偏っている場合の解析を示し，他の場合については結果だけを述べることにしよう．我々はちょっとやさしい方を選んだことになるが，原理は両方とも同じことである．そこで $\boldsymbol{E}_i$ は z 成分だけをもつとする．すべての $\boldsymbol{E}$ ベクトルは同じ方向であるからベクトル記号を用いなくてもよいことになる．

両方の物質が等方的である限り，物質内に誘起される電荷の振動もまた z 方向にあり，透過する波も輻射される波も $\boldsymbol{E}$ 場は z 方向にある．したがって，すべての波について，E_x, E_y, P_x, P_y は全部ゼロである．波の $\boldsymbol{E}$ ベクトル，$\boldsymbol{B}$ ベクトルは図 12-6 のようになる(このような推論は，すべてのことを方程式から導き出そうとしたはじめの計画の一部を省略したことになる．上の結果はやはり境界条件から導けるものであるが，このように物理的な推論によって計算をずっと節約することができる．もしも時間があまったならば，同じ結果を方程式から導けるか試してみるとよい．上述のことが方程式と一致するのは明らかである．ここで示さなかったのは，**他の**可能性がないということだけである)．

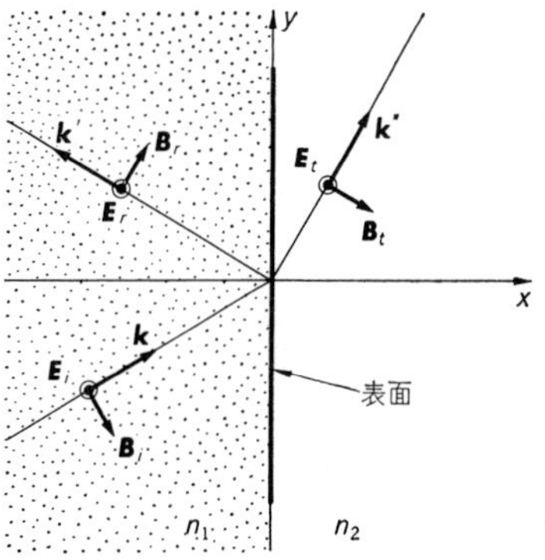

図 12-6 入射波の E 場が入射面に垂直なときの反射波と透過波との分極

さて，式(12.26)から式(12.31)までの境界条件は $\boldsymbol{E}$ と $\boldsymbol{B}$ との成分に関して領域 1 と 2 との関係を与える．領域 2 においては透過波だけがあるが，領域 1 では**二つの**波がある．そのどちらを用いるのかというと，領域 1 ではもちろん，入射波と反射波とを重ね合わせた場を用いなければならない(各々はマクスウェル方程式を満たすから，和も満たす)．そこで境界条件に対して

$$\boldsymbol{E}_1 = \boldsymbol{E}_i + \boldsymbol{E}_r, \qquad \boldsymbol{E}_2 = \boldsymbol{E}_t$$

と，$\boldsymbol{B}$ に対する同様な式とを用いなければならない．

この偏りの場合は，式(12.26)と式(12.28)とは何も新しいことを与えない．式(12.27)だけが役立つ．それは，**境界**すなわち $x=0$ において

$$E_i + E_r = E_t$$

を与える．したがって

$$E_0 e^{i(\omega t - k_y y)} + E_0' e^{i(\omega' t - k'_y y)} = E_0'' e^{i(\omega'' t - k''_y y)} \tag{12.38}$$

であり，これは任意の t と y とについて成り立たなければならない．はじめに $y=0$ としてみよう．こうすると

$$E_0 e^{i\omega t} + E_0' e^{i\omega' t} = E_0'' e^{i\omega'' t}$$

となる．これは二つの振動する項の和が第3の振動に等しいことを示している．これはすべての振動が同じ振動数をもつときにのみ成立する(三つ，あるいは任意の数の異なる振動項を加えて和が任意の時刻でゼロになるようにすることは不可能である)．したがって

$$\omega'' = \omega' = \omega \tag{12.39}$$

である．こうしてわかるように，反射波と透過波との振動数は入射波の振動数と同じである．

このことを始めにおいてしまえば，計算はずっと簡単になるが，我々はこれも方程式から得られるということを示そうと思ったのである．諸君が実際に問題を解くときは，知っていることの全部をすべて出発点において計算に入れて，簡単に進めるようにするのが，ふつうはいいわけである．

定義により，k の**大きさ**は $k^2=n^2\omega^2/c^2$ によって与えられるから

$$\frac{k''^2}{n_2{}^2} = \frac{k'^2}{n_1{}^2} = \frac{k^2}{n_1{}^2} \tag{12.40}$$

である．

さて，$t=0$ で式(12.38)を考えよう．上に用いたのと同じような議論で，この場合には方程式がすべての y に対して成り立つとして考えると

$$k''_y = k'_y = k_y \tag{12.41}$$

を得る．式(12.40)から $k'^2 = k^2$ であるから

$$k'_x{}^2 + k'_y{}^2 = k_x{}^2 + k_y{}^2$$

である．これを式(12.41)と組み合わせると

$$k'_x{}^2 = k_x{}^2$$

あるいは $k'_x = \pm k_x$ を得る．正の符号は意味がない．これは反射波を与えず，更に一つの入射波を重ねるだけになるが，我々は始めに入射波は一つしかないとして問題を解いている．したがって

$$k'_x = -k_x \tag{12.42}$$

を得る．二つの式(12.41)と式(12.42)とは反射の角が入射の角に等しいことを示している(図12-3参照)．反射波は

$$E_r = E_0' e^{i(\omega t - k_x x + k_y y)} \tag{12.43}$$

で与えられる．

透過波に対しては，すでに

$$k''_y = k_y$$

および

$$\frac{k''^2}{n_2{}^2}=\frac{k^2}{n_1{}^2} \tag{12.44}$$

を得た．これから k''_x を解けば

$$k''_x{}^2=k''^2-k''_y{}^2=\frac{n_2{}^2}{n_1{}^2}k^2-k_y{}^2 \tag{12.45}$$

が得られる．

一応，n_1 と n_2 とは実数(屈折率の虚数部は非常に小さい)としよう．するとすべての k はやはり実数になり，図 12-3 から

$$\frac{k_y}{k}=\sin\theta_i,\qquad \frac{k''_y}{k''}=\sin\theta_t \tag{12.46}$$

であることがわかる．式(12.44)から

$$n_2\sin\theta_t=n_1\sin\theta_i \tag{12.47}$$

を得るが，これはスネルの屈折率の法則で，すでに知っているものである．もしも屈折率が実数でなく，波数は複素数であり，式(12.45)を用いなければならない〔このときも角 θ_i と θ_t を式(12.46)で**定義**でき，スネルの法則，式(12.47)，は一般に正しいとすることができる．しかし，“角”も複素数であり，簡単な幾何学的な角とは解釈できなくなる．このときには，複素数の k_x や k''_x の値で波の性質を記述するのが一番よい〕．

ここまでは，何も新しいことはなかった．複雑な数学的運算から明白な答が得られる単純なよろこびを味わったのである．今や用意ができたので，まだ知らない波の振幅を見出すことができる．ω と k とに対する結果を用いると式(12.38)の指数関数の因子は打ち消し合い，

$$E_0+E_0'=E_0'' \tag{12.48}$$

を得る．E_0' も E_0'' も知られていないから，さらに一つの関係式が必要である．もう一つの境界条件が用いられなければならない．すべての $\boldsymbol{E}$ は z 成分しかないから，E_x も E_y も役に立たない．したがって $\boldsymbol{B}$ に対する条件を用いなければならない．式(12.29)を調べよう．これは

$$B_{x2}=B_{x1}$$

である．式(12.35)から式(12.37)までを用いて

$$B_{xi}=\frac{k_yE_i}{\omega},\qquad B_{xr}=\frac{k'_yE_r}{\omega'},\qquad B_{xt}=\frac{k''_y E_t}{\omega''}$$

を得る．$\omega''=\omega'=\omega$，$k''_y=k'_y=k_y$ を思い出せば

$$E_0+E_0'=E_0''$$

を得るが，これは式(12.48)を再び得たにすぎない．すでに知っていることを導くのに時間を浪費してしまった．

式(12.30)，すなわち $B_{z2}=B_{z1}$ を調べることもできたが，$\boldsymbol{B}$ には z 成分がない．そこで唯一の式が残る．これは式(12.31)，すなわち $B_{y2}=B_{y1}$ である．三つの波について

$$B_{yi}=-\frac{k_xE_i}{\omega},\qquad B_{yr}=-\frac{k'_xE_r}{\omega'},\qquad B_{yt}=-\frac{k''_xE_t}{\omega''} \tag{12.49}$$

である．E_i, E_r, E_t として $x=0$(境界面)の表現を入れると境界条件は

$$\frac{k_x}{\omega}E_0e^{i(\omega t-k_y y)}+\frac{k'_x}{\omega'}E_0'e^{i(\omega' t-k'_y y)}=\frac{k''_x}{\omega''}E_0''e^{i(\omega'' t-k''_y y)}$$

となる．ω や k はすべて等しいから，これは

$$k_xE_0+k'_xE_0'=k''_xE_0'' \qquad (12.50)$$

となる．これは式(12.48)と異なる E の方程式である．二つの式を得たから E_0', E_0'' について解くことができる．$k'_x=-k_x$ を思い出すと

$$E_0'=\frac{k_x-k''_x}{k_x+k''_x}E_0, \qquad (12.51)$$

$$E_0''=\frac{2k_x}{k_x+k''_x}E_0 \qquad (12.52)$$

が得られる．これと，式(12.45)，あるいは式(12.46)の k''_x とによって，知ろうとしたものが得られる．その結果から導かれることについては次の節で述べることにする．

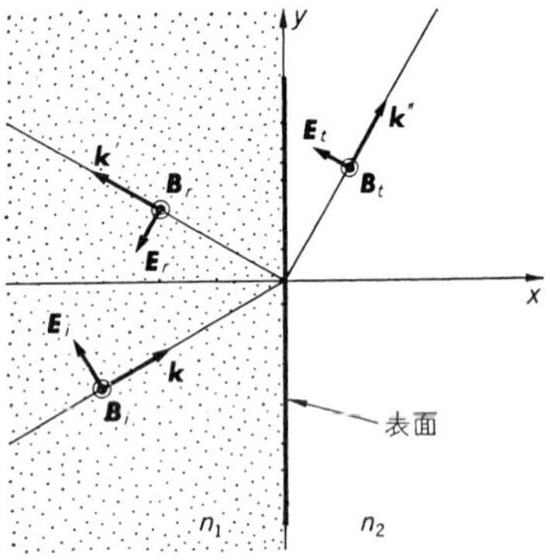

図 12-7　入射波の E 場が入射面に平行なときの波の分極

入射面に対して**平行**な $\boldsymbol{E}$ ベクトルをもつ偏りの波では，図 12-7 のように $\boldsymbol{E}$ は x 成分と y 成分とをもつ．計算は真直ぐできるが，より複雑である(この場合は**磁場**がすべて z 方向にあり，磁場で表わせば少し表現が簡単になる)．その結果

$$|E_0'|=\frac{n_2{}^2k_x-n_1{}^2k''_x}{n_2{}^2k_x+n_1{}^2k''_x}|E_0| \qquad (12.53)$$

および

$$|E_0''|=\frac{2n_1n_2k_x}{n_2{}^2k_x+n_1{}^2k''_x}|E_0| \qquad (12.54)$$

が得られる．

このような結果が，すでに得たものと一致するかどうか調べよう．式(12.3)は，第II巻第10章において反射波の強度の入射波の強度に対する比として得たものである．しかし，前には，実数の屈折率だけを考えていた．実数の屈折率(および k)に対しては

$$k_x=k\cos\theta_i=\frac{\omega n_1}{c}\cos\theta_i,$$

$$k''_x=k''\cos\theta_t=\frac{\omega n_2}{c}\cos\theta_t$$

を得る．これを式(12.51)に代入すると

$$\frac{E_0'}{E_0}=\frac{n_1\cos\theta_i-n_2\cos\theta_t}{n_1\cos\theta_i+n_2\cos\theta_t} \qquad (12.55)$$

となるが，これは式(12.3)と同じようにはみえない．しかし，スネルの法則を用いて n を消去すれば一致するだろう．$n_2=n_1\sin\theta_i/\sin\theta_t$ とおき，分子と分母とに $\sin\theta_t$ を掛けると

$$\frac{E_0'}{E_0}=\frac{\cos\theta_i\sin\theta_t-\sin\theta_i\cos\theta_t}{\cos\theta_i\sin\theta_t+\sin\theta_i\cos\theta_t}$$

を得る．分子と分母とはちょうど$(\theta_i-\theta_t)$および$(\theta_i+\theta_t)$の sin に等し

いから，

$$\frac{E_0'}{E_0}=\frac{\sin(\theta_i-\theta_t)}{\sin(\theta_i+\theta_t)} \tag{12.56}$$

となる．E_0' と E_0 とは同じ物質中にあるから，強度は電場の2乗に比例するので，我々は前のと同じ結果を得る．同様にして式(12.53)は式(12.4)と同じである．

垂直に入射する波に対しては $\theta_i=0$，$\theta_t=0$ である．式(12.56)は0/0を与え，これは有益でない．しかし，我々は(12.55)に戻り

$$\frac{I_r}{I_i}=\left(\frac{E_0'}{E_0}\right)^2=\left(\frac{n_1-n_2}{n_1+n_2}\right)^2 \tag{12.57}$$

を得る．この結果はもちろん“どのような”偏りにも成立する．それは垂直に入射する場合は特別な“入射面”はないからである．

12-5 金属からの反射

我々の結果を用いて，金属からの反射に関する面白い現象を理解することができる．金属が輝くのはなぜか．前章でみたように，金属の屈折率は或る周波数において大きな虚数部をもつ．光が空気($n=1$)から $n=-in_I$ の物質に入射する場合の反射を調べよう．式(12.55)は，この場合(垂直な入射のとき)，

$$\frac{E_0'}{E_0}=\frac{1+in_I}{1-in_I}$$

を与える．反射波の強度としては，E_0' と E_0 との絶対値の2乗を求めればよい．これは

$$\frac{I_r}{I_i}=\frac{|E_0'|^2}{|E_0|^2}=\frac{|1+in_I|^2}{|1-in_I|^2}$$

あるいは

$$\frac{I_r}{I_i}=\frac{1+n_I{}^2}{1+n_I{}^2}=1 \tag{12.58}$$

である．屈折率が純粋に虚数の物質では100パーセントの反射があることになる．

金属は100パーセントは反射しないが，多くの金属は可視光を非常によく反射する．いいかえると屈折率の虚数部は非常に大きい．しかし，屈折率の大きな虚数部は強い吸収を意味することをすでに学んだ．そこで，一般法則として，ある物質がある振動数において非常によい吸収体になるならば，波は表面で強く反射され，内部へ入って吸収されるのは極く少ないということができる．この効果は強い色素において見ることができる．最も強い色素の純粋な結晶は“金属光沢”をもつ．おそらく，諸君は紫色のインキつぼの角で乾いた色素が金色の金属的な反射をするのを見たことがあるだろう．赤インキは透過光の中で緑色を吸収し，そのため，インキが充分に濃いならば，緑色の光の振動数に対して強い表面反射を呈する．

ガラスの板を赤インキで染めて乾かして，この効果を容易に示すこ

とができる．図12-8のように，この板の裏に白色の光束をあてると，透過した光は赤く，反射した光は緑色であることがわかる．

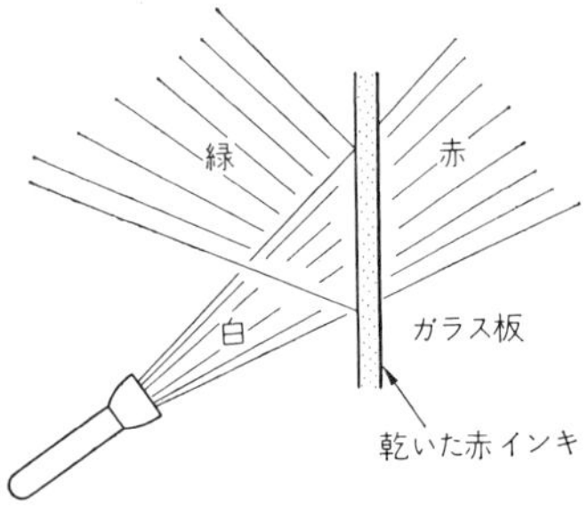

図12-8　振動数 ω において光を強く吸収する物質はその振動数の光を反射する

12-6　全反射

もしも，屈折率 n が1よりも大きいガラスのような物質から，たとえば空気のように屈折率 n_2 が1に等しい方へ向けて光があたるときは，スネルの法則によれば

$$\sin\theta_t = n\sin\theta_i$$

となる．入射角 θ_i が

$$n\sin\theta_c = 1 \qquad (12.59)$$

によって与えられる“臨界角”θ_c に等しいときは透過波の角度 θ_t は $90°$ になる．θ_i が臨界角よりも大きくなるとどうなるだろうか．全反射が起こることを諸君は知っているだろう．その理由を考えよう．

透過波の波数 k''_x を与える式(12.45)に戻ると，

$$k''_x{}^2 = \frac{k^2}{n^2} - k_y{}^2$$

である．ここで $k_y = k\sin\theta_i$，$k = \omega n/c$ であるから

$$k''_x{}^2 = \frac{\omega^2}{c^2}(1-n^2\sin^2\theta_i)$$

となる．もしも $n\sin\theta_i$ が1よりも大きいと，$k''_x{}^2$ は**負**になり，k''_x は純虚数になる．これを $\pm ik_I$ としよう．この意味を諸君は理解できるようになった．透過波(12.34式)は

$$\boldsymbol{E}_t = \boldsymbol{E}_0'' e^{\pm k_I x} e^{i(\omega t - k_y y)}$$

の形をもつ．x が増すと振幅は指数関数的に増大するか減衰するかである．明らかに，ここで負の記号をとる．すると境界の右では波の**振幅**は図12-9のようになる．k_I は ω/c の程度，すなわち自由空間での光の波長 λ_0 の程度であることに注意しよう．光がガラス・空気の面の内部で全反射されるとき，空気中に電場があるが，それは光の波長の程度の距離だけ表面から外へ出ているだけである．

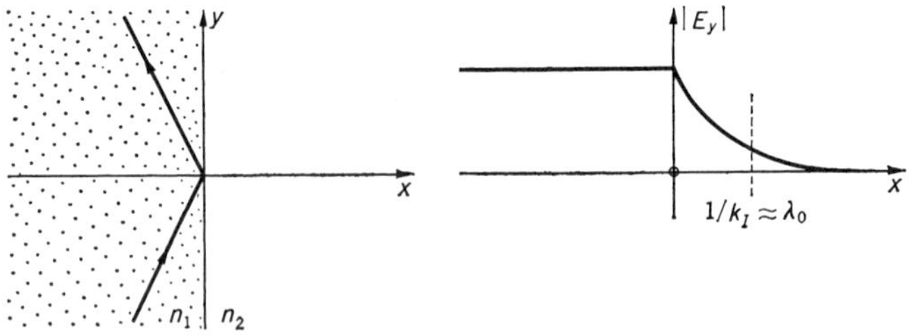

図12-9　全反射

次の問題に答えることもできる．もしも光の波がガラスの内部から充分大きな角度で表面に達すると，それは反射される．もしも別のガラス片を表面につける(したがって“表面”はなくなったと同じことになる)と，光は透過する．正確には何が起こったのだろうか．確かに，全反射を起こす状態から反射の起こらない状態へ連続的に変化したに

ちがいない．答は，もちろん，空気の隙間は大変小さいので，空気中へ指数関数的に尾を引いた波は，第2のガラスのところで相当な強さをもち，それがその部分の電子を揺り動かし，新しい波を形成する(図12-10参照)．そのため一部の光が透過する(明らかに，この答は不完全である．2枚のガラスの間の空気の薄層を含めて，すべての方程式を解くのが本当である)．

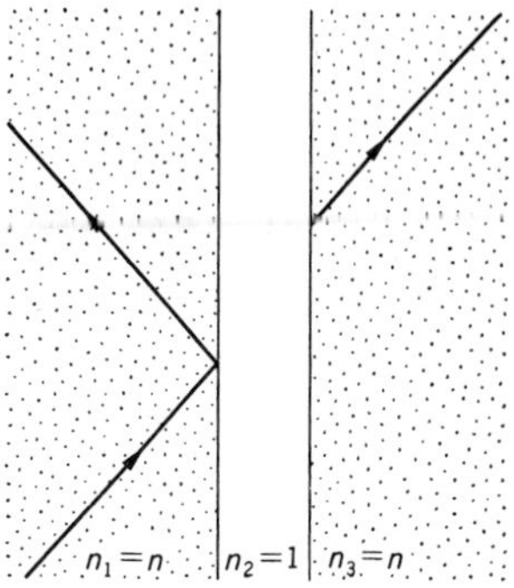

図 12-10　小さな間隙があるとき内部反射は"全反射"にはならない　間隙をへだてて透過波が現われる

ふつうの光では，空気の隙間が非常に小さい場合(光の波長，約 10^{-5} cm の程度)だけ，透過の効果が観測される．しかし，3センチの波を使うと容易に示すことができる．この場合は指数関数的な減衰は数 cm の尾を引く．この効果を示すマイクロ波の装置を図12-11に描いた．3センチの波の送信器がパラフィンの45° プリズムに向いている．この波に対するパラフィンの屈折率は1.50であり，その臨界角

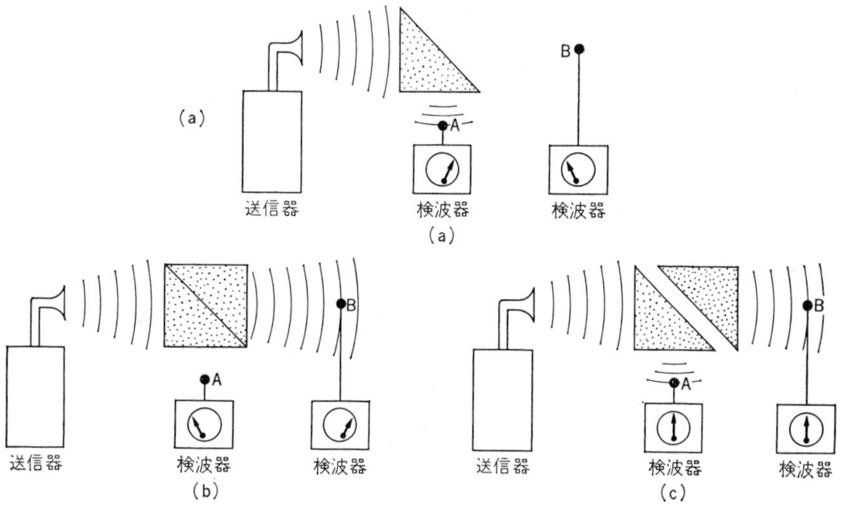

図 12-11　内部的に反射された波の浸透を示す実験

は41.5° である．したがって，波は45° の面で全反射し，図12-11(a)で示した検波器 A で検出される．第2のプリズムを図の(b)のように第1のプリズムに接しておくと，波は真直ぐに透って，検波器Bで検出される．二つのプリズムの中に数 mm の隙間を図(c)のようにあけると，透過波と反射波とが起こる．図12-11(a)の場合，プリズムの45° の面の外の電場は検波器Bを表面から数 cm のところにおいて検出することもできる．

第13章
物質の磁性

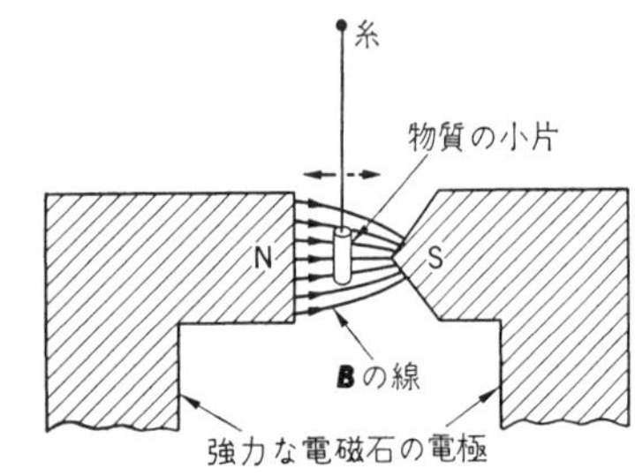

図 13-1 ビスマスの小片は尖った磁極からわずかに反撥され，アルミニウムの小片は引きつけられる

13-1 反磁性と常磁性

この章では物質の磁気的な性質について述べることにする．最も顕著な磁気的な性質を示す物質はいうまでもなく鉄である．同じような磁気的な性質はニッケルやコバルト，それから——充分に低い温度(16°C以下)では——ガドリニウムといった元素やその他多くの特異な合金も持っている．このような磁性は**強磁性**と呼ばれるものであるが，非常に顕著でかつ複雑なものなので別に章を設けて論じることにする．しかし，すべての物質は非常に弱い——強磁性体の示す効果の千分の一から百万分の一というような——ものではあるがいくばくかの磁気的な効果を示すのである．ここでは通常の磁性，すなわち強磁性体以外の物質の磁性について述べることにする．

この弱い磁性には2種類ある．ある物質は磁場の方に**引きつけられ**; またある物質は**反撥される**．物質の誘電効果の場合に誘電体が常に引きつけられるのとちがって，磁気的な効果には二つの符号がある．この2種類の符号は図13-1に示すような一方の磁極片がするどく尖っていて他方の磁極片は平らであるような電磁石を使うと容易に知ることができる．磁場は平らな磁極片にくらべて尖った磁極片のところの方がはるかに強い．そこで，ある物質の小片を長い糸に結びつけて磁極の間に吊すと，一般には，小さな力が働く．この小さな力は電磁石のスイッチが入れられたときに吊り下げられている物質が示す微小な変位から知ることができる．少数の強磁性体は非常に強く尖った磁極片の方に引きつけられるが，他のすべての物質はごくわずかな力を受ける．あるものは尖った磁極片の方にかすかに引きつけられ，あるものはかすかに反撥される．

この効果はビスマスの小円柱を使うともっとも容易にみることができる．ビスマスは磁場の強い領域から**反撥される**．このように反撥される物質は**反磁性体**と呼ばれる．ビスマスは最も強い反磁性体の一つであるが，それでもその効果は非常に弱い．反磁性は常に非常に弱いものなのである．次にアルミニウムの小片を磁極の間に吊すとやはり弱い力が働くが，それは尖った磁極の**方へ**向いている．アルミニウムのような性質を持った物質は**常磁性体**と呼ばれる．(このような実験では，電磁石のスイッチが入れられたり切られたりしたときに渦電流による力が働いて強い衝撃力を出す．諸君は吊り下げられている物体の動きが落ちついた後の真の変位を求めるように注意しなければならない.)

さてここでこれらの二つの効果のしくみを簡単に述べよう．まず，多くの物質では原子は永久磁気モーメントを持ってはいない．いいかえれば，各原子の中のすべての磁石は打ち消し合って**全体としてのモーメント**はゼロになっている．電子のスピンと軌道運動とがすべて正確に釣り合っていてどの一つの原子をとってみても平均的な磁気モーメントを持っていない．このような場合には，磁場をかけると誘導によって原子の中に少しばかりの別の電流が生じる．レンツの法則によれば，これらの電流は磁場の増加を妨げるような方向に流れる．したがって原子に誘起された磁気モーメントは磁場と**反対**の方向を向いている．これが反磁性のしくみである．

ところで，原子が固有の磁気モーメントを持っているような物質もあるのである．――このような原子では電子のスピンと軌道によって環状に流れる電流との総和はゼロにはならない．したがって反磁性効果(この効果は常に存在する)の他にそれぞれの原子の磁気モーメントが向きを揃えて並ぶという可能性もあるのである．この場合には(ちょうど誘電体の永久双極子が電場の方向に向いて並ぼうとするように)モーメントは磁場と**同じ方向**に向いて並ぼうとし，そのために誘起された磁気は磁場を強める方向に働く．これが常磁性体である．常磁性は一般に比較的弱いものである．それは向きを揃えて並ぼうとする力がその配列を乱そうとする熱運動による力にくらべて小さいからである．このことから常磁性が一般に温度に敏感であるということもわかる．(金属のいわゆる導電性によって流れている電子のスピンによる常磁性は例外であるが，この現象についてはここでは論じないことにする.) 通常の常磁性では，温度が低ければ低いほど効果は強い．温度が低くて衝突によって配列が乱される効果が少ないときには向きの揃い方はよりよくなるからである．一方反磁性の方は，どちらかというと温度には無関係であるといえる．固有の磁気モーメントを持っているような物質にはすべて常磁性と同時に反磁性の効果が働くのであるが，たいていの場合常磁性の効果の方が強い．

第Ⅲ巻第11章では**強誘電体**について述べたが，その場合にはすべての電気双極子は双極子自身の相互の電場によって向きを揃えて並んだ．この強誘電性の場合と同じようなことを磁性についても考えることができるが，この場合には原子の持つすべてのモーメントは同じ方向を向いて並び，たがいに固定し合うことになるであろう．これがどのようにして起こるかという計算を実際にやってみると，磁気的な力は電気的な力にくらべて非常に弱いので，絶対温度にして零点何度というような低い温度ででも熱運動がこの配列を打ちこわしてしまい，常温においてこれらの磁石を永久的に配列させることは不可能であることがわかる．

ところが一方，鉄の中では正にこのことが起こっているのである――たしかに向きを揃えて並ぶのである．鉄のそれぞれの原子の磁気モーメントの間には**直接的な磁気**相互作用によるものよりもはるかに大きな力が働くのである．それは量子力学によってのみ説明できる間接的な効果なのであるが，その力は直接的な磁気相互作用によるものの約1万倍の強さを持っていて，それが強磁性体のモーメントの向きを揃えさせているのである．この特殊な相互作用については後章で論じることにする．

さて，ともかく反磁性と常磁性の定性的な説明を諸君にしようと試みたのではあるが，このへんで，古典的な物理学という観点からではどうやってもまともに物質の磁気的な効果を理解することは**できない**というように訂正しておかなければならない．このような磁気的な効果は**全く量子力学的現象**なのである．しかしながら，少々インチキな古典的な理論をでっちあげて，要するにどういうことになっているのかということの感じを摑むことはできる．このことは次のようにいった方がよいかも知れない．すなわち，何か古典的な理論を作りあげて物質の振舞に関する推測をすることは可能かも知れないが，しかしこれらの磁気に関する現象にはどれをとってみてもすべて量子力学が本質的に関係しているので，これらの理論はどう考えてみても“正当なもの”ではあり得ない．一方，場合によっては，プラズマや沢山の自由電子が存在する空間内のある領域とかのように電子が古典力学の法則に従うような場合もあるのであって，このような場合には古典的な磁気理論に基いた諸定理の一部のものは使えるのである．また古典的な理論には歴史的な価値もある．磁性体の意味と振舞についての初期の二三の推論においては古典的な理論が用いられた．最後に，すでに述べたように，古典力学はどのようなことが起こりそうだということに関して，見当をつけるのに好都合である——もちろんこの種の問題についての真正直な勉強のしかたはまず量子力学を学んでそれから量子力学をもとにして磁性を理解することであるのはいうまでもない．

しかしながら，反磁性のような簡単なことを理解するのに量子力学を徹底的に勉強するまで待ちたくはない．となると，我々はどんなことが起こるのかがわかりさえすればよいのだというような態度で半ば古典力学に基いて学ばざるを得ない．ただしこの場合，その論理は本当は正しくないのだということは承知の上である．したがって以下に古典的磁気論に関する一連の定理を示しはするが，これらはそれぞれ異なったことを証明するようなことになるので当然諸君を困惑させることになると思う．最後の一つの定理を除けばどれも皆間違っているのである．その上，物理学的な世界を記述するという意味では，量子力学を除外して考えているので全部間違っているともいえる．

13-2　磁気モーメントと角運動量

古典力学によってまず証明したい定理は次のようなものである：もしある電子が円軌道上を動いている(たとえば，ある中心力の影響のもとに原子核のまわりをまわっている)とすれば，磁気モーメントと角運動量との間にはある一定の比が存在する．軌道上の電子の角運動量を $\boldsymbol{J}$，磁気モーメントを $\boldsymbol{\mu}$ と呼ぶとしよう．そうすると角運動量の大きさは電子の質量と速度と半径の積であり(図 13-2 参照)，軌道面に直角の方向を向いているから

$$J = mvr. \tag{13.1}$$

(これは非相対論的公式であるが，原子に関してはよい近似である．というのはこの場合の電子については v/c は一般に $e^2/\hbar c = 1/137$，いいかえれば 1 パーセントぐらいの程度だからである.)

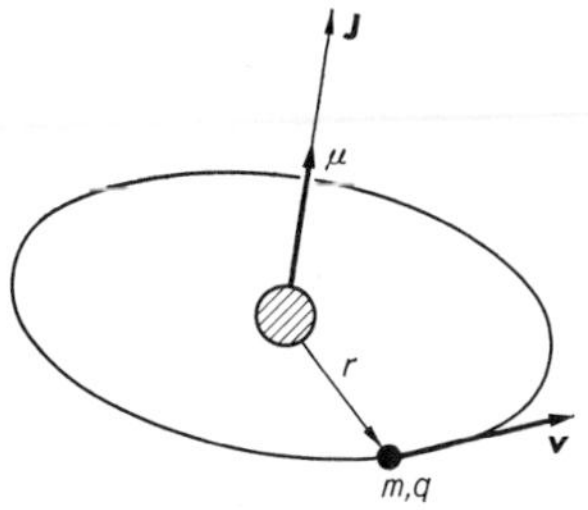

図 13-2　任意の円形軌道の磁気モーメント μ は $q/2m$ 掛ける角運動量 J である

この軌道のもつ磁気モーメントは電流かける面積である．(第Ⅲ巻 14-5 節参照.) 電流は軌道上の任意の一点を単位時間に通過する電荷，すなわち電荷 q かける旋回の振動数，すなわち頻度であり，頻度は速度を軌道の長さで割ったものであるから

$$I = q\frac{v}{2\pi r}$$

であり，面積は πr^2 であるから磁気モーメントは

$$\mu = \frac{qvr}{2}. \tag{13.2}$$

これもまた軌道面に垂直な方向を向いている．したがって $\boldsymbol{J}$ と $\boldsymbol{\mu}$ は同じ方向を向いている：

$$\boldsymbol{\mu} = \frac{q}{2m}\boldsymbol{J}(\text{軌道}). \tag{13.3}$$

これらの量の比は速度にも半径にも依存しない．円軌道上を運動している粒子の磁気モーメントはすべて角運動量の $q/2m$ 倍である．電子の場合には電荷は負である――それを $-q_e$ と呼ぶことにしている．したがって電子に関しては

$$\boldsymbol{\mu} = -\frac{q_e}{2m}\boldsymbol{J}(\text{電子軌道}). \tag{13.4}$$

これが古典論から期待される結果なのであるが，何とも不思議なことには，これは量子力学からみても正しいことなのである．そのような定理も幾つかあるのである．しかし，古典物理を続けてゆくと，ほかのところで間違った答を与えるようなことに出合ったりするのであるが，それだからといってどれが正しくてどれが正しくないかということをいちいち記憶するのはたいへんなことである．そこでこういうことが量子力学的にいって**一般**に正しいことなのであるということをいまここで述べておいた方がよいと思う．まず，式(13.4)は**軌道運動**については正しい．しかし，それが世の中に存在する磁性のすべてではない．電子は(地球がその軸を中心にして回転しているように)，それ自身の軸のまわりにもスピン回転を持っている，そしてそのスピンのために電子は角運動量と磁気モーメントの両方を持っている．しかし，ある全く量子力学的な理由から――これの古典的説明はできない――電子のスピンについての $\boldsymbol{\mu}$ と $\boldsymbol{J}$ の比はその電子の軌道運動についてのこれらの量の比の 2 倍である：

$$\boldsymbol{\mu}=-\frac{q_e}{m}\boldsymbol{J}(\text{電子のスピン}). \tag{13.5}$$

一般的に言えば，如何なる原子にも幾つかの電子があり，それらのスピンと軌道運動のある種の結合によって作り出される全角運動量および全磁気モーメントがある．この磁気モーメントは(孤立した原子の場合には)角運動量の向きに対してちょうど反対の方向を向いている．このことについては古典的には何故そうでなければならないのかという理由はつけられないが，量子力学的には常にそうなる*．なおこれらの二つの量の比は必ずしも $-q_e/m$ か $-q_e/2m$ かのどちらかである必要はなく，その中間の値であればよい．というのは軌道からとスピンからとの影響の混ざり合ったものだからである．このことは次のように書くことができる．

$$\boldsymbol{\mu}=-g\left(\frac{q_e}{2m}\right)\boldsymbol{J}. \tag{13.6}$$

ここで g は原子の状態に特有な因子である．これは純粋な軌道モーメントについては1で，純粋なスピンモーメントについては2であり，原子のように複雑な系の場合にはその中間の値をとる．もちろんこの公式だけではたいしたことはわからない．磁気モーメントは角運動量に**平行**であるとはいってはいるが，大きさは何でもよい．しかし，式(13.6)の形は便利である．というのは g ——“ランデの g 因子”と呼ばれる——は大きさが1程度の無次元定数だからである．この g 因子を原子のそれぞれの状態について予言することが量子力学の一つの仕事になっている．

諸君は原子核の中ではどうなっているかということについても興味があるかも知れない．原子核の中には陽子や中性子があって，ある種の軌道の上を動き回っていることもあり得るが，それと同時に，電子と同じように固有のスピンを持っていることもあり得る．この場合にもまた磁気モーメントは角運動量に平行である．ただ今度は，二つの量の比の大きさの程度は**陽子**が円軌道を描いて回っている場合についてのものになって，式(13.3)の m が**陽子**の質量に等しくなる．したがって，原子核の場合には次のように書く：

$$\boldsymbol{\mu}=g\left(\frac{q_e}{2m_p}\right)\boldsymbol{J}. \tag{13.7}$$

ここで m_p は陽子の質量で，g ——**核の g 因子**と呼ばれる——は1に近い数字でそれぞれの原子核ごとに決められる．

原子核の場合のもう一つの重要なちがいは陽子の**スピン**磁気モーメントの g 因子は電子の場合とちがって2では**ない**ということである．陽子の場合には，$g=2(2.79)$ である．おどろくべきことに，**中性子**もまたスピン磁気モーメントを持っていて，その角運動量にくらべた大きさは $2(-1.93)$ である．いいかえれば，中性子は磁気的な意味で

＊（訳者註）磁気モーメント・ベクトルは角運動量ベクトル $\boldsymbol{J}$ のまわりを回り，その平均は $\boldsymbol{J}$ の方向を向く(これが $\boldsymbol{\mu}$ である)というのがふつうの古典的な解釈である．

は完全に"中性"ではない．ちょうど小さな磁石のようなものであって，回転している**負**の電荷のような磁気モーメントを持っているのである．

13-3 原子磁石の歳差運動

角運動量に比例した磁気モーメントを持っているための結果の一つは，磁場の中に置かれた原子磁石は**歳差運動をする**ということである．このことについて，まず古典的に論じてみることにする．いま一様な磁場の中に自由に吊された磁気モーメント $\boldsymbol{\mu}$ があると仮定しよう．それは $\boldsymbol{\mu}\times\boldsymbol{B}$ に等しいトルク $\boldsymbol{\tau}$ を受けるが，そのトルクは磁場と同じ方向を向かせるように働く．しかし，原子磁石は一つのジャイロスコープである——$\boldsymbol{J}$ という角運動量を持っている——ので，実際には磁場によるトルクはその磁石の向きを揃えさせるようには働かない．そのかわり，第I巻の第20章でジャイロスコープの解析をしたときに述べたように磁石は**歳差運動**をするのである．角運動量は——そしてそれに伴って磁気モーメントも——磁場に平行な軸のまわりに歳差運動をする．歳差運動が時間的に変化する割合いは第I巻の第20章で用いたのと同じ方法で求めることができる．

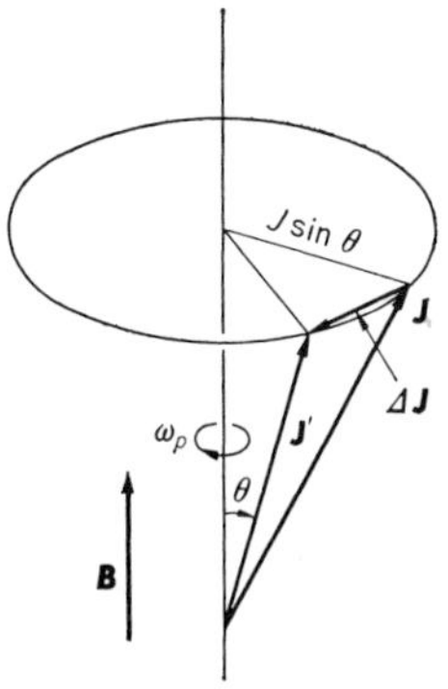

図 13-3 磁場 B の中に置かれ，角運動量 J とそれに平行な磁気 μ を持つ物体は角速度 ω_p で歳差運動をする

いま，ある短い時間 Δt の間に図 13-3 に示すように角運動量が磁場 $\boldsymbol{B}$ の方向に対して常に同じ角度 θ を維持しながら $\boldsymbol{J}$ から $\boldsymbol{J}'$ にかわるとしよう．歳差運動の角速度を ω_p と呼ぶとすると，時間 Δt の間に歳差運動によりまわる角度は $\omega_p\Delta t$ である．図に示したような関係から，時間 Δt の間の角運動量の変化は次のようになる．

$$\Delta J=(J\sin\theta)(\omega_p\Delta t).$$

したがって，角運動量が時間的に変化する割合いは

$$\frac{dJ}{dt}=\omega_p J\sin\theta \tag{13.8}$$

であって，これはトルク

$$\tau=\mu B\sin\theta \tag{13.9}$$

に等しくなければならないから，歳差運動の角速度は

$$\omega_p=\frac{\mu}{J}B. \tag{13.10}$$

式(13.6)の μ/J を代入すると，原子の系については次のようになることがわかる

$$\omega_p=g\frac{q_eB}{2m}; \tag{13.11}$$

すなわち歳差運動の周波数は B に比例する．原子(あるいは電子)については次のようになり，

$$f_p=\frac{\omega_p}{2\pi}=(1.4\ \text{メガサイクル/ガウス})gB, \tag{13.12}$$

原子核については次のようになると覚えておくと好都合である：

$$f_p = \frac{\omega_p}{2\pi} = (0.76 \text{ キロサイクル/ガウス}) gB. \tag{13.13}$$

(原子と原子核についての公式がちがうのは，これらの二つの場合の g のとり方のならわしがちがうからというだけのことである.)

このようなわけで，**古典**理論によれば電子の軌道——とスピン——は磁場の中で歳差運動をしなければならない．このことは量子力学的にも正しいであろうか？ それは正しいことは正しいのであるが“歳差”の意味がちがうのである．量子力学においては古典力学と同じような意味での角運動量の**方向**については語ることができないのであるが，それにもかかわらずたいへん密接な類似性がある——あまりにも密接なので引き続きそれを“歳差”と呼ぶことにする．このことについては後で量子力学的観点について述べるときに論じる．

13-4　反磁性

次に反磁性について古典的観点からみてみよう．それには幾つかの方法があるが，そのうちとくにうまい方法は次のようなものである．いま原子のところに徐々に磁場をかけるとしよう．磁場が変化するにつれて磁気誘導により電場が発生する．ファラデーの法則により，ある閉じた回路のまわりの E の線積分はその回路を横切る磁束の時間的な変化の割合いに等しい．いま，図 13-4 に示すように，原子の中心と同心で半径が r の円形の道 Γ をとりあげてみると，この道に沿った接線方向の電場の平均 E は次式から与えられる．

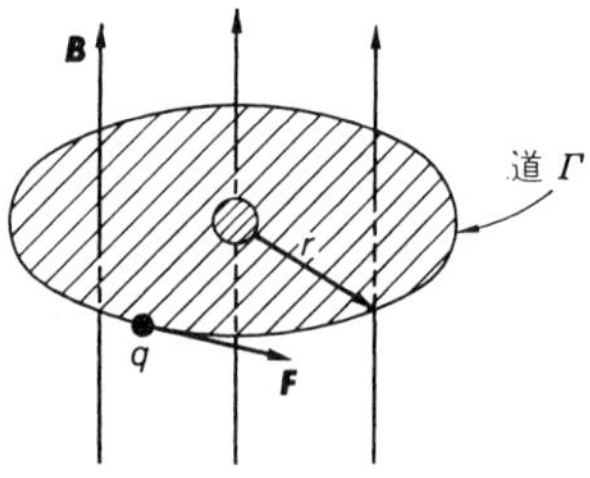

図 13-4　原子の中の電子に働く誘導電気力

$$E2\pi r = -\frac{d}{dt}(B\pi r^2),$$

したがって，その強さが次のようにあらわされるような電場が道に沿って存在する．

$$E = -\frac{r}{2}\frac{dB}{dt}.$$

この誘導された電場が原子内の電子に作用することにより $-q_eEr$ という大きさのトルクが生じ，それは角運動量の時間的な変化の割合い dJ/dt に等しくなければならないから：

$$\frac{dJ}{dt} = \frac{q_e r^2}{2}\frac{dB}{dt}. \tag{13.14}$$

これを磁場がゼロの場合から時間について積分すると磁場をかけたことによる角運動量の変化は次のようになることがわかる：

$$\Delta J = \frac{q_e r^2}{2}B. \tag{13.15}$$

これが，磁場をかけたときに電子がひねられることによる角運動量の変化である．

この追加分の角運動量はそれによる磁気モーメントの変化を作り出すが，それは**軌道**運動のものであるから角運動量の $-q_e/2m$ 倍の大

きさを持つ．誘導される磁気モーメントはすなわち

$$\Delta\mu = -\frac{q_e}{2m}\Delta J = -\frac{q_e{}^2 r^2}{4m}B. \qquad (13.16)$$

負の符号は(レンツの法則を使って考えてみればすぐわかるように)追加されたモーメントが磁場と反対の向きを向いていることを意味する．

ここで式(13.16)を少々ちがった形に書きかえたいと思う．この式に現われる r^2 は原子を通って B に平行な軸からの半径であるから，たとえば B が z 軸の方向に向いているとすると x^2+y^2 に等しい．もし球対称の原子(あるいはそれぞれの軸が勝手にあらゆる方向を向いているような原子の集りについての平均)を考えると x^2+y^2 の平均は原子の中心点から測った真の半径方向の距離の 2 乗の平均の 2/3 である．したがって式(13.16)は次のように書いた方が一般にはより好都合である：

$$\Delta\mu = -\frac{q_e{}^2}{6m}\langle r^2\rangle_{平均}B. \qquad (13.17)$$

ともかくこれで，磁場 B に比例していて反対方向を向いている原子モーメントが誘導されることはわかった．これが物質の反磁性である．不均一な磁場の中に置かれたビスマスの小片に小さな力が働く原因はこの磁気的な効果にある．(この力は磁場内に誘導されたモーメントのエネルギーを計算し，物質が磁場の強い領域に入ったり出たりするときにそのエネルギーがどのように変わるかをみることによって求めることができる．)

ところで，まだ問題が残っている：平均 2 乗半径 $\langle r^2\rangle_{平均}$ とは何か？古典力学からは答は得られない．われわれはもとにもどって量子力学からやりなおさなければならない．電子が原子の中のどこにあるかについてはわれわれは本当はいうことができず，電子がある場所にあるであろう確率しかわからないのである．そこでいま $\langle r^2\rangle_{平均}$ を，その確率分布における中心からの距離の 2 乗の平均であると解釈すると，量子力学によって与えられる反磁性モーメントは式(13.17)と同じになる．この式はもちろん 1 個の電子についてのモーメントであり，全モーメントは原子の中のすべての電子についての和で与えられる．このように古典理論と量子力学とから同じ答が得られるということは驚ろくべきことである．とはいうものの，あとでわかるように式(13.17)を与える古典理論は古典力学的にいっても本当は正しくないのである．

原子がはじめから永久モーメントを持っているときでも同じ反磁性効果は起こる．その場合にはその系は磁場の中で歳差運動をする．原子全体が歳差運動をすると，それは小さな角速度をひろうことになり，そのゆっくりした回転は微小な電流をひき起こすのでその分だけ磁気モーメントは補正されることになる．これは反磁性効果の別のあらわれかたである．しかし常磁性について論ずるときにはこのような補正的な効果については全く心配する必要はない．もしここでやったよう

にして反磁性効果についてはじめに計算してあれば歳差運動による微小な電流があるということに対しては心配しなくともよい．その効果はすでに反磁性の項の中に含まれているのである．

13-5　ラーモアの定理

いままでに論じてきたことだけからでもすでに幾つかの結論を導くことができる．まず第一に古典理論においてはモーメント $\boldsymbol{\mu}$ は常に $\boldsymbol{J}$ に比例していて，その比例定数は，原子に特有なものであった．その場合電子のスピンは全くなく，比例定数は常に $-q_e/2m$ であった；いいかえれば式(13.6)では $g=1$ としなければならなかったのである．$\boldsymbol{\mu}$ の $\boldsymbol{J}$ に対する比は電子の内部的な運動には無関係であり，したがって古典理論によれば電子の系はすべて**同じ**角速度で歳差運動をすることになる．(これは量子力学においては正しく**ない**.) ところでこの結論はわれわれがいま証明しようとしている古典力学の定理に関係がある．いま，ある電子の集りを考えて，それらの電子がすべてある中心点に向う力によって支えられているとしよう——電子が原子核によって引っぱられているように．電子はまた相互に作用しあっていて，一般には複雑な運動をしている．そこで，いま磁場がない場合の運動については解がわかっているとして，磁場が**ある**場合の運動はどうであるかを知ろうとしたとしよう．この定理によれば弱い磁場があるときの運動は磁場がないときの解の一つに磁場の方向を向いた軸のまわりをまわるある回転をつけ加えたものになる．この場合のつけ加えられる回転の角速度は $\omega_L=q_eB/2m$ である．(これはもし $g=1$ であれば，ω_p に等しい.) もちろん可能な運動は幾つもあるのであるが，要は磁場がない場合のすべての運動についてそれぞれに対応する磁場の中での運動があり，それらはもとの運動にある一定の回転運動を加えたものであるということである．このことはラーモアの定理と呼ばれ，ω_L は**ラーモアの周波数**と呼ばれる．

この定理はどのようにしたら証明できるかを説明するが，詳細については諸君にやってもらうことにする．まず，中心力が働いている場の中にある1個の電子を考えてみよう．それに働いている力は $\boldsymbol{F}(r)$ だけで，それは中心を向いている．もし，いま一様な磁場をかけたとすると，$q\boldsymbol{v}\times\boldsymbol{B}$ という力が加わる；したがってそれらの力の和は

$$\boldsymbol{F}(r)+q\boldsymbol{v}\times\boldsymbol{B} \tag{13.18}$$

となる．さて今度は，その同じ系を $\boldsymbol{B}$ に平行で力の中心を通る軸のまわりを角速度 $\boldsymbol{\omega}$ でまわっているような座標系からみてみよう．これはもはや慣性系ではないので，適当な擬似力(見掛けの力)——第I巻第19章で述べた遠心力とコリオリの力——を持ちこまなければならない．これらの力について論じた際に，角速度 $\boldsymbol{\omega}$ で回転している座標を基準にして考えると，速度の半径方向の成分 v_r に比例した**接線方向の**見掛けの力があるということを学んだ：

$$F_t=-2m\omega v_r \tag{13.19}$$

また，次式で与えられるような半径方向の見掛けの力もある：

$$F_r = m\omega^2 r + 2\,m\omega v_t, \tag{13.20}$$

ここで v_t は回転している座標系を基準にして測った速度の接線方向の成分である．（半径方向の成分 v_r は回転系の場合も慣性系の場合も同じである．）

さて，角速度が充分に小さい場合には（すなわち $\omega r \ll v_t$ であれば），式(13.20)の第1項（遠心力の項）は第2項（コリオリの力の項）にくらべて無視できる．そうすると式(13.19)と式(13.20)は次のようにまとめることができる．

$$\boldsymbol{F} = -2m\boldsymbol{\omega}\times\boldsymbol{v}. \tag{13.21}$$

ここで回転による力と磁場による力とを**まとめる**ためには，式(13.21)の力を式(13.18)の力に加えなければならない．両方の力を加え合わせたものは

$$\boldsymbol{F}(r) + q\boldsymbol{v}\times\boldsymbol{B} + 2m\boldsymbol{v}\times\boldsymbol{\omega}. \tag{13.22}$$

〔最後の項は式(13.21)のベクトル積の順序と符号の両方を変えると得られる.〕この結果から，もし

$$2m\boldsymbol{\omega} = -q\boldsymbol{B}$$

であれば右端の2項は打ち消し合ってしまって，動いている座標系では $\boldsymbol{F}(r)$ という力だけしかないということがわかる．電子の運動は磁場がない場合と全く同じである——そして，もちろん回転運動はない．電子が1個の場合のラーモアの定理の証明は以上の通りである．この証明では $\boldsymbol{\omega}$ の値が小さいことを仮定しているが，このことはこの定理が弱い磁場についてのみ成り立つことを意味している．このあと諸君にさらにこれを改良することをたのむとすれば，多数の電子が同じ中心力の場の中でたがいに作用し合っている場合について同じ定理を証明するということぐらいのものであるが，やってみてほしい．このようにして，原子がどんなに複雑なものであっても，もしそこに中心力の場があればこの定理は正しいことがわかる．しかし古典力学の行き着けるところはここまでである．というのは，この運動がそのように歳差運動をするということは本当は正しくないからである．式(13.11)の歳差運動の回転数 ω_p はたまたま g が1であるときに限って ω_L に等しくなる．

13-6 古典力学では反磁性も常磁性も説明できない

さて，ここで古典力学によれば反磁性も常磁性も全くあり得ないのだということを示したいと思う．常磁性，反磁性，歳差運動をする軌道などがあるということを証明しておきながら，いままたそれらはみな間違いであるということを証明しようというのだから，はじめはちょっと気違いじみていると思うかもしれない．しかし正にそうしようとしているのである！ われわれは，**もし古典力学**を更につきつめてゆくならば，そのような磁気的な効果はあり得ない——**それらはみな打ち消し合ってしまうのだ**——ということを証明しようというのであ

る．古典理論をどこか適当なところからはじめて，最後まで追求せずに途中で止めてしまうならば，どんな答でも諸君の望み通りのものが得られる．しかし，もっとも厳密でかつ正しい証明によれば，それがどんな形のものであろうと磁気的な効果は存在し得ないということになるのである．

どんな系であっても——電子や陽子，その他どんなものから成っているガスであってもよいのであるが——もしそれがある箱の中におさめられていて，その系全体がそのまままわるということがないようになっていれば，磁気的な効果はあり得ないというのが古典力学から得られる結論なのである．もし，それ自身で一つのまとまったものになっている星のように，ある孤立した系で，磁場をかけたときにそれがまわり出すことができるような系があるならば，磁気的な効果が起ることは可能である．しかし，いま1個の物体があってそれがまわり出すことがないようにおさえられているならば，磁気的な効果はあり得ない．おさえつけておくということの意味は要約して言うとこういうことである：ある与えられた温度では熱的な平衡状態としては，**ただ一つだけの〈熱力学的〉状態**があり得るものとする．そうするとこの定理によれば，磁場をかけてから，その系が熱平衡に達するまで待つと，そこには常磁性も反磁性もない——すなわち誘導磁気モーメントは存在しない．証明：統計力学によれば，一つの系がある運動〈力学的〉状態にある確率は $e^{-U/kt}$ に比例する．ただし U はその運動におけるエネルギーである．さてこの運動におけるエネルギーとは何であろうか？　ある一定値を持つ磁場の中を動いている粒子においては，そのエネルギーは通常の〈電場を含めた〉位置のエネルギーに $mv^2/2$ を加えたものであって，磁場に関するものは何も加わらない．〔電磁場による力は $q(\boldsymbol{E}+\boldsymbol{v}\times\boldsymbol{B})$ でありまた仕事の時間的な変化の割合 $\boldsymbol{F}\cdot\boldsymbol{v}$ はちょうど $q\boldsymbol{E}\cdot\boldsymbol{v}$ であって，これは磁場には関係ないということは諸君も知っている通りである.〕というわけで，ある系のエネルギーは，それが磁場の中にあろうとなかろうと，常に運動エネルギーに位置のエネルギーを加えたもので与えられる．いかなる運動の確率も，そのエネルギー——すなわち速度と位置——にのみ依存するのであるから，磁場があってもなくても同じである．したがって，熱平衡状態においては，磁場は何の影響力も持たない．いま，箱の中にいれられた一つの系があって，その他にもう一つの系が別の第2の箱にいれられていて，第2の箱の方には磁場がかけられているとすると，最初の箱の中のある点である速度を持っている確率は，第2の箱の中についてのものと同じである．もし最初の箱の中には平均電流が流れていないとしたら(もしそれが固定された壁と平衡状態にあるならば当然そうなるはずである)平均磁気モーメントもない．ところが第2の箱の中でのすべての運動は最初の箱の中と同じであるから，そこにも磁気モーメントは無い．したがって，温度が一定に保たれているところで磁場をかけたあと再び熱平衡状態に達したとすると，そこには磁場によって誘起された磁気モーメントというものはあり得ない――これは古典力学によればの話である．磁気現象に関する納得のゆく解釈は量子力学によってのみ得られるのである．

不幸にして諸君が量子力学に通暁していると仮定することはできないので，ここでそのことについて論じることはとても無理である．ではあるが，われわれがものを習おうとするときにはいつも厳密な法則などをまず学んで，それから，それらがいろいろな事柄に如何にして応用されるかを学ぶという学習方法をとらねばならぬというきまりはないのである．この講義でとりあげたほとんどすべての題目はそれぞれ別な方法で取り扱ってきた．電気の場合には，マクスウェル方程式を“第１頁”に書いてそこから得られるすべての結果を演繹した．これも一つの方法ではある．しかし，われわれはいまここで新たに“第１頁”に量子力学の方程式を書いて，そこから何もかも演繹するということから始めることは**しない**．それが何故そうなるかということを教える前に，量子力学で得られる幾つかの結果を諸君に単に鵜呑みにしてもらうことにする．ということで早速はじめよう．

13-7 量子力学における角運動量

磁気モーメントと角運動量との関係についてはすでに述べておいた．それはそれでよいのであるが，しかし，磁気モーメントや角運動量は量子力学においては何を**意味する**のであろうか？ 量子力学において，それが何を意味するかを本当に知るためには磁気モーメントのようなものを，エネルギーといったような他の概念に基づいて定義するのが最良の方法であるということになっている．さてそこで磁気モーメントをエネルギーで表現することはわけない．磁場の中でのモーメントのエネルギーは，古典力学によれば，$\boldsymbol{\mu}\cdot\boldsymbol{B}$ だからである．したがって，量子力学においても次のような定義がなされている：もし磁場の中におかれた系のエネルギーを計算したときに，それが(弱い磁場に対して)磁場の強さに比例するならば，その比例係数を磁気モーメントの磁場方向の成分と呼ぶ．(本当はいまのところはそれほど気取る必要はないのであって，まだ磁気モーメントを通常の，どちらかというと古典的な，意味に考えていてよい．)

さて次に量子力学における角運動量の考え方――というよりはむしろ，量子力学において角運動量と呼ばれているものの性質について論じようと思う．諸君も知ってのとおり，新しい種類の法則について論じようというときにはそれぞれの単語が前と全く同じ意味を持つものであると単純に仮定するわけにはゆかない．諸君はたとえば“ああ，角運動量なら知ってるよ．あのトルクで変わるやつだろ”と思うかも知れない．しかし，トルクとは一体なんだろう？ 量子力学においては古い量についての新しい定義がなければならないのであるが，それは量子力学で定義された量なのであるから，“量子角運動量(quantangular momentum)”とか何とかいうような名前で呼ぶのが最も筋の通った話なのかも知れない．しかし，量子力学の量で，その考えている系が充分に大きなものになったときには昔からの角運動量の考え方と同じものになるような量をみつけることができるならば，そのために余計な言葉を作り出すのは意味がない．むしろ単に角運動量と呼んだ方がよい．というわけで，これから述べようとするその妙なものは角運動量なので**ある**．それは大きな系の場合には古典力学における角運動量と同じものになるものである．

まず，空虚な空間にぽつんと置かれた原子のように，角運動量が保存される系を考えてみよう．そのようなものは(地球がその軸のまわりに自転しているように)，どれでも好きな軸のまわりに通常の意味での自転(スピン)をしていることが可能である．そして，ある与えられたスピンについて，エネルギーはすべて同じでありながらそれぞれが角運動量の軸の特定の方向に対応しているような多くの異なった“状態”がある．したがって，古典理論においては，ある与えられた角運動量に対してとり得る状態の数は無限にあり，それらのエネルギーはみな等しい．

しかし，量子力学では奇妙なことが幾つか起こるのである．まず，このような系が**とり得る**状態の数は限られている——有限個しかない．系が小さければこの有限個数は非常に小さくなり，また系が大きくなればその数は非常に大きくなる．次に“状態”はその角運動量の**方向**を与えることによって記述することは**できなくて**，角運動量のある方向——たとえば z 方向——に沿った**成分**によってのみあらわすことができる．古典理論によれば，ある与えられた全角運動量 $\boldsymbol{J}$ を持つ物体は，その z 方向成分として $+J$ から $-J$ までのあらゆる値をとり得る．しかし量子力学によれば，角運動量の z 成分はあるはっきりと区別された値しかとることができないのである．ある与えられた系は——ある特定の原子，あるいは原子核，あるいはそのほか何であっても——ある与えられたエネルギーのもとでは，ある特有の数 j があって，その角運動量の z 成分は以下のような1組の値のうちのどれか一つでしかあり得ないのである：

$$
\begin{array}{c}
j\hbar \\
(j-1)\hbar \\
(j-2)\hbar \\
\vdots \\
-(j-2)\hbar \\
-(j-1)\hbar \\
-j\hbar.
\end{array}
\qquad (13.23)
$$

z 成分の最大のものは j 掛ける $\hbar$ である；その次のものは $\hbar$ にして1単位だけ少なく，またその次はというようにして $-j\hbar$ までである．この j という数は“その系のスピン”と呼ばれる．(“全角運動量量子数”と呼ぶ人もあるが，われわれは“スピン”と呼ぶことにする.)

諸君は，いまここで述べていることはある“特別な” z 軸についてのみあてはまることなのではないかと心配するかも知れないが，そうではない．スピンが j であるような系においては，角運動量の**どの**軸に沿った成分であっても式(13.23)に示した値のうちの一つしかとることができないのである．これは全く不思議なことなのではあるが，いまのところはそのまま呑みにしておいてほしい．この点についてはまた後でとりあげて論じることにする．とにかく，z 成分がある数から**同じ**数の負の値までの間にあるので，どっちが z 軸の正の向きなのかを決める必要がないということだけでも少なくとも有難いと思わなければならない．(もちろん，もし $+j$ から負のちがう値までにわたるなどといったら，他の向きを向いた z 軸を定義することができなくなるので，それこそとんでもない不思議なことになってしまう.)

さて，角運動量の z 成分が $+j$ から $-j$ まで整数分ずつ減るものならば，j は整数でなければならない．いや！ 必ずしもそうではない; j の2倍が整数でなければならないのである．整数でなければならないのは $+j$ と $-j$ の差だけである．というわけで，一般には，スピン j は整数か半整数であって，それは $2j$ が偶数であるか奇数であるかによって決まる．たとえば，リチウムの原子核を考えてみよう．そのスピンは2分の3，すなわち $j=3/2$ である．したがって z 軸のまわりの角運動量は，$\hbar$ の単位で表わすと，次のようになる：

$$
\begin{gathered}
+3/2\\
+1/2\\
-1/2\\
-3/2.
\end{gathered}
$$

もしこの原子核が外からの磁場もかかっていない空虚な空間の中にあるならば，エネルギーが同一であるとり得る状態としては4個の可能な状態がある．もしスピンが2であるような系であるとすれば，角運動量の z 成分は，$\hbar$ の単位では，次のような値しか取ることができない：

$$
\begin{gathered}
2\\
1\\
0\\
-1\\
-2.
\end{gathered}
$$

与えられた j に対して何個の状態が可能であるかを数えてみると，$(2j+1)$ 個の可能性があることがわかる．いいかえれば，もしエネルギーとスピンが決まれば，そのエネルギーに対応する丁度 $(2j+1)$ 個の状態があって，それぞれの状態は角運動量の z 成分のとり得る幾つかの値の一つ一つに対応しているのである．

ここでもう一つの事実をつけ加えておきたい．いま既知の j を持った原子をどれか1個任意にとり出して，その角運動量の z 成分を測定してみるならば，取り得る値のうちのどれでもが得られる可能性があり，かつそれぞれの値にはとくにこれになりそうだというものはなくてみな**同じ**可能性をもっている．すべての状態は実際のところそれぞれ単一の状態であって，どれがよいとか本当だとかいうようなものではない．いずれのものもこの世界においては同じ“重み”を持っているのである．(ここでは特別なサンプルを取り出すような細工は何もしていないものと仮定している.) ところで，偶然にも，このことは古典論と簡単な相似性を持っている．諸君が古典論について同じ質問をしたとする：全角運動量が同じであるような系の集りの中から任意に1個のサンプルとなる系を取り出したとすると，角運動量の z 成分がある特定の値になる見込みはどのくらいか？——最大値から最小値まですべてみな同じだという答になる．(このことは諸君にも容易に証明できる.) この古典論の結果は量子力学において$(2j+1)$個の可能性が等しい確率を持つということに対応している．

以上のようなことから，もう一つの興味深い，そして少々驚ろくべき結論が得られる．すなわち古典論での計算においては最終的な結果に角運動量の大きさの**2乗**——いいかえれば $\boldsymbol{J}\cdot\boldsymbol{J}$ が出てくるものが幾つかあるのであるが，正しい量子力学的公式を推定するのに，古典論的な計算と次のような簡単なルールを使うとうまくゆくことが多いということなのである：$J^2=\boldsymbol{J}\cdot\boldsymbol{J}$ を $j(j+1)\hbar^2$ で置きかえる．このルールはよく使われるものであって通常は正しい結果が得られるが，常にというわけでは**ない**．何故このルールがうまくゆくと考えてよさそうなのかを示すには次のようにするとよい．

スカラー積 $\boldsymbol{J}\cdot\boldsymbol{J}$ は次のように書くことができる．

$$\boldsymbol{J}\cdot\boldsymbol{J}=J_x{}^2+J_y{}^2+J_z{}^2.$$

これはスカラーであるからスピンの向きに関係なく一定でなければならない．いま与えられた原子的な粒子の系からサンプルを任意に取り出して $J_x{}^2$ か $J_y{}^2$ か $J_z{}^2$ かのいずれかの測定をしたとすると，その**平均値**はそれぞれについて同じでなければならない．(どの一つの方向をとってみてもそれが何か特別の方向であるというものはない.) したがって $\boldsymbol{J}\cdot\boldsymbol{J}$ の平均はこれらの成分のうちの任意の一つのものの2乗の，たとえば $J_z{}^2$ の，平均の3倍に等しい；

$$\langle\boldsymbol{J}\cdot\boldsymbol{J}\rangle_{平均}=3\langle J_z{}^2\rangle.$$

しかし $\boldsymbol{J}\cdot\boldsymbol{J}$ はすべての方向について同じであるから，その平均はもちろん一定値である；すなわち次のようになる；

$$\boldsymbol{J}\cdot\boldsymbol{J}=3\langle J_z{}^2\rangle_{平均}. \tag{13.24}$$

さてそこで今度は量子力学でも同じ式を使うのだとすると，その場合にも $\langle J_z{}^2\rangle_{平均}$ は簡単に求まる．単に$(2j+1)$個の可能な値の和をとり，それを可能な値の全数で割ればよいのである；

$$\langle J_z{}^2\rangle_{平均}=\frac{j^2+(j-1)^2+\cdots+(-j+1)^2+(-j)^2}{2j+1}\hbar^2. \tag{13.25}$$

スピンが3/2であるような系については次のようになる：

$$\langle J_z{}^2\rangle_{\text{平均}} = \frac{(3/2)^2+(1/2)^2+(-1/2)^2+(-3/2)^2}{4}\hbar^2 = \frac{5}{4}\hbar^2.$$

したがって次のような結論が得られる.

$$\boldsymbol{J}\cdot\boldsymbol{J} = 3\langle J_z{}^2\rangle_{\text{平均}} = 3\frac{5}{4}\hbar^2 = \frac{3}{2}\left(\frac{3}{2}+1\right)\hbar^2.$$

式(13.24)と式(13.25)とから次のような一般的な結論が得られるが,その証明は諸君に任せる:

$$\boldsymbol{J}\cdot\boldsymbol{J} = j(j+1)\hbar^2. \qquad (13.26)$$

古典論的に考えれば,$\boldsymbol{J}$ の z 成分の取り得る最大値は $\boldsymbol{J}$ の大きさ——すなわち $\sqrt{\boldsymbol{J}\cdot\boldsymbol{J}}$——であると思うところであるが,量子力学的には J_z の最大値は常にそれより少し小さい.というのは $j\hbar$ は常に $\sqrt{j(j+1)}\hbar$ より小さいからである.角運動量が“完全に z 軸方向を向く”ことは決してないのである.

13-8 原子的な粒子の磁気エネルギー

ここでまた磁気モーメントについて論じよう.量子力学においては原子的な粒子の系の磁気モーメントは式(13.6)によって角運動量の関数としてあらわされることは既に述べた;すなわち

$$\boldsymbol{\mu} = -g\left(\frac{q_e}{2m}\right)\boldsymbol{J} \qquad (13.27)$$

である.ここに $-q_e$ と m はそれぞれ電子の電荷と質量とである.

外部からの磁場があるところに置かれた原子磁石は,磁気モーメントの磁場方向の成分の大きさに依存した磁気的エネルギーを持つ.この場合それが次のようになることは既に知っているとおりである.

$$U_{\text{mag}} = -\boldsymbol{\mu}\cdot\boldsymbol{B}. \qquad (13.28)$$

z 軸を $\boldsymbol{B}$ と同じ方向にとると,

$$U_{\text{mag}} = -\mu_z B \qquad (13.29)$$

となり,これは式(13.27)を使うと次のようになる.

$$U_{\text{mag}} = g\left(\frac{q_e}{2m}\right)J_z B.$$

量子力学によれば J_z のとり得る値は限定されていて,$j\hbar$, $(j-1)\hbar$, $\cdots$, $-j\hbar$ である.したがって,一つの原子的な系の磁気エネルギーは任意の値ではなくて,ある特定な値しかとることができない.たとえばその最大値は

$$g\left(\frac{q_e}{2m}\right)\hbar jB$$

である.$q_e\hbar/2m$ は通常“ボーア磁子”という名で呼ばれていて,μ_B と書かれる:

$$\mu_B = \frac{q_e\hbar}{2m}.$$

磁気エネルギーのとり得る値は

$$U_{\mathrm{mag}} = g\mu_B B \frac{J_z}{\hbar}$$

であるが，ここで $J_z/\hbar$ は可能な値 $j, (j-1), (j-2), \cdots, (-j+1), -j$ をとる．いいかえれば，原子的な粒子の系のエネルギーはそれが磁場の中に置かれたときにはその磁場の強さに比例し，かつ J_z に比例した分だけ変わる．われわれは原子的な粒子の系のエネルギーは磁場によって“$2j+1$ 個の準位に分割された”という．たとえばエネルギーが磁場の外で U_0 であり，j が 3/2 であるような原子が磁場の中に置かれると 4 個のとり得るエネルギーがある．これらのエネルギーは図 13-5 に示すようなエネルギー準位図であらわすことができる．どの 1 個の原子をとり出してみても，ある与えられた磁場 $\boldsymbol{B}$ の中ではこれら 4 個の可能なエネルギーのうちのどれか一つの値しかとることができない．これがすなわち磁場の中に置かれた原子的な粒子の系の振舞いについて量子力学の教えるところである．

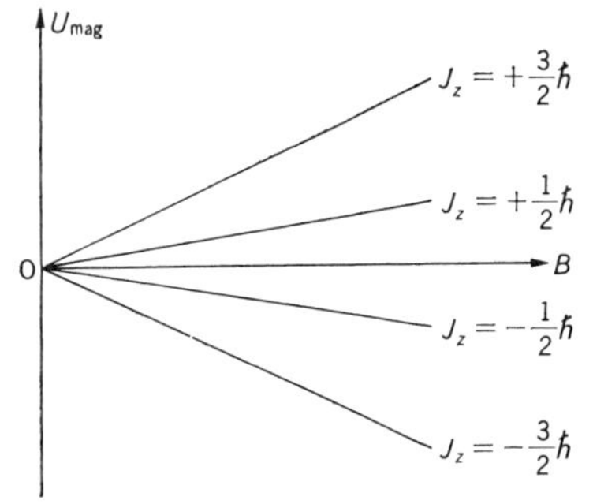

図 13-5　スピンが 3/2 である原子的な粒子の系が磁場 $\boldsymbol{B}$ の中に置かれたときの可能な磁気エネルギー

“原子的な粒子”の系のうちでもっとも簡単なものは 1 個の電子である．電子のスピンは 1/2 であるから 2 個の可能な状態があって，$J_z=\hbar/2$ および $J_z=-\hbar/2$ である．静止している(軌道運動をしていない)電子については，スピン磁気モーメントの g 値は 2 であるので磁気エネルギーは $\pm\mu_B B$ のうちのいずれかである．磁場の中での可能な値を図 13-6 に示す．くだけたいい方をするならば電子のスピンは“上向き”(磁場と同じ向きを向いている)であるか“下向き”(磁場と反対の向きを向いている)であるかのいずれかである．

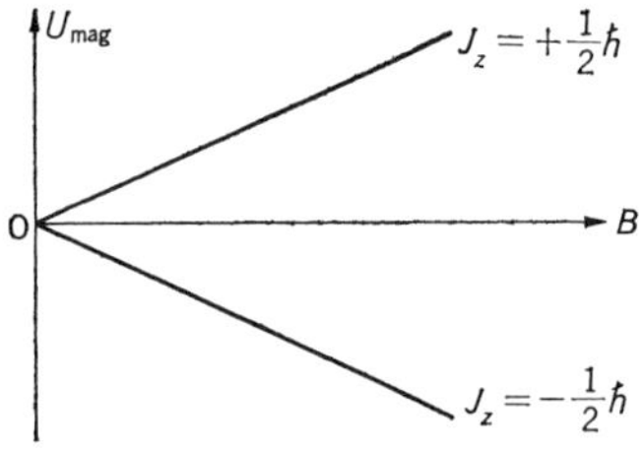

図 13-6　磁場 $\boldsymbol{B}$ の中に置かれた電子の二つの可能な状態

スピンの値がもっと大きいような系では，もっと多くの状態がある．スピンは J_z の値の如何によって“上向き”か“下向き”かあるいはその間のある“角度方向”を向いているかのいずれかであると考えることができる．

これらの量子力学的な結果は次章で物質の磁気的な性質を論じる際に用いる．

第 14 章
常磁性と磁気共鳴

14-1　量子化された磁気的状態

量子力学においては角運動量は任意の向きを持つことはなく，その角運動量のある与えられた向きに向いた成分は等間隔のはっきりと区別される値しかとらないということを前章で述べた．これはショッキングかつ奇妙なことである．このようなことには，諸君の心理状態がもっと進んで，このような考え方を受け入れるための心の準備ができるまでは，こんなことにたちいるべきではないと思うかも知れない．しかし，実際のところ諸君の心理状態はこのようなことを容易に受け入れられるようになるという意味においては，これ以上決して進まないのである．その形自体は今までのことに比べて特にそれほどこみいったものでも進んだものでもないものを，何とか人にわからせるようにするうまい説明のしかたはないのである．微小な世界でのものの振舞いは——すでに繰り返し述べたように——諸君が日頃馴れ親んでいるものとはすべてちがうのであり，全く奇妙なものなのである．古典物理学を続けてゆく合い間に，微小な世界でのものの振舞いについて，はじめから深く理解するなどということは考えずにむしろ一種の経験として，だんだんと馴れてゆくことを心掛けるのがいいと思う．こういうことを理解するということは，たとえそれができたとしても，非常にゆっくりとしかできないのである．もちろん，量子力学の立場からみたときにどのようなことが起こるかを知るということ——もしそうすることが理解するということの意味であるならば——についてはうまくなることができるだろう．しかし，これらの量子力学的な法則が“自然なものである”という安心感を持つようには決してならない．もちろんそれらは自然なものなので**ある**．がしかし，われわれ自身の日常の経験という程度のレベルの話からすれば自然ではないのである．角運動量に関してのこの法則についてここでとろうとしている態度は，今までにこの講義で述べてきた多くの事柄に対する態度とは全く異なったものであるということをことわっておかねばならない．我々はそれを“説明する”ことはしないが，少なくとも何が起こるかを**知らせる**ことだけはしておこうというのである；物質の磁気的な性質について論じる際に，磁性についての——あるいは角運動量と磁気モーメントについての——古典論の考え方は正しくないということをいわずにいるのは不正直というものであろう．

量子力学についてもっともショッキングでかつ戸惑う点の一つは，

どの方向を向いた軸に沿った角運動量をとりあげてみても常に整数か半整数掛ける $\hbar$ になるということである．これはどんな軸をえらんでもそうなるのである．ほかにどんな軸をとってみてもその方向の成分もやっぱりまた同じ組合せのものになるという――この奇妙な事実についてのもっと高級で微妙な点については後章にゆずるが，その時には，このどうみても矛盾している問題が，如何にしてときほぐされてゆくかを知る喜びを味わうことができよう．

ここでは単に原子的な粒子の系には常に，その系の**スピン**と呼ばれる j という数――それは整数か半整数でなければならない――があって，角運動量のある任意の方向を向いた軸に沿ったそれの成分は常に $+j\hbar$ と $-j\hbar$ の間の次のような値のうちの一つの値をとるという事実を，それはそういうものなのだということにして受けいれることにする．

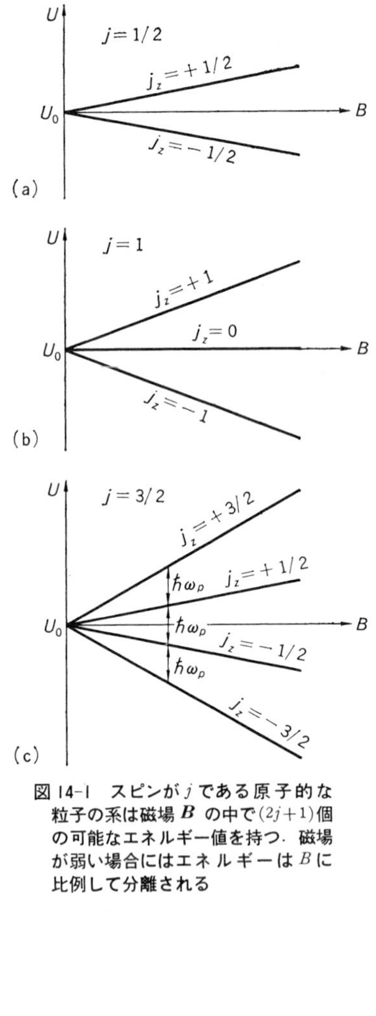

図14-1　スピンが j である原子的な粒子の系は磁場 $\boldsymbol{B}$ の中で $(2j+1)$ 個の可能なエネルギー値を持つ．磁場が弱い場合にはエネルギーは B に比例して分離される

$$J_z=\begin{Bmatrix} j \\ j-1 \\ j-2 \\ \vdots \\ -j+2 \\ -j+1 \\ -j \end{Bmatrix}\cdot\hbar \text{ のうちの一つ.} \tag{14.1}$$

ところで，すべての単純な原子的な粒子の系は角運動量と同じ方向を向いた磁気モーメントを持つということも前に述べた．このことは原子や原子核ばかりでなくもっと基本的な素粒子についてもいえる．それぞれの素粒子はそれぞれに特有な j 値と磁気モーメントを持っているのである．(両方ともゼロの粒子もある.) ここでいう“磁気モーメント”の意味は，磁場の中に置かれた系のエネルギーはその磁場が弱いときには，たとえばその磁場が z 方向を向いているとすると，$-\mu_zB$ と書けるということである．この場合磁場がそれほど強くないという条件はつけておかねばならない．さもないと，磁場が系の内部運動を攪乱してしまう可能性があって，磁場がかけられる以前の磁気モーメントについての尺度としてエネルギーを使うことができなくなってしまうからである．磁場が充分に弱ければエネルギーは磁場によって

$$\Delta U=-\mu_zB \tag{14.2}$$

だけ変わる．ただしこの式の μ_z は次式でおきかえられるという了解のもとでの話である．

$$\mu_z=g\left(\frac{q}{2m}\right)J_z. \tag{14.3}$$

J_z は式(14.1)の値のうちの一つをとる．

いまスピンが $j=3/2$ であるような系を考えてみよう．磁場がないところではその系は4個の異なった J_z の値をとることができ，それらはすべて全く同じエネルギーを持つ．しかし磁場をかけたとたんに相互作用によるエネルギーが付加されてこれらの状態は少しずつちがった4個のエネルギー準位にわけられる．これらの準位のエネルギーはBに比例したエネルギーに，$\hbar$と3/2，1/2，−1/2および−3/2——すなわちJ_zの値——との積を掛けたものになる．スピンが1/2，1および3/2であるような原子的な粒子の系のエネルギーの分離の様子を図14-1に示した．(電子がどう並んでいても磁気モーメントは常に角運動量と反対の向きを向いていることに注意.)

この図から，エネルギー準位の“重心”は磁場がかけられたときとかけられないときとでは同じであることに気がつくであろう．またある与えられた粒子が与えられた磁場の中にあるときには，一つの準位と次の準位との間隔は常に等しいということにも注意してほしい．ところで，ある与えられた磁場Bに対してのエネルギー間隔は$\hbar\omega_p$であらわされる——これはω_pの定義でもある．そうすると式(14.2)と式(14.3)とから

$$\hbar\omega_p = g\frac{q}{2m}\hbar B$$

となり，これはいいかえれば

$$\omega_p = g\frac{q}{2m}B \tag{14.4}$$

となって，$g(q/2m)$という量はちょうど磁気モーメントの角運動に対する比である——これはその粒子の特性である．式(14.4)は第13章で角運動量が$\boldsymbol{J}$，磁気モーメントが$\boldsymbol{\mu}$であるようなジャイロスコープについて求めた磁場の中での歳差運動の角速度をあらわす公式と同じである．

14-2 シュテルン-ゲルラッハの実験

角運動量が量子化されているという事実はたいへん驚ろくべきことなので，そのことについて少し歴史的に述べてみる．このことは(理論的に予想されてはいたものの)それが発見された瞬間からすでにショッキングなことであった．それは1922年にシュテルンとゲルラッハによって行なわれた実験ではじめて観測されたのである．シュテルンとゲルラッハの実験は角運動量が量子化されているという考えを直接実証したものであるとさえいうことができる．シュテルンとゲルラッハは銀の個々の原子の磁気モーメントを測定する方法を考案したので

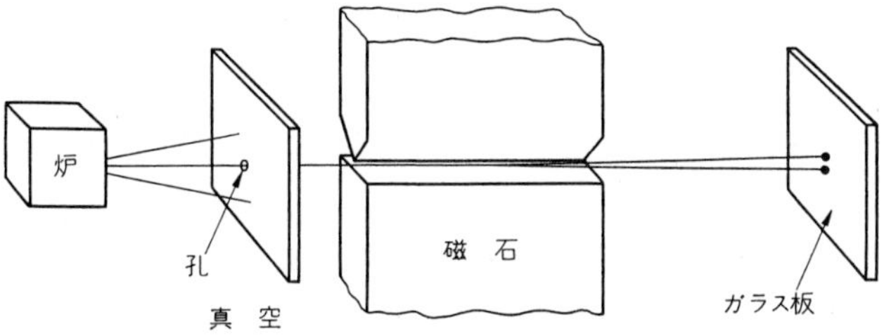

図14-2 シュテルン-ゲルラッハの実験

ある．彼らは銀を高温の炉の中で蒸発させ，その一部を次々に置かれた孔を通して外に出させることにより銀の原子の直線状の流れを作った．その流れの向きは図14-2に示すように特殊な磁石の磁極の尖端部の間隙を通るようになっている．彼らは次のようになると考えたのである．もし銀の原子の磁気モーメントが $\boldsymbol{\mu}$ であるとすると，磁場 $\boldsymbol{B}$ の中では $-\mu_z B$ というエネルギーを持つ．ただし z は磁場の方向である．古典論では μ_z は磁気モーメント掛けるモーメントと磁場との間の角の余弦に等しくなるはずであるから，磁場の中での付加的なエネルギーは

$$\Delta U=-\mu B\cos\theta \qquad (14.5)$$

となる．もちろん原子が炉から出てくるときには，それらの磁気モーメントは勝手な向きを向いているから θ はあらゆる値を持っていることになろう．そこで，磁場が z 方向に非常に急激に変わるとする——すなわち磁場の勾配が急であったとする——と磁気エネルギーも場所によって変わり，θ の余弦が正であるか負であるかによって決まるような力が磁気モーメントに働く．原子は磁気エネルギーの導関数に比例する力で上か下かに引っぱられる；すなわち仮想仕事の原理により，

$$F_z=-\frac{\partial U}{\partial z}=\mu\cos\theta\,\frac{\partial B}{\partial z} \qquad (14.6)$$

となる．

シュテルンとゲルラッハは非常に急激に変化する磁場を作り出すために磁極の一方が極めて鋭く尖った磁石を作った．銀の原子の直線状の流れはちょうどこの鋭い縁に沿って流され，したがって原子は不均質な磁場の中で垂直方向の力を受ける．磁気モーメントが水平方向を向いている銀の原子は何の力も受けないので磁石を通り抜けて真直ぐ進む．磁気モーメントが完全に真上を向いている原子は磁石の鋭い縁の方に引っぱりあげる力を受ける．磁気モーメントが下方を向いている原子は下向きの力を受ける．したがって，原子は磁石を通り抜けるとそれぞれの磁気モーメントの垂直成分にしたがって分散される．古典論によればすべての角度が可能であるから銀の原子をガラス板の上につもらせると垂直な線に沿った銀のひろがりが得られるはずである．線の高さは磁気モーメントの大きさに比例することになるであろう．しかしシュテルンとゲルラッハがそこに実際に起こったものを見たとき，古典的な考え方の無残な敗退がそこに曝されていたのである．彼らはガラス板の上にはっきりと分かれた2個の点を見たのである．銀の原子は二つの流れに分かれていたのである．

そのスピンが明らかに勝手な向きを向いているはずの原子の流れが二つの流れに分離したということは何とも不思議なことであった．なぜ磁気モーメントは磁場の向きにある特別の成分しか持てないということを**知っている**のであろうか．とにかく，これが角運動量の量子化の発見のそもそもの始まりである．そこで，諸君に理論的な説明をす

ることはやめにして，この実験が行なわれたときにその時代の物理学者達がその結果をとにかく受け入れざるを得なかったのと同じように，諸君もこの実験結果をつきつけられてどうにもならないという状態にあるのだということにしよう．ある磁場の中に置かれた原子のエネルギーは一連の区別された値をとるということは**実験的な事実**なのである．そのエネルギーはこれらの値に対応して磁場の強さに比例した値をとる．したがって磁場の強さが変化している領域では仮想仕事の原理により各原子に働く磁気的な力は1組の区別された値をとる；力はそれぞれの状態に対して異なり，したがって原子の流れは少数の別々にわかれた流れに分離される．この流れの偏向の度合を測定することにより，磁気モーメントの強さを知ることができるのである．

14–3　ラビの分子線法

次に，ラビとその協力者達が開発した改良された磁気モーメント測定装置について述べよう．シュテルン-ゲルラッハの実験では原子の偏向は極めて小さく磁気モーメントの測定精度はあまりよくなかった．ラビの方法は磁気モーメントの測定精度をめざましくよくしたのである．この方法は，磁場の中の原子がもともと持っているエネルギーは有限個のエネルギー準位に分離されているという事実に基づいたものである．磁場の中に置かれた原子のエネルギーがある分離された特定のエネルギーしか持つことができないということは，原子そのものも**一般には**ある分離された準位しかとれない——第I巻でしばしばふれた事柄であるが——という事実に較べれば本当はそれほど驚ろくようなことではない．同じことが磁場の中にある原子の場合にも起こら**ない**というわけはないではないか．起こるのである．しかし，このことと**配向した磁気モーメント**の考え方とを関連づけようとする試みから量子力学の持つ不思議さの一面がみられるのである．ある原子が ΔU だけエネルギーの異なる2個の準位を持っていたとすると，それは上の準位から下の準位へ振動数が ω であるような光量子を放出することによって遷移することができる．ただし

$$\hbar\omega = \Delta U \tag{14.7}$$

である．同じことが磁場の中に置かれた原子についても起こり得る．ただこの場合にはエネルギーの差が非常に小さいのでその振動数は光に対応するようなものではなく極超短波とか高周波とかに対応する．低エネルギー準位から高エネルギー準位への原子の遷移もまた光を吸収することによって起こり得るが，磁場の中に置かれた原子の場合には極超短波のエネルギーを吸収することによって起こる．したがって，いまもし磁場の中に1個の原子があったとすると，適当な周波数の電磁場をかけることにより，一つの状態から他の状態へ遷移させることができる．いいかえれば，非常に強い磁場の中に1個の原子があるときに，変動する弱い電磁場をかけてやってその原子を“くすぐる”とその振動数が式(14.7)の ω に近いものであればある確率でその原子を

別の準位にたたき出すことができるということである．磁場の中にある原子の場合にはこの振動数は前に ω_p と呼んだものにほかならず，式(14.4)によって磁場の関数としてあらわされる．もしその原子が適当でない振動数でくすぐられたとすると，遷移を起こす確率は非常に小さい．したがって，遷移を起こす確率には ω_p のところに鋭い**共鳴**がある．既知の磁場 B の中でのこの共鳴の振動数を測定することにより，$g(q/2m)$ という量を——したがって g 因子を——高い精度で測定することができる．

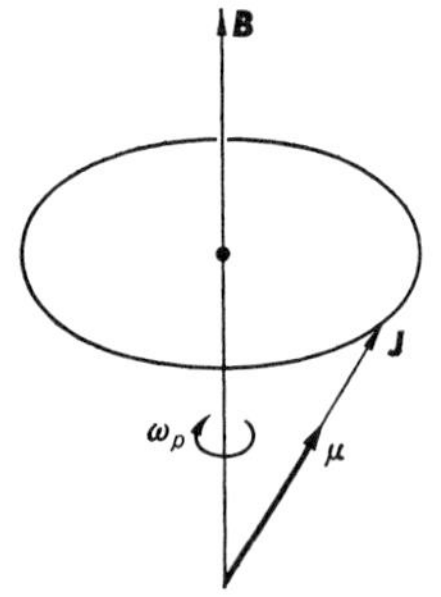

図 14-3　磁気モーメント μ，角運動量 $\boldsymbol{J}$ を持った原子の古典論的な歳差運動

古典論的な見地からもこれと同じ結論に到達できるということは面白いことである．古典論的な見方では，磁気モーメントが μ で角運動量が J であるようなジャイロスコープを外部からの磁場の中に置くと，ジャイロスコープは磁場に平行な軸のまわりに歳差運動をする．(図14-3参照.) そこで次のような質問をしたとしよう：この古典論的なジャイロスコープの磁場に対する——すなわち z 軸に対する——角度をどうしたら変えられるであろうか？　磁場は**水平**軸のまわりにトルクを作り出す．このようなトルクは磁石を磁場と同じ方向を**向かせよう**としていると思うかも知れないが，これは歳差運動を起こさせるだけである．z 軸に対するジャイロスコープの角度を変えさせたいと思うなら z **軸のまわり**のトルクを働かせねばならない．歳差運動と同じ向きにトルクの力を働かせるとジャイロスコープの角度は，$\boldsymbol{J}$ の z 方向成分が減る方向に変わる．図14-3では $\boldsymbol{J}$ と z 軸との間の角度は増す．歳差運動を妨害しようとすると $\boldsymbol{J}$ は垂直方向に動く．

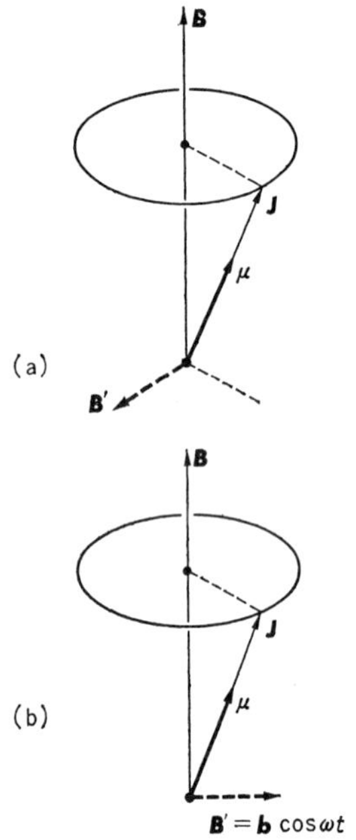

図 14-4　原子磁石の歳差運動の角度は(a)のような μ に常に直角になるような水平方向の磁場かあるいは(b)のような振動磁場によって変えることができる

我々が今考えているような，一様な磁場の中で歳差運動をしている原子に対してはどうしたら望みどおりのトルクを働かせることができるだろうか？　答はこうである：弱い磁場を側面からかければよい．この磁場の向きは磁気モーメントの歳差に伴って回転し，そうすることによって図14-4(a)に磁場 $\boldsymbol{B}'$ で示したようにモーメントに対して常に直角方向を維持するようにしなければならないものと諸君は直観的に思うかもしれない．そういう磁場は確かに非常にうまくゆくのであるが，**交互に働く**水平方向の磁場もそれに劣らず有効である．いま，小さな水平方向の磁場 $\boldsymbol{B}'$ があって常に x 方向(正あるいは負の)を向いていて振動数 ω_p で振動しているとすると，磁気モーメントにかかるトルクは半サイクル毎に向きが変わる．したがって，それらが蓄積されたときの効果は回転磁場と同じぐらい有効なのである．そうすると，古典論的には，z 方向に沿った磁気モーメントの成分は振動数が正確に ω_p であるような振動する非常に弱い磁場をかけると変わるはずである．古典論的にはもちろん μ_z は連続的に変わるであろうが，量子力学では磁気モーメントの z 成分は連続的に変わるように調節するようにはできない．それは一つの値から他の値へと飛び移らねばならない．古典論的にいうとどういうことになって，それは量子力学で実際に起こることとどういう関係にあるかということを知るについての手がかりを諸君に与えるために古典力学から導かれる結果と量子

力学から得られる結果とについてこのような比較をしたのである．ところで，予期される共鳴振動数はどちらの場合も同じになるということには気づいたことと思う．

もう一つ付け加えておきたいことがある：量子力学について今までに述べてきたことからして，$2\omega_p$ という振動数では遷移は起こり得ないという明白な理由はない．このことに関する古典論的な類似はたまたまないが，このことは量子論においても起こらないのである——少なくともこれまでに述べた方法では遷移は起こらない．振動している水平磁場では，$2\omega_p$ という振動数が2段階の飛び上りを惹き起こす確率はゼロである．上向きにしろ下向きにしろ，遷移が起き得るのは振動数 ω_p においてのみである．

さてこれで磁気モーメントを測定するためのラビの方法について説明する準備が整った．ここではスピンが1/2である原子についての操作についてのみ考えることにする．装置の略図を図14-5に示す．炉の中で作られた中性の原子の流れは一列に並べられた3個の磁石の間を通り抜ける．磁石1はちょうど図14-2のようなもので，強い勾配のある磁場を持っている——そのときの $\partial B_z/\partial z$ はたとえば正であるとしよう．もし原子が磁気モーメントを持っていると $J_z=+\hbar/2$ であれば下に偏向され，$J_z=-\hbar/2$ であれば上に偏向される(電子においては $\boldsymbol{\mu}$ は $\boldsymbol{J}$ と反対の方向を向いている)．スリット(間隙)S_1 を通り抜ける原子だけを考えるとすると，図に示したような2通りの道があり得る．$J_z=+\hbar/2$ である原子は曲線aに沿って進んでからスリットを通り抜けるが，$J_z=-\hbar/2$ である原子は曲線bに沿って進まなければならない．炉から出てから別の進路をとった原子はスリットを通り抜けることはできない．

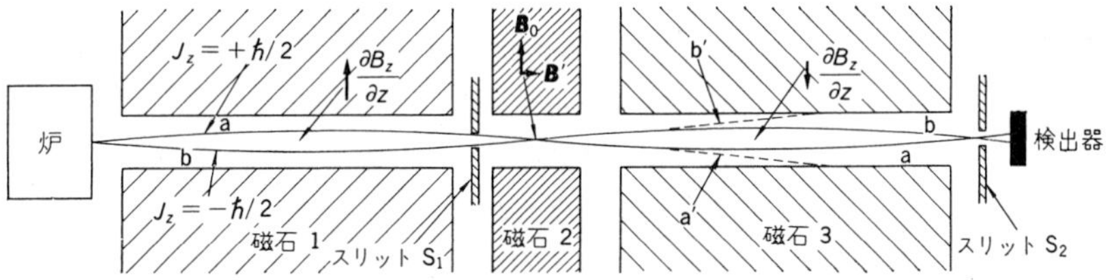

図 14-5 ラビの分子線装置

磁石2は一様な磁場を持っている．この領域では原子には何の力もかからないので真直ぐ進み磁石3にはいる．磁石3は磁石1と全く同じようなものであるが磁場の向きは**逆**であり，したがって $\partial B_z/\partial z$ は反対の符号を持っている．$J_z=+\hbar/2$ の(これを“上向きのスピンを持つ”と言う)原子は磁石1では下に押されたが，磁石3では**上に**押される；そして曲線aに沿って更に進み続けてスリット S_2 を通り検出器に達する．$J_z=-\hbar/2$ の(“下向きのスピンを持つ”)原子もまた磁石1と3で逆方向の力を受けて曲線bに沿って進み，スリット S_2 を経て検出器に達する．

検出器は測定される原子によっていろいろなものを作ることができ

る．たとえば，ナトリウムのようなアルカリ金属の場合には検出器は敏感な電流計に接続された細い高温のタングステン線であってもよい．ナトリウム原子が針金上に到着すると Na^+ イオンとして蒸発し去り後に電子を残す．したがって針金からは毎秒そこに到達するナトリウム原子の数に比例した電流が流れる．

磁石2の間隙には1組のコイルがおかれていて，水平方向の弱い磁場 $\boldsymbol{B}'$ を作り出す．これらのコイルは可変振動数 ω で振動する電流によって励磁される．したがって磁石2の極の間には強力で定常な垂直方向の磁場 $\boldsymbol{B}_0$ と，弱くて振動している水平方向の磁場 $\boldsymbol{B}'$ とがある．

さて，いま振動している磁場の振動数を ω_p——磁場 $\boldsymbol{B}_0$ の中での原子の"歳差"振動数——にセットしたとしよう．この交互に代わる磁場のためにそこを通り抜ける原子の一部のものはある J_z から別の J_z へと遷移させられる．はじめスピンが"上"$(J_z=+\hbar/2)$ を向いていた原子はひっくり返しにされて"下"$(J_z=-\hbar/2)$ を向かせられるというようなことが起こる．そうするとこの原子は磁気モーメントの向きを逆向きに変えさせられているので磁石3の中では**下向き**の力を受け図14-5の a′ という線に沿って動くことになり，もはやスリット S_2 を通過して検出器に到達することはない．同様に，はじめにスピンが下向きであった $(J_z=-\hbar/2)$ 原子のうちのあるものは磁石2を通り抜ける間にスピンがひっくり返って上向き $(J_z=+\hbar/2)$ にされる．そして b′ という線に沿って動き検出器には到達しない．

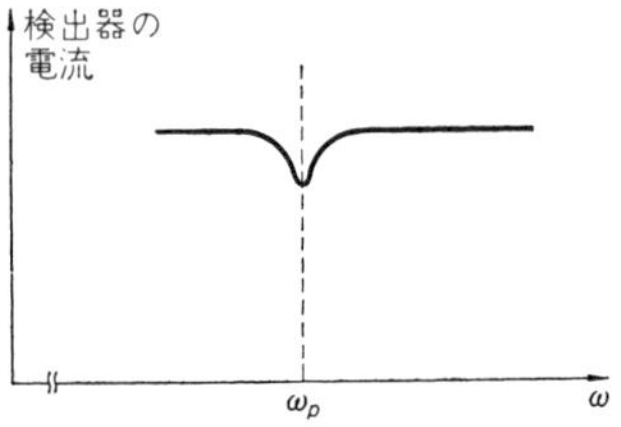

図14-6　$\omega=\omega_p$ のとき原子の流れは減る

振動している磁場 $\boldsymbol{B}'$ の振動数が ω_p と非常に異なるときにはスピンをひっくり返すことができず，原子は擾乱が何もなかった場合と同じ道を通って検出器に達する．というわけで，磁場 $\boldsymbol{B}'$ の振動数 ω を検出器に到達する原子の流れが減少するところまで変えることにより磁場 $\boldsymbol{B}_0$ の中でのその原子の"歳差"振動数 ω_p を知ることができる．この流れの減少は ω が ω_p と"共鳴状態にある"ときに起こる．検出器の電流を ω の関数としてあらわすと図14-6のようになる．ω_p がわかれば原子の g 値はわかる．

このような原子的な粒子の流れによる実験，あるいは通常使われている言葉を使うと"分子"線の実験は，原子的なものの磁気的な性質を測定する上での繊細でかつ見事な実験法である．共鳴振動数 ω_p はたいへんな精度で測定することができる——実際のところ g を知るために必要な磁場 $\boldsymbol{B}_0$ の測定よりも高い精度で測定できるのである．

14-4　物質の常磁性

さて今度は物質の常磁性の現象について述べることにしよう．いまここにそれを構成している原子が永久磁気モーメントを持っているようなものがあるとしよう．その例としてはたとえば硫酸銅のような結晶がある．この結晶の中には内部電子殻が全体としての角運動量と全体としての磁気モーメントを持っている銅のイオンがある．したがって銅イオンは永久磁気モーメントを持っているといえる．ここで，どういう原子が磁気モーメントを持っていて，どういう原子が持っていないかについて一言ふれておこう．奇数個の電子を持っている原子，たとえばナトリウムのような原子はすべて磁気モーメントを持っている．ナトリウムは一番外側の殻に電子を1個だけ持っているが，この電子が原子にスピンと磁気モーメントを与えているのである．しかし，通常は化合物が形成される際には外側の殻の余分な電子はスピンの方向が真反対であるような他の原子と1組のものになってしまうので価電子の角運動量と磁気モーメントはふつうは打ち消される．分子が一般に磁気モーメントを持たない理由はそこにある．もちろん，ナトリウム原子のガスの場合にはそのように打ち消し合うことはない*.

また，もし化学で通常“遊離基”と呼ばれているもの——奇数個の価電子を持つ——であれば結合は充分ではなく，全体としての角運動量を持つ．

大きな物質の場合には大抵**内部**の電子殻が満たされていない原子が含まれている場合に限って全体としての磁気モーメントが存在する．そのような場合には全体として角運動量と磁気モーメントが存在し得るのである．そのような原子は周期表の“遷移元素”の部分に属するものにみられる——たとえばクロム，マンガン，鉄，ニッケル，コバルト，パラジウムおよび白金などはこの種の元素である．またすべての希土類元素も満たされていない内部電子殻を持っており永久磁気モーメントがある．その他にも磁気モーメントを持っている，たとえば液体酸素のような奇妙なものも二三あるが，その理由についての説明は化学科に任せることにする．

さて，いま永久モーメントを持った原子か分子が箱にいっぱいあったとしよう——たとえば気体とか液体とかあるいは結晶であってもよい．そこでこれに外から磁場をかけたらどうなるであろうか？　磁場が**ない**場合には原子は熱運動によって互いにぶつかり合っていて，モーメントはあらゆる方向を向いている．しかし磁場がかけられると，磁場はこれらの小さな磁石の向きを揃えようとする；そうすると磁場の向きを向いているモーメントの方がそうでないモーメントより多くなる．そこでこの物質は“磁化”される．

さてある物質の**磁化** $\boldsymbol{M}$ を単位体積当りの磁気モーメント，すなわち単位体積内の原子的な粒子の磁気モーメントのベクトル和，であると定義する．いま単位体積内に N 個の原子があってそれらの**平均**モーメントが $\langle\boldsymbol{\mu}\rangle_{\text{平均}}$ であるとすれば，$\boldsymbol{M}$ は N 掛ける原子の平均モーメントとしてあらわすことができる：

$$\boldsymbol{M} = N\langle\boldsymbol{\mu}\rangle_{\text{平均}} \tag{14.8}$$

$\boldsymbol{M}$ の定義は第III巻第10章の電気分極 $\boldsymbol{P}$ の定義に相当するものである．

* 通常のナトリウム蒸気は Na_2 の分子も多少は含んでいるが大半は単原子から成っている．

常磁性に関する古典理論は第Ⅲ巻第11章で述べた比誘電率の理論によく似ている．まずそれぞれの原子は磁気モーメント $\boldsymbol{\mu}$ を持っていると仮定し，これらのモーメントは常に同じ大きさであるが，どの向きを向いていてもよいものとする．磁場 $\boldsymbol{B}$ の中では磁気エネルギーは $-\boldsymbol{\mu}\cdot\boldsymbol{B}=-\mu B\cos\theta$ になる．ただし，θ はモーメントと磁場のあいだの角である．統計力学によればある任意の角を持つ相対的な確率は $e^{-(\text{エネルギー})/kT}$ であるから，π に近い角よりはゼロに近い角を持っている場合の方が多い．第Ⅲ巻11-3節と全く同じような手順で，弱い磁場の場合には $\boldsymbol{M}$ は $\boldsymbol{B}$ に平行で次のような大きさを持つものであることを示すことができる．

$$M=\frac{N\mu^2B}{3kT}. \tag{14.9}$$

〔第Ⅲ巻式(11.20)参照.〕この近似式は $\mu B/kT$ が1よりはるかに小さいときにしか成り立たない．

誘導された磁化——単位体積当りの磁気モーメント——は磁場に比例することがわかったが，これが常磁性という現象である．上の式からわかるように，この効果は温度が低いときに強く，高い温度では弱くなる．ある物質に磁場をかけると，磁場が弱い場合には，磁場に比例した磁気モーメントが発生する．(この弱い磁場がかけられたときの) M の B に対する比を**帯磁率**と呼ぶ．

さて次に常磁性を量子力学の観点からみてみよう．まずスピンが1/2である原子を考える．磁場がかかっていないときには，ある一つのエネルギーを持っているが，磁場の中ではそれぞれの J_z に対応した二つの可能なエネルギーがある．$J_z=+\hbar/2$ については，エネルギーは磁場によって

$$\Delta U_1=+g\left(\frac{q_e\hbar}{2m}\right)\cdot\frac{1}{2}\cdot B \tag{14.10}$$

だけ変わる．(電子の電荷は負なので原子のエネルギー変化は正である.) $J_z=-\hbar/2$ のときには，エネルギーは

$$\Delta U_2=-g\left(\frac{q_e\hbar}{2m}\right)\cdot\frac{1}{2}\cdot B \tag{14.11}$$

だけ変わる．書くのを簡略化するために

$$\mu_0=g\left(\frac{q_e\hbar}{2m}\right)\cdot\frac{1}{2} \tag{14.12}$$

とあらわすとすると次のようになる

$$\Delta U=\pm\mu_0 B. \tag{14.13}$$

μ_0 の意味は明白である：すなわち $-\mu_0$ は上向きのスピンの場合の磁気モーメントの z 成分であり，$+\mu_0$ は下向きのスピンの場合の磁気モーメントの z 成分である．

さて統計力学によれば原子がどれかの状態にある確率は

$$e^{-(\text{状態のエネルギー})/kT}$$

に比例する．一方で，磁場がない場合には二つの状態は同じエネルギ

ーを持つから，磁場の中での平衡状態が存在する場合にはその確率は

$$e^{-\Delta U/kT} \qquad (14.14)$$

に比例する．上向きのスピンを持った原子の単位体積当りの個数は

$$N_{上向き} = ae^{-\mu_0 B/kT} \qquad (14.15)$$

であり，下向きのものの個数は

$$N_{下向き} = ae^{+\mu_0 B/kT} \qquad (14.16)$$

である．

定数 a は次のような条件から決まる．

$$N_{上向き} + N_{下向き} = N, \qquad (14.17)$$

ただし N は単位体積当りの全原子数である．したがって，

$$a = \frac{N}{e^{+\mu_0 B/kT} + e^{-\mu_0 B/kT}} \qquad (14.18)$$

である．

我々が知りたいのは z 軸に沿った**平均**磁気モーメントである．上向きのスピンを持った原子は $-\mu_0$ というモーメントを持ち下向きのスピンを持ったものは $+\mu_0$ というモーメントを持っている: したがって平均モーメントは

$$\langle \mu \rangle_{平均} = \frac{N_{上向き}(-\mu_0) + N_{下向き}(+\mu_0)}{N} \qquad (14.19)$$

となる．

単位体積当りの磁気モーメント M は $N\langle \mu \rangle_{平均}$ であるから，式(14.15)，(14.16)，および(14.17)から次のような式が得られる．

$$M = N\mu_0 \frac{e^{+\mu_0 B/kT} - e^{-\mu_0 B/kT}}{e^{+\mu_0 B/kT} + e^{-\mu_0 B/kT}}. \qquad (14.20)$$

これが $j=1/2$ の原子の M についての量子力学的な公式である．ところでこの公式は双曲線正接関数を使うともう少し簡潔にあらわすことができる:

$$M = N\mu_0 \tanh \frac{\mu_0 B}{kT}. \qquad (14.21)$$

M を B の関数としてあらわしたグラフを図 14-7 に示す．B が非常に大きくなると双曲正接は 1 に近づき，したがって M は極限値 $N\mu_0$ に近づく．そのため，磁場が強くなると磁化は**飽和**する．どうしてそうなるのかというと，それは磁場が充分に強い時にはモーメントは皆同じ方向を向いて並ぶからである．いいかえれば，原子はみな下向きのスピンの状態にあって，それぞれが μ_0 ずつのモーメントの寄与をするのである．

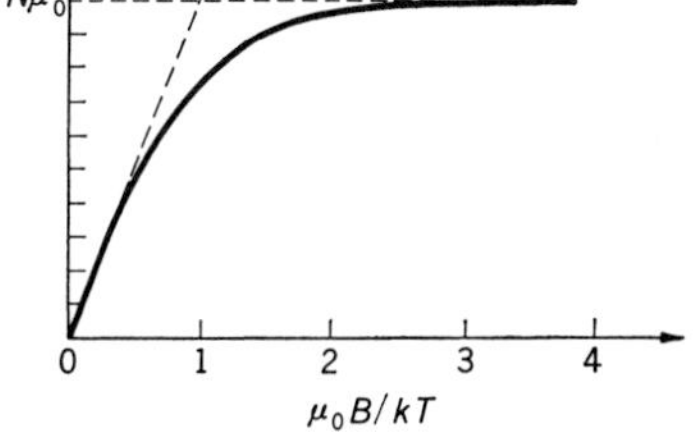

図 14-7　磁場の強さ B の変化に伴う常磁性体の磁化の変化

通常は――たとえば，典型的なモーメント，室温，(10,000 ガウスぐらいの)通常得られるような磁場というような場合には――$\mu_0 B/kT$ はだいたい 0.02 ぐらいであるから，飽和は非常に低い温度にならないとみられない．一方で，常温においては $\tanh x$ を x で置き換えることができるから次のように書くことができる

$$M = \frac{N\mu_0{}^2 B}{kT}. \tag{14.22}$$

古典理論のときと同じように M は B に比例する．実際のところ，1/3 という数が抜けているようにみえるほかはこの公式はほとんど全く等しい．しかしながら，まだ量子力学における μ_0 を古典的な結果，すなわち式(14.9)，に出てくる μ と関連づける必要がある．

古典論の公式に出てくるものは $\mu^2 = \boldsymbol{\mu}\cdot\boldsymbol{\mu}$，すなわちベクトルであらわした磁気モーメントの2乗であり，いいかえれば次のようなものである：

$$\boldsymbol{\mu}\cdot\boldsymbol{\mu} = \left(g\frac{q_e}{2m}\right)^2 \boldsymbol{J}\cdot\boldsymbol{J}. \tag{14.23}$$

ところで，古典的な計算から正しい答を得るためには，$\boldsymbol{J}\cdot\boldsymbol{J}$ を $j(j+1)\hbar^2$ で置き換えればたいていうまくゆくということを前章で述べた．我々がいま扱っているこの例では $j=1/2$ であるから

$$j(j+1)\hbar^2 = \frac{3}{4}\hbar^2$$

であり，これを式(14.23)の $\boldsymbol{J}\cdot\boldsymbol{J}$ に代入すると

$$\boldsymbol{\mu}\cdot\boldsymbol{\mu} = \left(g\frac{q_e}{2m}\right)^2 \frac{3\hbar^2}{4}$$

となり，これは式(14.12)で定義した μ_0 を使ってあらわすと

$$\boldsymbol{\mu}\cdot\boldsymbol{\mu} = 3\mu_0{}^2$$

となる．これを古典的な公式(14.9)式の μ^2 に代入すれば，確かに正しい量子力学的な公式(14.22)が得られる．

常磁性に関するこの量子理論はあらゆるスピンを持った原子に適用できるように容易に拡張できて，弱い磁場における磁化は次のようになる：

$$M = Ng^2 \frac{j(j+1)}{3} \frac{\mu_B{}^2 B}{kT}, \tag{14.24}$$

ただし

$$\mu_B = \frac{q_e\hbar}{2m} \tag{14.25}$$

は定数の組み合わせで磁気モーメントの次元を持っている．これは**ボーア磁子**と呼ばれるが，大半の原子はほぼこのくらいの大きさのモーメントを持っている．電子のスピン磁気モーメントはほぼ正確に1ボーア磁子である．

14-5　断熱消磁による冷却

常磁性の実に面白い特殊な応用法がある．非常な低温においては強い磁場をかけることにより原子磁石の向きを揃えさせることができる．そのことを利用して**断熱消磁**と呼ばれる方法を使うと**極めて**低い温度を得ることができるのである．常磁性を持った塩(たとえばプラセオジム-硝酸-アンモニウムのように多くの希土類原子を含んだもの)を

とって，これを強い磁場の中で液体ヘリウムを使って絶対温度の1度か2度まで冷しはじめたとする．そうすると$\mu B/kT$という因子は1より大きい——まあ2とか3とかいうところになるだろう．大半のスピンは向きが揃っていて，磁化はほぼ飽和状態にある．話を簡単にするために，磁場は物凄く強力で温度は非常に低く，したがってほとんどすべての原子が同じ向きを向いて並んでいるということにしよう．そうしておいてその塩を熱的に孤立させ(たとえば，液体ヘリウムをどけてまわりを高い真空に保つことによって)，そして磁場を消したとしよう．そうすると，その塩の温度はずうっとさがる*．

もしもその磁場を**急激に**無くしたとすると，向きを揃えて並んでいたスピンは結晶格子内の原子のガチャガチャと動いたりブルブルと振動したりする動きによって徐々にみな乱されてしまう．あるものは上向きになりまた他のものは下向きになる．しかしそこに磁場が全く無ければ(そして原子磁石間の相互作用を無視するとすれば——これはごくわずかの誤差にしかならない)，原子磁石の向きをひっくり返すのにはエネルギーを何も必要としない．スピンは何のエネルギー変化もなしに，ということはすなわち何の温度変化もなしに，勝手な方向を向くことができるのである．

しかし，いま熱運動によって原子磁石がひっくり返されるときにまだいくばくかの磁場が残っていたとしよう．そうするとそれらを磁場と反対の方向にひっくり返すには何らかの仕事が必要である——**磁場に対して仕事をしなければならないのである**．このことは熱運動からエネルギーをとることになり，したがって温度を下げる．というわけで，強い磁場があまり急激に消されなければ，塩の温度は下がる——それは消磁によって冷却されるのである．量子力学的な見地からみると，磁場が強い場合にはすべての原子は最低の状態にある．というのは状態がより高いものである可能性は非常に少ないからである．しかし磁場が弱くなると熱運動によって原子がより上の状態にはじきあげられる可能性が次第に増してくる．原子が上の状態にはじきあげられるときには$\Delta U=\mu_0 B$だけのエネルギーを吸収する．したがって磁場が徐々に消されると，磁場の過渡的な変化により結晶の熱振動からエネルギーが奪われ，結晶は冷却される．このような方法で絶対温度にして2, 3度のところから千分の何度という温度にまで下げることができるのである．

それよりももっと冷してみたいと思うだろうか．実は自然はその方法をも与えてくれているのである．磁気モーメントは原子核も持っているということはすでに述べた．常磁性について我々が求めた公式は原子核にも用いることができるのであるが，ただこの場合には原子核

---

*(訳者註) 断熱消磁は，断熱膨張による気体の冷却と相似である．理想気体が真空中へ膨張しても温度は変化しない．外部の圧力に対して仕事をしながら膨張することによって冷却する．以下で述べているのはこれと相似の現象がスピンで行なわれることである．

のモーメントはほぼ**千分の一ぐらいの小さい**値だというだけである．〔このモーメントはだいたい $q\hbar/2m_p$ といった程度の大きさのものであるが，この式で m_p は**陽子**の質量であるから電子と陽子の質量の比ぐらい小さいということになる．〕このような磁気モーメントの場合には 2°K においてさえ $\mu B/kT$ の値は千分の幾つかにしかならない．しかし常磁性による消磁冷却法を用いて千分の何度かまで下げれば $\mu B/kT$ は 1 に近い値になる――これぐらい低い温度であれば原子核のモーメントを飽和状態にさせることができる．これは幸運なことであって，より低い温度に達するために**原子核**の断熱消磁を用いることができる．というわけで，2 段階の磁気冷却を行なうことが可能である．まず，常磁性を持ったイオンの断熱消磁により千分の何度かに達し，次にこの冷やされた常磁性の塩を用いて原子核の磁性の強い物質を冷却し，最後にこの物質から磁場を除くと温度は絶対零度の**百万分の一度**以内にまで下がるのである――ただしすべてを十分に注意して慎重にやればの話である．

14-6　核磁気共鳴

原子的な粒子の常磁性は非常に小さいが原子核の磁性はさらにその千分の一ほども小さいということは既に述べた．しかしその原子核の磁性は“核磁気共鳴”という現象を用いると比較的容易に観測することができる．たとえば水について考えてみよう．水の中ではすべての電子のスピンは完全に平衡がとれていて，その全体としての磁気モーメントはゼロである．しかし水素原子核の原子核磁気モーメントがあるので分子はごくわずかながら磁気モーメントを持っている．いま少量の水を磁場 $\boldsymbol{B}$ の中に置いたとしよう．(水素の)陽子は 1/2 のスピンを持つから，二つの可能なエネルギー状態がある．もし水が熱平衡状態にあれば低い方のエネルギー状態にある陽子――モーメントは磁場に平行な向きを向いている――の数の方がわずかながら多い．したがって全体としてみると単位体積当りにしてわずかばかりの磁気モーメントを持っている．陽子のモーメントは原子的な粒子のモーメントの千分の一ほどの大きさであるから，μ^2 にしたがって変化する――式(14.22)によれば――磁化は典型的な原子的な粒子の常磁性の百万分の一程度にしかならない．(だからわれわれは原子的な粒子の磁化が無い物質を選ばなければならないのである．) 実際に計算してみると，上向きのスピンを持った陽子と下向きのスピンを持った陽子の数の差は 10^8 個に 1 個ほどしかないことがわかるが，したがってその効果は本当に極く小さなものなのである！ しかし，それでも次のような方法を用いれば観測することができるのである．

いま水のサンプルを水平方向を向いた小さな振動磁場を作り出すような小さな磁石の中に置いたとしよう．この磁場が振動数 ω_p で振動するとすると，――14-3 節でラビの実験のところで述べたのとちょうど同じように――二つのエネルギー状態の間に変位を起こさせる．

陽子が上のエネルギー状態から下の方へひっくりかえるときに $\mu_z B$ というエネルギーを放出するが，これは既に述べたように $\hbar\omega_p$ に等しい．下のエネルギー状態から上へひっくり返るときには，コイルから $\hbar\omega_p$ だけのエネルギーを**吸収する**．下の状態にある陽子の方が上にあるものよりも僅かに多いのであるから，全体としてはコイルからエネルギーが**吸収**される．この効果は非常に小さいけれども，高感度の電子増幅器を用いればこのわずかなエネルギー**吸収**を観測することができる．

ラビの分子線実験の場合と同様にエネルギーの吸収は振動磁場が共鳴しているときにのみみられる．すなわち次のようなときである．

$$\omega = \omega_p = g\left(\frac{q_e}{2m_p}\right)B.$$

実際には ω を固定しておいて B を変えることにより共鳴をさがした方が都合がいいことが多い．その場合エネルギー吸収は

$$B = \frac{2m_p}{gq_e}\omega$$

のときに起こることは明らかである．

典型的な核磁気共鳴の実験装置を図 14-8 に示す．高周波発振器が大きな電磁石の磁極の間に置かれた小さなコイルを働かせる．磁極の尖端部のまわりにある 2 個の小さな補助コイルは 60 サイクルの電流によって働かされ，その結果，磁場はその平均値のまわりに極くわずか“ゆらぐ”ことになる．たとえば電磁石の主電流が 5000 ガウスの磁場を作り出すようにセットされていて，補助コイルはそのまわりに ±1 ガウスの変化を起こさせるようになっているというようなものである．もし発振器が毎秒 21.2 メガサイクルにセットされているとすると，磁場が 5000 ガウスのところを通るたびに陽子と共鳴状態になる〔式(13.13)で陽子の場合 $g=5.58$ である〕．

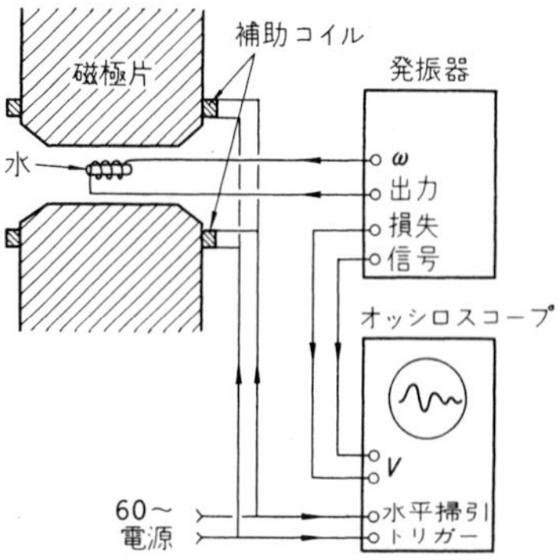

図 14-8 核磁気共鳴実験装置

発振器の回路は発振器から吸収されているパワーの**変化**が少しでもあればそれに比例した信号を出すようにもなっている．この信号はオッシロスコープの垂直偏向用の増幅器に連がっている．オッシロスコープの水平方向の掃引は磁場のゆらぎの振動の各サイクル毎に 1 回だけトリガーされる．(もっと普通ないい方をすると，水平方向の偏向はゆらいでいる磁場に比例して追随するようになっている.)

水のサンプルが高周波コイルの中に置かれる前には，発振器から吸収されるパワーはなにがしかの値を持っている．(しかしそれは磁場と共に変わることはない.) ところがコイルの中に小さな壜にいれた水を置くと図に示したような信号がオッシロスコープにあらわれる．陽子がひっくりかえることによって吸収されているパワーの様子を見ることができるのである!

実際には主磁石が正確に 5000 ガウスに調節されたかどうかを知るのはむずかしいので，通常は共鳴の信号がオッシロスコープにあらわれるまで主磁石の電流を調節するという方法をとる．ところでこれは

いまや磁場の強さを正確に測定する最も便利な方法になっている．もちろん，その前に**誰かが**磁場と振動数の正確な測定をやって陽子のg値を決めておかねばならないのだが，現在ではそれはすでに行なわれたので，図に示したような陽子の共鳴器械を“陽子共鳴磁力計”として使うことができるのである．

ここでひとこと信号の形について述べておこう．もしわれわれが磁場を非常にゆっくりとゆらがせたならば通常の共鳴曲線が得られるであろうことが予想される．ω_pがちょうど発振器の周波数に等しくなったときにエネルギー吸収の読みは最大になるであろう．しかし陽子は全く同じ強さの磁場の中にすべてのものがあるわけではないので——そして磁場がちがうということは共鳴振動数が少しちがうということを意味するから——その付近の周波数のところででも幾らかの吸収は起こる．

ところで共鳴振動数のところで本当に何か信号が出てくるだろうか，という疑問を持つ人もあるかも知れない．高周波の磁場が二つの状態にある陽子の数を等しくするように働いてしまうというようなことは考えられないのだろうか．——したがってはじめに水を挿入したとき以外は何の信号も得られないのではなかろうか．ところがそうはならないのである．というのは，2種類のものを等しくするように**働きかけ**てはいるのであるが，彼らの熱運動の方は温度Tに相応した比率を保たせようとするからである．もし共鳴のところにとどまっているとすると，その時に原子核に吸収されているパワーは熱運動のために費されているパワーそのものである．しかし，陽子の磁気モーメントと原子的な粒子の運動との間には“熱的な接触”はほとんどないといってもよい程しかない．陽子は電子の分布の中心に隔離しておかれている．したがって純粋の水では実際のところ共鳴の信号は小さすぎて観測することはできないのである．そこで吸収を増すためには“熱的な接触”を増してやらねばならない．それには通常少量の酸化鉄を加える．鉄の原子は小さな磁石のようなものである．そして熱運動で踊りまわっていて，陽子のところにふらふら揺れる小さな磁場を作り出す．この変動する磁場が陽子の磁石を原子的な振動と“結びつける”役割をし，熱平衡を保たせようとするのである．高いエネルギー状態にある陽子がエネルギーを失ってまた発振器からのエネルギーを吸収することができるのはこの“結びつき”があるからである．

実際に核共鳴装置から得られる出力信号は通常の共鳴曲線のような形をしてはいない．普通は——図に示したような——振動を持った複雑なものである．このような信号が得られるのは磁場が変わるためである．その説明は量子力学に基づいてするべきではあるが，この種の実験については歳差運動をするモーメントという古典的な考え方が常に正しい解を与えるということがわかっている．古典論によれば，共鳴に達すると歳差運動をしている沢山の原子核磁石を同期させながら動かすことになる．そうしているうちに，それらの磁石に**一緒**に歳差運動をさせるようになる．みな一緒になってまわっているこれらの原子核磁石は振動コイルの中に周波数 ω_p の起電力(emf)を誘起する．しかし磁場は時間と共に増加しつつあるから歳差運動の振動数も増加しつつあり，したがって誘起された電圧はまもなく発振器の周波数より少し高い周波数を持つようになる．誘起された emf が交互に発振器と同期したり同期からはずれたりするたびに，“吸収された”パワーも交互に正と負に変わる．そこで，オッシロスコープ上には陽子の振動数と発振器の周波数との間の唸りがあらわれることになる．しかし陽子の振動数は全部が同じであるわけではなく(それぞれの陽子はそれぞれ少しずつちがった磁場の中にある)また水の中の酸化鉄による擾乱も影響しているのかも知れぬが，自由に歳差運動をしているモーメントはすぐに同期からずれてしまい，唸りの信号は消える．

磁気共鳴のこれらの現象は物質に関する新しいことがらを見つけ出す道具としていろいろな方面——とくに化学および原子核物理——に使われている．原子核の磁気モーメントの数値がそれらの構造について何かを教えてくれるということはいうまでもないことである．化学においては，共鳴の構造(あるいは形)から多くのものが得られた．付近にある原子核によって作り出される磁場によって原子核の共鳴の正確な位置はわずかながらずれ，それはその特定の原子核が置かれている周囲の環境に左右される．これらのずれを測定することにより，どの原子がどの原子のそばにあるかを決めるたすけとなり，したがって分子構造の詳細を説明するたすけとなるのである．遊離基の電子スピン共鳴もまた同じくらい重要なものである．平衡状態ではさほど大量に存在するものではないが，そのような遊離基は化学反応の中間的な状態として存在することが多い．電子スピン共鳴の測定は遊離基の存在を知る精細な試験法であり，しばしばいろいろな化学反応のしくみを解き明かす鍵になっている．

第 15 章
強　磁　性

15-1　磁化電流

この章では物質中の磁気モーメントの全体としての効果が常磁性や反磁性の場合にくらべてはるかに大きいような物質について論じる．この現象は**強磁性**と呼ばれる．常磁性体と反磁性体の場合には誘起された磁気モーメントは通常たいへん弱くてその磁気モーメントによって作り出された付加的な磁場については何も心配しなくてもよいくらいのものであった．しかし**強磁性**体の場合には加えられた磁場によって誘起された磁気モーメントは莫大なもので磁場自体に大きな影響を持つのである．実際のところ誘起されたモーメントが非常に強くて，観測される磁場の主要な成分となっていることもしばしばである．したがって，大きな誘導磁気モーメントに関する数学的理論は，われわれが気を配らなければならないものの一つとなるわけである．もちろんそれは単なる技術的な問題にすぎなくて，本当の問題は何故磁気モーメントはそんなに強いのか——どういうふうにしてそうなるのか——というところにあるのであるが，この問題については少し後で論じる．

強磁性体の磁場を求めることは誘電体があるときに電場を求める問題によく似ている．諸君はまず，ベクトル場 $\boldsymbol{P}$，すなわち単位体積当りの双極子モーメントをもとにして誘電体の内部的な性質を記述したことを覚えていると思うが，それからこの分極の効果は電荷密度 $\rho_{\text{分極}}$ すなわち $\boldsymbol{P}$ の div に等しいということに考えついたのであった：

$$\rho_{\text{分極}} = -\nabla\cdot\boldsymbol{P}. \tag{15.1}$$

あらゆる場合の全電荷はこの分極による電荷と他のすべての電荷，その密度を* $\rho_{\text{その他}}$ とあらわすことにする，との和としてあらわすことができる．そうすると $\boldsymbol{E}$ の div と電荷密度とを関連づけるマクスウェルの方程式は次のようになる．

$$\nabla\cdot\boldsymbol{E} = \frac{\rho}{\varepsilon_0} = \frac{\rho_{\text{分極}}+\rho_{\text{その他}}}{\varepsilon_0},$$

あるいは

$$\nabla\cdot\boldsymbol{E} = -\frac{\nabla\cdot\boldsymbol{P}}{\varepsilon_0}+\frac{\rho_{\text{その他}}}{\varepsilon_0}.$$

そこで電荷のうちの分極部分をとり出して方程式の左辺に移すと新し

* もしすべての“その他”の電荷が導体上にあるならば，$\rho_{\text{その他}}$ は第III巻第10章における $\rho_{\text{自由}}$ に等しい．

い法則が得られる．

$$\nabla\cdot(\varepsilon_0\boldsymbol{E}+\boldsymbol{P}) = \rho_{\text{その他}}. \qquad (15.2)$$

この新しい法則は$(\varepsilon_0\boldsymbol{E}+\boldsymbol{P})$という量の div は他の電荷の密度に等しいということを意味している．

もちろん式(15.2)のように$\boldsymbol{E}$と$\boldsymbol{P}$を一緒にしてしまうことは，それらの相互の間の何らかの関連性がわかっているときにのみ意味がある．ところが誘導電気双極子と電場とを関連づける理論は比較的面倒なしろもので実際のところある種の簡単な場合にしか適用できず，それもまた近似的にしか成り立たないというようなものである．そのことについてはすでに述べたが，ここでその時に用いた近似的な考え方を思い出して欲しい．誘電体内の原子の誘導双極子モーメントを知るにはそれぞれの原子に働いている電場を知る必要があった．そこで我々は次のような近似をした――これは多くの場合なかなかうまくゆく方法である――すなわち原子に働いている電場は，(周囲の原子の双極子モーメントはそのままであるとして)その原子を抜き取ってしまったとしたらその後に残るであろう小さな空孔の中心にあるはずの電場に等しい．また分極された誘電体内の空孔の中の電場は空孔の形に依存するということもここで思い出しておいてほしい．前に得た結果を図 15-1 に要約して示すが，分極に垂直な薄い円板型の空孔の場合には空孔の中の電場は次式で与えられる．

$$\boldsymbol{E}_{\text{空孔}} = \boldsymbol{E}_{\text{誘電体}}+\frac{\boldsymbol{P}}{\varepsilon_0}.$$

この関係はガウスの法則を用いて証明することができた．一方分極に平行な針状の切り込みの場合には，――$\boldsymbol{E}$の curl がゼロになるという事実を用いて――切り込みの内と外の電場は等しいということを示した．最後に球形の孔の場合には，電場は切り込みの電場と円板の電場の間の 3 分の 1 の強さを持つことを示した．すなわち

$$\boldsymbol{E}_{\text{空孔}} = \boldsymbol{E}_{\text{誘電体}}+\frac{1}{3}\frac{\boldsymbol{P}}{\varepsilon_0}(\text{球形の空孔}). \qquad (15.3)$$

これが分極された誘電体の内部の原子に何が起こるかを考えたときに用いた電場である．

さてここでは磁性についてこれと同じようなことを論じなければならない．それをするための簡単でてっとりばやい方法は単位体積当りの磁気モーメント$\boldsymbol{M}$はちょうど単位体積当りの電気双極子$\boldsymbol{P}$のようなものであって，$\boldsymbol{M}$の div に負の符号をつけたものは“磁荷密度”ρ_m――それが何を意味するかは別問題として――に等しいとすることである．もちろんそこで問題になるのは物理的な世界には“磁荷”などというものは存在しないということである．しかし，それだからといって人為的に**類似性**をでっちあげて

$$\nabla\cdot\boldsymbol{M} = -\rho_m \qquad (15.4)$$

と書くのをやめねばならぬということにはならない．ただしここでρ_mは純然たる数学的な量である．このようにすると，静電気の場合

と完全な類似が成り立ち，静電気で馴れ親しんだ式をそのまま全部使うことができるのである．これに似たことは皆よくやったのであって，実際のところ，むかしはこの類似は本当にそうなのだと信じた人さえあったのである．彼らは ρ_m という量は“磁極”の密度をあらわすものと信じたのである．しかし現代では我々は物質の磁性は原子内を環状に流れる電流——電子の自転あるいは原子の中での電子の移動による——に起因するということを知っている．したがって“磁極”などというような神秘的なものの密度によって論じるよりは，原子的な電流によって論じる方がより現実的で物理的な観点からは望ましい．ところでこれらの電流は“アンペールの”電流と呼ばれることがあるが，これはアンペールが最初に物質の磁性は環状に流れる原子的な電流に起因することを示唆したからである．

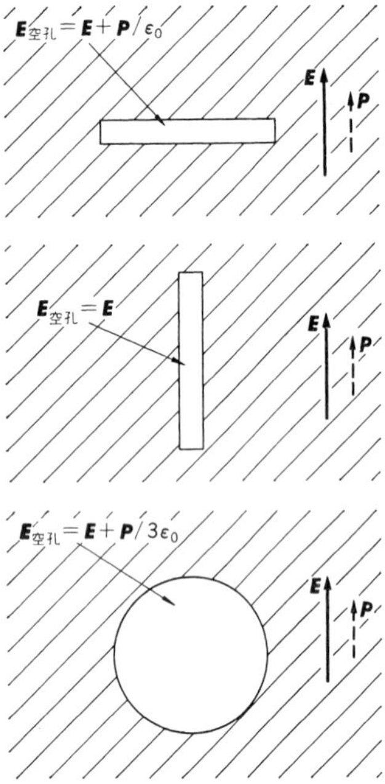

図 15-1　誘電体内の空孔中の電場は空孔の形に関係する

磁化された物質の中での微視的な電流密度はもちろん非常に複雑なものである．その値は原子の中の何処をみるかによって異なる——あるところでは大きくあるところでは小さい；また(ちょうど双極子のなかで微視的にみた電場が非常に大きく変わるのと同じように)原子の中のあるところではある方向に流れているのに対し別のところではそれと反対の方向に流れていたりする．しかし実用上の問題では多くの場合物質の外部の磁場かあるいは物質中の**平均**的な——ここで平均とは非常に沢山の原子の平均をとることを意味する——磁場に興味がある．すなわち単位体積当たりの平均双極子モーメント $\boldsymbol{M}$ によって物質の磁気的な状態を論じることができるような**巨視的**な問題のみ扱うということである．そこで我々は磁化された物質中の原子的な電流は非常に大規模な電流をひき起こすことができ，その電流は $\boldsymbol{M}$ に関連していることを示そうというのである．

まず我々がすることは——磁場の真のみなもとになっている電流密度 $\boldsymbol{j}$ を幾つかの部分に分離することである：その一つは原子的な磁石の環状の電流をあらわす部分であり，他はその他もろもろの電流をあらわすものである．通常は三つの部分に分けるのが最も都合が良い．第11章では導体中を自由に流れる電流と誘電体中に拘束されている電荷が前後に動くことによる電流とを区別して考え，11-2節では次のように書いた．

$$\boldsymbol{j}=\boldsymbol{j}_{\text{分極}}+\boldsymbol{j}_{\text{その他}}.$$

ここで $\boldsymbol{j}_{\text{分極}}$ は誘電体内に拘束された電荷の動きによる電流をあらわし $\boldsymbol{j}_{\text{その他}}$ はその他のすべての電流をあらわすものとしたが，今度はもっとさきまで行くことにする．$\boldsymbol{j}_{\text{その他}}$ を分けて磁化された物質中の平均電流をあらわす $\boldsymbol{j}_{\text{磁化}}$ とその他の残りものをみなおしこめた $\boldsymbol{j}_{\text{伝導}}$ にする．この最後の項は通常は導体中の電流をあらわすのであるが，その他の電流をあらわすこともある——たとえば空虚な空間を自由に通り抜けている電荷による電流などである．以上のようにすると全電流密度は次のようになる．

$$\boldsymbol{j}=\boldsymbol{j}_{\text{分極}}+\boldsymbol{j}_{\text{磁化}}+\boldsymbol{j}_{\text{伝導}} \tag{15.5}$$

マクスウェル方程式の $\boldsymbol{B}$ の curl に対応するのはもちろんこの全電流である．

$$c^2\nabla\times\boldsymbol{B}=\frac{\boldsymbol{j}}{\varepsilon_0}+\frac{\partial\boldsymbol{E}}{\partial t}. \tag{15.6}$$

さて我々は電流 $\boldsymbol{j}_{磁化}$ を磁化ベクトル M に関連づけなければならないのだが，諸君に行先きをはっきりとわかっておいてもらうために，結論は次のようになるのだということをまず教えておく：

$$\boldsymbol{j}_{磁化}=\nabla\times\boldsymbol{M}. \tag{15.7}$$

磁性体内のすべての場所での磁化ベクトル $\boldsymbol{M}$ が与えられれば環状に流れる電流の密度は $\boldsymbol{M}$ の curl で与えられる．何故そうなるかがわかるかどうかやってみよう．

まず軸に平行な一様な磁化ベクトルがあるような円柱状の棒の場合について考えてみよう．物理的にはそのような一様な磁化とは，物質中のあらゆるところで原子的な環状電流の密度が一様であることを本当は意味しているということはすでに知っているとおりである．そこでその物質の断面内で実際の電流がどのようになっているのかを想像してみよう．図 15-2 に示すような電流だろうと考えられる．すべての原子的な電流は小さな輪を描いてぐるぐるまわり，その流れの方向は同じである．さてこのようなものの実効的な電流はどうなるのであろうか？ 一つの電流のすぐ隣にちょうど真反対を向いた別の電流が流れているのであるから，効果としては棒の大半の部分には全く電流が流れていないと同じであるということになる．いま図 15-2 に AB という線で示したような小さな面——とはいっても 1 個の原子よりははるかに大きい面——を考えてみると，その面を通り抜ける全体としての電流はゼロである．その物質の内部ではどこをとってみても全体としてみたときの電流はない．しかしその物質の表面ではまわりの反対方向の電流によって打ち消されることのない原子的な電流があることに注意しなければならない．全体的にみると表面には棒のまわりに常に同じ方向を向いて流れる電流がある．したがって，一様に磁化された棒は電流が流れている細長いソレノイドと同等であると前に言ったわけがわかったであろう．

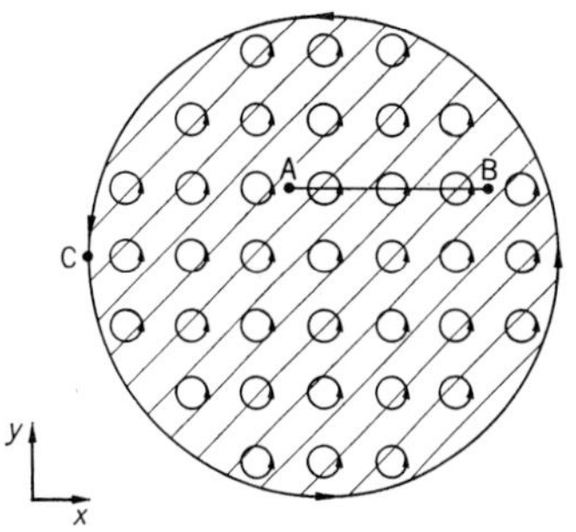

図 15-2 z 方向に磁化された鉄の棒の断面での原子的な環状電流の模式図

さてこの考え方と式(15.7)とはどういう関係があるのであろうか．まず物質中では磁化 $\boldsymbol{M}$ は一定であるからその導関数はすべてゼロである．これは幾何学的な表現にしたがって考えた予想と一致している．ところが表面では $\boldsymbol{M}$ は一定とはいい切れない——端のところまで一定でそこで突然ゼロにつぶれてしまうのである．だから，そのちょうど表面のところではたいへんな勾配があることになり，それは式(15.7)によれば高い電流密度があることを意味する．そこで図 15-2 の C 点のところで何が起こるかをみてみるとしよう．x および y 方向を図に示したようにとるものとすると磁化 $\boldsymbol{M}$ は z 方向を向くことになる．式(15.7)の各成分をそれぞれ書いてみると，次のようになる．

$$\frac{\partial M_z}{\partial y} = (j_{磁化})_x, \qquad -\frac{\partial M_z}{\partial x} = (j_{磁化})_y. \tag{15.8}$$

C点では導関数 $\partial M_z/\partial y$ はゼロであるが，$\partial M_z/\partial x$ は大きくかつ正の値である．このことは式(15.7)によれば負の y 方向を向いた大きな電流密度があることを意味し，棒のまわりを流れる表面電流があるという予想と一致する．

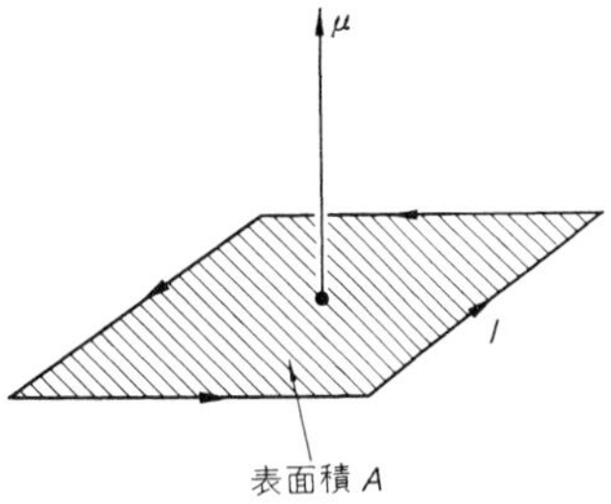

図 15-3　環状電流の双極子モーメント μ は IA である

次に物質中の各点で磁化が異なるようなもっと複雑な場合の電流密度を求めてみよう．隣接した二つの領域での磁化が異なれば環状に流れる電流が完全に打ち消し合うことがなくなり物質の内部に全体としてみた電流が流れるであろうということは定性的には容易にわかる．この効果を定量的に検討してみようというのである．

まず我々は環状に流れる電流は

$$\mu = IA \tag{15.9}$$

で与えられる磁気モーメントを持つという第Ⅲ巻14-5節の結果を思い出す必要がある．ただしここで A は電流の作る環の面積である(図15-3参照)．さて次に磁化された物質中に図15-4に示したような小さな矩形の塊を考えてみよう．この塊は非常に小さいもので，その中では磁化は一様であると考えてもよいようなものであるとしよう．もしこの塊が z 方向に磁化 M_z を持つとすると，全体としての効果は図に示したように垂直な面の上をぐるぐるまわっている表面電流によるものと同じであろう．これらの電流の大きさは式(15.9)から求めることができる．その塊の全磁気モーメントは磁化と体積の積になるから

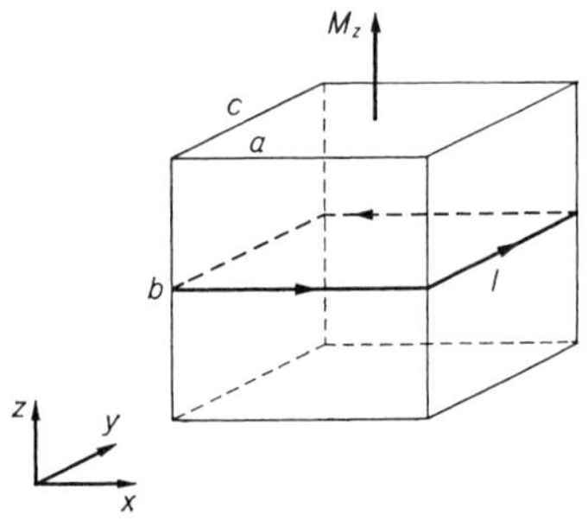

図 15-4　磁化された物質の小塊は環状の表面電流と同等である

$$\mu = M_z(abc)$$

である．このことから(環の面積は ac であるから)次のような関係が得られる．

$$I = M_z b.$$

いいかえれば，それぞれの垂直面内の(これに垂直な方向の)単位長さ当たりの電流は M_z に等しい．

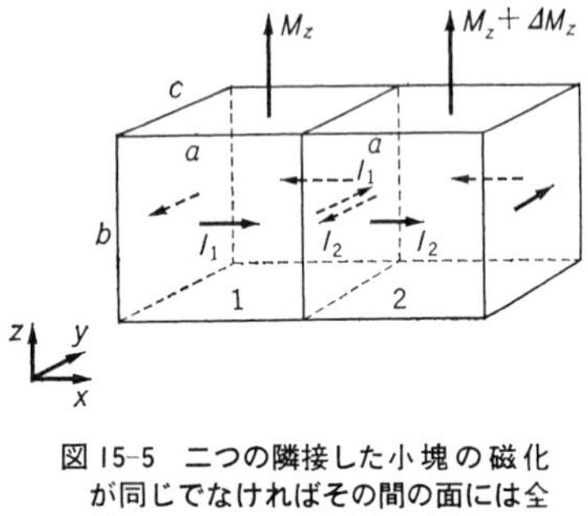

図 15-5　二つの隣接した小塊の磁化が同じでなければその間の面には全体としてみると表面電流が流れている

さていま図15-5に示すようにこのような小さな塊が2個並んでいる場合を考えてみよう．2番目の塊は1番目のものから少しずれたところにあるので，その磁化の垂直方向成分は少し異なったものになる．それを $M_z+\Delta M_z$ とあらわすとしよう．さて二つの塊の間の面では全電流に対して二つのものが寄与している．1番目の塊は正の y 方向に流れる電流 I_1 を作り，2番目の塊は負の y 方向に流れる表面電流 I_2 を作り出す．正の y 方向に流れる全表面電流はそれらの和であるから

$$\begin{aligned} I = I_1 - I_2 &= M_z b - (M_z + \Delta M_z)b \\ &= -\Delta M_z b. \end{aligned}$$

ΔM_z は M_z の x 方向の導関数と1番目の塊と2番目の塊の間の距離の積としてあらわすことができ，その距離は a にほかならないから

$$\Delta M_z = \frac{\partial M_z}{\partial x} a$$

となる．したがって二つの塊の間を流れる電流は

$$I = -\frac{\partial M_z}{\partial x} ab$$

である．次に，電流 I を平均の体積電流密度 $\boldsymbol{j}$ に関係づけるためにはこの電流 I は本当はある断面の上に拡がっているものなのだということを考えに入れなければならない．もしその物質の全体積がこのような小さな塊で満たされるものとするならば，それぞれの塊に1個のそのような(x 軸に垂直な)側面が対応する*．そうすると，電流 I に関係づけられるべき面積は前側の面の一つの面積 ab にほかならないことがわかる．したがって，

$$j_y = \frac{I}{ab} = -\frac{\partial M_z}{\partial x}$$

という結果が得られる．少なくとも $\boldsymbol{M}$ の curl のはじめのところが求められたことになる．

j_y には磁化の x 成分の z についての変化からくるもう一つの項があるはずである．$\boldsymbol{j}$ へのこの寄与分は，図 15-6 のように一つの塊の上に別の塊を積みあげたような二つの小塊の間の面からくる．いま述べたのと同じ論法で，この面は j_y に対して $\partial M_x/\partial z$ だけの寄与をするということを示すことができる．電流の y 成分に寄与できるのはこれらの二つの面だけであるから y 方向を向いた全電流密度は次のようになる．

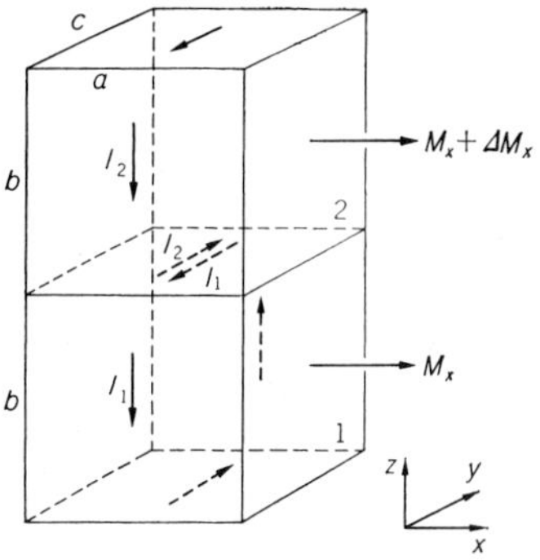

図 15-6 上下に積み重ねられた2個の小塊も j_y に寄与しうる

$$j_y = \frac{\partial M_x}{\partial z} - \frac{\partial M_z}{\partial x}.$$

立方体の他の面の電流についても同じようなことをやると——あるいは上にとりあげた z 方向は全く任意に選んだものであるということから——電流密度ベクトルは次のような式で与えられるという結論が得られる．

$$\boldsymbol{j} = \nabla \times \boldsymbol{M}.$$

したがって，もし物質中の磁気的な状態を単位体積当りの平均磁気モーメント $\boldsymbol{M}$ であらわすことにするならば，環状に流れる原子的な電流は式(15.7)で与えられるような物質中の平均電流密度と同等であるということがわかる．もしその物質が誘電体であれば，この他に分極電流 $\boldsymbol{j}_{分極} = \partial \boldsymbol{P}/\partial t$ があり得るし，またそのうえその物質が導体であるならば伝導電流 $\boldsymbol{j}_{伝導}$ もまたあり得る．したがって全電流は次のようにあらわすことができる．

$$\boldsymbol{j} = \boldsymbol{j}_{伝導} + \nabla \times \boldsymbol{M} + \frac{\partial \boldsymbol{P}}{\partial t}. \qquad (15.10)$$

---

* あるいは，それぞれの側面の電流は両側の塊に半分ずつ分けられると言ってもよい．

15-2 場 $\boldsymbol{H}$

次に式(15.10)のように書かれた電流をマクスウェル方程式に代入してみる．そうすると次のようになる：

$$c^2\nabla\times\boldsymbol{B}=\frac{\boldsymbol{j}}{\varepsilon_0}+\frac{\partial\boldsymbol{E}}{\partial t}=\frac{1}{\varepsilon_0}\left(\boldsymbol{j}_{伝導}+\nabla\times\boldsymbol{M}+\frac{\partial\boldsymbol{P}}{\partial t}\right)+\frac{\partial\boldsymbol{E}}{\partial t}.$$

$\boldsymbol{M}$ を含む項は左辺に移すことができるから

$$c^2\nabla\times\left(\boldsymbol{B}-\frac{\boldsymbol{M}}{\varepsilon_0c^2}\right)=\frac{\boldsymbol{j}_{伝導}}{\varepsilon_0}+\frac{\partial}{\partial t}\left(\boldsymbol{E}+\frac{\boldsymbol{P}}{\varepsilon_0}\right)\qquad(15.11)$$

となる．第11章で述べたように $(\boldsymbol{E}+\boldsymbol{P}/\varepsilon_0)$ を新しいベクトル場 $\boldsymbol{D}/\varepsilon_0$ としてあらわすのが好な人が多く，また同様にして $(\boldsymbol{B}-\boldsymbol{M}/\varepsilon_0c^2)$ も一つのベクトル場として書くと都合がよいことが多い．そこで新しいベクトル場 $\boldsymbol{H}$ を次のように定義する．

$$\boldsymbol{H}=\boldsymbol{B}-\frac{\boldsymbol{M}}{\varepsilon_0c^2}.\qquad(15.12)$$

そうすると式(15.11)は次のようになる：

$$\varepsilon_0c^2\nabla\times\boldsymbol{H}=\boldsymbol{j}_{伝導}+\frac{\partial\boldsymbol{D}}{\partial t}.\qquad(15.13)$$

この式は単純なようにみえるが，それはすべての複雑な部分が $\boldsymbol{D}$ と $\boldsymbol{H}$ という文字の中に隠されているからにすぎない．

さてここで諸君に注意しておかねばならぬことがある．mks単位を使う人の大半は $\boldsymbol{H}$ の別の定義を使うことにしているということである．**彼ら**の場を $\boldsymbol{H}'$ とすれば(もちろん彼らはこれをプライムのない $\boldsymbol{H}$ と呼ぶ)，これは次のように定義されている．

$$\boldsymbol{H}'=\varepsilon_0c^2\boldsymbol{B}-\boldsymbol{M}.\qquad(15.14)$$

(そのほか ε_0c^2 を通常 $1/\mu_0$ という新しい数であらわすが，その代りそのときの話のつじつまをあわせるためにもう一つ別の定数を使う!)

このように定義すると式(15.13)はもっと簡単になって

$$\nabla\times\boldsymbol{H}'=\boldsymbol{j}_{伝導}+\frac{\partial\boldsymbol{D}}{\partial t}\qquad(15.15)$$

となる．しかしこのように $\boldsymbol{H}'$ を定義することの難点は，まずmks単位を使わない人達の定義と一致しないということと，次には $\boldsymbol{H}'$ と $\boldsymbol{B}$ が別の単位を持つということである．我々の考えでは $\boldsymbol{H}$ は $\boldsymbol{M}$ の単位を持つよりは——$\boldsymbol{H}'$ は $\boldsymbol{M}$ の単位を持っているのであるが——$\boldsymbol{B}$ の単位と同じ単位を持つ方が都合がよい．ただし諸君が技術者になって変圧器とか磁石とかいうようなものを設計するような仕事をしようというのなら気を付けなければならない．というのは，$\boldsymbol{H}$ の定義として，我々の用いた式(15.12)ではなく式(15.14)の定義を使っている本が多く，またその一方では——特に磁性体のハンドブックなどでは——我々が用いたのと同じ方法で $\boldsymbol{B}$ と $\boldsymbol{H}$ を関連づけている本も沢山あるからである．諸君はどちらの習慣が使われているのかを常に判断するように注意していなければならない．

これを区別する一つの方法は用いている単位である．mks系で

は $\boldsymbol{B}$——したがって**我々の**定義の $\boldsymbol{H}$ も——は次のような単位で測られる：1平方メートル当り1ウェーバー，これは10,000ガウスに等しい．さらにmks系では磁気モーメント(電流掛ける面積)は次のような単位を持つ：1アンペア・メートル^2．そうすると磁化 $\boldsymbol{M}$ は次のような単位になる：1メートル**当り**1アンペア．$\boldsymbol{H}'$ の単位は $\boldsymbol{M}$ と同じであるが，このことは ∇ が長さ分の1という次元を持っていることを考えると式(15.15)と矛盾していないことがわかる．電磁石を扱っている人達にはまた $\boldsymbol{H}$($\boldsymbol{H}'$ の定義を持った)の単位を——巻線の線の巻き数を念頭において——“1メートル当り1アンペア**ターン**”と呼ぶならわしがある．しかし“ターン”は次元を持たない数であるから矛盾はない．我々の $\boldsymbol{H}$ は $\boldsymbol{H}'/\varepsilon_0c^2$ であるから，mksを用いているときには $\boldsymbol{H}$(ウェーバー/メートル^2)は $4\pi\times10^{-7}$ 掛ける $\boldsymbol{H}'$(アンペア/メートル)に等しい．これは $\boldsymbol{H}$(ガウス)$=0.0126\,\boldsymbol{H}'$(アンペア/メートル)とおぼえておいた方が都合が良いかも知れない．

表15-1 磁気的な量の単位

$[B]=$ ウェーバー/メートル$^2=10^4$ ガウス
$[H]=$ ウェーバー/メートル$^2=10^4$ ガウス，あるいは 10^4 エルステッド
$[M]=$ アンペア/メートル
$[H']=$ アンペア/メートル

便利な換算法
B(ガウス)$=10^4\,B$(ウェーバー/メートル^2)
H(ガウス)$=H$(エルステッド)$=0.0126\,H'$(アンペア/メートル)

ところでもう一つまずいことがある．**我々の** $\boldsymbol{H}$ の定義を使う人達の多くが $\boldsymbol{H}$ と $\boldsymbol{B}$ の単位を**別々の名前**で呼ぶことにしてしまったことである！ 次元は同じなのに，$\boldsymbol{B}$ の単位を**1ガウス**と呼び $\boldsymbol{H}$ の単位を**1エルステッド**と呼ぶのである(もちろんこれらはガウス(Gauss)とエルステッド(Oersted)の名に因んだものである)．というわけで $\boldsymbol{B}$ のグラフはガウス単位で書かれ，$\boldsymbol{H}$ のグラフはエルステッド単位で書かれている本が沢山ある．これらは本当は同じ単位——mks単位の 10^{-4} 倍——なのである．磁気に関する単位の混乱の様子を表15-1に示した．

15-3 磁化曲線

さて次に磁場が一定な場合，あるいは $\boldsymbol{j}_{伝導}$ にくらべて $\partial\boldsymbol{D}/\partial t$ を無視してもよいほどゆっくりと磁場が変っている場合のような単純な状況について考えてみよう．そのような状況では磁場は次のような方程式に従う．

$$\nabla\cdot\boldsymbol{B}=0, \tag{15.16}$$

$$\nabla\times\boldsymbol{H}=\boldsymbol{j}_{伝導}/\varepsilon_0c^2, \tag{15.17}$$

$$\boldsymbol{H}=\boldsymbol{B}-\boldsymbol{M}/\varepsilon_0c^2. \tag{15.18}$$

いま図15-7(a)に示すように鉄のまわりに銅線のコイルを巻いた円環(あるいはドーナツ)があったとしよう．電線中には電流 I が流れているものとする．磁場はどうなるか．磁場は主として鉄の中にあり，

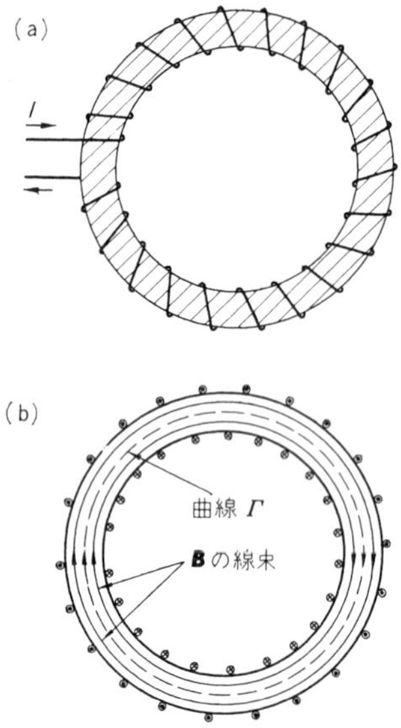

図 15-7 (a) 絶縁導線をまきつけられた鉄の円環. (b) 磁場の線を示した断面

そこでは $\boldsymbol{B}$ の線は図 15-7(b)に示したように円状になる. $\boldsymbol{B}$ の線束は連続であるからその発散はゼロであり, 式(15.16)は満足される. 次に図 15-7(b)に示したような閉曲線 Γ に沿って積分することにより式(15.17)を別の形であらわすことにする. すなわちまずストークスの定理により次のようにする.

$$\oint_{\Gamma} \boldsymbol{H}\cdot ds = \frac{1}{\varepsilon_0 c^2}\int_S \boldsymbol{j}_{\text{伝導}}\cdot\boldsymbol{n}\,da. \qquad (15.19)$$

ここで $\boldsymbol{j}$ についての積分は Γ で囲まれた任意の面Sについてのものである. この面は巻き線にひと巻きにつき1回だけ横切られる. したがって各巻き線は積分に対して電流 I だけの寄与をするから, 全部で N 回巻いてあれば積分は NI になる. この問題の対称性から曲線 Γ のいたるところで $\boldsymbol{B}$ は同じであり, もし Γ に沿って磁化が一定, したがって場 H も一定, であると仮定すれば式(15.19)は

$$Hl = \frac{NI}{\varepsilon_0 c^2}$$

となる. ただし l は曲線 Γ の長さである. したがって,

$$H = \frac{1}{\varepsilon_0 c^2}\frac{NI}{l}. \qquad (15.20)$$

$\boldsymbol{H}$ がときどき**磁場の強さ**(magnetizing field)と呼ばれるのは, ここに示したような場合には $\boldsymbol{H}$ が磁化電流に直接比例するからである.

さて要するに我々が欲しいのは $\boldsymbol{H}$ に $\boldsymbol{B}$ を関係づける方程式である. しかしそのような方程式は無い. もちろん式(15.18)はあるが鉄のような強磁性体では $\boldsymbol{M}$ と $\boldsymbol{B}$ との間に直接の関係がないので役に立たないのである. 磁化 $\boldsymbol{M}$ は鉄のそれまでの歴史に関係しているのであって, 単にその時の $\boldsymbol{B}$ の値によって決るのではないのである.

とはいうものの手がかりが全く無いわけではない. ある種の単純な場合については解が得られる. いま磁化されていない鉄——たとえば高温で焼鈍された鉄であるとしよう——からはじめたとすると, 円環のような単純な形においては鉄のすべての部分は同じ磁気的な歴史を持つ. そうすると実験による測定から $\boldsymbol{M}$ について——したがって $\boldsymbol{B}$ と $\boldsymbol{H}$ の関係について——何かわかることがあるはずである. 円環の中の磁場 $\boldsymbol{H}$ は式(15.20)から, ある定数と巻線中の電流 I との積として与えられる. この磁場 $\boldsymbol{B}$ はそのコイルの中の(あるいは図に示した磁化させるためのコイルの上から巻きつけた特別のコイルの中の) emf を時間について積分することによって測定することができる. この emf は $\boldsymbol{B}$ の磁束の時間的な変化の割合いに等しいから emf の時間についての積分は $\boldsymbol{B}$ と円環の断面積との積に等しくなる.

図 15-8 に軟鉄の円環について測定した $\boldsymbol{B}$ と $\boldsymbol{H}$ の関係を示す. はじめに電流を通じたときには $\boldsymbol{H}$ が増すに従って $\boldsymbol{B}$ は曲線aに沿って増加する. ここで $\boldsymbol{B}$ と $\boldsymbol{H}$ の目盛りがちがうことに注意して欲しいのであるが, いずれにしても初めは $\boldsymbol{B}$ の大きな値を得るのに比較的小さな $\boldsymbol{H}$ で足りる. 空気のときにくらべて何故 $\boldsymbol{B}$ がこんなに大きな値

になるのであろうか？　これは磁化 $\boldsymbol{M}$ が大きいからであり，それは鉄に大きな表面電流が流れていることに相当する――磁場 $\boldsymbol{B}$ はこの電流と巻線中の伝導電流の**和**によって決まる．$\boldsymbol{M}$ が何故そのように大きいかについては後で論じる．

$\boldsymbol{H}$ が大きくなると磁化曲線は平らになってしまう．これを鉄が**飽和する**と言う．ここに示した目盛りの取り方では曲線が水平になるように見えるが，実際にはごく僅かずつではあるが上り続ける――値が大きくなると $\boldsymbol{B}$ は $\boldsymbol{H}$ に比例するようになりその傾斜は 1 になる．$\boldsymbol{M}$ はそれ以上増加しない．ところでここで一言注意しておきたいのだが，円環が磁性体でない物質で作られている場合には $\boldsymbol{M}$ はゼロで $\boldsymbol{B}$ は常に $\boldsymbol{H}$ に等しくなるのである．

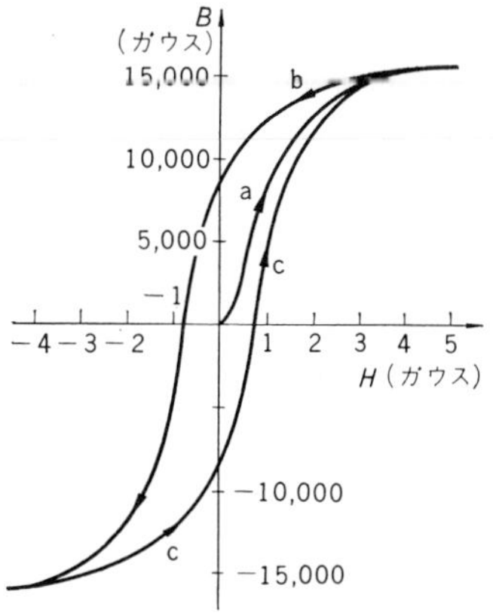

図 15-8　軟鉄の典型的な磁化曲線とヒステリシス曲線

さてまず我々が気が付くことは，図 15-8 の曲線 a――これはいわゆる**磁化曲線**と呼ばれるものであるが――は直線的関係から非常にずれているということである．しかしもっとまずいことがある．飽和状態に達してからコイル中の電流を減らして $\boldsymbol{H}$ をゼロに戻すと，磁場 $\boldsymbol{B}$ は曲線 b に沿って減少し，$\boldsymbol{H}$ がゼロに達したときにもまだ幾分かの $\boldsymbol{B}$ が残っていて，磁化電流が無い時にでも鉄の中には磁場があるということである．――鉄は永久磁化されたのである．そこで今度はコイルの中に**負**の電流を流すと B-H 曲線は負の方向で鉄が飽和するまで曲線 b に従って続く．そこでまた電流をゼロに戻すと $\boldsymbol{B}$ は曲線 c に沿って進む．もし電流を大きな正と負の値の間で交互に変化させると，B-H 曲線は曲線 b および c にほぼ沿って前後に動く．$\boldsymbol{H}$ の変え方をいろいろにとるともっと複雑な曲線が得られるが，それらの曲線は通常曲線 b と c の間のどこかを通る．場を交互に変えることによって得られるループを鉄の**ヒステリシス**ループと呼ぶ．

このようなことになると $B=f(H)$ というような関数関係を書くことはできない．というのはある瞬間の $\boldsymbol{B}$ の値はその時の $\boldsymbol{H}$ が何であるかということばかりではなく，それまでにたどったすべての履歴に関係するからである．

物質が違えば当然磁化曲線もヒステリシス曲線も異なる．曲線の形は物質の化学的組成やそれらの製造の方法，製造後の物理的な取扱いなどに敏感に左右される．これらの複雑な振舞いについての物理的な理由の一部については次章で論じる．

15-4　鉄芯を持ったインダクタンス

磁性体のもっとも重要な応用の一つは電気回路に関するものである――たとえば変圧器とか電動機とかいうようなものである．鉄を使うことの一つの利点は磁場の通路を制御できることであるが，与えられた電流に対して非常に大きな磁場が得られるということもある．たとえば典型的な“円環状の”インダクタンスは図 15-7 に示したものと非常によく似たものになるのであるが，同じインダクタンスを得るのに必要な体積と銅の使用量とはそれと同等な“空気-芯”のインダクタンスにくらべてはるかに少ない．与えられたインダクタンスに対して，巻線中の抵抗はずっと少なくなり“理想”に近いインダクタンスになる——とくに低い周波数についてはそうである．このようなインダクタンスがどのように働くかを定性的に理解することは容易である．Iを巻線中の電流とすると内部に作り出される場$\boldsymbol{H}$は——式(15.20)に示したように——Iに比例する．一方端子間の電圧$\mathcal{V}$は磁場$\boldsymbol{B}$に関係している．また巻線中の抵抗を無視すると，電圧$\mathcal{V}$は$\partial\boldsymbol{B}/\partial t$に比例する．インダクタンス$\mathcal{L}$は$\mathcal{V}$の$dI/dt$に対する比であるから(第III巻17-7節参照)鉄の中での$\boldsymbol{B}$と$\boldsymbol{H}$の関係を含んでいる．$\boldsymbol{B}$は$\boldsymbol{H}$よりはるかに大きいからインダクタンスには大きな値の因子が含まれることになる．物理的にいうと，通常は小さな磁場しか作り出さないようなコイル中の小さな電流が，鉄の中の小さな“奴隷”磁石を並ばせて巻線中を流れている外部電流よりはるかに大きな“磁気的な”電流を作り出しているのである．これはあたかも我々が実際に流している電流よりもずっと多くの電流をコイル中に流しているようにみえる．電流の向きを変えるとすべての小磁石は反対向きにひっくり返り——これらの内部電流の向きはみな反対になる——そして鉄がなかった場合にくらべてはるかに高い誘導emfが得られるのである．このインダクタンスを計算したかったら——第III巻17-8節に述べたように——エネルギーを用いれば計算することができる．電源から供給されるエネルギーの**時間的な割合**は$I\mathcal{V}$であり，電圧$\mathcal{V}$は磁芯の断面積AとNとdB/dtの積であるから，式(15.20)から得られる$I=(\varepsilon_0 c^2 l/N)H$という関係を用いると

$$\frac{dU}{dt} = \mathcal{V}I = (\varepsilon_0 c^2 lA)\,H\frac{dB}{dt}$$

となる．これを時間について積分すると次のようになる．

$$U = (\varepsilon_0 c^2 lA)\int H\,dB. \qquad (15.21)$$

ここでlAは円環の体積であることに注目すると，磁性体内のエネルギー密度$u=U/$体積 は次のようになることがいえる．

$$u = \varepsilon_0 c^2 \int H\,dB. \qquad (15.22)$$

これは面白いことを意味している．交流を流すと鉄は磁化曲線に沿って動かされるのであるが，BはHの1価関数でないから$\int HdB$を完全な1サイクルについて積分した値はゼロでは**ない**．それは磁化曲線の内側の面積に等しくなる．したがって駆動電源は全体としてみると各サイクル毎にあるエネルギー——磁化曲線の内側の面積に比例した量のエネルギー——を供給することになる．そしてそのエネルギーは“失われる”のである．そのエネルギーは電磁気的な過程から失われて鉄の中での熱に変って出るのである．これは**ヒステリシス損失**と呼ばれる．このようなエネルギー損失を少なくするためにはヒステリシスループをできるだけ細長いものにしなければならない．ループ内

の面積を減らす一つの方法は各サイクルの間に到達する場の最大値を小さくすることであるが，場の最大値が小さい場合には図 15-9 に示すようなヒステリシスループが得られる．また細長いループになるような特殊な材料も作られている．いわゆる**変圧器用の鉄**——少量の珪素を含んだ鉄の合金——と呼ばれるものはこのような性質を持つように開発されたものである．

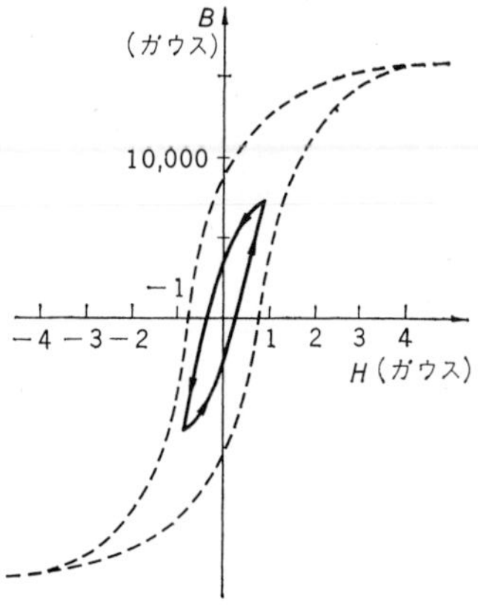

図 15-9　飽和に達しないヒステリシスループ

インダクタンスがヒステリシスループの極く小さい範囲で使われる場合には B と H の関係は線形方程式で近似することができる．それを通常次のようにあらわす．

$$B = \mu H. \tag{15.23}$$

この定数 μ は我々が前に用いた磁気モーメントとは**ちがう**．これは鉄の**透磁率**と呼ばれるものである．(これはまた“**相対透磁率**”と呼ばれることもある.) 普通の鉄の透磁率は数千ていどであるが，“スーパーマロイ”のように百万というような透磁率を持つ特殊合金もある．

式(15.21)で $B=\mu H$ という近似を用いると，円環状のインダクタンス中のエネルギーを次のようにあらわすことができる

$$U = (\epsilon_0 c^2 lA)\mu \int H\,dH = (\epsilon_0 c^2 lA)\frac{\mu H^2}{2}. \tag{15.24}$$

したがってエネルギー密度は近似的に

$$u \approx \frac{\epsilon_0 c^2}{2}\mu H^2$$

となる．そこで式(15.24)のエネルギーをインダクタンスのエネルギー $\mathscr{L}I^2/2$ に等しいとして $\mathscr{L}$ について解くことができ，次式を得る．

$$\mathscr{L} = (\epsilon_0 c^2 lA)\mu\left(\frac{H}{I}\right)^2.$$

ここで式(15.20)の H/l を使うと

$$\mathscr{L} = \frac{\mu N^2 A}{\epsilon_0 c^2 l} \tag{15.25}$$

となる．インダクタンスは μ に比例する．もし諸君がオーデオ用の増幅器みたいなものを作ろうとするならば，ヒステリシスループで B-H の関係ができるだけ直線的になっているところをえらんで働かせるようにした方がよい．(第II巻の第 25 章で非線型な系での高調波の発生について述べたことを思い出してほしい.) そのような系の場合には式(15.23)は都合の良い近似である．一方，高調波を作り出し**たい**のならばインダクタンスを使ってわざわざひどく非線型な使い方をするという方法もある．そのような場合には B-H 曲線の全体を使わねばならず，その時の振舞いについてはグラフあるいは数値的な解法で解析することになろう．

“変圧器”は磁性体の一つの円環——あるいは**芯**——の上に 2 個のコイルを巻きつけて作ることがよくある．(大型の変圧器の場合には長方形の芯を使う方が都合が良い.) そうすると，“1 次”巻線中の電

流の変化によって芯の中の磁場が変わり，その結果“2次”巻線中にemfを誘起する．両方の巻線の**1巻き分**を横切る磁束は互いに等しいから，二つの巻線中のemfの比はそれぞれの巻数の比と同じ値になる．1次側にかけられた電圧は2次側の別の電圧に変圧されたのである．この磁場が変圧器として必要なだけの変化をするためには全体としてみたときにある電流が芯のまわりを流れていなければならないから，二つの巻線中を流れる電流の**代数**和はある一定値を持ち，かつそれは必要な“磁化”電流に等しい．もし2次側から引き出される電流が増せば，1次側の電流もそれに比例して増さなければならない——電圧ばかりでなく電流の“変換”も行なわれるのである．

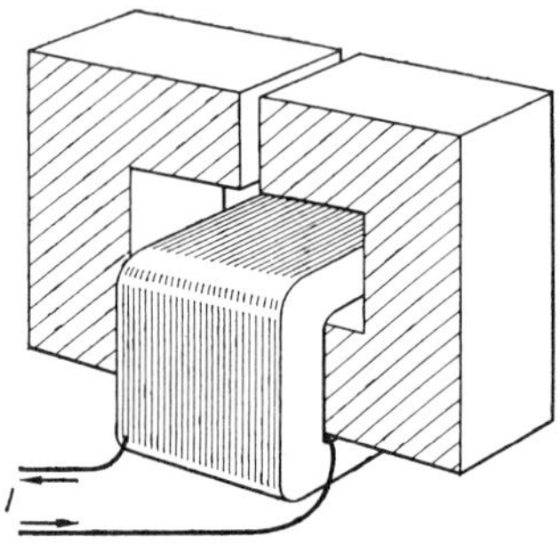

図15-10　電磁石の一例

15-5　電 磁 石

さてもう少し複雑な実際的な状態を考えてみよう．いま図15-10に示すような標準的な電磁石——“C形”の鉄芯があって，その鉄芯のまわりに導線を幾重にも巻いたコイルをつけたもの——を考えてみよう．空隙における磁場$\boldsymbol{B}$はどれほどか？

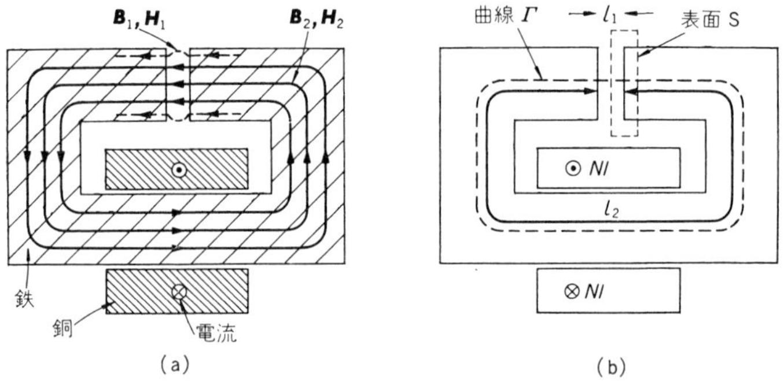

図15-11　電磁石の断面

もし，他のすべての寸法にくらべて空隙の厚さが小さければ，第一近似として$\boldsymbol{B}$の線は円環の場合と同じようにぐるりと環をえがくものと考えることができる．その結果は図15-11(a)に示したようなものになるであろう．$\boldsymbol{B}$は空隙の部分で幾分拡がろうとするが，空隙が狭ければその効果は小さい．鉄芯の任意の断面を通り抜ける$\boldsymbol{B}$の線束は一定であると仮定するのはもっともな近似であり，鉄芯の断面の面積が一定で——かつ空隙および角での末端効果をすべて無視するならば——$\boldsymbol{B}$は鉄芯中の全部のところで一様であるといえる．

また空隙のところでも$\boldsymbol{B}$は同じ値を持つであろうことが式(15.16)からいえる．すなわちまず，図15-11(b)に示すような一方の面が空隙中にあり他方の面が鉄の中にあるような閉じた表面Sを考える．この表面を通り抜けて出る$\boldsymbol{B}$の線束の総和はゼロでなければならない．そこで，B_1を空隙中の磁場とし，B_2を鉄の中の磁場とすると次のような関係がある:

$$B_1A_1 - B_2A_2 = 0.$$

しかるに，(我々の近似では)$A_1 = A_2$であるから，$B_1 = B_2$となる．

さて H についてはどうであろうか．今度もまた式(15.19)を使って図 15-11(b)の曲線 Γ に沿って線積分をするとよい．前と同様にして右辺は巻線の数と電流の積 NI になる．しかし今度は H は空気中と鉄の中とでは異なる．鉄の中の場を H_2 とし，鉄芯中の経路の長さを l_2 とすると積分に対するこの部分の寄与は H_2l_2 になる．また，空隙中の場を H_1 とし，空隙の厚さを l_1 とすれば，空隙からの寄与は H_1l_1 である．そうすると

$$H_1l_1+H_2l_2=\frac{NI}{\varepsilon_0c^2} \qquad (15.26)$$

となる．

さてその他にもわかっていることがある：すなわち空隙の中では磁化は無視できるから $B_1=H_1$ となるということである．また $B_1=B_2$ であるから式(15.26)は次のようになる：

$$B_2l_1+H_2l_2=\frac{NI}{\varepsilon_0c^2}. \qquad (15.27)$$

これでもまだ2個の未知数が残っている．B_2 と H_2 を求めるにはもう一つ別の関係――すなわち鉄の中での B を H に関係づけるもの――が必要である．

ここでもし $B_2=\mu H_2$ というような近似ができれば，この式は代数的に解くことができる．しかし，ここでは鉄の磁化曲線が図 15-8 に示したようなものであるという一般的な場合を取り扱ってみよう．ほしいものは，この関数関係と式(15.27)の連立方程式の解であるが，それは図 15-12 に示すように式(15.27)のグラフを磁化曲線のグラフの上に重ねて書くことによって求めることができる．二つの曲線の交点が解になる．

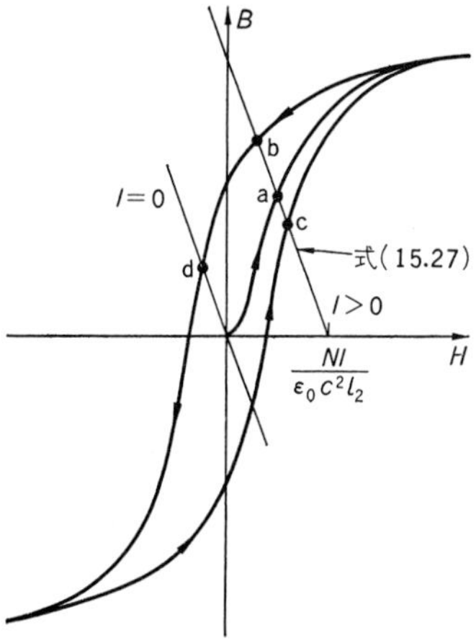

図 15-12　電磁石中の場の計算

与えられた電流 I に対して，関数(15.27)は図 15-12 の $I>0$ と書いた直線になる．この直線は H 軸($B_2=0$)を $H_2=NI/\varepsilon_0c^2l_2$ で横切り，その勾配は $-l_2/l_1$ である．ほかの電流のときには直線が単に水平に移動するだけである．図 15-12 から，同じ電流であってもその値にどういう経路で到達したかによって幾つかの解があることがわかる．もし今作ったばかりの磁石で電流を流しはじめて I まで増して行ったとすると，磁場 B_2(これはまた B_1 でもある)は点 a で与えられる値を持つ．もし電流を非常に高いところまでいったん流して，それから I まで下げてきたのなら磁場は点 b で与えられる．あるいは，電流を負の非常に高い値のところまでいったん流してから I まで**増して**きたのだとすれば，磁場は点 c で与えられる．空隙での磁場はそれまでにどのようなことをしたかということに依存するのである．

磁石の電流がゼロのときには式(15.27)の B_2 と H_2 の関係は図で $I=0$ と書いた直線のようになる．この場合でもまだ幾つかの可能な解がある．まずはじめに鉄を飽和させてあったのなら磁石の中には点 d で示したようにかなりの量の残留磁場があり得る．コイルを除いてしまえば永久磁石が得られる．ということは良い永久磁石を作るため

には，磁化曲線の**幅が広い**材料が欲しいのだということがわかる．アルニコVのような特殊合金は非常に幅の広い磁化曲線を持っているのである．

15-6　自発磁化

さて次に強磁性体中では何故小さな磁場がこれほど大きな磁化をひき起こすのかという問題について考えてみよう．鉄とかニッケルとかいう強磁性体の磁化は原子の内部電子殻の磁気モーメントによるものなのである．各電子の磁気モーメント $\boldsymbol{\mu}$ は $q/2m$ と g 因子と角運動量 $\boldsymbol{J}$ との積である．全体としての軌道運動をしていない1個の電子を取り出してみると $g=2$ であり，またその $\boldsymbol{J}$ の任意の方向の成分——たとえば z 方向としよう——は $\pm\hbar/2$ であるから μ の z 軸方向の成分は

$$\mu_z = \frac{q\hbar}{2m} = 0.928\times10^{-23}\,\mathrm{amp\cdot m^2} \qquad (15.28)$$

である．鉄原子の中には強磁性に関係している電子は実は2個あるので，話を簡単にするために鉄と同じように強磁性体ではあるが内部殻電子の1個だけが関係しているニッケルについて話をすることにする．(その論法を鉄の場合に拡張するのは容易である.)

さて要点は，外部からの磁場 $\boldsymbol{B}$ があるところでは原子磁石は磁場に沿って並ぼうとするが，常磁性体のところで述べたような熱運動によってはじきまわされるというところにある．前章では原子磁石を並ばせようとする磁場の働きとそれを乱そうとする熱運動とのバランスから単位体積当りの平均磁気モーメントは結局次のようになるという結果を得た：

$$M = N\mu\tanh\frac{\mu B_a}{kT}. \qquad (15.29)$$

ただし $\boldsymbol{B}_a$ は原子に働きかけている磁場で，kT はボルツマンエネルギーである．常磁性の理論の場合にはすべての原子のところでの磁場を考えるときに周囲の原子の効果を無視して B_a としては B そのものを用いた．強磁性の場合は話は複雑になる．個々の原子に働きかけている磁場 $\boldsymbol{B}_a$ として鉄の中での平均磁場を用いてはいけないのである．代わりに誘電体のところでしたのと同じようなことをここでもする必要がある——1個の原子に働いている**局所的**な磁場を求めなければならないのである．厳密な計算をするならばいま問題にしている原子のところにおける結晶中のすべての原子による磁場の寄与を加え合わせなければならない．しかし誘電体のところでしたのと同じように，1個の原子のところにおける磁場はその物質中の小さな球形の空孔の中での磁場と同じである——周囲の原子のモーメントはその空孔があることによって変わることはないという仮定のもとに——という近似をする．

第III巻第11章での論法と同じようにして次のように書けると思うであろう：

$$\boldsymbol{B}_{空孔} = \boldsymbol{B} + \frac{1}{3}\frac{\boldsymbol{M}}{\varepsilon_0 c^2} \quad (まちがい!).$$

しかしこれは正しくないのである．とはいうものの，第Ⅲ巻第11章の方程式とこの章の強磁性についての方程式とを注意深く比較するならば第Ⅲ巻第11章での結果を利用することは**できる**のである．対応する方程式をまとめてみよう．伝導電流や電荷が無い領域においては次のようになる：

$$\begin{array}{ccc} \text{静電気} & \text{静強磁性} & \\ \nabla\cdot\left(\boldsymbol{E}+\dfrac{\boldsymbol{P}}{\varepsilon_0}\right)=0 & \nabla\cdot\boldsymbol{B}=0 & \\ & & (15.30) \\ \nabla\times\boldsymbol{E}=0 & \nabla\times\left(\boldsymbol{B}-\dfrac{\boldsymbol{M}}{\varepsilon_0 c^2}\right)=0 & \end{array}$$

これらの2組の方程式は，次のような**純数学的な**対応をつけるならば類似のものであると考えることができる：

$$\boldsymbol{E} \to \boldsymbol{B} - \frac{\boldsymbol{M}}{\varepsilon_0 c^2}, \qquad \boldsymbol{E} + \frac{\boldsymbol{P}}{\varepsilon_0} \to \boldsymbol{B}.$$

これは

$$\boldsymbol{E} \to \boldsymbol{H}, \qquad \boldsymbol{P} \to \boldsymbol{M}/c^2 \tag{15.31}$$

という類似性を持たせていることと同じである．いいかえれば，強磁性の方程式を

$$\nabla\cdot\left(\boldsymbol{H} + \frac{\boldsymbol{M}}{\varepsilon_0 c^2}\right) = 0 \tag{15.32}$$

$$\nabla\times\boldsymbol{H} = 0$$

と書けば，これらは静電気の方程式に**似たもの**になるのである．

この純代数学的な対応は過去において幾つかの混乱を招くもとになったことがある．$\boldsymbol{H}$ こそが“磁場**そのもの**”であると考えるような傾向があったのである．しかし，すでに述べたように $\boldsymbol{B}$ と $\boldsymbol{E}$ が物理的に基本となる場なのであって $\boldsymbol{H}$ はそこから導かれた概念なのである．というわけで，**方程式**は似てはいるが，**物理**は似てはいないのである．しかし，だからといって同じ方程式は同じ解を持つという原理を使うのを止めねばならぬということにはならない．

誘電体の中のいろいろな形の空孔の中の電場について求めた結果——図15-1にまとめてある——を用いてそれぞれに対応する空孔の中での $\boldsymbol{H}$ を求めることができる．$\boldsymbol{H}$ がわかれば $\boldsymbol{B}$ を決めることができる．たとえば(第1節にまとめた結果を利用して)，$\boldsymbol{M}$ に平行な針状の孔の中の場 $\boldsymbol{H}$ は物質の中での $\boldsymbol{H}$ に等しいことがわかる．

$$\boldsymbol{H}_{空孔} = \boldsymbol{H}_{物質}.$$

しかし空孔の中の $\boldsymbol{M}$ はゼロであるから，次のような結果が得られる：

$$\boldsymbol{B}_{空孔} = \boldsymbol{B}_{物質} - \frac{\boldsymbol{M}}{\varepsilon_0 c^2}. \tag{15.33}$$

一方 $\boldsymbol{M}$ に垂直な円板状の空孔では

$$\boldsymbol{E}_{空孔}=\boldsymbol{E}_{誘電体}+\frac{\boldsymbol{P}}{\varepsilon_0}$$

となり，これは次のように翻訳される：

$$\boldsymbol{H}_{空孔}=\boldsymbol{H}_{物質}+\frac{\boldsymbol{M}}{\varepsilon_0 c^2}$$

これを$\boldsymbol{B}$についてあらわすと

$$\boldsymbol{B}_{空孔}=\boldsymbol{B}_{物質} \tag{15.34}$$

となる．最後に球形の空孔の場合には式(15.3)との類似から

$$\boldsymbol{H}_{空孔}=\boldsymbol{H}_{物質}+\frac{\boldsymbol{M}}{3\varepsilon_0 c^2},$$

あるいは

$$\boldsymbol{B}_{空孔}=\boldsymbol{B}_{物質}-\frac{2}{3}\frac{\boldsymbol{M}}{\varepsilon_0 c^2} \tag{15.35}$$

となる．この結果は$\boldsymbol{E}$について得られたものとは全く違ったものである．

もちろんこれらの結果はマクスウェル方程式を直接使ってもっと物理学的に求めることもできる．たとえば式(15.34)は$\nabla\cdot\boldsymbol{B}=0$からただちに求まる．(ガウス積分の面として半分が物質中にはいり半分が出ているようなものを使う.) 同様に，式(15.33)は孔の中を上に昇り物質中を降って帰るような曲線に沿った線積分を使うことによって求められる．物理的には空孔の中の磁場は表面電流——それは$\nabla\times\boldsymbol{M}$に等しい——のために減ることになる．式(15.35)も球形の空孔の境界面を流れる表面電流の効果を考えれば求められるということの証明は諸君に任せることにする．

式(15.29)から平衡状態の磁化を求めるには，$\boldsymbol{H}$によって扱うのが一番都合がよい．そこで次のようにあらわすことにする．

$$\boldsymbol{B}_a=\boldsymbol{H}+\lambda\frac{\boldsymbol{M}}{\varepsilon_0 c^2}. \tag{15.36}$$

球形の空孔の近似では$\lambda=1/3$となるところであるが，すぐにわかるようにあとで別の値を使いたいのでここでは可変のパラメーターとして残しておく．またすべての場は同じ方向を向いているものとし，したがってベクトルの方向というようなことは心配しなくてもよいものとする．そこで式(15.36)を式(15.29)に代入すると磁化$\boldsymbol{M}$を磁場の強さ$\boldsymbol{H}$に関連づける1個の式が得られる：

$$M=N\mu\tanh\mu\left(\frac{H+\lambda M/\varepsilon_0 c^2}{kT}\right).$$

しかし，これはそのままでは解けない方程式なので，グラフを用いて解く．

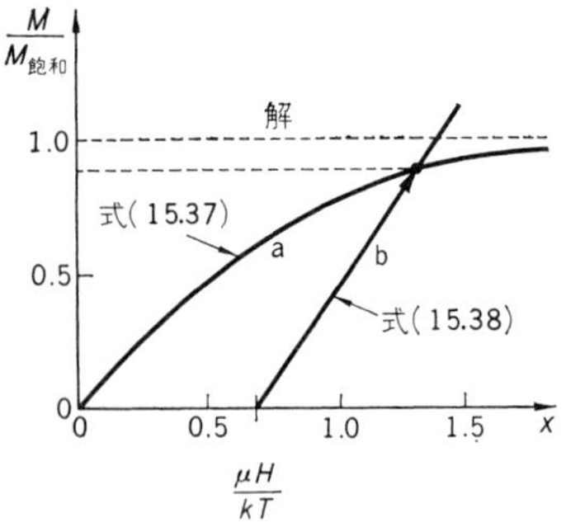

図15-13　式(15.37)と式(15.38)のグラフ解

まず式(15.29)を次のように書いて問題を一般的な形にしよう．

$$\frac{M}{M_{飽和}}=\tanh x. \tag{15.37}$$

ここで$M_{飽和}$は磁化の飽和値すなわち$N\mu$であり，xは$\mu B_a/kT$をあら

わす．$M/M_{飽和}$とxの関係は図15-13の曲線aに示した．また——B_aのところに式(15.36)を用いることにより——xをMの関数として次のようにあらわすことができる

$$x=\frac{\mu B_a}{kT}=\frac{\mu H}{kT}+\left(\frac{\mu\lambda M_{飽和}}{\varepsilon_0c^2kT}\right)\frac{M}{M_{飽和}}. \qquad (15.38)$$

Hの値が与えられればそれがどんな値であっても，$M/M_{飽和}$とxの間には直線的な関係がある．直線がx軸を横切る点は$x=\mu H/kT$であり，勾配は$\varepsilon_0c^2kT/\mu\lambda M_{飽和}$である．任意の$H$に対して図15-13のbと書いたもののような直線が得られ，曲線aとbの交点から$M/M_{飽和}$の解が得られる．これで問題は解けた．

いろいろな場合にこの解がどのようになるかをしらべてみよう．まず$H=0$から始める．この場合には図15-14にb_1, b_2という直線で示した2種類の解があり得る．式(15.38)からわかるように直線の勾配は絶対温度Tに比例する．したがって，**高温**であるときにはb_1のような直線になる．その時の解は$M/M_{飽和}=0$である．磁場の強さHがゼロのときは磁化Mもまたゼロである．しかし**低温**ではb_2のような直線になり，したがって$M/M_{飽和}$には**2個の解**がある——一つは$M/M_{飽和}=0$のものであり，もう一つは$M/M_{飽和}$が1に近い値のものである．ところで——これらのそれぞれの解のところでの微小変動を考えてみればわかるように——大きい方の解だけが安定である．

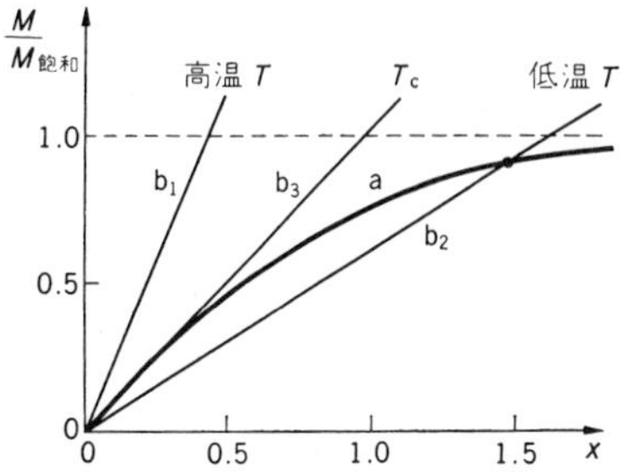

図15-14 $H=0$のときの磁化の求め方

このような考え方からすると充分に低い温度のところでは磁性体は**自発的に**それ自体を磁化させることになる．簡単にいうと，熱運動が充分に小さいときには原子磁石の間の相互の結びつきによって互いに平行に並ぶようになるのである——第III巻第11章で論じた強誘電体の場合と同じように永久に磁化された物質が得られたのである．

もし高温から始めて次第に温度を下げてゆくとすると，キュリー温度T_cと呼ばれる臨界温度があってそこから急に強磁性体としての性質が出てくる．この温度は図15-14のb_3という直線に相当するもので，この直線は曲線aへの接線になっているからその勾配は1である．したがってキュリー温度は次式で与えられる:

$$\frac{\varepsilon_0c^2kT_c}{\mu\lambda M_{飽和}}=1. \qquad (15.39)$$

したがって，式(15.38)は場合によってはT_cの関数として次のようなもっと簡単な形であらわしてもよい:

$$x=\frac{\mu H}{kT}+\frac{T_c}{T}\left(\frac{M}{M_{飽和}}\right). \qquad (15.40)$$

さて次に磁場の強さHが弱いときにはどうなるであろうか．図15-14から直線を僅かばかり右にずらしたらどのようになるかの見当をつけることができる．低温の場合には交点は曲線aの曲りの少ない部分で少し動くだけで，Mは比較的少ししか変わらない．しかし高温の場合には交点は曲線aの勾配の急な部分を駆け上ることになるのでMは比較的速く変化する．実際のところ曲線aのこの部分は勾配が1

の直線で近似することができるので次のように書くことができる：

$$\frac{M}{M_{\text{飽和}}} = x = \frac{\mu H}{kT} + \frac{T_c}{T}\left(\frac{M}{M_{\text{飽和}}}\right).$$

そうすると $M/M_{\text{飽和}}$ について解くことができて：

$$\frac{M}{M_{\text{飽和}}} = \frac{\mu H}{k(T-T_c)} \tag{15.41}$$

となる．というわけで，常磁性のときに得られたのとよく似た法則が得られた．常磁性のときには

$$\frac{M}{M_{\text{飽和}}} = \frac{\mu B}{kT} \tag{15.42}$$

というものであった．ここでの相違の一つは磁化が原子磁石の相互作用の効果の一部を含む H の関数として与えられていることであるが，最も大きな違いは磁化が絶対温度 T だけに逆比例するのではなく T と T_c との**差**に逆比例するということである．周囲の原子間の相互作用を無視することは $\lambda=0$ とすることに相当し，それは式(15.39)からわかるように $T_c=0$ ということを意味する．そうすれば結果は第14章で得たものと全く同じものになる．

我々のこの理論像はニッケルについての実験結果と比較して評価することができる．ニッケルの強磁性は温度を631°K以上に上げると消失することが実験的に観測されているので，これを式(15.39)から計算した T_c と比較することができる．$M_{\text{飽和}}=\mu N$ であるから，

$$T_c = \lambda \frac{N\mu^2}{k\varepsilon_0 c^2}$$

となり，またニッケルの密度と原子量とから

$$N = 9.1\times 10^{28}\ \text{m}^{-3}$$

となるから，式(15.28)の μ を用い，$\lambda=1/3$ と置くと

$$T_c = 0.24°\text{K}$$

となる．約2600倍の違いがある！ 我々の強磁性理論は全くの失敗である．

この理論を，ワイスがやったように，何だかよくわからない理由で λ は1/3ではなくて(2600)×1/3——あるいは約900——なのだということにして“繕う”ことを試みることはできないこともないが，鉄のような他の強磁性体についてもまた同じような結果が得られてしまうのである．これはどういうことを意味するのかを知るために(15.36)式にもどって考えてみよう．λ が大きいということは原子のところの局所的な場 B_a が我々が考えるよりはるかに大きいということを意味していることがわかる．事実，$H=B-M/\varepsilon_0 c^2$ と書くと次のようになる：

$$B_a = B + \frac{(\lambda-1)M}{\varepsilon_0 c^2}.$$

我々のはじめの考えでは——$\lambda=1/3$ として——局所的な磁化 M は実効的な場 B_a を $-(2/3)M/\varepsilon_0$ だけ**減らす**ものということであった．球

形の空孔を用いる近似モデルがあまり良いものではなかったとしても，それでも**幾ぶん**かの減少はあるはずであった．しかるに，強磁性の現象を説明するためには磁化は局所的な磁場をある大きな倍率——千倍あるいはそれ以上という——で**強める**と考えざるを得ない．そのような強力な磁場を作り出すもっともらしい方法はちょっと思い当らない——それどころか適当な符号を得ることさえ覚束ないのである！我々の強磁性に関する"磁気"理論が無残にも失敗に終ったことは明らかである．そこで我々は強磁性は隣接し合っている原子の自転電子の間の**磁気的でない**何らかの相互作用によるものであると結論せざるを得ない．この相互作用は付近にあるすべてのスピンを一方向を向けて並ばせるような大きい強制力を作り出すものでなければならない．このことが量子力学とパウリの禁制原理に関連しているということについては後で述べる．

おわりに低温——すなわち $T<T_c$——においてはどうなるかについて考えてみよう．この場合には図 15-14 の曲線 a と b_2 の交点で与えられるような自発磁化が——$H=0$ の場合であっても——起こるであろうということについては既に述べた．いま——直線 b_2 の勾配を変えることによって——種々の温度におけるMについて解いてみると図 15-15 に示すような理論曲線が得られる．この曲線は，その原子的な磁気モーメントが 1 個の電子によってひき起こされているようなすべての強磁性体に共通でなければならない．他の物質についての曲線もごく僅かちがうだけである．

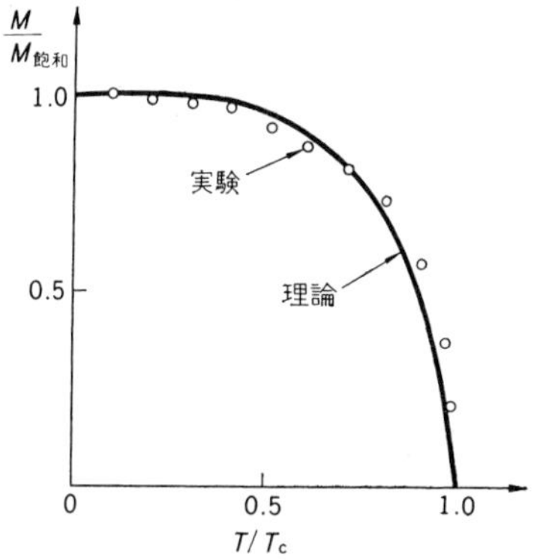

図 15-15　温度の関数としてのニッケルの自発磁化

極限においては，T が絶対零度に近づくに従って M は $M_{飽和}$ に近づき，また一方では温度が高くなるにつれて磁化は減少してキュリー温度でゼロになる．図 15-15 に示した点はニッケルの実験値であるが，理論値にわりあいよく一致している．基本的な仕組みはまだよくわかっていないが，この理論の全体的な考え方はどうやら正しいらしい．

ところで，強磁性を理解しようとする上にもう一つ面倒な問題が残っている．ある温度以上になると物質は H(あるいは B)に比例した磁化 M を持つ常磁性体のように振舞い，またその温度以下では自発磁化するはずであるということはすでに知った．しかし鉄の磁化曲線を測定したときにはそのような結果は得られなかった．鉄は我々が"磁化"した**あとで**はじめて永久磁化されたのである．上に述べた論法でゆけば自発的に磁化したはずである！どこが間違っているのだろうか？　それはこういうことである．鉄やニッケルの**充分に小さい結晶**を見るとたしかに完全に磁化されているのである！しかし鉄の大きな塊ではいろいろの方向を向いて磁化されている多くの小さな領域あるいは"区域"があって，それらを巨視的にみると**平均**磁化はゼロになってあらわれるのである．だがそれぞれの小さな区域の中では鉄には $M_{飽和}$ にほぼ等しい M の磁化ががっちりと組み込まれているのである．このような区域構造を持つということは，我々がこれまでに論じてきた微視的な性質と大きな塊の全体的な性質とは全く異なるものであるということになる．磁性体の塊としての実用的な振舞いについての話は次の講義でとりあげることにする．

第16章
磁　性　体

16-1　強磁性の解釈

この章では強磁性体およびその他の特異な磁性体の振舞いや面白い性質などについて論じる．しかし磁性体の話にはいる前に前章で学んだ磁石に関する一般理論について手短かに復習することにする．

まず，我々は磁性のもととなるものとして物質中の原子的な電流を想定し，そして磁性を体積電流密度 $\boldsymbol{j}_{磁化}=\nabla\times\boldsymbol{M}$ の関数としてあらわしたが，これが**実際の**電流をあらわすのではないということはここで強調しておかねばならない．磁場が一様なときに電流は**本当は**完全に打ち消し合うのではないのである；すなわちある1個の原子の中でぐるぐるまわっている電子による電流と他の原子の中でぐるぐるまわっている電子による電流とはその合計がちょうどゼロになるように重なり合っているのではないのである．1個の原子の中においてさえ磁化の分布は一様なものでは**ない**．たとえば1個の鉄の原子の中では磁化は原子核から近からず遠からずというところにあるどちらかというと球形に近い殻の中に分布している．このように物質中の磁性はその詳細をみると非常に複雑なものである；非常に不規則なものなのである．しかしここではこの微細な複雑さは無視してもっと大きな平均的な観点に立っての現象を論じよう．そうすると，内部の領域で原子にくらべて大きいある有限な面について考えた**平均**電流は $\boldsymbol{M}=0$ のときにゼロとなるということは正しい．したがって，我々が今ここで考えているレベルの話での単位体積当りの磁化とか $\boldsymbol{j}_{磁化}$ とかいうようなものは1個の原子の占める体積にくらべて大きい領域についての平均値を意味する．

前章ではまた強磁性体は次のような面白い性質を持つということも発見した：ある温度より上では強い磁性を示さないが，一方その温度以下では磁性を持つ．このことを実際に示してみることは簡単である．ニッケル線の切れ端は常温では磁石に引きつけられるが，ガスの焔でキュリー温度以上に熱すると磁性を失って——磁石に非常に接近させても——磁石に引きつけられなくなる．それを冷やすときに磁石のそばに置くとその臨界温度を過ぎるやいなやまた磁石に引きつけられる！

我々が用いている強磁性の一般理論では電子のスピンが磁化の原因となると仮定している．電子は1/2のスピンを持ちまたその磁気モーメントは1ボーア磁子すなわち $\mu=\mu_B=q_e\hbar/2m$ である．電子のスピンは“上向き”と“下向き”の両方の場合があり得る．電子は負の電荷を持っているからスピンが“上向き”のときには**負の**モーメントを持ちスピンが“下向き”のときには**正の**モーメントを持っている．我々の通常の表現法によれば電子のモーメント $\boldsymbol{\mu}$ はそのスピンと反対の符号を持つのである．与えられた磁場 $\boldsymbol{B}$ の中での磁気双極子の向きについてのエネルギーは $-\boldsymbol{\mu}\cdot\boldsymbol{B}$ であることはすでに述べたが，スピンしている電子のエネルギーは周囲のスピンの向きに関係する．鉄の場合には，近くの原子のモーメントが“上向き”であればその隣の原子のモーメントもまた“上向き”である傾向が非常に強い．これが鉄，コバルトおよびニッケルの磁性を非常に強くしている原因である——モーメントは皆平行に並びたがるのである．そこでまず取り組まなければならない疑問は**何故そうなるのか**ということである．

量子力学が開発されて間もなく，隣接した電子のスピンを互いに**反対向き**に並べようとする非常に強い**見かけ**上の力——磁気的な力でもなければその他の実際に働く力でもない単なる見かけ上の力——が働くということがわかった．これらの力は化学結合の力と密接な関係がある．量子力学には，2個の電子は全く同じ状態を占めることはできない，すなわち2個の電子は位置とスピンに関して全く同じ状態にはあり得ないという原理——**禁制原理**と呼ばれる——がある*．たとえば2個の電子が同じ点にあったとすると，それらのとり得る唯一の方法は反対向きのスピンを持つということである．したがって(化学結合の場合のように)原子と原子の間に電子が集りたくなるような空間領域があって，すでにそこにある電子の上に別の電子をのせたいという場合には，とり得る唯一の方法は2番目の電子のスピンを1番目のものと反対の向きを向かせるということである．互いに離れたところに置かれていない限り，電子が平行なスピンを持つということは違法なのである．このことは互いに近接していて平行なスピンを持った1対の電子は，反対向きのスピンを持った1対の電子よりもはるかに大きなエネルギーを持つということを意味する；それはそのスピンの向きを変えさせようとする力があるかのような形になってあらわれるのである．このスピンの向きを変えさせようとする力は**交換力**と呼ばれることがあるが，この呼び方は話をますますわからなくするばかりでありあまりよい用語ではない．電子が互いにそのスピンの向きを反対にしようとする傾向を持つのは要するに禁制原理があるからである．実際のところそこに大半の物質が磁性を持たない理由があるのである！原子の外にある自由電子のスピンは互いに反対の向きを向いて平衡を保とうとする傾向が非常に強い．そこで問題は鉄のような物質では何故当然予想されることと反対のことが起こるのかを説明することである．

我々はエネルギーについての方程式に適当な項を加えることによっ

---

*　第V巻参照．

て，電子の配列効果の要点を説明した．すなわち周囲の電子の磁石が磁化Mを持つとすると，電子のモーメントは周囲の原子の平均磁化と同じ向きを向こうとする強い傾向を持つということであった．したがって，二つの可能なスピンの向きについて次のように書ける*:

$$\text{“上向き”のスピンのエネルギー} = +\mu\left(H+\frac{\lambda M}{\varepsilon_0 c^2}\right)$$

$$\text{“下向き”のスピンのエネルギー} = -\mu\left(H+\frac{\lambda M}{\varepsilon_0 c^2}\right). \tag{16.1}$$

量子力学によって，スピンの方向性に関連した非常に強い力が存在する——あきらかに符号はちがうけれども——可能性が明白になったときに，強磁性の原因はそれと同じ力にあるかも知れないと考えられ，また鉄が複雑な構造を持っていることと多数の電子が関連していることからしてこの相互作用のエネルギーの符号は逆のものが得られるかもしれないということが推察されたのである．このことに気がついた時——量子力学がようやく理解されはじめた1927年頃——以来，λの理論的な予言をするために多くの人々がいろいろな推論やら計算やらを試みてきている．しかし鉄の中での二つの電子スピンの間のエネルギーに関する最近の計算——相互作用は隣接し合った原子の2個の電子の間の直接な相互作用であるという仮定のもとでの——でもまだ**符号はちがう**．現在のところは，その状態が複雑であることがやはり何らかの形で原因になっていると考えて，この次にもっと複雑な条件で計算をやる人が正しい答を得るのではないかと期待しているところである！

ところで内部殻にあって磁性を持たせるもとになっている1個の電子の上向きのスピンが外側を飛びまわっている伝導電子に反対の向きを持たせるように働きかける傾向があると考えられている．伝導電子は“磁気”電子と同じ領域内にはいってくるのだからこのようなことが当然起こるであろうことは予想される．これらの電子は動きまわるのであるから，そのひっくり返しになっているというかたよった性質を持ったまま隣の原子のところへ行く；すなわち，“磁気”電子は伝導電子を逆向きにしようとし，その伝導電子は今度は次の“磁気”電子を**それ**と逆向きにする．この2重の相互作用は2個の“磁気”電子の向きを揃えさせようとする相互作用と同じである．いいかえれば，平行なスピンにしようとする傾向はその両者とあるていど反対の向きを向く傾向を持つ中間媒体の働きによるものなのである．このしくみでは伝導電子が完全に“逆さま”になることは要求されていない．“磁気的な”差引き勘定が反対向きになるのに足りるだけのほんのわずかの偏りがあればよいのである．これが，最近このようなことを計算し

* 前章での取扱いと同じにするために二つの方程式にはBの代りに$H=B-M/\varepsilon_0 c^2$を用いた．$U=\pm\mu B_a=\pm(B+\lambda' M/\varepsilon_0 c^2)$，ただし$\lambda'=\lambda-1$，と書く方を好む諸君もあるかもしれぬがそれでも同じことである．

た人達が強磁性の原因であろうと考えているしくみである．しかし，ともかく今日まで単にその物質が周期表の第26番目のものであるということだけからλの値を計算した人は誰もいないのだということを強調しておかねばならない．要するにまだよくわかっていないのである．

さて，理論を更に続けることにして，あとでそれを組み立てて行く上でおかした誤りについて論じることにしよう．いまある電子の磁気モーメントが"上向き"であるとすると，エネルギーは外部の場からとスピンが平行に並ぼうとする傾向との双方からくる．スピンが平行なときの方がエネルギーが低いから，その効果は"有効内部場"によるものではないかといわれることもある．しかし，これは本当の**磁気的**な力によるものでは**なく**もっと複雑な相互作用によるものだということを忘れてはならない．いずれにしても式(16.1)が"磁気的"な電子の二つのスピン状態のエネルギーをあらわすものであるとする．温度Tにおいてはこれらの二つの状態が存在する相対的な確率は$e^{-(\text{エネルギー})/kT}$に比例する．なおこれは$e^{\pm x}$，ただし$x=\mu(H+\lambda M/\varepsilon_0c^2)/kT$，と書くことができる．そこで磁気モーメントの平均値を計算すると，(前章で求めた通り)次のようになる：

$$M = N\mu \tanh x. \tag{16.2}$$

さてここで物質中の内部エネルギーを計算してみよう．電子のエネルギーは磁気モーメントに厳密に比例するから平均モーメントの計算と平均エネルギーの計算は——式(16.2)のμの代りに$-\mu B$あるいは$-\mu(H+\lambda M/\varepsilon_0c^2)$と書かねばならぬということを除けば——同じであることに着目すると，平均エネルギーは

$$\langle U\rangle_{\text{平均}} = -N\mu\left(H+\frac{\lambda M}{\varepsilon_0c^2}\right)\tanh x$$

となる．

さてこれではまだ完全に正しいとはいえない．$\lambda M/\varepsilon_0c^2$という項は原子のすべての可能な**対**の相互作用をあらわすものであるが，我々はそれぞれの対を**1回**だけ考慮に入れればよいのだということを忘れてはならない．(まず1個の電子のエネルギーをそれ以外のすべてのものによる場の中のものとして求め，次に2番目の電子のエネルギーをそれ以外のすべてのものによる場の中のものとして求めると，はじめのエネルギーの一部を2度数えたことになる.) したがって相互作用の項を2で割らなければならず，エネルギーに関する公式は次のようにならなければならないのである：

$$\langle U\rangle_{\text{平均}} = -N\mu\left(H+\frac{\lambda M}{2\varepsilon_0c^2}\right)\tanh x. \tag{16.3}$$

ところで前章で面白いことを発見した——すなわちある温度以下では外部からの磁場が無くても磁気モーメントが**ゼロでない**ような方程式の解が得られるということである．式(16.2)で$H=0$とおくと次のような結果が得られた．

$$\frac{M}{M_{\text{飽和}}} = \tanh\left(\frac{T_c}{T}\frac{M}{M_{\text{飽和}}}\right), \tag{16.4}$$

ただし $M_{\text{飽和}}=N\mu$, $T_c=\mu\lambda M_{\text{飽和}}/k\epsilon_0 c^2$ である．この方程式を(グラフを使うなり何なりして)解くと，T/T_c の関数としての比 $M/M_{\text{飽和}}$ は図16-1に“量子論”と書いて示したような曲線が得られる．“コバルト，ニッケル”と書いた点線はこれらの元素の結晶についての実験結果であるが，理論と実験とは割合いよく一致している．この図には原子磁石は空間内ですべての方向を向き得るとして計算された古典理論の結果も示した．この仮定からは実験的事実に近いといえるような値さえも出てこないことがわかる．

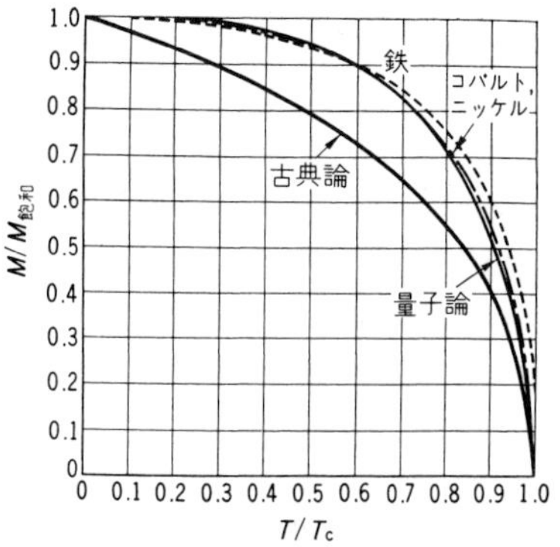

図 16-1 温度の関数としての強磁性体結晶の自発磁化($H=0$) **〔エンサイクロペディア・ブリタニカ許可済〕**

量子理論といえども高温のときと低温のときとには実験的に観測される振舞いからずれてしまう．このようにずれるわけは理論の中で少々雑な近似をしたからである：すなわちある原子のエネルギーは周囲の原子の**平均**磁化に依存すると仮定したことである．いいかえればある原子の周囲にある“上向き”の原子にはみな量子力学的な整列効果のエネルギーの影響があるのである．しかし“上向き”のものはいくつぐらいあるのだろうか？ 平均的には，それは磁化 M から知ることができる——ただし**平均的**にのみの話である．ある場所にある原子にとっては，その周囲のものは**みな**“上向き”であるかもしれないが，そのときにはエネルギーは平均より高い．他のところにある原子にとっては上向きやら下向きやらのものがまわりにあって平均的にはゼロになってしまい，それに関連した項からのエネルギーは**ない**などというような具合になる．というようにして違った場所にある原子は違った環境にあって上向きと下向きの数はそれぞれの原子によって違うのであるから，我々はもう少し複雑な平均を使う必要がある．平均的な影響力の中に置かれたただ1個だけの原子について論じるのではなく，それぞれの原子が実際に置かれている状態を考えてエネルギーを計算し，それから**平均エネルギー**を求めるというようにしなければならない．しかし周囲のもののうち何個が“上向き”で何個が“下向き”かはどうやったらわかるのだろうか．もちろんこれ——“上向き”と“下向き”の数——は我々が計算しようとしているものそのものであり，したがってこれは非常に複雑に入り組んだ相関関係の問題になるのであって，いまだかつて解かれたことのない問題となっているのである．これは過去何年もにわたって取り組まれてきた如何にも興味をそそられ興奮させられる問題であり，これまでにも物理学史上に名を残すような偉大な人々が何人か論文を発表しはしたが，彼らといえども完全には解くことができなかったのである．

ところで，大半の原子磁石が“上向き”でほんのわずかしか“下向き”のものがないような低温については容易に解ける；また一方それらがほとんど任意の方向を向いてしまうようなキュリー温度 T_c よりはるかに高い温度について解くことも容易である．ある単純な理想化された状態からの小さなずれを計算するのは容易にできるということがよくあるが，ここでも低温で単純な理論から何故ずれるのかということについては割合いよくわかっている．また高温においても統計的な理由から磁化のはずれが生じ**なければならない**ということは物理的にわかっている．しかしキュリー点近辺の正確な振舞いは完全にはわかっていない．諸君がいまだかつて解かれたことのない問題をさがしているのであったら，これはいつかやってみる価値のある面白い問題である．

16-2　熱力学的性質

前章で強磁性体の熱力学的な性質を計算するのに必要な基礎事項を述べたが，これらの事柄は当然式(16.3)で与えられる種々のスピンの相互作用を含んだ結晶の内部エネルギーに関係している．キュリー点以下での自発磁化のエネルギーについては，式(16.3)で $H=0$ とおくことができるので——かつ $\tanh x=M/M_{飽和}$ であるから——平均エネルギーは M^2 に比例することがわかる:

$$\langle U\rangle_{平均} = -\frac{N\mu\lambda M^2}{2\varepsilon_0 c^2 M_{飽和}}. \qquad (16.5)$$

さていま磁性によるエネルギーを温度の関数として図に書くと図16-2(a)に示すように図16-1の曲線の2乗を負にした曲線が得られる．ということは，そのような物質の**比熱**を測定すると図16-2(a)の導関数の曲線が得られるということになる．それを図16-2(b)に示した．曲線は温度が増すにつれて徐々に立ちあがり $T=T_c$ で突然ゼロに落ちる．この鋭い落ちは磁化エネルギーの曲線の勾配の変化によるものだがちょうどキュリー点のところで起こる．したがって磁気的な測定を何もしなくてもこの熱力学的な性質を測定することによって鉄やニッケルの内部で何かが起こっていることを発見できたであろう．しかし，実験も(ゆらぎの影響を含めた)改良された理論もどちらもこの単純な曲線は間違っていて，本当の状態はもっと複雑であるということを示している．曲線は頂上のところがもっと高くなっていてもう少しゆっくりゼロへ落ちているのである．スピンが**平均的にみて**任意の方向を向くようになったと思われるような高温ででもまだ分極が幾ぶん残っている領域があって，このような領域の中ではスピンはまだ相互作用による余分のエネルギーを少し持っているのである——これは温度が更に高くなってみんなもっともっと勝手な方向を向くようになると徐々に消える．このようなわけで実際の曲線は図16-2(c)のようになる．現代の理論物理が挑戦している一つの問題はキュリー遷移点付近での比熱の性質の正確な理論的説明である——まだ解決されていない興味ある問題である．もちろんこの問題は同じ領域での磁化曲線と密接な関係がある．

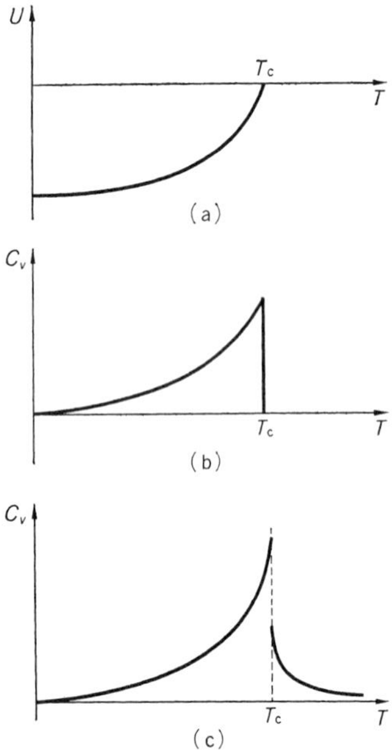

図16-2　強磁性体結晶の単位体積当りのエネルギーと比熱

さて今度は，磁性に関する我々の解釈に**正しい**ところもあるのだということを示す熱力学的な実験以外の実験について述べることにしよう．物質が充分に低い温度で飽和するように磁化されると M は $M_{飽和}$

にほぼ等しくなる——磁気モーメントばかりでなく大半のスピンも平行になる．このことは実験的に確かめることができる．いま棒磁石を細い紐で吊し，そのまわりをコイルで囲んで磁石にさわることもトルクをかけることもなしに磁場の向きを逆にすることができるようにしたとしよう．この場合の磁気的な力は非常に強いので不規則性や不均衡や鉄自体の欠陥などがあったりすると付随的なトルクを生じてしまうので，これはたいへんむずかしい実験である．しかし，このような付随的なトルクを最小限にとどめるように注意した条件のもとでの実験が実際に行なわれた．棒を囲んでいるコイルからの磁場によって，原子磁石を一時にひっくりかえす．こうすることは，すべてのスピンの角運動量を“上向き”から“下向き”に変えることにもなる(図 16-3 参照)．スピンがみなひっくりかえされるときに角運動量が保存されるべきであるならば，棒の他の部分には反対向きの角運動量の変化がなければならないから，磁石全体がまわり出すはずである．実験をやってみると正にそのとおり，磁石がわずかにまわるのが観測されるのである．磁石全体に与えられた全角運動量は測定することができ，それはNと$\hbar$の積，すなわち各スピンの角運動量の変化にほかならない．このようにして測定した角運動量と磁気モーメントとの比は 10 パーセント以内で計算値と一致している．実際のところ我々の計算では原子磁石はすべて電子のスピンによるものと仮定しているが，大半の物質中ではその他に軌道運動によるものもあるのである．軌道運動は格子による束縛から完全に自由になることはできないが，磁性に与える影響は 2〜3 パーセントをあまり越えることはない．事実，$M_{飽和}=N\mu$ とし，鉄の密度を 7.9 として電子スピンのμを使って得られる飽和磁場は約 20,000 ガウスであるが，実験では実際には 21,500 ガウスていどの値が得られる．これが解析のときに軌道運動を考えに入れなかったことによる典型的な誤差の大きさ——5 から 10 パーセント——である．したがって，磁気回転の測定での少々のずれは容易に説明がつくのである．

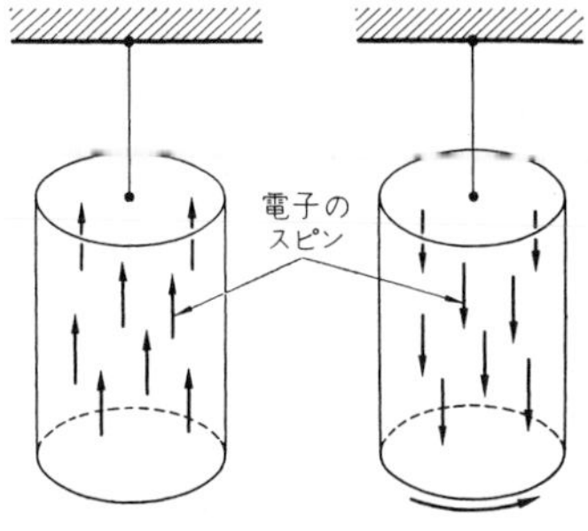

図 16-3　鉄の棒の磁化の方向が逆転させられると，棒にはある角速度が生じる

16-3　ヒステリシス曲線

理論的な解析から我々は，強磁性体はある温度以下では自発的に磁化してすべての磁性は同一方向を向くはずであるという結論を出した．しかし，**磁化されていない**普通の鉄片ではこのことは正しくないことも知っている．何故すべての鉄が磁化されていないのだろうか．それは図 16-4 によって説明することができる．いま鉄全体が図 16-4(a)に示したような大きな単結晶からできていて，全部が一方向を向いて自発的に磁化されているとしよう．そうするとその外部には大きなエネルギーを持ったかなりの磁場があることになる．このエネルギーを減らすには図 16-4(b)のように塊の一方を“上向き”に磁化し，残りを“下向き”に磁化するように並べればよい．こうすればもちろん鉄の外の磁場の拡がりの体積は少なくなり，そこのエネルギーも少なく

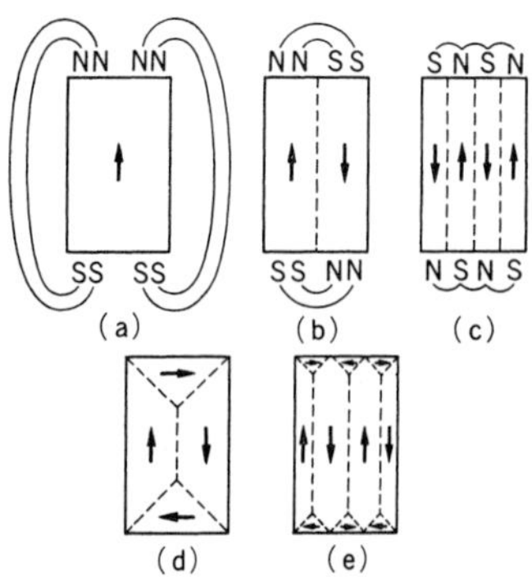

図 16-4　鉄の単結晶の中での磁区の形成〔C. キッテル “固体物理学入門” ウィリイ社，1956 より〕

なる．

がしかしちょっと待ちたまえ．二つの領域の間の層のところには下向きでスピンしている電子のすぐ隣に上向きでスピンしている電子があることになるのだ．ところが，強磁性は電子が反対向きではなくて**平行に**並んだときにエネルギーが**減る**ような物質にだけあらわれるはずだから図 16-4(b)の点線に沿って余分なエネルギーをつけ加えたことになってしまう；このエネルギーは**磁壁のエネルギー**と呼ばれることがある．また一方向だけの磁化がある領域は**磁区**と呼ばれる．二つの磁区の間の接触面——“磁壁”——ではその両側で原子は反対向きのスピンを持っており，磁壁の各単位面積当りどれだけというエネルギーが存在する．如何にも隣り合った原子が全く反対のスピンを持つような書き方をしたが，実際にはもっとゆっくり遷移するように自然は調節してくれている．しかしいまのところそのような細かいことには気をつかわなくてもよい．

そこで問題は，どういうときに磁壁があった方がよくて，どういうときに無い方がよいのかということであるが，それは磁区の大きさによるというのが答である．いま塊の大きさを大きくして，全体の大きさを2倍にしたとしよう．与えられた磁場で占められる外側の体積は8倍大きくなり，磁場のエネルギーもその体積に比例するのでまた8倍大きくなる．しかし磁壁のエネルギーを持つ二つの磁区の間の面の広さは**4**倍しか大きくならない．したがって鉄の塊が充分に大きければもっと多くの磁区に分割した方が良い．非常に小さい結晶だけが1個の磁区から成ることができるのはこのためである．大きなもの——約100分の1ミリ以上の大きさを持つもの——にはどれでも少なくとも1個の磁壁がある；そして通常の“センチメートル-サイズ”の大きさのものは図に示したように多数の磁区に分かれている．**もう1個の磁壁を追加するために必要なエネルギーが，結晶の外の磁場のエネルギーの減少と同じ大きさになるまで**磁区への分割は進むのである．

ところで実際のところ自然はエネルギーを下げるもっと別な方法をみつけたのである：図 16-4(d)のように三角形の小さな領域を**横向き**に磁化すると磁場を全然外側へ出さずにすむ*．したがって図 16-4(d)のように並べると，外部の磁場は**なく**なってその代り磁壁がごく僅か増える．

しかしそうすると新しい問題が起こる．いま1個の鉄の単結晶を磁化すると，磁化と同じ方向の鉄の長さが変わるのである．したがってたとえば“上向き”の磁化を持った“理想的な”立方体はもはや完全な

* スピンは“上向き”か“下向き”でなければならないのにどうして“横向き”にもなれるのかという疑問を持つかも知れない！ それはいい質問だけれども，いまここでは気にしないことにする．ここでは単純に古典的な考え方をして，原子磁石は古典的な双極子であって横向きに分極化され得るものとする．ある物が“上-下”と“左-右”に同時に量子化され得るということを量子力学的に説明するのは相当勉強してからでないと無理である．

立方体ではなくて，“垂直方向”の寸法は“水平方向”の寸法と違うものになってしまうのである．この効果は“**磁歪**”と呼ばれる．そのような幾何学的な変化が起きるために図16-4(d)の三角片は，いうなれば，与えられた空間内にうまく“はまる”ことができない，ということになる——結晶の一方が長くなりすぎ，他の一方が短くなりすぎてしまうのである．もちろん実際にははまるのであるが，ただはまるのではなくて押し込められるのであり，したがって幾ぶんかの機械的応力が生じることになるのである．したがってこの配列にも**また**余分のエネルギーがはいってくる．磁化されていない一片の鉄の中で磁区が如何に複雑な配列で最終的に並ぶかは，これらの種々のエネルギーのバランスによって決まるのである．

さてそこで外部から磁場をかけると何が起こるのだろうか？ 簡単のために，図16-4(d)に示すような磁区を持った結晶を考えてみよう．いま上向きの磁場を外からかけたとすると，結晶はどういうふうに磁化されるだろうか．まず中央の磁壁は**横へ(右へ)動いて**エネルギーを減らすことができる．これは“上向き”の領域が“下向き”の領域より大きくなるところまで動く．磁場と同じ方向を向いた要素的な磁石の数が多くなり，エネルギーは低くなる．したがって，弱い磁場の中に置かれた鉄片においては——磁化のはじめに——磁壁は動きはじめて磁場と反対方向に磁化されている領域を侵蝕する．磁場が増すに従って外部からの磁場の向きを揃えさせようとする働きの影響を受けて1個の大きな磁区に徐々に移り変わる．強い磁場の中では結晶は外部からかけられた磁場の中でのエネルギーを少なくするということ**だけのために**一方向を向いて並びたがる——問題はもはや結晶自体の外部磁場だけのものではないのである．

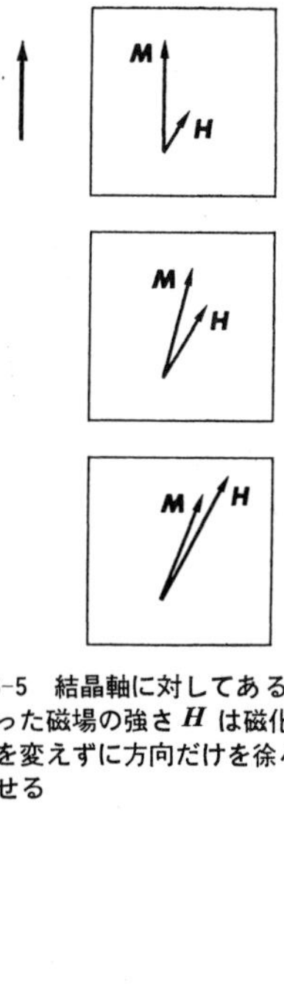

図16-5 結晶軸に対してある角度を持った磁場の強さ H は磁化の大きさを変えずに方向だけを徐々に変えさせる

形状がこんなに簡単でない場合にはどうであろうか？ 結晶の軸と自発磁化の方向が同じであるところへ，**その他の方向**——たとえば45°——に磁場をかけたら？ 磁区はその磁化の方向が磁場と平行になるように自分で並びかわって前と同じように一つの磁区に成長するだろうと思いたくなるところである．しかしそれは鉄にとってそれほどやさしいことではない．**というのは結晶を磁化するために必要なエネルギーは結晶軸からみた磁化の方向に依存するからである**．鉄を結晶軸と平行な方向に磁化するのは比較的容易であるが，別の方向——結晶軸と45°というような——に磁化するには**より多くの**エネルギーを必要とするのである．したがってそのような磁場をかけると，まずかけられた磁場の方向と好みの方向とが**近い**ような向きを持っている磁区が成長し，全部の磁化の方向がこれらの方向のうちのどれか一つの方向に揃うまでになる．そこで**更に磁場を強めると**その磁化は図16-5に示したように徐々に磁場と同じ方向に引きまわされるのである．

図16-6に鉄の単結晶の磁化曲線の観測値の例を示す．これを理解してもらうためにはまず結晶の方向を示すのに用いる記号について説

明しておかねばならない．原子が平面状に並んでいるような面を作り出すような結晶の切り方はいろいろある．果樹園やぶどう園のところをドライヴしたことがある者なら誰でも知っていることであるが，見ていると実に面白いものである．ある方向から見ると木がきれいに並んでいるのがみえ——別の方向を見ると木が別の並び方できれいに並んでいる——という具合である．同様にして結晶にも多くの原子から成るはっきりとした面の族があり，それらの面はこのような性質を持っている(話を簡単にするためにここでは等軸格子の結晶を考える)：これらの面が三つの座標軸と交わるところをよくみてみると——原点からの三つの距離の**逆数**の比は簡単な整数の比になることがわかる．これらの3個の整数は面の族の定義として用いられる．たとえば，図16-7(a)には yz 面に平行な面を示したが，これは[1 0 0]面と呼ばれる；この面が y および z 軸と交わる点の逆数はいずれもゼロである．(等軸格子の)このような面に垂直な方向も同じ数の組で表示される．この考え方は立方格子の結晶の場合には容易に理解できる．すなわちその場合には[1 0 0]という指標は x 方向に単位成分を持ち y および z 方向には成分を持たないようなベクトルを意味するからである．[1 1 0]方向とは図16-7(b)に示したように x および y 軸から45°の方向であり；[1 1 1]方向とは図16-7(c)に示したように立方体の対角線の方向である．

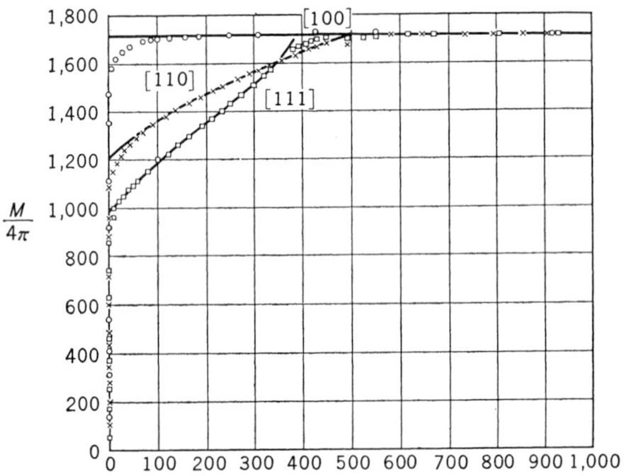

図 16-6　(結晶軸に対して)種々の方向を持った H に対する M の H に平行な成分　〔F. ビッター "強磁性入門" マックグロー社，1937 より〕

さて図16-6にもどって鉄の単結晶のいろいろな方向の磁化についてみてみよう．まず，非常に弱い磁場の場合——弱すぎて図の目盛りでは読みとれないほどの弱さの場合——には磁化は相当に大きな値になるまで急速に増加する．もし磁場が[1 0 0]方向の——すなわち磁化がうまく，楽に行なえるような方向の一つに沿った——ものであるならば曲線は高い値のところまで昇り，小さく曲って飽和する．要するにこの場合にはそこにはじめからあった磁区が容易に動かせるのである．磁壁が動いて"まずい方を向いた"磁区を食いつぶすのにごくわ

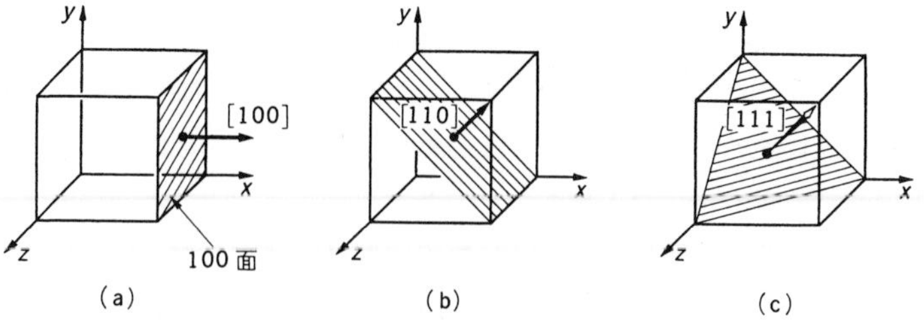

図 16-7　結晶面のあらわし方

ずかの磁場があればよいのである．単結晶の鉄は通常の多結晶の鉄にくらべてはるかに透過性(磁気的な意味で)が良く，完全な結晶は非常に容易に磁化する．それでは，一体何故小さく曲がるのだ，何故飽和するまで真直ぐに上らないのだ．それについてはまだよくわかっていないのだが，諸君もいつか検討してみるとよい．しかし磁場が強くなると何故平らになるかはわかっている．塊全体が一つの磁区になってしまうと，余分の磁場をかけてももう磁化をさせることはできない──すでに $M_{\text{飽和}}$ に達してしまってすべての電子は並んでしまっているのである．

さて同じことを[1 1 0]方向──結晶軸と 45° の方向──についてやろうとするとどういうことになるだろうか？　磁場を少しばかりかけると磁区の成長と共に磁化は跳ねあがる．更にもう少し磁場を強めてみると，飽和に達するまでには相当な磁場をかけなければならないことがわかるが，これは磁化が“楽な(容易)方向”から**そむけさせられる**ような方向に行なわれるからである．もしこの説明が正しいとすると[1 1 0]曲線を垂直軸のところに逆に外插した点は飽和値の $1/\sqrt{2}$ のところになるはずである．実際のところこの値は $1/\sqrt{2}$ にごく近い値になる．同様に[1 1 1]方向──これは立方体の対角線に沿った方向になる──の場合には予想どおり曲線は飽和値のほぼ $1/\sqrt{3}$ のところに外插されることがわかる．

図 16-8 はニッケルとコバルトについての同様な曲線である．ニッケルは鉄とちがっている．ニッケルにおいては [1 1 1] 方向が磁化の容易方向なのである．またコバルトは六方格子の結晶構造を持つので，この場合にあうような規則がでっちあげられた．すなわち六方結晶の

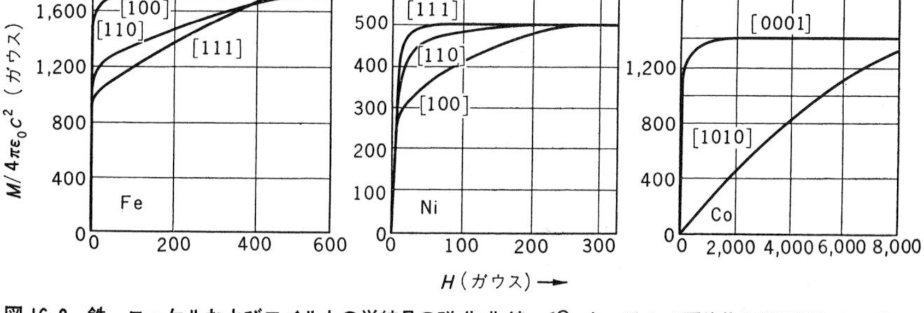

図 16-8　鉄，ニッケルおよびコバルトの単結晶の磁化曲線　〔C. キッテル “固体物理学入門” ウィリイ社，1956 より〕

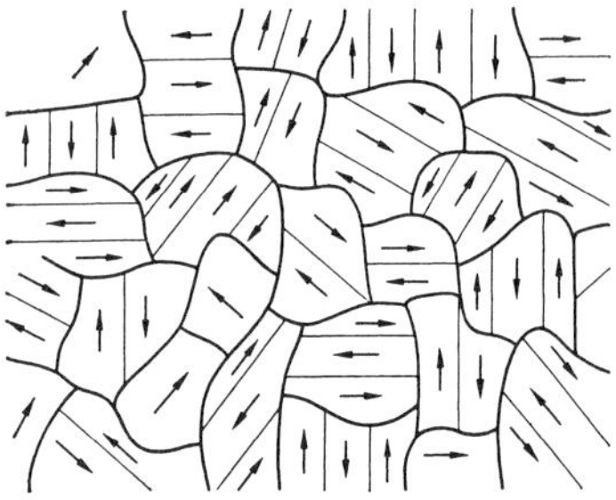

図 16-9　磁化されていない強磁性体の微視的な構造　各結晶粒はそれぞれの楽な磁化の方向を持っていて(通常は)この方向に平行な向きに自発的に磁化された磁区に分割されている

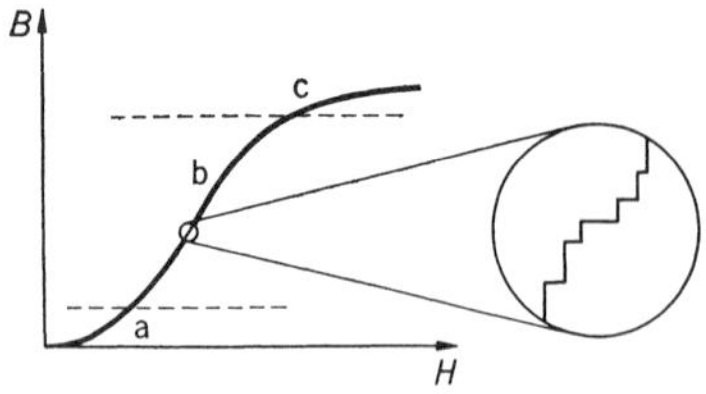

図 16-10　鉄の多結晶体の磁化曲線

底の六角形上に3個の軸をとりそれらに垂直な方向にもう1個とろうというのである．したがって4個の指標が使われる．[0001] 方向というのは六方結晶の軸の方向であり，[1010] はその軸に垂直な方向である．いずれにしても異なった金属の結晶は異なった振舞いをするということはわかったと思う．

さて，我々は通常の鉄のような多結晶物質について論じなければならない．このような物質の中には結晶の軸があらゆる方向を向いたたくさんの小さな結晶がある．**これらは磁区と同じではない**．磁区はすべて**単結晶**の部分なのであるが，一片の鉄の中には図 16-9 に示すように軸がいろいろな方向を向いた沢山の**別々の結晶**があるのである．それぞれの結晶の内部には通常はやはり磁区がある．多結晶物質に**弱い**磁場をかけると磁壁が動き出して磁化が容易に行なわれるような都合のよい方向を向いている磁区は大きく成長する．この成長は磁場が弱い限り可逆的なものである——すなわちもし磁場をなくせば磁化もゼロにもどるようなものである．この部分は図 16-10 の磁化曲線で a と記した部分に相当する．

磁場がもっと強い場合——図に示した磁化曲線の b と記した領域の場合——には話はもっと複雑になる．物質中のそれぞれの小結晶の中には歪やら変位やらがあり，また不純物やごみ，欠陥などもある．そしてごく弱い磁場の場合を除いては，磁壁が動くときにはこれらのものに必ずぶつかる．磁壁と変位，あるいは粒子の境界，あるいは不純物，などとの間には相互作用によるエネルギーがあるから，磁壁がそれらの一つに達すると，そこにひっかかってしまう；ある磁場の強さのときにはそこにひっかかっているのであるが，しかし磁場をもう少し強くすると，磁壁は急にプツンと離れる．したがって磁壁の動きは完全な結晶の場合のように滑らかではない——少し進むたび毎に停滞してガタガタした動き方をする．磁化が進むところを微視的な目でみると図 16-10 の拡大図のようなものがみられるであろう．

さてここで重要なのは，このような磁化のガタガタがエネルギー損失の原因になり得るということである．まず境界が障害をやっとのことで通り抜けると，磁場は既に障害が無いときに運動を続けるのに必要な値以上になっているので，境界は次の障害のところまで直ちに進む．この急速な動きがあるということは急速に変化する磁場があるということであり，結晶内に渦電流を生じるということである．この電流は金属を温めることによってそのエネルギーを失う．次の効果は，磁区が急激に変わるし磁歪の効果によって結晶の一部の寸法が変わることによるものである．磁壁が突然動くたびごとに小さな音波が発生することになりエネルギーが持ち去られる．このような効果のために磁化曲線の2番目の部分は**非可逆的**であり，**エネルギーが失われてゆく**．これがヒステリシス効果の原因である．すなわち境界壁を前進させ——プツン——とやってまた後に進め——またプツン——とやると別の結果になるからである．これはちょうど“カタカタ”と動く場合の摩擦みたいなもので，エネルギーを消費するのである．

磁場が充分に強くなり，磁壁をみな動かしてしまってそれぞれの結晶におのおのの最良の方向を向かせるようにしたあとでも，その結晶の磁化の楽な方向と外部からの磁場の方向とが一致しないような結晶がまだ残っている．そこでこれらの磁気モーメントの向きを変えさせようとするとたいへんな余分の磁場がいる．したがって，磁場が強いところ——すなわち図で c と記した領域——では磁化は徐々に滑らかに進む．磁化曲線のおわりのところは原子磁石が強い磁場の中で向きを変えつつあるところなので，磁化が飽和値に達するところにははっきりとした区切りは生じないのである．このようなわけで，図 16-10 に示したような振舞いをする通常の多結晶物質の磁化曲線は，はじめ**可逆的に**少しあがり，それから**非可逆的に**上って，そしてゆっくりと曲って飽和する．もちろん三つの領域の間にははっきりとした境界点があるわけではない——次から次へとつながって一つの曲線になっているのである．

磁化曲線の中央部での磁化の過程がガタガタしている——すなわち磁壁がカタッと動いてはポツンと止まるというようにして移動する——ということを実際に示すことは容易である．図 16-11 に示したような，導線の——何千回も巻いた——コイルを増幅器とスピーカーに接続したものがありさえすればよい．コイルの中心部に(変圧器に使われるような)珪素鋼の板を 2〜3 枚置いて，その傍へ棒磁石をゆっくりと持って行くと，磁化が突然変化することにより起電力がコイル中に生じるのでスピーカーからカチリ，カチリという音がはっきりと聞える．磁石を更に鉄の近くへ持って行くと，ちょうど砂を入れた罐を傾けたときに砂の上に別の砂粒が落ちるためにたてる音のような感じでカチカチという音がせわしなく聞える．磁場が強くなるに従って磁壁は跳ねたり，カタリと動いたり，モゾモゾ動いたりしているのである．この効果は**バルクハウゼン効果**と呼ばれる．

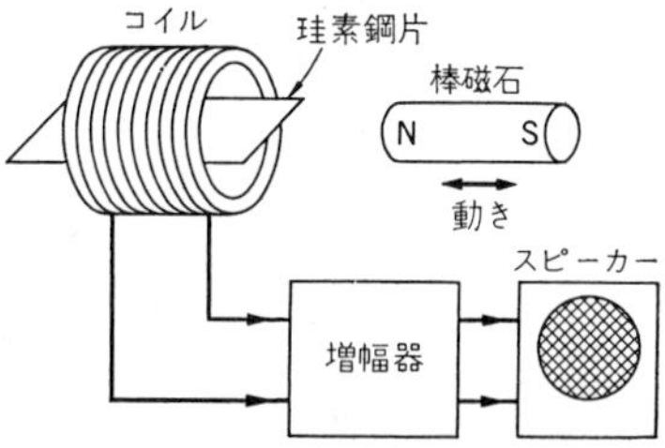

図 16-11　鋼片の磁化の突然の変化はスピーカーからカチカチという音として聞える

磁石を更に鉄板に近づけるとしばらくの間は音はどんどん大きくなるが，磁石が非常に接近すると音は比較的小さくなる．何故だろうか．それはほとんど全部の磁壁が行けるところまで行ってしまったからである．それ以上の磁場は単に各磁区の中での磁化の**方向を変えて**いるに過ぎず，それはなめらかな過程だからである．

さてそこで今度はヒステリシス曲線の下りの部分を降りて戻るように磁石をひきはなすと磁区はみな低エネルギー状態へ戻ろうとするので今度は戻りのガタガタのざわめきが聞える．また磁石をある距離のところまでもってきてそこで前後に少し振らせた場合には比較的少しの音しか聞えない．これもまた砂を入れた罐を傾けたときのようなものである——砂粒がいったんあるところに落ちついてしまうと少しぐらい罐を動かしても別に影響はないのである．鉄の中での少しばかりの磁場の変動では境界壁が“ひっかかり”を越えて動くようにするには不充分なのである．

16-4　強磁性体

さてここでは技術的な分野に用いられているいろいろな磁性体について述べ，そして種々の目的に適合するように磁性体を設計して行く上での幾つかの問題点について考えてみたいと思う．まず，“鉄の磁性”という言葉がよく使われるが，これは誤った呼び方である——そんなものはない．“鉄”とははっきりと定義された物質ではないのである——鉄の性質は含まれている不純物の量と鉄が**如何にして**作られたかということとに敏感に左右される．磁気的な性質は磁壁が如何に容易に動くかによるのであり，それは個々の原子の性質ではなくて**全体的な**性質である．だから実際の鉄の磁性は本当は鉄の**原子**の性質ではない——それは**ある形態をした鉄の塊**の性質なのである．たとえば鉄には2種類の結晶の形態がある．通常の鉄は体心立方格子であるが，面心立方格子でもあり得る．ただし面心立方格子は1100°C以上の温度でのみ安定である．もちろんそのときには体面立方格子ではキュリー点を越えている．しかし，鉄にニッケルとクロムを混ぜて合金にすると(たとえばクロムを18パーセントとニッケルを8パーセントという混合物が作れる)，いわゆるステンレス鋼を作ることができるのだが，これは大半が鉄であるにもかかわらず低い温度になっても面心立方格子のままであり，結晶構造がちがうので磁気的な性質も全くちがう．ステンレス鋼の大半はそれほど磁気的ではないが，ものによっては少しばかり磁性を持つものもある——合金の組成によってちがうのである．これらの合金は——その大半が鉄であるにもかかわらず——たとえ磁性を持ったとしても通常の鉄のような強磁性は持たない．

ここで特別な磁気的な性質を持たせるために開発された二三の特殊な物質について述べたいと思う．まず，**永久**磁石を作りたいと思うならば非常に**幅の広い**ヒステリシス曲線を持った物質が欲しくなる．そうすれば，電流を切って磁化のための磁場がゼロになっても磁化は大きいまま残るからであり，そのような物質では磁区の境界は一ヵ所にできるだけ“凍結”されていなければならない．このような物質としては“アルニコV”(51%Fe, 8%Al, 14%Ni, 24%Co, 3%Cu)のようなすばらしい合金がある．(この合金がたいへん複雑な組成を持っているということは，良い磁石を作り出すために如何に綿密な努力が払われたかを物語るものである．5種類のものを混ぜながら理想的な物質が得られるまでテストを続けるということがどれほどの忍耐力を必要とすることか！) アルニコが固まるときは沢山の小さな粒子を作り出しかつ非常に大きな内部歪を残しながら“第2番目の相”が析出する．この物質の中では磁区の境界は非常に動きにくい．アルニコは正確な組成を持っていなければならないばかりでなく，磁化されるべき方向に沿って細長い粒子になった結晶が得られるように，機械的に“加工”されるのである．そうすると磁化は自然にその方向に沿って並ぶ傾向を持ち，異方性のおかげでそのままそこに保持される．更に，結晶が正しい方向を向いた状態で成長するように，これを作るときに外から磁場をかけながら冷やすというようなこともする．アルニコVのヒステリシス曲線を図16-12に示す．前章の図15-8に示した軟鉄のヒステリシス曲線と比べるとこれは約500倍も幅が広いことがわかる．

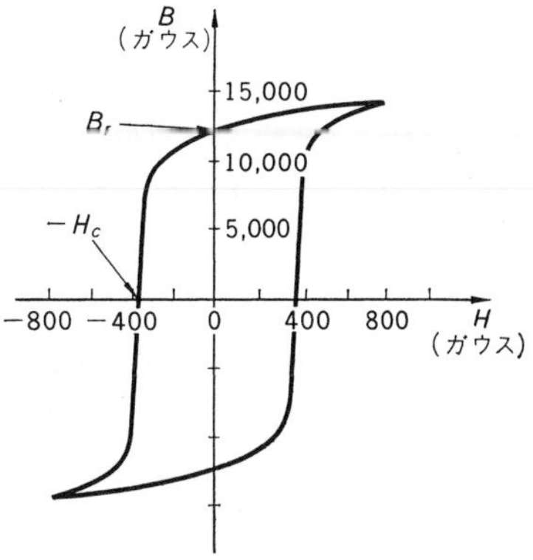

図16-12　アルニコVのヒステリシス曲線

さて今度は別の物質についてみてみよう．変圧器や電動機を作るためには磁気的に“柔らかい”物質——少しばかりの磁場をかければ非常に大きな磁化が得られるような，磁化の変化し易い物質——が欲しい．このようなものを作るには変位や不純物がほとんどなくて磁壁が動き易いような純粋な，よく焼鈍された物質でなければならない．また，異方性も少なくできればもっとよい．そうすると，たとえ粒子が磁場の方向からみて変な方向を向いていても，容易に磁化できる．ところで鉄は[111]方向に磁化されたがり，ニッケルは[100]方向に磁化されたがるということは前に述べた．そこで鉄とニッケルをいろいろと混ぜ合わせてみれば特に**どちらの**方向に向きたがるということのない——[100]方向と[111]方向とが同等な——ちょうどいい配合を持った合金が得られるのではなかろうかと期待したくなる．そこでいろいろとやってみるとニッケルが70パーセント，鉄が30パーセントのときにそうなることがわかる．さらに——偶然にそうなるのかあるいは非等方性と磁歪効果の間の何らかの物理的関係によるのかよくわからないが——鉄とニッケルの**磁歪**は逆の符号を持っている．そしてこの二つの金属の合金では，ニッケルが約80パーセントになるところでこの性質がゼロ点を横切って反対側に変わる．だからニッケルが70から80パーセントの間のところに非常に“柔らかな”磁性体——すなわち非常に磁化され易い合金——が存在することになる．この合金は**パーマロイ**と呼ばれる．パーマロイは高性能の変圧器(信号が小さいところに使うような)には有用であるが，永久磁石用としては全然役に立たない．パーマロイを作るときは非常に注意しなければならないし，また取扱いにも注意しなければならない．パーマロイの磁気的な性質はその弾性限界を越えた応力をかけるとガラリと変ってしまうのである——パーマロイを曲げてはならない．そのようにすると，機械的な歪により変位や滑りなどができて透磁率は減少する．磁区の境界はもはや動き易くはなくなってしまうのである．しかし，高温で焼鈍すると高い透磁率を復元させることができる．

表16-1　強磁性体の特性

物　質	B_r 残留磁気 (ガウス)	H_c 保磁力 (ガウス)
スーパーマロイ	(≈5000)	0.004
珪素鋼(変圧器)	12,000	0.05
アームコ鉄	4,000	0.6
アルニコV	13,000	550.

ところで数字を使っていろいろな磁性体の特徴をあらわすと都合のよいことがよくある．図16-12に示したようなヒステリシス曲線とB-およびH-軸との交点の二つの数字はこのような意味で有用なものである．これらの交点は**残留磁気** B_r **および保磁力** H_c と呼ばれる．幾つかの磁性体についてのこれらの値を表16-1に示した．

16-5　特異な磁性体

さて次にもっと異質な磁性体について述べよう．周期表に出ている元素の中には内部電子殻に欠陥があり，したがって原子的な磁気モー

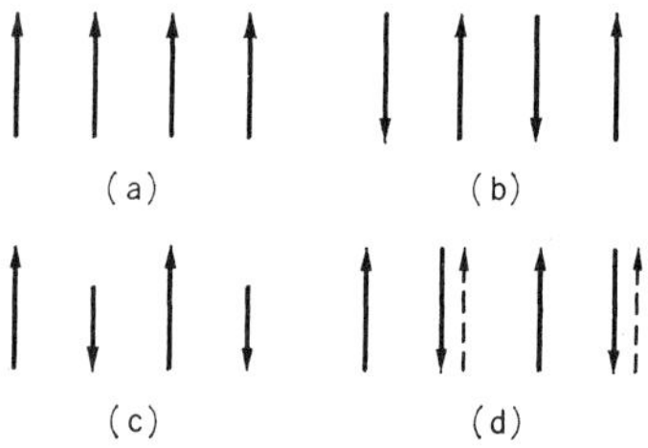

図 16-13　種々の物質中における電子スピンの方向；(a) 強磁性体，(b) 反強磁性体，(c) フェライト，(d) イットリウム-鉄合金（破線矢は軌道運動を含む全角運動量の方向を示す）

メントを持っているものが沢山ある．たとえば，強磁性体である鉄，ニッケル，コバルトのすぐ次にクロムとマンガンが並んでいる．**これら**は何故強磁性を持たないのだろうか．それはこれらの元素では式(16.1)のλの項が**逆の符号**を持っているからである．たとえばクロムの格子では図16-13(b)に示すようにクロム原子のスピンが**原子から原子へ**交互に向きを変えるのである．したがってクロムはそれ自身をみれば“磁気的”で**ある**にもかかわらず，**外部**に対しての磁気的な効果は持たないので，技術的には興味がないのである．クロムは量子力学的効果によってスピンが交互に並べられている物質の一例であり，このような物質は**反強磁性**を持つといわれる．反強磁性体における並び方もまた温度依存性を持ち，臨界温度以下ではすべてのスピンは交互の配列で並んでいるが，ある温度以上に熱すると――これもまたキュリー温度と呼ばれる――スピンは突然勝手な方向を向くようになる．突然に内部的な転移が起こるのである．この転移は比熱曲線上でもわかるが，特殊な“磁気的な”効果としてもあらわれる．たとえばスピンが交互に並んでいることはクロムの結晶による中性子の散乱によって知ることができる．中性子自体もスピン(と磁気モーメント)を持っているので，そのスピンが散乱体のスピンに平行であるか反対であるかによって散乱される幅がちがい，したがって結晶中のスピンが勝手な方向を向いているときと交互に並んでいるときとでは相互作用の様相がちがうのである．

量子力学的効果によって電子が交互に並ばせられるもう一つの種類の物質があるが，これは強磁性体である――すなわち結晶は正味の永久磁化を持つのである．このような物質がどうしてそうなるかを図16-14から考えよう．この図はマグネシウムとアルミニウムの酸化物である尖晶石の結晶を示したものであるが，この結晶は――このままでは――磁性体では**ない**．この酸化物には2種類の金属原子が含まれている：すなわちマグネシウムとアルミニウムである．さてそこでこのマグネシウムとアルミニウムを鉄と亜鉛あるいは亜鉛とマンガンというような磁性を持った元素で置きかえてみると――いいかえれば，非磁性的な原子の代りに**磁性を持った**原子をいれると――面白いことが起こる．いま一つの種類の金属原子をaと呼び，他の種類の原子をbと呼ぶとすると，次のような力の組み合せが考えられる．a-bという相互作用があってa原子とb原子が反対のスピンを持つように働きかける――これは量子力学が，常に反対の符号を要求する(鉄，ニッケル，コバルトの不思議な結晶を除いては)からである．次に，a-aという直接作用があってaどうしを反対の方向に向けさせようとし，またb-bという作用はbどうしを反対向きにしようとする．ところで，もちろんすべてのものをそれ以外の全部のものと反対向きにする――aとbは反対，aとaは反対，bとbは反対というようにする――わけにはゆかない．多分aどうしの間の距離があることと酸素があるためとによると思われるけれども(何故そうなるか本当のことは

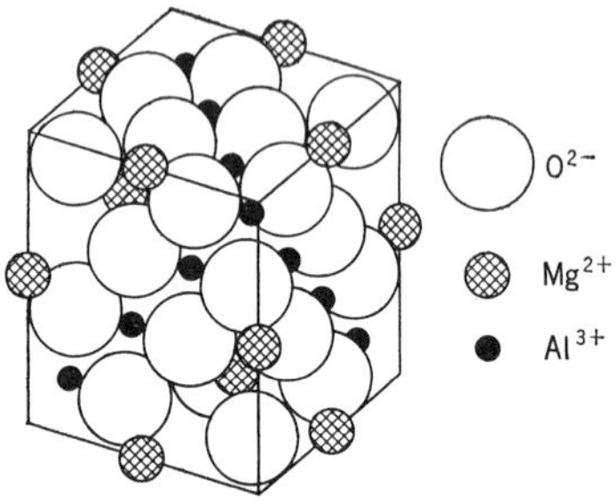

図 16-14　尖晶石($MgAl_2O_4$)の結晶構造；Mg^{2+}イオンが四面体状に並び，それぞれの周囲を4個の酸素イオンが囲んでいる；Al^{3+}イオンは八面体状に並び，それぞれの周囲を6個の酸素イオンが囲んでいる〔C. キッテル“固体物理学入門”ウィリイ社，1956より〕

わかっていないのだが)，a-a や b-b にくらべて a-b の作用の方が強い．そこでこの場合に自然がとった解決策は**すべての a を互いに平行に並べ**，また**すべての b も平行に並べ**，そしてそれらを互いに**反対向き**にするという方法である．a-b 作用がより強く働くのであるからこのように並べるとエネルギーは最低になる．その結果は，すべての a は上向きのスピンを持ち，すべての b は下向きのスピンを持つ——もちろんこの逆でもよい．しかし a 型の原子と b 型の原子の**磁気モーメントは同じではない**から図 16-13(c)に示したようなことになりその物質中に全体としての磁化が存在することになる．そうすればその物質は——少々弱くはあるが——強磁性を持つのである．このような物質は**フェライト**と呼ばれる．フェライトは鉄のような高い飽和磁化は持たない——理由は明らかであろう——ので磁場が弱いところでのみ有用である．しかしフェライトには非常に重要な特徴がある——絶縁物なのである．フェライトは**強磁性を持った絶縁体**なのである．高周波の場の中での渦電流は非常に小さく，したがってたとえばマイクロ波用の機器に使える．マイクロ波は鉄のような導体の中には渦電流のためにはいって行けないが，絶縁体の中にははいって行けるのである．

この他にも最近発見されたばかりの別の種類の磁性体がある——オルト珪酸塩の一族で**柘榴石**と呼ばれるものである．これもまた 2 種類の金属原子を格子中に含む結晶であり，前と同じようにこれらの 2 種類の原子はほとんど思うがままに置き換えられる．その多くの興味ある組み合せの中で完全に強磁性を示すものが一つある．それはイットリウムと鉄を柘榴石の構成の中に入れたものであるが，それが強磁性を持つ理由は実に奇妙なものである．この場合にもまた量子力学によって隣接したスピンは反対向きを向かせられており，鉄の電子のスピンがある向きを向いていてイットリウムの電子のスピンはそれと反対の向きを向いているという既定のスピン構成がある．しかし，イットリウム原子は複雑である．イットリウムは希土類の元素であるので電子の**軌道**運動からの磁気モーメントへの寄与が大きい．イットリウムにおいては軌道運動による寄与はスピンのものと**反対**の向きを向いており，その上より大きい．したがって量子力学は一方においては禁制原理からの要請によりイットリウムのスピンを鉄のスピンと反対の向きに向かせるが，また一方では軌道の効果によりイットリウムの全磁気モーメントを——図 16-13(d)に示したように——鉄のものと**平行**させる．したがってこの化合物は強磁性体である．

希土類元素の中にはもっと別の面白い強磁性をもつものがある．それは更に特異なスピンの配列によるものであって，その物質はスピンがすべて平行であるという意味における強磁性体でもなければ，各原子が反対を向いているという意味での反強磁性体でもない．この種の結晶の中では**一つの層の中**ではすべてのスピンは平行であってその層の面内に並んでいる．次の層の中でもまたスピンは互いに平行に並ぶが少々ちがった方向を向いている．その次の層ではまた別の方向を向いている，といった具合に続いているのである．その結果部分的な磁化ベクトルはらせん状に変わることになるのである——層に垂直な線に沿って進むに従って次々と通る層の磁気モーメントはぐるぐるとまわる．このようならせんに外から磁場をかけたときにどんなことが起こるか——これらの原子磁石がみなねじれたりまわったりするところ——を解析するのは非常に面白い．（一部の人達はこういうことの理論をひねくりまわして**楽しんでいる**のである!）“平らな”らせんの場合ばかりがあるのでなく，次々と並んでいる層の磁気モーメントが円錐を形作るようになっていてらせん成分と同時に一方向に向いた一様な強磁性成分も持つというような場合もある．

我々がいまここで扱い得る程度のものよりも，もっと進んだレベルでの話ではあるが，物質の磁気的な性質に関する問題はいろいろな分野の物理学者を魅惑して来た．まず，物事をよくする方法を考えることを好む実際的な人達がいる——彼らはより良くそしてより面白い性質を持った磁性体を作り出すことに興味を持っている．フェライトのようなものやその利用法の発見は，物事をするのに何か新しいうまい方法はないかと考えている人達を非常に喜こばせるものである．そのほか，少しばかりの基本的な法則から自然が作り出すひどく複雑な事象に魅せられる人もいる．1個の同じ普遍的な考え方から出発して，自然は鉄の強磁性や磁区からクロムの反強磁性へ，あるいはフェライトや柘榴石の磁性，希土類元素のらせん構造等々へと発展する．このような特殊な物質の中で起こっている不思議な現象を実験的に発見して行くことは実に楽しいことである．理論物理学者に対しては，強磁性の問題は，非常に面白く，未解決で，美しい挑戦を数多くしている．一つの挑戦は，要するに何故磁性が存在するのかを説明する問題である．理想的な格子におけるスピンの相互作用の統計的振舞いを予言するという挑戦もある．複雑な余計な条件をすべて無視するとしても，この問題はいままでのところ充分に理解されることを拒んでいるのだが，この問題が非常に興味深いという理由は，それが非常に簡単な形をした問題だからである：通常の格子の中に，これこれの法則に従う相互作用を持つ沢山の電子のスピンがあるとき，それらはどのような振舞いをするか．これは非常に単純に表現される問題ではあるが，多年にわたって完全な解析には失敗している．キュリー点にあまり近くない温度のところについては比較的細かく解析されているのであるが，キュリー点のところでの突然の転移に関する理論はこれから完成されねばならない．

最後に，——強磁性体あるいは常磁性体および核磁性における——スピンをしている原子的な磁石の系そのものに関する問題もすべて物理の高級課程にある学生にとってはまた興味ある問題である．スピンの系は外からの磁場によって系として押されたり引っ張られたりするので共鳴とか，緩和効果とか，スピンエコーとかを用いるといろいろなことがやれるのである．この問題は，多くの複雑な熱力学的な系を解析する上での原型としてもまた使えるものであるが，常磁性体については比較的単純な問題になることが多いので実験をしたり，その現象を理論的に説明したりして悦にいっている人達もいる．

これで電磁気に関する勉強を終ろうと思う．第III巻第1章でギリシャ人が琥珀や天然磁石の不思議な振舞いについて観察して以来続けられてきたたいへんな努力について述べたが，我々のこの長くそして立ち入った議論のすべてを通じて，**何故琥珀のかけらを擦ると電荷が生じるのか**については何も説明しなかったし，また**何故自然磁石は磁化されているのか**についても説明しなかった！“ああ，符号がちょっとまずかっただけじゃないか”というかも知れないが，実情はもっと深刻なのである．たとえ正しい符号が**得られた**としてもまだ問題は残るのである：何故地中の天然磁石は磁化されたのだろうか．もちろん地球の磁場があるのだが，**その地球の磁場はどうしてあるのだろうか．**幾つかのうまい推理があるだけで——本当のことは誰も知らないのである．というわけで，我々のやっているこの物理学というものはごまかしに満ちているのである——天然磁石と琥珀の現象の話から始まって，結局はどちらもよくわからずに終ってしまった．しかし，我々はその過程においてたいへんな量の非常に面白くてかつ非常に実用的な情報を得たのである！

第 17 章
弾　　性

17-1　フックの法則

変形の原因になっている力をとり除くと，もとの大きさと形とにもどる特性をもつ物質の性質を扱うのが弾性の問題である．このような弾性の特性は，すべての固体が多少はもっている．もしもこの問題をゆっくり取り扱う時間があれば，次のような多数の事柄を調べるであろう．すなわち，物質の性質，弾性の一般法則，弾性の一般論，弾性的な特性を決定する原子的な機構，そして最後に，力が大きくなって塑性的な流れや破壊が起こる場合の弾性法則の限界などである．これらの問題を精しく扱う時間はないから，いくつかの問題は除外しなければならない．たとえば塑性や弾性法則の限界を論じるのは止めておく（このような問題は金属の転位についての話で簡単に触れておいた）．また，弾性の内部的な機構を議論することもできない――したがって，これまでの章で心掛けたような完全さでこの章を取り扱うことはできない．ここでの目標は，梁（はり）の曲げなどのような実際的な問題を取り扱う方法についていくらか知識を与えようとすることである．

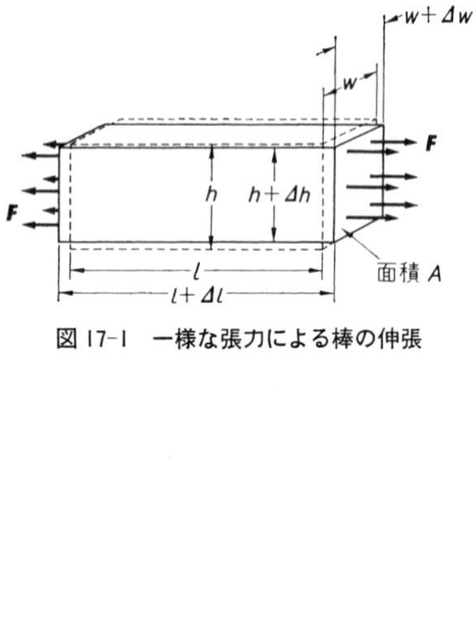

図 17-1　一様な張力による棒の伸張

物質の一片を押せば，それに“従って”，物質は変形する．力が充分小さければ，物質の各部分の相対変位は力に比例する――この性質を**弾性**という．ここでは弾性的な性質だけを論じる．まず，弾性の基本法則を書いて，これを種々の状況に適用しよう．

図 17-1 に示すように，長さ l，幅 w，高さ h の長方形の物体を考える．両端に力 F を加えて引くと，その長さは Δl だけ増加する．どんな場合でも長さの変化はもとの長さに比べてずっと小さいと仮定する．実際，木や鉄のような物質では，長さの変化がもとの長さの数パーセントになればこわれてしまう．実験によれば，多くの物質について，伸びが充分小さいとき，伸びは力に比例する．すなわち

$$F \propto \Delta l. \tag{17.1}$$

この関係はフックの法則として知られている．

棒の伸び Δl は，その長さにも関係する．この関係は次の議論によって知ることができる．二つの同等な物体をとって，その端をセメントでくっつけたとすると，各々の物体の両端には同じ力が働き，それぞれ Δl だけ伸びる．したがって，長さが $2l$ の物体の伸びは，断面が同じで長さが l の材料の伸びの 2 倍である．その物質にもっと特質的で，特別な形にもっと依存しない数値を得るために，伸びのもとの長さに対する比 $\Delta l/l$ を取り扱うことにする．この比は力に比例し，

長さにはよらない．すなわち

$$F \propto \frac{\Delta l}{l}. \tag{17.2}$$

力はまた断面積に関係する．二つの物体を横に並べたとすると，一定の伸び Δl を生じるためには，各物体に力 F を加えなければならないので，二つの物体全体では 2 倍の力を必要とする．一定の伸びに対する力は，その物体の断面積 A に比例する．比例係数がその物体の大きさによらない形で法則を表わすために，長方形の材料におけるフックの法則を

$$F = YA\frac{\Delta l}{l} \tag{17.3}$$

の形で書く．ここで，定数 Y はその物質の性質だけによるもので，**ヤング**(Young)**率**という(ふつうヤング率は E と書かれる．しかし，E はすでに電場，エネルギー，あるいは emf を表わすのに用いたから，別の文字を使った)．

単位面積あたりの力を**応力**といい，単位長さあたりの伸び——伸び率——を**ひずみ**という．したがって，式(17.3)は次のように書ける：

$$\frac{F}{A} = Y \times \frac{\Delta l}{l}, \tag{17.4}$$

応力 ＝(ヤング率)×(ひずみ)．

フックの法則には別の面がある．すなわち，物質を一方向に**伸ばす**と，伸びと垂直な方向には**縮む**．幅の縮みは幅 w と $\Delta l/l$ とに比例する．横方向の縮みは，幅と高さとの両方について同じであり，ふつう

$$\frac{\Delta w}{w} = \frac{\Delta h}{h} = -\sigma\frac{\Delta l}{l} \tag{17.5}$$

と書かれる．ここに定数 σ は物質のさらに一つの特性で**ポアソン比**といわれる．これは常に符号が正で，1/2 よりも小さい数である(σ が一般に正であるのは“もっともな”ことではあるが，そうでなければ**ならない**かは充分明らかでない)．

二つの定数 Y と σ とは，一様で，等方的な(すなわち結晶でない)物質の弾性的性質を完全に指定する．結晶性の物質では，伸び・縮みは方向によってちがうことがあり得るので，もっと多数の弾性定数があり得る．ここでは一応，Y と σ とで性質が記述できる，一様で等方的な物質だけに議論を限ることにしよう．いつもと同じように，物事を記述するにはいろいろの方法がある——物質の弾性的な性質を表わすのに他の定数を選ぶ人もある．しかし，どのようにしても二つの定数であり，これらは σ と Y とに関係づけられるものである．

最後に一般法則として，重ね合わせの原理が必要である．二つの法則(17.4)と(17.5)とは，力と変位とに関して線形であるから，重ね合わせの原理が成り立つであろう．ある力の組によってある変位が生じるとき，他の力の組をつけ加えて変位が付加されたとすると，その結

果の変位は，それぞれの力の組が別々に作用した場合に生じる変位の和になるであろう．

こうして，すべての一般法則——重ね合わせの原理と，方程式(17.4)と(17.5)と——が得られ，これが弾性についてのすべてである．しかし，これはニュートンの法則がわかれば，これが機械のすべてであるというのと似たことである．もちろん，これらの原理によってたくさんのことができる．なぜならば，諸君の現在の数学的能力によって，いろいろのことができるからである．しかし，いくつかの特別な応用を調べてみよう．

17-2 一様なひずみ

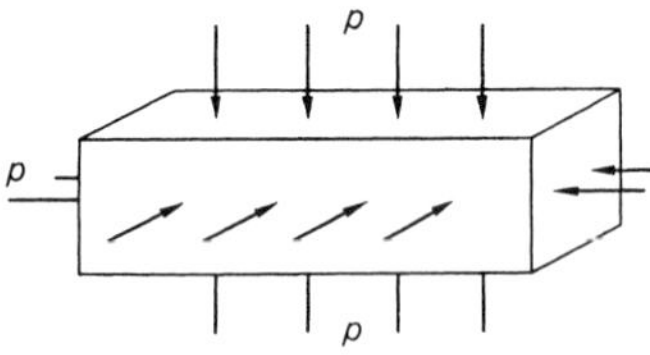

図 17-2　一様な静水圧を受ける棒

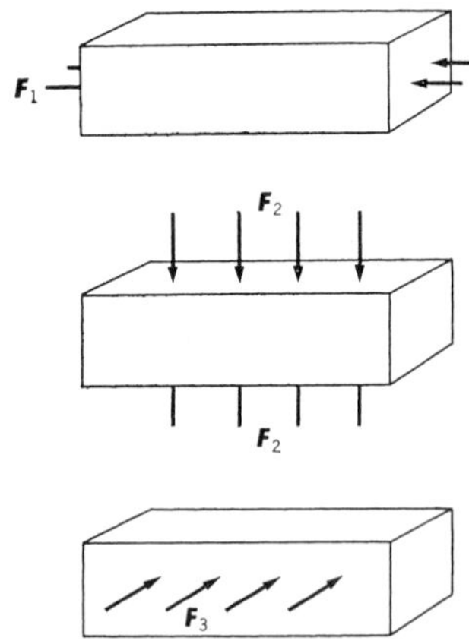

図 17-3　静水圧は三つの縦の圧縮の重ね合わせに等しい

第一の例として，長方形の物体が一様な静水圧の下にあるときの現象を調べよう．物体を圧力タンクの水の中に入れる．物体の各面にはその面積に比例する力が内向きに働く(図 17-2 をみよ)．静水圧は一様であるから，物体の各面に働く**応力**(単位面積あたりの力)はすべて等しい．最初に長さの変化を求めよう．物体の長さの変化は，図 17-3 に示した三つの問題に起こる長さの変化の和として考えられる．

問題 1　物体の両端に圧力 p を加えて押す．圧縮のひずみは p/Y で，これは負であるから

$$\frac{\Delta l_1}{l}=-\frac{p}{Y}.$$

問題 2　物体の二つの横の面に圧力 p を加えて押す．圧縮のひずみはやはり p/Y であるが，こんどは長さの方向のひずみを求める．これは横方向のひずみに $-\sigma$ を掛ければ得られる．横方向のひずみは

$$\frac{\Delta w}{w}=-\frac{p}{Y}$$

であるから

$$\frac{\Delta l_2}{l}=+\sigma\frac{p}{Y}.$$

問題 3　物体を上方から押す．このときも圧縮のひずみは p/Y であり，横方向のひずみはやはり $\sigma p/Y$ である．したがって

$$\frac{\Delta l_3}{l}=+\sigma\frac{p}{Y}.$$

これら三つの問題の結果を組み合わせ，$\Delta l=\Delta l_1+\Delta l_2+\Delta l_3$ を作ることによって

$$\frac{\Delta l}{l}=-\frac{p}{Y}(1-2\sigma) \tag{17.6}$$

が得られる．この問題はもちろん三つの方向すべてについて対称であるから

$$\frac{\Delta w}{w}=\frac{\Delta h}{h}=-\frac{p}{Y}(1-2\sigma) \tag{17.7}$$

となる．

静水圧による**体積**の変化も興味深い．$V=lwh$ であるから，小さな変位に対して

$$\frac{\Delta V}{V}=\frac{\Delta l}{l}+\frac{\Delta w}{w}+\frac{\Delta h}{h}$$

である．式(17.6)と式(17.7)とを使えば

$$\frac{\Delta V}{V}=-3\frac{p}{Y}(1-2\sigma) \tag{17.8}$$

となる．$\Delta V/V$ は**体積ひずみ**と呼ばれ，

$$p=-K\frac{\Delta V}{V}$$

と書かれる．**体積応力** p は体積ひずみに比例する――これもフックの法則である．係数 K は**体積弾性率**といわれ，これは他の定数と

$$K=\frac{Y}{3(1-2\sigma)} \tag{17.9}$$

で関係づけられる．実際問題として K は重要なので，多くのハンドブックでは Y と K とを Y と σ とのかわりに与えている．σ がほしいときには式(17.9)からいつでも求めることができる．また，式(17.9)から，ポアソン比 σ は 1/2 よりも小さくなければならないことがわかる．もしもそうでなかったならば，体積弾性率 K は負になるから，その物質は圧力を増大させると膨張することになってしまう．これは何でもない物体から力学的エネルギーを**とり出せる**ことを意味する――その物体は不安定な平衡にあったわけである．もしも膨張が始まったならば，エネルギーを解放しながら，ひとりでに膨張しつづけるであろう．

さて，物体に"ずり"のひずみを与えたときに起こることを考察しよう．ずりのひずみとは図 17-4 に示したような変形である．その前に，**立方体**の物質が図 17-5 のような力を受ける場合を考える．この場合にも，問題を二つに分けることができる．一つは鉛直方向の押し，他は水平な引っぱりである．立方体の面の面積を A とすると，水平な長さの変化として

$$\frac{\Delta l}{l}=\frac{1}{Y}\frac{F}{A}+\sigma\frac{1}{Y}\frac{F}{A}=\frac{1+\sigma}{Y}\frac{F}{A} \tag{17.10}$$

を得る．鉛直な高さの変化はこれを負にしたものである．

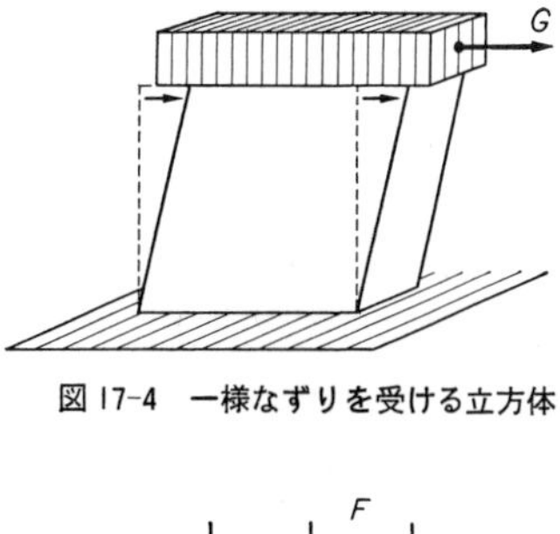

図 17-4 一様なずりを受ける立方体

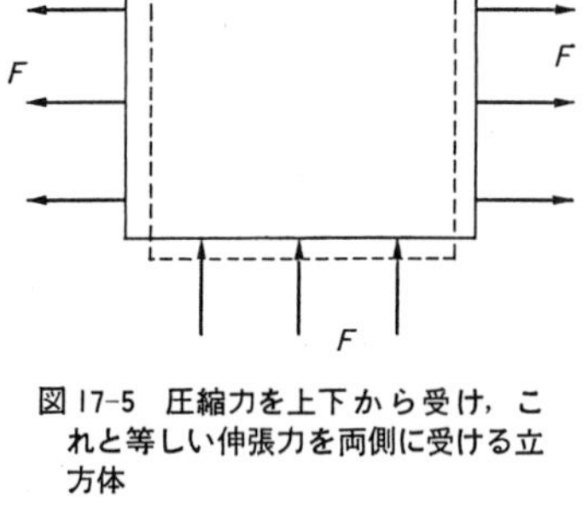

図 17-5 圧縮力を上下から受け，これと等しい伸張力を両側に受ける立方体

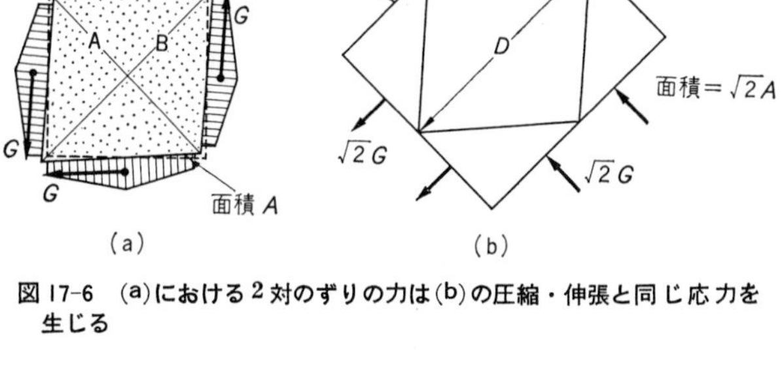

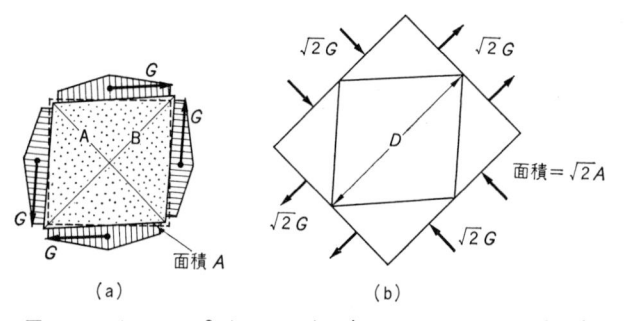

図 17-6 (a)における 2 対のずりの力は(b)の圧縮・伸張と同じ応力を生じる

さて，同じ立方体に図 17-6(a)のようなずりの力を与えたとしよう．全体としてねじりモーメントがなく，立方体がつり合いにあるためには，すべての力の大きさは等しくなければならないことを注意しておこう(図 17-4 の場合にも塊がつり合いにあるため，同じような力がなければならない)．このとき立方体は純粋なずりの状態にあるという．しかしこの場合，立方体を 45° の面——たとえば図の対角線Aに沿って——切断したとするとこの面に働く全体の力は面に**垂直で** $\sqrt{2}G$ に等しい．この力が働く面積は $\sqrt{2}A$ である．したがって，この面に垂直な引っぱり応力は単に G/A である．同様に，別の方へ 45° 傾いた面——図の対角線B——については，この面に垂直な圧縮の応力 $-G/A$ が存在することがわかる．この考察によって，“純粋なずり”の応力は，同じ大きさの伸張と圧縮の応力がたがいに直角に，始めの立方体の面とは 45° の角度で組み合わさったものと同等であることがわかる．内部応力とひずみとは図 17-6(b)に示したような大きな物質についてのものと同じである．しかしこの問題はすでに解決しておいた．対角線の長さの変化は式(17.10)，あるいは

$$\frac{\Delta D}{D} = \frac{1+\sigma}{Y}\frac{G}{A} \tag{17.11}$$

で与えられる(対角線の一つは短くなり，他方は長くなる)．

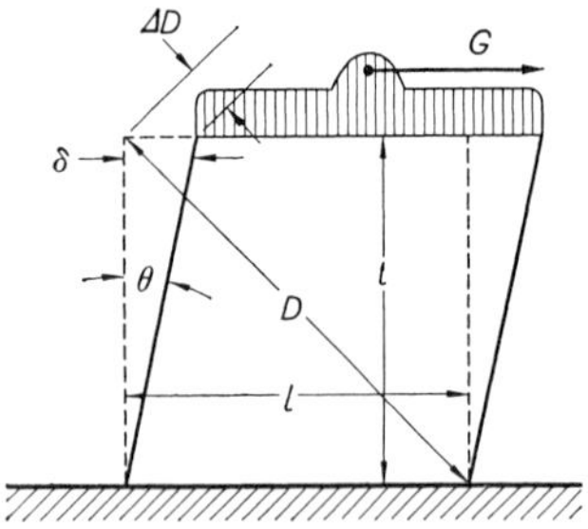

図 17-7　ずりのひずみ θ は $2\Delta D/D$

ずりのひずみは，立方体がゆがめられる角度——図 17-7 の角 θ——によって表わすと都合がよいことが多い．この図の幾何学により，立方体の上のかどの移動 δ は $\sqrt{2}\Delta D$ であることがわかる．したがって

$$\theta = \frac{\delta}{l} = \frac{\sqrt{2}\,\Delta D}{l} = 2\frac{\Delta D}{D} \tag{17.12}$$

となる．ずりの応力 g は面に接する力をその面積で割ったものと定義される．したがって $g=G/A$ である．式(17.11)を式(17.12)に代入すると

$$\theta = 2\frac{1+\sigma}{Y}g$$

を得る．この式を“応力＝(定数)×(ひずみ)”の形に書くと

$$g = \mu\theta \tag{17.13}$$

となる．比例係数 μ はずりの弾性率(あるいは剛性率)とよばれる．Y と σ とで表わせば

$$\mu = \frac{Y}{2(1+\sigma)} \tag{17.14}$$

となる．なお，ずりの弾性率は正でなければならない——そうでなければ，ひとりでにずりを起こす塊から仕事をとり出すことができることになってしまう．式(17.14)によれば，σ は -1 よりも大きくなければならない．したがって，σ は -1 と 1/2 との間になければならないことになる．しかし実際には σ は常に 0 よりも大きい．

物質に一様な応力が加わる場合の最後の例として，物体が引き伸され，同時に横に縮まないように**束縛**されているという問題を考えよう

(技術的には圧縮して，横にはふくらまないように保つ方が，少しは易しいが，問題としては同じである)．何が起こるだろうか．とにかく，側面の力で厚さが変わらないように保たなければならない．この力は即座にはわからないから，計算しなければならない．これはすでに行なったのと同じ種類の問題であって，ただ少しだけちがう代数になる．図 17-8 のように 3 方向のすべての面に作用する力を考える．物体の大きさの変化を計算し，横方向の力は幅と高さとが一定に保たれるように選ぶ．いままでの議論と同様にして，3 方向のひずみ

$$\frac{\Delta l_x}{l_x}=\frac{1}{Y}\frac{F_x}{A_x}-\frac{\sigma}{Y}\frac{F_y}{A_y}-\frac{\sigma}{Y}\frac{F_z}{A_z}=\frac{1}{Y}\left[\frac{F_x}{A_x}-\sigma\left(\frac{F_y}{A_y}+\frac{F_z}{A_z}\right)\right], \tag{17.15}$$

$$\frac{\Delta l_y}{l_y}=\frac{1}{Y}\left[\frac{F_y}{A_y}-\sigma\left(\frac{F_x}{A_x}+\frac{F_z}{A_z}\right)\right], \tag{17.16}$$

$$\frac{\Delta l_z}{l_z}=\frac{1}{Y}\left[\frac{F_z}{A_z}-\sigma\left(\frac{F_x}{A_x}+\frac{F_y}{A_y}\right)\right] \tag{17.17}$$

を得る．

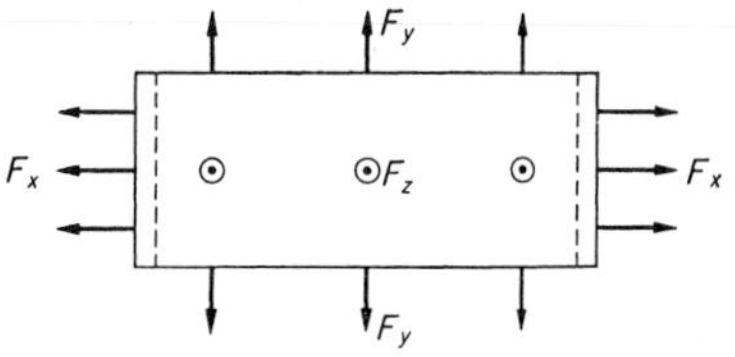

図 17-8 横に縮まない伸張

Δl_y と Δl_z とは 0 としているから，式(17.16)と式(17.17)とは F_y と F_z とを F_x に関係づける二つの方程式を与える．これらを同時に解いて

$$\frac{F_y}{A_y}=\frac{F_z}{A_z}=\frac{\sigma}{1-\sigma}\frac{F_x}{A_x} \tag{17.18}$$

を得る．これを式(17.15)に代入すると

$$\frac{\Delta l_x}{l_x}=\frac{1}{Y}\left(1-\frac{2\sigma^2}{1-\sigma}\right)\frac{F_x}{A_x}=\frac{1}{Y}\left(\frac{1-\sigma-2\sigma^2}{1-\sigma}\right)\frac{F_x}{A_x} \tag{17.19}$$

となる．これを逆にして，また σ の 2 次式を因数に分けると

$$\frac{F}{A}=\frac{1-\sigma}{(1+\sigma)(1-2\sigma)}Y\frac{\Delta l}{l} \tag{17.20}$$

となる．したがって物体の側面を束縛しておくと，ヤング率に σ の複雑な関数が掛かることになる．式(17.19)でみれば最も簡単にわかることであるが，Y に掛かる因子はいつも 1 より大きい．側面を固定すれば物体は伸長しにくくなる．したがって側面を固定すれば物体は**強固**になるのである．

17-3 棒のねじり；ずりの波

物質が場所によってちがった大きさのひずみを受けるという，更に複雑な例題を考えてみよう．機械の駆動軸，あるいは精密な測定装置に使われる石英の糸などのように，細長い棒がねじられる場合を考えてみよう．ねじり振り子の実験でもわかるように，棒のねじりのモーメント(**トルク**)はねじった角に比例する．比例係数はもちろん棒の長さと半径と棒の物質の性質とに関係する．その関係の仕方が問題である．これに答えるには少し幾何学的な考察をしなければならない．

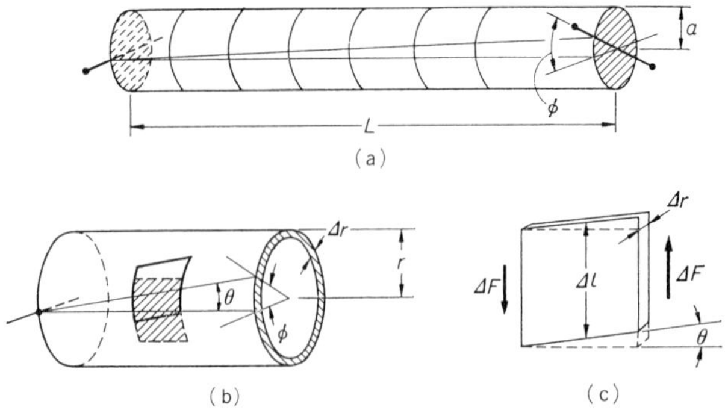

図 17-9　(a) ねじりを与えた円柱棒　(b) ねじりを与えた円筒の殻　(c) 殻の各部分はずりを受けている

長さ L，半径 a の円柱形の棒の一端を他端に対して角 ϕ だけねじった状態を図 17-9(a)に示す．この場合のひずみをいままでの知識と結び付けるためには，棒を多数の円筒形の殻に分け，各殻について別々に調べるのがよい．まず，図 17-9(b)に示される，半径 r(a よりも小)，厚さ $\varDelta r$ の薄い，短い円筒に着目しよう．この円筒の一部で，始めに小さな正方形であった部分を考えると，変形によってこれは平行四辺形になることがわかる．円筒のこのような部分はそれぞれずりを生じ，ずりの角 θ は

$$\theta=\frac{r\phi}{L}$$

である．物質内のずりの応力 g は式(17.13)により

$$g=\mu\theta=\mu\frac{r\phi}{L} \tag{17.21}$$

で与えられる．

ずりの応力は正方形の一端に加わる接線力 $\varDelta F$ を端の面積 $\varDelta l\varDelta r$(図 17-9(c)参照)で割ったものであるから

$$g=\frac{\varDelta F}{\varDelta l\varDelta r}$$

である．このような正方形の端にかかる力 $\varDelta F$ は棒の軸のまわりに，ねじりのモーメント

$$\varDelta\tau=r\varDelta F=rg\varDelta l\varDelta r \tag{17.22}$$

を寄与する．このようなねじりのモーメントを円筒の円周について加え合わせると全体のモーメントを得る．各部分を合わせると，$\varDelta l$ を加え合わせて $2\pi r$ となるから，**からの円筒**による全体のねじりのモーメントは

$$rg(2\pi r)\varDelta r \tag{17.23}$$

となる．あるいは式(17.21)を用いて

$$\tau=2\pi\mu\frac{r^3\varDelta r\phi}{L} \tag{17.24}$$

となる．したがって，からの円筒によるねじりの弾性率 τ/ϕ は半径 r の 3 乗と厚さ $\varDelta r$ とに比例し，長さ L に反比例することになる．

さて，中身のつまった棒は，同心の円筒の集まりと考えることができ，各円筒が同じ角ϕだけねじられると考えればよい．この場合，内部**応力**は円筒ごとに異なっている．全体のねじりのモーメントは各殻のねじりのモーメントの和であるから，**中身のつまった**棒については

$$\tau = 2\pi\mu\frac{\phi}{L}\int r^3\,dr$$

となる．ここで積分は$r=0$から棒の半径$r=a$まで行なう．積分して

$$\tau = \mu\frac{\pi a^4}{2L}\phi \tag{17.25}$$

を得る．棒をねじったとき，ねじりのモーメントはねじりの角に比例し，半径の**4乗**に比例する．たとえば2倍の太さの棒はねじりに対して16倍も強固である．

ねじりの問題を離れる前に，これまでに学んだことを，ねじりの波という面白い問題に応用してみよう．長い棒をとって，その一端を急にねじったとすると，図17-10(a)のように，ねじりの波が棒に沿って走る．これは静的なねじりよりもいくらか好奇心をそそる事柄である．この現象を理解できるか，調べてみよう．

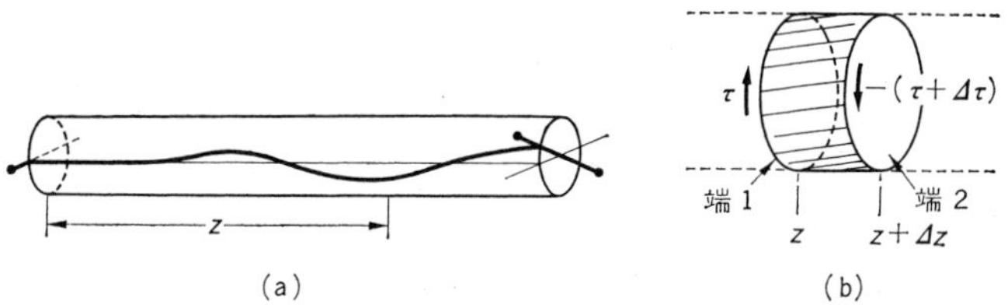

図17-10　(a) 棒を伝わるねじれ波　(b) 棒の体積素片

棒に沿って，ある場所までの距離をzとする．静的なねじりの場合は，棒に沿ってどこでもねじりのモーメントは同じで，全体のねじりの角ϕを全長Lで割った値ϕ/Lに比例する．物質について問題になるのは部分的なねじりのひずみであり，これは$\partial\phi/\partial z$であることがわかる．棒に沿ってねじりが一様でない場合には式(17.25)は

$$\tau(z) = \mu\frac{\pi a^4}{2}\frac{\partial\phi}{\partial z} \tag{17.26}$$

でおきかえなければならない．図17-10(b)で拡大して示した長さの要素Δzについて考えよう．棒の小さな断片の端1にはねじりのモーメント$\tau(z)$が働き，端2にはモーメント$\tau(z+\Delta z)$が働く．Δzが充分小さいとすれば，テイラー展開により

$$\tau(z+\Delta z) = \tau(z) + \left(\frac{\partial\tau}{\partial z}\right)\Delta z \tag{17.27}$$

である．zと$z+\Delta z$との間の棒の小さな断片に働くねじりの全モーメントは，明らかに$\tau(z)$と$\tau(z+\Delta z)$との差，すなわち$\Delta\tau=(\partial\tau/\partial z)\Delta z$である．式(17.26)を微分すれば

$$\Delta\tau = \mu\frac{\pi a^4}{2}\frac{\partial^2\phi}{\partial z^2}\Delta z \qquad (17.28)$$

を得る．

このねじりの全モーメントは，棒の小さな断片に加速度を与えることになる．この部分の質量は

$$\Delta M = (\pi a^2 \Delta z)\rho$$

である．ただし ρ はこの物質の密度である．第I巻の第19章において計算したところによれば，円柱の慣性モーメントは $mr^2/2$ である ($m=\Delta M$ 質量，$r=a$ 半径)．考えている断片の慣性モーメントを ΔI とすれば

$$\Delta I = \frac{\pi}{2}\rho a^4 \Delta z \qquad (17.29)$$

となる．ニュートンの法則によれば，ねじりのモーメントは，慣性モーメントと角加速度との積に等しい．したがって

$$\Delta\tau = \Delta I\frac{\partial^2\phi}{\partial t^2} \qquad (17.30)$$

である．以上のことから

$$\mu\frac{\pi a^4}{2}\frac{\partial^2\phi}{\partial z^2}\Delta z = \frac{\pi}{2}\rho a^4 \Delta z\frac{\partial^2\phi}{\partial t^2},$$

あるいは

$$\frac{\partial^2\phi}{\partial z^2} - \frac{\rho}{\mu}\frac{\partial^2\phi}{\partial t^2} = 0 \qquad (17.31)$$

が得られる．これは1次元の波動方程式にほかならない．ねじりの波が棒に沿って伝わる速さは

$$C_{ずり} = \sqrt{\frac{\mu}{\rho}} \qquad (17.32)$$

で与えられる．材質の強さが同じ場合，棒の**密度が大きいほど**，波は**おそい**．また，**材質が強いほど**，波は**速やかに**伝播する．波の速さは棒の直径に関係**しない**．

ねじりの波はずりの波(横波)の特別な例である．一般的にいえば，ずりの波とは物質のどの部分でも**体積**が変化しないようなひずみによる波である．ねじりの波は，応力が円周上に分布するという特別な場合である．しかし，ずりの応力のどのような分布でも，波は同じ速さで伝わり，その速度は式(17.32)で与えられる．たとえば，地震学者はこのようなずりの波が地球の内部を伝わるのを観測している．

固体中を伝わる弾性波には，別の種類のものがある．何かある物体をたたいたとすると，“縦波”あるいは“圧縮波”といわれる波が起こる．これは空気中や水中における音の波のようなものであって，この波で，変位は波の進行方向と同じ方向である．(弾性体の表面では，その他の形式の波も可能であって，これは“レーリー波”や“ラヴ波”と呼ばれる．これらの波においては，ひずみは純粋に縦方向でも，純粋に横方向でもない．しかし，ここでこれらの波について研究するこ

とは時間が許さない.)

波の問題のつづきとして，純粋な圧縮波が地球のように**大きな**固体中を伝わるときの速さを考察しよう．ここで“大きな”といったのは，太い物体中の音の速さは，たとえば細い棒に沿って伝わる場合とちがうからである．ここで“太い”というのは，横の大きさが音の波長に比べてずっと大きいことを意味する．この場合，それをたたいても，横にひろがることはできないから，1次元的な圧縮だけが起こり得る．幸い，束縛を受けた弾性体の圧縮という特別な場合をすでに取り扱っている．また第II巻第22章では，気体中の音の速さも求めている．これと同じ議論により，固体中の音速は$\sqrt{Y'/\rho}$に等しいことがわかる．ここにY'は束縛された場合の“縦の弾性率”，あるいは圧力を長さの相対変化で割ったものである．これはちょうど式(17.20)で与えられるF/Aと$\Delta l/l$との比である．したがって，縦波の速さ$C_{縦}$は

$$C_{縦}^2=\frac{Y'}{\rho}=\frac{1-\sigma}{(1+\sigma)(1-2\sigma)}\frac{Y}{\rho} \qquad (17.33)$$

で与えられる．

σが0と1/2との間にある限り，ずりの弾性率μはヤング率Yよりも小さいが，Y'はYよりも大きいから

$$\mu<Y<Y'$$

である．これは縦波が横波よりも速く伝わることを意味する．物質の弾性定数を測定する最も正確な方法は，物質の密度と2種類の波の速さとから求める方法である．この測定からYとσとを共に求めることができる．なお地震学者は——ただ1ヵ所の観測所の測定だけでも——地震の2種類の波の到着時間の差から震源までの距離を推定することができる．

17-4 棒の曲げ

つぎに，別の実用的な問題，棒あるいは梁(はり)の**曲げ**を考察しよう．任意の断面をもった棒を曲げるときの力を求める問題である．ここでは，円形の断面をもった棒を考えて計算を遂行するが，その答は任意の形のものについても同様に成り立つ．しかし，時間の節約のため一部切りすてを行なって，近似的にのみ成り立つ理論をつくる．その結果は曲げの半径が棒の厚さよりもずっと大きいときに正しい．

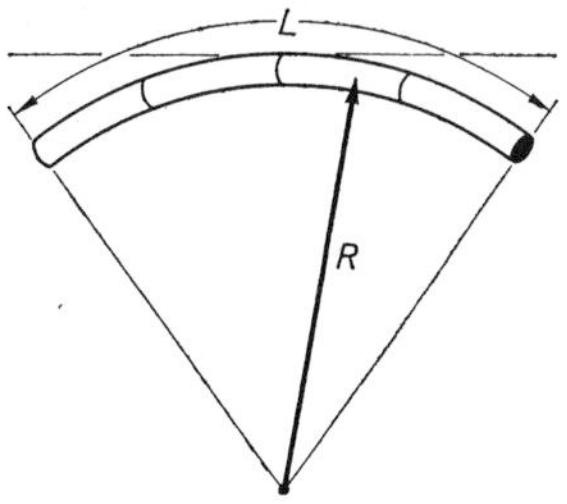

図 17-11 棒の曲げ

真直ぐな棒の両端をつかんで，図17-11のように曲げて，ある曲線になったとする．棒の中で何が起こったかというと，曲げられたとき，曲線の内側では物質は圧縮され，外側では引き伸ばされていることになる．このとき，伸びも縮みもしない面があって，この面はいつもだいたい棒の軸に平行であろう．この面を**中立**面という．この面は断面の“中央”に近いことが予期される．実際，簡単な棒で，曲げが小さいときは，中立面は断面の“重心”を通ることが証明される(証明を省略する)．これは同時に伸ばしたり，圧縮したりしていない“純粋な”曲げについてのみ正しい事柄である．

さて，純粋な曲げの場合，棒をうすく横に切った断片は，図 17-12(a)のように変形する．中立面から下の材質が受ける圧縮のひずみは，中立面からの**距離に比例**する．そして中立面から上の材質はやはり中立面からの距離に比例して引き伸ばされる．したがって縦方向の**伸び** Δl は高さ y に比例する．比例定数は l を棒の曲率半径 R で割ったものである(図 17-12 参照)．すなわち

$$\frac{\Delta l}{l}=\frac{y}{R}$$

となる．したがって，y のところの小さな部分における単位面積あたりの力(応力)は，中立面からの距離に比例し

$$\frac{\Delta F}{\Delta A}=Y\frac{y}{R} \qquad (17.34)$$

と書ける．

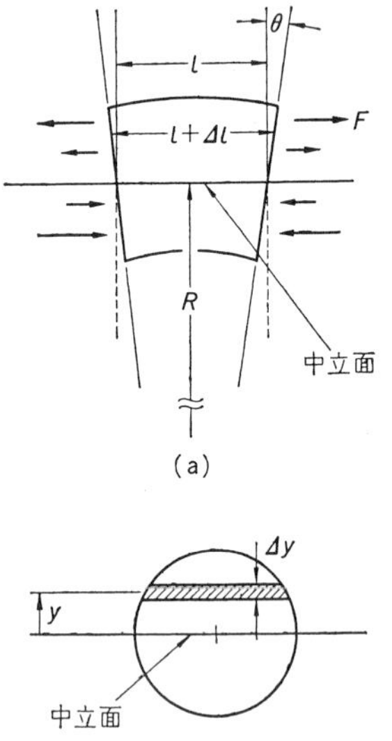

図 17-12　(a) 曲がった棒の小部分　(b) 棒の断面

このようなひずみを起こす**力**に着目しよう．図 17-12(b)に書かれた小さな部分に働く力は(a)に図示してある．任意の横の断面について中立面の上と下とでは逆向きに力が働く．これらの力は組み合わさって，中立線のまわりのねじり，すなわち“曲げのモーメント”$\mathcal{M}$ を形成する．図 17-12(b)の断面について，力と中立面からの距離の積を積分すると，全モーメント

$$\mathcal{M}=\int_{\text{断面}} y\,dF \qquad (17.35)$$

を得る．式(17.34)により $dF=(Yy/R)dA$ であるから

$$\mathcal{M}=\frac{Y}{R}\int y^2\,dA$$

となる．y^2dA の積分は，“重心”を通る水平軸のまわりの，幾何学的断面の“慣性モーメント”といい*，これを I で表わせば，

$$\mathcal{M}=\frac{YI}{R}, \qquad (17.36)$$

$$I=\int y^2\,dA \qquad (17.37)$$

となる．

式(17.36)は，曲げのモーメント $\mathcal{M}$ と棒の曲率 $1/R$ との関係を与える．棒の“強さ”は Y と慣性モーメント I とに比例する．いいかえると，一定量の，たとえばアルミニウムで最も強い梁を作ろうと思えば，慣性モーメントを大きくするため，中立面からできるだけ遠くに多くの材料があるようにする．しかしこれを極端まで押し進めることはできない．極端にすると，予期しない変な曲がり方をし，座屈(バックリング)，ねじれなどを生じて弱くなってしまうからである．しかし，上の考察から，なぜ構造物の梁が図 17-13 のようにＩまたはＨの形に作られているかを理解することができるであろう．

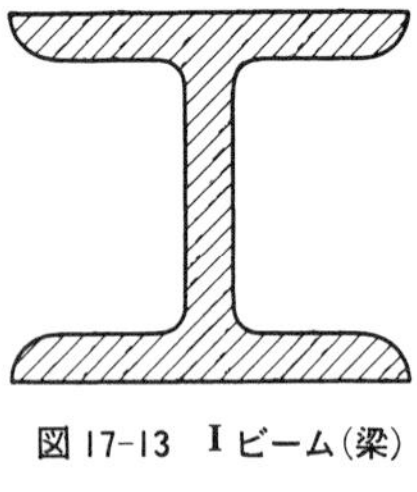

図 17-13　Ｉビーム(梁)

* 実際，これは単位面積につき単位質量をもった断片の慣性モーメントである．

梁の方程式(17.36)の応用例として，図17-14のように，自由端に集中力Wが働いたときの片持ち梁の曲げを調べてみよう("片持ち"というのは梁の一方の端の位置と傾きとが，セメントの壁にささった場合のように固定されて支持されていることを意味する)．この梁の形を求めるため，固定点からxの距離における降下距離をzとする．変位$z(x)$は小さいとする．また梁は断面に比べて充分長いとする．曲線$z(x)$の曲率$1/R$は数学で学んだように

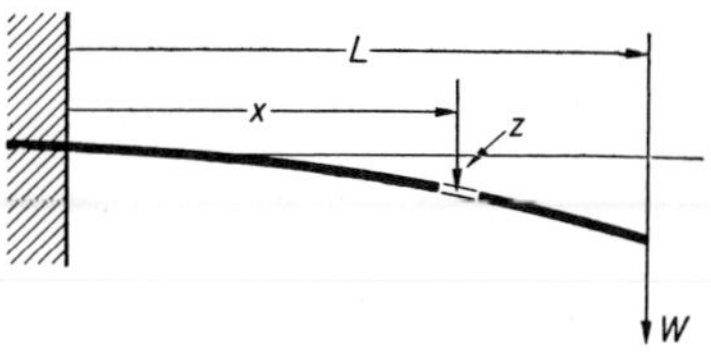

図17-14　一端におもりをもつ片持ち梁

$$\frac{1}{R}=\frac{d^2z/dx^2}{[1+(dz/dx)^2]^{3/2}} \tag{17.38}$$

で与えられる．工学的な構造物ではふつう小さな曲げだけが興味がある．そこで$(dz/dx)^2$を1に対して無視すると

$$\frac{1}{R}=\frac{d^2z}{dx^2} \tag{17.39}$$

となる．

ここで曲げのモーメント$\mathcal{M}$が必要になる．これは，任意の断面における中立の軸のまわりのねじりのモーメントであるからxの関数である．梁の重さを無視し，梁の末端に働く下向きの力Wだけを考えることにする(梁の重さを考慮することも容易である)．xにおける曲げのモーメントは

$$\mathcal{M}(x)=W(L-x)$$

である．これは，重さWによる，点xにおけるねじりモーメントであり，このモーメントは梁がxで支えなければならない．したがって

$$W(L-x)=\frac{YI}{R}=YI\frac{d^2z}{dx^2}$$

あるいは

$$\frac{d^2z}{dx^2}=\frac{W}{YI}(L-x) \tag{17.40}$$

となる．これは直ちに積分できて

$$z=\frac{W}{YI}\left(\frac{Lx^2}{2}-\frac{x^3}{6}\right) \tag{17.41}$$

を得る．ここで$z(0)=0$，$x=0$でdz/dxも0であるという仮定を用いた．上式は梁の形を与える．末端における変位は

$$z(L)=\frac{W}{YI}\frac{L^3}{3} \tag{17.42}$$

で与えられ，梁の末端における変位は長さの3乗に比例して増大する．

以上の梁の近似理論では，梁が曲がっても梁の断面は変位しないと仮定した．梁の厚さが曲率半径に比べて小さければ，断面の変化はほとんどないので，以上の結果は正しい．しかし，やわらかい消しゴムを指で曲げてみればすぐわかるように，一般には断面の変化は無視できない．断面がはじめ長方形の場合，曲げると底面がふくれてしまう(図17-15参照)．これは底面が圧縮されるため，ポアソン比で与えられるだけ横方向へふくれるのである．ゴムは容易に曲げたり伸ばした

(a)

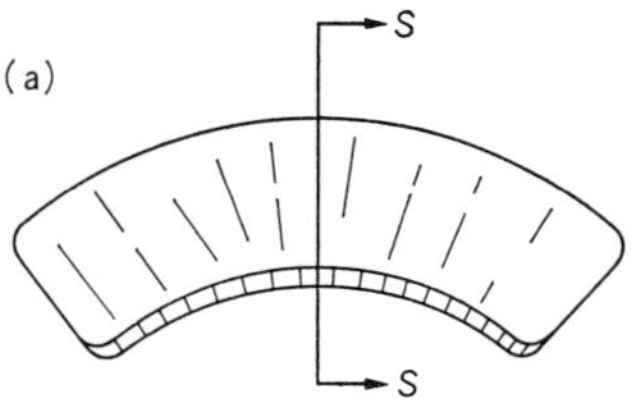

(b)

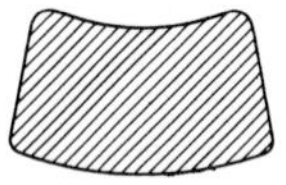

図17-15　(a) 消しゴムの曲げ
(b) 断面

りできるが，消しゴムで確かめられるように，体積を変化させにくいという点でゴムはむしろ液体に似ている．体積が変化しないとき，その材料のポアソン比は1/2であるが，ゴムでは実際ほとんどそうなっている．

17-5　バックリング(座屈)

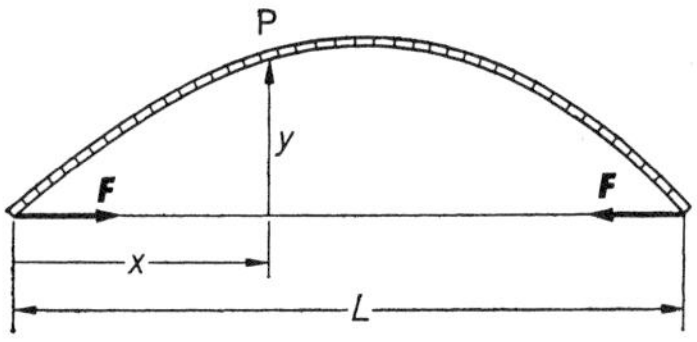

図 17-16　棒のバックリング

棒の理論を使って，梁，柱あるいは棒の“バックリング”の理論を考察することにしよう．正常な状態では真直ぐな棒が，図17-16のように，両端に加わるたがいに逆向きの二つの力によって曲がった形に保たれている場合を考える．さおの形と，両端に加える**力の大きさ**とを求めたい．

両端を結ぶ直線から棒が $y(x)$ だけそれているとする．ここに x は一端からの距離である．図の点Pにおける曲げのモーメント $\mathcal{M}$ は力 F とモーメントの腕の長さ，すなわち垂直距離 y との積

$$\mathcal{M}(x) = Fy \tag{17.43}$$

である．梁の方程式(17.36)を使うと

$$\frac{YI}{R} = Fy \tag{17.44}$$

を得る．曲げが小さいとすると $1/R = -d^2y/dx^2$ とおくことができる(マイナス記号は曲率が下向きのため)．したがって

$$\frac{d^2y}{dx^2} = -\frac{F}{YI}y \tag{17.45}$$

を得るが，これは正弦波の微分方程式である．したがって，小さな曲げについては，曲がった棒の曲線は正弦曲線である．“波長”λ は両端の距離 L の2倍であるが，曲げが小さいときは，これは曲げのないときの棒の長さの2倍に等しい．したがって曲線は

$$y = K\sin \pi x/L$$

である．2階の微分をとると

$$\frac{d^2y}{dx^2} = -\frac{\pi^2}{L^2}y$$

であり，式(17.45)と比べると，力が

$$F = \pi^2\frac{YI}{L^2} \tag{17.46}$$

であることがわかる．小さな曲げに対しては，力は**曲げの変位** y **に無関係**であることになる．

そこで物理的に次のようなことがいえる．力が式(17.46)で与えられる F よりも小さいと，曲げは全然起こらない．力がこの力よりもわずかに**大きく**なると，物体は突然大きく曲がる——すなわち臨界の力 π^2YI/L^2(しばしばオイラー力と呼ばれる)よりも大きな力に対しては棒は“たわむ”．2階の荷重がオイラー力を越えると，これを支える柱はつぶれてしまうであろう．たわみ力の重要ないま一つの場合として宇宙ロケットがある．ロケットは発射台の上で，自重を支え，加

速中の応力に耐えなければならない．しかし，一方では積荷と燃料とを多くして，構造自身の重さはできるだけ小さくしなければならないわけである．

実際には，力がオイラー力を越えるとき棒が完全につぶれてしまうことはない．変位が大きくなると，式(17.38)の $1/R$ のいまは無視した項が効いて，力は上に求めた値よりも大きくなる．棒の大きな曲げに対する力を求めるには厳密な方程式(17.44)に戻らなければならない．いままでは R と y との間の近似的関係を使っていたのである．式(17.44)はむしろ簡単な幾何学的性質を持っている*．これを調べるのは少し面倒だが，なかなか面白いことである．x, y を使って曲線を表わす代りに，二つの新しい変数を使うことができる．すなわち，曲線に沿う長さ S と，曲線の接線の傾き θ とである(図17-17参照)．曲率は長さ S に対する角 θ の変化の割合いであるから

$$\frac{1}{R}=\frac{d\theta}{dS}.$$

したがって，厳密な方程式(17.44)は

$$\frac{d\theta}{dS}=-\frac{F}{YI}y$$

と書くことができる．この式を S について微分し dy/dS を $\sin\theta$ でおきかえると

$$\frac{d^2\theta}{dS^2}=-\frac{F}{YI}\sin\theta \tag{17.47}$$

を得る〔θ が小さいと式(17.45)に戻る．すべてO.K.である〕．

さて，幸か不幸か，式(17.47)は，振り子の大きな振幅の振動に対する式と厳密に同じである——もちろん F/YI をほかの定数でおきかえての話である．このような方程式の解を数値的に求める方法は，すでに第I巻第9章で学んでいる**．答として魅力ある曲線——“エラスチカ”の曲線として知られる——が得られる．図17-18にはいろいろな F/YI に対する三つの曲線を示した．

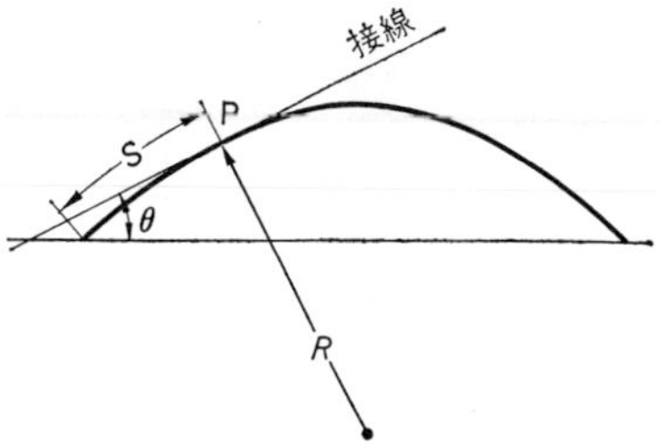

図17-17 曲げた棒の曲線に対する座標 S と θ

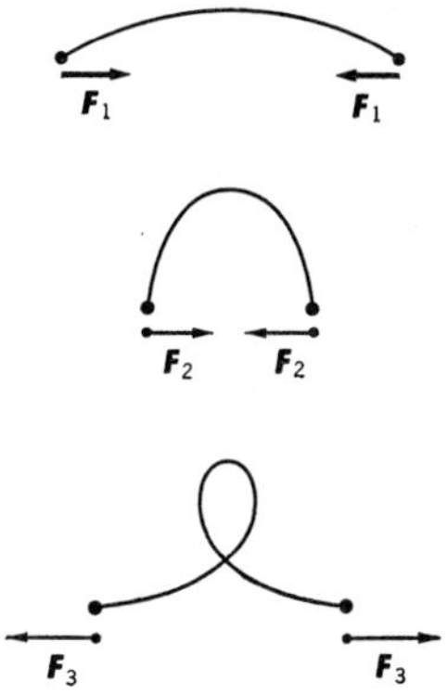

図17-18 曲げた棒の曲線

* これと同じ方程式は，ほかの物理の問題——たとえば平行な2枚の板にはさまれた液体の表面のメニスカスの問題——でも現われ，これと同じ幾何学的解が適用する．

** 解はヤコビの楕円関数と呼ばれる関数で表わすこともできる．この関数は数値で与えられている．

第18章
弾　性　体

18-1　ひずみのテンソル

前章においては，特別な弾性物体の変形について述べた．この章では弾性体の内部で起こることを**一般的に**考察しようと思う．ゼリーなどを複雑に曲げ，押えこんだときの内部のひずみと応力を記述できるようにしたい．このためには弾性体の任意の点の**局所的なひずみ**を記述できるようにしなければならないが，これは各点における対称テンソルの成分である6個の数値を与えることによって達成される．すでに応力テンソルについて述べた(第10章)が，ここで，ひずみのテンソルも必要になった．

まず，ひずみのない物質から出発し，物質中に埋められた小さな“ほこり”の粒がひずみを加えたときに動く様子を観察しよう．図18-1のように$\boldsymbol{r}=(x, y, z)$の点Pにあった粒が$\boldsymbol{r}'=(x', y', z')$の新しい位置P′に移動する．PからP′への変位ベクトルを$\boldsymbol{u}$とすれば

$$\boldsymbol{u}=\boldsymbol{r}'-\boldsymbol{r} \tag{18.1}$$

である．変位$\boldsymbol{u}$はもちろん出発点P，あるいは(x, y, z)のベクトル関数である．

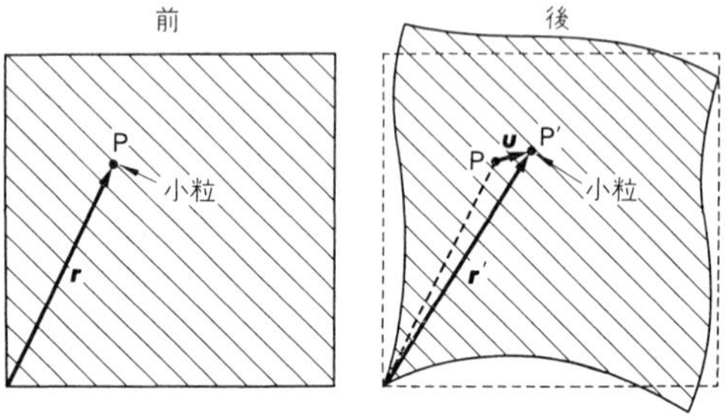

図18-1　ひずみのないとき物体内のPにあった小粒はひずんだときP′に移る

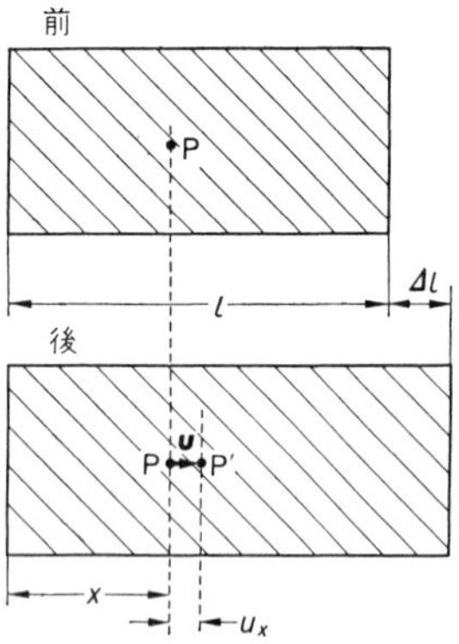

図18-2　一様な伸張型のひずみ

最初に，ひずみの簡単な場合として，物質全体を通してひずみが一定，すなわち**一様なひずみ**とよばれる場合を考えよう．たとえば立方形の物質をとり，一様に伸ばしたとする．一方向，たとえば図18-2のようにx方向に一様に長さを変化させる．xにあった粒の移動u_xはxに比例する．実際

$$\frac{u_x}{x}=\frac{\Delta l}{l}$$

である．u_xを

$$u_x = e_{xx}x$$

と書く．比例定数 e_{xx} はもちろん $\Delta l/l$ と同じことである(なぜ2重の添字を使うかはすぐあとでわかる)．

ひずみが一様でないならば，u_x と x との関係は物質の場所によって変化する．一般には，e_{xx} は局所的な $\Delta l/l$ のようなもの，すなわち

$$e_{xx} = \partial u_x/\partial x \tag{18.2}$$

によって定義される．この数値は x, y, z の関数であって，ゼリーのかたまり全体における x 方向の伸びを与える．もちろん，y, z 方向の伸びもあり得る．これらを数値

$$e_{yy} = \partial u_y/\partial y, \qquad e_{zz} = \partial u_z/\partial z \tag{18.3}$$

で表わす．

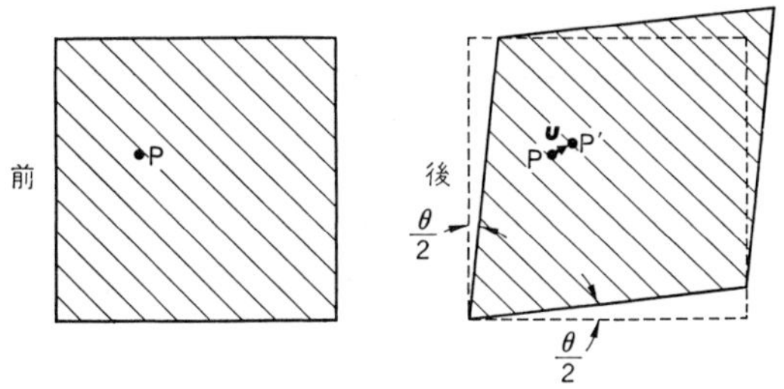

図 18-3　一様なずりのひずみ

ずりの型のひずみも表わさなければならない．ひずみのないゼリーから小さな立方体を切り出したと考えよう．ゼリーを押して，図 18-3 のように立方体が平行四辺形に変形することができる*．このようなひずみでは，各粒子の x 移動は y 座標に比例し

$$u_x = \frac{\theta}{2}y \tag{18.4}$$

である．x に比例する y 移動もあって

$$u_y = \frac{\theta}{2}x \tag{18.5}$$

である．したがって，このようなずりの型のひずみを

$$u_x = e_{xy}y, \qquad u_y = e_{yx}x$$

ただし

$$e_{xy} = e_{yx} = \frac{\theta}{2}$$

と書くことができる．

ひずみが一様でない場合でも，一般のずりのひずみを

$$e_{xy} = \frac{\partial u_x}{\partial y}, \qquad e_{yx} = \frac{\partial u_y}{\partial x} \tag{18.6}$$

によって定義すればよいだろうと思うかも知れない．しかし，これはよくない．たとえば u_x と u_y とが

---

* ここでは，全体のずりの角 θ を二つの等しい部分に分けて，ひずみが x と y とについて対称になるようにした．

$$u_x = \frac{\theta}{2}y \qquad u_y = -\frac{\theta}{2}$$

で与えられる場合を考えてみよう．これは式(18.4)と(18.5)とに似ているが，u_x の符号が逆になっている．この変化では，ゼリーの小立方体は図18-4のように角 θ の回転をするだけである．この場合，ひずみは全然生じていないで，空間的回転が生じているだけである．物質には何ら変形がなく，原子全体の**相対的**位置は全然変化していない．そこで，ずりのひずみの定義において，純粋な回転は含まれないような定義を作らなければならない．もしも $\partial u_y/\partial x$ と $\partial u_x/\partial y$ とが大きさ等しく，異符号のときはひずみがないというのが鍵であって，

$$e_{xy} = e_{yx} = \frac{1}{2}(\partial u_y/\partial x + \partial u_x/\partial y)$$

と定義すれば，すべてうまくいく．純粋な回転では e_{xy} も e_{yx} も0であり，純粋なずりに対しては e_{xy} も e_{yx} も期待される数値を与える．

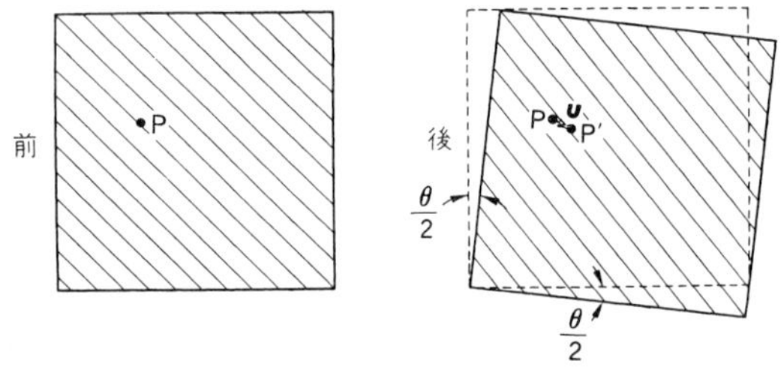

図18-4　一様な回転——ひずみはない

伸びあるいは圧縮とずりとを含む最も一般的な変形において，ひずみの状態は9個の数値

$$\begin{aligned} e_{xx} &= \frac{\partial u_x}{\partial x} \\ e_{yy} &= \frac{\partial u_y}{\partial y} \\ &\vdots \\ e_{xy} &= \frac{1}{2}(\partial u_y/\partial x + \partial u_x/\partial y) \\ &\vdots \end{aligned} \qquad (18.7)$$

を与えることによって**定義**される．これらは**ひずみのテンソル**の要素である．定義により常に $e_{xy}=e_{yx}$ であるから，これは**対称テンソル**で，実際には6個の数値によって定められる．第10章でみたように，テンソルの一般的特性は，要素が二つのベクトルの積のように変換されることである（$\boldsymbol{A}$ と $\boldsymbol{B}$ とをベクトルとすると $C_{ij}=A_iA_j$ はテンソルである）．e_{ij} の各要素はベクトル $\boldsymbol{u}=(u_x, u_y, u_z)$ と，演算子 $\nabla=(\partial/\partial x, \partial/\partial y, \partial/\partial z)$ との成分の積（あるいは積の和）である．すでに学んだように，∇ はベクトルと同様に変換される．x, y, z を x_1, x_2, x_3 で表わし，u_x, u_y, u_z を u_1, u_2, u_3 で表わせば，ひずみのテンソルの要素は一般的

に

$$e_{ij}=\frac{1}{2}(\partial u_j/\partial x_i+\partial u_i/\partial x_j) \qquad (18.8)$$

と書ける．ここで i, j は 1, 2, 3 のいずれかをとるものとする．

伸びとずりとを含む一様なひずみ，すなわち e_{ij} のすべてが定数の場合は

$$u_x=e_{xx}x+e_{xy}y+e_{xz}z \qquad (18.9)$$

となる（$\boldsymbol{u}$ が 0 の点を原点に選ぶ）．この場合，ひずみテンソル e_{ij} は二つのベクトル，すなわち座標ベクトル $\boldsymbol{r}=(x, y, z)$ と変位ベクトル $\boldsymbol{u}=(u_x, u_y, u_z)$ の間の関係を与える．

ひずみが一様でない場合は，ゼリーの各部分にいくらかのねじりを生じることもある．このとき，局所的な回転を生じる．変形が小さいならば，

$$\Delta u_i=\sum_j(e_{ij}-\omega_{ij})\Delta x_j \qquad (18.10)$$

となる．ここに ω_{ij} は**非対称テンソル**

$$\omega_{ij}=\frac{1}{2}(\partial u_j/\partial x_i-\partial u_i/\partial x_j) \qquad (18.11)$$

であって，回転を表わす．しかし，ここでは回転のことは気にかけないで，対称テンソル e_{ij} によって表わされるひずみだけを扱うことにする．

18–2 弾性のテンソル

ひずみの表現を得たので，次にこれを内部の力，すなわち物質の応力と関係づけたい．物質の各小部分にフックの法則が成り立つと仮定し，応力がひずみに比例することを書き表わす．第 10 章において，応力テンソル S_{ij} を j 軸に垂直な単位面積に働く i 番目の力として定義した．フックの法則は，S_{ij} の各成分が，ひずみの**各**成分と線型の関係にあることを意味する．S_{ij} も e_{ij} も 9 個の成分をもつから，物質の弾性的性質を表現するには $9\times9=81$ 個の係数が可能である．これらの係数は，物質自身が一様ならば，定数である．これらの係数を C_{ijkl} とし，これらを方程式

$$S_{ij}=\sum_{kl}C_{ijkl}e_{kl} \qquad (18.12)$$

によって定義する．ここで i, j, k, l は 1, 2, 3 の値をとるものとする．C_{ijkl} は一つのテンソルを他のテンソルと関係づけるものであるから，それ自身一つのテンソルであって，**4 階**のテンソルである．これを**弾性のテンソル**という．

C のすべてがわかっているとし，ある特定の形の物体に複雑な力を加えるとする．このとき，あらゆる種類の変形が生じ，いくらかねじれた形が定まるであろう．この際の変位を求めるのは相当複雑な問題になる．ひずみがわかっていれば，式(18.12)により応力が求められ，これは逆に解くこともできる．しかし，任意の点の応力とひずみとは，

物質の他の部分で起こることに関係する．

この問題に近づく一番簡単な方法はエネルギーを考える方法である．変位 x に比例する力があるとき，これを $F=kx$ とすれば，任意の変位 x を生じるのに要する仕事は $kx^2/2$ である．同様にして，変形した物質の**単位体積**に蓄えられる仕事 w は

$$w=\frac{1}{2}\sum_{ijkl}C_{ijkl}e_{ij}e_{kl} \tag{18.13}$$

であることがわかる．物体を変形さす仕事全体は，w を物体の体積について積分したもので

$$W=\int\frac{1}{2}\sum_{ijkl}C_{ijkl}e_{ij}e_{kl}\,dV \tag{18.14}$$

で与えられる．これは物質中の内部応力によって蓄えられた位置エネルギーである．さて，物体が平衡にあるとき，内部エネルギーは**極小**でなければならない．したがって，物体中のひずみを求める問題は，W を極小にするような物体中の変位 $\boldsymbol{u}$ を発見することによって解くことができる．このような極小問題を扱う変分法の一般的な概念については，第Ⅲ巻の補章で学んだ．この問題に，ここで更に深入りすることはできない．

ここでの主な興味は，弾性のテンソルの一般的性質である．まず，本当は C_{ijkl} の81個の要素はすべて相異なるものでは**ない**．なぜならば S_{ij} も e_{ij} も共に対称テンソルであるので，それぞれ6個の相異なる要素があるだけであるから，C_{ijkl} には多くても36個の相異なる要素があるだけである．しかし，ふつうはもっとずっと少ない．

立方結晶という特別の場合を考察しよう．この場合，エネルギー密度は

$$\begin{aligned}w=\frac{1}{2}\{&C_{xxxx}e_{xx}{}^2+C_{xxxy}e_{xx}e_{xy}+C_{xxxz}e_{xx}e_{xz}\\&+C_{xxyx}e_{xx}e_{yx}+C_{xxyy}e_{xx}e_{yy}+\cdots+\cdots\\&+C_{yyyy}e_{yy}{}^2+\cdots+\cdots\}\end{aligned} \tag{18.15}$$

のように81個の項からなる，立方結晶はいくつかの対称性をもつ．特に，結晶を90°回転さすと，物理的に同じ性質をもつようになる．つまり，x 方向の伸びも y 方向の伸びも同じかたさをもつ．そこで，式(18.15)において x と y との軸方向の定義を変えてもエネルギーは変化しない．このため，立方結晶では

$$C_{xxxx}=C_{yyyy}=C_{zzzz} \tag{18.16}$$

でなければならない．

次に C_{xxxy} のような項は0でなければならないことがわかる．立方結晶は軸の一つに垂直な面に対して**鏡映**の対称性をもつ．y を $-y$ に変えても，何の変化もない．しかし，y を $-y$ に変えると，$+y$ 方向の変位は $-y$ 方向になってしまうので，e_{xy} は $-e_{xy}$ に変わる．この変換でエネルギーが変化しないためには，C_{xxxy} は $-C_{xxxy}$ にならなければならない．しかし，鏡映を行なっても結晶は変わらないから，

C_{xxxy} は $-C_{xxxy}$ に**等しく**なければならないが，これは，これらが共に0である場合に限る．

同じ議論により $C_{yyyy}=0$ が導かれると思うかも知れないが，そうはならない．y が**4個**あるからである．符号は各々の y について1回変わるので，4個のマイナスはプラスになる．**2個**あるいは**4個** y があれば，その項は0である必要がない．0になるのは**1個**，あるいは**3個**あるときだけである．したがって，立方結晶の場合，C の0でない項は同じ添字が**偶数個**あるものだけである（y について述べたことは明らかに x や z についても成り立つ）．このため $C_{xxyy}, C_{xyxy}, C_{xyyx}$ などの項が残る．しかし，すでに述べたように，すべての x を y に変え，y を x に変えたとき（あるいはすべての z を x に変えるなどしたとき），立方結晶では同じにならなければならない．このため，次の**3個の異なるもの**だけが0でないことになる．これらは

$$
\begin{aligned}
&C_{xxxx}\,(=C_{yyyy}=C_{zzzz}),\\
&C_{xxyy}\,(=C_{yyxx}=C_{xxzz}\text{ 等}),\\
&C_{xyxy}\,(=C_{yxyx}=C_{xzxz}\text{ 等})
\end{aligned}
\tag{18.17}
$$

である．

したがって，立方結晶の場合，エネルギー密度は

$$
\begin{aligned}
w=\frac{1}{2}\{&C_{xxxx}(e_{xx}{}^2+e_{yy}{}^2+e_{zz}{}^2)\\
&+2C_{xxyy}(e_{xx}e_{yy}+e_{yy}e_{zz}+e_{zz}e_{xx})\\
&+4C_{xyxy}(e_{xy}{}^2+e_{yz}{}^2+e_{zx}{}^2)\}
\end{aligned}
\tag{18.18}
$$

のようになる．

等方的な，すなわち結晶でない物質では対称性はもっと高い．この場合は，**どんな**座標軸を選んでも C は同じでなければならない．このために C の間には，更に

$$
C_{xxxx}=C_{xxyy}+C_{xyxy} \tag{18.19}
$$

の関係が成り立つことがわかる．これは次のような一般的な議論で示される．応力テンソル S_{ij} は座標軸の方向には全く関係のない方法で e_{ij} と関係づけられなければならない．つまり，**スカラー**量で関係づけられなければならない．“これは簡単だ．e_{ij} から S_{ij} を作る唯一つの方法はスカラーの定数を掛けることだ．これはフックの法則にほかならない．$S_{ij}=$（定数）e_{ij} でなければならない．”と思うかも知れないが，これは完全に正しくはない．e_{ij} と線型に関係するあるスカラー量を**単位テンソル** δ_{ij} に掛けたものがあってもよい．e について線型な不変量は $\sum e_{ii}$ があるだけである（これはスカラーの量 $x^2+y^2+z^2$ のように変換する）．したがって S_{ij} を e_{ij} に関係づける式の最も一般的な形は，等方的な物質の場合

$$
S_{ij}=2\mu e_{ij}+\lambda\Bigl(\sum_k e_{kk}\Bigr)\delta_{ij} \tag{18.20}
$$

である（第1項はふつう μ の**2倍**と書かれる．こう書くと係数 μ は前章で定義したずりの弾性率に等しい）．定数 μ と λ とはラーメの弾性

定数という．式(18.20)を式(18.12)と比べ

$$C_{xxyy} = \lambda,$$
$$C_{xyxy} = 2\mu,$$
$$C_{xxxx} = 2\mu+\lambda \qquad (18.21)$$

を得る．したがって式(18.19)の正しいことが証明された．また，等方的な物質の弾性的性質は，前章で述べたように2個の定数によって完全に与えられることがわかった．

Cはすでに使った弾性定数の中のどの2個を用いて表わすこともできる．たとえばヤング率Yとポアソン比を用いて表わすことができ，

$$C_{xxxx} = \frac{Y}{1+\sigma}\left(1+\frac{\sigma}{1-2\sigma}\right),$$
$$C_{xxyy} = \frac{Y}{1+\sigma}\left(\frac{\sigma}{1-2\sigma}\right), \qquad (18.22)$$
$$C_{xyxy} = \frac{Y}{1+\sigma}$$

となる．これは読者の演習にまかせよう．

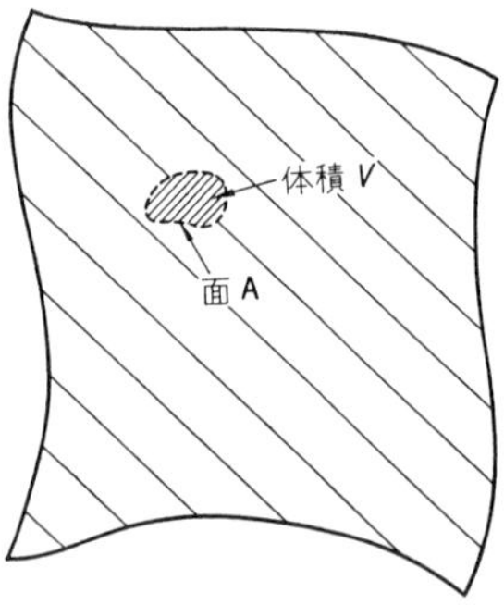

図 18-5　面Aで囲まれた微小体積素片V

18-3　弾性体内の運動

平衡にある弾性体では，エネルギーが極小になるように応力が調節されるということを前に注意しておいた．ここで，内部応力が平衡に**ない**ときに起こる現象を考察しよう．図18-5のように，ある面Aの中にある物質の小部分に注目する．この部分が平衡にあるならば，これに働く全体の力は0でなければならない．この力は二つの部分からなると考えることができる．その一つとして，重力のような“外”力が存在し得る．これは遠くから働く力で，物質の各部分に，**単位体積あたりの力**$\boldsymbol{f}_{外}$として働く．全外力は$\boldsymbol{f}_{外}$をこの部分について積分したもので，

$$\boldsymbol{F}_{外} = \int \boldsymbol{f}_{外}\,dV \qquad (18.23)$$

によって与えられる．平衡においては，この力は面Aを通して物質の近接部分から働く全体の力$\boldsymbol{F}_{内}$とつり合っているはずである．平衡に**ない**とき，すなわち運動しているときは，内力と外力との和は質量と加速度との積に等しいから

$$\boldsymbol{F}_{外}+\boldsymbol{F}_{内} = \int \rho\ddot{\boldsymbol{r}}\,dV \qquad (18.24)$$

となる．ここで，ρは物質の密度，$\ddot{\boldsymbol{r}}$は加速度である．式(18.23)と式(18.24)とを組み合わせて

$$\boldsymbol{F}_{内} = \int_v (-\boldsymbol{f}_{外}+\rho\ddot{\boldsymbol{r}})\,dV \qquad (18.25)$$

と書くことができる．簡単にするため

$$\boldsymbol{f} = -\boldsymbol{f}_{外}+\rho\ddot{\boldsymbol{r}} \qquad (18.26)$$

と書けば式(18.25)は

$$\boldsymbol{F}_{内} = \int_v \boldsymbol{f}\,dV \tag{18.27}$$

となる．

$\boldsymbol{F}_{内}$と書いたものは物質内の応力と関係づけられる．応力テンソルS_{ij}は，法線$\boldsymbol{n}$をもつ面積素片を通して働く力$d\boldsymbol{F}$のx成分が

$$dF_x = (S_{xx}n_x + S_{xy}n_y + S_{xz}n_z)\,da \tag{18.28}$$

であるようなものとして定義された(第10章)．考えている小部分に働く力$\boldsymbol{F}_{内}$のx成分は，$d\boldsymbol{F}_x$を面について積分したものである．式(18.27)のx成分にこれを代入すれば

$$\int_A (S_{xx}n_x + S_{xy}n_y + S_{xz}n_z)\,da = \int_v f_x\,dV \tag{18.29}$$

となる．

この式は面積分を体積積分と関係づけているが，この事情は電気について学んだ事柄を思い起こさせる．式(18.29)の左辺のSの各々についている第1の添字xを無視すると，これは“$\boldsymbol{S}$”$\cdot\boldsymbol{n}$といった量——ベクトルの法線成分——を面について積分したものにほかならない．これはこの体積から出ていく“$\boldsymbol{S}$”の流量であって，ガウスの法則を使えば“$\boldsymbol{S}$”の発散(div)の体積積分として書けるはずである．実際，添字xがあってもなくても，これは正しい．これは部分積分を実行すれば得られる数学的な定理なのである．いいかえれば，式(18.29)を変形して

$$\int_v \left(\frac{\partial S_{xx}}{\partial x} + \frac{\partial S_{xy}}{\partial y} + \frac{\partial S_{xz}}{\partial z}\right) dV = \int_v f_x\,dV \tag{18.30}$$

とすることができる．体積積分をとり除けば，$\boldsymbol{f}$の一般成分に対する微分方程式

$$f_x = \sum_j \frac{\partial S_{ij}}{\partial x_j} \tag{18.31}$$

と書ける．これは単位体積の力を応力テンソルS_{ij}と結びつける式である．

固体内の運動は理論的に次のようにしてわかる．はじめの変位$\boldsymbol{u}$が与えられたとすると，ひずみe_{ij}がわかる．ひずみから式(18.12)により応力が得られる．応力から式(18.31)により力の密度$\boldsymbol{f}$が得られる．$\boldsymbol{f}$がわかると式(18.26)により物質の加速度$\ddot{\boldsymbol{r}}$が得られ，これは変位がどのように変化しつつあるかを示すものである．これらを一緒にすると，弾性固体の複雑な運動方程式が得られる．等方的な物質について，その結果だけを書いてみよう．S_{ij}として式(18.20)を用い，e_{ij}を$\dfrac{1}{2}(\partial u_i/\partial x_j + \partial u_j/\partial x_i)$と書くと結局

$$\boldsymbol{f} = (\lambda+\mu)\nabla(\nabla\cdot\boldsymbol{u}) + \mu\nabla^2\boldsymbol{u} \tag{18.32}$$

を得る．

実際，$\boldsymbol{f}$と$\boldsymbol{u}$とを関係づける方程式はこの形を持つはずである．力は変位$\boldsymbol{u}$の2階の微係数で与えられなければならない．ベクトルであるような$\boldsymbol{u}$の2階の微係数はどのようなものかというと，一つは

ベクトル $\nabla(\nabla\cdot\boldsymbol{u})$ であり，その他には $\nabla^2\boldsymbol{u}$ が唯一つあるだけである．したがって最も一般的な形は

$$\boldsymbol{f} = a\nabla(\nabla\cdot\boldsymbol{u}) + b\nabla^2\boldsymbol{u}$$

であるが，これは定数の定義のちがいを除けば式(18.32)と同じである．やはりベクトルである $\nabla\times\nabla\times\boldsymbol{u}$ が第3項として現われないのを不思議に思うかも知れないが，$\nabla\times\nabla\times\boldsymbol{u}$ は $\nabla^2\boldsymbol{u}-\nabla(\nabla\cdot\boldsymbol{u})$ と同じことであって，これは上の2項の線型結合であるから，これを加えても何も新しいものが加わらないのである．等方的な物質がただ2個の弾性定数をもつだけであるということが，これでも証明された．

物質の運動方程式としては(18.32)を $\rho\partial^2\boldsymbol{u}/\partial t^2$ に等しくおけばよい．重力のような体積力を無視すれば

$$\rho\frac{\partial^2\boldsymbol{u}}{\partial t^2} = (\lambda+\mu)\nabla(\nabla\cdot\boldsymbol{u}) + \mu\nabla^2\boldsymbol{u} \tag{18.33}$$

が得られる．これは電磁気について得た波動方程式といくらか似ているが，複雑な項が一つ加わっている．弾性的性質がどこでも同じ物質の場合，一般解がどのようになるかは次のようにしてわかる．まず，任意のベクトル場は発散が0のベクトルと，回転が0のベクトルとの二つのベクトルの和として与えられることを思い出そう．いいかえれば

$$\boldsymbol{u} = \boldsymbol{u}_1 + \boldsymbol{u}_2 \tag{18.34}$$

ただし

$$\nabla\cdot\boldsymbol{u}_1 = 0 \qquad \nabla\times\boldsymbol{u}_2 = 0 \tag{18.35}$$

とおくことができる．式(18.33)の $\boldsymbol{u}$ を $\boldsymbol{u}_1+\boldsymbol{u}_2$ でおきかえると

$$\rho\partial^2[\boldsymbol{u}_1+\boldsymbol{u}_2]/\partial t^2 = (\lambda+\mu)\nabla(\nabla\cdot\boldsymbol{u}_2) + \mu\nabla^2(\boldsymbol{u}_1+\boldsymbol{u}_2) \tag{18.36}$$

となる．この方程式の発散をとれば $\boldsymbol{u}_1$ が消去できて

$$\rho\partial^2(\nabla\cdot\boldsymbol{u}_2)/\partial t^2 = (\lambda+\mu)\nabla^2(\nabla\cdot\boldsymbol{u}_2) + \mu\nabla\cdot\nabla^2\boldsymbol{u}_2$$

となるが，演算子 ∇^2 と ∇ とは交換できるから，発散をくくり出して

$$\nabla\cdot\{\rho\partial^2\boldsymbol{u}_2/\partial t^2 - (\lambda+2\mu)\nabla^2\boldsymbol{u}_2\} = 0 \tag{18.37}$$

を得る．$\boldsymbol{u}_2$ の定義により $\nabla\times\boldsymbol{u}_2$ は0であるから，括弧式{　}の回転も0である．したがって括弧式自身は恒等的に0でなければならない．すなわち

$$\rho\partial^2\boldsymbol{u}_2/\partial t^2 = (\lambda+2\mu)\nabla^2\boldsymbol{u}_2 \tag{18.38}$$

である．これは速さ $C_2=\sqrt{(\lambda+2\mu)/\rho}$ で動く波に対する波動方程式である．$\boldsymbol{u}_2$ の回転は0であるから，この波に関係するずりの変形は存在しない．この波は前章で論じた縦波，すなわち音波の型の波で，その速さは $C_{縦}$ として与えられたものである．

同様にして，式(18.36)の回転をとることにより，$\boldsymbol{u}_1$ は方程式

$$\rho\partial^2\boldsymbol{u}_1/\partial t^2 = \mu\nabla^2\boldsymbol{u}_1 \tag{18.39}$$

を満たすことが示される．これもベクトル波動方程式で，その波の速さは $C_1=\sqrt{\mu/\rho}$ である．$\nabla\cdot\boldsymbol{u}_1=0$ であるから $\boldsymbol{u}_1$ は密度の変化を生じない．ベクトル $\boldsymbol{u}_1$ は，前章に述べた横波あるいはずりの型の波で $C_1=$

$C_{ずり}$である．

等方的な物質で静的な応力を求めるようにする場合，原理的には式(18.32)で $\boldsymbol{f}$ を0あるいは重力 $\rho \boldsymbol{g}$ のような静的な体積力に等しいとおき，これを大きな材質の表面に働く力を与えた条件の下で解けばよい．これは，電磁気のこれに相当する問題よりもさらにむずかしい問題である．さらにむずかしいというのは，第一に方程式がもっと扱いにくいためと，興味をもつ弾性体の形がもっと複雑なのがふつうだからである．電磁気では，円柱，球などの比較的簡単な幾何学的な形のまわりでマクスウェル方程式を解くことに興味がある場合が多い．このような形が電気的な装置として都合よい形だからである．弾性においては，調べたい物体は非常に複雑なものもある．たとえば，起重機のかぎ，自動車のクランクシャフト，ガスタービンの回転子といった類である．このような問題は場合によっては，すでに述べたエネルギー極小の原理を用いて，数値的方法で近似的に取り扱われる．別の方法は物体の模型を使って，偏光により内部応力を実験的に測る方法である．

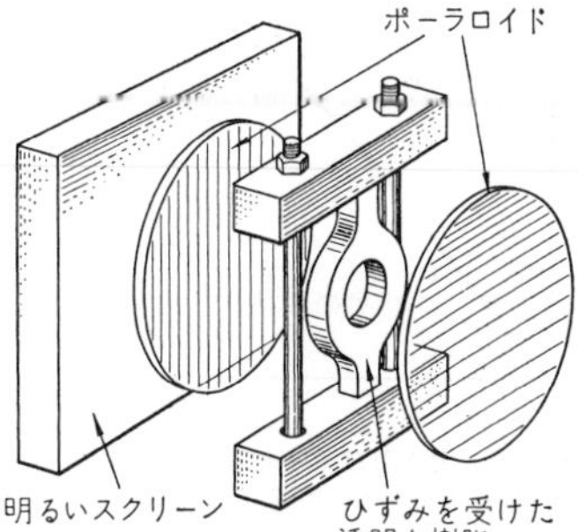

図18-6　偏光を用いて内部応力を測定

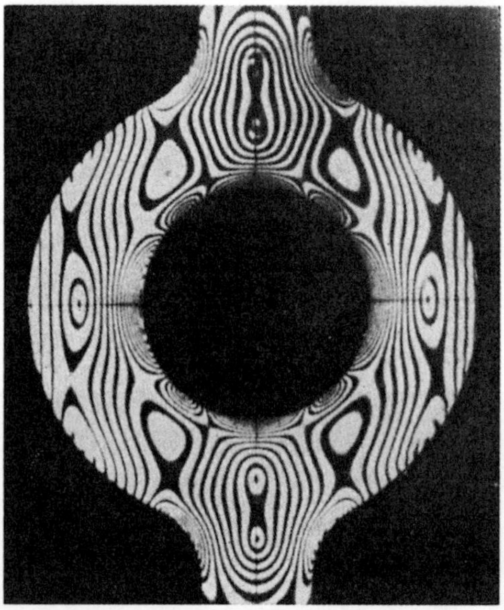

図18-7　応力を受けたプラスチックの模型を直交ポーラロイドの間において見たところ

この方法は次のようにする．たとえばルーサイトのような透明合成樹脂などの透明な等方的物質が応力の下にあるときは複屈折を生じる．これを通して偏光を送ると，偏光面は応力に応じて回転するから，回転角を測定して応力が測定できる．図18-6はこの装置の原理図である．また，図18-7は複雑な形をした光弾性模型が応力の下にあるときの写真である．

18-4　非弾性的な振舞い

いままで述べたところでは，応力はひずみに比例すると仮定した．

しかし，これは一般には正しくない．図18-8は引き伸ばしやすい物質の典型的な応力-ひずみ曲線である．小さなひずみに対しては，応力はひずみに比例する．しかし，ある点以後は，応力とひずみとの関係は直線からはずれてしまう．“もろい”とよばれる多くの物質では，この曲線が曲がり出す点を応力がちょっと越えただけで，物体がこわれてしまう．一般には，応力とひずみとの関係に，そのほかの複雑なことも起こる．たとえば，物体をひずませるとき，はじめは応力が大きくても，時間がたつと応力はゆっくりと減少する．また，応力を大きくして，まだ“こわれる”点にこない前にひずみを小さくすると応力は別の曲線に沿って減少する．(磁性体の $\boldsymbol{B}$ と $\boldsymbol{H}$ との関係でみたような)小さな履歴効果が存在するのである．

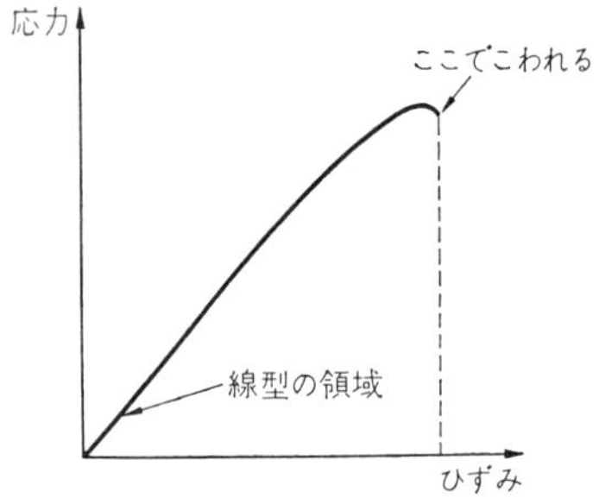

図18-8　大きなひずみに対する典型的な応力-ひずみ関係

物質がこわれる応力は，物質によって大変に相違する．ある物質は，最大**ひっぱり応力**がある値に達したときにこわれる．またある物質は，最大ずり応力がある値に達したときにくずれる．白墨はずりよりもひっぱりに対してずっと弱い物質の例である．黒板の白墨の両端をもってひっぱると，図18-9(a)のように加えた応力の方向に垂直にこわれる．これが加えた応力に垂直にこわれるのは，粒を集めて固めただけなので，容易に引きはなされるからである．しかし，ずりの場合は粒がたがいに喰い込むので，この物質はずりに対してずっと強いことになる．棒をねじるとまわりにずりが起こることをさきに学んだが，ずりは45°に組み合わされた伸張と圧縮とに同等であることも示した．これらの理由により，黒板の白墨を**ねじる**と，これは軸と45°で出発する複雑な曲面に沿ってこわれる．このようにしてこわれた白墨の写真を図18-9(b)に示す．白墨は物質が最大張力になったところでこわれる．

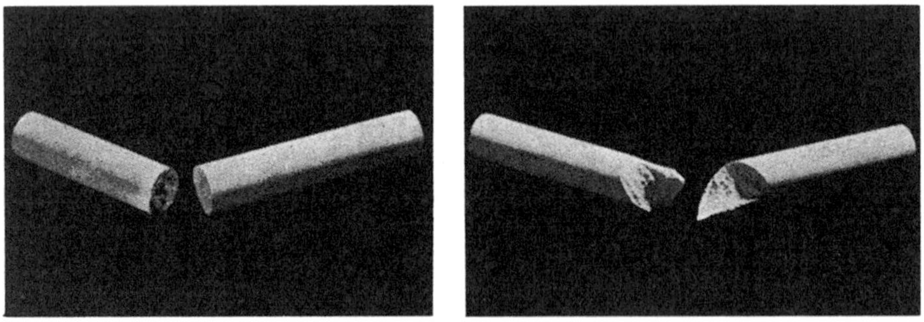

図18-9　(a) 両端で引いて切れた白墨　(b) ねじってこわれた白墨

ほかの物質で珍奇な，複雑なこわれ方をするものがある．物質が複雑なこわれ方をするほど，その振舞いは興味深い．もしも“サラン・ラップ”の紙をとってくしゃくしゃにしてボールにまるめ，これを机の上にほうり出すと，ゆっくりほどけて，もとの平な形にもどろうとする．ちょっとみたところ，もとの形にもどるのをとめようとするのは慣性であると考えたくなるが，簡単な計算をすればわかるように，この効果を説明するのに慣性は数ケタも小さすぎる．この場合，二つの主要な効果が張り合っているようである．つまり，物質内の“何か”がはじめの形を“記憶”していて，もとへもどろうと“努力”するが，ほかの何かが新しい形を“好み”，もとの形にもどるのに“抵抗”する．

プラスチックのサランで起こる機構を明らかにしようとは思わないが，このような効果がどうして出てくるかということは，次のような**モデル**によって知ることができるであろう．長い，曲げやすい，しかし強い繊維と粘ばっこい液体で満たされたすき間とが混ざり合って出来た物質を考える．また，すき間とすき間の間には細い通路があって，液体はすき間から近くのすき間へと洩れることができるとする．このような物質の紙をまるめると，長い繊維はみだれ，ある部分のすき間から液体を押し出して，ひろがったすき間に押し込むことになる．これを放つと，長い繊維はもとの形にもどろうとする．しかしこのためには液体をもとの場所に押しもどさなければならない．粘性があるため，これは比較的ゆっくり行なわれるであろう．紙をまるめるとき，手の力は繊維が出せる力よりもずっと大きいから，すばやくまるめることができる．しかし，ずっとゆっくり，もとへもどることになる．サラン・ラップの中でこのような振舞いをするのは，疑いもなく，大きくて固い分子と，小さくて動きやすい分子との組み合わせである．この考えは，あたためると冷たいときよりも早くもとの形にもどるようになるという事実とも一致する．あたためれば小さな分子が動きやすく（粘性が小さく）なるからである．

フックの法則がどのように破れるかを述べてきたが，重要なのは，大きなひずみに対してフックの法則が破れることではなく，これが一般的に正しいということであろう．なぜそうなるかという理由は物質のひずみのエネルギーを考察することによっていくらか理解できる．応力がひずみに比例するということは，ひずみのエネルギーがひずみの2乗に比例して変わることと同じである．棒を角θだけねじったとすると，フックの法則が成り立てば，ひずみのエネルギーはθの2乗に比例する．エネルギーがθの任意の関数であると仮定すると，0の角のまわりにテイラー展開して

$$U(\theta)=U(0)+U'(0)\theta+\frac{1}{2}U''(0)\theta^2+\frac{1}{6}U'''(0)\theta^3+\cdots \tag{18.40}$$

と書けるであろう．ねじりのモーメントτはUを角について微分したもので，

$$\tau(\theta)=U'(0)+U''(0)\theta+\frac{1}{2}U'''(0)\theta^2+\cdots \tag{18.41}$$

となる．

平衡の位置から角を測ることにすれば，第1項は0になる．したがって，残る最初の項はθに比例し，角が充分小さければ，この項がθ^2の項を圧倒する〔物質が内部的に充分対称的で，そのため$\tau(\theta)=-\tau(-\theta)$であれば$\theta^2$の項は0となり，線型関係からのずれは$\theta^3$の項

からくるだけになる．しかし，圧縮と伸張に関しては，このようなことが成り立つ理由はない〕．高次の項が重要になると，ふつうは物質がすぐにこわれるわけは，これだけではわからない．

18-5　弾性定数の計算

弾性に関する問題の最終として，物質を作っている原子に関するいくらかの知識をもとにして，物質の弾性定数を計算する試みを述べよう．一番簡単な場合として，塩化ナトリウムのような立方の**イオン**結晶だけを扱ってみる．結晶がひずむと体積や形が変化する．この変化は結晶の位置エネルギーの増加を起こす．ひずみのエネルギーを計算するには，各原子がどこへいくかを知らなければならない．複雑な結晶では全エネルギーをできるだけ小さくするように格子の中で原子が複雑な再配列をするであろう．これはひずみのエネルギーの計算を相当むずかしくする．しかし，簡単な立方結晶では，結果が容易にわかる．結晶内部の変形は結晶の外部の境界の変形に相似である．

立方結晶の弾性定数は次のようにして計算できる．はじめに原子の各々の対の間にある力の法則を仮定する．次に，結晶が平衡の形から変形したときの内部エネルギーの変化を計算する．これにより，エネルギーとひずみとの関係がすべてのひずみに対して2次の形で得られる．このようにして得られるエネルギーを式(18.13)と比較すれば，各項の係数として弾性定数 C_{ijkl} が求められる．

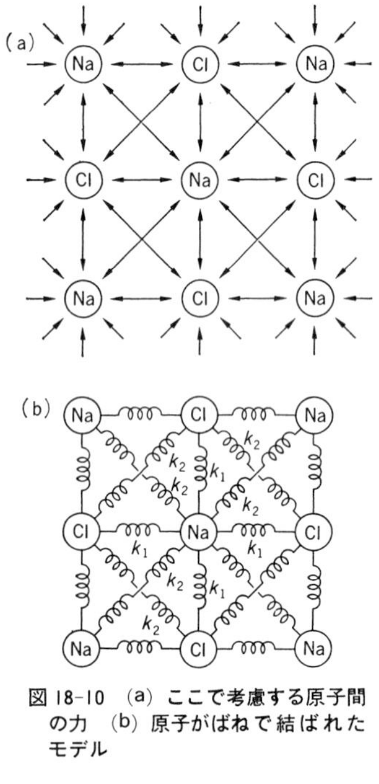

図 18-10　(a) ここで考慮する原子間の力　(b) 原子がばねで結ばれたモデル

考えている例について，簡単な力の法則を仮定する．近くの原子間の力は**中心**力であるとする．すなわち，原子を結ぶ直線上に力が働くとする．イオン結晶における力は，主にクーロン力であるから，このような条件を満たすものと期待される(共有結合はふつうもっと複雑で，近くの原子に横方向の力を作用し得る．この複雑な場合はここで考えない)．また，各原子と，その**最隣接**および**第2隣接**原子との間の力だけを考慮することにする．いいかえれば，第2隣接よりも離れた原子間の相互作用は無視する近似をとる．ここで考慮する力を xy 面で書けば図18-10(a)のようになる．yz および zx 面でもこれに相当する力を考慮しなければならない．

小さなひずみに対して適用される弾性定数だけに関心があるのであるから，ひずみに対して2次の変化をするエネルギーの項だけを求めればよい．このため，各原子対の間の力は変位に対して直線的に変化すると考えてよい．したがって，各原子対は図18-10(b)のように，線型のばねで結ばれていると考えることができる．ナトリウム原子と塩素原子との間のばねはすべて同じばね定数をもつ．これを k_1 としよう．2個のナトリウム原子間のばねと，2個の塩素原子の間のばねとは異なっていてもよいが，議論を簡単にするため，これらは等しいとしよう．これを k_2 とする．(計算の要領がわかったあとで，これらのばねを異なるものとして，もう一度やり直すこともできる.)

さて，ひずみテンソル e_{ij} で与えられるような一様なひずみにより結晶を変形したとする．一般的には，ひずみテンソルは x, y および z の成分をもつが，見やすくするために三つの成分 e_{xx}, e_{xy} および e_{yy} だけをもつひずみを考えることにする．原子の一つを原点に選ぶと，他の各原子の変位は式(18.9)のような式，すなわち

$$u_x = e_{xx}x + e_{xy}y,\quad u_y = e_{xy}x + e_{yy}y \qquad (18.42)$$

で与えられる．$x=y=0$ にある原子を"原子 1"と名付け，xy 面内の近くの原子に，図 18-11 のような番号をつけることにする．格子定数を a とすれば，x および y 方向の変位 u_x と u_y とは表 18-1 に示すようになる．

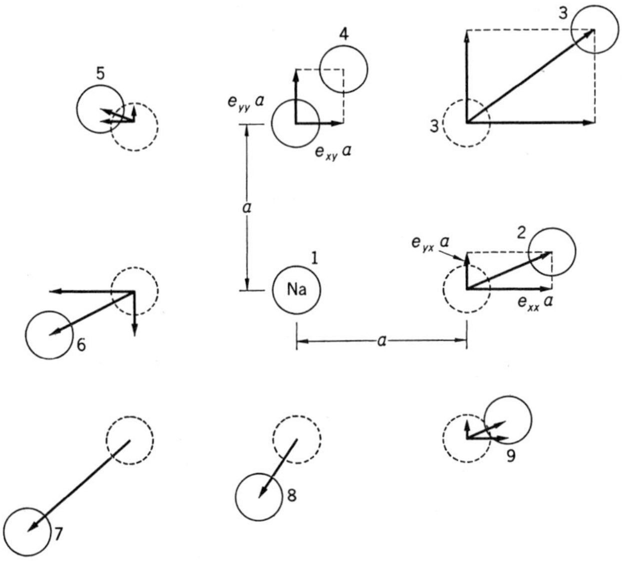

図 18-11　原子 1 の最隣接および第 2 隣接原子の変位（誇張してある）

ばねに蓄えられたエネルギーは，$k/2$ に各ばねの伸びの 2 乗を掛けたものである．たとえば，原子 1 と 2 とを結ぶ水平なばねのエネルギーは

$$\frac{k_1(e_{xx}a)^2}{2} \qquad (18.43)$$

である．この際，1 次の項まででは，原子 2 の y 方向の変位は原子 1 と原子 2 の間のばねの長さを変えないことを注意した．しかし，原子

表 18-1

原子	位　置 x, y	u_x	u_y	k
1	0,　0	0	0	—
2	a,　0	$e_{xx}a$	$e_{yx}a$	k_1
3	a,　a	$(e_{xx}+e_{xy})a$	$(e_{yx}+e_{yy})a$	k_2
4	0,　a	$e_{xy}a$	$e_{yy}a$	k_1
5	$-a$,　a	$(-e_{xx}+e_{xy})a$	$(-e_{yx}+e_{yy})a$	k_2
6	$-a$,　0	$-e_{xx}a$	$-e_{yx}a$	k_1
7	$-a$, $-a$	$-(e_{xx}+e_{xy})a$	$-(e_{yx}+e_{yy})a$	k_2
8	0, $-a$	$-e_{xy}a$	$-e_{yy}a$	k_1
9	a, $-a$	$(e_{xx}-e_{xy})a$	$(e_{yx}-e_{yy})a$	k_2

3との間のような対角線のばねのひずみのエネルギーを求めるには，水平方向と鉛直方向との変位による長さの変化を共に考慮しなければならない．初めの立方体からの変形が小さいときは原子3に到る距離の変化は，u_x と u_y との対角線方向の成分の和としてよい．すなわち

$$\frac{1}{\sqrt{2}}(u_x+u_y)$$

である．u_x, u_y として表の値を用いれば，エネルギーとして

$$\frac{k_2}{2}\left(\frac{u_x+u_y}{\sqrt{2}}\right)^2=\frac{k_2a^2}{4}(e_{xx}+e_{yx}+e_{xy}+e_{yy})^2 \quad (18.44)$$

を得る．

xy 面内のばねのすべてによる全エネルギーを求めるには式(18.43)と式(18.44)とのような8個の項の和が必要である．このエネルギーを U_0 とすれば

$$\begin{aligned}U_0=\frac{a^2}{2}\Big\{&k_1e_{xx}{}^2+\frac{k_2}{2}(e_{xx}+e_{yx}+e_{xy}+e_{yy})^2\\&+k_1e_{yy}{}^2+\frac{k_2}{2}(e_{xx}-e_{yx}-e_{xy}+e_{yy})^2\\&+k_1e_{xx}{}^2+\frac{k_2}{2}(e_{xx}+e_{yx}+e_{xy}+e_{yy})^2\\&+k_1e_{yy}{}^2+\frac{k_2}{2}(e_{xx}-e_{yx}-e_{xy}+e_{yy})^2\Big\}\end{aligned} \quad (18.45)$$

となる．原子1に結ばれるすべてのばねによる全エネルギーを求めるには，式(18.45)のエネルギーに，さらに一つの項を加えねばならない．ひずみの x，y 成分が存在するだけであるが，xy 面からはなれた第2隣接原子に関するエネルギーがある．この付加エネルギーは

$$k_2(e_{xx}{}^2a^2+e_{yy}{}^2a^2) \quad (18.46)$$

である．

弾性定数はエネルギー密度 w と式(18.13)によって関係づけられる．上に計算したエネルギーは原子1個についてのエネルギー，あるいはむしろ原子1個あたりのエネルギーの**2倍**である．なぜならば各々のばねのエネルギーの半分を各原子に付与しなければならないからである．単位体積には $1/a^3$ 個の原子があるから，w と U_0 とは

$$w=\frac{U_0}{2a^3}$$

によって結ばれる．

弾性定数 C_{ijkl} を求めるには式(18.45)の2乗の項を展開し——式(18.46)の項も加えて——$e_{ij}e_{kl}$ の係数を式(18.13)の対応する係数と比較すればよい．たとえば $e_{xx}{}^2$ や $e_{yy}{}^2$ の項を集めれば，因子

$$(k_1+2k_2)a^2$$

を得る．したがって

$$C_{xxxx}=C_{yyyy}=\frac{k_1+2k_2}{a}$$

を得る．ほかの項については，少し複雑なことが起こる．$e_{xx}e_{yy}$ と $e_{yy}e_{xx}$ とのような二つの項は区別できないから，エネルギー中のこのような項の係数は式(18.13)の中の二つの項の和に等しい．式(18.45)の中の $e_{xx}e_{yy}$ の係数は $2k_2$ であるから

$$C_{xxyy}+C_{yyxx}=\frac{2k_2}{a}$$

である．しかし結晶の対称性により，$C_{xxyy}=C_{yyxx}$ であって

$$C_{xxyy}=C_{yyxx}=\frac{k_2}{a}$$

となる．同じような過程により

$$C_{xyxy}=C_{yxyx}=\frac{k_2}{a}$$

も得られる．最後に，x あるいは y を唯1回だけ含む項はどれも0であることがわかるが，これは対称性の議論によりすでに結論したところである．上の結果をまとめると

$$\begin{aligned}&C_{xxxx}=C_{yyyy}=\frac{k_1+2k_2}{a},\\&C_{xyxy}=C_{yxyx}=\frac{k_2}{a},\\&C_{xxyy}=C_{yyxx}=C_{xyyx}=C_{yxxy}=\frac{k_2}{a},\\&C_{xxxy}=C_{xyyy}=\cdots=0\end{aligned}\qquad(18.47)$$

となる．

このようにして，物体の弾性定数を，原子的な性質である定数 k_1 と k_2 とによって表わすことができた．上の場合 $C_{xyxy}=C_{xxyy}$ であった．計算の経過から気がついたかも知れないが，いくら多くの力をとり入れても，原子対を結ぶ直線に沿って力が働く場合には，これらの弾性定数は等しい．すなわち，原子間の力がばねの力のようなもので，片持ち梁(あるいは共有結合)のように横向きの力をもたないときには，これらの定数は等しい．

この結論は，弾性定数の測定によって実験的に調べることができる．表18-2にはいくつかの立方結晶に対する三つの弾性係数の測定値を示した*．C_{xxyy} と C_{xyxy} とは一般に等しくないことがわかる．この理由は，ナトリウムやカリウムのような金属では原子間力は，上のモデルで仮定したように原子を結ぶ直線に沿って働かないからである．ダイヤモンドもまたこの法則にしたがわない．ダイヤモンドにおける力は共有結合で，方向性をもつからであって，結合は正四面体角をとろうとする．フッ化リチウム，塩化ナトリウムなどのようなイオン結晶は，上のモデルで仮定した物理的性質をほとんど満たしていて，表でも C_{xxyy} と C_{xyxy} とはほとんど相等しくなっている．塩化銀が条件 $C_{xxyy}=C_{xyxy}$ を満足しない理由は明白でない．

表 18-2* 等方結晶の弾性率 (10^{12} ダイン・cm^2)

	C_{xxxx}	C_{xxyy}	C_{xyxy}
Na	0.055	0.042	0.049
K	0.046	0.037	0.026
Fe	2.37	1.41	1.16
Diamond	10.76	1.25	5.76
Al	1.08	0.62	0.28
LiF	1.19	0.54	0.53
NaCl	0.486	0.127	0.128
KCl	0.40	0.062	0.062
NaBr	0.33	0.13	0.13
KI	0.27	0.043	0.042
AgCl	0.60	0.36	0.062

* C.キッテル "固体物理学入門" ウィリイ社 1956 p.53

* ほかの記号が使われていることも多い．たとえば $C_{xxxx}=C_{11}$，$C_{xxyy}=C_{12}$，$C_{xyxy}=C_{44}$ を書くのがふつうである．

第19章
粘性のない流れ

19-1　流体静力学

流体，ことに水の流れは，誰もが興味をもつ問題である．誰でも子供のときに，風呂おけの中や水たまりで，この奇妙な物とたわむれた思い出をもっている．大人になってからも，流れ，滝，うずなどを眺め，固体に比べればほとんど生きているようにみえる物質に魅せられたことである．流体の振舞いは多くの点で意外で面白い．これがこの章と次の章との主題である．子供が通りの水の小さな流れをせきとめようとする努力や水が流れを切り開いていく不思議な様子に対する驚きは，我々が流体の流れを理解しようとする長年の努力に似たものがある．流れを記述する法則や方程式を作り，理解上の意味で，いわば水をせきとめようとする．この試みについてこの章で述べる．次の章では水がこのダムを越えて，理解したと思った以上の独特の振舞いをすることについて述べようと思う．

水の初等的な性質はすでに知っていることと思う．流体を固体と区別する主な性質は，流体はずりの応力を瞬時も保つことができないということである．流体にずりを加えると，ずりにつれて動いてしまう．蜂蜜のように“濃い”流体は，空気や水などの流体よりも動きにくい．流体の流れにくさを表わす尺度は粘性である．この章では，粘性の効果が無視できる状況だけを考える．粘性の効果は次の章でとり上げることにする．

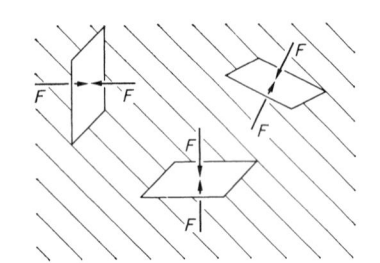

図19-1　静水中で任意の面の単位面積に働く力はこの面に垂直で面のすべての傾きに対して同一である

流体静力学，すなわち静止している流体の理論から始めよう．流体が静止しているときは(粘性のある流体でも)ずりの応力は存在しない．したがって，応力は流体内の任意の面に対して常に垂直であるというのが，流体静力学の法則である．単位面積に垂直な力は**圧力**と呼ばれる．静止流体中にずりがないということから，圧力応力はあらゆる方向について同じであることが導かれる(図19-1)．流体内の任意の面にずりが存在しなければ，圧力はすべての方向について同じでなければならないということの証明は読者の演習にまかせる．

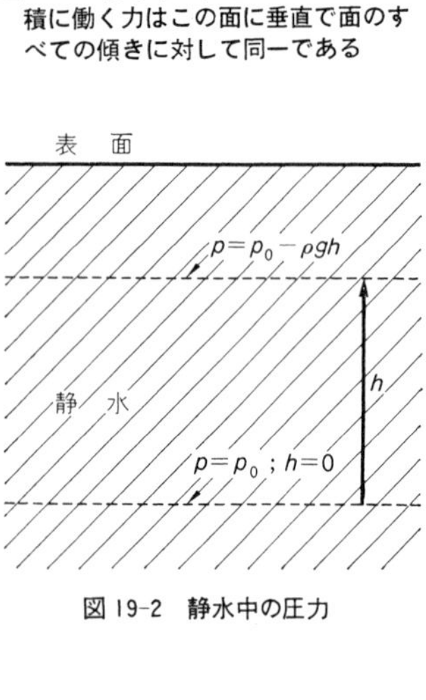

図19-2　静水中の圧力

流体中の圧力が場所によってちがうことはあり得る．たとえば，地球表面の静止流体では，流体の重さのために圧力は高さと共に変化する．流体の密度ρを一定と考え，ある任意の高さゼロの圧力をp_0とすれば(図19-2)，この点から高さhのところの圧力は$p=p_0-\rho gh$である．ここにgは単位質量に対する重力である．したがって組み合わせ

$$p+\rho gh$$

は静止流体内で一定である．これはよく知られたことであるが，これが特別な場合になるような，さらに一般的な結果を導き出そうと思う．

水中に小さな立方体を考えたとき，これにはたらく圧力を加えよう．任意の点における圧力はどの方向にも同じであるから，単位体積にはたらく正味の力は圧力が場所によってちがうことによってのみ生じるものである．圧力が x 方向に変わっているとしよう．x にある面にはたらく力は $p\Delta y\Delta z$（図 19-3）であり，$x+\Delta x$ にある面にはたらく力は $-[p+(\partial p/\partial x)\Delta x]\Delta y\Delta z$ であるから，合力は $-(\partial p/\partial x)\Delta x\Delta y\Delta z$ である．立方体の他の面の対も考えれば，単位体積に働く力は $-\nabla p$ であることが容易にわかる．重力のような付加的な力が存在するならば，圧力はこれとつり合って平衡しなければならない．

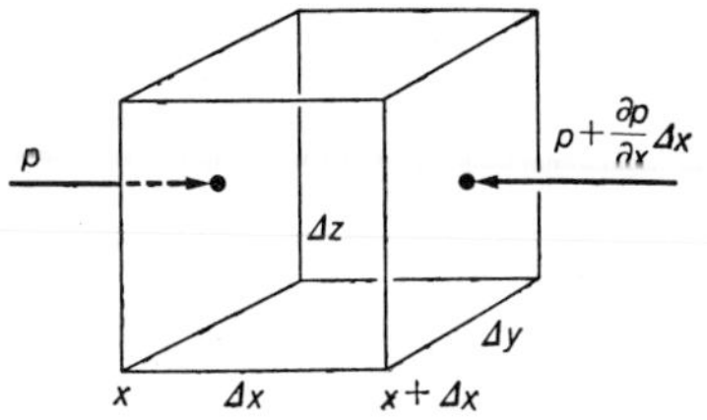

図 19-3 立方体に働く正味の力は単位体積あたり $-\nabla p$ である

このような付加的な力が，位置エネルギーから導かれる場合を考えよう．重力の場合はこれが成り立つ．単位質量に対する位置エネルギーを ϕ とする（たとえば重力では ϕ は gz に等しい）．ポテンシャルで表わせば，単位質量に働く力は $-\nabla\phi$ で与えられ，ρ を流体の密度とすれば，単位体積に働く力は $-\rho\nabla\phi$ である．単位体積に働くこの力と，単位体積に働く圧力の力とを加えたものは平衡においては 0 でなければならないから

$$-\nabla p-\rho\nabla\phi=0 \qquad (19.1)$$

である．式（19.1）は流体静力学の方程式である．**一般的**には，これは**解をもたない**．もしも密度が空間的に勝手な変化をすれば，力がつり合うことは不可能で，流体は静的な平衡にあり得ないで，対流が起こる．このことは上の方程式において，圧力項が純粋な勾配（grad）であるのに対して，他の項は ρ が変化するとき，純粋な勾配の形でないことからわかる．ρ が一定であるときに限って，ポテンシャル項は純粋な勾配になる．このときは，上の方程式は解

$$p+\rho\phi=一定$$

をもつ．静水的な平衡が可能な他の場合は，ρ が p だけの関数の場合である．しかし，流体が運動している場合に比べて興味が少ないので，流体静力学の問題はこのくらいにしておこう．

19-2 運動方程式

まず，流体の運動を全く抽象的に理論的に扱い，そのあとで特別な場合を考えることにする．流体の運動を記述するには，各点における状況を与えなければならない．たとえば，異なる点において水（これから流体のことを“水”と呼ぼう）は異なる**速度**をもって動いている．したがって流れを特徴づけるには，各点における，任意の時間の速度の三つの成分を与えなければならない．速度をきめる方程式がわかれば，流体の各時間における運動を知ることができるであろう．しかし，場所によって異なる流体の状況は速度だけではない．**圧力**が場所によって異なることはさきに注意した．このほかにも変数がある．**密度**も場所によって異なり得る．また，流体が導体であれば，**電流**を導き，その密度 $\boldsymbol{j}$ は場所によって大きさも向きも異なる．場所によって異なる**温度**もあるし，磁場にあるといった具合である．したがって問題は複雑である．流体の振舞いを決定するのに電流と磁場とが主役を演じるような興味深い現象がある．この問題は**電磁流体力学**といわれ，現在，大いに注目されている．しかし，このような複雑な場合は考えない．複雑さがずっと少ない現象でも面白いものがあるし，ずっと初等的なことでも，なかなか複雑だからである．

磁場がなく，電気伝導もない場合を考える．また，密度と圧力によって各点の温度は一義的にきまると考えるので，温度について考えることもしない．実際，複雑さを少なくするために，密度は一定であるとする．すなわち，流体は本質的に非圧縮性であるとする．あるいは，圧力の変化は大変小さく，そのために生じる密度の変化は無視できるとする．これが成り立たない場合には，ここで論じる現象のほかに，たとえば音波や衝撃波といった現象が生じるであろう．音波や衝撃波の伝播についてはすでにいくらか論じたので，これらの現象を除いて，密度 ρ を一定とする近似の枠の中で流体力学を考察することにしよう．ρ を一定とする仮定がよい場合を知るのは容易である．流れの速度が流体中の音速に比べてずっと小さいならば，密度の変化を心配する必要はないといってよい．水を理解しようとする試みで，水が予想外の現象を示すのは，密度を一定とする近似とは関係がない．予想外のことが起こる複雑な事情は，次の章で扱うことにする．

流体の一般論においては，圧力と密度とを関係づける流体の**状態方程式**から始めなければならない．我々の近似では，状態方程式は単に

$$\rho = 一定$$

であり，これは変数に対する第1の関係式である．次の関係式は物質の保存を表わす．ある場所から物質が流れ出れば，残された量は減少している．流体の速度を $\boldsymbol{v}$ とすれば，単位面積を通って単位時間に流れる質量は，$\rho\boldsymbol{v}$ のその面に垂直な成分である．電気について学んだように，このような量の発散は単位時間における密度の減少を与える．同様に，方程式

$$\nabla\cdot(\rho\boldsymbol{v}) = -\frac{\partial\rho}{\partial t} \tag{19.2}$$

は流体中の質量の保存を表わす．これは流体力学の**連続の方程式**である．我々の近似，すなわち縮まない流体の近似では ρ は一定であるから，連続の方程式は単に

$$\nabla\cdot\boldsymbol{v} = 0 \tag{19.3}$$

となる．したがって，流体の速度 $\boldsymbol{v}$ は，磁場 $\boldsymbol{B}$ と同様に，発散が0である(流体力学の方程式は，しばしば電磁気学の方程式と大変よく似ている．そのために，電磁気学をさきに学んだのである．ある人達は逆に考えて，電気の理解を容易にするために流体力学をさきに学ぶ

べきであるという．しかし本当は電磁気学の方が，流体力学よりもずっとやさしい）．

次の方程式はニュートンの法則から得られるもので，これは力によって生じる速度変化を表わす．流体の体積素片の質量に加速度を掛けたものは，この素片に働く力に等しくなければならない．単位体積の素片をとり，単体体積に働く力を $\boldsymbol{f}$ とすれば

$$\rho\times(\text{加速度})=\boldsymbol{f}$$

である．力の密度は三つの項の和として書かれる．すでに述べたように単位体積に対する圧力は $-\nabla p$ である．さらに，重力や電気力のように遠くから働く“外”力がある．これが保存力で，単位質量に対してポテンシャル ϕ をもつとすれば，これは力の密度 $-\rho\nabla\phi$ を与える（外力が保存力でなければ，単位体積に対する外力を $\boldsymbol{f}_{\text{外}}$ と書く）．また，その他に，**流れている**流体ではずりの応力も存在することがあり，そのために，単位体積に対する“内”力も働く．これは粘性力と呼ばれ，$\boldsymbol{f}_{\text{粘性}}$ と書く．我々の運動方程式は

$$\rho\times(\text{加速度})=-\nabla p-\rho\nabla\phi+\boldsymbol{f}_{\text{粘性}} \tag{19.4}$$

となる．

この章では，液体は粘性が重要でないという意味で“うすい”と考えているので，$\boldsymbol{f}_{\text{粘性}}$ は無視する．粘性項を落すと，実際の水よりもむしろ，何か理想的な物を記述するような近似をしていることになる．ジョン・フォン・ノイマンは粘性項がある場合と，そうでない場合とは途方もなくちがうことを知っていた．また，1900年以前の流体力学の発展では，この近似による美しい数学的な問題がほとんど興味の中心であったが，それは実際の流体とはほとんど関係のないものであったことも知っていた．このような解析を行なった理論家を彼は“かわいた水”の研究者として特徴づけた．このような解析は流体のある本質的な性質を度外視している．しかし，この章の計算ではこの性質を度外視しておくので，この章の題を“粘性のない流れ（かわいた水の流れ）”とした．**実際の**水の議論は次の章まで延期しておくのである．

$\boldsymbol{f}_{\text{粘性}}$ を度外視すると，式(19.4)において加速度の表式を除いて，必要なものは全部そろったことになる．流体粒子の加速度の式はおそらく非常に簡単であろうと思うかも知れない．流体中のある場所の流体粒子の速度は $\boldsymbol{v}$ であるから，加速度は明らかに $\partial\boldsymbol{v}/\partial t$ であると思われるからである．しかしこれは正しくない．その理由はやや混みいっている．微係数 $\partial\boldsymbol{v}/\partial t$ は空間のあるきまった点における速度 $\boldsymbol{v}(x,y,z,t)$ の変化の割合いである．ここで必要なのは流体の特定の部分の速度が如何に速く変わるかということである．水の粒に色をつけて，見つめることができるようにしたとしよう．短い時間間隔 Δt の間にこの粒は他の位置まで動くであろう．図19-4で示したように粒がある道に沿って動くとすると，Δt の間に P_1 から P_2 まで動く．x 方向には $v_x\Delta t$，y 方向には $v_y\Delta t$，z 方向には $v_z\Delta t$ だけ動くわけである．時刻 t において (x,y,z) にある流体粒子の速度を $\boldsymbol{v}(x,y,z,t)$ とすると，**同じ**粒子の

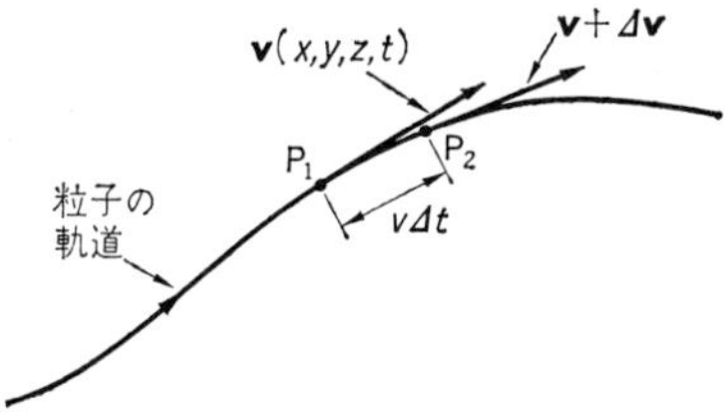

図 19-4 流体粒子の加速

時刻 $t+\Delta t$ における速度は $\boldsymbol{v}(x+\Delta x, y+\Delta y, z+\Delta z, t+\Delta t)$ である．ここで

$$\Delta x = v_x \Delta t, \qquad \Delta y = v_y \Delta t, \qquad \Delta z = v_z \Delta t$$

である．偏微係数の定義により——第III巻式(2.7)を思い出せば——1次まででは

$$\boldsymbol{v}(x+v_x\Delta t, y+v_y\Delta t, z+v_z\Delta t, t+\Delta t)$$
$$= \boldsymbol{v}(x, y, z, t)+\frac{\partial \boldsymbol{v}}{\partial x}v_x\Delta t+\frac{\partial \boldsymbol{v}}{\partial y}v_y\Delta t+\frac{\partial \boldsymbol{v}}{\partial z}v_z\Delta t+\frac{\partial \boldsymbol{v}}{\partial t}\Delta t$$

となる．したがって加速度 $\Delta\boldsymbol{v}/\Delta t$ は

$$v_x\frac{\partial \boldsymbol{v}}{\partial x}+v_y\frac{\partial \boldsymbol{v}}{\partial y}+v_z\frac{\partial \boldsymbol{v}}{\partial z}+\frac{\partial \boldsymbol{v}}{\partial t}$$

である．∇ をベクトルとして扱って，加速度を

$$(\boldsymbol{v}\cdot\nabla)\boldsymbol{v}+\frac{\partial \boldsymbol{v}}{\partial t} \tag{19.5}$$

と書くことができる．かりに $\partial\boldsymbol{v}/\partial t=0$，すなわち**与えられた点における**速度が変化しなくても，加速度が存在することもあり得る．たとえば，円に沿って一定の速さで流れている水は，与えられた点における速度は変化しないが加速度をもつ．はじめ円周上のある点にあった水の特定の部分の速度は，次の瞬間にはちがった方向を向くからであり，向心加速度があるのである．

理論の残る部分はただ数学——加速度(19.5)を式(19.4)に代入して得られる運動方程式の解を見出すことである．粘性を無視して

$$\frac{\partial \boldsymbol{v}}{\partial t}+(\boldsymbol{v}\cdot\nabla)\boldsymbol{v} = -\frac{\nabla p}{\rho}-\nabla\phi \tag{19.6}$$

を得る．この方程式は，ベクトル解析の恒等式

$$(\boldsymbol{v}\cdot\nabla)\boldsymbol{v} = (\nabla\times\boldsymbol{v})\times\boldsymbol{v}+\frac{1}{2}\nabla(\boldsymbol{v}\cdot\boldsymbol{v})$$

を用いて書き直せる．新たに**ベクトル場 $\boldsymbol{\Omega}$** を $\boldsymbol{v}$ の回転として**定義**すれば

$$\boldsymbol{\Omega} = \nabla\times\boldsymbol{v} \tag{19.7}$$

であり，ベクトルの恒等式は

$$(\boldsymbol{v}\cdot\nabla)\boldsymbol{v} = \boldsymbol{\Omega}\times\boldsymbol{v}+\frac{1}{2}\nabla v^2$$

となり，運動方程式(19.6)は

$$\frac{\partial \boldsymbol{v}}{\partial t}+\boldsymbol{\Omega}\times\boldsymbol{v}+\frac{1}{2}\nabla v^2 = -\frac{\nabla p}{\rho}-\nabla\phi \tag{19.8}$$

となる．式(19.6)と(19.8)とが同等であることは，(19.7)に注意して，両式の成分が相等しいことを調べればわかる．

ベクトル場 $\boldsymbol{\Omega}$ を**うず度**という．うず度がどこでも0ならば，流れは**うずなし**であるという．すでに第III巻3-5節においてベクトル場の**循環**というものを定義した．任意の閉曲線を回る循環とは，一定の時刻における流体の速度をこの曲線に沿って1回りする線積分である．

すなわち

$$(\text{循環}) = \oint \boldsymbol{v} \cdot d\boldsymbol{s}.$$

ストークスの定理を使うと，無限小の閉曲線に関する**単位**面積の循環は $\nabla\times\boldsymbol{v}$ に等しい．したがって，うず度 $\boldsymbol{\Omega}$ は($\boldsymbol{\Omega}$ の方向に垂直な)単位面積の循環である．小さなごみ――無限小の点では**ない**――を液体中におけばそれは角速度 $\boldsymbol{\Omega}/2$ で回転することも導かれる．この証明を試みてみるとよい．また，回転台の上においたバケツの水では，$\boldsymbol{\Omega}$ は水の局所的な角速度の2倍であることが示される．

速度場だけに関心をもつならば，上の方程式から圧力を消去できる．式(19.8)の両辺の回転をとり，ρ が一定であることと，任意の勾配の回転は0であることとを用い，式(19.3)を使うと

$$\frac{\partial\boldsymbol{\Omega}}{\partial t}+\nabla\times(\boldsymbol{\Omega}\times\boldsymbol{v}) = 0 \qquad (19.9)$$

を得る．この方程式と方程式

$$\boldsymbol{\Omega} = \nabla\times\boldsymbol{v} \qquad (19.10)$$

および

$$\nabla\cdot\boldsymbol{v} = 0 \qquad (19.11)$$

とは，速度場 $\boldsymbol{v}$ を完全に記述する．数学的にいえば，ある時刻の $\boldsymbol{\Omega}$ がわかれば，速度の回転がわかっていることになるが，一方で速度の発散が0であることもわかっているから，物理的条件が与えられていれば，任意の場所における $\boldsymbol{v}$ を決定するのに必要なものはすべてそろったことになる(これは磁性において $\nabla\cdot\boldsymbol{B}=0$, $\nabla\times\boldsymbol{B}=\boldsymbol{j}/\epsilon_0c^2$ が与えられた場合と似ている)．したがって $\boldsymbol{\Omega}$ を与えれば $\boldsymbol{v}$ が定まる．これは $\boldsymbol{j}$ が $\boldsymbol{B}$ を定めるのと同様である．そこで $\boldsymbol{v}$ がわかると式(19.9)により $\boldsymbol{\Omega}$ の時間的変化が求められ，これは次の瞬間の $\boldsymbol{\Omega}$ を与える．式(19.10)を用い，再び新しい $\boldsymbol{v}$ が定まる，というふうにいく．これらの方程式は流れを計算するためのすべての機構をそなえていることがわかる．しかし，この過程は速度場だけを与えるもので，圧力に対する情報は失われていることに注意しなければならない．

上の方程式の一つの特別な結論を注意しておこう．もしも，いたるところで，ある時刻に $\boldsymbol{\Omega}=0$ であったとすると $\partial\boldsymbol{\Omega}/\partial t$ も0になるから，$t+\Delta t$ において，いたるところで $\boldsymbol{\Omega}$ は0に止まる．これは方程式の一つの解で，流れは永久にうずなしであることになる．すなわち，流れがうずなしで始まれば，その流れはいつまでも回転が0である．このとき，解くべき方程式は

$$\nabla\cdot\boldsymbol{v} = 0, \qquad \nabla\times\boldsymbol{v} = 0$$

となる．これはちょうど自由空間における静電場，あるいは静磁場の方程式と類似する．この点はのちに振り返って，そのときいくつかの特別な場合を考察することにする．

19-3　定常な流れ——ベルヌーイの定理

運動方程式(19.8)にもどろう．しかし，流れが“定常的”である場合に制限する．定常な流れとは，任意の場所における流体の流れが不変であることを意味する．任意の点における流体は，いつも全く同じ流れの新しい流体部分でおきかえられる．速度図はいつも同じにみえるから，$\boldsymbol{v}$ は静的なベクトル場を作る．静磁場で“場の線”を引いたのと同様に，流体の速度にいつも接する線を図19-5のように引くことができる．この線を**流線**という．定常な流れにおいては，これは明らかに流体粒子の実際の経路である(非定常な流れでは流線は時間的に変化し，任意の時刻における流線は流体粒子の経路を表わさない)．

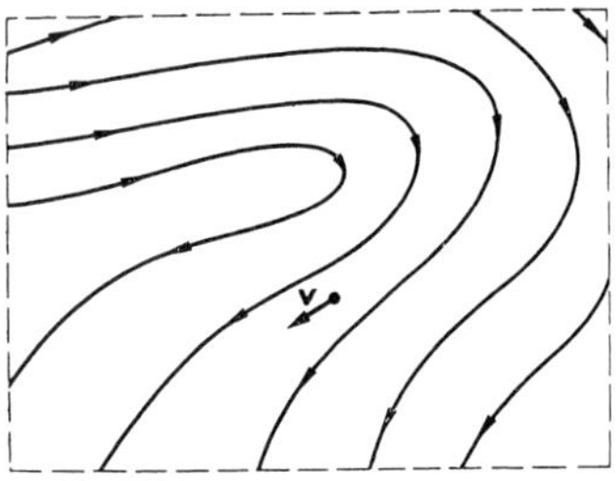

図19-5　流体の定常流の流線

定常な流れは何も起こっていないことを意味するものではない——流体内の原子は運動していて，速度を変化している．それは $\partial\boldsymbol{v}/\partial t=0$ を意味するだけである．運動方程式に $\boldsymbol{v}\cdot$ を掛けると，項 $\boldsymbol{v}\cdot(\nabla\times\boldsymbol{v})=0$ により

$$\boldsymbol{v}\cdot\nabla\left\{\frac{p}{\rho}+\phi+\frac{1}{2}v^2\right\}=0 \qquad (19.12)$$

が残る．この方程式によれば，**流体の速度の向きの小さな変位**に対して，括弧の中の量は不変である．定常な流れでは，変位はいつも流線に沿っているから，式(19.12)は**一つの流線に沿うすべての点**について

$$\frac{p}{\rho}+\frac{1}{2}v^2+\phi=\text{定数}\ (\text{流線}) \qquad (19.13)$$

と書ける．これは**ベルヌーイの定理**である．右辺の定数は，一般的には，流線ごとにちがってよい．わかったことは，式(19.13)の左辺が一つの与えられた流線に沿って，ずっと一定であるということである．なお，定常な**うずなし**の運動では $\boldsymbol{\Omega}=0$ であって，運動方程式(19.8)は関係式

$$\nabla\left\{\frac{p}{\rho}+\frac{1}{2}v^2+\phi\right\}=0$$

を与えるから

$$\frac{p}{\rho}+\frac{1}{2}v^2+\phi=\text{定数}\ (\text{至る所}) \qquad (19.14)$$

である．**この場合**，定数が**流体全体を通して同じ値**をもつという点を**除けば**，この式は式(19.13)によく似ている．

ベルヌーイの式は，実はエネルギー保存を述べたものにすぎない．このような保存定理は，詳しい方程式を解くことなしに流れに対する多くの知識を与えてくれるものである．ベルヌーイの定理は非常に重要でしかも簡単であるから，上に述べた形式的な計算とちがった方法の導き方を示しておこう．図19-6のように，相隣る流線によって形成される流管を考える．流管の壁は流線によって作られているから，流体がこれを通して流れ出ることはない．流管の一端の面積を A_1，そこの流速を $\boldsymbol{v}_1$，流体の密度を ρ_1，位置エネルギーを ϕ_1 とし，流管

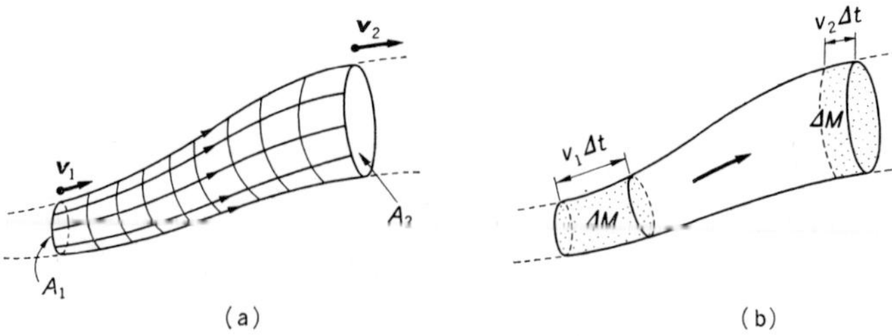

図 19-6　流管内の流体の運動

の他の端における量をこれらに相当して A_2, v_2, ρ_2, ϕ_2 とする．短い時間 Δt がたつと，A_1 にあった流体は距離 $v_1\Delta t$ だけ動き，A_2 にあった流体は距離 $v_2\Delta t$ だけ動く〔図 19-6(b)〕．**質量**の保存は，A_1 を通して入った質量が，A_2 を通して出た質量に等しいことを要請する．これらの二つの端における質量は等しくなければならないから

$$\Delta M = \rho_1 A_1 v_1 \Delta t = \rho_2 A_2 v_2 \Delta t$$

である．したがって等式

$$\rho_1 A_1 v_1 = \rho_2 A_2 v_2 \qquad (19.15)$$

を得る．もしも ρ が一定ならば，流速は流管の面積に反比例するわけである．

さて，流体の圧力によってなされた仕事を計算する．A_1 に入る流体に対してなされる仕事は $p_1 A_1 v_1 \Delta t$ であり，A_2 で外へなされる仕事は $p_2 A_2 v_2 \Delta t$ である．したがって，A_1 と A_2 との間の流体になされる全体の仕事は

$$p_1 A_1 v_1 \Delta t - p_2 A_2 v_2 \Delta t$$

であり，これは流体の質量 ΔM が A_1 から A_2 にいく間に増加するエネルギーに等しい．いいかえれば

$$p_1 A_1 v_1 \Delta t - p_2 A_2 v_2 \Delta t = \Delta M (E_2 - E_1) \qquad (19.16)$$

である．ここで E_1 は A_1 にある流体単位質量のエネルギー，E_2 は A_2 にある単位質量のエネルギーである．単位質量のエネルギーは

$$E = \frac{1}{2}v^2 + \phi + U$$

と書ける．ここで $\frac{1}{2}v^2$ は単位質量の運動エネルギー，ϕ は単位質量の位置エネルギーであり，U は流体単位質量の内部エネルギーを表わす項である．内部エネルギーは，たとえば圧縮性流体の熱エネルギーとか，化学エネルギーに相当するものである．これらの量は場所によって変化する．エネルギーとしてこの形を式(19.16)に代入すると

$$\frac{p_1 A_1 v_1 \Delta t}{\Delta M} - \frac{p_2 A_2 v_2 \Delta t}{\Delta M} = \frac{1}{2}v_2{}^2 + \phi_2 + U_2 - \frac{1}{2}v_1{}^2 - \phi_1 - U_1$$

を得る．しかし，$\Delta M = \rho A v \Delta t$ であったから

$$\frac{p_1}{\rho_1} + \frac{1}{2}v_1{}^2 + \phi_1 + U_1 = \frac{p_2}{\rho_2} + \frac{1}{2}v_2{}^2 + \phi_2 + U_2 \qquad (19.17)$$

となる．これはベルヌーイの結果に付加項として内部エネルギーを加えたものである．流体が非圧縮性ならば，内部エネルギーは両辺で相

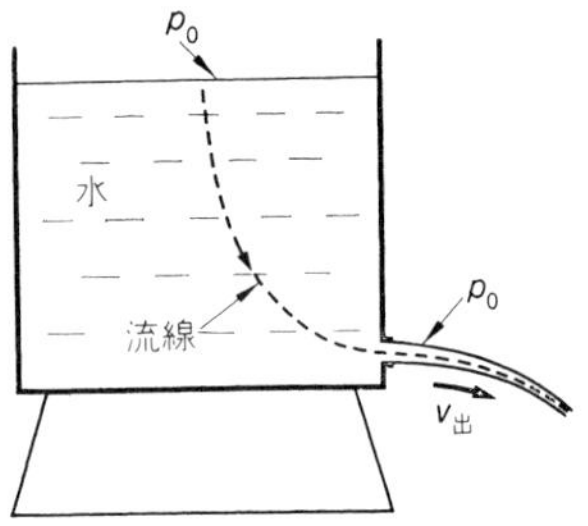

図 19-7　水槽からの流出

等しく，任意の流線について式(19.14)が再び得られる．

ここで，ベルヌーイの積分が流れを記述するいくつかの例を考察しよう．図 19-7 のように，水槽の底に近い孔から流れ出す水があるとする．孔のところの流速 $v_出$ が，水槽の上端の近くの流速よりもずっと大きい場合を考える．いいかえれば，水槽の直径が大きく，そのため液体の高さの降下は無視できると考える(もっと正確な計算もしようと思えばできるが)．水槽の上端の圧力は大気圧 p_0 であり，噴出流の側面における圧力も p_0 である．図に書いたような流線に対してベルヌーイの方程式を書こう．水槽の上端では v は 0 に等しく，重力ポテンシャルは 0 にとる．噴出口では速さは $v_出$ であり，$\phi=-gh$ であるから

$$p_0 = p_0 + \frac{1}{2}\rho v_出{}^2 - \rho gh$$

あるいは

$$v_出 = \sqrt{2gh} \tag{19.18}$$

となる．この速度は物体が距離 h を落下したときに得る速度と全く同じである．これはあまり驚くにあたらない．それは，水槽の上端の水が位置エネルギーを失った代償として，出口の水が運動エネルギーを得ているのだからである．しかし，水槽から流出する量は，速度に孔の面積を掛ければ求められると思ってはならない．孔から出る噴出流の速度はたがいに平行ではなく，流れの中心に向けて内向きの速度成分をもっている．そのため噴水流は縮まっていく．噴水流が少し進むと収縮はとまって，速度は平行になる．**その点**の面積を速度に掛ければ流量になる．実際，するどい縁をもった円形の孔が噴出口である場合は，噴出流は孔の面積の 62 パーセントに収縮する．流出の有効な面積は小さくなるわけで，それは，流水口の管の形によって異なる．この収縮の実験値は，**流出係数**の表で求められる．

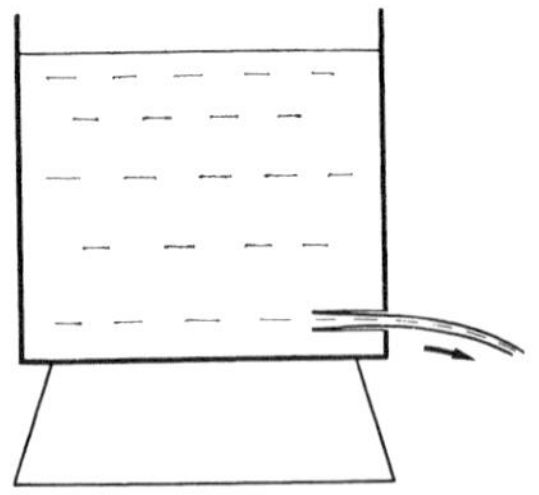
図 19-8　凹角の放水管では流れは出口の面積の半分に縮む

もしも流出管が図 19-8 のように引込んでいる場合は流出係数が厳密に 50 パーセントであることを実に美事に示すことができる．この証明方法についてヒントだけを与えておこう．式(19.18)の速度を求めるのにエネルギーの保存を用いたが，運動量の保存も考えられる．流出口では運動量の流出があるから，流出管の断面に加わる力がなければならない．この力の原因は何かというと，壁における圧力でなければならない．流出の孔が小さく，壁から遠いときは，水槽の壁の付近における流体の速度は非常に小さい．したがって壁の面における圧力は，式(19.14)で与えられる静止した流体の静水圧と完全に等しい．流出管に向いている点を**除いて**，水槽の側面の各点の静水圧はこれと向かい合う点における等しい圧力とつり合っていることになる．流出管に向いている点の圧力によって流出口から出る運動量を計算すると，流出係数が 1/2 になることが示されるのである．図 19-7 のような流出口に対してこの方法を使うことはできない．それは，この場合は，流出口のすぐそばの壁に沿って流速が増加するが，このための圧力の

降下は計算できないからである．

ほかの例を考えよう．図 19-9 のように断面積の変化している水平な管の一端から他端へ水が流れているとする．エネルギーの保存，すなわちベルヌーイの式によれば，くびれた所では流速が大きいため，圧力が低いことになる．この効果は，鉛直な管を，流れが乱されないように充分小さな孔によって流管に連絡して，いろいろな断面積の場所の圧力を測定すれば直ちに実証される．この場合，圧力は鉛直な管における水柱の高さによって示される．くびれた所の圧力はその両側よりも低いことがわかる．くびれた所をすぎて，その前の断面積に戻れば，圧力は再び増大する．ベルヌーイの式の予想では，くびれの下流における圧力は上流における値に戻るはずであるが，実際には，いくらか小さい値になる．この予想がはずれる理由は，摩擦，あるいは粘性の力を無視したためで，この力は管に沿って圧力降下を生じる．この圧力降下があっても，くびれた所の圧力は(流速の増加のため)その両側よりも確実に低く，これはベルヌーイの式で予想される通りである．細くなった所を水が通るのであるから，流速 v_2 は明らかに流速 v_1 よりも大きい．したがって，管の太い所から細い所へ流れるとき水は加速される．この加速を与えるのは圧力の降下によるのである．

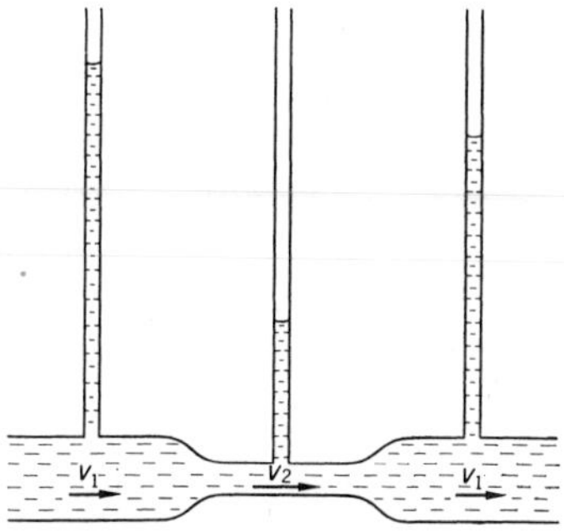

図 19-9　速度が一番高いところで圧力は最低になる

さらにもう一つ，簡単な検証を考えてみよう．水槽に流出管がついていて，図 19-10 のように水が上に向けて噴出するようになっているとする．流出の速度が正確に $\sqrt{2gh}$ であるならば，水は水槽の水面と同じ高さまで上がるはずである．実験によれば，水はこれよりもいくらか下までしか達しない．この場合にも，予想はだいたい正しいのであるが，エネルギー保存の式に含まれなかった粘性摩擦がエネルギー損失を起こすのである．

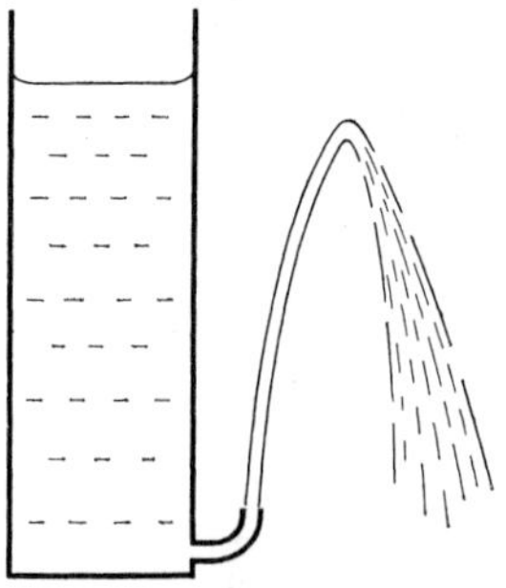

図 19-10　v が $\sqrt{2gh}$ に等しくないことの証明

2 枚の紙を接近させておいて，吹いて離れさせようとすると，2 枚は**くっついて**しまう．その理由は，2 枚の紙の間の狭い空間を通る空気は，外側を通る空気よりも速く運動するからである．紙の間の圧力は大気圧よりも低くなり，そのため離れないで，くっついてしまうのである．

19-4　循　　環

前節のはじめに述べたように，非圧縮性流体で循環がなければ，流れは次の 2 式を満足する．すなわち

$$\nabla\cdot\boldsymbol{v}=0,\qquad \nabla\times\boldsymbol{v}=0 \tag{19.19}$$

である．これはからの空間における静電気，あるいは静磁気の方程式と同じである．電荷がないとき電場の発散は 0 であり，また静電場の回転は常に 0 である．電流がない〔ところでは，静〕磁場の回転は 0 であり，また磁場の発散は常に 0 である．したがって式(19.19)は，静電場の $\boldsymbol{E}$ や，静磁場の $\boldsymbol{B}$ に対する方程式と同じ解をもつ．実際，第 III 巻 12-5 節において静電場に相似のものとして，球のまわりの流れの問題を解いたことがある．相対な静電場は，一様な電場に双極子の

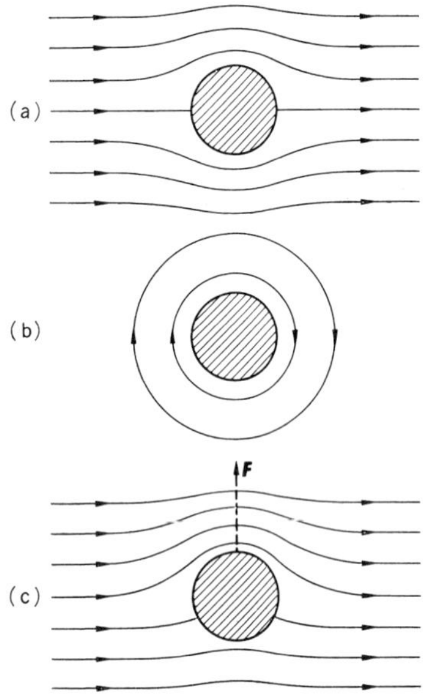

図 19-11　(a) 円柱を通る完全流体の流れ　(b) 円柱のまわりの循環　(c) (a)と(b)との重ね合わせ

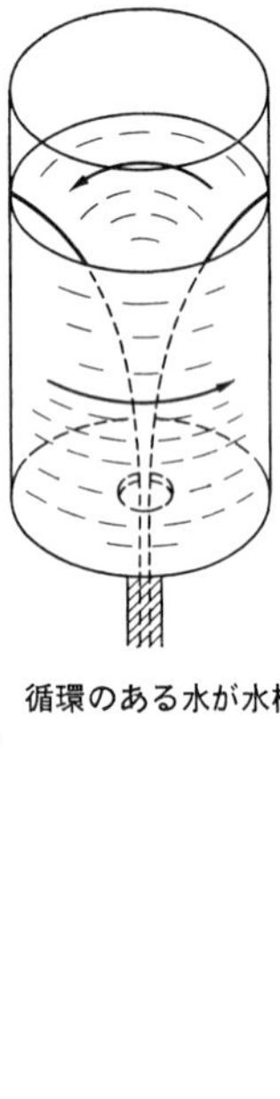

図 19-12　循環のある水が水槽から排出する

電場を加えたものであった．双極子の電場は球の表面における法線方向の流速が0になるように調節した．同柱のまわりの流れに対する同様の問題も，適当な線状双極子と一様な流れの場を用いれば同様に解くことができる．この解は遠方における流速が，大きさにおいても方向においても，一定であるという条件の下に成り立つ，この解を図19-11(a)に略示した．

円柱のまわりの流れの別の解として，遠方における流体が円柱のまわりを円形に回る条件のものがある．このとき，流れは図19-11(b)のようにどこでも円形になる．この**流体の中**では$\nabla\times\boldsymbol{v}$はやはり0であるが，それにもかかわらずこの流れは円柱のまわりに循環をもつ．なぜ回転がなくて循環が存在し得るのか考えよう．円柱をまわる循環が存在するのは，円柱を**囲む**任意の閉曲線を回る$\boldsymbol{v}$の線積分が0でないからである．同時に，円柱を囲ま**ない**任意の閉じた経路を回る$\boldsymbol{v}$の線積分は0である．同じ事柄は，導線のまわりの磁場について，すでに学んでいる．導線の外では$\boldsymbol{B}$の回転は0であるが，導線を囲む経路を回る$\boldsymbol{B}$の線積分は0にならない．円柱のまわりの，うずなしの循環流の速度場は，導線のまわりの磁場と全く同じである．円柱の中心を中心とする円形の経路について，速度の線積分は

$$\oint \boldsymbol{v}\cdot d\boldsymbol{s} = 2\pi r v$$

である．うずなしの流れでは，積分はrに無関係でなければならない．この定数をCとすれば，

$$v = \frac{C}{2\pi r} \tag{19.20}$$

となる．ここにvは接線速度，rは軸からの距離を表わす．

孔のまわりを回る流体のよい例証がある．透明な円柱形の水槽をとり，底の中心に排水孔をあけておく．これに水を満たし，棒でかきまわしてうずを作り，排水孔の栓を抜く．そうすると，図19-12に示したような美しい効果が生じる(同じようなことは，風呂桶でよく見られる)．はじめにいくらか$\boldsymbol{\omega}$があったとしても，粘性のために間もなく消滅し，流れはうずなしになるが，それでも，孔のまわりの循環は残るのである．

内部の水の表面の形は理論的に求められる．水の粒子は内側へ動くとき速さが増加する．式(19.20)により，接線速度は$1/r$のように変化する――これは角運動量の保存そのものであり，スケーターが腕を縮めるときも同様である．半径方向の速度も$1/r$のように変わる〔これは次のようにしてわかる〕．接線方向の運動を除けば，水は半径方向へ，孔へ向けて内へと運動する．そこで$\nabla\cdot v=0$から半径方向の速度が$1/r$に比例することがわかるのである*．したがって，全体の速

*(訳者註)　水の粒子はほとんど水平に運動しているとする．運動を円周方向と径方向とに分ける．径方向の速度をuとすると，このための速度成分は$v_x=u\dfrac{x}{r}$，$v_y=u\dfrac{y}{r}$，$\nabla\cdot\boldsymbol{v}=\dfrac{u}{r}+\dfrac{du}{dr}=0$，$\therefore\ u\propto\dfrac{1}{r}$．

度も $1/r$ のように増加し，〔速度の円周方向と径方向の成分の比が一定，すなわち動径と一定の角を保つので〕水の粒子はアルキメデスのらせんに沿って運動する．空気と水との境界面はすべて大気圧にあるので，式(19.14)により

$$gz+\frac{1}{2}mv^2 = 一定$$

が成り立つ．しかし，v は $1/r$ に比例するから表面の形は〔k をある定数として〕，

$$z-z_0 = \frac{k}{r^2}$$

によって与えられる．

興味深いのは，ある解と，さらに別の解とがあるとき，これらの和も一つの解であることである――これは**一般には正しくない**が，非圧縮性の，うずなしの流れについては正しい．これが正しいのは方程式(19.19)が線形なためである．完全な流体力学の方程式(19.9)，(19.10)および(19.11)は線形でなく，そのため大きなちがいがある．しかし円柱のまわりのうずなしの流れについては，図19-11(a)の流れを図19-11(b)の流れに重ね合わせて，図19-11(c)の形の新しい流れを得ることができる．この流れは特に興味深い．円柱の上側の流速は，下側よりも大きい．したがって圧力は**上側**の方が下側よりも**低い**．このように，円柱のまわりの循環流**および**純粋に水平な流れを結合させると，円柱には純粋に**鉛直な力**が働く．この力を**揚力**という．もちろん，循環がなければ，この“粘性のない”水の理論によると，どんな物体にも力が働かないことになる．

19-5　う ず 線

うずがある場合についても成り立つ，非圧縮流体の流れの一般的な方程式をすでに得ている．これは

$$\text{I}.\quad \nabla\cdot\boldsymbol{v} = 0,$$

$$\text{II}.\quad \boldsymbol{\Omega} = \nabla\times\boldsymbol{v},$$

$$\text{III}.\quad \frac{\partial\boldsymbol{\Omega}}{\partial t}+\nabla\times(\boldsymbol{\Omega}\times\boldsymbol{v}) = 0$$

である．これらの方程式の物理的内容は三つの定理に関してヘルムホルツが述べた言葉で表わすことができる．まず，流体の流線のかわりに，**うず線**を書くことを考える．うず線とは，$\boldsymbol{\Omega}$ の向きに引いた線で，任意の点のうず線の密度は，$\boldsymbol{\Omega}$ の大きさに比例する．IIにより，$\boldsymbol{\Omega}$ の発散は**常に** 0 である(第III巻3-7節で述べたように回転の発散は常に0である)．したがって，うず線は $\boldsymbol{B}$ の線に似ている――うず線は始めも終りもなく，閉曲線を作る．さて，ヘルムホルツはIIIを次の言葉で表わしている．うず線は流体と**一緒に動く**．すなわち，うず線に沿う流体粒子に，たとえばインキで色をつけて，印をつけることができたとすると，流体が動いて，この粒子を運んでいくが，粒子は常にう

ず線の新しい位置を示すことになる．流体の原子がどのように動いても，うず線はそれと一緒に動く．これは，上の法則を表わす一つの方法である．

また，これは任意の問題を解く方法を暗示する．たとえば各点の $\boldsymbol{v}$ を与えることにより，流れの初期状態が与えられたとすると，$\boldsymbol{\Omega}$ が計算される．また，その少しあとにうず線が来る位置は $\boldsymbol{v}$ から求められる．うず線は速度 $\boldsymbol{v}$ で移動するからである．新しい $\boldsymbol{\Omega}$ からⅠとⅡとを用いて新しい $\boldsymbol{v}$ が求められる(これは電流を与えたとき $\boldsymbol{B}$ を見出す問題と全く同様である)．ある瞬間における流れの状態が与えられれば，原理的には，次の時刻における状態が計算できる．こうして粘性のない流れの一般解が求められる．

ヘルムホルツの表現，すなわちⅢを少なくとも部分的に理解する方法を述べよう．これは角運動量の保存を流体に適用したものにほかならない．図19-13(a)のように，うず線に平行な軸をもつ流体の小さな円筒を考えよう．少し時間がたったとき，これと同じ流体はどこかに移っている．一般にこれはちがう半径の円筒を満たし，別の場所にある．図19-13(b)のようにちがう方向を向いているかも知れない．しかし，もしも半径が変っていれば，体積を一定に保つように長さが変化していなければならない(なぜなら，非圧縮性流体を仮定しているからである)．また，うず線は物質によって束ねられているから，その密度は断面積が小さくなるにつれて増大する．うず度 Ω と円筒の面積 A との積は一定である．したがって，ヘルムホルツにしたがい

$$\Omega_2 A_2 = \Omega_1 A_1 \qquad (19.21)$$

でなければならない．

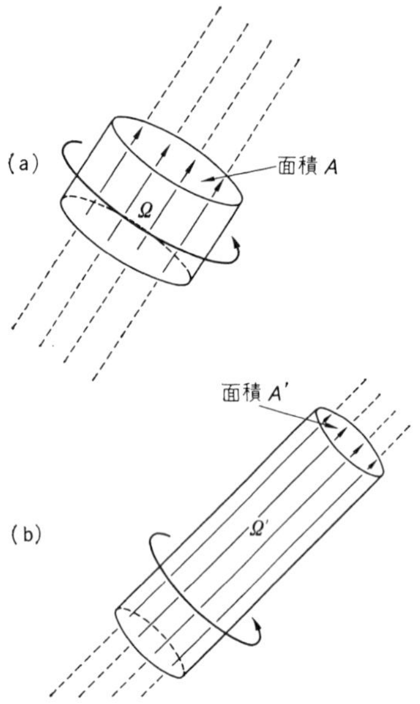

図19-13　(a) t におけるうず線の群れ　(b) 後の時刻 t' における同じ線

粘性がないとしているから，円筒(あるいはその物質の**任意の**)体積の表面にはたらく力はすべて，この表面に垂直である．圧力の力によって，この体積は場所を変え，また形を変える．しかし**接線**力はないため，その**内部の物質の角運動量**は変化することができない．小さな円筒の中の流体の角運動量は，その慣性モーメント I と流体の角速度との積に等しい．角速度はうず度 Ω に比例する．円筒について，慣性モーメントは mr^2 に比例する．したがって，角運動量の保存により

$$(M_1 R_1{}^2)\Omega_1 = (M_2 R_2{}^2)\Omega_2$$

が結論される．しかし質量は同じであるから $M_1 = M_2$ であり，面積は R^2 に比例するから，式(19.21)が再び導かれたことになる．ヘルムホルツの表現は，Ⅲと同等で，粘性がない場合，流体素片の角運動量は変化しないという事実の結果である．

動いていくうず線を示すよい例がある．これは図19-14のような簡単な装置で示される．これは直径50 cm，長さ50 cmの“たいこ”で，円筒形の“箱”の開口に厚いゴム膜を張ってある．たいこは横に倒されていて，底は直径10 cmの孔をあけた板になっている．ゴム膜を手でするどく叩くと，うず輪が孔から放出される．うずは眼にみえな

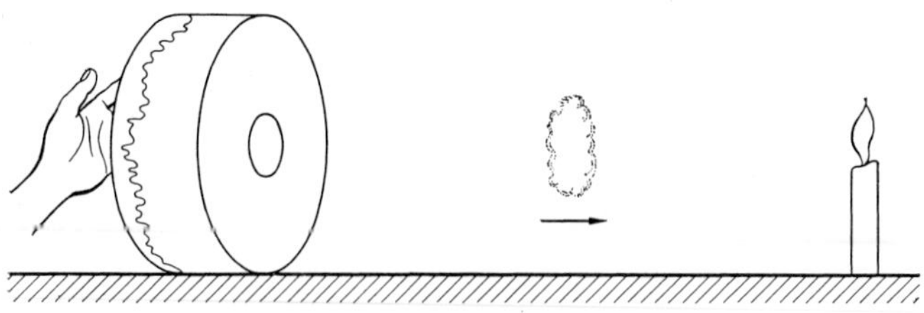

図 19-14 進行するうず輪が作られる

いが，3 m から 6 m ぐらいはなれたろうそくを吹き消してしまうことで，その存在がわかる．この効果のおくれによって，“何かあるもの”が有限の速さで移動していくことがわかる．箱の中に煙を吹き込んでおくともっとわかりやすい．こうすれば，うずは美しい，円い“煙の輪”になってみえる．

煙の輪は図 19-15(a)のように，うず線の円環の形をした束である．$\boldsymbol{\Omega}=\nabla\times\boldsymbol{v}$ であるから，これらのうず線は図の(b)に示したような $\boldsymbol{v}$ の循環も表わしている．輪が前へ進むことは次のように理解できる．輪の**底部**のまわりの循環による速度は輪の上部まで広がっていて，そこでは前方へ運動している．$\boldsymbol{\Omega}$ の線は流体と一緒に動くから，うず線も速度 $\boldsymbol{v}$ で前へ動く(もちろん，輪の上部のまわりの $\boldsymbol{v}$ の循環は底部のうず線の前進の原因になる)．

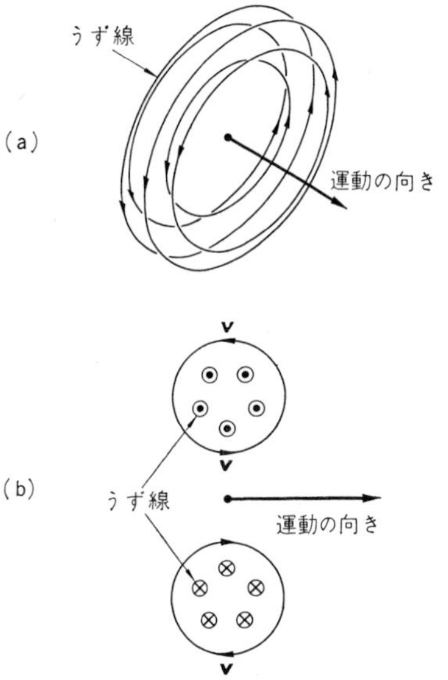

図 19-15 運動するうず輪(煙の輪)
(a) うず線 (b) 輪の断面

ここで深刻な困難があることを指摘しておこう．すでに述べたように，式(19.9)によれば，はじめ $\boldsymbol{\Omega}$ が 0 であれば，それはいつまでも 0 である．一度 $\boldsymbol{\Omega}$ が 0 であれば，いつも 0 であることを意味するから，この結果は“乾いた”水の理論の重大な欠点である——いかなる状況でもうずを**発生させる**ことはできないことになってしまう．それにもかかわらず，たいこを使った検証では，はじめ静止していた空気(確かにはじめ，箱の中のどこでも $\boldsymbol{v}=0$, $\boldsymbol{\Omega}=0$ であった)から出発して，うず輪を発生させることができたのである．また，湖で舟を漕げば，うずが生じることもよく経験する．明らかに，流体の振舞いを完全に理解するためには“湿った”水の理論へ進まなければならない．

乾いた水の理論のもう一つの欠点で，正しくない点は，流れと固体表面との境界における流れについて用いた重ね合わせである．たとえば図 19-11 のように円柱のまわりを過ぎる流れを議論したとき，流体が固体表面に沿ってすべることを許した．上の理論では固体表面における速度は任意で，ただ運動のはじめの状態だけに関係して定まるものであった．そして，流体と固体の間の“摩擦”は全然考えなかった．しかし，実際の流体の速度は固体の物体の表面ではいつも 0 になっているのは実験事実である．したがって，円柱のまわりの上述の解は，循環がある場合もない場合も，うずの発生に関する結果と同様に正しくない．次の章で，もっと正しい理論について述べることにする．

第 20 章
粘性のある流れ

20-1 粘　　性

前章では，粘性の現象を無視して，水の振舞いを議論した．これから，粘性の効果を**含めて**，流体の流れの現象を議論しよう．流体の**実際の振舞い**を研究しようと思うのである．いろいろのちがう状況の下における流体の実際の振舞いを定性的に記述して，この問題についていくらか理解を得ようと思う．いくつかの複雑な方程式や複雑な事柄にも触れることになるが，そのすべてを覚える必要はない．この章はある意味で“教養”の章であって，この世界の仕組みについていくらかの理解を加えようというわけである．ただ一つ覚える必要のある事項は，粘性の簡単な定義であって，これについてはすぐあとで述べる．その他のことは余興と思ってほしい．

前章において，流体の運動法則は方程式

$$\frac{\partial \boldsymbol{v}}{\partial t}+(\boldsymbol{v}\cdot\nabla)\boldsymbol{v}=-\frac{\nabla p}{\rho}-\nabla\phi+\frac{\boldsymbol{f}_{\text{粘性}}}{\rho} \tag{20.1}$$

に含まれることを学んだ．“乾いた”水の近似では，最後の項は除いて，そのためすべての粘性の効果は無視した．また，ある場合には流体は非圧縮性であるとする付加的な近似を用いたが，この場合は付加的な方程式

$$\nabla\cdot\boldsymbol{v}=0$$

が用いられた．この近似は多くの場合——特に流れの速さが音の速さよりもずっと小さいときは，大変いい近似である．しかし，実際の流体では，粘性と呼ばれる内部摩擦が無視できる場合はほとんどない．興味深い現象のほとんどすべては，多かれ少なかれ，粘性によるのである．たとえば“乾いた”水では循環は決して変化しなかった．はじめに循環がなければ，いつまでもないことになる．それにもかかわらず，流体中の循環の発生は日常の事柄である．我々は理論の手直しをしなければならない．

まず，重要な実験事実から出発する．円柱のまわりの“乾いた”水の流れ——いわゆるポテンシャル流——を求めたとき，表面に接する速度を水がもってはならないとする理由はなかった．表面に垂直な速度だけが0でなければならなかったのである．液体と固体との間にずりの力が働くかも知れないという可能性は何も考慮しなかった．決して自明のことではないが，実験的に調べられる場合はいつでも，**固体表面における流速は完全に0である**ことがわかっている．誰でも，扇

風機の羽根に薄いごみの層が付着し，扇風機が空気をかきまわしても取れないで残っていることに気が付いているだろう．風洞の大きな羽根でさえも，同様の効果がみられる．ごみはなぜ空気で吹き飛ばされないのかというと，扇風機の羽根は空気中を高速で運動するにもかかわらず，羽根に相対的な空気の速さは，ちょうど表面において0になっていて，そのため，非常に小さなごみの粒子はかき乱されないからである*．そこで，理論を修正して，すべての通常の流体では，固体表面に隣る分子の速度は(表面に対して) 0であるという実験事実と一致するようにしなければならない†.

はじめ，液体にずりの応力を加えると，応力がどんなに小さくても，それに負けて流れるという事実によって液体を特徴づけた．静的な状況では，ずりの応力は存在しない．しかし，平衡に達するまでは，力を加え続ける限り，応力は存在し得る．**粘性**は，動いている流体中に存在するずりの応力を表わすものである．流体が運動しているときのずりの力を理解するために，次のような種類の実験を考える．図20-1のように，平らな2枚の固体の面の間に水があるとし，一つの面は固定し，他方の面をこれに平行に速さ v_0 で動かす．上の板を動かし続けるのに要する力を測定すると，この力は板の面積と，v_0/d とに比例することがわかる．ここに，dは板の間の距離である．したがって，ずりの応力 F/A は v_0/d に比例し，

$$\frac{F}{A}=\eta\frac{v_0}{d}$$

である．この比例定数 η を**粘性率**という．

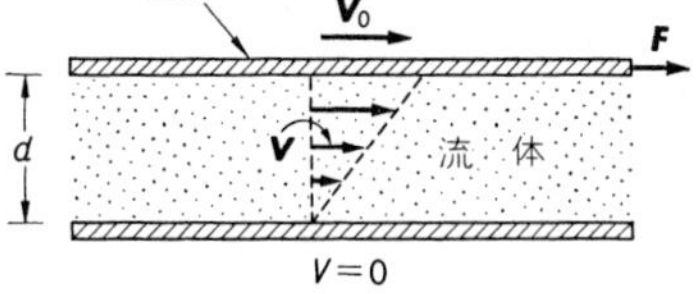

図 20-1　2枚の平行板の間の粘性による力

複雑な場合でも，図20-2のように，流れに平行な面をもつ小さな，平たい長方形の部分を水の中に考えることが，いつでもできる．この部分を通して働くずりの力は

$$\frac{\Delta F}{\Delta A}=\eta\frac{\Delta v_x}{\Delta y}=\eta\frac{\partial v_x}{\partial y} \tag{20.2}$$

によって与えられる．ここで，$\partial v_x/\partial y$ は，第17章において定義したずりのひずみの変化の割合いである．したがって，液体では，ずり応力はずりのひずみの変化の割合いに比例する．

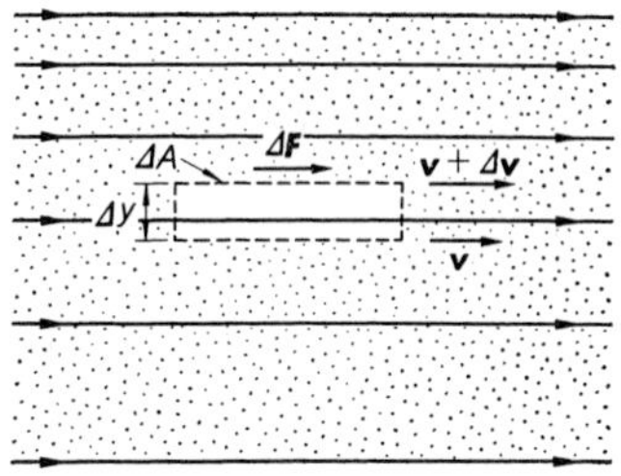

図 20-2　粘性流体内のずりの応力

一般の場合は

$$S_{xy}=\eta\left(\frac{\partial v_y}{\partial x}+\frac{\partial v_x}{\partial y}\right) \tag{20.3}$$

と書く．もしも流体が一様に回転しているならば，$\partial v_x/\partial y$ は $\partial v_y/\partial x$ の符号を変えたもので S_{xy} は0になる——一様に回転している流体では〔ずりの〕応力はないからこれは当然である(第18章において e_{xy} を定義するときも同様であった)．S_{yz} と S_{zx} とについても，もちろん同様

* 机の上の**大きな**ごみの粒を吹き飛ばすことは**できる**が，非常に小さいごみは吹き飛ばせ**ない**．大きなごみは風にくっついていってしまう．

† これが正しくないような現象を考えることができる．たとえば，ガラスは理論的には“液体”であるが，ガラスを鋼鉄の面に沿ってすべらすことは確かにできる．この主張はどこかで破れるはずである．

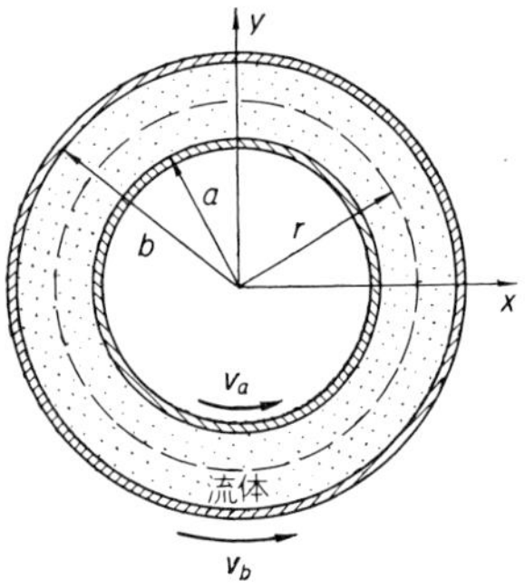

図20-3　異なる角速度で回る二つの同心円筒の間の流体の流れ

な表式がある.

このような考えの応用例として，二つの同心円筒の間の流体の運動を考えよう．内側の円筒は半径a，周辺速度v_aをもち，外側の円筒は半径b，速度v_bをもつとする(図20-3参照)．これらの円筒の間の速度分布を問題にしよう．これに答えるため，軸からrの距離の流体に対する粘性によるずりの応力を表わす式を作る．問題の対称性により，流れは常に接線方向であり，その大きさはrだけに関係すると仮定し，$v=v(r)$とする．距離rの水に浮かべた小粒に着目すると，その座標は時間の関数として

$$x = r\cos\omega t, \qquad y = r\sin\omega t$$

で与えられる．ここに$\omega=v/r$である．速度のx, y成分は，したがって

$$v_x = -r\omega\sin\omega t = -\omega y, \qquad v_y = r\omega\cos\omega t = \omega x \tag{20.4}$$

である．式(20.3)により

$$S_{xy} = \eta\left[\frac{\partial}{\partial x}(x\omega)-\frac{\partial}{\partial y}(y\omega)\right] = \eta\left[x\frac{\partial\omega}{\partial x}-y\frac{\partial\omega}{\partial y}\right] \tag{20.5}$$

を得る．点$y=0$においては$\partial\omega/\partial y=0$であって$x\partial\omega/\partial x$は$rd\omega/dr$に等しい．したがって，この点では

$$(S_{xy})_{y=0} = \eta r\frac{d\omega}{dr} \tag{20.6}$$

となる(Sが$d\omega/dr$に関係するのは当然である．もしもωがrによらないならば，液体は一様に回転していて，〔ずりの〕応力は存在しない)．

ここで計算した応力は接線方向のずりの応力であって，円筒のまわりのどこでも同じである．半径rの円筒の面を通して働くトルクは，ずりの応力にモーメントの腕rと面積$2\pi rl$とを掛ければ求められる．すなわち

$$\tau = 2\pi r^2 l(S_{xy})_{y=0} = 2\pi\eta l r^3\frac{d\omega}{dr} \tag{20.7}$$

である．ただし，lは円筒の長さである．

水の運動は定常的であり，角加速度はないから，rと$r+dr$との間の円筒形の殻の水に働く全トルクは0でなければならない．すなわち，rにおけるトルクは，$r+dr$における等しくて符号が逆なトルクとつり合わなければならない．したがってτはrに無関係でなければならない．いいかえれば$r^3\,d\omega/dr$はある定数に等しい．これをAとすると

$$\frac{d\omega}{dr} = \frac{A}{r^3} \tag{20.8}$$

となる．積分すると，ωはrと共に

$$\omega = -\frac{A}{2r^2}+B \tag{20.9}$$

のように変化することがわかる．定数AとBとは，$r=a$で$\omega=\omega_a$,

$r=b$ で $\omega=\omega_b$ という条件に合うように定めればよい．こうして

$$A = \frac{2a^2b^2}{b^2-a^2}(\omega_b-\omega_a),$$
$$B = \frac{b^2\omega_b-a^2\omega_a}{b^2-a^2} \qquad (20.10)$$

を得る．ω は r の関数として得られたから，これから $v=\omega r$ も得られる．

トルクを求めようと思えば，式(20.7)と式(20.8)とから

$$\tau = 2\pi\eta lA$$

あるいは

$$\tau = \frac{4\pi\eta la^2b^2}{b^2-a^2}(\omega_b-\omega_a) \qquad (20.11)$$

となる．これは二つの円筒の相対的な角速度に比例する．粘性率を測定する標準的な装置の一つは次のように作られている．一つの円筒——たとえば外側の円筒——はピボットにのり，この円筒にはたらくトルクを測定するためのばね秤によって支持されている．そして内側の円筒は一定の角速度で回転する．粘性率は式(20.11)から求められる．

定義からわかるように，η の単位はニュートン•秒/m^2 である．20°C の水では

$$\eta = 10^{-3}\ \text{newton}\cdot\text{sec/m}^2$$

である．ふつうは，**動粘性率**を使う方が便利である．これは η を密度 ρ で割ったもので，水と空気との値は

$$\begin{aligned} &20^\circ\text{C の水} && \eta/\rho = 10^{-6}\ \text{m}^2/\text{sec} \\ &20^\circ\text{C の空気} && \eta/\rho = 15\times10^{-6}\ \text{m}^2/\text{sec} \end{aligned} \qquad (20.12)$$

となって，あまりちがわない．粘性は温度に強く関係するのがふつうである．たとえば，凝固点のすぐ上の水の η/ρ の値は 20°C の値の 1.8 倍である．

20-2 粘 性 流

粘性流の一般理論を，少なくとも知られている最も一般的な形で述べよう．すでに述べたように，ずりの応力の成分は種々の速度成分の空間微分，$\partial v_x/\partial y, \partial v_y/\partial x$ などに比例する．しかし，圧縮性の流体という一般の場合には，応力に，速度の微係数に関係するもう一つの項がある．一般式は

$$S_{ij} = \eta\left(\frac{\partial v_i}{\partial x_j}+\frac{\partial v_j}{\partial x_i}\right)+\eta'\delta_{ij}(\nabla\cdot\boldsymbol{v}) \qquad (20.13)$$

である．ここに x_i は直交座標 x, y, z の中の一つ，v_i は速度の直交成分である(記号 δ_{ij} はクロネッカーのデルタであって，これは $i=j$ のとき 1，$i\neq j$ のときは 0 である)．応力テンソルの対角線要素 S_{ii} のすべてに，付加項 $\eta'\nabla\cdot\boldsymbol{v}$ が付け加わる．もしも液体が非圧縮性ならば $\nabla\cdot\boldsymbol{v}=0$ であるから，この余分の項は現われない．したがって，これは

圧縮の際の内部的な力に関係するものである．そのため，液体を記述するのには二つの定数が必要であるが，これは均質な弾性体を記述するのに二つの定数が必要であったのと同様である．係数 η はすでに述べた"ふつうの"粘性率である．これはまた**第一粘性率**，あるいは"ずりの粘性率"と呼ばれ，新しい係数 η' は**第二粘性率**〔あるいは体積弾性率〕といわれる．

さて，単位体積あたりの粘性力 $\boldsymbol{f}_{粘性}$ を定め，これを式(20.1)に代入して実際の流体の運動方程式を求める．流体の小さな立方体に働く力は，その6個の面に働く力の合力である．これを2個ずつ一緒にして作った応力の差は，応力の微係数，あるいは速度の2階の微係数に関係する．単位体積の粘性力の，直交座標 x_i 方向の成分は

$$(f_{粘性})_i=\sum_{j=1}^{3}\frac{\partial S_{ij}}{\partial x_j}$$
$$=\sum_{j=1}^{3}\frac{\partial}{\partial x_j}\left\{\eta\left(\frac{\partial v_i}{\partial x_j}+\frac{\partial v_j}{\partial x_i}\right)\right\}+\frac{\partial}{\partial x_i}(\eta'\,\nabla\cdot\boldsymbol{v})\quad(20.14)$$

となる．ふつうは粘性率の場所的変化は大きくなく，無視して差支えない．そのため，単位体積の粘性力は速度の2階の微係数だけを含むことになる．すでに第18章において述べたように，ベクトル方程式で現われる2階の微係数はラプラシアンの項$(\nabla\cdot\nabla\boldsymbol{v}=\nabla^2\boldsymbol{v})$と，発散の勾配の項$(\nabla(\nabla\cdot\boldsymbol{v}))$との和である．式(20.14)は正にこのような和であって，係数は η と $(\eta+\eta')$ とである．すなわち

$$\boldsymbol{f}_{粘性}=\eta\nabla^2\boldsymbol{v}+(\eta+\eta')\nabla(\nabla\cdot\boldsymbol{v})\qquad(20.15)$$

となる．非圧縮性の場合は $\nabla\cdot\boldsymbol{v}=0$ であり，単位体積の粘性力は $\eta\nabla^2\boldsymbol{v}$ となる．これが多く用いられるが，流体中の音波の吸収を計算しようとするときなどは，第2項が必要である．

実際の流体の運動方程式を完成しよう．式(20.15)を式(20.1)に代入すると

$$\rho\left\{\frac{\partial\boldsymbol{v}}{\partial t}+(\boldsymbol{v}\cdot\nabla)\boldsymbol{v}\right\}=-\nabla p-\rho\nabla\phi+\eta\nabla^2\boldsymbol{v}+(\eta+\eta')\nabla(\nabla\cdot\boldsymbol{v})$$

を得る．これは複雑である．しかし自然というものは，そういうものである．

前と同じように，うず度 $\boldsymbol{\Omega}=\nabla\times\boldsymbol{v}$ を導入すると，上の方程式は

$$\rho\left\{\frac{\partial\boldsymbol{v}}{\partial t}+\boldsymbol{\Omega}\times\boldsymbol{v}+\frac{1}{2}\nabla v^2\right\}$$
$$=-\nabla p-\rho\nabla\phi+\eta\nabla^2\boldsymbol{v}+(\eta+\eta')\nabla(\nabla\cdot\boldsymbol{v})\qquad(20.16)$$

となる．

体積力は，重力のような保存力であると考えている．粘性力による新しい項の影響をみるために，非圧縮性液体の場合に着目する．そこで，式(20.16)の回転を作ると

$$\frac{\partial\boldsymbol{\Omega}}{\partial t}+\nabla\times(\boldsymbol{\Omega}\times\boldsymbol{v})=\frac{\eta}{\rho}\nabla^2\boldsymbol{\Omega}.\qquad(20.17)$$

これは式(19.9)と似ているが，右辺に新しい項がある．右辺が0であ

る場合は，うず度が流体と共に動くというヘルムホルツの定理が導かれた．いまの場合，やや複雑な0でない項が右辺にあるが，これは，直接に物理的結果に導くものである．もしも仮りに項$\nabla\times(\boldsymbol{\Omega}\times\boldsymbol{v})$を無視してみると，**拡散方程式**が得られる．新しい項はうず度$\boldsymbol{\Omega}$が流体中を拡散することを表わす．うず度の大きな勾配があれば，うずは相隣る流体へ**拡散**することになる．

この項のために，煙の輪は進んでいくにつれて太くなるのである．また，煙の雲の中に“きれいな”うず(“煙をもたない”輪も前章の装置で作る)を送り込んだ場合もこの項の効果が現われる．輪が雲の中から出てくるとき，輪は煙をいくらかとり込んでいて，中がうつろな煙の輪がみられる．$\boldsymbol{\Omega}$はいくらか外の煙の中へ拡散し，それでも，うずによる前進は保たれているのである．

20-3 レイノルズ数

粘性による新しい項によって流体の流れの特性がどのように変わるかを考えよう．二つの問題をやや精しく考察する．その一つは円柱のまわりの流体の流れで，これは前の章において，粘性のない流れとして計算した問題である．粘性のある方程式は，特別な少数の場合を除いて，解けないのが現状である．そのため，これから述べることのある部分は実験的な測定にもとづくもので，その際，実験のモデルは式(20. 17)を満足すると仮定するのである．

数学的な問題は次のようなことである．半径Dの長い円柱のまわりの非圧縮性の粘性流体の流れに対する解を求めたい．流れは式(20. 17)および

$$\boldsymbol{\Omega}=\nabla\times\boldsymbol{v} \tag{20. 18}$$

と境界条件とによって与えられる．境界条件は，遠方における速度が一定で，V(x軸に平行)であり，円柱の表面における速度が0であることである．すなわち，表面

$$x^2+y^2=\frac{D^2}{4}$$

に対して

$$v_x=v_y=v_z=0 \tag{20. 19}$$

とする．これによって数学的問題は確定される．

方程式をよくみると，この問題には4個の異なるパラメーターη, ρ, D, およびVがあることがわかる．Vがちがう場合，Dがちがう場合などといったすべての場合を扱わなければならないように思われるかも知れないが，そうではない．異なるすべての可能な解は，**唯1個のパラメーター**のちがいに相当するものである．これは粘性流についていえる最も重要な，一般的な事柄である．なぜそうなるかを知るには，まず，粘性と密度とが，比η/ρ，すなわち**動粘性率**として現われているだけであることを注意しよう．次に，この問題で現われている唯一つの長さ，すなわち円柱の直径Dを単位にして測ることにする．すな

わち，x, y, z の代りに

$$x = x'D, \qquad y = y'D, \qquad z = z'D$$

で定義される新しい変数 x', y', z' を用いる．こうすれば，式(20.19)で D は現われなくなる．同様にすべての速度を V で測る．すなわち $v = v'V$ とおけば，V が消えて，v' は遠方でちょうど1になる．長さと速度との単位を定めたのであるから，時間の単位は D/V になっている．したがって

$$t = t'\frac{D}{V} \tag{20.20}$$

でなければならない．

新しい変数を用いると式(20.18)における微係数は $\partial/\partial x$ から $(1/D)\partial/\partial x'$ に変わるなどの変化がある．そして式(20.18)は

$$\boldsymbol{\Omega} = \nabla\times\boldsymbol{v} = \frac{V}{D}\nabla'\times\boldsymbol{v}' = \frac{V}{D}\boldsymbol{\Omega}' \tag{20.21}$$

となる．主な方程式(20.17)は，このとき

$$\frac{\partial\boldsymbol{\Omega}'}{\partial t'} + \nabla'\times(\boldsymbol{\Omega}'\times\boldsymbol{v}') = \frac{\eta}{\rho VD}\nabla^2\boldsymbol{\Omega}'$$

となる．すべての定数は一つの因子に集約されるが，伝統にしたがって，これを $1/\mathcal{R}$ と書こう．すなわち

$$\mathcal{R} = \frac{\rho}{\eta}VD. \tag{20.22}$$

〔$\mathcal{R}$ を**レイノルズ数**という．〕
すべての方程式は，すべての量を新しい単位で表わすことを約束すれば，すべてのプライムを省略することができる．そこで，流れの方程式は

$$\frac{\partial\boldsymbol{\Omega}}{\partial t} + \nabla\times(\boldsymbol{\Omega}\times\boldsymbol{v}) = \frac{1}{\mathcal{R}}\nabla^2\boldsymbol{\Omega} \tag{20.23}$$

および

$$\boldsymbol{\Omega} = \nabla\times\boldsymbol{v}$$

となり，条件は

$$x^2 + y^2 = 1/4 \tag{20.24}$$

に対して

$$\boldsymbol{v} = 0$$

および

$$x^2 + y^2 + z^2 \gg 1$$

に対して

$$v_x = 1, \qquad v_y = v_z = 0$$

となる．

これらの物理的な意味は大変興味深い．たとえば，流速 V_1，円筒の直径 D_1 に対して流れの問題を解いたとして，異なる直径 D_2 の異なる流体の流れを知ろうとすれば，レイノルズ数が等しいような流速 V_2 に対して流れは同じであるということを意味する．これは

$$\mathcal{R}_1=\frac{\rho_1}{\eta_1}V_1D_1=\mathcal{R}_2=\frac{\rho_2}{\eta_2}V_2D_2 \qquad (20.25)$$

のときである．レイノルズ数が等しいような二つの流れは，適当な尺度 x', y', z', t' で表わすとき，同じに“みえる”．飛行機を作って実験しなくても，飛行機の翼を過ぎる空気の流れを知ることができるのであるから，このことは重要な意味を持つ．飛行機を作るかわりに，その模型を作って，レイノルズ数が同じになるような速度で実験すればよい．これは，縮尺した飛行機に対する“風洞”実験の結果や，縮尺した模型の船に対する“模型水槽”の結果を実際の大きさの物体に適用することを可能にする原理である．しかし，流体の圧縮率が無視できるときにだけ可能であることを注意しなければならない．圧縮率が無視できないときは，新しい量，すなわち音速が入ってくる．そして，相異なる状況は，V と音速との比も等しい場合に限って実際に対応することになる．この比は**マッハ数**と呼ばれる．したがって，音速に近いか，音速以上の速さに対しては，**マッハ数**と**レイノルズ数**とが共に相等しい二つの流れが同等である．

20-4 円柱のまわりの流れ

円柱のまわりのおそい(ほとんど非圧縮性の)流れの問題にかえろう．実際の流体の流れを定性的に調べることにする．このような流れについて知りたいことはいろいろある——たとえば，円柱にはたらく抗力はどのくらいだろうか．図 20-4 には円柱にはたらく抗力を $\mathcal{R}$ の関数として示した．もしもほかの条件が同じならば $\mathcal{R}$ は速さ V に比例する．実際に図示したのはいわゆる**抵抗係数** C_D である．抵抗係数は力を $\frac{1}{2}\rho V^2Dl$ で割った次元のない量

$$C_D=\frac{F}{(1/2)\rho V^2Dl}$$

である．ここで D は円柱の直径，l はその長さ，ρ は流体の密度である．抵抗係数の変化は相当複雑であって，何か相当面白い複雑なことが流れに起っていることを予想させる．そこで，レイノルズ数のそれぞれの範囲における流れの性質を調べよう．まず，レイノルズ数が大変小さいときは，流れは全く定常である．すなわち，速さは各場所ごとに一定で，流れは円柱のまわりを流れる．しかし，流線の実際の分布はポテンシャル流の場合と異なり，少しちがう方程式の解である．速さが小さいとき，あるいは，同等であるが，粘性が蜜のように非常に高いときには，慣性項は無視できて，流れは方程式

$$\nabla^2\boldsymbol{\Omega}=0$$

で記述される．この方程式はストークスによってはじめて解かれた．彼は同じ問題を球についても解いている．このようにレイノルズ数の小さな条件の下に小さな球が動いているときは，これを引いていくのに必要な力は $6\pi\eta aV$ である．ここに a は球の半径，V はその速度である．これは，たとえば遠心分離機，沈降，あるいは拡散などの場合

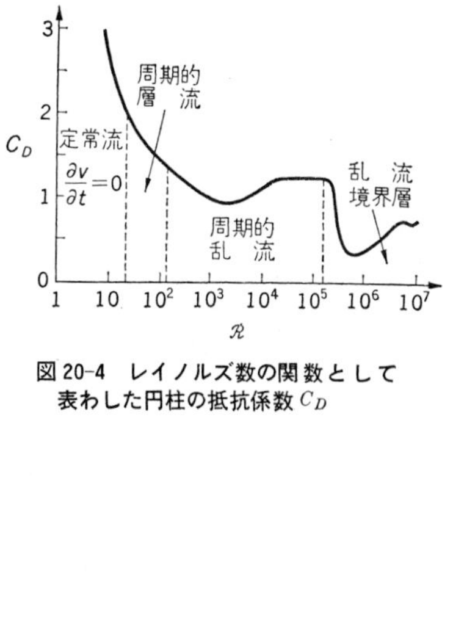

図 20-4 レイノルズ数の関数として表わした円柱の抵抗係数 C_D

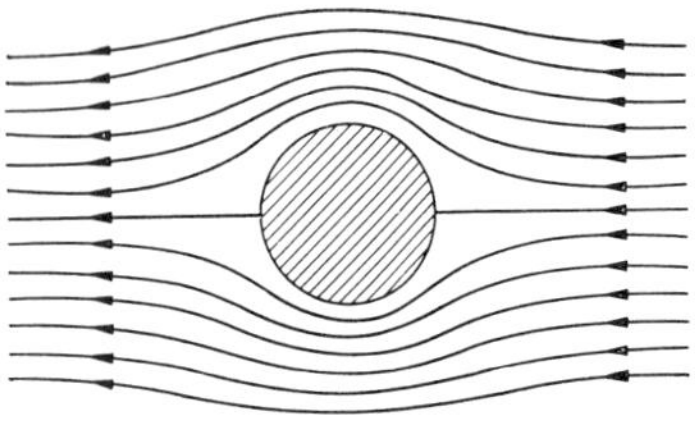

図 20-5　円柱のまわりの粘性流(低速)

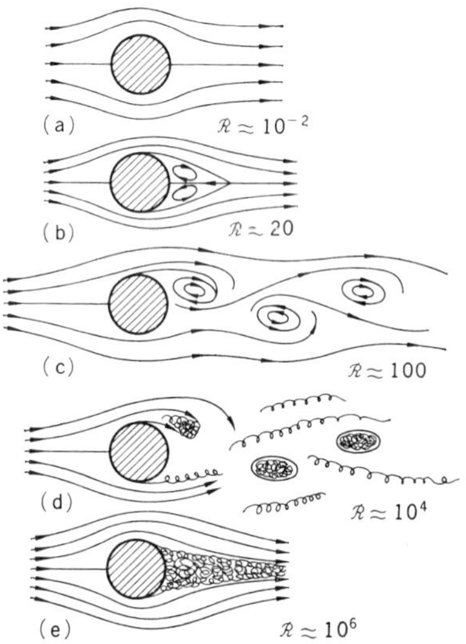

図 20-6　いろいろのレイノルズ数における円柱をよぎる流れ

のように小さなごみ(あるいは球で近似できる粒子)が与えられた力を受けて動くときの速さをきめる式であるから，大変重要である．小さなレイノルズ数——$\mathcal{R}$ が 1 より小——の領域における円柱のまわりの流線は図 20-5 のようになっている．

流体の速さを増大して，レイノルズ数が 1 よりも少し大きくなると流れは変わってくる．図 20-6 (b)のように円柱のうしろに循環ができる．どんなにレイノルズ数が小さくても循環がそこにあるのか，それともあるレイノルズ数において突然の変化が起こるのかは，いまでもなお疑問がある．循環は連続的に成長するとふつうは思われてきた．しかし，今では突然現われると考えられている．そして循環は明らかに $\mathcal{R}$ と共に増大する．とにかく $\mathcal{R}$ が 10 から 30 までの領域で流れの性質が変化する．円柱のうしろには二つのうずがある．

$\mathcal{R}$ が 40 ぐらいになると，再び流れが変化する．流れの性質が突然に全く変わってしまう．円柱のうしろのうずの一つが非常に長くなって切れ，流れと共に下流へ移動するということが起こる．そうすると流れは円柱のうしろでまわり込んで新しいうずを作る．うずは各々の側から交互に離脱し，そのため流れの瞬間的な様子は，大体図 20-6 (c)のようになる．うずの流れは“カルマンのうず列”といわれる．これは $\mathcal{R}>40$ のとき，いつでも現われる．このような流れの写真を図 20-7 に示す．

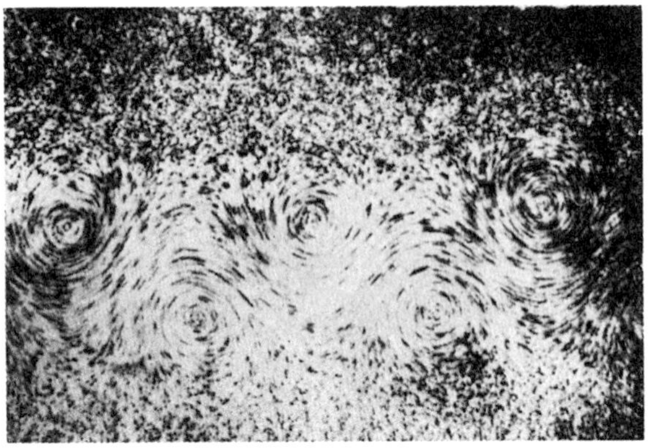

図 20-7　円柱のうしろの流れの中のうず列——ルードヴィッヒ・プランドルによる写真

図 20-6(c)の流れと 20-6(b)あるいは 20-6(a)の流れとの二つの相違は，ほとんど政体の完全な相違のように大きい．図 20-6(a)や(b)では速度は変化しないが，図 20-6(c)では各点の速度は時間的に変化する．$\mathcal{R}=40$——図 20-4 で破線で示した——より上では，定常解は存在しない．レイノルズ数の高いこの領域では，流れは時間的に変化するが，それは**規則的**で，周期的な変化である．

このようなうずがなぜできるかということは物理的に説明できる．流れの速度は円柱の表面でゼロでなければならず，表面から遠ざかるにつれて急激に増大しなければならない．うずは流れの速度の局所的な大きな変化によって生じる．さて，流速が充分小さいときは，固体表面の近くの薄い領域内で発生したうずが，大きな領域のうずに成長するのに充分な時間がある．このような物理的な解釈は，さらに流速，あるいは$\mathcal{R}$を大きくしたときに流れの性質が変化する次の段階を理解するのに役立つ．

速度がさらにますます大きくなると，うずが流体中の大きな領域へ拡がる時間はさらにますます短くなってしまう．レイノルズ数が数百に達すると，図20-6(d)に示すように，うずは薄い帯状の領域を満たすようになる．この層の中では流れは乱れ，不規則である．この領域は**境界層**といい，$\mathcal{R}$を増大するにつれて，この不規則な流れの領域は徐々に上流へ拡がる．乱流の領域では，うずは非常に不規則で“さわがしい”．また，流れはもはや2次元的でなく，3次元的にねじれ，曲がる．乱れた流れに加えて，規則的なたがいちがいの運動もつけ加わっている．

レイノルズ数をさらに増大させると，乱流の領域は上流へ進んで，——$\mathcal{R}=10^5$よりやや上の流れに対して——遂には流線が円柱を離れる所まで到達する．流れは図20-6(e)のようになり，これを“乱流境界層”という．また，抗力に猛烈な変化がある．抗力は図20-4に示したように，何分の1かに落ちるのである．この領域では速さを増すと抗力は実際**減少**する．流れに周期性があるようにはみえない．

さらにレイノルズ数を大きくすると何が起こるだろうか．速さをさらに増すと，ウェーク(航跡)は再び大きくなり，抗力も増加する．$\mathcal{R}=10^7$ぐらいに達した最近の実験によれば，ウェークに新たな周期が生じ，これはおそらく，すべてのウェークが前後に大きな運動で振動するか，あるいは不規則な動揺する運動と共に何かある新たな種類のうずが発生するかによるものである．細かい点はまだよくわかっていなくて，なお実験的に研究がつづけられている．

20-5 粘性ゼロの極限

ここで論じた流れの中のどれも前章で知ったポテンシャル流の解と似ていないことを注意する必要がある．これは一見したところ驚くべきことに思われる．結局，$\mathcal{R}$は$1/\eta$に比例する．したがって，ηがゼロになることは$\mathcal{R}$が無限大になることと同じである．そして，方程式(20.23)で$\mathcal{R}$を大きくした極限では右辺がなくなって，前章の方程式がちょうど得られる．それにしても，$\mathcal{R}=10^7$のときの強く乱された流れが，“粘性のない”水の方程式から計算されるなだらかな流れに近い状態だとは信じにくいことであろう．方程式(20.23)で記述される流れが，$\mathcal{R}=\infty$に近づけたとき，はじめから$\eta=0$として出発したときに得られるようなのと全くちがった種類の解を与えるというのはどういうことであろうか．この答は大変面白い．式(20.23)の右辺は$1/\mathcal{R}$に**2次の微係数**が掛かっていることを注意しなければならない．これは，この方程式に含まれるどの微係数よりも高次である．係数$1/\mathcal{R}$は小さいが，表面近くの空間においては$\boldsymbol{\Omega}$の急激な変化が存在するのである．この急激な変化が小さな係数を打ち消すので，これらの積は $\mathcal{R}$ を増加させても**ゼロには近づかない**．$\nabla^2\boldsymbol{\Omega}$ の係数がゼロになっても，解はその極限の場合に近づかないことになる．

“細かな乱流の正体は何だろう，それはどうしてなくならないのだろう．円柱の面のどこかで作られたうずは，どうして後流にはげしい動揺を与えるのだろうか”などと不思議に思うかも知れない．この答もまた興味深いものである．うずは自分で増幅する傾向がある．うずの拡散は減損を起こすが，これをしばらく忘れることにすると，流れの法則は(すでに知ったように)，うずが流れと共に速度 $\boldsymbol{v}$ で運ばれることを教える．複雑な流れ $\boldsymbol{v}$ のパターンによって乱され，ねじまげられた $\boldsymbol{\Omega}$ の線をいくつか考えることができる．流れはこの線を引き寄せてさらに近づけ，全部をまぜこぜにする．線はさらに長く，さらに密集するようになる．うずの強さは増加し，不規則さ——強弱——は一般に増大するであろう．したがって流体が曲げられると3次元のうずの大きさは増大することになる．

“一体，ポテンシャル流が満足な理論なのはどのような場合だろうか”と問いたくなるだろう．第一に，乱流の外のうずが拡散によってほとんど入ってきていない領域では満足な理論である．特別な流線形の物体を作れば，乱流領域をいくらでも小さくできる．充分に注意して設計された飛行機翼のまわりの流れはほとんど完全なポテンシャル流である．

20-6　クエット流

円筒のまわりの流れの複雑で変化し得る性質は，特別なものでなく，一般には非常に多くの流れが起こる可能性があることを示すことができる．20-1節において，我々は二つの円筒の間の粘性流の解を調べたので，この結果を実際に起こる現象と比較することができる．二つの同軸の円筒の間に油を入れて，油の中に細かいアルミニウムの粉を浮遊させれば，流れは容易に見ることができる．さて，外側の円筒をゆっくり回転させると，別に期待されないことは起こらない(図20-8(a)参照)．逆に内側の円筒をゆっくり回転させても，別に驚くことは起こらない．しかし，内側の円筒を速い割合いで回転させると，驚くべきことが起こる．流体は図20-8(b)に示すように水平な帯に分かれる．内側を止めて外側の円筒を同じ割合いで回しても，このような効果は起こらない．内側の円筒を回すときと外側を回すときとちがいができるのはなぜだろうか．とにかく，20-1節で論じた流れのパターンは $\omega_b-\omega_a$ によるだけだったのである．これに対する答は図20-9に示したように断面を見ることによって得られる．内部の層が外側よりも速く動いているときは，そこの流体は**外部へと**動こうとする——遠心力が，流体をそこへ保とうとする圧力よりも大きくなる．外部の層がじゃまをするから，すべての層が一様に動くことはできない．そこで流体は細胞に分かれて，図20-9(b)のように循環する．これは底

図20-8　二つの透明な回転円筒の間の流れのパターン

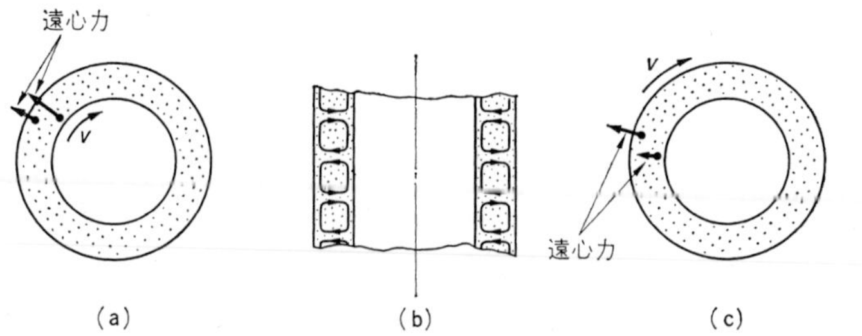

図 20-9 流れが帯状に分かれる理由

に熱い空気があるときの部屋の中の対流に似ている．内側の円筒が止まっていて，外側の円筒が高速度で回るときには，遠心力によって生じる圧力勾配はすべてのものを平衡に保つ——図 20-9(c)参照(部屋の上部の空気が熱いときと同様)．

さて，内側の円筒の速度を速めよう．はじめは，帯の数が増大する．それから，突然，帯が図 20-8(c)のように波うつのが見られる．波は円筒をまわって進行する．これらの波の速度は容易に測定される．高い回転速度に対しては，波の速度は内側の円筒の速さの 1/3 に近づく．その理由はまだわからない．これは問題提起である．1/3 という簡単な数字．そして説明がない．実際，波ができる全体の機構はよく理解されているとはいえない．こうなっても，まだ定常的な層流である．

次に，外側の円筒をも回転させ始める——しかし逆向きに——すると，流れのパターンはこわれはじめる．図 20-8(d)に描いたように，波うつ領域と見たところ静かな領域とが交互に並び，らせん状のパターンを作る．この“静かな”領域内では，しかし，流れは全く不規則であることがわかる．実際それは全くの乱流である．波うつ領域もまた不規則な乱流になり始める．円筒をもっと速く回転させると，全体の流れは無秩序の乱流になる．

この簡単な実験において，全くちがういろいろの流れの興味ある様相を見ることができる．しかも，これらはすべて一つのパラメーター $\mathcal{R}$ を異にする簡単な方程式に含まれるのである．回転する円筒の場合は，円筒をまわる流れに起こるいろいろの効果を見ることができる．第一に定常な流れがあり，第二に，時間と共に変化するが規則的で，なだらかな変化をする流れに移り，最後に流れは全く不規則になる．諸君はすでに，静かな空気中にタバコから立ち上る煙の柱について同様な効果を見ている．この場合は，なめらかな定常的な煙の柱があり，ついで煙の流れはちぎれだしてねじくれ，最後に不規則に揺れる煙の雲になって終る．

このようなことのすべてを通しての主な教訓は，式(20.23)の簡単な方程式の組の中に実はとても多くの異なる運動がかくされているということである．すべての解は同じ方程式のものであり，ただ $\mathcal{R}$ の値が異なるのである．これらの方程式で落された項があるとは考えられない．困難は，非常に小さなレイノルズ数——すなわち全く粘性の大きい場合——を除いて，解析する数学的な力が現在はないことである．方程式を書いたからといって，流体の流れから魅力，あるいは不思議さ，あるいは驚異がなくなるものではない．

唯一つのパラメーターをもつ簡単な方程式がこのような多様さをもつとすれば，もっと複雑な方程式ではどのくらいの多様さが可能であるかわからない．おそらく，うず巻く星雲や凝縮・進化・爆発をする星や銀河を記述する基礎方程式は，ほとんど純粋な水素ガスの流体力学的な行動に対する簡単な方程式であろう．いわれなく物理学をおそれる人達は生命の方程式を書くことはできないということが多い．おそらく，これを書くことができる．実際，量子力学の方程式

$$H\psi = -\frac{\hbar}{i}\frac{\partial\psi}{\partial t}$$

を書けば，おそらく，これは充分な近似でそういう方程式になっているであろう．方程式の単純さにかかわらず複雑なことが全く容易に，劇的に起こってしまうのを見てきた．簡単な方程式の含蓄を知らずに，世界の複雑さを説明するのには，単なる方程式でなく，欠けることのない神が必要であると結論した人も多い．

我々は水の流れの方程式を書いた．実験により，解を論じるのに用いる概念や近似——うず列，乱流の後流，境界層など——を見出した．もっと親しみのない場合に同じような方程式を得，こんどは実験がまだされていないときには，我々は初等的な，あぶなっかしい，混乱した方法でどんな新しい事象がでてくるか，あるいはどのような性質的な結果が方程式からでてくるかを決定しようとするだろう．たとえば，水素ガスの球としての太陽の方程式は，太陽黒点のない，表面の粒状斑構造のない，紅炎のない，コロナのない太陽を表わす．しかし，これらすべても実は方程式の中に含まれている．ただ，これらをとり出す方法を見つけていないのである．

ほかの遊星で生命が発見されないと失望する人達がある．私ではない——私は遊星間の探検を通して，このように簡単な原理から，無数の現象の変化，すばらしさが生れてくることを再び思い出し，よろこび，驚きたいと思う．科学をテストするのは予想する能力である．もしも地球を訪問したことがなかったとすれば，雷雨，火山，大洋の波，オーロラ，色彩に満ちた日没を予想することができるであろうか．生命のない遊星——8個あるいは10個の球体，同じ塵の雲が集まってでき，完全に同じ物理学の法則に従っている遊星の各々において，何が行なわれているかということを学ぶことは我々にとって有益な勉強であろう．

人類の知能の次の大きな発展の時代には，方程式の**定性的な**内容を理解する方法が生じるかも知れない．現在の我々には不可能である．現在では水の流れの方程式が，二つの回転する円筒の間の乱流の理髪店の看板のあめ棒のような構造などを含んでいるということを予想できない．現在では我々はシュレーディンガー方程式が蛙や作曲家や道

徳を含んでいるか，あるいは含んでいないかを見抜くことができない．これを越える神のようなものを必要とするか，そうでないかということも断言できない．そこで，どちらでも強く主張し得るわけである．

第 21 章
曲がった空間

21-1　2次元の曲がった空間

ニュートンによれば，すべての物体は他のすべての物体を距離の2乗に反比例する力で引き，物体は力に比例する加速度でこれに答える．これはニュートンの万有引力と運動の法則である．よく知られているように，この法則により，ボール，惑星，人工衛星，銀河などの運動が説明される．

アインシュタインは，重力の法則についてこれと異なる解釈をした．彼によれば，空間と時間——これらは一緒にして時空とよばなければならないが——は大きな質量の近くでは曲がっている．そして物体が見られるような運動をするのは，この曲がった時空の中で物体が“直線”にそって進もうとするためである．これは複雑な考えにちがいない——実際，非常に複雑である．この章ではこの考え方を説明したいと思う．

我々の話題は三つの部分からなる．その一つは重力の影響である．次にはすでに我々が学んだ時空のことがある．そして第3には曲がった時空という考えがある．はじめには重力を考えず時間のことも忘れることにより問題を簡単化して，ただ曲がった空間だけに議論をしぼることにしよう．後にはほかの部分についても述べるが，まずは曲がった空間という考え——それが何を意味するか，そして特にアインシュタインが用いた曲がった空間の意味を中心に考えよう．そのようにしても3次元ではまだむずかしいことがおこる．そこで問題をもっとやさしくして，2次元における“曲がった空間”が何を意味するかを述べることにしよう．

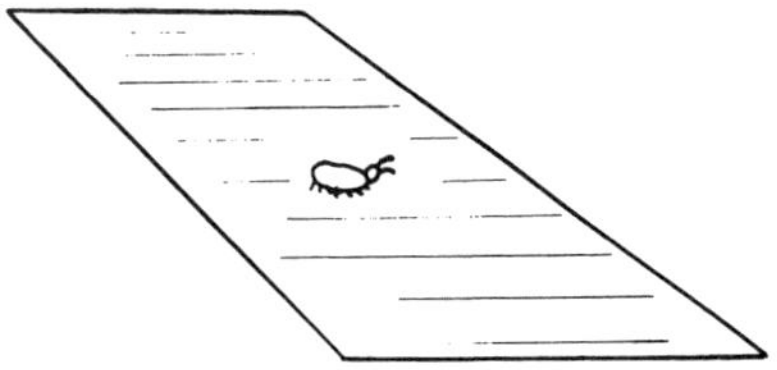
図 21-1　平面上の虫

2次元の曲がった空間の意味を理解するためには，この空間に住むキャラクターの限られた視野を借りるのが都合がよい．図 21-1 のように，平面の上に目のない虫が住んでいると想像しよう．虫は平面上だけで動くことができ，その他の“外の世界”を発見する手段をもたない(虫は我々のような想像力をもたない)．もちろん我々は類推で考えるのである．**我々**は3次元世界に住んでいて，3次元から出て新しい方向へ進むような想像力を持ちあわせていないから，物事を類推で考えるより仕方がないわけである．我々があたかも平面の上に住む虫であって別の方向にも空間があるかのように考える．はじめに虫の姿を借り，表面に住んでいて外へ出られないと想像するのである．

2次元の中に住む虫の別の例として，球面の上に住む虫を想像しよう．その虫は図 21-2 のように球の表面の上で歩きまわることができるが，表面から“上”や“下”あるいは“外”を見ることはできない．

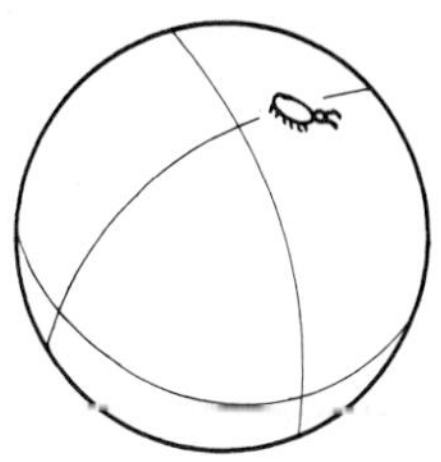

図 21-2　球面上の虫

さらに**第 3 の**生物を考えることにしたい．これもほかのものと同様に虫であって第 1 の虫と同様に平面の上に住んでいるが，今回は平面が特別のものである．それは場所によって温度がちがうのである．また，虫も虫が使う物差しなどもすべて同じ物質でできていて，暖めれば膨張する*．ある場所で虫が何かを測ろうとして物差しを当てると，物差しはたちまちその場所の温度に合う長さに熱膨張する．虫が自分自身，物差し，三角定規，その他何でも置いたとすると，その物体は熱膨張によって長さが変わる．第 3 の虫が住んでいるこのような住み家を“熱板”とよぶことにしよう．ただし熱板としては特に中央部が冷たく，外の方へ行くにつれて熱くなっているものを考えることにしたい(図 21-3)．

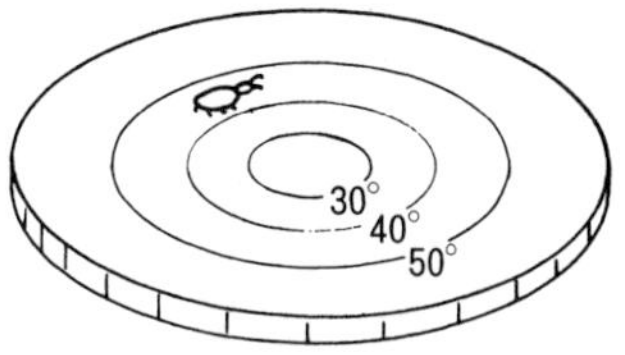

図 21-3　熱板上の虫

さて，これらの虫が幾何学を勉強する場合を想像する．虫たちは目がなくて“外の”世界を見ることができないとしているが，足と触角を用いていろいろのことをすることができる．虫たちは線を引くことができ，物差しを作り，長さを測ることができる．まず彼らが幾何学における最も簡単な事柄をはじめるとしよう．彼らは直線——2 点を結ぶ最短の線——を引くことができる．第 1 の虫——図 21-4 参照——は非常によい直線を引く．しかし球面上の虫はどうだろうか？彼は最短——**彼にとって**——の距離として図 21-5 のように彼の直線を引く．我々から見るとそれは曲がっているが，彼は球面から外へ出てほかに“本当の”最短の線があることを知る方法をもたない．彼は**彼の世界において**別の道をとるならば，それは常に彼の直線よりも長いということを知っているだけである．そこで我々は 2 点の間の最短の弧を彼が直線ときめるのを認めることになる(これはもちろん大円の弧である)．

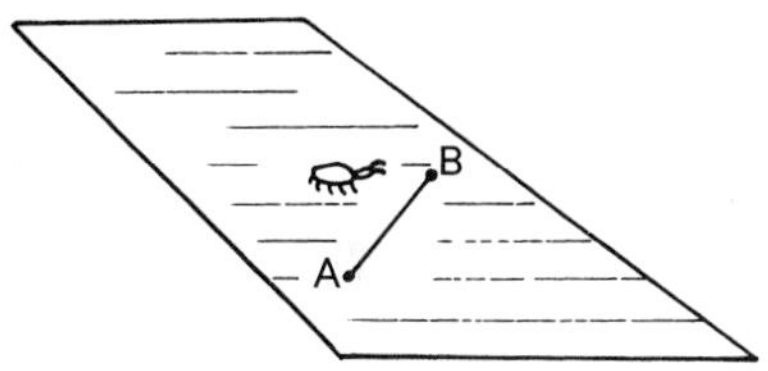

図 21-4　平面上で“直線”を引く

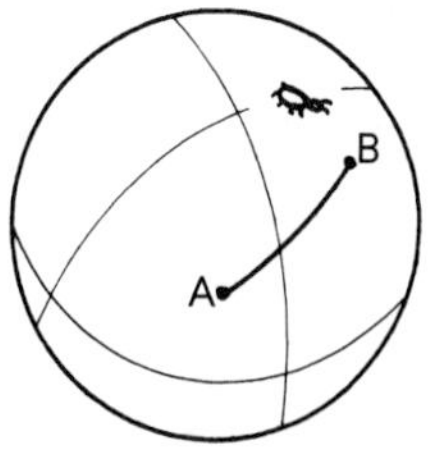

図 21-5　球面上で“直線”を引く

最後に図 21-3 の第 3 の虫も“直線”を引くが，我々から見ると，それは曲がっている．たとえば図 21-6 で A と B の間の最短距離は図のように曲がったものになるだろう．なぜかというと，熱板の外の熱い方へずれて線を引けば，(すべてを見通すことができる我々の目から見て)物差しは膨張するため，A から B まできちんと並べておいた“メートル尺”は数少なくてすむからである．したがって**彼にとって**図 21-6 の線は真直ぐである——外に奇妙な 3 次元世界の人がいてほかの線を“直線”とよぶなどとは思いもつかないのである．

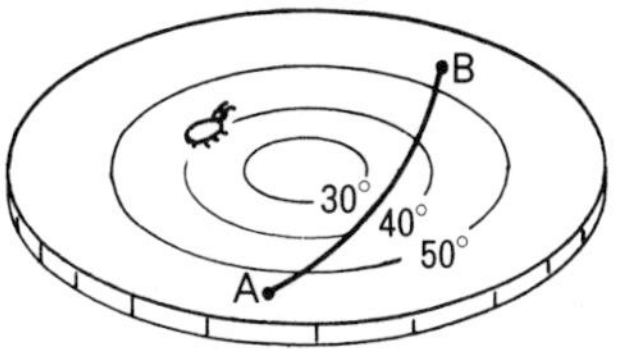

図 21-6　熱板上で“直線”を引く

これから述べることはすべて，我々の視野でなく，特別な面の上に住む虫たちの視野で見たものであることがおわかりになっただろう．このことを念頭において虫たちの幾何学の様子を見ていこう．虫たちは直角に交わる二つの線を引く方法を知っているとする(その方法を考えてみなさい)．すると第 1 の(ふつうの平面上の)虫は面白いこと

＊(訳者註)　虫が住んでいる平面だけは熱膨張しないとする．また，虫は温度のちがいを感じないとする．

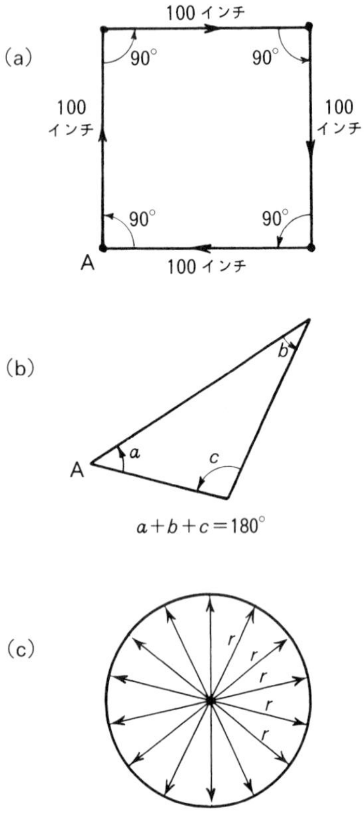

図 21-7　平らな空間の上の正方形，三角形，円

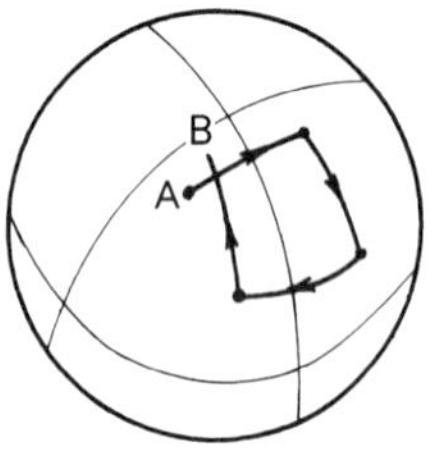

図 21-8　球面上で“正方形”を描こうとするとき

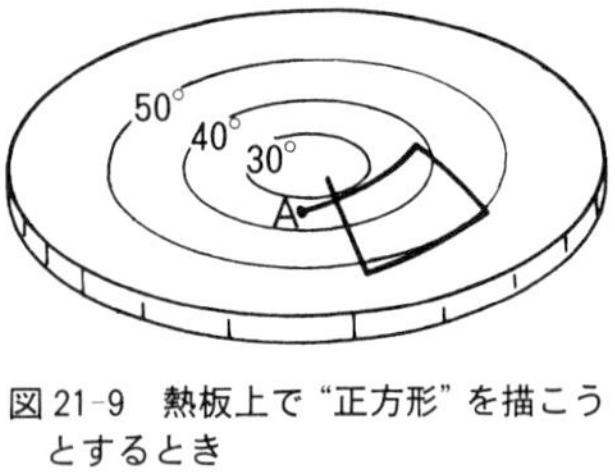

図 21-9　熱板上で“正方形”を描こうとするとき

を発見する．点Aから出発した長さ100インチの直線を引き，次に直角に曲がってまた100インチの直線を引いて，直角に曲がり100インチ進み，さらに3番目の直角を曲がって100インチの直線を引くと，彼は図21-7(a)のように，まさしく出発点へ戻る．これはこの世界の性質——その“幾何学”的性質の一つである．

彼はまた別の面白いことを発見する．彼が三角形——3本の直線からなる図形——を作ると，三つの角度の和は180°，すなわち2直角になる．図21-7(b)を参照せよ．

次に彼は円を発明する．円とは何か？　それは次のように作られる．1点からあらゆる方向に放射状に直線を引き，その点からすべて等間隔にたくさんの点を打つ．図21-7(c)参照(ほかの虫たちにも通用することなので，これらの定義の仕方に注意してほしい)．もちろん，こうして得られる図は1点のまわりで物差しをぐるっとまわしたときに得られるものと同じである．とにかく虫は円を描く方法を学ぶ．そしてある日，彼は円に沿う長さを測ろうと考える．いくつかの円について測定をおこなって彼はきれいな法則を発見する．円周の長さはある同じ数を半径r(中心から円までの距離)に掛けたものに等しい．つまり，円周と半径の比は円の大きさによらず一定で，約6.283に等しい．

さて，他の虫たちは**彼らの**幾何学からどんなことを発見するだろうか．第1に球面上の虫が正方形を描くときはどうなるだろうか？　上に述べた処方箋にしたがえば何もむずかしいことはないと思うだろう．虫は図21-8のような形を得る．この場合，終点Bは出発点Aと一致しない．全然閉じた形にならないのである．球をもってきて試してみるとよい．熱板上の虫にも同じようなことがおこる．その虫が長さの等しい——熱膨張する物差しで測って——4本の直線が直角に交わる形をつくると図21-9のような形になる．

虫たちがそれぞれのユークリッド氏を伴っていて，幾何学がどんなものであらねば“ならぬ”と教えられ，それを**小さな**スケールの粗い測定で確かめていたとしよう．それから虫たちが大きなスケールで精密な正方形をつくろうとすると，何かが間違っていることを発見するだろう．すなわち，**幾何学的な測定**によって彼らは何か彼らの空間に問題があることを発見する．そこで我々は，平面上の幾何学とは幾何学がちがう空間を**曲がった空間**と定義する．球面上や熱板上の虫の幾何学は曲がった空間の幾何学である．ユークリッド幾何の規則はここでは成り立たない．我々の住む空間が曲がっているかどうかを知るために平面からぬけ出る必要はない．地球がまるいことを確かめるために地球を1周旅行する必要もない．正方形を描いてみれば，球面上に住んでいることがわかるのである．正方形が非常に小さければ大変精密な測量が必要であるが，正方形が大きければ測量はもっと粗くても差し支えない．

平面上の三角形について考えよう．内角の和は180°であるが，球面上の三角形は奇妙なものである．たとえば球面上では内角が**三つと**

も直角な三角形もある．それは本当だ！　その一つを図 21-10 に示す．虫が北極から出発し，赤道まで直線上をずっと南下する．それから虫は直角に曲がって完全な直線上を同じ長さだけ進み，さらにもう一度同じことを繰り返す．このように特別な長さを選んだ場合，虫はちょうど出発点へ戻り，しかもはじめの直線と直交する直線上を戻ることになる．この場合，虫は三角形の角がすべて 90° で，その和は 270° であることを知る．彼にとって，三角形の角の和は**常に** 180° よりも大きいことがわかる．実際，余剰分(上の特別な場合は 90°)は三角形の面積に比例する．球面上の三角形が非常に小さいときは，角の和は 180° に非常に近くなる．三角形が大きいと不一致は大きくなる．熱板上の虫はその三角形が同じように奇妙なものであることを発見するだろう．

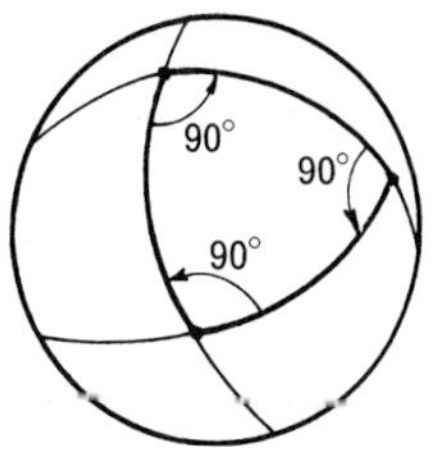

図 21-10　球面上では内角がすべて直角な“三角形”もあり得る

次に，虫たちが円について発見する事柄を調べよう．彼らは円を描き，その周の長さを測る．たとえば球面上の虫が図 21-11 に示したような円をつくったとする．彼は円周が半径の 2π 倍**よりも小さい**ことを発見するだろう(3 次元的な視野をもつ我々からすれば，球面上の虫が“半径”とよぶものは本当の半径よりも**長い**ので，このことは明らかである)．球面上の虫がユークリッドを読んでいて，円周の長さ C を 2π で割り

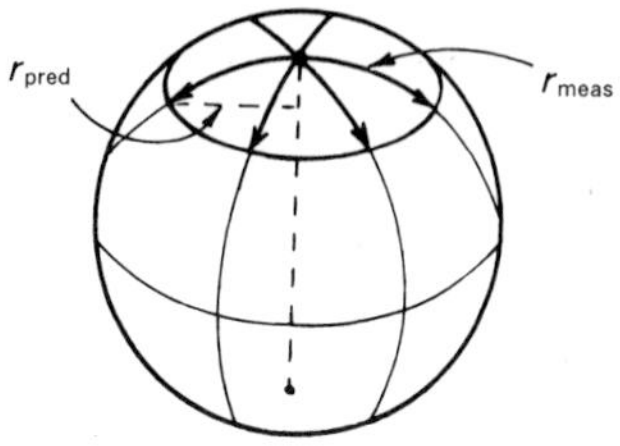

図 21-11　球面上で円を描く

$$r_{\text{pred}} = \frac{C}{2\pi} \tag{21.1}$$

により半径を予言したとしよう．すると，彼は測定された半径が予言された半径よりも大きいことを発見するだろう．この問題を追究し，彼はそのちがいを“余剰(excess)半径”として定義し，

$$r_{\text{meas}} - r_{\text{pred}} = r_{\text{excess}} \tag{21.2}$$

と書いて，余剰半径が円の大きさとどのような関係をもつかを調べるかも知れない．

熱板の上の虫も似たような現象を発見する．彼が図 21-12 のように熱板上の冷たい点を中心とする円を描こうとしたとしよう．彼が円を描くのを我々が見ていたとすると，彼の物差しが中心部にあるときは短く，外の方にあるときは長くなっていることに気づくだろう——ただし虫はもちろんこれを知らない．彼が円周を測るときは，物差しはずっと長くなったままである．そのためこのときも彼は測定された半径が予測された半径 $C/2\pi$ よりも長いことを発見する．この場合，熱板上の虫は“余剰の半径”効果を見出すのである．そしてこの効果の大きさも円の半径によって異なる．

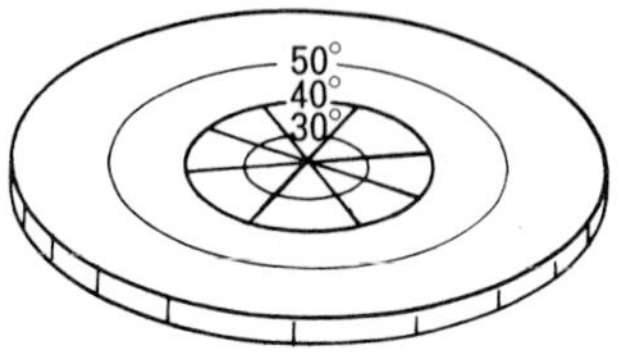

図 21-12　熱板上で円を描く

次のような幾何学的な差が生じるときに我々は“曲がった空間”であると**定義**する：それは，三角形の角の和が 180° と異なる；円周を 2π で割った値が半径と等しくない；正方形が閉じた形にならない，などである．その他のことも考えてみなさい．

我々は曲がった空間の異なる二つの例を挙げた：球面と熱板とであ

る．しかし，もしも温度の変化を中心からの距離の関数として適当に選べば，二つの**幾何学**は全く同じになるだろう．これは面白いことである．熱板の上の虫は球面の上の虫と全く同じ答えを得る．幾何学や幾何学の問題を好む人のために，これがなぜなのかを述べておこう．物差しの長さ(温度によって定まる)が1足すある定数掛ける原点からの距離の2乗に比例するとすれば，熱板上の幾何学は詳細な点まで*球面上の幾何学と完全に一致するのである．

もちろん，その他の幾何学も存在する．西洋梨の上，すなわちある場所の曲率が大きく，他の場所の曲率が小さいような曲面の上に住む虫のことを考えることもできるだろう．このときはある場所でつくった三角形の余剰な角度がこの世界の他の場所でつくったものよりも著しいことになる．いいかえると空間の曲率が場所ごとに異なる空間もありうる．これはちょっとした一般化にすぎない．そして温度が適当な分布をした熱板も同等な幾何学をもつ．

また，平面とのちがいが逆の符号で現われる空間もあることを注意しておこう．たとえば大きな三角形の角の和が180° **よりも小さい**空間もある．これは不可能なように思われるかも知れないが，そうではない．第1に，たとえば中心からの距離が大きいところほど温度が低い熱板があり得る．このときはすべての結果が逆になる．これはまた鞍の表面の2次元的な幾何学として純粋に幾何学的に考えることもできる．図21-13に示したような鞍の形の面を考えよう．ある中心から同じ距離の軌跡として定義された"円"をこの面の上に描くと，この円はホタテ貝のように上がったり下がったりした形になる．そのため円周は$2\pi r$で計算したよりも大きくなる．したがって$C/2\pi$よりも小さく，"余剰な半径"は負になる．

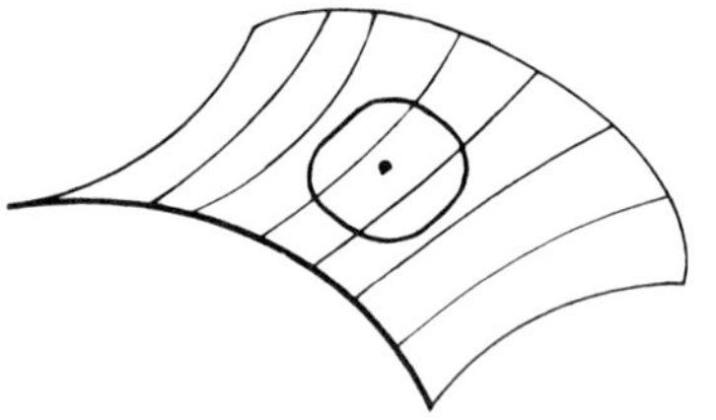

図21-13　鞍の形をした面の上の"円"

球面や西洋梨などの面はすべて**正**の曲率をもつ；そして鞍の形の面などは**負**の曲率をもつという．一般に2次元の世界は場所ごとに異なる曲率をもち，ある場所では正，ある場所では負の曲率をもつ．一般にいえば，ユークリッド幾何の規則が成り立たなくて正あるいは負の食いちがいを示す空間を曲がった空間というわけである．曲率の大きさ――たとえば余剰な半径で定義される――は場所によって異なっても差し支えない．

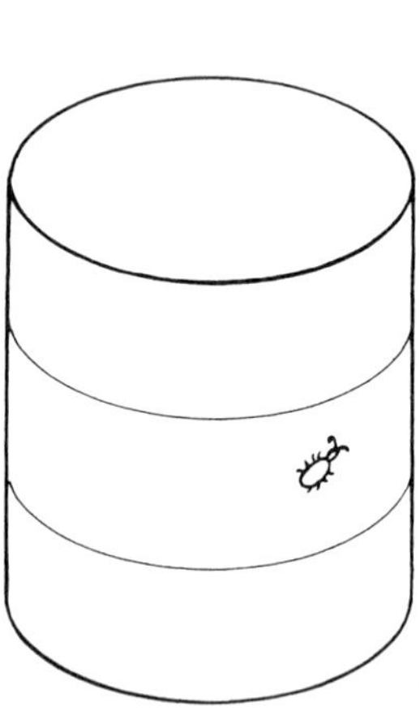

図21-14　真性(intrinsic)曲率がゼロである2次元空間

このような曲率の定義からすれば，おどろくべきことに，円筒は曲がっていないことになる．図21-14のように円筒の上に虫が住んでいるとすると，三角形，正方形，そして円はすべて平面の上と同じ振舞いをすることを発見するだろう．円筒をひろげて平面にしたときにこれらの図形がどうなるかを考えれば，これは容易にわかることである．こうすればすべての幾何学的図形は平面の上の図形と完全に一致する．したがって円筒上に住む虫は(円筒をずっと一まわりしないで，局所的な測量をするだけならば)空間が曲がっていることを知る手段をも

＊　無限遠だけを除く．

たないわけである．このとき，我々の専門語では，彼の空間は曲がっていない．もっと正確にいうならば，それは**真性**(intrinsic)曲率とよばれるものについての話である；すなわち，局所的領域だけにおける測量によって知ることができる曲率のことである(円筒は真性曲率をもたない)．アインシュタインが我々の空間は曲がっていると言ったとき，彼はこの意味で言ったのである．しかしここまででは，2 次元における曲がった空間を定義したにすぎない；我々はこの概念が 3 次元でどのような意味をもつかを調べなければならない．

21-2　3 次元空間の曲率

我々は 3 次元空間に住んでいる．これから 3 次元空間が曲がっているということについて考えよう．しかし，"どの方向かに曲がっているなどと，どうして考えられるのか"というかも知れない．空間が曲がっていると考えられないのは，我々の想像力が充分にはよくないからである(想像力が強すぎると本当の世界を見失うからちょうどいいのかも知れない)．それでも我々の 3 次元空間から出ないでも，その曲率を定義することができる．2 次元について話してきたことは，外から"のぞき込む"ことができなくても曲率を定義できるのを示している．

球面上や熱板上に住んでいる人が用いたのと同様な方法で，我々の空間が曲がっているか，いないかをきめることができる．これらの二つの場合を区別することはできないかも知れないが，これらの場合と平らな空間，すなわちふつうの平面とはもちろん区別できる．それは全く簡単で，三角形を描き，角を測ればよい．あるいは充分大きな円を描いて，その円周と半径を測ればよい．あるいは正確な正方形，または立方体を描けばよい．これらの場合に幾何学の法則が成り立つかどうかを調べればよいわけである．それが成り立たなければ空間は曲がっていることになる．大きな三角形を描いたとき，角の和が 180°を越えていれば，空間は曲がっている．また測った円の半径が円周を 2π で割った値に等しくなければ，空間は曲がっている．

3 次元では 2 次元のときよりもずっと複雑であることに気づくだろう．2 次元の中の 1 点では一つの曲率*がある．しかし 3 次元では曲率に**いくつかの成分**があるかも知れない．3 次元の中の一つの面に三角形を描くとき，その面を別の向きにおけばちがった答えになるかも知れない．また円の場合をとろう．一つの円を描き，半径を測ったとき，それが $C/2\pi$ にならなくて余剰半径があるとしよう．そのとき図 21-15 のように直交する別の円を描くとしよう．これらの円の余剰半径が完全に同じである必要はない．実際，一つの平面上の円が正の余剰をもち，他の円では不足する(負の余剰をもつ)こともあり得る．

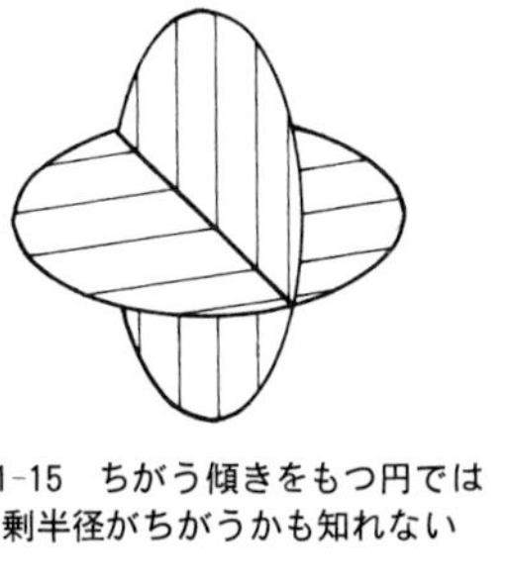

図 21-15　ちがう傾きをもつ円では余剰半径がちがうかも知れない

もっとよい方法に気がつくかも知れない．3 次元の一つの球を用いれば，すべての成分をいっぺんに得ることができるのではないだろう

＊(訳者註)　余剰半径．

か．空間の中の与えられた1点から等しい距離にある点をつらねて一つの球が決定する．次にこの球面上に細かい正方形の格子を張りめぐらしその小さな面積を足し合わすことによって，球の面積を測定する．ユークリッドによれば，全面積 A は 4π と半径の2乗との積になるはずである．したがって"予測される半径"は $\sqrt{A/4\pi}$ で求められる．この場合にも，測定した半径から予測された半径を引いたものをとり，これを余剰半径とよぶ．すなわち

$$r_{\text{excess}} = r_{\text{meas}} - \left(\frac{\text{測定した面積}}{4\pi}\right)^{1/2}$$

これは曲率の測度として完全に満足なものである．それは三角形，あるいは円をどのようにおくかに依存しないという利点をもつ．

しかし球の余剰半径は一つの欠点をもつ．これは空間を完全に特徴づけるものではなく，いくつかの曲率を平均したものなので，3次元世界の**平均曲率**とよばれる．しかし平均なので，それは空間の幾何学を完全に規定することができない．この数値を知っているだけでは，円の傾きを変えたときにどうなるかを求めることもできないから，この空間の幾何学の性質をすべて明らかにすることはできない．これを完全に定義するには，各点において6個の"曲率数値"を与える必要がある．もちろん数学者はこれらの数値を表わす方法を知っている．いつか数学の本を読んで，これが高級でエレガントな形で表わされているのを知ることがあるかも知れない．しかし，はじめはどんなことを学ぶのかをだいたい心得ておくのがよい．ここでは平均曲率だけでほとんど充分である*.

21-3　我々の空間は曲がっている

さて，主題に戻ろう．我々の住んでいる3次元空間が曲がっているというのは本当だろうか．空間は曲がっている可能性があることが実感できるようになると，現実の世界が曲がっているかどうかと問いたくなるのも自然である．直接に幾何学的測量をしてそれを確かめようとした人もあるが，偏差を見出せなかった．他方で，重力についての議論から，アインシュタインは空間が曲がって**いる**ことを発見したので，アインシュタインの法則によると曲率がどの程度になるかを述べ，彼がどのようにしてそれを明らかにしたかということを少し述べることにしたい．

アインシュタインは空間が曲がっていると言い，その曲率の原因は物質であると言った(物質は重力の原因でもあるから，重力は曲率に

---

*　完全を期するため，一つだけ加えておきたい．曲がった空間の熱板モデルを3次元に持ち込もうとするときは，物差しの長さはそれをおく場所だけでなく，どの向きにおくかにも依存するものとしなければならない．これは物差しの長さがおいた場所に依存するが，北-南，東-西，あるいは上-下の向きにおいても同じであるという簡単な場合の一般化である．この一般化は，このモデルで任意の幾何学をもった3次元空間を表わそうとした場合に必要になる．しかし2次元の場合はたまたま不必要である．

関係する——しかしこれはこの章のおわりに出てくる話である）．問題を少し簡単にするため，物質は連続に分布しているとするが，場所によって好きなだけ変化しているとする*．曲率についてアインシュタインが与えた法則は次のようなものである：物質が存在する空間の領域があるとしたとき，その中の密度が一定であるような充分小さな球をとったとする．そうするとその球の**余剰半径**は球の中の質量に比例する．余剰半径の定義を用いると

$$余剰半径 = r_{\text{meas}} - \sqrt{\frac{A}{4\pi}} = \frac{G}{3c^2}M \tag{21.3}$$

となる．ここで G は（ニュートン万有引力の法則の）重力定数，c は光速度であり，$M=4\pi\rho r^3/3$ は球の中の質量である．これは空間の平均曲率に関するアインシュタインの法則である．

地球を例にとり，密度が場所によってちがうことを忘れよう——そうすれば積分をしなくてよいことになる．地球の表面積を非常に注意して測り，それから中心まで孔を掘って半径を測ったとする．表面積から，それを $4\pi r^2$ とおいて，予想された半径を求めることができる．予想された半径を本当の半径と比べれば，本当の半径が予想される半径よりも式(21.3)の値だけ大きいことが発見されるだろう．定数 $G/3c^2$ は約 2.5×10^{-29} cm/g であるから，物質 1 g ごとに，測られた半径は 2.5×10^{-29} cm だけ大きいことになる．地球の質量 6×10^{27} g を代入すると，地球はその表面積から推定されるよりも 1.5 mm だけ大きな半径をもつことになる†．同様な計算を太陽に対してすると太陽は 1 km の半分だけ余剰な半径をもつことがわかる．

法則によれば地球の表面の**ずっと外**における**平均**曲率はゼロである．しかし，それは曲率成分のすべてがゼロであることを意味**しない**．地球の外でも実際ゼロでない曲率がある．ある傾きでおいた平面上の円に対する余剰半径はある符号をもち，他の傾きでは別の符号をもつ．しかし**中に**質量がない球の表面をとれば，その上の平均はゼロということなのである．そして曲率のいろいろの成分と平均曲率の場所による変化の間にはある関係が存在することがわかる．そのため，あらゆる場所の平均曲率がわかれば，各点における曲率をくわしく知ることができる．地球の外の平均曲率は高さによってちがうので，空間は曲がっている．この曲率が重力として観測されるのである．

平面の上に虫がいるとし，“平面”はその面に小さなにきびがいくつかあるとしよう．にきびのところへくると虫は空間がそこで曲がっていると考える．我々の3次元でも同様である．物質のかたまりがあるところで3次元空間は局所的な曲率——3次元的なにきび——をもつのである．

平面の上にたくさんの出っぱりをつくったときは，にきびのほかに

---

*　アインシュタインも含め，質量が1点に集中してしまったときはどうなのかは誰にもわかっていない．

†　密度は一様でないから，この値は近似値である．

全体としてボールのような曲率をもつようになるかも知れない．我々の空間が地球や太陽のような物質のかたまりによる局所的な出っぱりだけでなく全体としての平均曲率をもつかどうかがわかれば大変興味深い．非常に遠方の銀河を調べることにより天文学者はこの問題に答えようとしている．たとえば，ずっと離れた距離の球殻の中の銀河の数が，ふつうの殻の半径から期待される数と異なれば，非常に大きな球の余剰半径がわかるだろう．そしてこのような観測から，我々の宇宙が平均として平らか，まるいか——球のように“閉じて”いるか，平面のように“開いて”いるか，わかるかも知れない．これについての議論をきいたことがあるだろう．天文的な観測はいまでも全く結論的でない．つまり答えを出すには精密さを欠いているので議論が絶えないのである．残念ながら，大きなスケールで我々の宇宙の全体的な曲率についてはほとんど何もわかっていないのである．

21-4　時空の幾何学

さて，時間について話そう．特殊相対性理論からわかるように，空間の測定と時間の測定とは関連している．空間の中での事件を時間と関係なく論じるのはばかげたことである．時間の測定は観測者の速さによることを知っているだろう．宇宙船で飛んでいる人の時計は我々の時間よりもゆっくり進む．彼が地上から出発し我々の時計でちょうど100秒でもどってきたとする．このとき彼は95秒しかすぎていないというかも知れない．我々の時計と比べれば，彼の時計——その他に彼の心拍などすべてのことが，ゆっくりとすぎていく．

次のような面白い問題を考えよう．あなたが宇宙船に乗っているとしよう．あなたたちはある信号で出発し，後の信号のときにきっちり出発点にもどる——たとえば**我々の**時計でちょうど100秒後にもどる．そしてあなたはまた，あなたの時計が**できるだけ長い**経過時間を示すように旅することを要求されている．あなたはどのように動くべきであるか．答：あなたはとまっているべきである．もしも少しでも動けば，帰ったときにあなたの時計は100秒よりも短い時間を指していることになる．

しかし，この問題を少し変えてみよう．我々があなたに，A地点を定まった信号で出発し，B地点(両地点とも我々に対して固定しているとする)へ行き，B点にはちょうど次の信号のときに(たとえば我々の固定した時計で100秒後に)到着することを要求する．さらに到着したときにあなたの時計ができるだけ長い経過時間を示すように旅することを要求されているとする．どうしたらよいだろう．どのような道をどのようなスケジュールで旅したときに**あなたの**時計が示す到着時までの経過時間が最大になるだろうか？　もしもあなたが一定の速さで直線上を旅すれば，**あなたの**観点で最大の時間を費やすことになる，というのが答えである．理由：これからはずれた経路やはずれた速さの運動をすれば，あなたの時計はゆっくり進むからである

(時間のずれは速度の2乗によってきまるから，あるところで速すぎる運動をしたつけを別の場所でゆっくり動くことによってとりかえすことはできない).

こういうわけで，我々は時空における“直線”を定義することができる．空間における直線に相当するものは時空では一様な速度で一定の方向に進む**運動**である．

空間における最短距離に相当するものは時空においては最短の時間でなく，**最長の**時間である．これは相対論では時間 t の項の符号が異なるために生じるちょっと奇妙なことである．そこで，“直線”運動——“直線に沿う一様な速度”に相当する——は，時計をある地点，ある時刻から別の地点，別の時刻へ移すときにその時計の時間の読みが最大になるような運動である．

21-5　重力と等価原理

重力の法則を議論する用意が整った．アインシュタインは彼が以前に展開した相対性理論に合うような重力の理論をつくろうと考えていた．いろいろと骨折った末，彼を正しい法則に導いた重要な原理を手に入れることができた．その法則は，自由に落下しているものの中ではすべての物が重さを失ったようにみえるという考えにもとづく原理である．たとえば軌道上にある人工衛星は地球の重力の中で自由に落下していて，その中にいる宇宙飛行士は重力がないように感じる．これを正確に述べたものが**アインシュタインの等価原理**である．これはすべての物体は質量やそれが何でできているかに関係なく，正確に同じ加速度で落下するという事実にもとづくのである．“すべっている”——したがって自由落下している宇宙船があり，その中に人がいるときは，人と宇宙船の落下を支配している法則は同じである．もしも彼が宇宙船の真中にいれば，そのままそこにいることになる．彼が**宇宙船に対して**落ちることはない．このとき彼は“無重力”であるというわけである．

さて，あなたが加速しているロケットの中にいるとしよう．何に対して加速しているのか？　エンジンが働いて推力を与えているので，自由落下ですべっているのではないということである．何もない空間で，宇宙船に全く重力がはたらいていないとする．宇宙船の加速度が“$1g$”であれば，あなたは“床”の上に立つことができ，ふだんの重さを感じるだろう．またボールをはなせば床に向かって“落ちる”だろう．なぜかといえば，それは宇宙船が“上へ”加速しているからであるが，ボールに力がはたらいているのではないから，ボールは加速していない：ボールはとり残されているだろう．宇宙船の中でボールは“$1g$”で下方へ向かう加速度をもつように見えるのである．

さて，これを地球表面に静止している宇宙船の中の状況と比べよう．**すべては同じである**．あなたは床へ向けて押されているし，ボールは $1g$ の加速度で落下する，といった具合である．実際，宇宙船の中にいるとき，それが地表にとまっているのか，それとも自由空間で加速しているのかを区別できるだろうか？　アインシュタインの等価原理によれば，部屋の中でおこることを測定するだけではそれを区別できない．

厳密に正しくいえば，これは宇宙船の中の1点に対してだけ言えることである．地球の重力は正確に一様ではなく，自由落下するボールはちがう場所ではわずかちがった加速度をもつ——方向も大きさもちがう．しかし，もしも完全に一様な重力場ならば，それは一定の加速度をもつ装置の中で完全にまねすることができる．これが等価原理の基礎である．

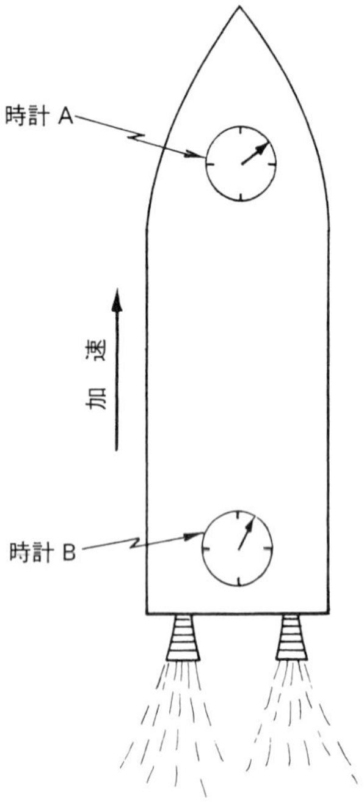

図21-16　二つの時計をもち加速するロケット船

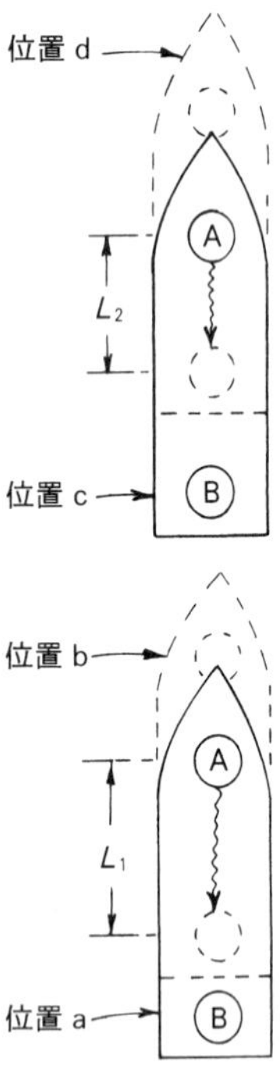

図21-17　加速するロケットの先端にある時計は，後端にある時計よりも速く時を刻むように見える

21-6　重力場における時計の速さ

さて，等価原理を使って，重力場の中でおこる不思議なことを明らかにしよう．重力場でおこりそうもないことがロケット船の中でおこるのである．図21-16のようにロケットの“頭”——すなわち“先端”——に一つの時計を固定し，これと同等な時計を“後端”に固定する．これら二つの時計をAおよびBとよぼう．ロケット船が加速されているとき，後端の時計に比べて先端の時計は速く進むように見える．これを確かめるため，先端の時計が1秒ごとに閃光を発し，あなたは後端にすわって閃光の到着をそこの時計Bの読みと比べる．時計Aが閃光を発したときのロケットの位置を図21-17のように位置aとし，この閃光が時計Bに達したときを位置bとする．そして時計Aが次の閃光を発したときのロケットの位置をc，これが時計Bに達したときを位置dとする．

第1の閃光は距離L_1を，第2の閃光はもっと短い距離L_2を通過する．これがより短いのは，ロケットが加速されているため第2の閃光のときはより大きな速さになっているからである．そのため，二つの閃光が時計Aから1秒間隔で発せられたとすると，第2の閃光の方が短い時間で達するから，これらの閃光が時計Bに達するときの時間間隔は1秒よりも少し短いことになる．その後の閃光についても同様である．したがって後端にすわっているあなたは時計Aの方が時計Bよりも速く時を刻んでいると結論する．もしもあなたが同じことを逆に——すなわち時計Bが閃光を出し，時計Aのところでそれを観測——すれば，BはAよりも**ゆっくり**時を刻むと結論するだろう．すべては合理的で，不思議なことは何もない．

しかし，ロケット船が地球の重力場の中で静止していたらどうだろうか．**同じことがおこる**．あなたは一つの時計を持って床にすわっていて，高い棚の上にあるもう一つの時計を見ているときは，棚の上の時計の方が速く時を刻むように見える！　あなたは言うかも知れない．“それはまちがっている．時間は同じでなければならない．加速度がないのだから時計の歩みが狂うはずはない．”しかし等価原理が正しいならば，時計の歩みは変わるにちがいない．そしてアインシュタインは等価原理の方を正しいと**して**，勇気をもって正しい道を進んだ．彼は重力場の中ではちがう場所においた時計はちがう速さで進むと述べた．しかし，もしも一方が他方に比べて常にちがう速さで進むように**見える**とすると，第1のものに関して言えば他のものはちがう速さで進んで**いる**わけである．

しかし，前に熱板上の虫の話で述べた熱膨張する物差しが今述べている時計に似ていることに気づくだろう．前の場合には，物差しも虫も，あらゆるものが，全く同じ膨張をしたので，熱板上を動きまわったときに物差しの長さが変わったかどうかがわからなかった．重力場の中の時計についても同様である．高いところにおいた時計はすべて速く進むように見える．心臓の鼓動も，その他のすべても速く進む．

誰かが教えてくれない限り，重力場と加速度座標系とは区別できない．時間が場所によってちがうという概念は理解しにくいが，これはアインシュタインが用いた概念であり，——信じようが信じまいが——正しいものである．

等価原理を用いれば，時計の速さが高さによってどのように変わるかを知ることができる．加速するロケット船の中の二つの時計のちがいを求めればよいのである．これを最も簡単に求める方法は第II巻第9章で得た結果を用いることである．そこで我々は——式(9.14)を見よ——次の結果を得た．光源と受信器の**相対**速度をvとすると**受信**された周波数ωと**発信**された周波数ω_0の関係は

$$\omega = \omega_0 \frac{1+v/c}{\sqrt{1-v^2/c^2}} \tag{21.4}$$

である．次に図21-17の加速しつつあるロケット船を考えると，発信器と受信器は常に同じ速度である．しかし，光の信号が時計Aから時計Bへ行く間にロケット船は加速されている．実際，加速度をg，光がAから高さの差がHのBへ達する時間をtとすると，ロケット船はその間にgtだけ余分の速度を得る．この時間は約H/cである．したがって光がBに達する間にロケット船の速さはgH/cだけ増加する．光が出た瞬間の**発信器に対して**受信器はこれだけの速度をもつ．したがって，これがドップラー効果の式(21.4)に用いるべき速度である．加速度もロケット船の長さも充分小さく，そのためこの速度がcに比べて小さいとするとv^2/c^2の項は無視できる．こうして我々は

$$\omega = \omega_0\left(1+\frac{gH}{c^2}\right) \tag{21.5}$$

を得る．こうして宇宙船の中の二つの時計に対して関係式は

$$(\text{受信される周波数}) = (\text{発信される周波数})\left(1+\frac{gH}{c^2}\right) \tag{21.6}$$

となる．ここでHは受信器の**上**の送信器の高さである．

等価原理により，自由落下加速度がgの重力場では高さがHだけ異なる二つの時計の間に，これと同じ関係が成り立たなければならない．

これは重要な事柄なので，これが別の物理法則——エネルギー保存の法則——からも導かれることを述べておきたい．重力はその物体の質量 M に比例し，質量は内部エネルギー E と $M=E/c^2$ で関係づけられる．たとえば，核を別の核に変換させる核反応の**エネルギー**から定められる原子核の質量は原子の**重さ**から求められる質量と一致する．

全エネルギーが最低のエネルギー E_0 とその上のエネルギー E_1 の状態をもつ原子があり，原子は光を出すことによって E_1 から E_0 へ移ることができるとする．光の周波数 ω は

$$\hbar\omega = E_1 - E_0 \tag{21.7}$$

で与えられる．

この原子が状態 E_1 にあって床の上におかれているとする．これを床から高さ H まで持ち上げる．このためには質量 $m_1=E_1/c^2$ を重力に抗して持ち上げる仕事が必要である．この仕事は

$$\frac{E_1}{c^2}gH \tag{21.8}$$

である．ここで原子は光子を出して下のエネルギー状態 E_0 へ移る．それからこの原子を床の上へもどす．帰路における質量は E_0/c^2 であるから，もどされるエネルギーは

$$\frac{E_0}{c^2}gH \tag{21.9}$$

である．したがって費やされる仕事の全量は

$$\varDelta U = \frac{E_1 - E_0}{c^2}gH \tag{21.10}$$

となる．

原子は光を出すとエネルギー E_1-E_0 を失う．そこでたまたま光が床に落ちて吸収されたとする．そのとき，どれだけのエネルギーが解放されるだろうか？　エネルギー E_1-E_0 が解放されると思うかも知れない．しかしエネルギーが保存されるとすれば，それは正しくないことが次のような議論でわかる．はじめ原子は床の上にあってそのエネルギーは E_1 であるとした．すべてが終わったとき床の上の原子はエネルギー E_0 をもち，そのほかに光子から受けとったエネルギー E_{ph} がある．この間に，式(21.10)のエネルギー $\varDelta U$ を加えなければならなかった．そこでエネルギーが保存されるとすると，最終的に床の上にあるエネルギーは，出発時の値よりも我々が加えたエネルギーだけ高くなければならない．すなわち

$$E_{\mathrm{ph}} + E_0 = E_1 + \varDelta U$$

あるいは

$$E_{\mathrm{ph}} = (E_1 - E_0) + \varDelta U \tag{21.11}$$

となる．光子が床に達するときのエネルギーははじめの値 E_1-E_0 で**なく，もう少し大きな**エネルギーをもつ．そうしないとエネルギーが失われたことになる．式(21.10)の $\varDelta U$ を式(21.11)に代入すれば，床に到達した光子のエネルギーは

$$E_{\mathrm{ph}} = (E_1 - E_0)\left(1+\frac{gH}{c^2}\right) \qquad (21.12)$$

を得る．しかしエネルギー E_{ph} の光子の振動数は $\omega = E_{\mathrm{ph}}/\hbar$ である．放出されたときの光子の振動数が ω_0——これは式(21.7)により $(E_1-E_0)/\hbar$ ——であることを思い出せば，式(21.12)は床の上に吸収されるときの光子の振動数と放出されたときの光子の振動数の間の関係として再び式(21.5)を得る．

同じ結果はまた別の方法でも得られる．振動数 ω_0 の光子はエネルギー $E_0 = \hbar\omega_0$ をもつ．エネルギー E_0 は重力質量 E_0/c^2 をもつから光子は質量(静止質量ではない) $\hbar\omega_0/c^2$ をもつので，地球に**“引っぱられる”**．そのため，距離 H を落下する間に，光子のエネルギーは $(\hbar\omega_0/c^2)gH$ だけ増加して

$$E = \hbar\omega_0\left(1+\frac{gH}{c^2}\right)$$

となる．しかし落下したあとの振動数は $E/\hbar$ なので，式(21.5)という結果が再び得られる．相対論，量子力学，およびエネルギー保存についての我々の考えのすべては，アインシュタインが重力場の時計について予言したことが正しいときにのみうまく合致する．ここに述べた振動数の変化はふつうの場合，非常に小さい．たとえば，地表で高度差が 20 m のとき振動数のちがいは 10^{15} 分の 2 にすぎない．しかしこのように小さなちがいも最近はメスバウアー効果*によって発見され，アインシュタインの予言は完全に確かめられた．

21-7　時空の曲率

さて，以上で述べてきたことを曲がった時空という考えと関係づけよう．すでに述べたように，ちがう場所で時間がちがう速さで進むならば，これは熱板が曲がっているのと類似している．しかし，これは類似以上である；これは時空が曲がっていることを意味する．時空における幾何学を少し調べよう．はじめ，これは奇妙に思われるかも知れないが，我々はすでに何度も一方の軸では距離を，他方の軸では時間をプロットした時空を考えてきた．時空で長方形をつくることにしよう．図 21-18(a)は，高さ H を時間 t に対してプロットする．長方形の底辺として，高さ H で**静止**している物体をとり，時間軸にそって 100 秒間進む世界線を引くと，図(b)のように t 軸に平行な直線 BD を得る．次に $t=0$ で第 1 の物体の上 100 フィートにある他の物体を考えると，これは図 21-18(c)で A にある．その世界線は A から出発し，A にある時計で測って 100 秒の間に，図(d)のように，A から C へ移動する．ここで二つの高さにおいては時間は異なる速さで進むことに注意しなければならない——我々は重力場を仮定している——このため，C と D は同時ではない．長方形を完成させるために，

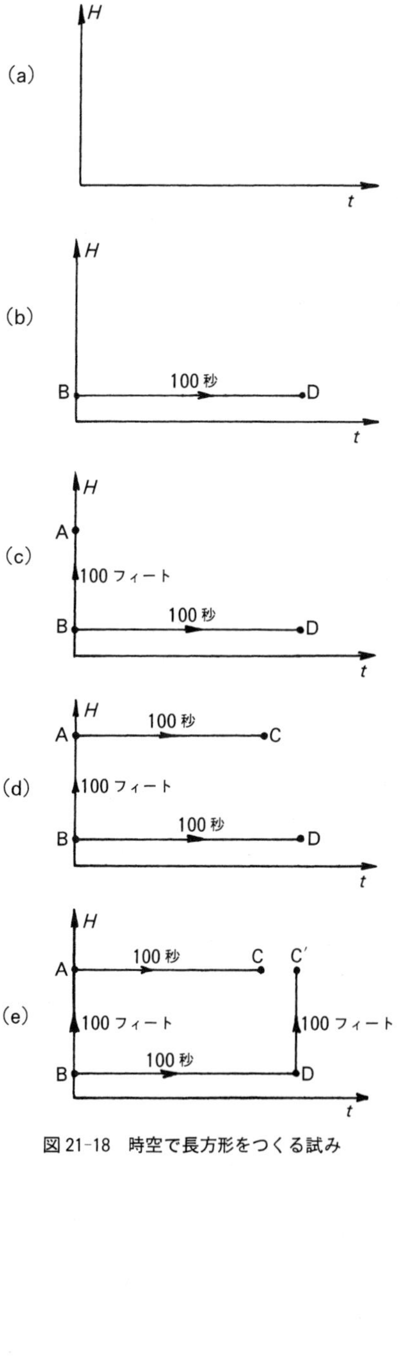

図 21-18　時空で長方形をつくる試み

＊　R. V. Pound and G. A. Rebka, Jr., Phys. Rev. Letters Vol. 4, p. 337 (1960).

Dと同じ時間にDの上100フィートの点C′まで図21-18(e)のように直線を引くと，CとC′は一致せず，図形は閉じない．このようなとき，時空は曲がっているというのである．

21-8　曲がった時空の中の運動

ここでちょっと面白いパズルを考えよう．図21-19のように地表のAとBにおかれた2個の同等な時計があるとする．いま時計Aをある高さHに上げ，しばらくそこにおいてから，時計Bが100秒だけ進んだ瞬間に地表にもどす．そのとき時計Aの読みはたとえば107秒を指している．なぜならば，時計Aは高いところにあったために時計Bよりも速く進んだからである．さて，ここでパズルを出そう．時計Bの読みがちょうど100秒のときに時計Aをもとの位置にもどすことにして，そのときの時計Aの読みが最もおそい時刻を指すようにするには時計Aをどのように動かしたらよいだろうか？　あなたは言うかもしれない．“それは簡単ですよ．Aをできるだけ高く上げればよい．そうすればAはできるだけ速く進むから，最もおくれた時刻にもどることになるでしょう．”これは正しくない．あなたは何かを忘れている——上がって降りてくるのに100秒しか時間をもっていないわけである．したがって，もしも非常に高く上がるなら，100秒でもどるために非常に高速で上り降りしなければならない．そうすると時計が因子$\sqrt{1-v^2/c^2}$だけ**おそく進む**という特殊相対論的効果を忘れてはいけない．この相対論的効果は時計Aの読みを時計Bの読みよりも**少なくする**向きにはたらく．おわかりのように，これは一種の競争である．もしも時計Aを静止させておくならば，100秒の読みになる．もしも低いところまでゆっくり上がってゆっくり降りてくることにすれば，100秒よりも少し大きな読みになるだろう．もしも，もう少し高いところへ上がれば，もう少し大きな読みになるかも知れない．しかし，あまり高いところまで上がることにすると，そこへ行くのに高速で上がり高速で降りなければならなくなるので，時計がゆっくり進むことになり，100秒よりも小さな読みになってしまうだろう．高さと時間の関係をどのように予定すればよいか——どのくらいの高さへ，どのくらいの速さで行って，時計Bが100秒進むときにちょうどそこへもどるようにしたら——時計Aの読みを最も大きくすることができるか？

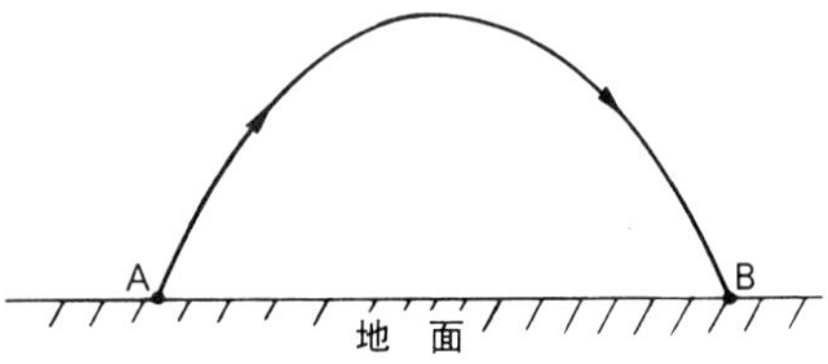

図21-19　一様な重力の下では，きめられた経過時間の間に最大の固有時間をもつ軌道は放物線である

答：どのくらいの速度でボールを中空へ放り上げたら，正確に100秒後に地表へもどるようにすることができるか．このボールの運動——高速で上がって，おそくなり，静止し，それから落ちてくる——がボールの中に入れた腕時計の時間を最も長くする運動である．

さて，少しちがった問題を考えよう，2点AとBは共に地表にあり，たがいにある距離だけ離れているとする．我々が時空の中の直線とよぶものを述べた方法を思い出すことにする．我々がAからBへ行くときにもって行く時計の読みが最も長くなるようにするにはどのように移動したらよいか——ただし，ある信号でAを出発し，静止した時計でたとえば100秒後の次の信号でBに到着するものとする．

あなたの答：“なすべきことは，すでに知ったように，直線上を，ちょうど100秒後にBに到着するような一様な速さで行くことです．もしも直線に沿って行かなければ，もっとスピードを上げなければならないので，我々の時計の進みがおそくなってしまう．”しかし，待って下さい！ それは重力を考えなかったときのことである．少し上へ曲がってから降りてきた方がいいのではないか？ そうすれば我々の時計は少し速く進むのではないか？ そう，その通り．運動する時計が刻む時間ができるだけ長くなるように運動の経路を選ぶという数学的な問題を解くと，その経路が放物線であることがわかる——これは重力の下で投げられた物体がたどる，図21-19に示した経路と同じものである．したがって，重力の下における運動の法則は次のように述べることもできる：**一つの場所から他の場所へ移動する物体は，その物体と共に移動する時計が，ほかの可能な経路を通ったときよりも長い時間を与えるような経路をとる**——もちろん初期条件と終末条件は同じとする．運動する時計が刻む時間はしばしば“固有時間”とよばれる．自由落下の軌道は，その物体の固有時間を最大にするようなものである．

これを実際に確かめてみよう．まず，運動している時計の余分な速さが

$$\frac{\omega_0 gH}{c^2} \tag{21.13}$$

であるという式(21.5)からはじめよう．これに加えて運動の速度のための正の符号をもった補正がある．この効果のため

$$\omega = \omega_0\sqrt{1-v^2/c^2}$$

となる．任意の速度でもこの原理は正しいが，ここでは速度が常に光速度よりもずっと小さい場合をとることにしよう．すると上式は

$$\omega = \omega_0(1-v^2/2c^2)$$

となり，我々の時計の速さの減少は

$$-\omega_0\frac{v^2}{2c^2} \tag{21.14}$$

となる．(21.13)と(21.14)の2項を組み合わせて

$$\Delta\omega = \frac{\omega_0}{c^2}\left(gH-\frac{v^2}{2}\right) \tag{21.15}$$

を得る．運動する時計のこのような振動数変化により，静止した時計が時間dtを刻む間に運動している時計は

$$dt\left[1+\left(\frac{gH}{c^2}-\frac{v^2}{2c^2}\right)\right] \tag{21.16}$$

の時間を刻むことになる．軌道全体についての余剰な時間はこの余剰項を時間に関して積分したもの，すなわち

$$\frac{1}{c^2}\int\left(gH-\frac{v^2}{2}\right)dt \qquad (21.17)$$

であり，これは最大値をとるはずである．

上式で項 gH は重力ポテンシャル ϕ である．物体の質量を m とし，定数因子 $-mc^2$ を掛ける．定数を掛けても極大条件は変化しないが，負の符号は極大を極小に変える．したがって式(21.17)は，運動する物体の満たすべき条件として

$$\int\left(\frac{mv^2}{2}-m\phi\right)dt = \text{極小} \qquad (21.18)$$

を与える．ここで被積分関数は運動エネルギーと位置エネルギーの差である．第III巻の補章を見れば，我々が最小作用の原理を議論したときに，任意のポテンシャルの中における物体に対するニュートンの法則はまさしく式(21.18)の形に書かれることを証明したのであった．

21-9　アインシュタインの重力理論

アインシュタインの形で書いた運動法則――曲がった時空における固有時間が極大値をとる――は速度が小さく重力が弱いとき，ニュートンの法則と同じ結果になる．地球のまわりを回っているときゴードン・クーパー(宇宙飛行士)の時計は，彼の衛星が考え得るどんな経路をとったときよりも，おそく時を刻んでいたのであった*．

したがって，重力の法則は時空の幾何学として次のように見事に述べられる．粒子は常に最も長い固有時間――“最も短い距離”に類似する時空の距離――がかかるような運動をする．これが重力の中における運動の法則である．法則をこのように述べる大きな利点は，それがどんな座標系にも，状況にもよらないことである．

我々がやってきたことを要約しよう．ここで我々は重力について二つの法則を提出した：

(1)　質量の存在によって時空はどのような幾何学的変化を受けるか――すなわち，余剰半径によって定義された曲率は，式(21.3)のように球面内に含まれる質量に比例する．

(2)　重力以外の力がないとき，物体はどのような運動をするか――物体は，初期条件と終末条件を結ぶ2点間の固有時間が極大になるような経路をとって運動する．

これら二つの法則は，先に知った二つの同様な法則に対応する．我々はもともとニュートンの逆2乗の法則によって表わした重力場と彼の運動法則によって運動を記述した．それがここでは(1)と(2)がこれらの代りになった．また我々の二つの新しい法則は，電磁気学で見たものに相当している．電磁気学の場合，我々は荷電によって生じる

---

*　厳密に言えば，これは**局所的な**極大にすぎない．正しくいえば，固有時間は近傍の任意の経路に比べて大きいと言わねばならなかった．たとえば，地球をまわる楕円軌道上の固有時間が，非常に高く打ち上げられた後に地上に落下してもどる放物軌道の固有時間よりも長いとは限らない．

場をきめる法則——マクスウェルの方程式——をもっていた．これは"空間"の性質が荷電物質の存在によってどのように変わるかを定めるもので，重力場では法則(1)がこの役を演じる．これに加えて，与えられた場の中で二つの粒子がどのように動くかを定める法則——$d(m\boldsymbol{v})/dt=q(\boldsymbol{E}+\boldsymbol{v}\times\boldsymbol{B})$——がある．重力場では法則(2)がこの役をしている．

法則(1)と(2)はアインシュタインの重力場の理論を述べたものである——もっとも，これはもっと複雑な数学的形式で述べられているが．しかし，さらに一つだけ付け加えておこう．重力場では時間の尺度が場所によって変わるように，長さの物差しも変化する．動きまわるにつれ物差しの長さが変わるのである．空間と時間が大変密接に混ざり合っているので，時間的におこった事柄が空間的に何らの影響もないということはあり得ない．もっと簡単な例を挙げよう：あなたが地球を横切って通るとしよう．あなたの立場では**"時間"**であるものが，静止した我々の立場では部分的に空間でもある．したがって空間の変化もなければならない．物質の存在によってゆがめられるのは**時空**全体であるから，これは時間だけの尺度が変わる場合よりももっと複雑である．しかし式(21.3)で与えた規則は，重力の法則を完全に与えるのに充分である．ただし空間の曲率についてのこの法則は，ひとりの人の立場だけでなく，すべての人についても成り立つと約束してのことである．質量をもった物体のわきを通る人にとっては，彼の横を通る物体の運動エネルギーがあって，そのエネルギーに相当する質量も含めなければならないから，その質量はちがう大きさに見える．理論はすべての人——どのように運動しても——が球を考えたときにその余剰半径は球の中に含まれる質量の$G/3c^2$倍(あるいは含まれる全エネルギーの$G/3c^4$倍といった方がいい)に等しい，と述べなければならない．この法則——法則(1)——がどのような運動座標系についても成り立つというのは重力の大法則の一つであって，**アインシュタインの場の方程式**とよばれる．もう一つの大法則(2)——物体は固有時間が極大であるように運動しなければならない——は**アインシュタインの運動法則**とよばれる．

これらの法則を完全な代数形式で書き，それをニュートンの法則と比べ，あるいは電磁気学と関係づけるのは数学的にめんどうなことである．しかし最も完全な重力理論と現在思われているのはそのようなものである．

上に述べた簡単な例では，この法則がニュートン力学と同じ結果を与えたが，いつでもそうなるわけではない．アインシュタインによってはじめて導かれた三つの不一致が実験によって確かめられた：水星の軌道は固定した楕円ではない；太陽の近くを通る星の光はニュートン力学で考えられる値の2倍だけ曲がる；重力場にある時計はそれをおいた位置によって時を刻む速さが異なる．アインシュタインの予言がニュートン力学から考えたものとちがうときは，自然はいつもアインシュタインの予言を選んだ．

ここで述べたことのすべてを要約しておこう．まず，時間と長さの尺度はそれを測る空間的位置と時間に依存する．これは時空が曲がっていると言うのと同じである．測った球の面積から予言された半径 $\sqrt{A/4\pi}$ を定義することができるが，実測された半径はこれよりも大きく，その差は球の中に含まれる質量に比例(比例定数は $G/3c^2$)する．この考えによって時空の曲率が定義される．また曲率はそれを見ている人がどのような運動をしていても同じでなければならない．そしてこの曲がった時空において，物体は“直線”(固有時間が極大になる軌道)上を運動する．これが重力の法則についてのアインシュタイン理論の内容である．

演　　習 (1964年)

ここに収められた一連の問題は1962年から64年にかけて，つまりファインマン教授の物理学講義を使って課程の改編がなされた最初の2年間にカルテクの2年生に与えられたものである．これらの演習問題は最初は自習用あるいは試験問題として出されたものであり，従って難易の程度も様々である．ここでは各章ごとに厳密にではないが大体やさしいものから順々に並べてある．第I, II, III巻の演習と同様にこの問題集は“最終的”なものではなく，課程の展開とともに改訂され増補さるべきものである．

約半分の問題のアイデアはR. P. ファインマンが出したものである．あとの問題は2年生の物理を担当していた次の人々による: J. Blue, T. Caughey, G. Chapline, M. Clauser, R. Dashen, R. Dolen, R. Griffith, F. Henyey, W. Karzas, R. Kavanagh, P. Peters, J. Pine, M. Plesset, M. Sands, I. Tammaru, A. Title, C. H. Wilts.

大部分の問題は1962-63学校年度のあとでC. H. Wiltsと私とが最初に校訂した．問題の多くは新しい，あるいは少なくとも“標準的”な問題を新しく変形したものであるが，いくつかの問題を次の本から直接引用した：N. H. Frank 著，Introduction to Electricity and Optics, 2nd Edition, McGraw-Hill 1950；D. Halliday, R. Resnick 共著，Physics for Students of Science and Engineering, Wiley 1960. 問題を刊行することを許可して下さった著者および出版社に感謝したい．

初期の一般に消耗な段階から最終的な形にわたってタイプをして下さったF. L. Warren夫人にお礼を述べたい．

G. ノイゲバウアー

第I章

I-1　(ゲーム) 正方形の回路網で，各角に端子があり，各辺の抵抗は1オームである．端子のすべての可能な組について，抵抗の実効値を求めよ．

I-2　a)　次の回路の電流Iを求めよ．

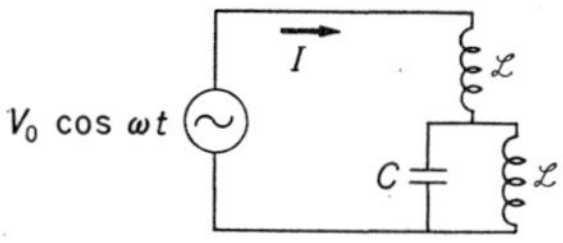

b)　二つのインダクタンスの間に相互インダクタンス$\mathcal{M}$があるとき，電流Iはどうなるか．

I-3　ハイファイの交叉回路が次のようになっている．各スピーカーの抵抗の実効値はRである．

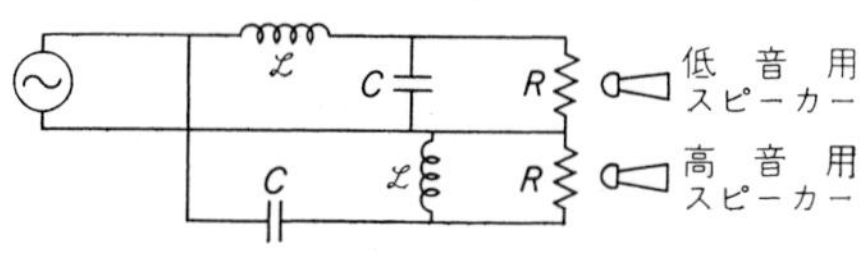

a)　もしも$R^2=L/2C$ならば入力インピーダンス(電源からみたインピーダンス)は純抵抗であって，Rに等しいことを示せ．

b)　交叉周波数は$\omega_c{}^2=1/LC$で与えられることを示せ．交叉周波数は各スピーカーが全パワーの半分ずつを受ける周波数である．

I-4　下の回路ではaからbへの電位差(電圧)の大きさはωによらないことを示せ．この電位差の位相をωの関数として表わす図を描け．

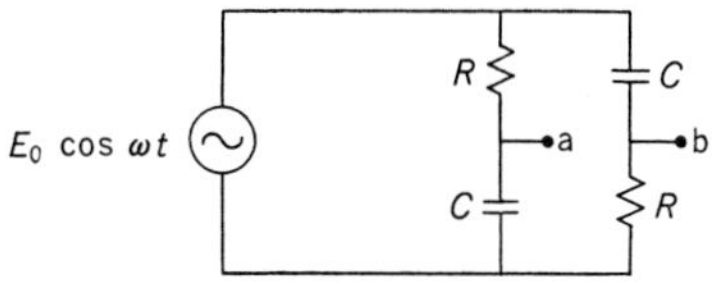

もしも電源が内部抵抗$R/10$をもつとき，a-bの電圧の大きさと位相とに対する影響は何程か．

I-5　簡単な並列回路が次ページに示してある．

a)　L, C, R を適当に選んで，電流の振幅を周波数の関数として示す略図を描け.

b)　$R \gg \sqrt{L/C}$ のときのこの回路の共鳴周波数と共鳴曲線の幅とを，同じ素子が直列に入った回路の $R \ll \sqrt{L/C}$ のときと比べよ．特に並列回路で $R=K\sqrt{L/C}$ のときと，直列回路で $R=(1/K)\sqrt{L/C}$ のときとを考えよ.

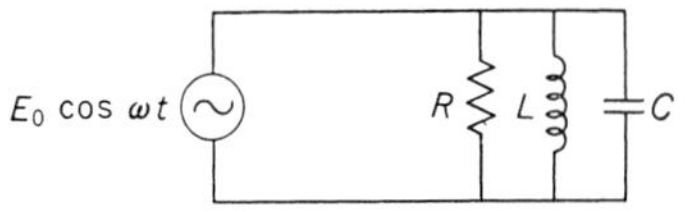

1-6　下の回路はインピーダンス測定用のブリッジである．電源は周波数 ω の交流 emf をもつ．ブリッジがつり合ったとき，検出器 R_D を流れる電流はゼロである．$\mathscr{L}$ を R と C とで表わせ.

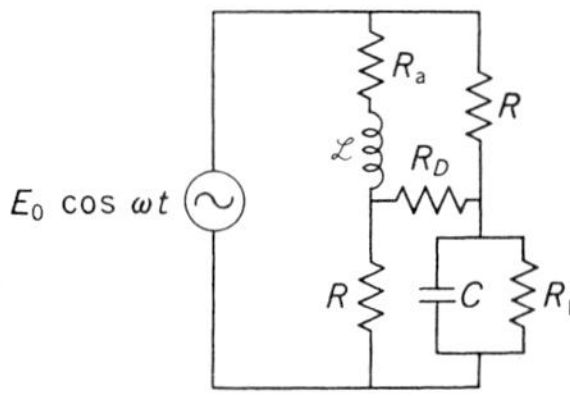

1-7　下に示した回路はワイン(Wein)ブリッジで，RC 発振器によく用いられる.

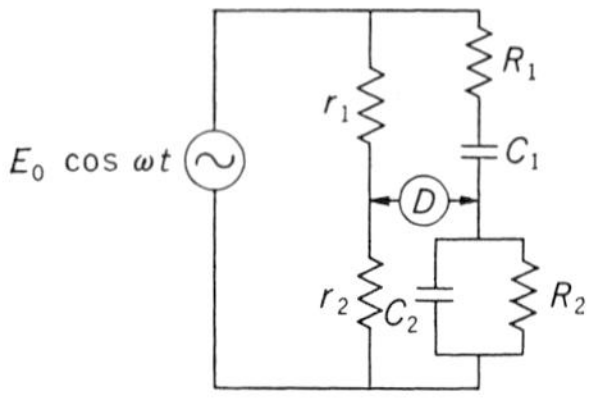

検出器を電流が流れないとき，つり合ったという．つり合いは次の二つの方程式が同時に満たされることを必要とすることを示せ.

$$\left(\frac{r_1}{r_2}\right)=\left(\frac{R_1}{R_2}\right)+\left(\frac{C_2}{C_1}\right)$$

$$\omega=\frac{1}{\sqrt{R_1R_2C_1C_2}}$$

1-8　図示した回路に電圧源 $V(t)=V_0\cos\omega t$ が加わっている.

a)　$RC=L/R$ になるように R, L, C を選ぶと電流 I は周波数によらないことを示せ.

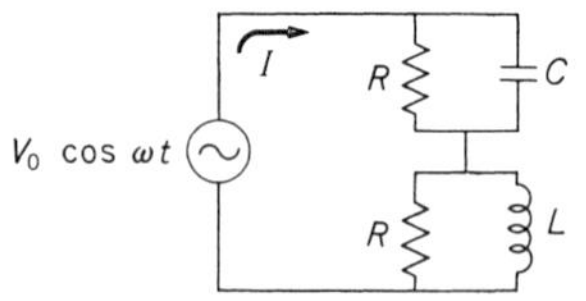

b)　加えた電圧とキャパシター・レジスター対に加わる電圧との位相差を求めよ($RC=L/R$ のとき).

1-9　図の回路において，点 P_3 への結合は，点 P_0, $P_1, P_2, \cdots, P_n$ のどこにでもつなぐことができる.

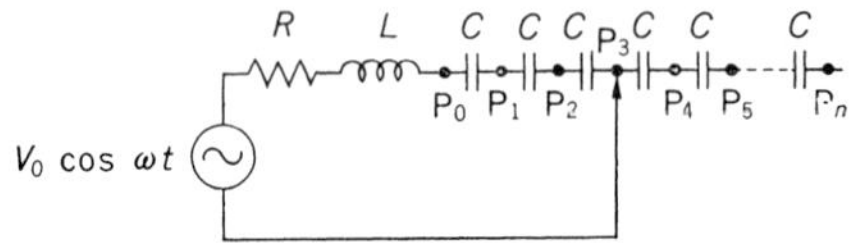

a)　P_m につながれているとき$(0\leqq m\leqq n)$, R において失われる平均のパワーの式を求めよ.

b)　$R=1{,}000$ オーム，$L=10$ ヘンリー，$C=20$ μF，$\omega=100$ ラジアン/秒とするとき

i)　どの m に対してパワーは最大になるか

ii)　$m=2$, $V_0=100$ ボルトとするとき，P_0 と P_2 の間の瞬間的電圧の最大値は何程か．R を通してはどうか.

第2章

2-1　下に示す空洞の近似的な共鳴周波数を求めよ．$d\ll a, d\ll(b-a)$ と仮定する．無視できる主な効果は何か.

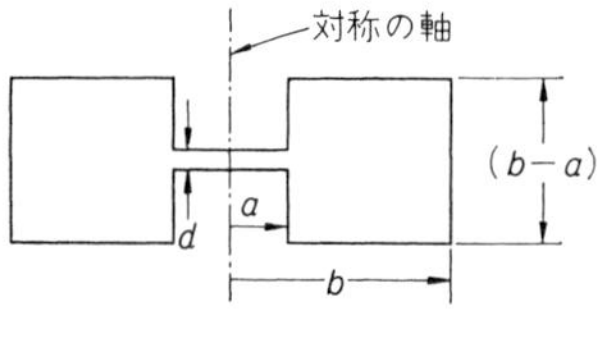

もしも空洞を一様に(すなわち全空洞が同じ温度で)冷却したとすると，共鳴周波数は大きくなるか，小さくなるか，それとも変化しないか.

第3章

3-1　単位長さにつき，インダクタンス L_0，キャパシタンス C_0 の伝送線がある．電圧，電流がゆっくり(線の間隔に比べて伝わる信号の波長が長いこ

とに相当)変化するとすれば，これらの従う式は

$$\frac{\partial V}{\partial x} = -L_0\frac{\partial I}{\partial t}$$

$$\frac{\partial I}{\partial x} = -C_0\frac{\partial V}{\partial t}$$

であることを示せ．これにより，I と V とは波動方程式

$$\frac{\partial^2 I}{\partial x^2} = \frac{1}{v^2}\frac{\partial^2 I}{\partial t^2} \qquad \frac{\partial^2 V}{\partial x^2} = \frac{1}{v^2}\frac{\partial^2 V}{\partial t^2}$$

ここに　$v^2 = \dfrac{1}{L_0C_0}$

を満足することを示せ．注意：信号がゆっくり変化することについての仮定は必要でないが，その証明はこの章の範囲を越えるものである．

3-2　伝送線の特性インピーダンスは $z_0=\sqrt{L_0/C_0}$ である．ここに L_0 は単位長さのインダクタンス，C_0 は単位長さのキャパシタンスである．

幅 b の薄い板を距離 a に保った($a \ll b$)伝送線については

$$z_0 \cong \frac{1}{\varepsilon_0 c}\frac{a}{b}$$

であることを示せ．

3-3　長さ l の円筒形同軸線の切り口に導体の板をつけた空洞がある．

a)　電場が常に放射状であるような最低のモードの周波数を求めよ．

b)　$\boldsymbol{E}$ の表式を求めよ．

c)　共鳴周波数を $\omega_0=1/\sqrt{LC}$ と比べよ．ここに L と C とは長さ l の同軸線のインダクタンスとキャパシタンスである．

3-4　完全導体の物質で作った矩形の導波管がある．図に示すように，幅の長さは a と b とである．長さ l の両端は導体でおおってある．すなわち，導波管は，実は共鳴空洞である．電場は

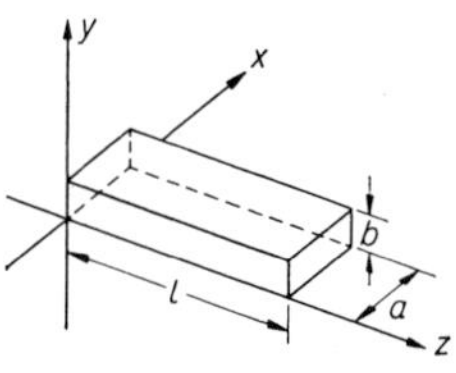

$$\boldsymbol{E}(x, y, z, t) = E_0(x, y)e^{i\omega t}\boldsymbol{e}_y$$

の実数部によって与えられる．最低の共鳴周波数をもつ空洞のモードに対する $E_0(x, y)$ は何か．空洞の最低の共鳴周波数は何程か．

3-5　同心の導体の円管二つからなる同軸ケーブルがある．一方の端($x=0$)は電圧

$$V(t) = V_0 \cos \omega t$$

を生じる電圧発電機につながれている．他方の端($x=l$)は導体板でおおわれている．単位長さのインダクタンスは L_0，キャパシタンスは C_0 である．

a)　ケーブルの長さが $5\pi c/2\omega$ であるとし(c は光速度)，導体間の電圧を距離 x の関数として描け．電圧が最大になる x の値を定めよ．

b)　導体間の電圧を与える進行波と反射波との表式を記せ．

c)　$x=0$，　$x=l/2=(1/2)(5\pi c/2\omega)$，　$x=l=5\pi c/2\omega$ における電流は何程か．

d)　電圧源が理想的な発電機であるとすれば，そのシャフトが角速度 ω で回転するとき，発電機に加えなければならない**平均の**トルクは何程か．

3-6　伝送線が $x=l$ においてインピーダンス z_T によって閉じられているとすると，"送信側"インピーダンス($x=0$)は

$$z_s = iz_0\frac{\tan \omega\sqrt{LC}\, l - iz_T/z_0}{1+iz_T/z_0 \tan \omega\sqrt{LC}\, l}$$

で与えられることを示せ．ここに $z_0=\sqrt{L/C}$ は線の特性インピーダンスである．

a)　$z_T = 0$

b)　$z_T = \infty$

c)　$z_T = z_0$

のときの z_s はそれぞれ何程か．

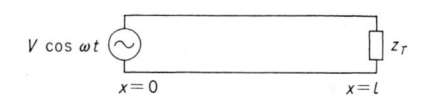

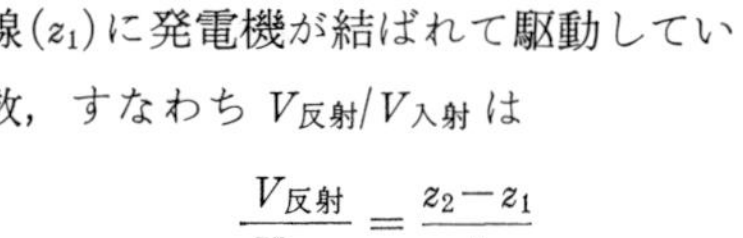

3-7　特性インピーダンス z_1 の伝送線が，特性インピーダンス z_2 の伝送線につながれている．第1の伝送線(z_1)に発電機が結ばれて駆動しているとき，反射係数，すなわち $V_{反射}/V_{入射}$ は

$$\frac{V_{反射}}{V_{入射}} = \frac{z_2 - z_1}{z_2 + z_1}$$

で与えられ，"透過係数"は

$$\frac{V_{透過}}{V_{入射}}=\frac{2z_2}{z_1+z_2}$$

で与えられることを示せ.

3-8 JPL のゴルドストーン・トラッキング・ステーションでは，エレクトロニクス室は約 40 フィートの導波管によって 85 フィートの受信用アンテナから隔てられている．導波管の内径は 5-3/4 インチと 11-1/2 インチである．もしも 960 メガサイクルの搬送波が用いられるときの信号の速さを自由空間の速さと比べよ.

3-9 第 3 章で述べた導波管内の電場は伝播方向に垂直であった．すなわち横電場であった(このような伝播のモードは TE モード，あるいは横電場モードという)．磁場が伝播方向に垂直な TM モードとよばれるものもある．図 3-3 と 3-4 の矩形導波管では，TM モードのベクトルポテンシャルは

$$\boldsymbol{A}=\boldsymbol{e}_z\sin\frac{m\pi x}{a}\sin\frac{n\pi y}{b}e^{i(\omega t-k_z z)}$$

ここに $$k_z=\sqrt{\left(\frac{\omega}{c}\right)^2-\left(\frac{m\pi}{a}\right)^2-\left(\frac{n\pi}{b}\right)^2}$$

で与えられる.

a) この磁場が本当に横であることを確かめ，$\boldsymbol{E}$ と $\boldsymbol{B}$ の場が波動方程式と境界条件を満たすことを示せ.

$$\boldsymbol{E}=-\nabla\varphi-\frac{\partial\boldsymbol{A}}{\partial t},\qquad \boldsymbol{B}=\nabla\times\boldsymbol{A},$$

ここに $$\nabla\cdot\boldsymbol{A}=-\frac{1}{c^2}\frac{\partial\varphi}{\partial t}$$

b) もしも

$$\omega<c\sqrt{\left(\frac{m\pi}{a}\right)^2+\left(\frac{n\pi}{b}\right)^2}$$

ならば，nm モードは伝わらないことを示せ.

第 4 章

次の問題においては $c=1$ となる単位を用いる.

4-1 次の式を 4 元ベクトルで表わせ.

$$(\varphi^2-\boldsymbol{A}^2),$$
$$(\boldsymbol{A}\cdot\boldsymbol{j}-\rho\varphi).$$

4-2 コンプトン効果においては，静止している電子が光子によってたたかれ，それぞれ，運動量の変化を生じる．放出される光子のエネルギーを入射エネルギーとはじめの進路からの偏角とによって表わせ.

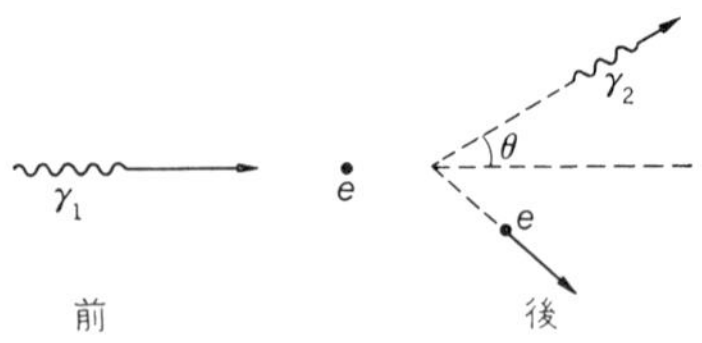

4-3 陽電子は静止している電子を光子でたたくことによって生じることができる:

$$\gamma+e^-\rightarrow e^-+e^++e^-.$$

最小の光子のエネルギーは何程か．4 元ベクトルおよびその組み合わせを用いよ.

4-4 電子・陽電子対は次の反応によって光子(γ)から作ることができる：

$$\gamma+e^-\rightarrow e^-+(e^++e^-).$$

しかし，エネルギーが電子 2 個の静止質量より大きく，電荷が保存されても，唯 1 個の電子で反応

$$\gamma\rightarrow e^++e^-$$

が起こることはあり得ない．4 元ベクトルを用いてこれを示せ.

4-5 質量 m の静止粒子が質量 M，運動量 P の他の粒子によってたたかれた．完全非弾性衝突によって，これらは一緒になって，新しい唯 1 個の粒子になった．その質量と速度とを求めよ．これを非相対論的に計算した値と比べよ.

第 5 章

次の問題では $c=1$ となる単位を用いる.

5-1 次の式を書き下して求めよ.

$$\nabla_\mu F_{\mu\nu}.$$

5-2 3 元ベクトルの部分が

$$\rho\boldsymbol{E}+\boldsymbol{j}\times\boldsymbol{B}$$

となるような 4 元ベクトルを求めよ．この 4 元ベクトルの時間成分と空間成分との物理的意味は何か.

5-3　ローレンツ変換において $\boldsymbol{E}^2-\boldsymbol{B}^2$ と $(\boldsymbol{E}\cdot\boldsymbol{B})$ とは不変であることを示せ．もしも $\boldsymbol{E}$ と $\boldsymbol{B}$ とがある座標系で鋭角をなせば，他の座標系においてもそうであることに注意せよ．この二つの不変量が共にゼロなのは，どのような物理的に重要な現象か．

5-4　ある座標系で $\boldsymbol{E}$ と $\boldsymbol{B}$ とがある空間の点の電場と磁場であるとするとき，電場と磁場とが平行になる別の座標系の速度を求めよ．この性質をもつ座標系は多数存在する…もしもその一つが見出されれば，$\boldsymbol{E}'$ と $\boldsymbol{B}'$ の共通の方向に動いている任意の座標系も同じ性質をもつ．したがって，選択をして，二つの場に対して垂直な速度の座標系を見出せば充分であるし，都合がいい．

答：$$\frac{\boldsymbol{v}}{1+v^2}=\frac{\boldsymbol{E}\times\boldsymbol{B}}{E^2+B^2}.$$

5-5　一様な速度で動いている荷電粒子による場は，第5章において，静止した電荷のポテンシャルを動いている座標系へ変換することによって得られた．場 $\boldsymbol{E}$ と $\boldsymbol{B}$ とは A_μ からふつうの方法で得られた．さて，静止した電荷の場から出発して，場の変換の法則を用いて場を見出せ．

5-6　一様な速度 $\boldsymbol{v}$ で動いている電荷の電場と磁場とは

$$\boldsymbol{E}=\frac{q\boldsymbol{r}}{4\pi\varepsilon_0 r^3}\frac{1-v^2}{(1-v^2\sin^2\theta)^{3/2}}$$

$$\boldsymbol{B}=\frac{q}{4\pi\varepsilon_0}\frac{\boldsymbol{v}\times\boldsymbol{r}}{r^3}\frac{1-v^2}{(1-v^2\sin^2\theta)^{3/2}}$$

と書けることを示せ．ここに $\boldsymbol{r}$ は粒子の現在の位置から観測者までのベクトルであり，θ は $\boldsymbol{r}$ と $\boldsymbol{v}$ との間の角である．

5-7　非常に長い真直ぐな針金を，速さ v で動く電子によって生じる電流が流れている．針金内の静止した正イオンは，全電荷密度を打ち消している．

a)　針金に対して静止している座標系からみた，針金の外の場を述べよ．

b)　電子と共に動く座標系へ，場を変換せよ．（この動く座標系からみた電場は，第III巻第13章式(13.28)において別の方法で求められた．）

5-8　二つの電子が等しい速度 $\boldsymbol{v}$ で横に並んで，距離 a をへだてて運動している．この中間に表面電荷密度 $\boldsymbol{\sigma}$ の静止した正電荷の無限の板がある．

a)　電子が間隔 a を保つには σ はどのくらい大きくなければならないか．

b)　電子が全体で 500 MeV のエネルギーをもつとしたとき必要な電荷密度を，非常に低速度のときと比較せよ．

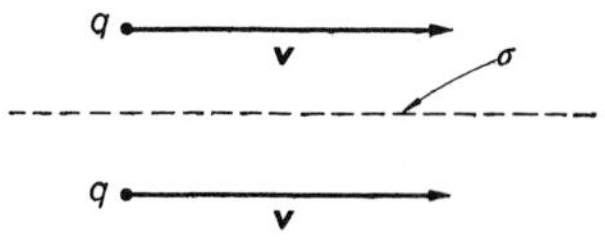

5-9　f_μ が粒子に働く力の4元ベクトル，u_μ が4元速度ベクトルであるとき，

$$f_\mu u_\mu=0$$

を示せ．

5-10　電荷 q をもった粒子が xy 面内で，一定の速さ v で，図の破線の軌道に沿って運動する（原点で散乱される）．速さは一定に保たれる．$t=t_1$ で $x=a, y=0$ にある．

a)　点Pは $x=y=a$ である．$v/c=0.5$（c は光速度）のとき，点Pにおける時刻 t_1 の電場を求めよ．

b)　もしも散乱前の粒子の軌道が y 軸の負の側にあれば，答はどうなるか．

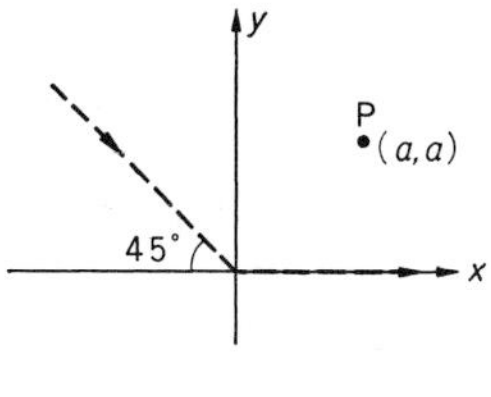

第6章

6-1　式(6.11)を導いたと同じ技法で

$$\nabla\times(\boldsymbol{A}\times\boldsymbol{B})$$

$$\nabla(\boldsymbol{A}\cdot\boldsymbol{B})$$

に対する同等の表式を導け．

6-2　地球磁場のため地球外部に蓄えられているエネルギーは何メガトンか．地球の場は双極子であ

って，赤道上では約2/3ガウスと仮定せよ．1メガトンはTNT百万トンの爆発によって解放されるエネルギーで 4.2×10^{15} ジュールである．この答によって1メガトンの水爆が大気中の高所で爆発したときに地球磁場を攪乱するものかを考えてみよ．

6-3 単位長さの抵抗が R の長い真直ぐな導線が電流 I を運ぶとき，導線の表面における $\boldsymbol{S}$ の流れを計算せよ．これをオームの法則で求められる発熱と比べよ．

6-4 完全導体からなる二つの円心の円筒で作られた長い同軸ケーブルがある．ケーブルの一端は末端電圧 V の電池につながれ，他端は抵抗 R につながれていて，電流はそのため $I=V/R$ である．ポインティング・ベクトルを用いてエネルギー流の割合いを計算せよ．

6-5 放送局で放射される平均のパワーは10キロワットである．

a) 10 km の距離の地表面におけるポインティング・ベクトルの大きさを求めよ．この距離では，波は平面波とみなせる．電力は完全導体の平面の上に立つ $\dfrac{1}{4}\lambda$ アンテナによって放射されるとみてもよい．

b) 電場および磁場の強さの最大値を求めよ．

6-6 図3-6に示した導波管の最低のTEモードの場は

$$\boldsymbol{E}=\boldsymbol{e}_y\,E_0\sin\frac{\pi x}{a}\cos(\omega t-k_z z)$$

$$\boldsymbol{B}=-\boldsymbol{e}_x\cdot E_0\frac{k_z}{\omega}\sin\frac{\pi x}{a}\cos(\omega t-k_z z)$$

$$-\boldsymbol{e}_z\,E_0\frac{\pi}{\omega a}\cos\frac{\pi x}{a}\sin(\omega t-k_z z)$$

で与えられる．

a) 上の解がこの問題の境界条件を満足することを示せ．

b) ポインティング・ベクトル $\boldsymbol{S}$ とエネルギー密度 U とを計算せよ．

c) z 軸に垂直な面を通過するエネルギーの平均の流れの割合いを計算せよ．

d) 導波管内の平均のエネルギー密度を求めよ．

e) c)とd)とを用いて，エネルギーが伝わる平均の速さを求めよ．これが群速度(3.27)と一致することを示せ．

6-7 a) 双極子モーメント $\boldsymbol{p}\cos\omega t$ で振動する双極子からの，単位面積当りのエネルギー流の割合いを求めよ．

ヒント: 輻射項だけを考えよ(すなわち $1/r$ で減衰する項だけを考えよ)．

b) 双極子を中心とする大きな球面で積分して輻射される平均のパワーが

$$\frac{1}{3}\frac{p^2}{(4\pi\varepsilon_0c^2)}\frac{\omega^4}{c}$$

であることを示せ．

6-8 光の平面波が自由な電子に当たる．電子は場 $\boldsymbol{E}$ の影響によって振動する．電子によって単位時間に輻射されるエネルギーと単位面積に単位時間に入射する光のエネルギーとの比を計算せよ．光は低い振動数であるとし，電子に対する場 $\boldsymbol{B}$ の影響は無視する．

6-9 太陽系の中の塵の粒子は2種類の力を受ける．一つは太陽や遊星による万有引力であり，他は太陽からの光の輻射の力である．重力は粒子の体積に比例し，輻射の力はその断面積に比例するから，二つの力がつり合うような粒子の大きさがあるであろう．球形の塵の粒子が，これに当たるすべての輻射を吸収すると仮定し，力がつり合う半径を求めよ．

彗星の尾が太陽から外へ向かうことに対する説明はこの現象を基にし，彗星の尾は小さな粒子(気体の分子かも知れない)からなると仮定している．これは合理的な理論であろうか．

太陽の輻射エネルギーは 4×10^{26} ワットであり，その質量は 2×10^{30} kg である．

6-10 平均半径 R，断面積 πr^2 の中空の(輪の上に線を巻いた)トロイドがあり，導線が N 回巻いてある $[r\ll R]$．

$t=0$ から，時間変化が $I(t)=kt$ で表わされる電流が流れる．

a)　磁場を直接計算して，時刻 t において磁場に蓄えられているエネルギーを求めよ．

b)　トロイドの中の点におけるポインティング・ベクトルの向きと大きさを求めよ．

c)　ポインティング・ベクトルを用いて，時刻 t におけるトロイドの中の場のエネルギーの変化の割合いを求めよ．a)と比べて答を確かめよ．

第 7 章

7-1　電子の静止質量をその電荷の静電エネルギーに等しいとおき，電荷は球の体積に一様に分布しているとするとき，その半径を求めよ．これを式(7.2)の結果と比較せよ．

7-2　電子が電荷と質量とのほかに角運動量(スピン)と

$$\frac{\text{角運動量}}{\text{磁気モーメント}}=\frac{m}{q}$$

によって関係づけられる磁気モーメントをもつことはよく知られている．これは約 0.1 パーセントの範囲で正しい．質量は式(7.4)で与えられるとする．

a)　電荷 q，半径 a の一様に帯電した球殻の中心に強さ μ の磁気双極子をおく．電磁場の角運動量は

$$L=\frac{2}{3}\frac{q\mu}{4\pi\varepsilon_0c^2}\frac{1}{a}$$

であることを示せ．

b)　角運動量と磁気モーメントの比を求め，これを上記の (m/q) の値と比較せよ．

c)　電子に対し μ_z が $(\hbar q/2m)$ であるとし，この磁気モーメントを与える回転をしている電子の表面における最大速度を計算せよ．適当と思われる注意を考えよ．量 $(4\pi\varepsilon_0c\hbar/q^2)=1/\alpha$ の値は 137 である．

第 8 章

8-1　荷電粒子(電荷 q，静止質量 m_0)がはじめ原点に静止していた．これに x 方向の一定の電場が作用する．

a)　時間の関数として(相対論的に)速度と位置とを計算せよ．

b)　もしも粒子が y 方向に初速度 v_0 をもつときは答はどのようになるか．

8-2　プロトン・サイクロトロンで陽子は一様な磁場内で円運動を行なう．低エネルギーにおける"サイクロトロン周波数"，角速度を q，B，m の関数として求めよ．エネルギーが増大すると周波数はどう変わるか．どれ程のエネルギーで，周波数は 1 パーセント変わるか．

8-3　$t=0$ において，質量 m，電荷 q の粒子が原点に静止している．y 方向に一様な電場 $\boldsymbol{E}$ があり，z 方向に一様な磁場 $\boldsymbol{B}$ がある．

a)　その後の運動 $x(t)$, $y(t)$, $z(t)$ を調べよ．運動は非相対論的と仮定する．これは E と B とにどのような制限をつけるか．

b)　相対論的な運動はどのようなものか．$E/B>c$ ならば何が起こるか．

c)　xz 平面内で $y=0$ に極板をおき，もう一つの極板に電位差 $V_0=E\cdot d$ を与えて $y=d$ において，極板に平行に磁場を加えると，マグネトロンといわれているものになる．実際上静止していた電子が負のカソードから射出されたとき，これが正のアノードに達しないようにするには磁場をどれくらい強くしなければならないか．

8-4　交替勾配集束の原理は次の図のような光学的類似によって示すことができる．

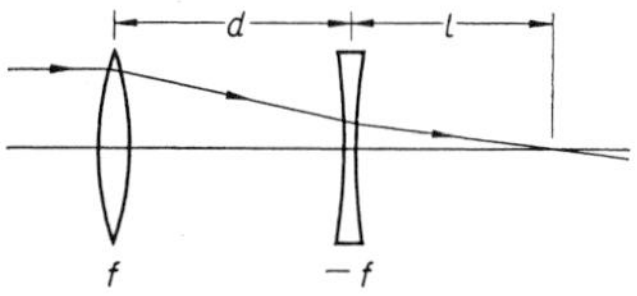

レンズの焦点距離が等しくても，組み合わせはある条件の下では集束作用をもつ．

a)　平行入射光線に対し，l を d の関数として求めよ．

b)　どのような条件の下で，像は実像あるいは虚像になるか．

第 11 章

11-1　無極性の物質では，低い振動数に対する屈

折率の 2 乗は誘電率に等しいことを示せ.

11-2 毎秒 6 メガサイクルの周波数で電離層は透明になる. 自由電子模型を使って, 電離層の電子密度を評価せよ.

11-3 金属に加えた電圧が長い時間一定に保たれ, それから急に消された. 自由電子模型を用いて, 緩和時間(すなわち, 移動速度がはじめの値の $1/e$ に落ちるまでの時間)は, 衝突の間の平均時間の 2 倍 (2τ) に等しいことを示せ.

11-4 金属内で, マクスウェルの方程式の解として,

$$E_x = E_0 e^{i(\omega t - kz)}$$

の形の平面波がある. ここに k は複素数である. 低周波では

$$k = (1-i)\sqrt{\frac{\sigma\omega}{2\varepsilon_0 c^2}}$$

である.

a) このような波による磁場の式を書け.

b) $\boldsymbol{E}$ と $\boldsymbol{B}$ の間の角は何程か.

c) 与えられた z に対する $\boldsymbol{B}$ の最大値と $\boldsymbol{E}$ の最大値との比を求めよ.

d) $\boldsymbol{E}$ と $\boldsymbol{B}$ との位相差を求めよ($\boldsymbol{E}$ の最大が t_1 において起こり, $\boldsymbol{B}$ の最大が t_2 で起これば, 位相差は $\pm\omega(t_1-t_2)$ で定義される).

11-5 式(11. 50)によれば, 金属の紫外線の遮断は全くするどい. 実験では, この遮断ははっきりと定義できない. n^2 に対するよりよい近似を用いて, この実験結果は理論と実は一致することを示せ.

第 12 章

12-1 a) 平面電磁波が, 下図のような三つの誘電体媒質を通るときの透過係数を決定せよ.

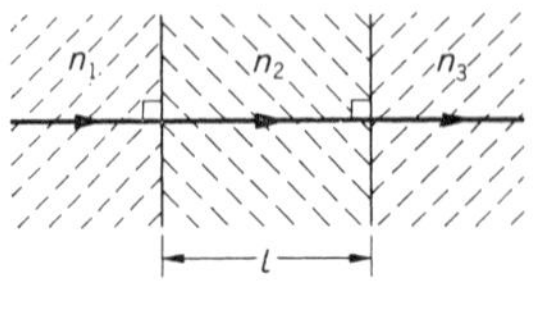

b) もしも $n_2=\sqrt{n_1 n_3}$, $l=\lambda_2/4$ ならば透過係数は 1 であることを示せ(これは, よいカメラや双眼鏡のレンズを“コーティング”する理由である).

c) ふつうの白色光で使う双眼鏡ではコーティングの厚さ l は何程か.

d) もしもレンズの一方側だけしかコーティングできないとき, どちらの側をコーティングするかでちがうか. そのわけは.

12-2 下図に示すプリズムに波長 4500 Å の光線が当たり, 90° 全反射された. プリズムの屈折率は 1.6 である. プリズムの長い辺の外へ出る電場の強さが, ちょうど表面のところにおける値の $1/e$ になる距離を計算せよ. 光は偏光で $\boldsymbol{E}$ は入射面に垂直であるとせよ. $\boldsymbol{E}$ が入射面内にあるとすれば答は変わるか.

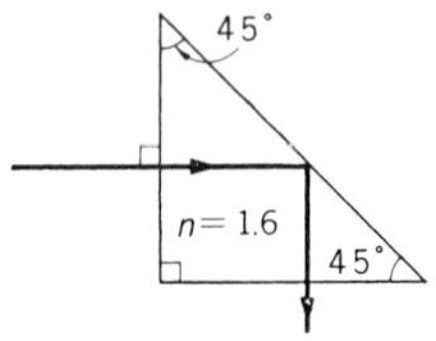

第 13 章

13-1 荷電粒子が一様な磁場 $\boldsymbol{B}$ に垂直な面の中で動く. もしも $\boldsymbol{B}$ が時間と共にゆっくり変化するならば, 軌道運動による磁気モーメントは一定に止まることを示せ. ゆっくりというのはどういう意味であるか.

第 14 章

14-1 低エネルギーのサイクロトロンにおいて, 陽子が約 0.13 マイクロ秒の時間 T で円軌道を描く. これと同じ磁場の中で陽子核磁気共鳴の実験は毎秒 21 メガサイクルで共鳴を示す. これらの値から陽子の g-因子を計算せよ.

14-2 本文にある方法で式(14. 9)を導け. この導出と, 厳密に古典物理学に基づくならば常磁性は起こり得ないという第 13 章の証明とを調和させることができるか.

14-3 ある常磁性塩が 1 cc 当り 10^{22} 個のイオンを含み, その磁気モーメントは 1 ボーア磁子である. これが 10,000 ガウス(1 ウェーバー/m^2)の一様な磁束の中にある.

常温および液体ヘリウム温度における過剰な平行

スピンのパーセントを計算せよ．

14-4　第14章でスピン1/2の場合に示した方法にしたがい，スピン1の粒子の量子力学的な常磁性の方程式を導出せよ．

第15章

15-1　一様に磁化された球の全磁気モーメントは$(4/3)\pi a^3 M$である．ここにaは半径，Mは磁化である．外部に対する効果に関する限り，この球とおきかえられる等価表面電流を計算せよ．この電流分布が同じ全磁気モーメントをもつことを示せ．

15-2　下に示す磁石の枠に2150回の針金が巻いてあり，5アンペアの電流が流れている．鉄は一様な28 cmの厚さ(紙面の外へ)をもち，下に示したようなB-H曲線をもつ．間隙にどのくらいの大きさの磁場が生じるかを計算せよ．無視した主な効果は何か．

ヒント：B-H曲線は経験的で非線型であるから，問題が解析的に，あるいは厳密には解けないとしても驚くにはあたらない．

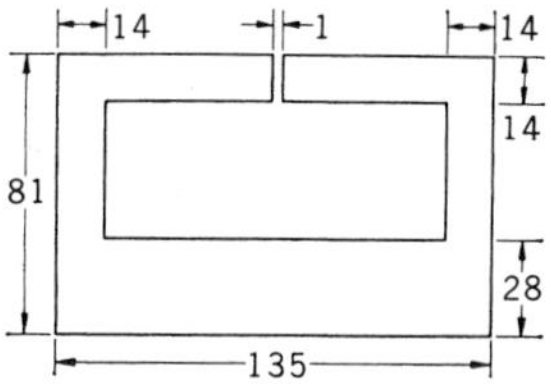

単位：cm

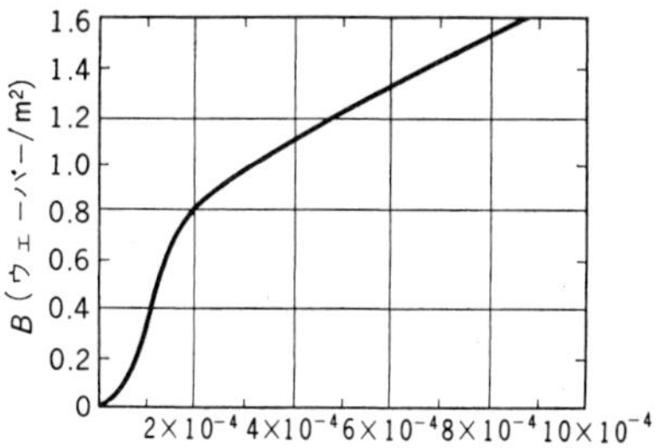

15-3　永久磁石の材料の棒と軟鉄の極片によって間隙の間に磁束が通っている．永久磁石の材料の特性は下に示してある．

外部のコイルに大きな電流を通して材料はまず点Pまで磁化される．軟鉄は無限の透磁率をもつとし，磁束の洩れはないものとして，電流が切られた後の間隙の間の磁束密度を求めよ．

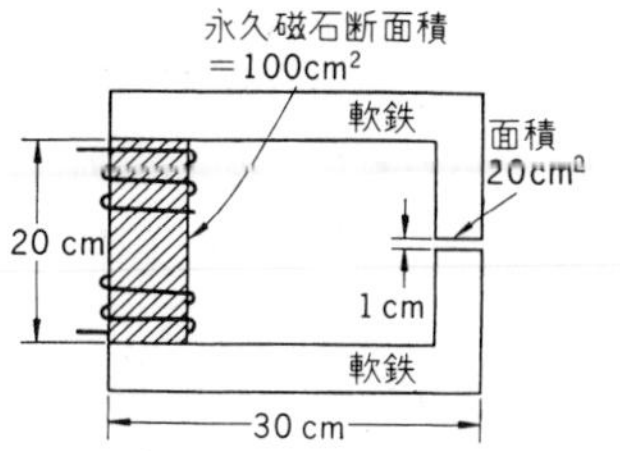

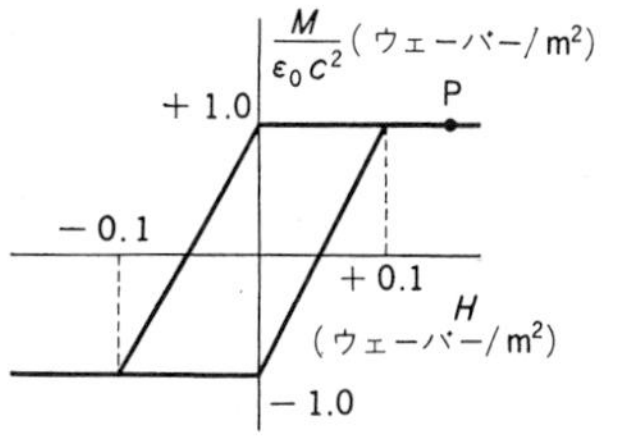

15-4　非常に長い円筒状の鉄棒が円筒の軸の方向に一様な磁化Mで永久磁化されている．末端効果を無視し，鉄の中のBとHとを見出せ．

軸にそって長い針状の空洞があれば，この空洞の中央における$\boldsymbol{B}$は何程か．

第17章

17-1　宇宙技術の多くの応用では，最大の応力と重さの比をもつ材料を用いることが重要である．

a)　内部のつまった円形のアルミ支柱とスティフネスが等しく，長さの等しい鉄の支柱とを比較せよ．(スティフネスは加えた横の力とそれによる変位との比によって定義される．)

b)　これらの支柱の質量の比は何程か．

17-2　断面の真四角な長さLのアルミニウムの棒が図のように一端で固定されている．棒の自由端には質量mがつけられている．

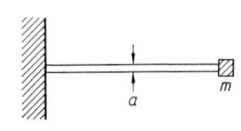

この体系の自然振動数を求めよ．棒は一辺aの四角の断面をもち，棒の質量はmに比べてはるかに小さく，質量mは質点と考えてよいとする．

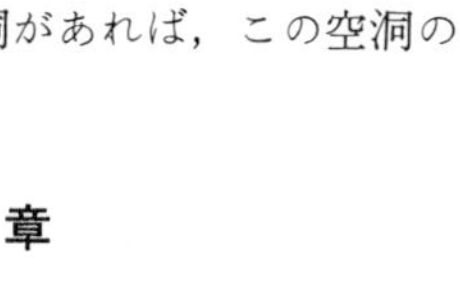

17-3　第II巻第22章で流体内の音速を密度による圧力変化の割合いによって表わした．固体内の縦

波(平面圧縮波)に対して，位相速度は

$$v_{縦}{}^2 = \frac{(1-\sigma)Y}{(1-2\sigma)(1+\sigma)\rho}$$

で与えられることを示せ(この速度は“無限”媒質内の縦波に適用される．この場合，各粒子の運動は常に波の方向に平行である．物質が波によって圧縮されるとき，圧縮されると太くなる棒の場合のようには側面へ動かない)．この式が適用されるためには固体の広がりはどの位大きくなければならないか．

17-4　長さ12インチ，幅1/2インチ，厚さ1/32インチの鋼鉄の物差しが，$11\,{}^1/_2$インチの間隔のブロックの間に図のように押し込んである．

a)　この物差しはどのような曲線をして曲がっているか．

b)　ブロックにかかる力を求めよ．

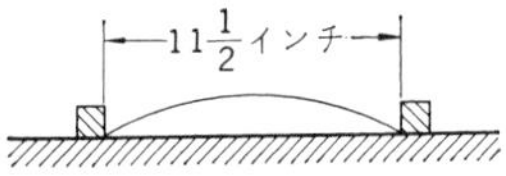

17-5　図のように一端を締められ，他端が自由な棒の座屈荷重Pを求めよ．棒は厚さt，幅wの矩形の断面をもつ．

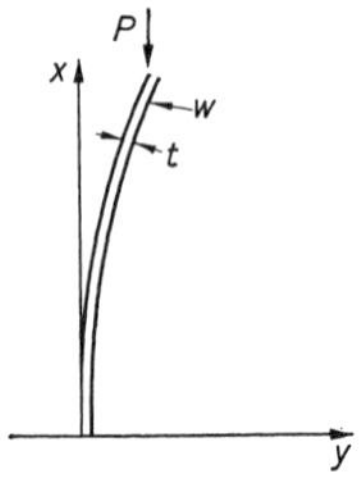

第19章

19-1　a)　もしも流体がずり応力を支えられないならば，圧力はどの向きにも同じであるという第19章で述べた事柄を自分で納得がいくように証明せよ．

b)　数学的な演習として，第19章で使った極めて有用なベクトル等式

$$(\boldsymbol{v}\cdot\nabla)\boldsymbol{v} = \frac{1}{2}\nabla(\boldsymbol{v}\cdot\boldsymbol{v}) + (\boldsymbol{\Omega}\times\boldsymbol{v})$$

ここに　$\boldsymbol{\Omega} = (\nabla\times\boldsymbol{v})$

を証明せよ．

19-2　円形の断面積をもつ円筒内の液体がその軸のまわりに一定の角速度$\boldsymbol{\omega}$で回転する．軸からrの距離の粒子は$v=\omega r$の速さで回転するとして，液体の上の表面の形を求めよ．

第19章で述べたように，単位面積当たりの循環，すなわち$\mathrm{curl}\,\boldsymbol{v}$は水が回転する角速度の2倍に等しいことを示せ．

19-3　半径a，質量mの球が粘性のない流体中を一定の速さvで運動している．球と流体とをあわせた全運動エネルギーは

$$\frac{1}{2}\left(m+\frac{M}{2}\right)v^2$$

であることを示せ．ここにMは球によって排除された流体の質量である．球と流体とをあわせた全運動量は何程か．

第20章

20-1　半径aの球が一定の速度vで粘性流体中をゆっくりと動かされ，流れは層流であるとする．加えられる力は球に対する流体の粘性力を測るものである．

この力を厳密に知ることも**できる**が，力がどのパラメーターに依存するかに注意してから次元解析をして，力の法則の形を見出すのは興味あることである．これを試みよ．パラメーターが入ってくる形を定性的に，物理的に論じることができるか．

20-2　細い管を粘性流体が流れるとき，流れは層流と考えられる．すなわち，円筒形の管の流体の層がたがいにずれて流れる．半径aの管では，管をよぎっての速度の断面図は下のようになるであろう．

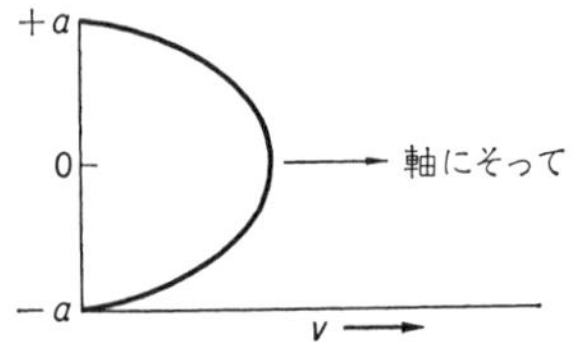

管の中心からの半径方向の距離をrとし，ηを流体の粘性率とし，管の単位長さに対する圧力の落差を$(P_1-P_2)/L$とすると，速度は

$$v(r) = \frac{1}{4\eta}\frac{P_1-P_2}{L}(a^2-r^2)$$

で与えられることを示せ．オームの法則に完全に類似して，このような管から流体が放出される割合い Q は圧力差 $\Delta P = P_1 - P_2$ と

$$\Delta P = QR$$

によって関係づけられる．R は管の“抵抗”である．半径 a，長さ L の管の抵抗を求めよ．このような定義は言葉の遊びにすぎないと思うか，それとも，このような類似が有用である理由を見出すことができるか．コンデンサーに対する類似は何か．

20-3　大きな浅い皿に水（粘性係数 η の“非圧縮性”の液体）がいくらか入っている．薄い平らな木の板が水の上に浮き，その底面は皿の底の上，高さ d にある．板の他の大きさは d に比べてはるかに大きい．板はゆっくりした速さ v で動かされる．板の中央付近で，単位体積の水の中でエネルギーが消費される割合いを求めよ．

演習解答

第1章

1-1 $\dfrac{3}{4}$オーム，1オーム．

1-2 a) $\dfrac{1-\omega^2 C\mathcal{L}}{2-\omega^2 C\mathcal{L}}\dfrac{V_0}{\omega\mathcal{L}}\sin\omega t.$

b) $\dfrac{1-\omega^2 C\mathcal{L}}{2-\omega^2 C(\mathcal{L}-\mathcal{M})}\dfrac{V_0}{\omega(\mathcal{L}+\mathcal{M})}\sin\omega t.$

1-3 a) $|I|=\dfrac{E_0}{R}\sqrt{1+\dfrac{R^2C}{L}\left(\dfrac{\omega_0}{\omega}-\dfrac{\omega}{\omega_0}\right)^2}.$

b) 直列 $|I'|=\dfrac{E_0}{R}\dfrac{1}{\sqrt{1+\dfrac{L}{R^2C}\left(\dfrac{\omega_0}{\omega}-\dfrac{\omega}{\omega_0}\right)^2}}.$

1-6 $\mathcal{L}=\dfrac{R^2}{R_b}(1+i\omega CR_b)-R_a.$

1-8 b) $\tan\delta=\omega CR.$

1-9 a) $\text{power}=\dfrac{1}{2}\dfrac{RV_0{}^2}{R^2+\left(\omega L-\dfrac{m}{\omega C}\right)^2}.$

b) i) $m=2$, ii) 100ボルト．

第2章

2-1 $\omega=\dfrac{c}{a}\sqrt{\dfrac{d}{b-a}\Big/\log\dfrac{b}{a}}.$

第3章

3-2 **ヒント**：式(3.11)において $2\pi a\to b$, $b-a\to b$.

第4章

4-1 $A_\mu A_\mu$, $-A_\mu j_\mu$.

4-2 入射光子，散乱光子のエネルギーをそれぞれ $\mathcal{E}$, $\mathcal{E}'$ とすると m を電子の質量として

$$\mathcal{E}'=\frac{m\mathcal{E}}{m+\mathcal{E}(1+\cos\theta)}.$$

4-3 $4m$.

4-5 $M'=\sqrt{(m+\sqrt{M^2+P^2})^2-P^2}$,

$v'=\dfrac{P}{m+\sqrt{M^2+P^2}}.$

第5章

5-1 $-\dfrac{\partial \boldsymbol{E}}{\partial t}+\mathrm{curl}\,\boldsymbol{B}$, $-\mathrm{div}\,\boldsymbol{E}$.

5-2 $-\boldsymbol{j}\cdot\boldsymbol{E}$.

第6章

6-1 $\nabla\times(\boldsymbol{A}\times\boldsymbol{B})=(\boldsymbol{B}\cdot\nabla)\boldsymbol{A}-(\boldsymbol{A}\cdot\nabla)\boldsymbol{B}+(\nabla\cdot\boldsymbol{B})\boldsymbol{A}-(\nabla\cdot\boldsymbol{A})\boldsymbol{B}$, $\nabla(\boldsymbol{A}\cdot\boldsymbol{B})=(\boldsymbol{B}\cdot\nabla)\boldsymbol{A}+(\boldsymbol{A}\cdot\nabla)\boldsymbol{B}+\boldsymbol{A}\times(\nabla\times\boldsymbol{B})+\boldsymbol{B}\times(\nabla\times\boldsymbol{A})$.

6-7 a) $S_r=\dfrac{p^2\omega^4}{32\pi^2\varepsilon_0 c^3 r^2}\sin^2\theta.$

6-10 a) $\dfrac{n^2I^2}{2\varepsilon_0 c^2}lS$ ただし $n=\dfrac{N}{2\pi R}$,

$l=2\pi R$, $S=\pi r^2$.

第7章

7-1 $U_{\mathrm{elec}}=\dfrac{3}{5}\dfrac{e^2}{a}.$

7-2 $\mu_z=qa^2\omega/3$, $m_0c^2=\dfrac{1}{2}\dfrac{q^2}{4\pi\varepsilon_0 a}$ $\therefore\dfrac{a\omega}{c}=\dfrac{3}{2\alpha}.$

第8章

8-1 $v=\dfrac{ct}{\sqrt{c^2\left(\dfrac{m_0}{eE}\right)^2+t^2}}.$

8-2 $\omega=\dfrac{qB}{m}.$

第11章

11-2 $4\times10^{10}/\mathrm{m}^3$.

11-4 a) $i\dfrac{k}{\omega}E_x$, b) 直角, c) $\sqrt{2}\sqrt{\dfrac{\sigma}{2\varepsilon_0\omega}}$,

d) $\dfrac{\pi}{4}$.

11-5 $$n'^2=\frac{1}{2}\left(1-\frac{\tau\sigma/\varepsilon_0}{1+\omega^2\tau^2}\right)\times\left[1+\sqrt{1+\left(\frac{\sigma/\varepsilon_0}{\omega(1+\omega^2\tau^2)}\right)^2\Big/\left(1-\frac{\tau\sigma/\varepsilon_0}{1+\omega^2\tau^2}\right)^2}\right],$$

$$n''^2 = \frac{1}{2}\left(1-\frac{\tau\sigma/\varepsilon_0}{1+\omega^2\tau^2}\right)$$

$$\times\left[-1+\sqrt{1+\left(\frac{\sigma/\varepsilon_0}{\omega(1+\omega^2\tau^2)}\right)^2\Bigg/\left(1-\frac{\tau\sigma/\varepsilon_0}{1+\omega^2\tau^2}\right)^2}\,\right],$$

$$\delta = \frac{c}{n''\omega}.$$

第12章

12-1 a) $\dfrac{\xi t_a t_b}{1-\xi^2 r_a' r_b}$ ただし $\xi = \exp(-i\omega l/v_2)$,

$v_2 = c/n_2$, $t_a = \dfrac{2x}{x+1}$, $t_b = \dfrac{2}{y+1}$, $r_a' = -\dfrac{x-1}{x+1}$, $r_b = \dfrac{y-1}{y+1}$, $x = \dfrac{n_1}{n_2}$, $y = \dfrac{n_2}{n_3}$.

c) $l = \lambda/4n_2$.

12-2 約 2500 Å.

第14章

14-1 5.5.

14-3 0.23 %, 18 %.

14-4 $M = 2N\mu_0 \tanh\dfrac{2\mu_0 B}{kT}$.

第15章

15-1 表面に一様な電荷 σ をもつ球(半径 a)を角速度 $\omega = M/a\sigma$ で回転させたときの電流.

15-3 4 ウェーバー/m^2.

第17章

17-1 a) $a \propto Y^{-1/3}$, b) $\mathrm{M} \propto \rho a^2 \propto \rho Y^{-2/3}$.

17-2 $\nu = \dfrac{a^2}{2\pi}\sqrt{\dfrac{Y}{4mL^2}}$.

17-5 荷重$=4\pi^2 YI/L^2$　ただし $I = \dfrac{wt^3}{12}$.

第19章

19-2 $z = \dfrac{\omega^2}{2g}x^2$.

19-3 運動量 $= \dfrac{\partial K}{\partial v} = \left(m+\dfrac{M}{2}\right)v$.

第20章

20-3 $\dfrac{\eta v^2}{d^2}$.

索　　引

(例：6-6 は第 6 章第 6 節と読む)

た　行

な　行

は　行

ま　行

や　行

ら　行

ファインマン物理学 IV〔増補版〕（全5巻）

1971年5月18日 第1刷発行
1986年3月7日 第12刷新装発行
2002年9月27日 増補版第1刷発行
2018年10月5日 第14刷発行

訳 者 戸田盛和（とだもりかず）

発行者 岡本 厚

発行所 株式会社 岩波書店
〒101-8002 東京都千代田区一ツ橋2-5-5
電話案内 03-5210-4000
http://www.iwanami.co.jp/

印刷・精興社 製本・牧製本

ISBN 4-00-006833-4 Printed in Japan